dtv

Michael Hagner beschreibt die Sammlung und Erforschung von Gehirnen bedeutender Persönlichkeiten als eine Geschichte, in der sich wissenschaftliche und kulturelle Aspekte miteinander verschränken. Gehirne außerordentlicher Persönlichkeiten sind immer dann ein beliebtes Forschungsobjekt gewesen, wenn neue Technologien oder Theorien versprachen, dem Verhältnis von Gehirn und Geist auf die Spur zu kommen. Gleichzeitig haben geniale Gehirne in spezifischen historischen Zusammengängen Konjunktur gehabt: in der Genieverehrung um 1800, in den Diskussionen um die Pathologie des Genies im Fin-de-Siècle, in der eugenisch dominierten Situation der 1920er Jahre und in den Brave Neuro Worlds der Gegenwart, die sich auf der Suche nach neuen Eliten befindet. Die Debatten um die Existenz des freien Willens oder die cerebrale Lokalisierung von Religiosität, Kreativität und Kriminalität können präziser eingeordnet werden, wenn man sie vor dem historischen Hintergrund der kognitiven Hirnforschung betrachtet.

Michael Hagner ist Professor für Wissenschaftsforschung an der ETH Zürich. Zuvor arbeitete er am Max-Planck-Institut für Wissenschaftsgeschichte in Berlin und war Gastprofessor in Salzburg, Tel Aviv und Frankfurt a. M. Er ist Verfasser mehrerer Sach- und Fachbücher zu Gehirnforschung und der kulturellen Bedeutung des Gehirns.

Michael Hagner

Geniale Gehirne

Zur Geschichte der Elitegehirnforschung

Mit 79 Abbildungen

Deutscher Taschenbuch Verlag

Ungekürzte Ausgabe
März 2007
Deutscher Taschenbuch Verlag GmbH & Co. KG,
München
www.dtv.de

Umschlagkonzept: Balk & Brumshagen
Umschlaggestaltung: akg-images (Porträt) und Corbis (Hintergrund)
Satz: Druckerei C. H. Beck, Nördlingen nach einer Vorlage des Wallstein Verlags
Druck und Bindung: Druckerei C. H. Beck, Nördlingen
Gedruckt auf säurefreiem, chlorfrei gebleichtem Papier
Printed in Germany · ISBN 978-3-423-34399-2

Inhalt

Einleitung

1895 stellte Émile Zola sich vor, wie sein Gehirn in einem gläsernen Schädel sitzt und dem allgemeinen Publikum zur freien Einsicht angeboten wird. Wenig später gab der deutsche Pathologe David Hansemann zu bedenken, daß das Gehirn eines hervorragenden Denkers, ununtersucht der Verwesung anheimgegeben, wie ein klassisches Kunstwerk sei, das grundlos zerstört wird. Ein paar Jahre nach der russischen Oktoberrevolution regte der Neurologe Vladimir Bechterev an, ein Pantheon der Gehirne zu gründen, in dem die besten Köpfe der Sowjetunion auf ihre Genialität hin untersucht und öffentlich ausgestellt werden sollten. 1947 bemühte sich der legendäre Hirnanatom Oskar Vogt darum, die Gehirne der bei den Nürnberger Kriegsverbrecherprozessen zum Tode verurteilten Täter zu untersuchen, weil er die verbrecherische Natur des Nationalsozialismus hirnanatomisch beweisen wollte. Derselbe Vogt hoffte einige Jahre später, daß sein Gehirn dereinst neben demjenigen seiner Geliebten im Schrank aufbewahrt werden würde. 1999 erregte eine Untersuchung des gnadenlos zerstückelten Gehirns von Albert Einstein Aufsehen, in der eine ungewöhnliche Gestaltung der parietalen Hirnrinde mit seiner Genialität in Verbindung gesetzt wurde. Und kürzlich erst, im Jahre 2002, wurde bekannt, daß das Gehirn von Ulrike Meinhof mit demjenigen des paranoiden Triebverbrechers Ernst Wagner verglichen werden sollte, um eine spezifische cerebrale Läsion als Ursache für Persönlichkeitsänderungen zu identifizieren, die die kriminellen Handlungen der Terroristin und des Serienmörders erklären könnte.

Diese wenigen Episoden gehören allesamt zu einer langen Kette von Archivierungen und Untersuchungen, Theorien und Erwartungen, die sich zur Geschichte der Erforschung von genialen Gehirnen zusammenfügen; eine Geschichte, die nicht gerade zu den respektablen Seiten der Hirnforschung gezählt und deswegen in den offiziellen historischen Darstellungen gern als nicht ganz ernst zu nehmende Kuriosität abgetan wird. Verstärkt wird dieser Eindruck durch den Umstand, daß bislang eher die Kammerdiener des historiographischen Genres sich dieses Gegenstands angenommen haben, indem sie den Genies bei der Arbeit über die Schulter schauen und mit Mikrophon, Block und Bleistift in der Hand vom Abenteuer Gehirnforschung berichten. Ihre Anekdoten und Aufdeckungen sind nach dem Muster der *Krankheiten großer Männer* gestrickt. Wer hätte nicht von Descartes' oder Haydns Schädel, von Lenins oder Einsteins Gehirn und den darum sich rankenden, etwas mysteriösen und anrüchigen Geschichten gehört? Nicht bloß wegen der kürzlichen Debatten um Einsteins und um Ulrike Meinhofs Gehirn ist es an der Zeit, dieses Sammelsurium von Anekdoten zu entwirren und neu zu einer Geschichte zusammenzufügen, die eines verdeutlichen soll: Die Beschäftigung mit Gehirnen außergewöhnlicher Persönlichkeiten ist in den letzten beiden Jahrhunderten ein wenig geliebter, häufig umstrittener, zweifellos aber ein fester Bestandteil der Hirnforschung gewesen. Davon handelt dieses Buch.

Gehirne außerordentlicher Persönlichkeiten sind immer wieder nach Kriterien, Untersuchungsmethoden und epistemischen Werten untersucht worden, die den wissenschaftlichen Standards der jeweiligen Zeit entsprochen oder sie bisweilen sogar gesetzt haben. Präparations- und Konservierungsmethoden, visuelle Darstellungsverfahren und Präzisionsmessungen, Verknüpfungen zu anderen theoretischen und experimentellen Entwicklungen der Hirnforschung: um die Genialität oder wenigstens die außerordentliche Begabung im Kopf nachzuweisen, sind alle möglichen Wege beschritten worden – mit nicht allzu großem Erfolg. Heute würde kein Hirnforscher, der etwas auf sich hält, ernsthaft behaupten wollen, den Ort der Genialität identifiziert zu haben. Warum ist dann aber das *geniale Gehirn*, trotz seiner nicht allzu ausgeprägten wissenschaftlichen Dignität, in den letzten beiden Jahrhunderten immer wieder ein relevantes, faszinierendes Forschungsobjekt gewesen, das weniger die Außenseiter als vielmehr einige der bedeutendsten Hirnforscher angezogen hat? Welchen Stellenwert hat dieses Unternehmen in der Geschichte des *homo cerebralis*, also in der cerebralen Konstruktion des modernen Menschen? Warum vermögen Gehirne außergewöhnlicher Persönlichkeiten bis auf den heutigen Tag eine solche Faszination auszuüben? Und schließlich: Läßt sich von dieser Geschichte ein Bogen zu aktuellen Entwicklungen der kognitiven Neurowissenschaften schlagen?

Zur Beantwortung dieser Fragen gehe ich von der These aus, daß mit dem Aufstieg der Hirnforschung seit dem 19. Jahrhundert das Gehirn zu einem Objekt geworden ist, das zugleich mit psychologischer und moralischer, kultureller und sozialer, ökonomischer und politischer Bedeutung aufgeladen wurde. Schon lange vor den aktuellen Diskussionen um die Willensfreiheit und lange vor den aus dem Boden sprießenden Bindestrichwissenschaften wie Neurodidaktik, Neuroästhetik oder Neuroökonomie sind die anthropologischen Grundsatzfragen von Freiheit und Notwendigkeit, von Primitivität und Zivilisiertheit, von Autonomie des Subjekts und maschinengesteuerter Kreatur gerade im Hinblick auf das Gehirn diskutiert worden. Es ist keine Neuigkeit, daß das Gehirn ein symbolisch kontaminiertes Organ ist, doch es ist wenig hilfreich, das als ein kulturelles Problem anzusehen, gegen das die Naturwissenschaften sich permanent abzugrenzen versuchen. Zu lange hat man sich mit der allzu schlichten Arbeitsteilung zufriedengegeben, wonach in den Naturwissenschaften Fakten und Erkenntnisse produziert werden, die in der Kultur dann irgendwie konsumiert werden. Zwar ist die Trennung von wissenschaftlicher Entzauberung und kultureller Überfrachtung ein historisches Phänomen, das nicht ohne weiteres wegdiskutiert werden kann und soll; doch scheint diese Trennung keinen brauchbaren historiographischen Ansatzpunkt abzugeben.

Viel eher geht es darum, zu fragen, in welchen historischen Konstellationen sich Praktiken, Theorien und Dispositive zur Konstruktion des *genialen Gehirns* zusammengefügt haben. In welchen Wissensräumen der Anatomie und Psychiatrie, der Anthropologie und Schädelkunde, der Philosophie und Ästhetik ist das Gehirn bedeutender Persönlichkeiten ins Licht gerückt, mit Bedeutung aufgeladen, metaphorisiert oder als Chiffre für bestimmte Leitvorstellungen instrumentalisiert worden? Und was bedeutete der Umgang mit solchen Gehirnen für die säkularisierte Praxis der Erinnerungskultur und die modernen Formen der Hagiographie, die für ein genaueres Verständnis der Mentalität von Wissenschaftlern und Gelehrten seit dem 19. Jahrhundert bedeutsam geworden sind?

All diese Fragen verweisen bereits auf den Inhalt dieses Buches. Bevor ich genauer darauf eingehe, ist noch eine methodische Frage zu klären. *Wissenschaft als kulturelle Praxis* lautet das Stichwort, unter dem in den letzten Jahren die Neuorientierung der Wissenschaftsgeschichte zusammengefaßt worden ist, die sich der Aufgabe verschrieben hat, die kulturelle Verflechtung wissenschaftlicher Aktivitäten zu analysieren. Mit der Historisierung des wissenschaftlichen Erkenntnisprozesses hat die Wissenschaftsgeschichte die Trennung zwischen Natur und Kultur in den letzten Jahren immer wieder in Frage gestellt. Wenn grundlegende wissenschaftliche Kategorien wie Rationalität und Objektivität, Theorie und Experiment oder Beweis und Test, die alle der Erkenntnis der Gesetzmäßigkeit der Welt dienen, selbst historischen Wandlungen unterworfen sind, spricht das zum einen dafür, daß die erkenntnisdynamische Relevanz kultureller und sozialer Verflechtungen in den Naturwissenschaften ein notwendiger Untersuchungsgegenstand ist. Zum anderen zeigt sich aber auch, daß nicht nur Wissen, sondern auch Werte innerhalb einer wissenschaftlichen Praxis generiert und entwickelt werden können, um dann auf andere Wissensbereiche übertragen zu werden.

Die Historizität von Praktiken, Begriffen, Symbolen, Werten und epistemischen Kategorien ist ein Aspekt, aber was ist mit den Objekten selbst? Worin sollte ihre historische Variabilität bestehen? Diese Frage hat in den letzten Jahren zu einigen Verwirrungen und Kontroversen geführt, die sich entlang der weltanschaulichen Auseinandersetzungen zwischen Realismus und Konstruktivismus bewegt haben. Die einen sagen, Atome, Viren, Bakterien oder Gehirne sind unabhängig von wissenschaftlicher Manipulation real; sie sind es nicht, sagen die anderen und bestehen darauf, daß die Welt mitsamt ihren Bestandteilen eine bloße Konstruktion sei. Ich teile die Ansicht derjenigen, die diese Debatte mit zunehmendem Unbehagen verfolgt haben, weil sie an den eigentlich interessanten Fragestellungen vorbeigeht. Natürlich spricht alles für die Annahme, daß Bakterien auch vor ihrer wissenschaftlichen Identifizierung ihrer Tätigkeit nachgegangen sind und das wohl auch noch tun werden, wenn es irgendwann einmal keine Wissenschaft mehr gibt. Doch ist die Realität eines wissenschaftlichen Objekts insofern relational, als es sich durch die Einbettung in verschiedene experimentelle, technologische und soziale Situationen verändert. So wie ein Gebäude eine Geschichte hat, indem es unterschiedlich genutzt oder umgebaut wird, unterschiedliche reale und symbolische Zuschreibungen erfährt und damit seine Physiognomie verändert, hat auch ein wissenschaftliches Objekt eine Geschichte und eine veränderliche Physiognomie. Diese verschiedenen (Ge-)Schichten und Gestalten freizulegen ist das Kernstück einer historischen Beschäftigung mit Objekten, die sich nicht damit begnügt, eine Geschichte der Theorien oder Ideen zu schreiben, die auf diese Objekte appliziert werden.

Wie also ist die Historizität des Gehirns, dieses knapp blumenkohlgroßen Klumpens von durchschnittlich 1.300 Gramm beim erwachsenen Menschen, zu verstehen? Gehirne entstehen nicht bloß aus embryonalen Vorformen, erledigen ihre Arbeit zunächst vorbildlich und dann immer schlechter, um dann zu vergehen, sie haben auch ein Nachleben: als Forschungsobjekte, als in Formalin eingelegte Organe oder Wachsabgüsse in anatomischen Sammlungen, auf Zeichnungen, Fotografien und Computerbildern, als Gegenstände von bürokratischen Praktiken, Verordnungen, Erzählungen und Anekdoten, bisweilen auch als Fetischobjekte. Nicht jede dieser Erscheinungsformen des Objekts Gehirn wird zu einem wissenschaftlichen Ideen- oder Stichwortgeber, doch immer wieder haben sie auf manchmal verschlungene Weise auch Rückwirkungen auf die physiologischen Auffassungen vom Gehirn in Aktion.

Um das aktuelle Beispiel des Gehirns von Ulrike Meinhof aufzugreifen: die Entnahme, Untersuchung, Aufbewahrung und Weitergabe ihres Gehirns; der Meinungsaustausch zwischen Juristen und Ärzten um den Befund und seine vermeintliche Bedeutung für die Schuldfähigkeit; die avisierte Neuuntersuchung des Gehirns im Vergleich zum Gehirn des Massenmörders Ernst Wagner, der öffentliche Skandal im Herbst 2002 und schließlich die Beerdigung des Gehirns haben unweigerlich und unwiderruflich das Nachleben der Ulrike Meinhof verändert. Kein zukünftiger Biograph wird mehr an diesen Ereignissen vorbeigehen können. Es kann nicht darum gehen, eine Geschichte der Baader-Meinhof-Gruppe, des Terrorismus oder gar der Kriminalität vom Gehirn aus zu schreiben. Letzteres haben Psychiater und Hirnanatomen immer wieder getan, genauso wie sie – meistens dieselben – versucht haben, außerordentliche Begabungen am Gehirn festzumachen und daraus soziale Konsequenzen zu ziehen. Vielmehr geht es darum, daß Gehirne in einer Weise Gegenstand von Interventionen sind, die sich nicht dem simplen Schema: *hier Theorien und Untersuchungen, dort das naturgegebene Objekt* fügen. *Geniale Gehirne* sind zugleich wissenschaftliche und kulturelle Objekte, bei denen die eine Bedeutungsform in die andere hineingreift. Wie sich im Verlauf dieser Untersuchung zeigen wird, war es eben nicht damit getan, zu sagen, das Gehirn einer bedeutenden Persönlichkeit ist ein neutraler Forschungsgegenstand wie jeder andere auch. Diese Gehirne wurden stets im Hinblick auf die Identifizierung von Unterschieden gesammelt und untersucht, so daß in ihnen gleichsam die Persönlichkeit ihres vormaligen Besitzers, die jeweilige kulturelle Vorstellung von Ausnahmeerscheinung und Genie und schließlich hirnanatomische bzw. physiologische Prämissen miteinander vereint repräsentiert wurden.

Diese Assemblage ist zugegebenermaßen einzigartig, doch sie unterscheidet sich nur graduell von anderen historischen Erscheinungsformen des Gehirns, die die moderne Hirnforschung bevölkert haben. Beispiele wären das *elektrische Gehirn*, das *weibliche Gehirn*, das *kriminelle Gehirn*, das *pathologische Gehirn* oder das *Gehirn als Computer*. Wenn die Biographien all dieser Gehirne in einigen Jahren – hoffentlich – ihre Autoren gefunden haben, wird sich zeigen, daß ihre Geschichten sich partiell überschneiden, daneben jedoch über eine jeweilige Eigendynamik verfügen, und das heißt: unterschiedliche Untersuchungs- und Darstellungsmethoden; verschieden eingerichtete Wissensräume, in denen diese Untersuchungen stattfinden; unterschiedliche Hypothesen, Theorien und kulturelle Verflechtungen; und schließlich auch unterschiedliche Akteure, die sich für diese oder jene Art von Gehirn interessieren. Selbstverständlich gibt es immer wieder Verflechtungen und Überlappungen zwischen diesen Wissensobjekten, und im Folgenden wird davon auch immer wieder die Rede sein. Für die historische Entstehung des Interesses an *genialen Gehirnen* war die gleichzeitige Rückführung von Geisteskrankheit und Verbrechen auf cerebrale Determinanten beispielsweise konstitutiv. Dennoch: Eine ausführliche Behandlung etwa des *weiblichen* oder des *kriminellen* Gehirns hätte den Rahmen dieses Buches gesprengt. Deswegen wird man sie hier vergebens suchen. Es ist nun einmal so, daß keine dieser spezifischen Geschichten Anspruch auf eine vollständige Geschichte des modernen Gehirns erheben kann, aber sie alle tragen dazu bei, Konturen dessen sichtbar zu machen, was das Gehirn in der und für die moderne Kultur, in der wir leben, bedeutet.

Eine ähnliche Einschränkung ist auch in die andere Richtung zu machen. Der Titel des Buches ist nicht so sehr wegen der gefälligen Alliteration gewählt worden, sondern weil die Vorstellungen vom Genie und von der Genialität ein unverzichtbarer Bestandteil dieser Geschichte sind. Gleichwohl geht es hier nicht darum, eine ästhetische oder sozialhistorische Geschichte des Geniegedankens zu schreiben. Erstens liegen solche Studien, etwa von Edgar Zilsel oder von Jochen Schmidt, längst vor, so daß ich mich darauf beziehen konnte; und zweitens ging es mir bei der Untersuchung der historischen Entwicklung des Verhältnisses von Geniekonstruktion und somatischer Disposition eher um die Konsequenzen für den wissenschaftlichen als für den ästhetischen Diskurs. Gewiß spielen hier ästhetische Gesichtspunkte immer wieder hinein, doch das hat mich wiederum eher im Hinblick auf die wissenschaftlichen Belange interessiert. Da die somatische Seite der Geniegeschichte in den mir bekannten literaturwissenschaftlichen und kunsthistorischen Studien jedoch nur am Rande vorkommt, versteht sich dieses Buch durchaus auch als Beitrag zur Geschichte des Geniegedankens.

*

Was sich zu einer stattlichen Untersuchung ausgewachsen hat, war ursprünglich einmal als Kapitel meines Buches *Homo cerebralis* vorgesehen – bis ich bemerkte, daß das immer weiter anwachsende Material der Geschichte eine andere Wendung gegeben hätte, die vom eigentlichen Argumentationsgang wegzuführen drohte. In dem besagten Buch ging es mir vor allem darum zu zeigen, wie die Hirnforschung das moderne Menschenbild mitgeprägt hat. Um 1800 kam es zu einem grundlegenden Wandel vom *Seelenorgan* zum *Gehirn*. In der Frühmoderne fungierte das Seelenorgan als materielles Medium zwischen Körper und Seele. Damit war ein Verständnis des Menschen gewährleistet, das metaphysische und religiöse Aspekte mit naturhistorischen und medizinischen Ansätzen in Einklang brachte. Mit der Neudefinition des Gehirns als einem Organ, in dem verschiedene geistige Qualitäten gleichberechtigt nebeneinander lokalisiert werden, entwickelte sich die Hirnforschung zur Wissenschaft vom Menschen. Das hatte recht ambivalente Konsequenzen. Wenn das Gehirn etwa im 19. Jahrhundert von seriösen Hirnforschern in höhere und niedere, zivilisiertere und primitivere Regionen eingeteilt wurde, so folgten sie damit kulturellen und sozialen Wertungen und Differenzierungen, die mobilisiert wurden, um die kulturelle Legitimation der Hirnforschung zu vergrößern.

Diese Geschichte ist alles andere als ein Ruhmesblatt, und darauf ist auch früher schon in verschiedenen Zusammenhängen hingewiesen worden. Wissenschaftler wie Stephen Jay Gould, Schriftsteller von Michail Bulgakow und Curt Siodmak bis Tilman Spengler und Aris Fioretos, und jüngst der Komponist Michael Nyman in seiner Oper *Facing Goya,* haben den Zusammenhang zwischen einer fehlgeleiteten Erforschung und Experimentalisierung des menschlichen Gehirns und einem Abgleiten in Unmenschlichkeit und Barbarei auf je eigene Weise thematisiert. Davon ist keinen Deut abzurücken, und auch im vorliegenden Buch wird von diesen Zusammenhängen immer wieder die Rede sein. Das ist aber nicht alles. Gleichzeitig ist die Geschichte der Suche nach den cerebralen Ursachen des Talents und des Genies, der Begabung und der Elite, auch eine Faszinationsgeschichte, die bis in unsere eigene Gegenwart hineinreicht.

Das Gehirn hat Konjunktur – das ist eine triviale Feststellung. So sehr, daß man sich fast schon die Frage zu stellen geneigt ist: Wieviel Gehirn verträgt die sogenannte Wissensgesellschaft? Eine gehörige Portion, denn wie sonst wäre es zu erklären, daß Monat für Monat Magazine und Zeitschriften aufwendig über das *Wunder Gehirn* berichten und dabei zwischen Wahrnehmung und Gefühlen, Krankheit, Kreativität und Kriminalität, Gedächtnis und Neurochips kaum ein Thema ausgelassen wird? Es wäre jedoch ein schwerer Irrtum anzunehmen, daß es sich hierbei um ein reines Medienphänomen handelt. Diejenigen, die den Erlebnisraum Gehirn zuerst betreten, sind die Neurowissenschaftler selbst, ausgerüstet mit Technologien und Theorien, die ganz neue Einsichten in das Zentralorgan versprechen.

Betrachtet man die gegenwärtig kursierenden Prämissen, Annahmen und bildlichen Darstellungen des Gehirns und verfolgt die zwischen Faszination und Skepsis changierende Rezeption dieser Entwicklungen etwas genauer, kommt einem manches davon nicht unbekannt vor. Schon allein die Erwartung, eine bestimmte Begabung im Gehirn lokalisieren und damit erklären zu können, oder die Art und Weise, wie Hirnbilder hergestellt, präsentiert und interpretiert werden, verweisen auf ältere Episoden aus der Geschichte der Untersuchung des Gehirns. Die aktuellen Diskussionen um die Existenz des freien Willens, die Untersuchung von betenden Franziskanerinnen mittels der funktionellen Magnetresonanztomographie oder die Bemühungen um die Neuroökonomie können gelassener betrachtet und präziser eingeordnet werden, wenn man sie vor dem historischen Hintergrund der kognitiven Hirnforschung beleuchtet. Die Untersuchungen der Gehirne bedeutender Persönlichkeiten sind hier besonders lehrreich, denn auch wenn sie kaum je den Mainstream der Hirnforschung ausgemacht haben, so bildeten sie doch deren ambitionierte anthropologische Speerspitze, markierten gleichsam die epistemische Unruhe, von der manche Hirnforscher auch heute noch heimgesucht werden.

Geht es demnach bloß um eine Art Vorgeschichte der heutigen Hirnforschung? Nichts weniger als das. Ich gehöre nicht zu denjenigen, die selbstgewiß das Schild *Alles schon einmal dagewesen!* vor sich hertragen. Wer nur auf der Suche nach Ursprüngen und Vorläufern ist, wird diese auch finden. In der Wissenschaftsgeschichte sieht das dann so aus, daß die Geschichte von der Gegenwart aus zurück geschrieben wird und man sich die Ereignisse so einrichtet, daß sie in das Kontinuum hineinpassen. Aber auch das Alternativmodell hat seine Tücken. Es beschreibt die Entwicklung des wissenschaftlichen Wissens als eine Folge von Diskontinuitäten, operiert mit Brüchen oder Paradigmenwechseln und gerät nicht selten in die Verlegenheit, zu erklären, warum Elemente und Faktoren einer vermeintlich alten Ordnung sich auch nach dem Bruch noch großer Beliebtheit erfreuen.

Um diesem doppelten Dilemma zu entgehen, kommt es mir darauf an, die dargestellten Ereignisse nicht auf ein eindeutiges Ziel hin festzulegen. Die Entstehung des Neuen ist stets ein Durchlaufen verschiedener Etappen, bevor das *Neue* tatsächlich dasteht. Wenn wir uns diesem Prozeß anzunähern versuchen, steht das Vertraute neben dem Fremden, das leicht Nachvollziehbare neben dem Idiosynkratischen. Die Idee, Genie, Begabung und Intelligenz im Gehirn verorten zu wollen, gehört zu den Bestandteilen der modernen Humanwissenschaften. Welche Probleme, Fragestellungen und Praktiken dabei eine Rolle gespielt haben, welche erstaunlichen Konstellationen sich gebildet haben, in denen die kulturelle Signifikanz des Gehirns behauptet und debattiert, bekämpft und instrumentalisiert wurde, ist nur aus den jeweiligen historischen Zusammenhängen heraus erklärbar.

Nichts wäre einfacher, als die meisten der hier vorgestellten Positionen aus der gesicherten Haltung des epistemologischen Saubermanns vorzuführen und gleichzeitig diejenigen Elemente zu isolieren und hervorzuheben, die dann zur allgemein akzeptierten Tatsache geworden sind. Das hieße jedoch blind zu werden für die Dynamik von Forschungsprozessen, denen in ihrer Anfangsphase nicht anzusehen ist, wohin sie führen. Die spätere Perspektive, die es immer schon besser weiß, vermag gerade nicht zu beurteilen, warum zu einer bestimmten Zeit in einem bestimmten Kontext die Kriterien für Wissenschaftlichkeit so und nicht anders gezogen worden sind, ja, sie vermag nicht einmal zu sagen, warum über bestimmte Theorien und Praktiken so erbittert gestritten worden ist. Nur indem man das Befremdliche und Überraschende zuläßt, werden die Themen, Inhalte und Motivationen einer jeweiligen wissenschaftlichen Praxis sichtbar. Wissenschaftsgeschichte, wie ich sie hier zu schreiben versuche, interessiert sich für Resonanzen und Korrespondenzen, Aufsprengungen und Ausschließungen, die sich zwischen verschiedenen Artikulationsweisen ergeben. Damit, so meine ich, lassen sich auch aktuelle Forschungen und Tendenzen genauer verstehen.

*

Das erste Kapitel dieses Buches setzt im späten 18. Jahrhundert ein. Damals wurden Schädel und Gehirne außerordentlicher Personen zum Gegenstand physiognomischer und anthropologischer Untersuchungen. Größe, Gewicht und Konsistenz des Gehirns sowie die Schädelform entwickelten sich zu Parametern für die Postulierung geistiger und moralischer Differenzen, charakterlicher Eigenschaften und besonderer Fähigkeiten. Im Zusammenhang mit der Forderung nach einer breiten empirischen Erforschung des Menschen wurde das Genie als Extremfall neben anderen Extremfällen wie

Geisteskrankheit oder Kriminalität anthropologisch virulent. Das Interesse an Schädeln und Gehirnen war undenkbar ohne Konzepte und Techniken, die in der Physiognomik entwickelt wurden. Nach Johann Caspar Lavater ist Physiognomik die Wissenschaft, die den Charakter des Menschen aus seinem Äußeren zu erkennen versucht. Es ist allgemein bekannt, daß das Lesen in Gesichtern zum Bestandteil des Alltagslebens geworden ist, aber zugleich ist die physiognomische Methode, nämlich die aufmerksame und gründliche Betrachtung eines Gegenstands, um minimale Unterschiede herauszufinden, zu einem Teil der Humanwissenschaften geworden und hat auch die Untersuchung von Schädeln und Gehirnen geleitet.

Daß im ersten und auch im darauffolgenden Kapitel über die cerebralen Biographien so viel vom Schädel und so wenig vom Gehirn die Rede sein wird, ist keineswegs eine Abschweifung vom Thema. Der Schädel ist das, was man als einen Signifikanten mit doppelter Funktion betrachten könnte: einmal mit einem direkten, einmal mit einem indirekten Verweischarakter. Zunächst verweist er direkt auf den Charakter seines Besitzers, und dabei spielen physiognomische, ästhetische und, im Sinne Goethes, morphologische Kriterien eine Rolle. Um 1800 konnte man den Schädel wie ein Physiognom lesen und abtasten und unter Ignorierung des in ihm wohnenden Gehirns ein Profil der Persönlichkeit des Schädelinhabers stellen. Ungefähr so hat Goethe es mit Schillers Schädel gehalten. Davon unterscheidet sich ein anderer, indirekter Zugang. Der Schädel verweist auf das darunter gelegene Gehirn, und dieses wiederum ist der eigentliche Signifikant, der die Persönlichkeit des Menschen aufschließt. Franz Joseph Gall und seine zahlreichen Anhänger untersuchten den Schädel und meinten das Gehirn.

Hierbei handelt es sich um eine besondere Konstellation, denn in der Regel ist ein epistemisch relevantes Forschungsobjekt auch ein anwesender Gegenstand, an dem sich die materiellen Spuren nachverfolgen lassen. In diesem Falle sind die Zeichen jedoch nicht in das Objekt eingeschrieben, um das es eigentlich geht. Schroff gesagt: am Gehirn allein hätte Gall seine Lehre nicht entwickeln können, obwohl er sich für dieses Organ und nicht den Schädel interessierte und zudem ein vorzüglicher Hirnanatom war. Wir haben es also mit der eigenartigen Situation zu tun, daß ein epistemisches Objekt stumm ist und nur durch einen Stellvertreter zum Sprechen gebracht wird. Es gibt also auch so etwas wie eine Virtualität der Spuren, vorausgesetzt es steht ein Sekundär-Signifikant, ein Stellvertreter zur Verfügung, der ungefähr die gleiche Sprache spricht.

Für Gall war Genie nichts anderes als die stark entwickelte Aktivität einer oder mehrerer cerebraler Fakultäten. In den ersten Jahrzehnten des 19. Jahrhunderts beteiligte sich die Lehre vom Schädelbau an der Hagiographie des wissenschaftlichen und künstlerischen Genies, indem sie deren Einzigartigkeit am Schädel wiederzufinden meinte. Bei Immanuel Kant etwa, dessen Schädel auf dem Totenbett untersucht wurde, fand der Phrenologe außerordentlich entwickelte Schädelhöcker über der frontalen Hirnrinde, wo die Organe für Gedächtnis, metaphysischen und vergleichenden Scharfsinn lokalisiert wurden. Solche Untersuchungsrituale waren nicht auf die Phrenologie beschränkt. Auch die romantische Schädellehre eines Carl Gustav Carus verfolgte das Ziel, die Grundzüge der Persönlichkeit an der Schädelkonfiguration festzumachen.

Bis zur Mitte des 19. Jahrhunderts wurden die Gehirne außergewöhnlicher Persönlichkeiten völlig anders behandelt als alle anderen. Gehirne von gewöhnlichen Männern und Frauen, Europäern und Nicht-Europäern, Geisteskranken und Verbrechern wurden in Tabellen und Statistiken integriert, um Ähnlichkeiten und Unterschiede zu postulieren. Geniale Gehirne sucht man dort vergeblich. Dieses Paradox ist zum einen auf moralische Tabus im Umgang mit den Leichen verstorbener Genies zurückzuführen. Wichtiger noch ist allerdings der Umstand, daß man geniale Gehirne genauso behandelte wie ihre Besitzer: als Ausnahmeerscheinungen, denen man in hagiographischen Verklärungen Anerkennung zollte. In der ersten Hälfte des 19. Jahrhunderts war das Genie noch weithin unvergleichbar mit den übrigen Menschen. Dementsprechend waren es nicht wissenschaftliche Veröffentlichungen, sondern biographische Würdigungen und Nachrufe, in denen von außerordentlichen Gehirnen die Rede war. In der Münchener Akademie der Wissenschaften erhielten die Akademiemitglieder mehrfach Bericht über die Gehirnstrukturen ihrer verstorbenen Kollegen, und zwar in offiziellen Gedenkreden, die vor der Akademie vorgetragen wurden. Der Umweg über die Erinnerungskultur machte die Gehirne von Gelehrten und Künstlern zu einem relevanten Forschungsgegenstand.

Erst im Rahmen der weltanschaulichen und wissenschaftlichen Debatten, die sich im Gefolge der gescheiterten Revolution von 1848 ergaben, nahm die vergleichende Untersuchung der Gehirne berühmter Persönlichkeiten ihren Anfang. Von diesen Veränderungen handelt das Kapitel zur Physiognomik der Hirnwindungen. Fragen der individuellen Freiheit des Menschen und der cerebralen Determinierung des Geisteslebens wurden kontrovers diskutiert, und hierin ist der Ausgangspunkt zu sehen für eine systematische Erforschung der Gehirne von Gelehrten. Auch wenn der konservative Göttinger Physiologe Rudolph Wagner vehement gegen den Materialismus kämpfte, hoffte er doch spezifische Eigenheiten in den Gehirnen seiner verstorbenen Göttinger Professorenkollegen zu finden, vor allem im Gehirn des Mathematikers Carl Friedrich Gauß. Die Resultate allerdings waren enttäuschend. Zwar verfügte Gauß hinsichtlich der Hirnwindungen über ein außerordentliches Gehirn, aber ihre Form und ihr Arrangement waren nicht spezifisch.

Trotz solcher Frustrationen war die Untersuchung des Gauß-Gehirns der Startschuß für die Erforschung der Gehirne zahlreicher Gelehrter, Künstler und Politiker. In München, Paris, Berlin, Stockholm und Philadelphia vermachten Männer ihre Gehirne Anatomen und wurden im Gegenzug mit einer exklusiven Publikation der Resultate geehrt. Die Hoffnung, Besonderheiten in *genialen Gehirnen* zu finden, wurde nicht zuletzt durch die Lokalisationstheorie der geistigen Funktionen genährt, die im späten 19. Jahrhundert eine zweite große Blüte erlebte. Im Anschluß an hirnanatomische Untersuchungen des Leipziger Psychiaters und Anatomen Paul Flechsig galten die sogenannten cortikalen Assoziationszentren als materielle Basis für Intelligenz und Genie. Der alten physiognomischen Idee einer Eins-zu-eins-Korrespondenz folgend, bestand das Ziel nun darin, eine individuelle Physiognomie der Hirnrinde zu entdecken. Wie ich im Kapitel zum Fin de siècle zeigen werde, gab es um 1900 in verschiedenen europäischen Ländern und in den USA forcierte Anstrengungen, entlang der Flechsigschen Lehre die Gehirne von Gelehrten und Künstlern zu untersuchen, doch nach der Durchmusterung von gut 150 solcher Gehirne waren die Ergebnisse nach wie vor reichlich frustrierend. Dabei grenzte sich die Gelehrtengehirnforschung dezidiert von den Versuchen eines Cesare Lombroso oder Max Nordau ab, einen unmittelbaren Zusammenhang zwischen Genie und Wahnsinn herzustellen.

An diesem Punkt ist eine kurze begriffliche Klärung einzuschalten. Auch wenn dieses Buch im Untertitel von einer Geschichte der Elitegehirnforschung redet, so kann doch vor 1900 von Elitegehirnen keine Rede sein. Der Begriff wird erst zu dieser Zeit geprägt, und damit ist tatsächlich etwas anderes gemeint als die zuvor untersuchten Gelehrten- und Künstlergehirne. Während diese als individuelle Heroen und Vorbilder galten, die allein von ihrer Lebensleistung aus beurteilt wurden, spielte all das bei den Elitegehirnen zwar auch noch eine Rolle, aber es kam ein wichtiger Faktor hinzu: ihre eugenische Einbindung. Die Untersuchung der Elitegehirne war Bestandteil eines großangelegten wissenschaftlichen Unternehmens zur gezielten Beeinflussung der Zukunft der Menschheit, gehörte somit zur Domäne der Biopolitik. All das wäre nicht durchführbar gewesen ohne die anatomische Methode der Cytoarchitektonik, die von Oskar Vogt und einigen anderen Hirnanatomen entwickelt und perfektioniert wurde. Beide Aspekte, eugenische Ideologie und brillante neuroanatomische Methode, trugen dazu bei, daß Vogt von der Regierung in Moskau beauftragt wurde, das Gehirn Lenins zu untersuchen. Mit der Untersuchung von Elitegehirnen ließ sich Gehirnpolitik betreiben, die in der Weimarer Republik und in der frühen Sowjetunion außerordentlich populär war, dafür jedoch im nationalsozialistischen Deutschland aus naheliegenden Gründen geächtet wurde.

Schließlich durchmißt das letzte Kapitel in großen Schritten die Verabschiedung der Elitegehirnforschung und die Einführung eines neuen Paradigmas, mit dem das Gehirn als *computational device* zumindest für einige Zeit zur forschungsleitenden Kategorie gemacht wurde. Ausgerechnet in der Epoche der Kybernetik, die den Unterschied zwischen Gehirn und Maschine einschmolz, wurde das Gehirn Albert Einsteins zu einem mythischen Objekt stilisiert. Tatsächlich war das Gehirn des Physikers kurz nach dessen Tod ein Phänomen der Massenmedien und nicht der Hirnforschung, bevor es für Jahrzehnte in Vergessenheit geriet. Erst in den neunziger Jahren, der Dekade des Gehirns, änderte sich die Situation. Die Gehirne von Einstein und Gauß sind wieder populär geworden, weil einige Neurowissenschaftler Interesse an Elitegehirnen artikuliert haben und weil sich mit den neuen computergesteuerten Visualisierungsmethoden das zerstückelte Gehirn Einsteins und das seit 150 Jahren im Glas schlummernde Gehirn von Gauß zumindest virtuell wieder aktivieren lassen. Die Zukunft wird zeigen, welche alten und neuen Gehirne noch in die Matrix der Cyber-Phrenologie eingespeist werden.

Bis zum Erweis des Gegenteils möchte ich jedoch davon ausgehen, daß die immer wieder geführten Diskussionen um Elitegehirne und um die spezifische Verortung besonderer Begabungen in der Hirnstruktur ihre Ursache weniger in der Anatomie dieses faszinierenden Organs selbst haben als vielmehr in den modernen Gesellschaften, die diese Gehirne zu wissenschaftlichen und gleichzeitig kulturellen Objekten erkoren haben.

Vom wohltemperierten Gehirn zur Anthropologie des Schädels

Genialität, Kriminalität, Geisteskrankheit

Georg Christoph Lichtenbergs Polemik gegen die Physiognomik Johann Caspar Lavaters ist ein Lehrstück darüber, wie man einer allzu fahrlässigen Menschenkunde mit Courage und Scharfsinn begegnen kann. Selbst mit einem verunstalteten und gebrechlichen Körper ausgestattet, war es für ihn nicht akzeptabel, daß eine direkte Korrespondenz zwischen Innerem und Äußerem das Kernstück der Menschenkenntnis ausmachen sollte. Das vergangene und zukünftige Verhalten eines Menschen, seine charakterlichen und intellektuellen Eigenarten an der Gesichtsform und am Kopfbau abzulesen ermöglichte nach Lichtenberg alle Arten von positiver und negativer Stigmatisierung. Daß man Menschen nach der physiognomischen Logik aufhängen werde, bevor sie die ihnen vorausgesagten Verbrechen begehen; daß die körperlich Gezeichneten sich eher vor den Ungezeichneten zu fürchten hätten als umgekehrt; daß man Physiognomik auch an Schwänzen betreiben könne, wenn Stirn, Nase, Augen und Hände auf den Charakter verweisen – mit solchen Einsichten mobilisierte Lichtenberg das ganze Arsenal seiner analytischen und satirischen Talente, um die absurden und unmenschlichen Seiten der Physiognomik aufzuzeigen.

Trotz aller Kritik an Lavater und seinen Anhängern war Lichtenberg jedoch davon überzeugt, daß die Erscheinungsform des Menschen sehr wohl für die Anthropologie relevant sei. Einige Jahre vor seiner Auseinandersetzung mit Lavater überlegte er sogar, wie die Physiognomik sinnvoll begründet werden könnte. In einem *Sudelbuch*-Eintrag von 1771 heißt es: »Um einigen Grund in dieser schweren und weitläufigen Wissenschaft zu legen, müßte man bei verschiedenen Nationen, die größten Männer, die Gefängnisse und die Tollhäuser durchsehen, denn diese Fächer sind so zu reden die drei Hauptfarben, durch deren Mischung gemeiniglich die übrigen entstehen.«[1]

Genialität, Kriminalität, Geisteskrankheit – das ist die Trias, deren nähere Untersuchung die neue Grundlage für die Kenntnis des Menschen bilden sollte. Die seit der Antike übliche humoralphysiologische Einteilung in Choleriker, Phlegmatiker, Sanguiniker und Melancholiker, die die Konstitution eines Menschen nach dem Mischungsverhältnis der entsprechenden Körpersäfte bestimmte, verschwand damit allmählich hinter einer absonderlich anmutenden Gruppe, deren prototypischer Charakter sich auf den ersten Blick kaum erschließen mochte. Doch für Lichtenberg war auch der gemeine Mensch eine stets gefährdete Mischung aus Größe, Lasterhaftigkeit und Wahnsinn, und die Physiognomik, diese Oberflächenwissenschaft par excellence, bot den Schlüssel, der den Weg erst zu den Hauptfächern und dann zu den sich endlos verzweigenden Nebenfächern ebnete.

Das anthropologische Erkenntnisinteresse an Genialität, Kriminalität und Wahnsinn und, damit verbunden, die Erforschung des Menschen von den Rändern her bedeutete für das 18. Jahrhundert einen neuen epistemischen Zugang, bei dem mehrere Gesichtspunkte hervorzuheben sind. Zunächst einmal finden sich die »größten Männer« hier in einer Nachbarschaft wieder, die mit den ästhetischen Genie-Diskursen des 18. Jahrhunderts nur partielle Berührungspunkte aufweist. Während im Bedeutungshorizont der antiken Temperamenten- und Säftelehre, der auch im Jahrhundert der Aufklärung noch wirksam war, die schwarze Galle der Melancholiker den Stoff ausmachte, der Wahnsinn und Kreativität zu einer emblematischen Figur formte, ging es nun umgekehrt darum, von den unverrückbaren physiognomischen Merkmalen zu den körperlichen und geistigen Qualitäten vorzustoßen. Die Typologie des melancholischen Gelehrten – wiederum eine antike Denkfigur, die seit dem 17. Jahrhundert große Konjunktur hatte – verfolgte nicht diejenigen anthropologischen Absichten, die Lichtenberg und anderen Spätaufklärern vorschwebten. Seine Drei-Farben-Theorie der Menschheit lenkte den Blick auf Extreme, die bis dahin kaum in einem Atemzug genannt worden waren. Genialität, Kriminalität und Wahnsinn waren Erscheinungen, deren somatische Disposition es herauszufinden galt. Lichtenberg schwieg sich zunächst über die Natur dieser Disposition aus, doch konnte auch er sich mit der Idee anfreunden, daß Gehirn und Schädel die Orte seien, wo man möglicherweise fündig wird.

Eine komplementäre anatomische Verlagerung läßt sich auch bei den Kriminellen und Wahnsinnigen beobachten. Beide waren für die Anatomie und Medizin der Renaissance und des Barock keine Unbekannten. Geisteskranke und mehr noch Hingerichtete oder im Gefängnis verstorbene Verbrecher landeten mit einiger Regelmäßigkeit auf den Sektionstischen der Anatomie,[2] aber, und darauf kommt es an, sie bildeten keine anthropologische Kategorie, die charakteristische Merkmale zum Verständnis der allgemeinen Konstitution des Menschen aufwies. Betrachtern von barocken Anatomie-Atlanten konnte es egal sein, ob der Skelett- oder Muskelmann, den sie vor sich sahen, nach einem Dieb, einem Soldaten oder einem Kaufmann gezeichnet war.

Schließlich war die Idee, daß die Abweichung in die eine oder andere Richtung für das Verständnis der Natur relevant sein könnte, keine Erfindung des 18. Jahrhunderts. Schon Francis Bacon hatte auf die Bedeutung der »Nature erring or varying« hingewiesen, doch galten Abweichungen im weiteren Verlauf des 17. Jahrhunderts als Einzigartigkeiten, die auch als solche beschrieben wurden. Phänomene wie Monstrositäten, elektrische

Funken, leuchtender Phosphor oder besonders seltene, ungewöhnliche Tiere riefen Erstaunen und Bewunderung hervor, doch sie widersetzten sich der naturhistorischen Zuordnung und Klassifikation und standen ohne Analogon da.[3]

Erst in der zweiten Hälfte des 18. Jahrhunderts wurde Bacons Maxime auf eine neue Art und Weise ausgelegt, indem das Außergewöhnliche und Einzigartige als Wegweiser zur Erforschung des Lebendigen diente. Johann Friedrich Blumenbachs Vorstellung, »daß die Abweichungen der Natur von ihrem gewohnten Gang gelegentlich mehr Licht in schwierige Untersuchungen bringen als ihr ordentlicher und regelmäßiger Gang«,[4] war das naturhistorische Gegenstück zu Lichtenbergs Interesse an den Wahnsinnigen in Bedlam. Übertreibung, Mangel und Verirrung wurden vor allem dort zu einer relevanten epistemischen Kategorie, wo sich neue Theorien bildeten. Wenn die Wahnsinnigen ein anderes Licht auf den Menschen warfen, so war dieser Mensch nicht mehr göttliche Kreatur oder denkendes Ich im Sinne von Descartes, sondern ein Alltagswesen, das durch seine Handlungen, Gefühle und Absonderlichkeiten definiert war. Wenn Monstrositäten als Abweichungen vom gewöhnlichen Gang der Natur der Theorie der Lebensentstehung zu einer neuen Deutung verhalfen, so war diese Lebensentstehung kein präformierter Akt mehr, sondern ein vielschichtiger Vorgang, der verschiedene Stadien durchlief.

Die Erforschung der Abweichung und des Extremen blieb nicht auf äußerlich sichtbare Phänomene beschränkt, auch die inneren pathologischen Ausnahmezustände und Übertreibungen, denen Menschen kurzfristig oder auf Dauer ausgesetzt waren, wurden aus zwei Richtungen empirisch beleuchtet: auf der einen Seite durch eingehende (Selbst)-Beobachtungen, Krankengeschichten und eine *Pathologie der Seele*, auf der anderen durch eine semiotische Abtastung des Körpers, die die Zeichen des Außergewöhnlichen und der Devianz in die Körperstruktur selbst verlegte. Auf diesem Terrain ließen sich die Lichtenbergschen Grundfarben in allen möglichen Variationen durchspielen. Für Johann Gottfried Herder versprachen die »sonderbarsten Anomalien und Analogien menschlicher Abentheuerlichkeit [...] die frappantesten Beiträge zur Geschichte der Genies aller Zeiten und Länder«.[5] Was hier beinahe wie das pathographische Pendant zu seiner Sammlung der *Stimmen der Völker in Liedern* klingt, versuchten die Berliner Erfahrungsseelenkundler um Karl Philipp Moritz im kleinen Maßstab auszufüllen. Ihr Versuch, die dunklen Seiten der Vernunft zu erkunden, wurde zu einem Kernstück des »bürgerlichen Selbsterfahrungsdiskurses«, in dem es gestattet war, die Abgründe und Delirien des Ichs in selbstreflexiver Absicht offen auszubreiten. Was in der pietistischen Autobiographik noch ausschließlich den Charakter des Bekenntnisses an sich trug, veränderte sich nun zu dem aufklärerischen Anspruch, auch die Schattenseiten der Vernunft zu beleuchten. Für die Humanwissenschaften um

1800 blieb das nicht ohne Folgen. Die Formierung der wissenschaftlichen Psychiatrie in Deutschland ist nicht zuletzt ein Resultat dieser Bereitschaft zur Selbsterkundung; und die Systematisierung von Selbstbeobachtung und Selbstexperiment hatte erhebliche Auswirkungen für die Forschungspraxis so unterschiedlicher Wissenschaften wie der Elektro- und Sinnesphysiologie und der Astronomie.[6]

Die differenzierten Beschreibungen des Seelenlebens und seiner Deviationen in diesen verschiedenen Wissensbereichen hatten eine für unseren Zusammenhang bedeutsame Konsequenz. Je genauer sie wurden, desto genauer wurde auch die Semiotik der Oberfläche. Sowohl die Physiognomik der Gesichter als auch die nach innen gewendete Physiognomik des Schädels und des Gehirns waren Ausdruck einer immer raffinierter werdenden Lesbarmachung – zunächst mehr im Sinne einer durch individuelle Erfahrung, geeignete Handhabung und ein gutes Auge gesteuerten Betrachtung, später mehr durch präzise Meßverfahren, Statistiken und exakte visuelle Repräsentationen.

Die engen Verbindungen zwischen Introspektionspraktiken, Physiognomik und physischer Anthropologie hatten noch eine weitere Facette, die sich nicht in die Kategorien von Philanthropie und bürgerlicher Selbsterfahrung einfügen läßt und doch in gleicher Weise am Beginn der modernen Humanwissenschaften steht. Das forcierte Interesse an der Untersuchung von Genies, Geisteskranken und Kriminellen war zugleich einer Wissenschaft der Differenzen geschuldet, die mit immer subtileren Methoden kleinste Unterschiede quantitativ zu bestimmen suchte. Nur scheinbar liegt hier ein Widerspruch zu der Lichtenbergschen Maxime vor, denn die Daten und Werte, aus denen sich ein normaler Mensch zusammensetzen sollte, bemaßen sich gerade an den Abweichungen. Die physische Anthropologie hat sich vielfach nicht dafür interessiert, die vereinenden Momente des Menschlichen herauszuarbeiten, sondern hat sich auf die Erklärung, Verstärkung und auch die Erfindung von Unterschieden kapriziert. Seit der Spätaufklärung ist die Differenzierung bzw. Hierarchisierung zwischen Gesundheit und Krankheit, Europäer und Schwarzafrikaner, Mann und Frau, Kriminalität und Wahnsinn, Genie und Mittelmäßigkeit in zahlreichen Variationen durchgespielt worden, und die Bestimmung cranialer und cerebraler Merkmale hat dabei eine führende Rolle gespielt. Wenn vorher die Körper von exotischen oder deformierten Menschen als vergnügliches und lehrreiches Spektakel dienten, wenn die Körper hingerichteter Verbrecher als rechtloser Abfall angesehen wurden, der sich am besten für Lehrzwecke der Anatomie eignete, wurden gerade die Schädel und Köpfe der Verbrecher, der Wahnsinnigen und der Schwarzafrikaner im letzten Drittel des 18. Jahrhunderts zu einer »privilegierten Datenmasse«.[7] Sie fanden Eingang in die allerorts entstehenden Schädelsammlungen, die das vermeintlich empirische Fundament für die stigmatisierende Politik der Differenzen bildeten.[8]

Warum Schädel, und warum nicht Gehirne? Diese Frage wird in der Folgezeit immer wieder auftauchen, denn tatsächlich ging es den meisten Anatomen und Anthropologen um das Gehirn und nicht um den Schädel. Für den Moment möchte ich die Antwort darauf zuspitzen, daß die bis dahin gängigen Parameter für eine Beurteilung des Gehirns im späten 18. Jahrhundert fast allesamt verworfen und erst in einem langwierigen Prozeß durch neue ersetzt wurden. Dieser Übergang von der älteren Bedeutungsform einer wohltemperierten Mischung hin zum modernen Verständnis des Gehirns verlief über den Schädel. Er bot sich an als nützliches Übergangsobjekt, das genügend Eigensubstanz aufwies, um für sich interessant zu sein, zugleich aber auch durch seine jeweilige Form auf das darunter liegende Gehirn verwies. Dagegen bot das Gehirn einen viel weniger ausgeprägten Zeichencharakter, und aus diesem Grunde hatte niemand ein Interesse daran, Gehirne systematisch zu sammeln oder zu untersuchen. Das galt für Gehirne von Kriminellen, Außereuropäern und Wahnsinnigen, und das galt um so mehr für solche von Genies und großen Männern. Es kamen moralische Konventionen hinzu, die andere anatomische Umgangsformen mit der Leiche einer geachteten Persönlichkeit implizierte als mit derjenigen eines Verbrechers oder eines Wahnsinnigen.

Solange das *geniale Gehirn* aus wissenschaftlichen und aus moralischen Gründen kein geeigneter Untersuchungsgegenstand sein konnte, war der Schädel das epistemische Übergangsobjekt. Daß der Schädel zu einem so begehrten Forschungsgegenstand werden konnte, hängt aber auch mit der Konjunktur der Physiognomik und dem gleichzeitigen Interesse für die Extreme im Rahmen der Anthropologie und der Psychiatrie zusammen. Selbsterfahrung und Oberflächenmusterung waren dabei zwei Seiten einer Medaille. Wie neu diese historische Konstellation tatsächlich gewesen ist, erweist sich durch einen noch weiter zurückreichenden Blick in das 17. und frühe 18. Jahrhundert. Denn schon zu jener Zeit ist der Zusammenhang zwischen Genie und Gehirn thematisiert worden, allerdings in ganz anderer Weise, als es dann im 19. und 20. Jahrhundert geschehen ist.

Die glückliche Anordnung des Gehirns

Um das frühneuzeitliche Verständnis des Gehirns in groben Zügen vorzustellen, ist es angezeigt, drei Begriffe einzuführen: erstens das Seelenorgan, das ist seit René Descartes diejenige Hirnstruktur, die wahlweise als Sitz der Seele oder als Interaktionsort zwischen Körper und Seele angenommen wurde; zweitens der Spiritus animalis, das ist seit der Antike diejenige flüchtige und feine Flüssigkeit, die in den Nerven fließt und die Kommunikation zwischen Seelenorgan und Körperperipherie gewährleistet; drittens die Hirnventrikel, das sind seit dem Mittelalter jene Hohlräume im Gehirn, die geistige Vermögen wie Wahrnehmung, Einbildungskraft, Verstand und Gedächtnis enthalten. Jedes dieser Konzepte hat seine eigene Geschichte.[9] Entscheidend ist, daß ihnen eine erkenntnisleitende Funktion für das Verständnis des Hirnlebens zukam und daß gleichzeitig die makroskopische Untersuchung der Gehirnstruktur durch diese Konzepte präformiert war.

Seit dem späten 17. Jahrhundert bestand unter vergleichenden Anatomen kaum noch Zweifel, daß die Gehirne von Menschen und Affen mehr Gemeinsamkeiten als Unterschiede aufweisen. In seiner *Anatomy of a Pygmy* (es handelt sich um einen Schimpansen) gestand Edward Tyson seine große Überraschung, als er herausgefunden hatte, daß ein Organ wie das Gehirn, das man immerhin für den Sitz der Seele halte, bei Mensch und Affe Ähnlichkeiten aufweise, »wie sie größer gar nicht hätten sein können«.[10] Als Anhänger der Physikotheologie interpretierte Tyson diesen für ihn etwas beunruhigenden Befund dahingehend, daß nur die Existenz einer unsterblichen Seele den kategorialen Unterschied zwischen Mensch und Tier erklären könne. War die Ausnahmestellung des Menschen schon durch einen Vergleich mit dem Affengehirn gefährdet, gestaltete sich die Situation bei der Betrachtung des menschlichen Gehirns noch schwieriger. Legte ein Anatom um 1700 zwei menschliche Gehirne nebeneinander, verfügte er kaum über geeignete Parameter, die es ihm erlaubten, vergleichende Untersuchungen vorzunehmen. Beispielsweise war die zuerst sichtbare Hirnrinde, bestehend aus zahlreichen Windungen und Furchen, nach damaliger Vorstellung zu vernachlässigen. Was beginnend mit Franz Joseph Galls Organologie und bis auf den heutigen Tag unwidersprochen als der am höchsten entwickelte Teil des Gehirns angesehen wird, galt vor 1800 als Schutzschild oder Ernährungsorgan der tiefer gelegenen Hirnschichten und wurde mit den geistigen Fähigkeiten nicht in Verbindung gebracht. Ernährung bedeutete in diesem Zusammenhang, daß in den Windungen die Spiritus animales hergestellt oder aufbereitet würden, um dann ihre Botenfunktion zwischen Seelenorgan, Sinnesorganen und Muskeln zu erfüllen.

Eine paradigmatische Vorstellung von Zentrum und Peripherie des Gehirns entwickelte beispielsweise ein so sorgfältiger Anatom wie Thomas Willis, der 1665 ein bedeutendes Lehrbuch der Hirnanatomie veröffentlichte. Willis hob zwar hervor, daß die Windungen am menschlichen Gehirn größer und zahlreicher seien als am tierischen (Gehirne von höheren Affen hat er wohl nicht seziert), doch er sah ihre Funktion darin, die Spiritus animales zu produzieren und zu speichern. Das kam zwar den Tätigkeiten der höheren intellektuellen Funktionen zugute, doch die eigentliche Anwendung und Verteilung (»exercise and dispensation«) des Spiritus fand nicht in den cortikalen, sondern in den tieferen, medullären Abschnitten des

Gehirns statt.[11] Größere Windungen produzierten also mehr Spiritus animalis, und das wiederum beeinflußte die geistigen Fähigkeiten.

Die Überlegungen von Willis markieren eine Möglichkeit, Elemente der antiken Humoralphysiologie aufzugreifen und die Elementareigenschaften der Säfte (kalt, warm, trocken, feucht) auf das Gehirn selbst und seine Ventrikel anzuwenden, um das materielle Äquivalent bestimmter geistiger Fähigkeiten taxieren zu können. Diese Fähigkeiten oder Vermögen hatten ihren Sitz in den drei Hirnventrikeln: die Einbildungskraft sowie das Sensorium commune, wo die verschiedenen Wahrnehmungen zusammenliefen, im vorderen Ventrikel, der Verstand im mittleren und das Gedächtnis im hinteren Ventrikel (Abb. 1). Willis gehörte zu den letzten Anhängern dieser Lehre, auch wenn er die Vermögen von den Ventrikeln in die Hirnsubstanz selbst verlagerte. Sicherlich spielten dabei anatomische Aspekte eine Rolle, doch die Konsistenz der vom Spiritus animalis durchspülten Hirnmasse blieb ein unverzichtbarer Bestandteil dieses Konstrukts.

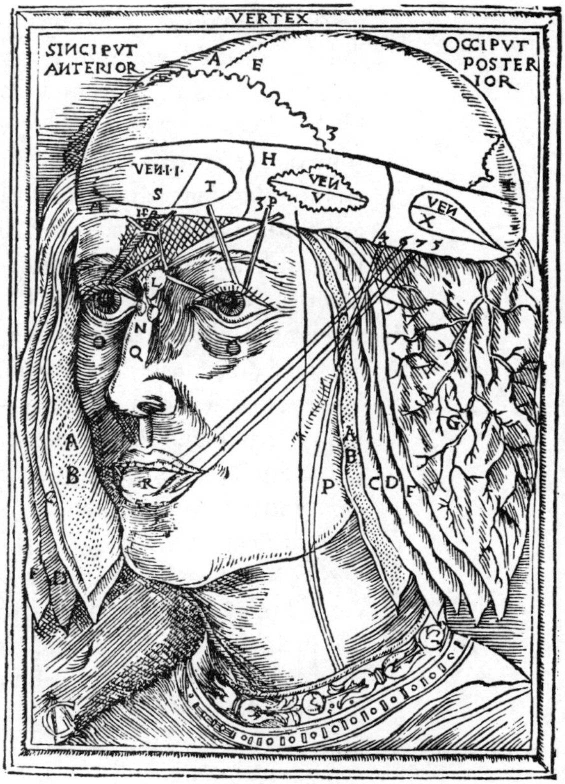

Abb. 1: Johann Eichmann, Schematische Darstellung der Hirnventrikel (1537)

Einige Jahrzehnte vor Willis kursierte die humoralphysiologische Vorstellung, daß der vordere Gehirnteil weicher und feuchter sei und sich somit besser für die Rezeption der Sinneseindrücke eigne, während der hintere Teil aufgrund seiner Härte und Trockenheit für die Aufbewahrung des Wissens prädestiniert sei. Nun waren die Weichheit und Flexibilität der Sinneseindrücke und der Phantasie, und die Härte des Gedächtnisses keine neue Erfindung, doch ließ sich mit dieser Einteilung sogar ein bißchen Psychologie betreiben. So meinte der Leidener Mediziner Jan van Heurne 1594 zu beobachten, daß Menschen mit einer ausgeprägten Einbildungskraft oftmals über ein schlechtes Gedächtnis verfügten, was er darauf zurückführte, daß die vorderen, weichen Gehirnteile sich weit nach hinten erstreckten.[12]

Die Schwierigkeit einer solchen Position lag darin, daß es nicht recht einleuchtete, wie ein Gehirn gleichzeitig weich und hart sein konnte – es sei denn, es handelte sich um eine pathologische Veränderung. Für Juan Huarte zumindest war diese Vorstellung ausgeschlossen. Huartes *Examen de Ingenios* von 1575, das uns weiter unten noch beschäftigen wird, weil es durch Gotthold Ephraim Lessings Übersetzung für die deutsche Genie-Diskussion des 18. Jahrhunderts bedeutsam werden sollte,[13] kann im Hinblick auf das Verständnis des Gehirns und seiner Bedeutung für die Erklärung der verschiedenen Begabungen fast als ein Gründungstext angesehen werden, auf den sich die nachfolgenden Diskussionen immer wieder bezogen haben. Huartes Text bietet eine eklektische Mischung aus alter und neuer Physiologie, die in ein politisch-pädagogisches Programm eingewoben ist, denn es geht um die Entwicklung einer Methode, die es Eltern und Erziehern erlaubt, die spezifischen Fähigkeiten der Jungen, die sie zum Arzt, Soldaten oder Juristen prädestinieren, genauer zu erkennen. Anders gesagt: Huarte offeriert dem spanischen Weltreich einen Schlüssel zur optimalen Rekrutierung und Plazierung seiner Führungseliten, indem er die cerebrale Disposition ins Spiel bringt. Dazu geht er von den traditionellen Vermögen der Ventrikellehre aus, nämlich Verstand, Einbildungskraft und Gedächtnis. Unter Rückgriff auf antike Autoren ordnet er dann die Elementarqualitäten diesen Vermögen zu. Großer Verstand bedeutet trockenes Gehirn, gutes Gedächtnis feuchtes und ausgeprägte Einbildungskraft warmes Gehirn.[14]

Soweit also ist Huarte ein reiner Humoralphysiologe, aber er weiß sich auch von herrschenden Lehrmeinungen abzusetzen, insbesondere von der Ventrikellehre, an der er zu bemängeln hat, daß die Ventrikel zu eng miteinander verbunden seien, um ihnen ein spezifisches Vermögen zuordnen zu können. Neben der humoralen Konsistenz des Gehirns führt er auch noch dessen Bau und Struktur an, die für die Ausbildung der geistigen Kräfte notwendig sind. Das umfaßt eine angemessene Gestalt und ein ordentliches Gewicht, die Verbundenheit oder Konformation der Teile des Gehirns untereinander, und schließlich die Zusammensetzung der Hirnsubstanz aus besonders feinen und zarten Anteilen.[15] Man braucht diese Parameter nicht zu überschätzen und schon gar nicht als Vorläufer von empirisch gesättigteren Vorstellungen anzusehen, die erst 200 Jahre später relevant werden sollten. Dennoch bringt Huarte hier Aspekte zur Sprache, die durch die Dominanz von Ventrikellehre und Säftelehre in den Hintergrund gerückt waren. Dabei spielt es keine wesentliche Rolle, ob seine Vorstellungen von Hirngewicht und Feinheit der Hirnsubstanz alt oder neu, durch Lektüre oder Analogiebildung zustande gekommen sind. Der Punkt ist, daß sich deutliche Spuren davon in den neuen Ansätzen des 17. Jahrhunderts finden lassen, was im Folgenden an so unterschiedlichen Entwürfen wie Descartes' mechanistischer Physiologie, Fontenelles satirischen Totengesprächen und Jean Baptiste du Bos' Ästhetik illustriert werden soll.

Im 17. Jahrhundert verschwanden die Ventrikellehre und die Lokalisation der geistigen Vermögen zunehmend von der Bildfläche, und das hatte mit der von Descartes entwickelten Theorie vom Seelenorgan zu tun. Sein ontologischer Dualismus machte das Seelenorgan oder Sensorium commune zum hauptsächlichen Interaktionsort zwischen Körper und Seele. In diesem Modell war für die psychologischen Vermögen kein eigener Ort im Gehirn mehr vorgesehen. Der Verstand gehörte für Descartes ausschließlich zum Geltungsbereich der immateriellen res cogitans, wohingegen er die Einbildungskraft als einen Zustand der Seele ansah, der durch körperliche Prozesse ausgelöst wird und dementsprechend dem Bereich der Affektenlehre zuzuordnen ist. Das Gedächtnis schließlich ist sowohl eine Eigenschaft der Seele als auch der Materie, und zwar der gesamten Nervensubstanz.[16] Sosehr sich die cartesische Mechanik des Gehirns von der Vermögenslehre unterschied, sie machte doch nicht alle älteren Annahmen hinfällig. Beispielsweise transferiert Descartes die antike Lehre vom Spiritus animalis in sein mechanistisches Modell, das dann im Endeffekt enge Bezüge zur Humoralphysiologie aufweist. So sind die weniger genutzten Teile des Gehirns zart und weich, die häufiger genutzten hingegen mehr verfestigt.[17] Auch die von Huarte hervorgehobene Feinheit der Hirnsubstanz sowie das harmonische Arrangement seiner Teile waren mit der Mechanik vereinbar. Mit anderen Worten: Die große Zeit der Säftelehre war vorüber, doch die Annahme, daß die Körpersubstanz bestimmte qualitative Eigenschaften aufweist, die sich nicht gleich der anatomischen Evidenz fügen, blieb trotz aller Forderungen nach einer Empirisierung des Wissens auch im Jahrhundert der wissenschaftlichen Revolution gültig. Was einem mechanistischen Physiologen wie Descartes und einem Anatomen wie Thomas Willis recht war, konnte literarischen und ästhetischen Autoren billig sein. Der Zusammenhang von Gehirn und Geistesfähigkeiten wurde gegen Ende des 17. Jahrhunderts auch jenseits von Medizin und Physiologie aufgegriffen.

Der Reiz von Fontenelles *Dialogues des morts* von 1683 liegt darin, daß historische Figuren, die vielleicht Zeitgenossen waren, ansonsten aber nichts miteinander zu tun hatten, galante Gespräche miteinander führen. Dabei werden die Figuren in einen Wettstreit der Anschauungen verwikkelt, der nicht selten überraschende und provokative Wendungen nimmt. Allein schon die Zusammenführung des humanistischen Gelehrten Erasmus von Rotterdam mit dem spanischen Kaiser Karl V. barg Zündstoff, denn der eine kämpfte zu Lebzeiten für christliche Toleranz, der andere war ein entschiedener Gegner der Reformation und träumte von einem katholischen Universalreich. Es spricht für Fontenelles Lust an der Provokation, daß er Erasmus die boshafte Bemerkung in den Mund legt, der Kaiser sei eine belanglose Persönlichkeit und einzig durch zufällige Umstände wie Reichtum und Adel zu Ehren gekommen. Daraufhin revanchiert sich Karl V. mit der Behauptung, daß das Wissen des Gelehrten ebenso eine zufällige Mitgift sei wie der Reichtum. Als Erasmus protestierend einwendet, daß zumindest der Geist nicht dem Zufall unterworfen sei, kontert der habsburgische Herrscher des 16. Jahrhunderts mit der rhetorischen Frage: »Wie? Beruht der Geist nicht auf einem bestimmten Bau des Gehirns [conformation du cerveau], und ist es ein kleinerer Zufall, mit einem wohl angeordneten Gehirn [cerveau bien disposé] geboren zu werden, als einen König zum Vater zu haben?« Der große Unterschied zwischen Dummheit und Geist liegt »an fast nichts, an einer kleinen Disposition der Fasern, also an etwas, das die peinlich genaueste Anatomie niemals entdecken wird«.[18]

Diese minimalen Unterschiede sind für Fontenelle ebensowenig beunruhigend wie für Descartes oder Willis; und weil die Dispositionen der Hirnfasern so fein sind, regt sich auch nirgendwo der Verdacht, hier könnte eine materialistische Position vertreten werden. Solche Ansichten hat Fontenelle nicht zu jeder Gelegenheit vertreten. Als Sekretär der Pariser *Académie des Sciences* schreibt er nur einige Jahre später einen programmatischen Überblick über die Wissenschaften, in dem er der Anatomie allererste Priorität einräumt, und zwar gerade unter der Prämisse, daß sie die Geheimnisse des Körpers und seiner Funktionen aufzudecken habe. Und in seiner *Abhandlung über die Freiheit* wendet er sich gegen den Materialismus und hebt hervor, daß die Seele über das Gehirn dominiert.[19] Damit soll nur angedeutet werden, daß die fröhlich-skeptische Anatomie der Dummheit und Klugheit im Genre der Konversation besser aufgehoben war als in Akademieberichten.

Fontenelles kleine Metaphysik des wohlangeordneten Gehirns hinterließ ihre Spuren in einem Text, der für die Genie-Diskussion des 18. Jahrhunderts von größter Bedeutung war: Jean Baptiste du Bos' *Betrachtungen über die Poesie und die Malerei*. Bislang ist in diesem Kapitel vom Genie noch nicht die Rede gewesen, und das aus gutem Grunde, denn für die bis zu diesem Punkt vorgestellten Positionen war die Figur des Genies nicht allzu bedeutsam. Gewiß waren Huartes *ingenios*, die besonderen Begabungen für bestimmte Berufe, Gründungsmitglieder des neuzeitlichen Genie-Vereins, doch Descartes hatte am Genie zumindest in seiner Psychophysiologie keinerlei Interesse, und Fontenelle erlaubte sich den Spaß, das Verhältnis von Herrscher und Gelehrtem zu travestieren und den selbstverliebten Humanisten Erasmus durch den Scharfsinn Karls V. düpieren zu lassen. Erst du Bos führt das Genie des Malers und des Dichters auf körperliche Bedingungen zurück und bedient sich dabei der längst bekannten Optionen. Das entscheidende Moment beim künstlerischen Genie liegt danach »in der glücklichen Anordnung [arrangement heureux] der Hirnorgane, im gelungenen Bau [bonne conformation] jedes seiner Organe, und in der Qualität des Blutes«.[20] Das Blut muß genügend erhitzt werden, um die Einbildungskraft zu aktivieren. In einem gewöhnlichen oder gar unvollkommenen Gehirn führt das erwärmte Blut nach du Bos jedoch zu bizarren Wahnbildern. Aus diesem Grunde ist die harmonische Disposition des gesamten Gehirns entscheidend.

Man sieht, auch hier gibt es noch antike Schablonen, angereichert mit etwas cartesischer Physiologie, und letztlich sagt du Bos nichts anderes als Huarte und Fontenelle. Er ist sich auch völlig darüber im klaren, daß er sich auf älteres Wissen verläßt, das nicht auf unmittelbarer Anschauung beruht, doch genau diese wirkt nicht besonders vertrauenerweckend auf ihn: »Ich mißtraue den physischen Erklärungen angesichts der Unvollkommenheit dieser Wissenschaft, die sie fast immer zwingt, zu raten.«[21] Warum hat du Bos überhaupt auf das Gehirn zurückgegriffen, wenn die Empirie so wenige Anhaltspunkte bot? Will man diese Position nicht einfach, wie es Herbert Dieckmann getan hat, als »pseudo-wissenschaftlichen Naturalismus« abtun,[22] so bietet sich eine andere Überlegung an.

Trotz der Aufbruchstimmung und der massiven Veränderungen in den Wissenschaften des 17. Jahrhunderts war der Bruch mit allen früheren Vorstellungen und Ideen keineswegs vollständig. Es kam sogar eine gewisse Verbundenheit mit älteren Positionen zum Ausdruck, die von dem Dilemma entlastete, daß die aktuelle Anatomie oder Physiologie auf viele Fragen keine Antworten anzubieten hatte – wovon Tysons Erstaunen über die Ähnlichkeit des menschlichen Gehirns mit demjenigen des Schimpansen nur eine Kostprobe liefert. Das Gehirn, um das es Fontenelle und du Bos ging, war eher mit historisch überlieferten Zuschreibungen besetzt als mit zeitgenössischen empirischen Untersuchungen. Es ist wenig sinnvoll, das als rückwärtsgewandt zu bezeichnen, denn die Prämissen der von du Bos gezeichneten Position waren durchaus noch gängig. Nicht nur Descartes hatte in der Physiologie und in der Affektenlehre mehrfach von der spezifischen *disposition* und *conformation* des Körpers und seiner Teile gesprochen. Individuelle Unterschiede in der Disposition des Gehirns erklärten für Descartes sogar den Umstand, daß der Anblick eines fremdartigen Gegenstandes bei dem einen Furcht und Schrecken auslöse, bei dem anderen jedoch zur Kühnheit führe.[23] Der Unterschied bestand darin, daß es bei Descartes um eine Psychophysiologie der Leidenschaften, bei du Bos um eine Naturalisierung des Genies ging.

Auch im 18. Jahrhundert waren diese Motive noch lebendig, wenn auch nicht in der nun anhebenden Genie-Debatte. Trotz der enormen Verbreitung von du Bos' Werk kann man, soweit ich es übersehe, nicht behaupten, daß das Gehirn die in der Ästhetik geführte Genie-Debatte entscheidend geprägt hätte, und das ist bei seiner Reserviertheit gegenüber der zeitgenössischen Anatomie auch nicht verwunderlich. Umgekehrt kann man auch nicht sagen, daß diese Debatte das Interesse am Gehirn sonderlich tangiert oder gar verstärkt hätte. Die Verbindungen zwischen außergewöhnlichen geistigen Fähigkeiten und Gehirnkonfiguration wurden keineswegs gekappt, sondern mit leisen Hintergrundtönen fortgesetzt. Das betraf die Feinheit und Komplexität des Hirnbaus ebenso wie individuelle Unterschiede, die sich dem anatomischen Blick beharrlich widersetzten.

Diese Schwierigkeiten wurden auch dann noch anerkannt, als im Verlauf des 18. Jahrhunderts vergleichende Untersuchungen des Gehirns eine immer größere Bedeutung erhielten. Deutlich wird das in den Diskussionen um den Materialismus, der das Gehirn einerseits zum wichtigsten Argument gegen den Dualismus machte, andererseits jedoch bereitwillig einräumte, daß vom Gehirn vorerst kein Weg zu einer vergleichenden Lehre der geistigen Fähigkeiten führte.

Am Meridian der Anthropologie: La Mettries Hirnmaschine

La Mettries Büchlein *L'homme machine* hat nicht nur seine Zeitgenossen, sondern auch spätere Generationen in helle Aufregung versetzt. Die respektlosen und provozierenden Beispiele, Vergleiche und Bilder, mit denen er den Menschen auf den trockenen Boden der natürlichen Mechanismen herunterholte, sowie seine unverblümten Aufforderungen, das Schicksal in die eigenen Hände zu nehmen, bewegten sich außerhalb des Regelwerks, das einem philosophischen Essay im aufgeklärten Absolutismus zugestanden wurde. Die geradezu immerwährende Aktualität und Sprengkraft seines Traktats dürfte seinen Grund aber auch darin haben, daß La Mettrie – zum Guten oder zum Schlechten – bis auf den heutigen Tag von seinen Kommentatoren als ein prophetischer Autor angesehen wird, der bestimmte Dinge vorweggenommen oder vorausgesehen habe.[24] Diese stets nach vorne orientierte Rezeptionsgeschichte sollte indes nicht den Blick dafür verstellen, daß La Mettrie in mancherlei Hinsicht ein treues Kind seiner Zeit war und sich der Traditionsbestände bediente, wenn es seiner Sache nützte. Trotz aller Aufforderungen, die eigenen Sinne zu benutzen, verfügte La Mettrie gerade im Hinblick auf das Gehirn kaum über eigene Erfahrungen und schöpfte aus »dem Fundus von 2000 Jahren Melancholielehre«,[25] die er mit der subtilen Hirnmechanik des 17. Jahrhunderts und den Ergebnissen der vergleichenden Anatomie zusammenfügte. Aus dieser Mischung ergab sich zwar ein explosives Gemisch, das den Dualismus aus seiner scheinbar gesicherten cartesischen Position herauszutreiben vermochte, doch bei näherem Hinsehen betraf das nur die Neubestimmung des Abstands zwischen Mensch und Tier.

Für Tyson und seine Zeitgenossen war es ein Schock gewesen, daß das Gehirn des Menschen und des Affen prinzipiell die gleiche Form und Zusammensetzung aufwies. Für La Mettrie war dieser Befund der willkommene Anlaß, eine den Körper und das Leben steuernde Seele zu verabschieden und die offensichtlichen Ähnlichkeiten des Hirnbaus so zu deuten, daß geistig zurückgebliebene Menschen als Tiere in menschlicher Gestalt, trainierte Affen hingegen als *kleine Menschen* anzusehen seien. Abgesehen davon, daß umherziehende Schausteller und Tiervorführer genau das ihrem gewöhnlichen oder adligen Publikum in vergnüglicher Absicht suggerieren wollten, schmolz damit der für den Dualismus so wichtige kategoriale Unterschied zwischen Mensch und Tier zu einem quantitativ bestimmbaren Vorsprung zusammen. Selbstverständlich gab es auch Unterschiede der Gelehrigkeit zwischen den verschiedenen Tierarten, doch die erklärten sich für La Mettrie aus den sichtbaren Unterschieden im Hirnbau. Das gelehrigste Tier, der Mensch, verfügte über das schwerste und am meisten geschlängelte [»le plus tortueux«] Gehirn im Verhältnis zu seinem Körpergewicht.[26]

Die Rückführung des gesamten Geisteslebens auf das Gehirn führte zu heftigen Protesten und Einwänden, die nicht zu Unrecht argwöhnten, daß damit eine Morallehre begründet werden sollte, die von einer hierarchischen und immobilen Ordnung der Gesellschaft abwich. Darüber hinaus scheint La Mettrie seinem Ruf, prophetische Gaben zu besitzen, gerecht geworden zu sein, denn mit dem Hirngewicht und der Anzahl der Hirnwindungen hat er zwei für das 19. Jahrhundert entscheidende Parameter benannt. Dennoch wäre es voreilig, ihn zum Säulenheiligen einer neuen, auf der Analyse des Gehirns gegründeten Wissenschaft vom Menschen zu erklären. Dazu standen erstens die aus späterer Perspektive so attraktiven Hirnwindungen bzw. das Hirngewicht zu vereinzelt neben traditionellen Verweisen auf ein wohltemperiertes Gehirn, und zweitens gab es eine offensichtliche Lücke zwischen materialistischer Weltsicht und empirischer Evidenz, die La Mettrie auch nicht zu überspielen versucht. Gewicht und Volumen allein sind auch für ihn nicht ausreichend, um geistige Unterschiede zu erklären. Neben der Quantität müssen auch qualitative Aspekte berücksichtigt werden, wozu beispielsweise gehört, daß die festen und flüssigen Bestandteile des Gehirns miteinander im Gleichgewicht stehen. Im *Traité de l'âme* werden nacheinander Gedächtnis, Einbildungskraft und Genie auf eine glückliche Disposition und die Aktivität der Spiritus animales im Gehirn zurückgeführt.[27] Mit solchen Überlegungen ging La Mettrie nicht einen Schritt über die bekannten Positionen von Willis, Fontenelle und du Bos hinaus, und nahm damit in Kauf, daß er sein eigenes Plädoyer für das Erfahrungswissen insgeheim unterwandert. Entsprechend hielt er sich mit einer weitergehenden Deutung der von ihm ins Spiel gebrachten qualitativen Komponenten zurück.

Als noch unangenehmer stellte sich heraus, daß die Korrelation zwischen cerebraler Konsistenz und geistigen Kräften mit zunehmenden hirnanatomischen Befunden zu völlig uneinheitlichen Ergebnissen führte. Während La Mettrie der Überzeugung war, daß Schwachsinn und Verrücktheit durch eine übermäßige Weichheit (und also Feuchtigkeit) des Gehirns bedingt seien, der Mann von Geist sich dagegen durch ein festes Gehirn auszeichne, äußerte sein Lehrer Hermann Boerhaave die entgegengesetzte Ansicht, wonach die Gehirne von an »Mania« (für Boerhaave eine Varietät der Melancholie) Erkrankten trocken, hart und bröckelig, und die Rinde gelb verfärbt sei.[28] Den gemeinsamen Nenner für diese beiden Positionen bildeten die Zähigkeits- und Trockenheitsvorstellungen der Melancholie-Tradition, doch das war wenig hilfreich angesichts des Umstands, daß Zustände der Verrücktheit, Raserei und Manie mal mit einem harten, mal mit einem weichen Gehirn assoziiert wurden. Eine weitere Variante des allzu harten Gehirns schlug Samuel Tissot vor, der die *Gesundheit der Gelehrten* dadurch beeinträchtigt sah, daß unausgesetztes Nachdenken so viel Spiritus animalis verbrauche, daß das Gehirn mit seiner Neuproduktion nicht nachkommt. Austrocknung ist die Folge, was noch dadurch begünstigt wird, daß die »animalische Faser« im Alter verhärtet, mit wenig schönen Konsequenzen für den Kopfarbeiter. Das Gehirn wird »callös« und »öftermals werden sie [die Gelehrten] unfähig Ideen aneinander zu hängen«. Und um die Sache noch komplizierter zu machen: Was den Gelehrten mit ihrem Gehirn widerfuhr, war für den Berliner Anatomen Johann Friedrich Meckel d. Ä. ein typischer Befund beim Wahnsinn. Nach der Sektion von 15 männlichen Geisteskranken kam er zu dem Schluß, daß deren Gehirn trockener, härter und leichter sei als andere. Daß der Wahnsinn bei diesen Männern eine pathologische Steigerung der Gelehrsamkeit sein könnte, war für Meckel allerdings keine seriöse Option.[29]

In der zweiten Hälfte des 18. Jahrhunderts begannen die Anatomen und Anthropologen allmählich zu begreifen, daß das Kriterium der Konsistenz des Gehirns unüberwindliche Schwierigkeiten mit sich brachte. Die Befunde der anatomischen Sektion gingen weit auseinander, und selbst wenn man Einigkeit darüber erlangen konnte, daß die Gehirne von Kindern weicher waren als diejenigen von Greisen, wo sollte die Grenze gezogen werden? Wann war ein Gehirn so weich, daß es für geistige Minderentwicklung sprach, und wann so hart, daß sein Besitzer nicht mehr richtig denken konnte? Und vor allem gab keine einzige Untersuchung einen brauchbaren Hinweis auf die ideale Beschaffenheit der Gehirne von Gelehrten und Genies. Trotz aller Schwierigkeiten war an eine Verabschiedung der Hirnkonsistenz nicht ohne weiteres zu denken, denn ein grundlegend neues Kriterium war nicht in Sicht. Also begann die Suche nach ergänzenden Parametern, die mit der Vorstellung vom wohltemperierten Gehirn harmonierten und zugleich Anschluß an neuere Entwicklungen der Physiologie signalisierten. In erster Linie kam hier Albrecht von Hallers Physiologie in Frage, die die Sensibilität oder Empfindsamkeit zu einer spezifischen Eigenschaft des Nervensystems machte und damit gleichzeitig einer bevorzugten Charaktereigenschaft des Menschen der Aufklärung Rechnung trug. Doch ausgerechnet in der Debatte um die Natur des Genies sollte sich herausstellen, daß durch die Annahme einer Reizbarkeit der Nerven die

Situation noch verworrener wurde. »Wärme und Empfindlichkeit des Temperaments«, »starke und lebhafte Phantasie« und »Feuer der Einbildungskraft«, gepaart mit einer »tiefsinnigen Melancholie«, waren für William Duff die charakteristischen Eigenschaften des Genies. Umgekehrt bezog Ernst Platner eine dezidiert antimelancholische Position, indem er sich für die weichen, feuchten Gehirne stark machte, die aber zugleich reizbar und empfindlich sein mußten, um eine geeignete Disposition zum Genie abzugeben.[30] Ohne Zweifel handelte es sich hierbei um zwei unterschiedliche Geniekonzeptionen, nicht zuletzt darin, daß Platner wesentlich enger am Körper argumentierte als Duff, doch der Punkt, um den es mir geht, ist der, daß mit der Krise des Konsistenzkriteriums auch die Triangulation von Genie, Gehirn und Temperament ins Wanken geriet. Diese Verbindung war zugegebenermaßen nicht allzu eng geknüpft, aber sie zog sich doch durch das Jahrhundert hindurch.

Um 1700 hatten Fontenelle und du Bos der Anatomie nicht zugetraut, die für die Erklärung von geistigen Unterschieden feinsten Dispositionen sichtbar machen zu können, und gerade aus diesem Grunde hatten sie sich zugleich auf die humorale und die mechanistische Physiologie gestützt. Erst die neuen, widersprüchlichen anatomischen Befunde wirbelten die kleine Metaphysik des wohltemperierten Gehirns gründlich durcheinander. Die Distanzierung von der Tradition kommt ausgerechnet in der Neuentdeckung von Juan Huartes *Examen de Ingenios* zum Ausdruck. »Das Buch an sich selbst hat seine Vortrefflichkeit noch nicht verloren, ob gleich die Art zu philosophiren welche man darinnen antrift jetzo ziemlich aus der Mode gekommen ist. Es ist immer noch das einzige welches wir von dieser Materie, deren Einfluß in die ganze Gelehrsamkeit ganz unbeschreiblich ist, haben.«[31] Mit diesen Worten pries Lessing das Buch des Spaniers. Sein Versuch, die Ausbildung genialer geistiger Fähigkeiten auf natürliche Ursachen zurückzuführen, stieß auf offene Ohren in einer Epoche, die sich die Verwebung von Körper und Geist zunehmend auf die Fahnen schrieb. Doch es waren weniger die konkreten Resultate und schon gar nicht die Säftelehre, sondern viel eher der souveräne Habitus, der Huarte zu einer gewinnbringenden Lektüre machte. Zudem stand Huarte im Gegensatz zu dem provozierenden und auf Hedonismus bedachten La Mettrie für eine gesellschaftlich verwertbare Ausbildung und Disziplin, so daß seine Fehler und Irrtümer in Kauf genommen wurden. So erklärte der Popularphilosoph Carl Friedrich Flögel den spanischen Arzt kurzerhand selbst zum Genie, das mit der Herleitung der »unterschiedenen Arten der menschlichen Fähigkeiten aus den Temperamenten« auf Abwege geraten sei, »aber er irrt auf eine solche Weise, daß man selbst im Irrthume seinen Witz und seine Scharfsinnigkeit bewundern muß.«[32] Klarer konnte man eine habituelle Aneignung bei gleichzeitiger inhaltlicher Ablehnung nicht formulieren.

Wenn die Säftelehre ins Abseits geriet und die anderen Kriterien die Anatomie überforderten: Woran sollte man sich dann halten? Ein Blick in die deutschen Genietraktate bzw. in die entsprechenden Kapitel der anthropologischen Untersuchungen offenbart, daß man es gar nicht allzu genau wissen wollte. Der eben erwähnte Flögel, der Berliner Ästhetiker Johann Georg Sulzer, Schillers Lehrer Jacob Friedrich Abel, der Göttinger Historiker Christoph Meiners – sie alle waren der Überzeugung, daß das Genie naturbedingt sei bzw. von der Beschaffenheit des Gehirns abhänge, doch auf weitergehende Aussagen ließen sie sich nicht ein.[33] Sie setzten die cerebralen Grundlagen eher voraus, als daß sie weitere Untersuchungen angeregt hätten. Umgekehrt hatten die Hirnanatomen den Genieenthusiasten wenig anzubieten, solange sich ihr Blick noch im Banne des Seelenorgans befand. Dieses bilaterale Stillhalteabkommen hatte so lange Bestand, bis die Physiognomik und die physische Anthropologie ein neues System der Lesbarkeit der Körper- und Organoberflächen installierten, in dem den Gesichtern, Gehirnen und Schädeln außerordentlicher Persönlichkeiten eine Bedeutung zukam, die sie im Erkenntnishorizont des wohltemperierten Gehirns nie gehabt hatten.

Bevor es dazu kam, ist gegen eine Überfrachtung der Bedeutung des Gehirns beinahe wie aus dem Nichts ein Einwand formuliert worden, der sich seitdem durch die ganze Geschichte der Gelehrtengehirnforschung zieht. Ironischerweise ist der Autor ausgerechnet La Mettrie, der damit zu erkennen gibt, daß er trotz eines ausgeprägten Optimismus skeptische Argumente einzusetzen weiß. Ganz am Ende von *L'Homme machine* erwägt er nämlich im Hinblick auf mögliche Kriterien individueller Unterschiede des Menschen, daß sich sogar die Gehirne der größten Genies wie Descartes und Newton grundsätzlich nicht von dem eines ungebildeten Bauern unterscheiden.[34] Diese eher unscheinbare Passage bildet zumindest für die Geschichte der genialen Gehirne einen Meridian der Anthropologie, der die Differenz zwischen vorher und nachher haarscharf markiert. Davor liegen die vergleichenden Untersuchungen des Gehirns des Affen und des Menschen, und die Unterschiede werden auf quantitative Abstände reduziert. Danach liegen die vergleichenden Untersuchungen des menschlichen Gehirns, und die dort postulierten Unterschiede werden von Anfang an eingespannt in ein System von moralischen, intellektuellen und kulturellen Hierarchien. Es ist müßig, darüber zu spekulieren, ob La Mettrie diese Konsequenzen vorausgesehen hat. Sicher ist bloß, daß er, der Stammvater des neuzeitlichen Materialismus, nicht für sie verantwortlich gemacht werden kann. Im Gegenteil scheinen hier, bevor die Debatte so richtig losgeht, Grenzen der Lesbarkeit des Gehirns auf, die sich auch bei einer näheren Betrachtung nicht öffnen.

Zunächst einmal steht der Vergleich in einem Zusammenhang, in dem der Leser direkt angesprochen wird, seinen Sinnen zu vertrauen und zur Kenntnis zu nehmen, daß sich Bauer und Genie, Idiot und Affe nur unwesentlich voneinander unterscheiden. So eindringlich La Mettrie die visuelle Evidenz auch aufruft, er weiß genau, daß er mit imaginären Gehirnen hantiert, denn kein Anatom hatte je das Gehirn eines Descartes, Newton oder Leibniz gesehen. Nicht einmal auf dem Wege der Analogie kann La Mettrie Evidenz herstellen, denn dazu waren die empirischen Befunde, wie gesehen, zu uneinheitlich. Andererseits zweifelt er aber auch nicht am Genie eines Newton oder Descartes, und als Materialist kann er nicht anders als die Ursache in der Materie suchen. Also muß er davon ausgehen, daß minimale, unerkennbare strukturelle Unterschiede einen gewaltigen Unterschied in der geistigen Leistung ausmachen, und das bedeutet, daß der Materialismus sich in einer so wichtigen Frage nicht auf die Empirie berufen kann.

Darüber hinaus ändert sich mit dieser Bemerkung der allgemeine Diskussionsrahmen, denn ab jetzt ist nicht mehr bloß von einem impersonalen, abstrakten Gehirn des Gelehrten (bei Fontenelle) oder des Künstlers (bei du Bos) die Rede, sondern von den individuellen Organen zweier Geistesheroen, die im 18. Jahrhundert als Genies schlechthin angesehen wurden. Mit der Newton-Verehrung hatte es sich überhaupt erst eingebürgert, von Wissenschaftlern als Genies zu reden.[35] Bis zu La Mettrie hatte sich niemand für die Gehirne von bestimmten Gelehrten oder Philosophen interessiert. Nun waren die Namen einmal gefallen, und es ist nicht allzu überraschend, daß sie in der Folgezeit, nicht zuletzt in direkter Auseinandersetzung mit La Mettrie, zum Gegenstand lebhafter Diskussionen und Gedankenspiele wurden. So gesehen hat La Mettrie mit seiner Adressierung an historische Persönlichkeiten einen Tabubruch begangen, der dann in der Physiognomik so richtig zum Tragen kommt.

Nur Oberfläche oder eine ganze Welt? Physiognomik und Antiphysiognomik

In seiner großen Untersuchung zur *Lesbarkeit der Welt* hat Hans Blumenberg die These vertreten, daß die Lesbarkeitsmetapher in der Aufklärung zum »Leitfaden für die Geschichte der ständigen Unterwanderung einer sich als unbestechlich befindenden Vernunft wurde«. Die Physiognomik beginnt für Blumenberg genau an dem Punkt, wo die Vernunft nichts mehr zu sagen hat: bei dem heimlichen, aber offensichtlich nicht zu neutralisierenden Wunsch, »die Welt möge mehr Bedeutung für den Menschen haben und ihm mehr zeigen, als vernünftigerweise von ihr erwartet werden darf«.[36] In der Physiognomik kommt somit ein unvernünftiges Sinnverlangen zum Ausdruck, das entweder als schlechtes Gewissen gegen das Rationalisierungs- und Säkularisierungsgeschäft der Naturwissenschaften oder, allgemeiner, als ein Grundbedürfnis des Menschen verstanden werden kann. Im Hinblick auf Lavater geht eine solche Interpretation recht einfach auf. Wie Richard Gray und andere gezeigt haben, versucht Lavater – im Gewande einer wissenschaftlichen Methode – die göttliche Natur des Menschen dadurch zu bewahren, daß er den Leib als getreues Spiegelbild der göttlichen Seele auffaßt.[37] Dabei interessieren ihn nicht die veränderbaren Zeichen, die Spuren gewissermaßen, die das Leben hinterlassen hat, sondern die unwandelbaren festen Bestandteile des Kopfes, die den entsprechend unveränderlichen Kern der Seele, also Charakter, Neigungen und geistige Fähigkeiten, nach außen stülpen. Der Schädel ist für Lavaters Lob der Härte das ideale Objekt, und nicht ganz zu Unrecht kann er für sich in Anspruch nehmen, der Form, Beschaffenheit und Wölbung des Schädels mehr Aufmerksamkeit geschenkt zu haben als alle seine Vorgänger inklusive der Anatomen.[38]

In seinen Ausführungen zum Schädel hält Lavater seine genieenthusiastischen Verklärungen ziemlich konsequent zurück und gibt sich ganz als aufgeklärter Empiriker, der den trockenen und mühseligen Untersuchungsmethoden der Anatomie Folge leistet – ohne natürlich den Lesbarkeitsanspruch aufzugeben. Der geschulte Physiognom vermag am bloßen Schädel zwar nicht den Heiligen vom Spitzbuben oder die Tugend vom Laster zu unterscheiden, doch »aus der bloßen Form – Proportion – und Härte oder Weichheit des Schädels – [ist] die Stärke oder Schwäche des Charakters überhaupt mit der größten Zuverlässigkeit erkennbar«.[39] Lavaters Lieblingspartie des Schädels ist die Stirn; bis dahin Objekt für allerlei obskure »Chiromantisten und Metoposcopisten«, wird ihre »Gestalt, Höhe, Wölbung, Proportion, Schiefheit und Lage« durch die empirische Untersuchung herausgestellt als »Maaß der Kräfte« und der »Denkens- und Empfindungsweise des Menschen«.[40] Als Anhänger der naturhistorischen Taxonomien und Klassifikationen bildet er drei Hauptklassen, die weiter in Gattungen unterteilt werden, woraus sich schließlich eine Reihe von Stirntypen identifizieren lassen. Es geht um reine Oberflächenstrukturen, vom darunter liegenden Gehirn ist keine Rede. Doch gerade in dieser Fixierung auf die Oberfläche gelingt Lavater die Entwicklung eines der notorischen anthropometrischen Meßinstrumente, des Stirnmessers (Abb. 2). Während spätere Anthropologen mit diesem Gerät Umfang und Form des Schädels messen, interessiert Lavater sich hauptsächlich für das Profil der Stirn, an der er dann vier unterschiedliche Formen von Verständigkeit herauszufinden meint (Abb. 3). An diesem Beispiel läßt sich Lavaters Vorstellungswelt leicht erkennen. Der Kopf wird arretiert und vermessen, die Messungen werden wie in einer technischen Zeichnung auf Papier aufgetragen, dann noch einmal mit der freien Hand nachgezeichnet, und am Ende steht das einigermaßen naturgetreue Stirnprofil, das den Charakter seines Besitzers

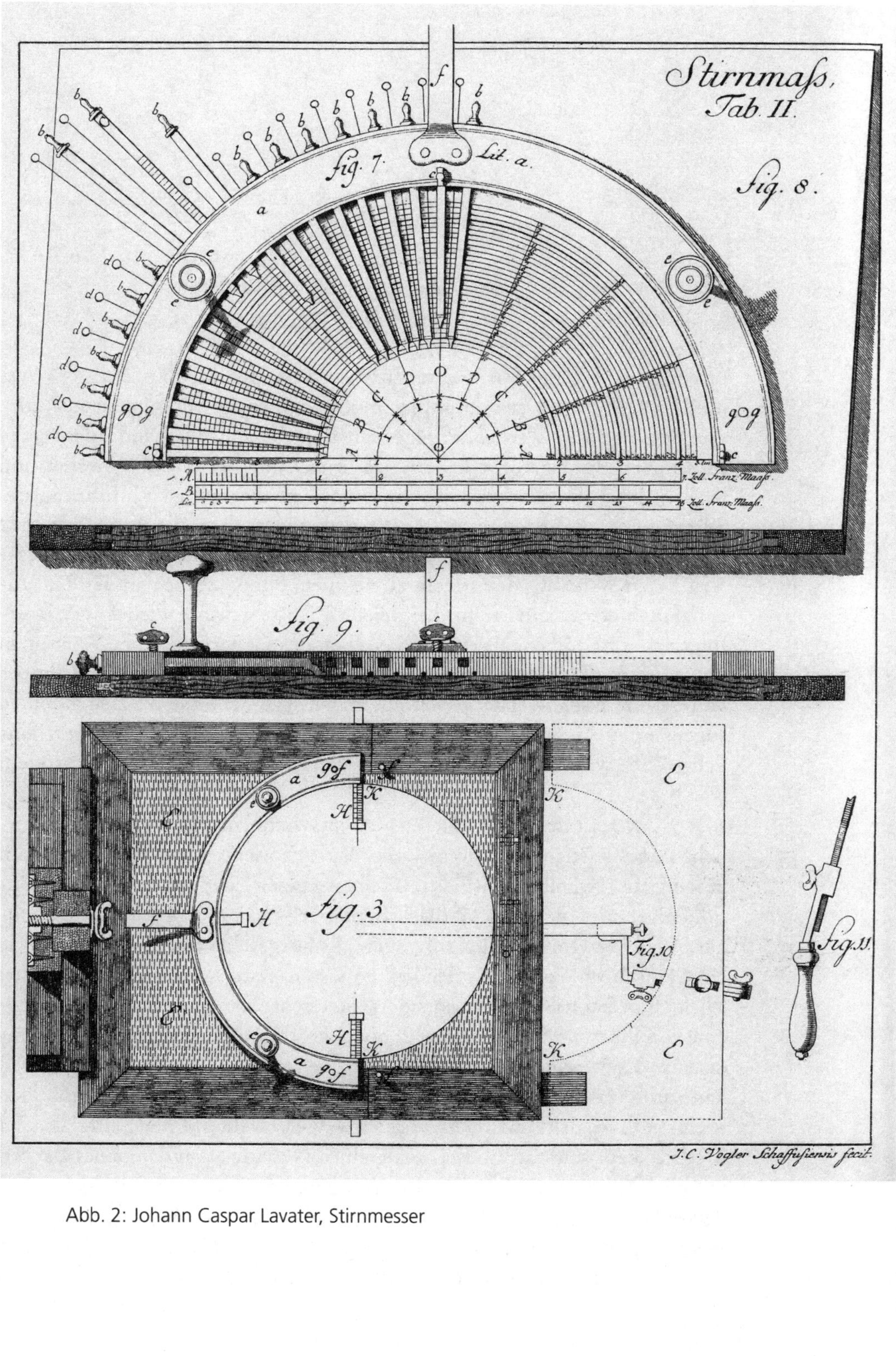

Abb. 2: Johann Caspar Lavater, Stirnmesser

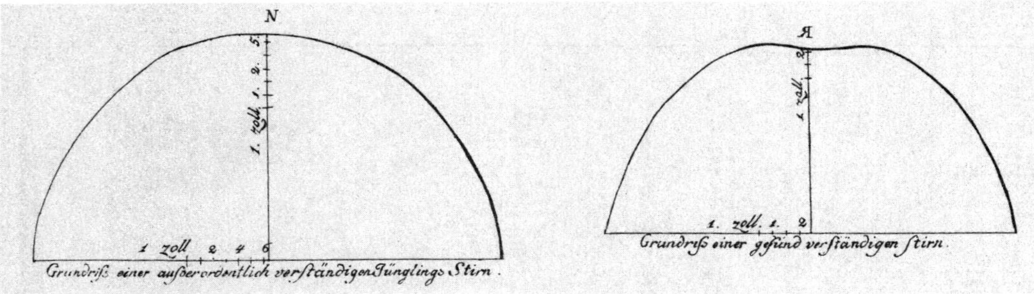

Abb. 3: Johann Caspar Lavater, Konturzeichnungen der Stirn

offenbart.[41] War der Stirnmesser für Lavaters Absichten konstitutiv? Vermutlich nicht, denn er schreibt freimütig, daß er das Instrument nur kurz vor Beschluß des Werkes fertiggestellt und dementsprechend nur wenige Messungen durchgeführt habe.[42] Da es sich hierbei um den vierten und letzten Band des Werkes handelt, kann man die hastige Einführung des Stirnmessers als Reaktion auf seine Kritiker verstehen, die ihm mangelnde Wissenschaftlichkeit vorwarfen. Mit seinem Instrument versucht er dieser Kritik den Wind aus den Segeln zu nehmen, ohne daß sich an den Grundannahmen etwas ändert. In die gleiche Richtung weist auch Lavaters erfolgreiches Bemühen, als erster die Arbeit des niederländischen Anatomen Peter Camper im deutschsprachigen Raum bekannt zu machen.[43] Camper hatte, ohne irgendwelche psychologischen Rückschlüsse zu ziehen, einen sogenannten Gesichtswinkel bestimmt, der bei Europäern für gewöhnlich größer war als bei Afrikanern, während er bei Affen besonders klein war.[44]

Lavater interpretiert diesen Gesichtswinkel im Sinne einer charakterlichen und geistigen Hierarchie, und das entspricht einem früheren, kaum zufällig ausgewählten Beispiel, das seinen ganzen Zorn auf den die Konventionen verspottenden La Mettrie offenbart. Er hält es nämlich für undenkbar, »daß Newton und Leibniz allenfalls ausgesehen haben könnten, wie ein Mensch im Tollhause, der keinen festen Tritt, keinen beobachtenden Blick thun kann«; und er schaudert angesichts der Vorstellung, »daß der eine von ihnen im Schädel eines Lappen die Theodicee erdacht, und der andere im Kopfe eines Labradoriers, der weiter nicht, als auf sechse zählen kann, und was drüber geht, unzählbar nennt, die Planeten gewogen und den Lichtstrahl gespaltet hätte«.[45] Verkehrte Welt: während der Materialist La Mettrie skeptisch war, ob sich das Gehirn Newtons von dem eines Bauern merklich unterscheide, macht für den Zürcher Pfarrer bereits der Schädelknochen die entscheidende Differenz aus. An dieser Verschiebung vom Gehirn zum Schädel und vom einfachen Bauern zum Nicht-Europäer zeigt sich einerseits das für Lavater typische Grundmuster, nämlich naturwissen-

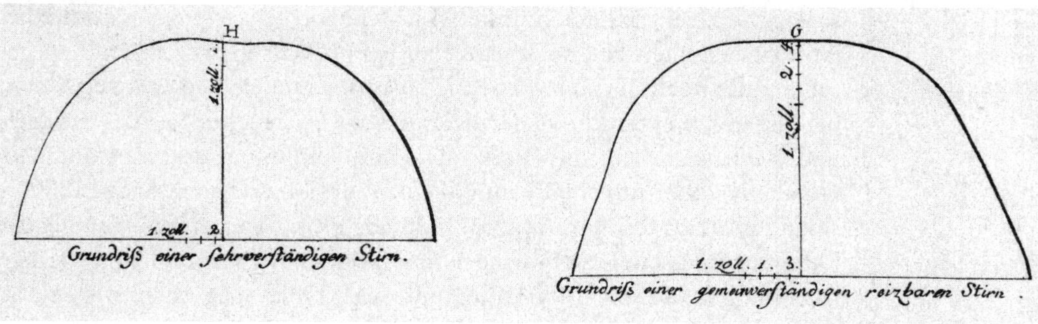

schaftliche Beispiele und Verfahrensweisen vor seinen Karren zu spannen, um damit unversehens an allen Warnschildern vorbeizufahren; andererseits kommt hier ein europäisches Überlegenheitsgefühl zum Ausdruck, das um 1775 dringlicher und aggressiver ist als noch zu Zeiten La Mettries und auch nicht auf Lavater beschränkt ist.

Sogar Lichtenberg schien gewisse Zweifel zu haben, ob die *Principia Mathematica* in Afrika hätten entstehen können: »Es kann sein, daß keine Newtons-Seele in einem Neger-Kopf sitzen könne, das ist in einem Kopf, der am Senegal erzeugt wurde, aber in einem Europäer-Kopf, der so aussähe« (F 628; vgl. auch F 848).[46] Abgesehen davon, daß die vorsichtige Möglichkeitsform (»Es kann sein«) etwas anderes ist als Lavaters apodiktisches Pathos: Selbst wenn Lichtenberg es einem senegalesischen Gehirn letztlich nicht zutraut, sich die Differentialrechnung auszudenken, so hätte er das den allermeisten europäischen Gehirnen auch nicht zugetraut. Entscheidend ist, daß das Gehirn vom Schlage eines Newton im Schädel eines Europäers Platz gehabt hätte, egal ob dieser senegalesisch oder indianisch aussieht. Aber auch bei dieser Möglichkeit bleibt Lichtenberg nicht stehen, denn in der publizierten Fassung der Antiphysiognomik gibt er seinen Eurozentrismus völlig auf, indem er die von Lavater perhorreszierte Vorstellung mit der lakonischen Frage »Und warum nicht?« beantwortet und ansonsten die vermeintliche Dummheit der Afrikaner mit dem Elend der Sklaverei erklärt.[47] Diese liberale Haltung war auch in der Spätaufklärung eine Minderheitenposition, und daß das auch im 19. und zumindest in der ersten Hälfte des 20. Jahrhunderts so blieb, dazu trug auch die Hirnforschung ihren Teil bei.

Ich habe bereits darauf hingewiesen, daß die Gefahren, Inkonsistenzen und Absurditäten der Physiognomik von Anfang an kritisch angemerkt wurden. Doch weil Lavater sich zur Untersuchung der Köpfe nicht nur auf Intuition, Genie und Erfahrung des Physiognomen verlassen hat, sondern Techniken und Messungen zur Anwendung brachte, die den physiognomischen Blick zur wissenschaftlichen Methode erhob, konnte die Kritik nur einen Teil seines Projekts treffen. Betrachtet man die Vorschläge, die sein ärgster Kritiker, Lichtenberg, in antiphysiognomischer Absicht ersonnen hat, so landet man beim Gehirn. Bei Lichtenberg geschieht das noch in einer vorsichtig ausprobierenden, explorativen Weise, bei anderen werden die quantifizierenden Untersuchungen des Schädels und Gehirns zur gängigen Praxis. Die mit Gefühlsenthusiasmus und dem Glauben an die göttliche Ebenbildlichkeit des Menschen beschwerte Physiognomik Lavaters wird umgepolt zu einer säkularen Anthropologie der Differenzen, bei der die Frage der Eins-zu-eins-Korrespondenz zwischen Innerem und Äußerem im Mittelpunkt steht. Man mag es bezweifeln, ob die Lesbarkeitsmetapher hier noch mit einem überhöhten Sinnverlangen in Zusammenhang gebracht werden kann; daß allerdings die Vernunft in diesem ambitionierten, bis in unsere Gegenwart noch nicht abgeschlossenen Projekt mehrmals Schaden genommen hat, sollte im weiteren noch deutlich werden.

»Ich habe in meinem Leben etwa 8 Sektionen vom menschlichen Gehirn beigewohnt, und aus wenigstens fünfen wurden die falschen Schlüsse wie rote Fäden herausgezogen und die Lapsus memoriae wie Sandkörner.«[48] So unverblümt wie Lichtenberg hat es niemand zuvor ausgedrückt, doch das erklärt sich daraus, daß er zu diesem Zeitpunkt bereits in den Streit um die Lavatersche Physiognomik verwickelt war. Lichtenberg wendet die Skepsis La Mettries gegenüber einer vorschnellen Korrelation von Gehirn und Geistesfähigkeit ins Empirische, um sie als Warnung vor einer Lesbarkeit des Gesichts hinzustellen. Weiter heißt es: »Also schon hieraus [...] sieht man, wie unvorsichtig es ist, aus Ähnlichkeit der Gesichter Ähnlichkeit der Charaktere zu schließen, auch wenn diese Ähnlichkeit vollkommen wäre.« Wenn man sich beim Gehirn so gründlich täuschen kann, soll das wohl heißen, um wieviel größer ist dann die Gefahr, sich auch beim Gesicht zu täuschen. Nun ist Lichtenberg keineswegs ein Gegner der Lesbarkeitsmetapher und der physiognomischen Grundidee einer Korrespondenz zwischen innen und außen, wie auch aus seinen am Eingang des Kapitels zitierten Vorschlägen hervorgeht, denn die Untersuchung der großen Männer, Genies und Wahnsinnigen war keine andere als eine körperliche. Der springende Punkt liegt indes darin, daß Lichtenberg das Gesicht durch das Gehirn ersetzt wissen will. Falls eine körperliche Struktur auf den Charakter des Menschen verweist, dann das Gehirn, aber auch da kann man sich irren.

Wie sehr das Gehirn Lichtenberg fasziniert und wie es ihm gleichzeitig als Waffe in der Polemik gegen Lavater und die Physiognomik dient, geht aus zahlreichen Einträgen in das zwischen 1776 und 1779 geführte *Sudelbuch F* hervor: »Er [Lavater] schmelzt das Gehirn, das eine ganze Welt ist, einiger Zeichen auf der Oberfläche wegen ein« (F 672). Lavater hatte in der Tat keinen Hehl daraus gemacht, daß ihm das Gehirn gleichgültig war, denn er ging von einer direkten Korrespondenz zwischen Gesichts- bzw.

Schädelform und der immateriellen, unsterblichen Seele des Menschen aus. In dieser Perspektive war das Gehirn als Mediator nicht notwendig, so daß die Frage, ob es zu den weichen oder harten Bestandteilen des Körpers gehört, gar nicht erst gestellt wurde. Ganz anders Lichtenberg. Da für ihn von der Form des Knochens kein direkter Weg zum Gehirn führt, geschweige denn zu den geistigen Fähigkeiten (z. B. F 814, F 830), bleibt die Frage, wie man sich im Gehirn, in dieser »ganzen Welt«, auskennen soll. Bei aller Kritik an Lavaters Oberflächenfetischismus, vom anatomischen und physiologischen Wissensbestand seiner Zeit rückt auch Lichtenberg nicht ab. Da ist von der Größe sowie der »Feinheit und spezifische[n] Schwere« (F 160) des Gehirns ebenso die Rede wie vom »ungleichen Verhärten der schleimigten Nerven«, was die Ursache dafür sein könne, »daß bald diese bald jene Seelen-Kraft vorherrscht« (F 808). In Gang gebracht wird Lichtenbergs kleine Philosophie des Gehirns durch einen schon eingangs erwähnten zentralen Topos der Spätaufklärung: Selbstbeobachtung und Analyse der Träume. Ausgangspunkt für Lichtenberg ist einmal mehr La Mettrie. Um diesen Zusammenhang zu verdeutlichen, muß ich etwas weiter ausholen.

Über Blaise Pascal war bereits zu seinen Lebzeiten bekannt, daß er unter melancholischen Verstimmungen, Visionen und Halluzinationen litt. Nach einem Kutschenunfall auf der *pont de Neuilly*, bei dem zwei Pferde in die Seine stürzten, die Kutsche samt Pascal jedoch am Rand der Brücke unversehrt stehenblieb, entwickelte der Philosoph eine besondere Form der Halluzination, indem er zu seiner linken Seite stets einen dunklen Abgrund wähnte. Wenn seine Freunde oder die Familie ihm einzureden versuchten, daß er sich die Abgründe nur einbilde, stimmte er zu, doch etwas später begann er aufs neue, den fürchterlichen halbseitigen Abgrund vor sich zu sehen. Als Pascal 1662 starb, ordneten die Angehörigen wohl wegen seiner schweren Krankheiten eine Sektion an, die zwei bemerkenswerte Befunde erbrachte: ein überdurchschnittlich großes Gehirn und eine Verletzung am Schädelknochen, die zu einer vermutlich tödlichen Blutung in die Hirnhöhlen geführt hatte. Von einer möglichen Veränderung des Gehirns, die die Halluzinationen und insbesondere den halbseitigen Abgrund erklärte, war keine Rede.[49] Dennoch könnte man versucht sein anzunehmen, daß die Sektion der Gehirne bedeutender Persönlichkeiten bereits lange vor dem 19. Jahrhundert praktiziert wurde und auch eine gewisse Bedeutung für die Einschätzung der Persönlichkeit hatte. Dem ist nicht so, und zwar aus mehreren Gründen. Erstens war diese Sektion, gemeinsam mit vereinzelten anderen anatomischen Untersuchungen bedeutender Persönlichkeiten, für das 17. Jahrhundert eine Ausnahme. Zweitens gab es um 1662 keine theoretische Option, die Größe eines Gehirns mit der Genialität seines Besitzers in Verbindung zu bringen, und dementsprechend findet sich auch nichts dergleichen im Sektionsbericht. Drittens hatte dieser Bericht im 17. und

18. Jahrhundert kein Bleiberecht in der Erinnerungskultur. Pascals Schwester, Madame Périer, wollte den Autopsiebericht in die 1694 erschienene Biographie ihres Bruders aufnehmen, doch man riet ihr mit dem Argument ab, daß ein solcher Bericht nicht für den Druck bestimmt sei. Erst 150 Jahre später wurde er von Louis-Francisque Lélut publiziert.

Zu der Zeit, als Fontenelle und du Bos über das wohltemperierte Gehirn schrieben, war Pascals Gehirn historisch nicht existent. Das sollte sich mit La Mettrie ändern. Natürlich kannte er den Sektionsbericht nicht, wohl aber die Geschichte mit den halbseitigen Abgründen, und fand eine völlig andere Erklärung als seine Vorgänger, die eine Störung der Einbildungskraft angenommen hatten. La Mettrie erklärte Pascals Halluzinationen mit unnatürlichen Vorgängen in der einen Hälfte des Gehirns, während die andere Hälfte das Genie repräsentierte. »Einerseits ein großer Mann, andererseits halb verrückt. Verrücktheit und Einsichtsfähigkeit waren bei ihm scharf getrennt: jede hatte ihren eigenen Bereich oder Lappen.«[50] Das Erstaunliche an dieser Erklärung ist nicht, daß Genie und Wahnsinn hier zusammengebracht werden, das war in der Tradition der Melancholie beinahe eine Selbstverständlichkeit. Das Verblüffende liegt vielmehr darin, daß La Mettrie jenseits aller Säftelehre den Wahnsinn in der einen Gehirnhälfte, das Genie in der anderen lokalisiert. Auch ohne ihn zu einem Vorläufer der modernen Lokalisationstheorien zu stilisieren, bleibt die Überlegung von zwei getrennt voneinander arbeitenden Hirnhälften La Mettries Zeit – und damit auch seinem eigenen Text – sonderbar fremd. Vor allem konnte ein solches Gehirn, in dem die beiden Hirnhälften gegeneinander arbeiten, unmöglich eine cartesische Maschine sein. Tatsächlich hatten Descartes und viele andere nach ihm bis zum Ende des 18. Jahrhunderts das Gehirn als ein symmetrisch gebautes und synergistisch funktionierendes Organ aufgefaßt. Außerdem hatte Descartes aus der Doppelung des Gehirns die Konsequenz gezogen, daß in keiner der beiden Hälften der Sitz der Seele lokalisiert sein könne. Das harmonierte mit der metaphysischen Position, daß das Ich sich selbst als einheitlich und unteilbar wahrnimmt. In dieser epistemischen Konfiguration, die auch für La Mettrie verbindlich war, hatte die Idee zweier unterschiedlicher Hirnhälften keinen Platz.[51]

Auch Lichtenberg war sich nicht ganz darüber im klaren, wie er es mit den beiden Hirnhälften halten sollte. Vielleicht dachte er an Pascal, als er notierte: »Die eine Seite seines Gehirns war weit härter und älter als die linke, und das gab seinen Gedanken das Sonderbare, er hatte oft Gedanken, die gar nicht wie Gedanken aussahen« (F 190). Zumindest war die einseitige Verhärtung Ausdruck eines pathologischen Geschehens, was darauf schließen läßt, daß auch Lichtenberg von einer natürlichen Symmetrie der beiden Hirnhälften ausging. Dennoch ist die Duplizität des Gehirns für ihn zu verlockend, um es dabei zu belassen. Das zeigt sich in seinen berühmten Traumbeobachtungen. Erschienen ihm im Traum verstorbene Personen doppelt, so führt er das darauf zurück, »daß unser Gehirn doppelt ist« (F 1159). Träumte er, daß man »mit einem Verstorbenen von eben demselben als dem Verstorbenen« rede, so bringt er das mit »den ähnlichen Hemisphären des Gehirns« (F 607) in Verbindung. Daß er jede Nacht von seiner Mutter träumte, schien an den »Brüchen des Gehirns« zu liegen, die sich einstellten, »so bald das regierende Principium den Scepter niederlegt« (F 684).

Verdoppelung, Ähnlichkeit, Brüche – zur Erklärung seiner penibel beobachteten Träume nimmt Lichtenberg eine Eigenaktivität des Gehirns an, die seiner dichotomen Anordnung geschuldet ist und sich genau dann einstellt, wenn das Seelenorgan nicht die Geschicke der gesamten Hirnfunktion bestimmt. Lichtenberg denkt also durchaus noch im cartesischen Problemhorizont. Er verläßt ihn jedoch in dem Moment, da er eine direkte Korrespondenz zwischen Hirnzustand und phänomenalem Erlebnis herstellt. Ich halte es für keinen Zufall, daß sich diese Einträge im antiphysiognomischen *Sudelbuch F* befinden, denn das bestärkt meine Vermutung, daß Lichtenberg eine tentative Verschiebung des physiognomischen Ansatzes vom Gesicht aufs Gehirn vornimmt. Der Unterschied zur Physiognomik besteht darin, daß diese in Gesichtern liest, während Lichtenberg in sich selbst liest, und er ist sich dieses Unterschieds auch bewußt (F 729). Doch die Idee der Korrespondenz wird ihm so wichtig, daß er sie auch außerhalb seiner Traumwelt ausprobiert.

In einer Eintragung, die sich von vornherein dadurch absichert, daß sie in eine nicht näher bestimmte Zukunft weist, notiert er: »Wenn einmal [einer] den Zustand unsres Gehirns bei unsern Vorstellungen und Gedanken wird in Ordnung gebracht haben, so wird es der Mühe wert sein auszumachen was die Sprachen für einen Einfluß auf dasselbe haben, denn es kann unstreitig für ein *endliches* System von Fibern nicht einerlei sein ob ein Begriff zwei Zeichen in demselben und eben soviel Stellungen oder Biegungen wegnimmt oder *Einen*« (F 1183). Hier wird die Frage nach der cerebralen Codierung der Sprache (es könnte sich auch um Bilder oder Töne handeln) direkt gestellt. Daß diese Frage überhaupt gestellt werden kann, ist Indiz für einen neuen Stellenwert des Gehirns. Es geht nicht mehr um die gemütliche Metaphysik eines Huarte oder du Bos. Ansatzweise bei La Mettrie und dann unübersehbar in den siebziger Jahren des 18. Jahrhunderts wird deutlich, daß das Gehirn mehr ist als ein Acker, auf dem der galante oder geniale Geist ungestört reifen kann. Zwar bleibt die Lehre vom Seelenorgan noch unangetastet, doch jenseits von Humoralphysiologie und Melancholie-Diskurs wird das Gehirn komplexer, interessanter, widersprüchlicher und auch unheimlicher.

Diese Problematisierung vollzieht sich jenseits der Hirnanatomie auf zwei zentralen epistemischen Feldern des späten 18. Jahrhunderts: der Physiognomik und der Beobachtung der dunklen Seiten des aufgeklärten

Selbst. Schwindel, Träume, Fieberphantasien oder Halluzinationen – die »Brüche des Gehirns« werden auf diesem Weg zum Bestandteil einer Selbsterkundung, die den Leib-Seele-Dualismus zunehmend aufweicht. Auch bei Lichtenberg hat das Gehirn einen phantasmatischen Charakter. Dennoch eröffnet sich durch seine introspektive Hirnerkundung ein Spielraum oder zunächst einmal ein Denkraum, um die Gehirne von Gelehrten und anderen außerordentlichen Persönlichkeiten genauer zu untersuchen. Wiederum spielt die Physiognomik eine Schlüsselrolle. Wenn Lavater sich anheischig machte, aus Gesicht und Kopf den Charakter und die geistigen Fähigkeiten eines Menschen zu deduzieren, dann begannen sich Ärzte und Anatomen für solche Unterschiede im Gehirn zu interessieren. Wie nahe Gesicht und Gehirn hier beieinanderlagen, geht aus einer der vielleicht berühmtesten medizinischen Schriften des späten 18. Jahrhunderts hervor, aus Melchior Adam Weikards *Der philosophische Arzt*. Damit beginnend, daß Lavater »nach den Gesetzen der Zeichnungskunst an Narren und an den vernünftigsten Männern, an Genien«, Zeichen gesammelt und in ein System gebracht habe, geht Weikard gleich einen Schritt weiter und spekuliert, ob diese Zeichen nicht die innere »Organisation des Gehirns« verraten. Diese Frage hatte Lavater nicht gestellt, doch Weikard sieht hier – und er sollte sich nicht täuschen – eine große Zukunft für Medizin und Anthropologie:

> Freilich sind wir noch nicht geübt genug zu bestimmen, wie die schicklichsten Hirnzasern beym Dichter, wie sie beym Redner, beym Philosophen eigentlich beschaffen seyen. Es wird aber doch unläugbar seyn, daß in der Bildung des Gehirnes eine Verschiedenheit seyn müsse, wenn der Europäer mit einem langen, der Chinese und Tartar mit einem breiten Kopf erscheint: wenn der Druse einen hinterwärts langen, der Kalmuck einen viereckichten, der Türk einen runden Kopf von der Natur erhalten hat.[52]

Auch wenn Kriminalität und Geschlechtsunterschiede hier nicht vorkommen (von Wahnsinn und Dummheit hat Weikard einige Zeilen zuvor gehandelt), so ist es doch offensichtlich, daß die Verortung der verschiedenen geistigen Fähigkeiten in Augenkontakt mit sozialen und kulturellen Hierarchien gerät und dadurch zu einem Forschungsproblem wird. Nun war auch Weikard kein Anatom, aber es sollte nur wenige Jahre dauern, bis die Hirnanatomie ihren rassistischen Sündenfall vollzog. Als wollte er den Streit zwischen Lavater und Lichtenberg, ob in dem Kopf eines Afrikaners das Gehirn eines Newton sitzen könne, ein für alle Mal entscheiden, untersuchte der Anatom Samuel Thomas Soemmerring drei Gehirne von Schwarzen, um Unterschiede zwischen ihnen und den Gehirnen von Weißen herauszufinden. Dazu zog er das ganze Arsenal von quantitativen und qualitativen Parametern heran, das der physischen Anthropologie zur Verfügung stand: Hirngröße und -gewicht, Festigkeit, Form und Proportion sowie die Gestalt der Hirnventrikel. Das kontrovers diskutierte Ergebnis lief darauf hinaus, daß Schwarze kleinere Hirnventrikel und überhaupt kleinere Gehirne hätten als Weiße. Damit nicht genug, sei die Hirnsubstanz der Schwarzen ähnlich zäh gewesen wie bei Verrückten. Aus diesen vermeintlichen Befunden leitete Soemmerring ihre »Wildheit, Unbändigkeit und etwas mindere Fähigkeit zur feineren Kultur« ab und definierte ihren Ort in der Kette der Lebewesen näher am Affen als am Europäer.[53]

Soemmerrings Hirnanatomie bildet ein Komplement zur Physiognomik. Weniger intuitiv als diese – zumindest in der Version Lavaters –, bringt sie gleichwohl die physische Natur des Menschen mit seiner moralischen und geistigen zusammen. Zwar ist es laut Soemmerring nicht die Aufgabe des Anatomen, »die moralischen Ursachen einer so auffallenden That-Sache [d.h. der Unterschiede zwischen den Menschen, M. H.] auszuforschen«, wohl aber soll er sich der Frage stellen, »ob im Bau und in der Einrichtung des Körpers sich etwan Verschiedenheiten, sichere, bestimmte, merkliche, nicht bloß zufällige Unterschiede finden, die dem Mohren eine niedrigere Staffel an dem Thron der Menschheit anweisen«.[54] In dieses Urteil hätte ein lavaterscher Physiognom sofort eingestimmt, doch wird es hier von einem Wissenschaftler gefällt, der eine ungleich höhere wissenschaftliche Autorität genießt. Mit und nach Soemmerring wird das Gehirn zu dem Organ, an dem die Differenzen zwischen moralisch-kultureller Superiorität und Inferiorität, Intelligenz und Sinnlichkeit, Männlichkeit und Weiblichkeit, festgemacht werden. Die Ironie dieses wissenschaftshistorischen Wendepunkts liegt darin, daß die zunehmende Beanspruchung des Gehirns für die Konstituierung der Humanwissenschaften weniger ein Kind des Materialismus als vielmehr seiner Gegner ist. Lavater, Soemmerring und andere Vertreter der Physiognomik und der physischen Anthropologie halten dem Materialismus vor, die gegebene physische Disposition zu instrumentalisieren, um Differenzen zwischen Affe und Europäer einzuebnen. In der Tat hatte La Mettrie die geringfügigen Differenzen zwischen Menschen- und Affengehirn benutzt, um die bestehende Morallehre frontal anzugreifen. Umgekehrt arbeitet das Programm der physischen Anthropologie daran, am Gehirn und Schädel minimale Differenzen aufzuspüren und daraus soziale und kulturelle Hierarchien abzuleiten. Gleichzeitig damit sind die Voraussetzungen für die eingehendere Beschäftigung mit den Gehirnen außergewöhnlicher Persönlichkeiten gegeben, wobei *Beschäftigung* heißt, einen längeren Umweg über den Schädel zu nehmen.

Vom Gehirn zum Schädel

Als Lavater die medizinische Literatur nach Untersuchungen durchforstete, die den Schädel mit dem Geistescharakter des Menschen verknüpften, erlebte er eine Enttäuschung: es gab keine. Zweifellos wird er gewußt haben, daß Schädel für das katholische Christentum eine außerordentliche Bedeutung hatten. Zahllose Schädel heiliger Männer und Frauen wurden gesammelt und als Reliquien auf die Kirchen der Christenheit verteilt. Hin und wieder wurden Schädel bedeutender Persönlichkeiten aus dem Grab gestohlen und als Reliquie oder Trophäe von Generation zu Generation weitergereicht.[55] Doch weder kirchliche Verehrung noch makabre Sammelleidenschaft brachten das anthropologische Interesse am Schädel in Gang. Das hatte mit der schlichten Tatsache zu tun, daß es trotz einer ausgeprägten Darstellung des Schädels in der bildenden Kunst keine anatomischen Abbildungen gab, die anthropologisch bzw. physiognomisch aussagekräftig waren.

Als Lavater nach einer solchen Abbildung für sein Werk suchte, mußte er auf Andreas Vesalius' *De humani corporis fabrica*, die Bibel der neuzeitlichen Anatomie, zurückgreifen.[56] Das war wenig befriedigend für einen Praktiker der Physiognomik, der immer wieder die Schulung des Beobachtungsgeistes und die gründliche Einübung der Aufmerksamkeit anmahnte und darauf hinwies, daß die Wahrnehmung der kleinsten Besonderheiten und Unterschiede am Kopf nur gelingen könne, wenn genügend Anschauungsmöglichkeit bestünde.[57] Was für Gesichter und Köpfe galt, nämlich daß Lavater, unterstützt durch ein weitgespanntes Netz von Lieferanten, Tausende von Portraits und Scherenschnitte besaß,[58] war im Hinblick auf Schädel oder gar Gehirne unmöglich. Es gab weder brauchbare Schädelsammlungen noch Abbildungen, denn die lange ikonographische Tradition des memento mori adressierte den Schädel als Symbol des Nachsinnens über Leben und Tod. Das war für die Tradition von Vesalius bis zur moralisierenden Anatomie des Barock durchaus bedeutsam, ergab jedoch keinen anthropologischen Mehrwert.[59]

Nun war es im späten 18. Jahrhundert noch kein erstrebenswertes Ziel, eine Sammlung mit Hunderten oder noch mehr Objekten einer Sorte zu bestücken. Die für eine bestimmte Untersuchung zur Verfügung stehenden Objekte ließen sich zumeist an einer Hand abzählen. Soemmerring, der zu jener Zeit vermutlich der erfahrenste Hirnanatom war, konnte sich für seine erwähnte Untersuchung auf die Gehirne von drei Afrikanern stützen. Das war immerhin so viel, daß ihm zumindest die Anzahl der untersuchten Gehirne nicht zum Vorwurf gemacht wurde. Wie konnte in einer solchen Situation der Ressourcenknappheit überhaupt vom Gehirn eines Gelehrten oder eines Dichters die Rede sein, da sie angesichts der moralischen Konventionen kaum in den Händen eines Anatomen landeten? Die gängigen

Abb. 4: E. C. Thelott, Soemmerring als Anatom
(nach einer Zeichnung von Langer, 1786)

Abb. 5: Portrait Raffaels
in Lavaters *Physiognomischen Fragmenten*

Parameter wie Konsistenz oder Erregbarkeit des Gehirns, seien sie nun bedingt durch den Spiritus animalis oder durch die Erschütterbarkeit der Fasern, konnten sich nur auf das Prinzip der Analogie stützen. Das Gehirn eines Gelehrten hatte die entgegengesetzten Eigenschaften desjenigen eines Verrückten oder eines Schwarzafrikaners, ohne daß es eigens in Augenschein genommen worden wäre.

Die reale und ikonographische Abwesenheit des Gehirns wird augenfällig in einem Kupferstich, der an einer etwas unerwarteten Stelle auftaucht, nämlich als Frontispiz in Friedrich Heinrich Jacobis Schrift gegen Moses Mendelssohn, die den Höhepunkt des Spinozismus-Streits markiert. Der Stich von 1786 zeigt Soemmerring, der am Tisch sitzt und einen Schädel mit dem Zirkel ausmißt (Abb. 4).[60] Zieht man seine ein Jahr zuvor erschienene Schrift hinzu, auf die Jacobi sich im Text auch bezieht, so hat Soemmerring der Ausmessung des Schädels in der Tat ein Kapitel gewidmet, in dem er behauptet, daß der Schädeldurchmesser bei den Schwarzen kleiner sei, sie also ein kleineres Gehirn haben.[61] Diesem einen kurzen Kapitel stehen zahlreiche andere gegenüber, in denen es nur um das Gehirn geht, und das entspricht auch ganz den Interessen Soemmerrings. Daß er in Jacobis Frontispiz einen Schädel und kein Gehirn untersucht, ist mithin durch seine wissenschaftliche Praxis nicht ganz gerechtfertigt. Gleichwohl war Soemmerring weit davon entfernt, gegen dieses Bild zu protestieren, denn der Schädel diente gleichsam als Stellvertreter für das Gehirn, für dessen Untersuchung es keine visuelle Darstellungsmöglichkeit gab. Die ikonographische Tradition der Schädeldarstellungen machte dieses Bild für den Betrachter des späten 18. Jahrhunderts lesbar, obgleich der Zirkel natürlich eine Abweichung von dieser Tradition signalisieren sollte. Hier ging es nicht um eine Hamletsche Betrachtung über die Vergänglichkeit des Lebens, sondern um exakte, unvoreingenommene Vermessung, die letztlich dem unsichtbar bleibenden Gehirn galt.

Wie auf dem Kupferstich, so geschah es auch in den anatomischen und anthropologischen Sammlungen. Soemmerring, Peter Camper in Amsterdam, John Hunter in London und Blumenbach in Göttingen sammelten Schädel und keine Gehirne. Dabei verfolgten sie durchaus andere Intentionen als Lavater, der in seinem Schädelenthusiasmus stolz verkündet hatte, daß sein physiognomisches Hauptwerk eine »Schädelstätte meiner Freunde« sei.[62] Es ging vielmehr um das materielle Rüstzeug für vergleichend-anthropologische Untersuchungen. Blumenbach beispielsweise, der im Physiognomik-Streit ganz auf der Seite Lichtenbergs stand, wies es weit von sich, vom individuellen Schädel auf den Charakter eines Menschen zu schließen. Insofern waren die Schädel berühmter Persönlichkeiten für ihn kein Forschungsgegenstand. Als Goethe ihm 1793 einen Gipsabguß des vermeintlichen Schädels von Raffael mit den Worten zuschickte: »[...] eines der schönsten Menschen, in jedem Sinne, die gelebt haben und freue mich etwas geben zu können das Ihrer Sammlung nicht unwerth sey«,[63] nahm Blumenbach das Geschenk gern an, fügte es in seine Sammlung ein und ließ es dabei bewenden.

M.

Abb. 6: Portrait Michelangelos in Lavaters *Physiognomischen Fragmenten*

Blumenbach war nicht unempfänglich für ästhetische Momente der Anatomie, doch verfolgte er andere Interessen als Goethe. Dieser hatte von Winckelmann gelernt, daß die Nachahmung der griechischen Kunst in einem unmittelbaren Zusammenhang mit der Schönheit des malenden Genies stand. Gerade Raffael hatte Winckelmann zu der schwärmerischen Bemerkung hingerissen, daß nur »eine so schöne Seele, wie die seinige war, in einem so schönen Körper [...] den wahren Charakter der Alten in neueren Zeiten zuerst zu empfinden und zu entdeken« vermochte. Die körperliche Dimension des empfindsamen Genies wuchs sich hier zu einem Schönheitskult aus, der auch für die Lavatersche Physiognomik verbindlich wurde. Kaum zufällig fand Winckelmanns Gleichung von seelischer und körperlicher Schönheit Eingang in die *Physiognomischen Fragmente*. Noch mehr dürfte Lavater sich an Winckelmanns zoologischem Vergleich erfreut haben, der Raffael die Physiognomie eines »ungewöhnlichen schönen und edeln Pferdes« und Michelangelo die eines »gewaltigen herrlichen Ochsen« zuschrieb (Abb. 5 und 6).[64]

Für Lavaters Zeitgenossen war es nur noch ein kleiner Schritt, die Schönheit auch in den vermeintlichen Schädel Raffaels zu projizieren.

Dieser Schädel wurde als besondere Kostbarkeit in der römischen Malerakademie S. Luca ausgestellt, und für die deutschen Italienfahrer gehörte es zum Pflichtprogramm, diesem Ort die Ehre zu erweisen. Karl Philipp Moritz empfand »Ehrfurcht« beim Anblick der »Behausung des göttlichen Genius«, versagte sich jedoch weitere Ausführungen über den Knochen. Goethe, der den Schädel im März 1788 bei seinem zweiten römischen Aufenthalt aufsuchte, ging in seiner *Italienischen Reise* gleich zweimal auf den Schädel ein und spezifizierte die Winckelmannsche Korrespondenzlehre mit der Feststellung: »Ein trefflicher Knochenbau, in welchem eine schöne Seele bequem spazieren konnte.«[65] Nach diesem Anblick scheint Goethe sich umgehend um einen Abguß des Schädels gekümmert zu haben, angeblich, weil Herzog Carl August danach verlangte, aber schließlich landete der Gipsabguß in Goethes eigener Sammlung. Es ist nicht ganz klar, ob der Abguß, den Goethe an Blumenbach schickte, vom Original in Rom oder von der Kopie genommen worden ist. Jedenfalls stellte dieses Objekt für Goethe eine Kostbarkeit dar, die gleichermaßen bedeutend »für Natur- und Kunstfreunde sein müßte«.[66] Für Blumenbach hingegen, der Schädel nach anderen Kriterien sammelte, dürfte es sich in erster Linie um ein unsicheres Objekt gehandelt haben, bei dem es zuerst einmal um die Klärung der Echtheitsfrage ging.[67]

Seit ungefähr 1775 hatte Blumenbach eine Schädelsammlung angelegt, die nach seinen eigenen Worten »in Ansehung ihrer Größe und Verschiedenheit«[68] konkurrenzlos war, da er Schädel aus den entlegensten Gegenden der verschiedenen Erdteile erhalten hatte. Die besonderen Probleme, die die wissenschaftliche Pflege einer solchen Sammlung aufwarf, illustrierte Blumenbach dadurch, daß er den Schädelsammler mit dem Kyniker Menippos verglich, wie er in Lukians *Totengesprächen* auftritt: Als Menippos in der Unterwelt ankam und der zahlreichen Schädel ansichtig wurde, verging ihm die Lust, den Schädel der schönen Helena herauszusuchen, weil einer wie der andere aussah.[69] Ein ununterscheidbares Golgatha konnte nicht im Interesse des Anthropologen liegen, dem es um eine materielle Grundlage für die »Bestimmung der Varietäten im Menschengeschlecht« ging (den Begriff Rasse lehnte Blumenbach ab, da er von der Einheit des Menschengeschlechts ausging). Konsequenterweise verwendete der Göttinger Anthropologe große Sorgfalt auf den Echtheitsnachweis, vermerkte stets den Donator und rekonstruierte den Weg, den das Objekt genommen hatte. Er suchte die Schädel auf Spuren ab, die einen Hinweis auf die geographische Herkunft gaben, und verglich sie mit Reiseberichten und möglichst naturgetreuen Portraits der entsprechenden Völker. Solche Praktiken lagen ganz auf der Linie derjenigen Maßnahmen, die die Naturforscher seit dem 17. Jahrhundert ergriffen hatten, um Vertrauen und Glaubwürdigkeit herzustellen.[70] Für Blumenbach hing die anthropologische Einteilung der Menschheit in fünf Varietäten zu einem nicht unwichtigen Teil an diesen Schädeln. Ein einziger Irrtum im Hinblick auf die Herkunft und Identität eines Schädels konnte die Einteilung gefährden.

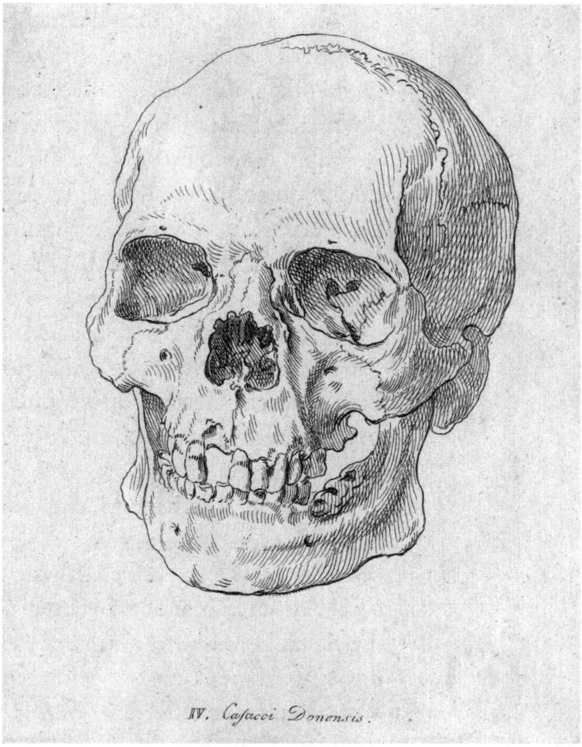

Abb. 7: Johann Friedrich Blumenbach, Schädelzeichnung eines *Casacci donensis*

Die »Basis der ganzen Nationalcharakteristik« beruht für Blumenbach nicht auf den bis dahin gängigen Kriterien, die er allesamt verwirft, sondern auf einer genauen Analyse des Stirnbeins und des Oberkiefers. Sie bestimmen die relevanten Parameter: »Höhe und Breite des Schädels, [...] die Weite der Nasenhöhle, die Richtung der Nasenknochen, [...] Weite und Tiefe der Augenhöhlen, die Protuberanz der Backenknochen.« Mit diesen Merkmalen zielt Blumenbach »auf den ganzen Habitus«[71] des Gesichtsschädels ab. Den Habitus eines Kosacken beispielsweise (Abb. 7) bezeichnet er als schauerlich (*Habitus in totum horridus*).[72] Noch einmal sei betont, daß Blumenbach bei der Beschreibung der Schädel ästhetische Gesichtspunkte mit einfließen läßt. In der Nebeneinanderstellung der verschiedenen *Nationalschädel* plaziert er denjenigen einer Georgierin als den schönsten genau in der Mitte zwischen den weniger vollkommenen Exemplaren der anderen Varietäten.[73] Der entscheidende Punkt liegt jedoch darin, daß Blumenbach aus dieser ästhetischen Vorliebe keine Anthropologie der Differenzen ableitet. Der *Nationalhabitus* des Kopfes erlaubt eben keine Rückschlüsse auf Intelligenz oder Charakter. Genau hier liegt der Unterschied, der Blumenbach von Lavater und den meisten anderen physischen Anthropologen abhebt. Beide, der Physiognom und der Anthropologe untersuchen »das feste und bleibend Fundament des Kopfes«,[74] doch während für den einen Gesicht und Schädel den Charakter seines Besitzers offenbaren, läßt der andere den Schädel nur als physisches Kriterium zur Unterscheidung der verschiedenen Varietäten gelten. Folgerichtig konnten Lavater und Blumenbach mit den Schädeluntersuchungen des jeweils anderen nicht viel anfangen. Diese gegenseitige Abneigung zeigt, daß es nicht auf die vergleichenden Beschreibungen und quantitativen Messungen als solche ankam, sondern auf die daraus gezogenen Schlußfolgerungen. Lavater, Soemmerring und nach ihnen viele andere bauten solche Messungen unmittelbar in ihre rassistischen

Hierarchien ein. Anders Blumenbach, der weder Lavaters Stirnmesser noch Campers Gesichtswinkel für akzeptabel hielt, da verschiedene Varietäten keineswegs über unterschiedliche Kiefernwinkel verfügten, umgekehrt jedoch Mitglieder einer Varietät über erheblich abweichende Kieferwinkel verfügen mochten.[75] Solche Differenzen zwischen Lavaters Physiognomik und Blumenbachs physischer Anthropologie gilt es im Auge zu behalten, gerade weil die Zusammenfügung von Elementen der beiden jenes gefährliche Gemisch ergab, das als Wissenschaft der Differenzen Schädel und Gehirn instrumentalisierte, um soziale und kulturelle Hierarchien zu legitimieren. Lavaters Doktrin konnte man als unbewiesene Hypothesen oder gar Scharlatanerie abtun, doch Soemmerring hatte, sehr zum Verdruß von Blumenbach, Georg Forster und anderen Zeitgenossen, mit seiner anthropologischen Hirnanatomie vorgemacht, wie eine solche Wissenschaft aussehen konnte.

Blumenbachs Enthaltsamkeit hinsichtlich einer individualisierenden Schädeluntersuchung, seine Weigerung, dem Gipsabguß des Raffael-Schädels irgendeine wissenschaftliche Dignität zu verleihen, macht es schwierig, seine Arbeiten in einen direkten Zusammenhang mit dem Enthusiasmus für die Schädel außerordentlicher Persönlichkeiten zu bringen. Gewiß lenkte das Engagement eines der damals angesehensten Naturforscher auch die Aufmerksamkeit derjenigen auf den Schädel, die andere Interessen verfolgten. Blumenbach machte das Objekt auf andere Weise interessant als Lavater, nicht zuletzt durch seine Abbildungen, die eine neue Tradition der Ikonographie des Schädels begründete. Doch damit ist das Interesse an Schädeln um 1790 noch nicht hinreichend erklärt.

Neben der Winckelmannschen Körperästhetik und der Physiognomik gibt es noch ein weiteres, bereits bekanntes Motiv für das Interesse an Köpfen, insbesondere am eigenen: der in der Geständnisliteratur und in der philosophischen Medizin gängig gewordene Hang zur Selbstbeobachtung. Sicherlich war auch hier ein imaginäres Moment im Spiel. Die postume Opferung des eigenen Schädels fand in Gedanken statt, nicht in der Realität. Wiederum kann Lavater als Beispiel dafür dienen, daß die Faszination für Schädel im allgemeinen auch zum Nachdenken über den eigenen anregte. Als er im anatomischen Kabinett eines Chirurgen einen Schädel betrachtete, wurde er an den eigenen Tod erinnert: »Einst wird vielleicht auch mein Körper zergliedert und das Cabinett eines Operators zu zieren bestimmt seyn; Einst wird mein Schädel vielleicht auch so beobachtet, nachgezeichnet, ausgehoben, und herumgetragen werden können.«[76] Einerseits ist diese sinnierende Betrachtung des Schädels noch in der Melancholie-Tradition verwurzelt, andererseits handelt es sich hier um das *Geheime Tagebuch*, in dem Lavater sein Innerstes wie ein Geständnis ausbreitet. Daß er dabei nicht mehr an die Vergänglichkeit, sondern an eine anatomische Schädelsammlung denkt, ist ein Indiz für einen Mentalitätenwandel, der jedoch dadurch abgesichert ist, daß Lavater um die gültigen Konventionen und Sitten weiß, die es eben nicht ohne weiteres zuließen, daß sein Schädel in einer Sammlung landete.

Auch Lichtenberg war der Gedanke an ein Nachleben seines Schädels nicht fremd. Doch wie nicht anders zu erwarten, macht er einen Witz, wo Lavater im feierlichen Ernst verharrt. Als Blumenbach von Joseph Banks im August 1793 den als Kostbarkeit angesehenen Schädel eines Australiers zum Geschenk erhält, gratuliert Lichtenberg »zu dem herrlichen Fang. Ich glaube nicht, daß schon jetzt Ihre Sammlung Ihres gleichen hat, und was das schönste ist, jeder neue Kopfe, der hinzu kömt, giebt dem vorhergehenden einen Werth, den er noch nicht hatte.« In diesem Zusammenhang will auch Lichtenberg nicht zurückstehen und bietet Blumenbach den eigenen Schädel an: »Apropos können Sie meinen Kopf brauchen? Ich bin ein Ottenwälder, die am Rhein auf der Stufenleiter der Civilisation mit den Saxenhäußern rangiren.«[77] Der Witz dieses Angebots liegt gerade darin, daß Lichtenberg hier nicht die Kategorie des Gelehrtenschädels wählt, sondern gewissermaßen die Unter-Varietät des Odenwälders, für die in Blumenbachs Klassifikationssystem gar keine eigene Abteilung existierte. Aber auch Lichtenbergs selbstironischer Gestus konnte und wollte nichts an der schlichten Konvention ändern, die einige Jahre später auch auf seine eigenen sterblichen Überreste angewendet wurde: nämlich daß sein Schädel nicht in Blumenbachs Sammlung, sondern auf dem Friedhof an der Weender Landstraße landete. Im folgenden Kapitel werden diese Konventionen genauer zu betrachten sein, denn durch Galls Hirn- und Schädellehre oder Organologie wurde das bis dahin übliche Interesse an Schädeln weit übertroffen. Man sinnierte nicht mehr über den eigenen Schädel, suchte nicht mehr nur im Gesicht des anderen nach dessen Charakter, sondern entdeckte den Schädel als das Objekt, das einen direkten Weg zum Gehirn darstellte.

Schädelkunde oder: Die Erfindung der cerebralen Biographien

Galls Hirnlehre und der Schädelenthusiasmus

Als der Physiologe Philipp Franz von Walther 1800 in Wien weilte, um sich mit Franz Joseph Galls neuer Lehre des Gehirn- und Schädelbaus vertraut zu machen, wurde er Zeuge eines Ereignisses, das seinen Glauben an die Richtigkeit von Galls Beobachtungen enorm bekräftigte. Einer von Galls Anhängern, der Kopenhagener Arzt Scheel, kam nach einer Italienreise in Wien an und überbrachte Gall den Gipsabguß des Schädels von Raffael. Gemeinsam machte man sich über den Schädel her und untersuchte ihn nach Galls neuer Methode – mit erfreulichen Resultaten:

> Wie angenehm wurden wir alle überrascht, als wir an diesem Gipsabdrucke das Organ des Kunstsinns gerade an der Verbindung des Schläfe- und Stirnbeins blasicht hervorgetrieben, das Organ des Farbensinns am obern Augenhöhlenrande nur mäßig erhaben, und die Hinterhauptshügel, welche die Hemisphären des kleinen Gehirnes, die Organe des Geschlechtstriebes einschließen, zu auffallender Größe entwickelt sahen; da bekanntlich in Raphaels Gemählden mehr die Erfindung und Zeichnung als die Farbengebung geschätzt wird, und er selbst sich durchaus als einen sehr wollüstigen Menschen gezeigt hat.[1]

Es mag übertrieben sein, daß mit dem Abguß von Raffaels vermeintlichem Schädel ein schwungvoller Handel betrieben wurde, doch offensichtlich war es in Rom nicht bloß Goethe möglich, einen solchen Abguß zu erwerben. Auch Soemmerring verfügte über ein Exemplar in seiner Sammlung, ohne damit jedoch allzuviel angefangen zu haben. Erst unter den Händen Galls trat der Gipsschädel in eine neue craniologische Existenz. Für Goethe standen Ebenmäßigkeit und Schönheit des Knochens im Vordergrund, für Blumenbach war er ein wenig ergiebiges Objekt, doch für Gall waren die verschiedenen Wölbungen und Abflachungen Zeichen, die auf die unmittelbar darunter liegenden Organe der Hirnrinde und die damit verbundenen Fähigkeiten und Neigungen verwiesen. Von Raffaels Geschlechtsleben einmal abgesehen: Die von Walther zum Ausdruck gebrachte und in diesem Zusammenhang offensichtlich auf Gall zurückgehende Einschätzung seiner Malerei entsprach der deutschen Kunstliteratur des 18. Jahrhunderts. In seinen einflußreichen *Gedanken über die Schönheit und über den Geschmack in der Malerei* hob Anton Raphael Mengs beim Vergleich zwischen Raffael, Correggio und Tizian, den »drei großen Lichtern der Malerei«, hervor, daß Raffael in »Composition und Zeichnung« unerreicht sei, während er in der Farbgebung als »der letzte zu achten ist«.[2] Es sei dahingestellt, inwieweit Gall Mengs' Schrift gekannt hat. Entscheidend ist, daß er und sein Sprachrohr Walther eine im späten 18. Jahrhundert vorherrschende ästhetische Beurteilung mit der individuellen Qualität des Künstlers gleichsetzten und diese auf eine spezifische Hirnentwicklung zurückführten. Die Handschrift der Gemälde Raffaels fand ihre unmittelbare Entsprechung in der cerebralen Konstellation.

Es ging Gall um die Erstellung eines individuellen Profils, das an der Oberflächenkonfiguration des Gehirns ablesbar war. Dieses Profil wurde vervollständigt durch die Rekonstrukion der Lebensumstände der entsprechenden Person. Beide zusammen ergaben das Kernstück der Gallschen Schädel- und Gehirnlehre, die sich als neue Wissenschaft vom Menschen verstand, und das beinhaltete auch eine Erklärung außergewöhnlicher künstlerischer, philosophischer und wissenschaftlicher Produktivität. Damit entrichtete Gall seinen eigenen Beitrag zur Genieverehrung, der jedoch etwas anders aussah als Goethes oder Moritz' Ehrfurcht vor dem schönen Schädel. Das Ergebnis war noch nicht, wie einige Jahrzehnte später, eine Pathographie, wohl aber eine cerebrale Biographie, die sich als Ergänzung zur üblichen Hagiographie verstand und etablierte.

Galls Lehre, in den 1790er Jahren in Wien entwickelt, ist vielfach beschrieben und analysiert worden.[3] Kurz gesagt, basierte sie auf der für die Hirnforschung wegweisenden Überlegung, daß die geistigen Eigenschaften, Talente, Gefühle und Neigungen ihren Sitz und Ursache in verschiedenen Regionen des Gehirns haben. Diese Sichtweise unterschied sich grundlegend von der bis dahin vorherrschenden vom Seelenorgan, das als Sitz oder Instrument der Seele an einer bestimmten Stelle im Gehirn angenommen wurde. Auch die mittelalterliche Ventrikellehre, die Sensorium commune, Einbildungskraft, Verstand und Gedächtnis als hauptsächliche kognitive Vermögen angesehen hatte, basierte auf anderen anatomischen, psychologischen und philosophischen Voraussetzungen. Die Perspektivenverschiebung von den Hirnhöhlen bzw. von einer einzelnen Struktur in den Tiefen des Gehirns zur Hirnrinde markierte einen grundlegenden epistemischen Bruch. Der Blick auf das Gehirn orientierte sich nicht mehr an einem Zentrum oder Mittelpunkt, von dem aus Aktion und Reaktion gesteuert wurden. Der Fokus richtete sich vielmehr auf eine funktionell differenzierte Oberfläche, die keine kategorialen Unterschiede und Hierarchien mehr kannte. Wo vorher eine Seele präsent gewesen war, die sich durch einen cerebralen Steuermann bemerkbar machte, wurden nun geistige Fakultäten angesiedelt, die in ihrem komplexen Zusammenspiel den Menschen zum Menschen machten. Dieser neue Ansatz hatte unmittelbare Konsequenzen

Abb. 8: Portrait Descartes' in Lavaters *Physiognomischen Fragmenten*

für die Vorstellungen von einem wohlgeratenen Gehirn. Es ging nicht mehr um die haptisch faßbare Eigenschaft eines harten oder weichen Gehirns, sondern um seine visuell darstellbare Gestalt und Größe. Abweichungen der Konsistenz in die eine oder andere Richtung galten fortan als pathologische Anzeichen, nicht aber als Indikator für geistige Fähigkeiten.

Jede einzelne geistige Fakultät, seien es metaphysischer Tiefsinn und Kunstsinn oder Nächstenliebe und Eigentumssinn, entlehnte Gall dem bürgerlich aufgefaßten menschlichen Verhaltensrepertoire um 1800; und jede Fakultät oder Fähigkeit verfügte über ein abgegrenztes Organ im Gehirn, insbesondere in der Hirnrinde. Je ausgeprägter ein solches Organ, desto mehr wölbte es sich an der Hirnoberfläche hervor und bildete den charakteristischen Höcker am Schädel, den der Craniologe auch am lebendigen Menschen abtasten konnte, um eine Art Psychogramm zu erstellen. Gall wollte Hirnforscher sein, und er war auch ein allseits anerkannter Hirnanatom. Dennoch hatte er es immer wieder mit Köpfen und Schädeln zu tun. Es wäre jedoch kurzsichtig, ihn zu einem Quasiphysiognomen zu machen.[4] Gewiß ist seine Unternehmung ohne die im vorangegangenen Kapitel vorgestellten Entwicklungen der Physiognomik und physischen Anthropologie undenkbar. Das betrifft hauptsächlich die quantitativen Messungen des Gehirns und die Annahme, daß das Gehirn den Schädel forme. Damit hören die Gemeinsamkeiten aber beinahe schon auf. Der Schädel verwies eben nicht mehr auf eine unsichtbare Seele des Menschen oder seinen Charakter, sondern auf ein Konglomerat geistiger Funktionen, die unmittelbarer Ausdruck einer spezifischen Hirnkonfiguration waren. Auch Lavater hatte den Schädel geometrisch vermessen, doch in Galls Organologie erhielt er eine neue epistemische Bedeutung. Seine Wertigkeit als Zeichen beschränkte sich darauf, daß er auf die darunter liegende Hirnrinde verwies. Weder Blumenbachs Anthropologie noch die Physiognomik sahen eine solche Verbindung vor.

Die Unterschiede zwischen Physiognomik und Organologie lassen sich leicht nachvollziehen an den Abbildungen, die Lavater und Gall für ihre Werke auswählten. Galls Atlas enthält zahlreiche Abbildungen des Gehirns und des Schädels, die mit größter Sorgfalt hergestellt worden sind, daneben aber auch Dutzende von Portraits historischer Berühmtheiten, die sich zum Teil auch in Lavaters *Physiognomischen Fragmenten* befinden. Zum Beispiel Descartes: sein Portrait findet sich bei Lavater als Kupferstich auf einer eigenständigen Tafel (Abb. 8). Der zugehörige Text entfaltet einen Wortschwall über dieses »so sonderbare, so ausgezeichnete Gesicht«, »höchste Originalität«, »Pressentiment – Vorempfindung, Ahndung – das Eigenthümliche des Genies«, »Wahrheitsdrang«, »Empfindsamkeit und Würkungskraft«. Und so geht es auch bei den Details weiter: »Im tiefen durchschauenden, ergreifenden, verwandelnden Blick – in der Kraft der Augenbraunen – im Umrisse des Augknochens – im eckigten Gränzumrisse des Gesichtes – in der breiten knorpeligen Nase, in den unbeschreiblich sanften, feuerreichen, geistvollen Lippen — Wer? wer sieht nicht diese Fülle von Feuer, elastischer Thätigkeit, gemeinnütziger Güte – Genie voller Empfindsamkeit – Peindrang des Genies?«[5] Lavater investierte in das Portrait Descartes' seine ganze Ausspähungskunst, um die Außerordentlichkeit dieses Genies herauszustreichen. Dazu war die nuancierte Darstellung des Kupferstichs eine unabdingbare Voraussetzung. Zwar verschwendete Lavater keinen Gedanken daran, daß zwischen dem realen Gesicht und seiner Abbildung ein großer Unterschied bestehen könne, doch war er nicht zimperlich, wenn es darum ging, mangelnde Fähigkeiten von Malern und Kupferstechern zu schmähen. In diesem Fall sprach er jedoch lobend von dem »trefflichen Bilde«, an dem sich der Leser weiden sollte.

Abb. 9: Portrait Descartes' in Galls *Atlas*

Bei Gall hat das Descartes-Portrait eine ganz andere Funktion (Abb. 9). Es handelt sich bloß um einen Umriß, kleiner, weniger aufwendig und nuanciert, was damit zu erklären ist, daß es Gall nicht um Descartes' Gesicht ging, sondern um ein einziges Detail, das freilich auch Lavater aufgefallen war: den stark entwickelten Orbitalknochen, mit Nr. XIX bezeichnet, unter dem das Organ für Zahlensinn oder Rechensinn vermutet wurde, das nach Gall bei Descartes, Newton, Leibniz und etlichen anderen Mathematikern und Physikern besonders stark entwickelt ist.[6] Die zahlreichen Portraits hatten für den Wiener Craniologen in seinem Atlas bloß Demonstrationscharakter, dienten der Illustration und Bestätigung seiner Untersuchungen an Gehirn und Schädel, während die anatomischen Abbildungen Bestandteil der Untersuchungen selbst waren. Als eine Art von Physiognomik läßt sich Galls Methode nur in der Weise mit Recht beschreiben, daß die Untersuchung des Gehirns sich der gründlichen physiognomischen Inspektion bediente, um Unterschiede und Eigenarten – im wahrsten Sinne des Wortes – herauszupräparieren. In diesem Zusammenhang wurde die Methode des physiognomischen Untersuchens, des Mehr-Sehens, des Aufspürens der kleinsten Differenzen, zu einem verbindlichen Prinzip der wissenschaftlichen Analyse des Körpers. Das Ziel bestand darin, ein individuelles Gehirn genauso zu entziffern wie ein individuelles Gesicht, wozu naturgemäß andere Kenntnisse, Fähigkeiten und Repräsentationstechniken gehörten.

Zunächst einmal ging es aber darum, typologische Differenzen aufzuzeigen, wozu auch Gall auf die für die Humanwissenschaften der Moderne typischen Parameter wie Rasse, Geschlecht, Kriminalität, Wahnsinn und eben Genie rekurrierte. Ähnlich wie bei Lichtenberg heißt es bei ihm: »Es gibt eine bedeutende Differenz zwischen drei Sorten von Köpfen: die Köpfe der Idioten, die Köpfe der Menschen, die über mittelmäßig ausgeprägte Talente verfügen, und die Köpfe der herausragenden Menschen, denen großes Genie gegeben ist. Die ersteren sind durch ihre Kleinheit ausgezeichnet, die letzteren durch ihre Größe.«[7] Für eine erste Annäherung mochte das ausreichen, doch stellte die Organologie feinere Parameter zur Verfügung als die absolute Größe und das Gewicht des Gehirns. Entscheidend dabei war die topographische Anordnung der Organe bzw. Fakultäten. Galls Grobeinteilung sah im vorderen Teil des Gehirns kognitive Eigenschaften und Talente vor, im hinteren eher Gemütseigenschaften, Neigungen und Triebe (Abb. 10). Entsprechend konnte ein Kretin mit ausgeprägtem Geschlechtstrieb über einen gewaltigen Hinterkopf verfügen, da das Kleinhirn nach organologischer Klassifikation den Sitz des Geschlechtstriebs darstellte.

Die Einschreibung der geistigen Qualitäten in die Hirnrinde war einer der Entstehungsherde der modernen Hirnforschung und des modernen Menschenbildes. Insbesondere die individualisierende Fixierung des Menschen auf seine somatischen Determinanten machte die Organologie von Anfang an zu einem spektakulären und kontrovers diskutierten Phänomen, wobei der Vorwurf des Materialismus sowie einer Entwertung der Seele und der Willensfreiheit am häufigsten erhoben wurde. Dagegen vermochte Gall sich auch nicht wirkungsvoll zur Wehr zu setzen, weil er durch seine topographische Verteilung der geistigen Eigenschaften gezwungen war, eine Fragmentierung des Seelenlebens in Kauf zu nehmen. Daß der

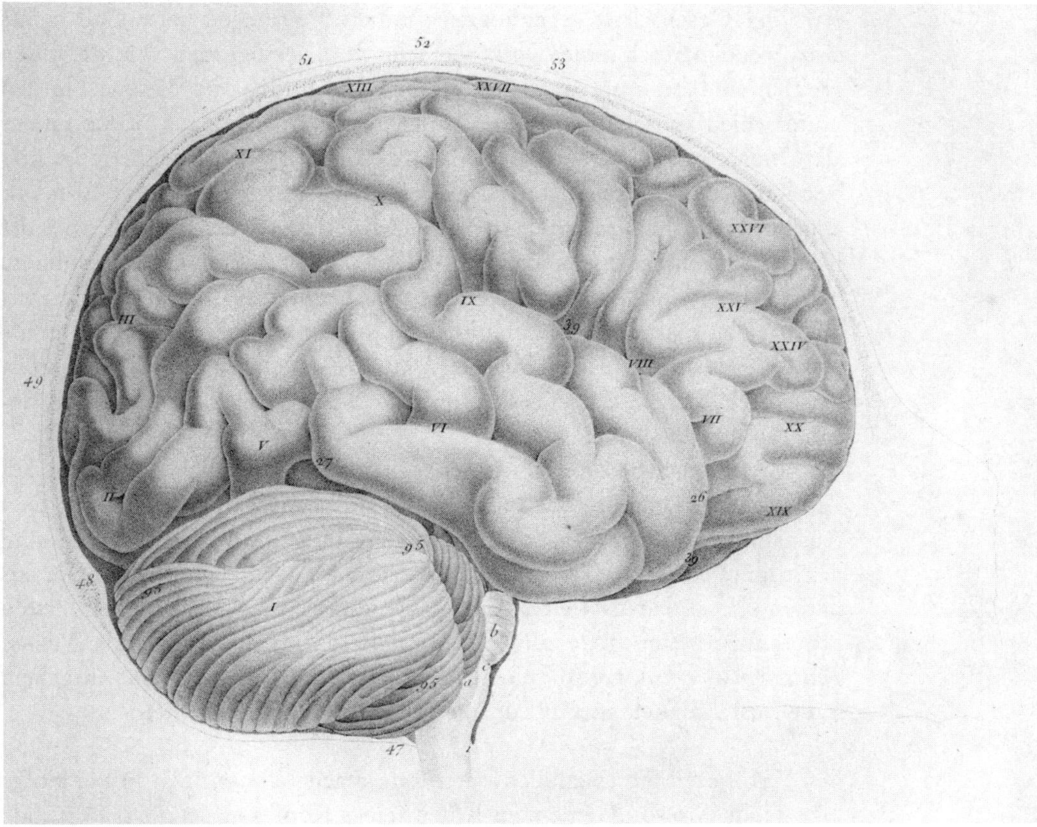

Abb. 10: Franz Joseph Gall, Organologische Darstellung der Hirnoberfläche (rechte Hirnhälfte)

Mensch das Resultat seiner Gehirnorgane sei, betraf auch seine Ansichten vom Genie: »Genies sind nichts anderes als die besonders stark entwickelte Aktivität irgendeiner Qualität oder Fakultät.«[8] Damit schlug Gall sich auf die Seite derer, die das Genie für ein Naturphänomen hielten. Zum Geniebegriff des späten 18. Jahrhunderts paßte die Vorstellung, daß das Genie durch Erziehung nicht positiv beeinflußt werden konnte. Kein Lehrer, schrieb Gall, hätte Newton zu einem Poeten oder Milton zu einem Astronomen machen können. Große Künstler wie Raffael oder Poussin hätten unbedeutende Lehrer gehabt, und auch einen Arzt beurteile man nicht in erster Linie danach, ob er einen bedeutenden Lehrer gehabt habe.[9]

So weit reichte die Übereinstimmung mit der Ansicht, daß das Genie das Außerordentliche repräsentiere. Doch es gab einen signifikanten Unterschied. Für die ästhetischen Genievertreter von Lavater und Herder bis Schelling bedeutete die *Natur* des Genies etwas Unverfügbares, nicht weiter zu Hinterfragendes. Dadurch wurden Autonomie und Freiheit des Genies etwa der Gesellschaft gegenüber legitimiert.[10] Dagegen hatte Gall nichts einzuwenden, doch seine *Natur* war sehr wohl verfügbar, war mit Händen greifbar und bestimmbar als cerebrale Disposition, und das machte den Unterschied zwischen Autonomie und Determinierung aus. So konnte es als Ungereimtheit verbucht werden, wenn einerseits Einigkeit darüber bestand, daß poetisches Talent nicht erworben werden könne, sondern angeboren sei, andererseits jedoch Empörung laut wurde, wenn einer die Konsequenz daraus zog und sagte, dieses Talent werde durch die besondere Entwicklung einer bestimmten Hirnpartie bedingt. Da die Differenz zwischen einer abstrakten Natur des Genies (Autonomie) und seiner greifbaren Disposition (Determiniertheit) in der Genielehre der Romantik fest verwurzelt war, mußte die Organologie Wege finden, das Abtasten des Schädels attraktiv zu machen.[11]

Am Beispiel von Raffaels Schädel ist bereits deutlich geworden, daß Gall für hagiographische Konventionen durchaus empfänglich war. Den Ausnahmestatus des Genies stellte er zu keinem Zeitpunkt in Frage, und das konnte er nirgendwo besser demonstrieren als in seiner Sammelpraxis und in seinen damals vielbeachteten Vorlesungen. Schon in seinem ersten programmatischen Text zur Organologie, der 1798 in Wielands *Neuem Teutschen Merkur* veröffentlicht wurde, ließ Gall es sich nicht entgehen, seine Zuständigkeit auch für den geistigen Olymp anzumelden:

> Könnten Sie es endlich zur Mode machen, dass mich in der Folge jede Art von Genie zum Erben seines Kopfes einsetzte, o so stünde ich Ihnen mit meinem Kopf dafür, dass in 10 Jahren ein herrliches Gebäude dastünde, wozu ich einstweilen blos Materialien liefere. Gefährlich wäre es freilich für einen Kästner, Kant, Wieland u.d.g. wenn mir Davids Würgeengel zu Gebote stünde.[12]

Derart launige Sätze dürften eher Erheiterung ausgelöst haben, als daß sie die Genannten um ihren Kopf fürchten ließen. Doch verbarg sich hinter dem lockeren Ton eine andere Problematik als in Lavaters bibliotopischer Schädelstätte seiner Freunde. Gall sammelte menschliche und tierische Schädel, Gipsabgüsse sowie Wachspräparate von Gehirnen und Schädeln, wobei ihm seine guten Verbindungen in Wien zugute kamen. Er durfte Sektionen an verstorbenen Geisteskranken, hingerichteten Verbrechern und Selbstmördern durchführen und deren Schädel in seine Sammlung aufnehmen. Dabei achtete er stets darauf, daß ihm die besonderen Eigenschaften der vormaligen Besitzer dieser Schädel bekannt waren, denn zu jedem Schädel gehörte eine Lebensgeschichte, die dann bei den Publikumsvorlesungen ausgebreitet werden konnte. Die faszinierendsten Geschichten und Schädeldeutungen bezogen sich auf die außerordentlichen Persönlichkeiten.

Nun hat Gall immer wieder hervorgehoben, daß sein hauptsächlicher Untersuchungsgegenstand das Gehirn und nicht der Schädel sei. Wie ist es dann zu erklären, daß er und seine Schüler und Nachfolger stets auf der Suche nach Schädeln, Gipsabdrücken oder Wachsmoulagen der Köpfe von Genies waren, deren Gehirne jedoch kaum Beachtung fanden? Wie kam es, daß Gall die durch Physiognomik und Blumenbachs Schädelsammlung angelegte Schädeleuphorie noch steigern konnte? Schädel hatten nicht nur eine lange Geschichte als Reliquie und Sammlungsgegenstand, sie waren auch ein handliches Demonstrationsobjekt, das sich leicht mit Büsten und Gesichtsmasken vergleichen ließ. Gehirne dagegen konnte man zu jener Zeit zwar in Alkohol fixieren, aber für Demonstrationszwecke waren sie, im Glas schwimmend, denkbar ungeeignet. Gewiß ließ sich von einem Gehirn einen Wachsabguß herstellen, aber wiederum galt, daß Gall die vermeintlichen Besonderheiten der Hirnrinde am Schädel und sogar am lebenden Objekt wesentlich effektvoller demonstrieren konnte. Dieser praktische Aspekt spielte in seinen öffentlichen Vorlesungen, die um 1800 zu den Attraktionen Wiens zählten, und bei seiner Demonstrationsreise durch Europa 1805-06, die ihn endgültig berühmt machte, eine nicht zu unterschätzende Rolle. Gall wußte den »Kult der Prominenz«,[13] der die Geniediskussion seit Lavater durchzog, mit großem Geschick vom Gesicht auf den Schädel zu übertragen. Das hatte Konsequenzen: Das frühe 19. Jahrhundert verfügte über eine ausgeprägte, weitverzweigte Ikonographie des Schädels, der auf diese Weise als eine geistige Landkarte in das allgemeine Bildgedächtnis eingetragen wurde. Von einer vergleichbaren Ikonographie des Gehirns konnte zu jener Zeit keine Rede sein, und das sollte sich auch in den kommenden Jahrzehnten nur wenig ändern.

Ungeachtet des grassierenden Schädelkults bevölkerten die Schädel berühmter Verstorbener mitnichten die Sammlungen Galls oder anderer Anatomen, denn es war undenkbar, daß einer bedeutenden Persönlichkeit bei der Sektion der Kopf vom Rumpf getrennt und nach Wien zu Gall geschickt wurde. Gall hatte seine Sammlung ab ungefähr 1796 angelegt, und selbstverständlich gelangte er nie in den Besitz der Schädel von Kästner, Wieland oder Kant. Als er Wien 1805 den Rücken kehrte, blieb der Großteil der Sammlung in der Stadt, und als er sich zwei Jahre später in Paris ansiedelte, begann er eine neue Sammlung aufzubauen. Einige Jahre später wurden ihm Teile der alten Wiener Sammlung nach Paris geschickt, während der stattliche Rest von 100 Büsten und 67 Schädeln dem Badener Wundarzt Anton Rollett übergeben wurde.[14] Als Gall 1828 starb, hinterließ er eine umfangreiche Sammlung von Schädeln, Büsten und Hirnabdrücken, wobei ein Großteil die bekannten Extreme darstellte: »103 bedeutende Männer, 69 Kriminelle, 67 Geisteskranke, 35 pathologische Fälle und 25 Exoten (nicht-europäische Rassen)«.[15]

Betrachtet man den Katalog der im Pariser *Musée de L'Homme* aufbewahrten Sammlung Galls, fällt auf, daß sie Schädel einiger Wiener Lokalgrößen enthält, die sämtlich kurz vor 1800 verstorben waren, darunter zwei Ärzte, ein Maler und ein Violinvirtuose sowie die inzwischen vergessenen Dichter Johann Blumauer und Johann Alxinger. »Mancher berühmte Kopf belebt sein Knochen-Museum«, schrieb ein Beobachter nach einer Wienreise und schien keinerlei Anstoß an dieser illustren Schädelstätte zu nehmen.[16] Wie ist diese Ansammlung in so kurzer Zeit zu erklären? Zur Beantwortung dieser Frage reicht der Verweis auf eine kurze, unkontrollierte Schädeleuphorie nicht aus. Die hat es gegeben, doch ermöglicht wurde sie in einem spezifischen politischen und kulturellen Milieu, das einen solchen Umgang mit dem Körper legitim erscheinen ließ.

1784 hatte Kaiser Joseph II. eine neue Begräbnisordnung erlassen, die vorsah, daß Begräbnisse nur noch auf neugeschaffenen Friedhöfen außerhalb der Stadt stattfinden durften. Damit nicht genug, sollte auch auf die Bestattung im Sarg verzichtet werden. Um, wie es im Dekret heißt, die Verwesung so bald wie möglich zu befördern, sollten die Toten in einem einfachen Leinensack zur Totenruhe gelegt werden. Hygienische Gründe für Sauberkeit und bessere Luft in der Stadt waren ein Motiv für diese Verordnung, ein anderes war Josephs nüchtern-aufklärerisches Körperverständnis, das eine Leiche nur mehr nach medizinischen und hygienischen Gesichtspunkten bemaß. Der Kaiser hatte kein Verständnis dafür, daß »die begriffe der lebendigen leider noch so materialistisch sind, daß sie einen unendlichen preiß darauf setzen, daß ihre Körper nach dem todt langsamer faulen und länger ein stinkendes Aas bleiben«. Mit solchen Ansichten orientierte er sich an dem Wiener Arzt Johann Peter Xaver Fauken, der es als einen Akt der Vernunft im Kampf gegen klerikale Vorurteile angesehen hatte, Tote außerhalb der Stadt zu begraben.[17] Auch wenn individuelle Särge bald wieder zugelassen wurden, die Folgen des Dekrets waren radikal. Die Totenfeier fand in den Kirchen innerhalb Wiens statt, der Transport der Leiche zum Friedhof und die eigentliche Beisetzung fanden jedoch oftmals ohne Zeremonie statt und kamen eher einer Entsorgung gleich, die die Aufgabe der Sargträger und Totengräber war. Die Desakralisierung der Leiche und der damit verbundene Nützlichkeitsaspekt im Wien der Spätaufklärung ermöglichte es den Totengräbern, sich mit dem Verkauf von gebleichten Schädeln zusätzliches Geld zu verdienen. Dadurch konnte Galls Sammlung in kurzer Zeit um einige Schädel von lokalen Persönlichkeiten bereichert werden.

Der Gall stets wohlgesonnene *Neue Teutsche Merkur* berichtete 1798 gleich zweimal über Galls »sehenswerte« Sammlung. Unter den Büsten wurde als erste verständlicherweise die von Joseph II. genannt. Was die Originalschädel betraf, so bedauerte der Korrespondent des *Merkur* den binnen kürzester Frist erfolgten Tod verdienter Männer, rechnete dann aber den postumen Nutzen gegen die unvermeidliche Verwesung auf. Die Angehörigen der Verstorbenen könnten sich damit trösten, »die Crania der Genannten nebst vielen andern eben so wichtigen in der interessanten Schädelsammlung des Dr. Gall zu finden, wo ihre Köpfe nicht nur vor dem Zahne des Moders gesichert sind, sondern auch nach ihrem Tode noch lehrreich und nutzbar werden«.[18] Bei den »vielen anderen« so wichtigen Stücken handelte es sich um Büsten, gewiß auch um Schädel von Kriminellen und Geisteskranken, nicht aber um solche von weiteren Berühmtheiten, denn unumstritten waren die geschilderten Praktiken auch in Wien nicht. Der Oberhofbibliothekar Michael Denis verwahrte sich ausdrücklich dagegen, daß sein Schädel in Galls Sammlung lande, und damit kann er nicht der einzige gewesen sein, denn wie aus den Katalogen der Sammlung hervorgeht, verzeichnete sie in der Folgezeit keine nennenswerten Zugänge mehr an berühmten Schädeln. Das Ende der erfolgreichen Laufbahn Galls in Wien wurde im Dezember 1801 eingeläutet, als der nicht ganz so aufgeklärte Kaiser Franz II. dem Schädelkundler ein Vorlesungsverbot mit der Begründung erteilte, daß seine Lehren zum Materialismus führten. Von diesem Moment an konnte er ohnehin nicht mehr darauf bauen, weiterhin mit Schädeln versorgt zu werden.[19]

Die moralischen Vorbehalte gegenüber der Schädeleuphorie hatten noch einen weiteren Grund. Um in den Besitz eines Schädels zu gelangen, mußte zuvor bei der Sektion der Kopf vom Rumpf getrennt werden. Der isolierte Kopf war jedoch im kulturellen Gedächtnis der Zeit hauptsächlich mit Verbrechern, Hinrichtungen und den Schrecknissen der Guillotine während der Französischen Revolution assoziiert. Gerade in den Jahren um 1800 wurden zahlreiche anatomische und physiologische Untersuchungen an abgeschlagenen Köpfen von Hingerichteten sogleich nach der Exekution durchgeführt.[20] Diese Praxis war problematisch genug und wurde beispielsweise 1803 in Preußen verboten. Die Leiche eines unbescholtenen Bürgers oder gar die einer bedeutenden Persönlichkeit vergleichbaren Prozeduren zu unterziehen war undenkbar. Man konnte die Leiche einer Berühmtheit unter Umständen sezieren, nicht aber zerstückeln. Die gesellschaftlich wenigstens für kurze Zeit geduldeten Praktiken der Wiener Totengräber waren in anderen deutschen Staaten unvorstellbar.

Jenseits gesetzlicher Regelungen und allgemeiner moralischer Konventionen existierte eine Grauzone, in der die Verfügung über den toten Körper zum Bestandteil privater, im verborgenen bleibender Usancen wurde. Zum einen gab es anatomische Familiendynastien wie etwa die Meckels, bei denen die sterblichen Überreste der Familienmitglieder nicht auf dem Friedhof, sondern in der von Generation zu Generation weitervererbten anatomischen Sammlung landeten. Zum anderen kam es vor, daß die testamentarische Übereignung des eigenen Schädels Ausdruck eines engen männerfreundschaftlichen Verhältnisses zwischen Geber und Nehmer war. Gall war mit dem erwähnten Blumauer befreundet, Soemmerring hatte eine jahrzehntelange enge freundschaftliche Beziehung zu dem Dichter Wilhelm Heinse. Dieser hatte zu Lebzeiten mehrfach über das Gehirn geschrieben. Er gehörte zu den wenigen Verteidigern von Soemmerrings Theorie der Lokalisierung des Seelenorgans in den Hirnventrikeln, und noch 1799 pries er in einem Brief an seinen Freund dessen hirnanatomische Entdeckungen, insbesondere die von Soemmerring aufgestellte Regel, wonach der Mensch in Relation zu den Hirnnerven über das größte Gehirn verfüge.[21]

Heinse starb 1803. Seinen Schädel hatte er testamentarisch Soemmerring vermacht, doch wartete dieser fast drei Jahre, bis er den Schädel für seine Sammlung akquirierte. Nach Verhandlungen mit den Totengräbern notierte er in sein Tagebuch: »Freitag den 5ten April erhielt ich Heinses Schädel für 6 Brab, reinigte ihn, packte und adressierte ihn an Dr. Ebell. Die Hirnmasse war noch als solche sauber, freylich matschig, aber nicht aufs ganze zerstört, wie z. B. das Fleisch.«[22] Genau diese Latenzzeit scheint ein wichtiger Punkt in der moralischen Dimension des Schädelsammelns gewesen zu sein. Nach mehreren Jahren ein Grab öffnen zu lassen und den Schädel zu entwenden mochte eine makabre Veranstaltung darstellen, die aber, sofern sie überhaupt bekannt wurde, hinzunehmen war. Eine Enthauptung vor der Beerdigung hingegen hätte unweigerlich zu einem Skandal geführt.

Eine unkomplizierte Alternative zu diesen heiklen Praktiken bestand darin, entweder den Schädel einer lebenden Persönlichkeit zu untersuchen oder ihre Inspektion auf dem Totenbett durchzuführen. Damit ließen sich Daten sammeln, aber keine Sammlung aufbauen. Also versuchte man die entsprechenden berühmten Personen oder deren Angehörige zu überreden, Gipsbüsten oder -masken des Gesichts bzw. des ganzen Kopfes anzufertigen. Damit hatten die Craniologen ungleich größeren Erfolg, denn Büsten und Totenmasken wurden in der ersten Hälfte des 19. Jahrhunderts – nicht zuletzt wegen des Authentizitätsanspruchs der Physiognomik und der Organologie – zu weitverbreiteten Objekten der bürgerlichen Erinnerungskultur. Büsten und Totenmasken hatten ihren Ort in zahlreichen Haushalten, und in diesem Zusammenhang wurde auch die Anfertigung von Schädelabgüssen in anatomischer Absicht zu einer akzeptierten Praxis.

Kant und der paradiesische Schädel

Als Kant am 12. Februar 1804 starb, wurde sein Kopf auf dem Totenbett durch den jungen Königsberger Arzt Wilhelm Gottlieb Kelch nach den Gallschen Maßstäben untersucht. Am 2. April desselben Jahres unterzeichnete Kelch das Vorwort zu seinem Büchlein über Kants Schädel. Kelch war sich der Schwierigkeiten seines Vorhabens bewußt, denn Galls Hirn- und

Schädellehre war für die Zeitgenossen alles andere als eine unumstößliche Wahrheit. Insbesondere nach dem kaiserlichen Vorlesungsverbot in Wien stand der Materialismusvorwurf offen im Raum, ohne daß Gall ihn wirkungsvoll zu entkräften vermocht hätte. Zudem hatte er sich bis dahin hartnäckig geweigert, seine Lehre in einem größeren Werk darzulegen, und zwar mit dem plausiblen Argument, daß eine Publikation verfrüht sei, solange er noch nicht über genügend empirische Evidenz verfüge. Was 1804 neben zahlreichen Aufsätzen und Reiseberichten zur Verfügung stand, waren etliche längere Schriften von Befürwortern Galls. Darunter befanden sich angesehene und seriöse Ärzte wie der schon erwähnte Walther, Ludwig Friedrich Froriep oder Franz Heinrich Martens. Für die Verbreitung der Organologie waren diese Schriften unentbehrlich, die Schwierigkeit war nur, daß jeder der Autoren auf eine andere Anzahl von Hirnorganen kam: Froriep zählte 22, Walther 32 und Martens sogar 35 Organe.[23] Wer sich selbst oder anderen den Schädel abtasten wollte, wußte nicht so recht, an wen er sich halten sollte. Zudem konnte niemand wissen, ob nicht Gall in der Zwischenzeit die Anzahl und die Lokalisierung der cerebralen Organe wieder verändert hatte.

Kelch war also gut beraten, die Organologie in erster Linie als »Hülfsmittel zur Ausspähung des Innern des Menschen« zu betrachten und sich nicht auf Diskussionen über die Anzahl der Organe einzulassen.[24] Wie faszinierend und gleichzeitig problematisch ein solches Unternehmen gerade wegen des Materialismus-Vorwurfs gegen Gall war, wird an Kelchs einschränkender Bemerkung deutlich, daß es ihm keinesfalls darum ging, »das Innere eines Mannes von anerkannt genialischer Größe erforschen zu wollen, welches nur Männern gebührt, die mit ihm in naher Verbindung standen, und in den Geist seiner Schriften eingedrungen sind«.[25] Der Craniologe hatte eine schwierige Aufgabe zu bewältigen. Er mochte einen Beitrag zur Hagiographie eines Unsterblichen liefern, indem er die überragenden Fähigkeiten des Betreffenden gleichsam an der Materialität des Schädels bestätigte, er mußte aber unter allen Umständen den Eindruck vermeiden, daß er das philosophische Genie bis in die Einzelheiten der Biographie oder des Werkes hinein am Schädel ablas oder sogar auf diesen zurückführte. Das mochte bei der cranioskopischen Untersuchung eines Geisteskranken oder eines Verbrechers angemessen sein, keinesfalls aber bei den bedeutendsten Persönlichkeiten der Zeit. Im besten Fall war es erlaubt, allgemein kursierende Aussagen über bestimmte Lebensumstände anhand des Schädels zu bestätigen. Genau das tat Kelch, wobei seine Vorgehensweise strikt deskriptiv blieb. Er orientierte sich an Galls cerebraler Landkarte, soweit sie von dessen Anhängern vertreten wurde, und untersuchte daraufhin jeden Abschnitt von Kants Schädel, um ihn mit einem Referenzschädel abzugleichen, wozu er sich der Abbildungen bei Martens und Marius Hagedorn, einem weiteren Gall-Anhänger, bediente (Abb. 11 a und b). Kelch war ge-

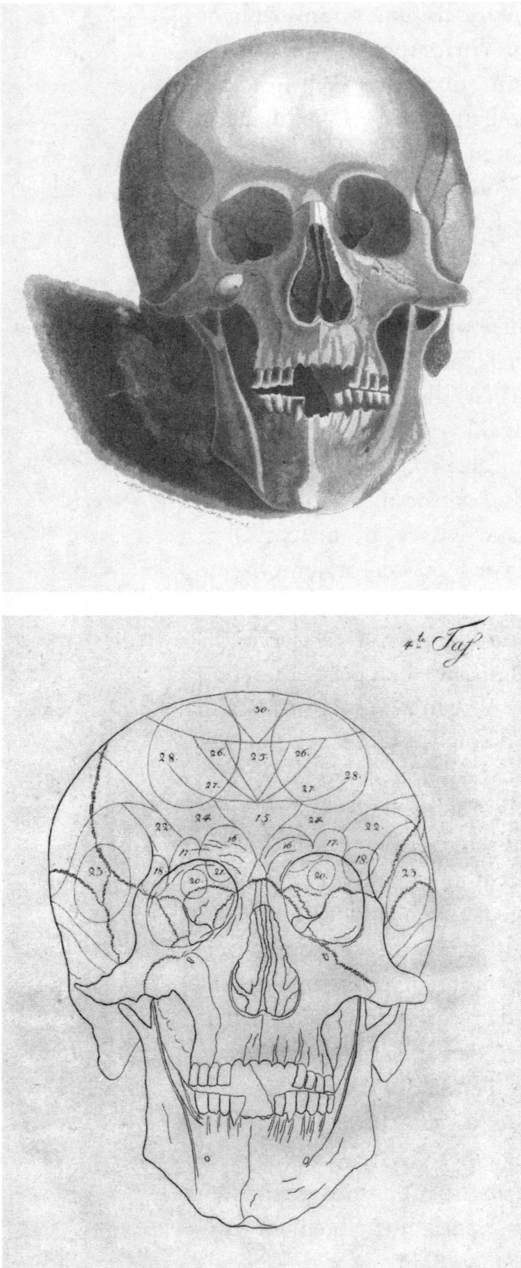

Abb. 11 a und b: Franz Heinrich Martens, Darstellungen des Schädels

schickt genug, sich nicht darauf festzulegen, ob er überhaupt an die Existenz eines Organs für philosophische Spekulation, Gutmütigkeit und Theosophie glaubte, doch an der Stelle, wo Organologen etwa das Organ für Gutmütigkeit lokalisierten, wies auch Kants Schädel eine Erhabenheit auf, und wo die Organe für Wildheit und Grausamkeit saßen, hatte er eine Vertiefung. Auf dieser Basis gab Kelch eine Beschreibung, an der 70 Jahre später, als Kants Grabstätte im Königsberger Dom restauriert und die Gebeine ausgegraben und untersucht wurden, anatomisch nicht viel auszusetzen war.[26] Doch auch 1804 konnten die Organologen zufrieden sein.

Für diejenigen, die mit Kants Leben etwas vertraut waren, war Kelchs Untersuchungsergebnis keine Überraschung. Zunächst einmal bestätigte der Schädel Galls Hinten-Vorne-Unterteilung geradezu perfekt: Kants Stirn enthielt die meisten Erhabenheiten, während sie »am gleichförmig gerundeten Hinterhauptsbeine«[27] fast vollständig fehlten. Dementsprechend waren verschiedene dem Gedächtnis vorbehaltene Organe, Witz und vergleichender Scharfsinn besonders ausgeprägt. Das Organ des metaphysischen Scharfsinns war mit dem des Sachgedächtnisses verschmolzen, so daß beide eine einheitliche Stirnaufwölbung bildeten. Hingegen war bei den weiter hinten gelegenen Stellen, wo Hochmut, Ruhmsucht und Eitelkeit lokalisiert wurden, nur eine Furche in Kants Schädel zu tasten und auch hinsichtlich des Geschlechtstriebs konnte Kelch Fehlanzeige melden: »Diese Bildung am Schädelgrunde wurde an dem Kantschen Schädel gänzlich vermißt.«[28]

Bekanntlich war Kant niemals verheiratet gewesen, hatte sich zumindest nach Auskunft seiner Freunde auch kaum je ernsthaft einer Frau genähert. Auch die übrigen Befunde Kelchs fügten sich nahtlos in Kants Lebensgeschichte, so daß sie sich für die Konstruktion des Denkmals glänzend eigneten. Kaum zufällig erschien Kelchs kleine Schrift bei dem angesehenen Königsberger Verleger Friedrich Nicolovius, der nicht bloß Kants Verleger war, sondern im selben Jahr 1804 ein Buch herausbrachte mit den drei biographischen Schriften von Ludwig Ernst Borowski, Reinhold Bernhard Jachmann und Ehregott Andreas Christoph Wasianski. Dieses Buch der drei Freunde Kants war und blieb die kanonische Biographie.[29] Der Umstand, daß Kelchs Traktat im gleichen Verlag erschien, deutet zumindest darauf hin, daß er wenigstens in Königsberg als Teil des offiziellen Kanons akzeptiert wurde. Und auch wenn die Unversehrtheit von Kants Leiche oberstes Gebot war, betrachtete man den Kopf als eine anthropologische Reliquie, deren Nützlichkeit nicht in Frage stand. So berichtet Wasianski, daß man Kant auf dem Totenbett die Haare schnitt, um die Form für eine Gipsbüste des Kopfes abnehmen zu können, die dann Gall für seine Sammlung überlassen werden sollte (Abb. 12).[30] Ob ein solches Geschenk nun aus Dankbarkeit für die nützlichen Dienste der Organologie erfolgen sollte, mag dahingestellt bleiben. Jedenfalls war die Reputation von Galls Sammlung 1804 so groß, daß sie als angemessener Ort für Kants Totenbüste angesehen wurde. Jahre später bestätigte Gall dieses Geschenk und attestierte der Gipsbüste eine außerordentliche Erhebung über der frontalen Hirnwindung, die das Organ für metaphysischen Tiefsinn enthalten sollte.[31]

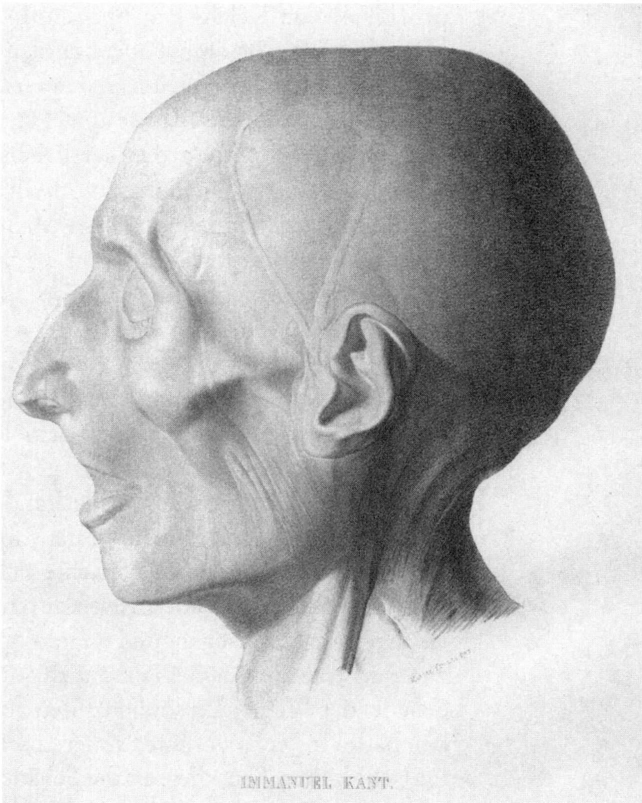

Abb. 12: Carl Gustav Carus, Zeichnung der Gipsbüste von Kants Kopf auf dem Totenbett

Die Hervorhebung der frontalen Hirnabschnitte paßte genau in die biographischen Deutungsmuster. Georg Samuel Albert Mellin stellte die ausgeprägte Entwicklung der Kantschen Stirn in einen direkten Zusammenhang mit der Reichhaltigkeit seiner Gedanken und gab darüber hinaus der Hoffnung Ausdruck, daß Gall seine Schädellehre weiterentwickeln werde.[32] Nicht nur das biographische Genre, auch die Organologie selbst profitierte von Kelchs Ergebnissen. Die Faszination für diese neue Form der cerebralen Biographie übertrug sich sogar auf einen anatomischen Fachmann wie Soemmerring, der in den *Göttinger Gelehrten Anzeigen* die Vermählung von Schädelanalyse und Hagiographie feierte: »Für die Würdigung und Ausbreitung der herrlichen Entdeckungen des Hrn. Dr. Gall scheint es äusserst günstig und vorteilhaft, daß die öffentliche specielle Anwendung derselben gerade einen Mann trifft [eben Kant, M. H.], dessen Gehirns-Organisation durch den glänzenden Ruhm ihrer Wirkungen als eine der ausserordentlichsten und vorzüglichsten allgemein vermuthet werden durfte. Bewährt sich jene Lehre, wie es hier wirklich der Fall ist, durch solche Proben, so wird sie, wie alle Wahrheit, siegen, und jedes ihr begegnende Hinderniß wird nur dazu dienen, sie empor zu bringen, und ihr neue und thätigere Theilnehmer zu verschaffen.«[33]

Solcher Enthusiasmus war gewiß übertrieben, zumal Soemmerring selbst kurze Zeit später von Galls Standpunkt abrückte. Festzuhalten bleibt jedoch, daß die Organologie bestens mit dem Geniekult um 1800 harmonierte, und diesen Umstand machte sich Gall auch zunutze, als er 1805 zu seiner aufsehenerregenden Reise durch Europa aufbrach. Bei diesen Vorlesungen, anatomischen und craniologischen Demonstrationen, die von zahlreichen bedeutenden Persönlichkeiten besucht wurden, kamen auch die Schädel der Wiener Persönlichkeiten zum Einsatz, die Gall 1797/98 erworben hatte. In Jena, wo unter anderem Herzogin Anna Amalia und Wieland im Publikum saßen, dienten die Schädel, die »zum Theil berühmten Männern, z. B. Wurmsern, Alxingern, Blumauern zugehört hatten«,[34] als Beweis für besondere Organentwicklungen, die das Publikum dann gleich an sich selbst überprüfen konnte.

Diese erwünschte Form von aktiver Teilnahme und Schädelerkundung wurde dadurch wissenschaftlich erhoben, daß Gall Hirnmodelle aus Wachs oder Gips vorführte, um den direkten Zusammenhang zwischen Hirnrinde und Schädel zu verdeutlichen und sich von der Physiognomik abzugrenzen. Die Kombination aus besucherfreundlicher Unterhaltung und anspruchsvoller Anatomie ging allerdings nicht unbedingt zugunsten der letzteren aus, denn es ließ sich gar nicht vermeiden, daß die Schädelabgüsse, die Büsten und auch die Schädelabbildungen in Galls Atlas mit einer bestimmten, zumeist berühmten Person assoziiert wurden, während die Gehirnmodelle bzw. -zeichnungen vollkommen abstrakt waren, da sie von einer unbekannten Person stammten und nur als Referenzobjekt dienten. Diese Evidenzlücke konnte Gall zu keinem Zeitpunkt schließen. Die anatomische Demonstration und Repräsentation des Gehirns mochte noch so sorgfältig sein, was im kulturellen Gedächtnis haftenblieb, waren die Schädel.

Schädel in der Bibliothek

Als Franz Brentano 1827 eine neue Gipsbüste von Goethes Kopf an Gall schickte, antwortete dieser überschwenglich, daß dieses Geschenk für den »Erforscher der Organe des Gehirns« außerordentlich kostbar sei. Und dachte gleich einen Schritt weiter: wenn Goethe unerwartet sterbe, fügte er hinzu, »so beschwöre ich Sie, alle Umgebungen des einzigen Genies zu bestechen, daß wo möglich der Kopf in Natura der Welt aufbewahrt bleibe«. Sollte das für die Angehörigen inakzeptabel sein, so müsse wenigstens der Kopf von vorn und hinten in Gips gegossen werden.[35]

Es ist schwierig zu entscheiden, ob Gall auch nur einen Moment lang geglaubt hat, den Schädel Goethes erhalten zu können. Zumindest wollte er ihn untersuchen. Gall wußte nur zu gut, daß auch ein noch so getreuer Abguß des Kopfes idealisiert war, das heißt, »daß Manches daran durch die übelverstandenen Begriffe von Schönheit verkünstelt sein möchte«. Und dann war er offensichtlich der Überzeugung, daß der Schädel eines Mannes, der »in Jahrtausenden nicht wieder zum Vorschein« komme, ein ebenso kostbares Gut der Menschheit sei wie dessen Werk. Mit dieser Überzeugung stand er keineswegs allein. Allerdings war Gall sich auch darüber im klaren, daß es strenge moralische Vorbehalte gegen die Trennung des Kopfes vom Rumpf gab und daß Bestechung ein nicht ganz aussichtsloses Mittel war, zum Ziel zu kommen. Um die moralische Zumutung für Brentano zu mindern, erwähnte er beiläufig, daß er selbst in seinem Testament verfügt habe, seinen Schädel in die eigene Sammlung zu integrieren, was dann auch passierte.[36]

Doch während Galls Schädel in der eigenen Sammlung einer unter vielen war, wurde der Einzigartigkeit eines genialen Schädels in anderen Fällen mit großem zeremoniellen Aufwand Rechnung getragen. Soemmerring behandelte den Schädel seines verstorbenen Freundes Wilhelm Heinse mit besonderer Hingabe: »Heinses Schädel wurde von meinem Vater mit goldenem charnier versehen. In einem sauberen glaskästchen nicht unter den andern köpfen seiner sammlung, sondern gleich einer reliquie in seiner bibliothek besonders aufbewahrt.«[37] Für Soemmerring schien der Schädel demnach weniger ein Studienobjekt zu sein als ein Relikt, das ihn an seinen Freund erinnerte und das er mit Muße betrachten konnte. Der Schädel war also mehr Geist als Knochen und gleichzeitig ein kostbares Buch, in dem ausgewählte Personen lesen konnten, denen Soemmerring Zutritt zu seiner Bibliothek gewährte.

Der private Charakter dieser Angelegenheit kommt auch darin zum Ausdruck, daß Soemmerring nicht daran dachte, irgendwelche Beschreibungen über Heinses Schädel zu publizieren. An mangelndem Interesse kann es nicht gelegen haben, denn kurz nach Heinses Tod vermerkte Soemmerring in einer privaten Aufzeichnung über das Sektionsergebnis: »Herr Dr. Windischmann der unter Herrn Hofrath Paulis Leitung sein edles Haupt öffnete, merkt in dem Berichte von der Leichenöffnung ausdrücklich an: ›Die ganze Hirnmasse und die Substanz der Sinnesnerven zwar voluminos, aber weich und leicht Eiweißlich.‹ Diese Stelle ist um so merckwürdiger und schäzbarer, da beide Männer von vorliegendem Aufsatze nichts wußten, folglich diese Bemerkung ganz unbefangen, bloß aus sich selbst machten.«[38] Soemmerring war über diesen Befund geradezu begeistert, denn er und Heinse waren in den 1790er Jahren Anhänger der alten humoralphysiologischen Ansicht, daß die Gehirne geistvoller Personen weich und feucht seien.[39] Nach 1800 und mit der Verbreitung von Galls Lehre war diese Ansicht zwar nicht mehr allzu gefragt, aber es gibt keinen Grund anzunehmen, daß Soemmerring irgendwelche Zweifel an der humoralphysiologischen These gekommen wären. Seine öffentliche Zurückhaltung hängt wohl eher damit zusammen, daß er Heinses Schädel als Reliquie und nicht als Untersuchungsobjekt ansah. Genau diese Unterscheidung wurde von Gall aufgehoben, obwohl sich beide Anatomen darin einig waren, daß Gehirn und Schädel Merkmale aufwiesen, die zur Hagiographie eines Genies beitragen konnten.

Um mit einem Schädel Hagiographie zu betreiben, benötigt man einen angemessenen Repräsentationsraum. Da herkömmliche Grabstätten für ein solches Unternehmen nicht in Frage kamen, bot sich neben der bereits akzeptierten anthropologischen Sammlung die Bibliothek als ein solcher Ort an. Wenn man so will, reklamierte nach dem Klerus und der Naturwissenschaft nun auch die Geisteswissenschaft ihre Zuständigkeit für den Schädel. Auch wenn dieser Versuch zum Scheitern verurteilt war, so ist er doch betrachtenswert, denn immerhin war die Amalien-Bibliothek in Weimar als Aufbewahrungsort für Schillers Schädel vorgesehen. Diese Geschichte ist aus unterschiedlichen Perspektiven bereits hinlänglich ausgebreitet worden.[40] Deswegen die relevanten Fakten in Kürze: Schillers Schädel wurde im März 1826 – 21 Jahre nach seinem Tod – durch den Weimarer Bürgermeister Carl Leberecht Schwabe aus einem modrigen Gewölbe exhumiert. Das tatsächliche oder vermeintliche Heureka-Erlebnis Schwabes, das ihn den gesuchten Schädel unter insgesamt 23 gefundenen erkennen ließ, vollzog sich in der simpelsten Variante der physischen Anthropologie: Der größte von allen Schädeln sollte Schiller gehören. Diesen Befund ließ er sich durch die Ärzte Wilhelm Ernst Ludwig Huschke, Ludwig Friedrich Froriep und seinen eigenen Bruder, der ebenfalls Arzt war, dadurch bestätigen, daß sie den Schädel mit einer Gipsbüste von Schillers Kopf abglichen, die ihm der Bildhauer Ludwig Klauer auf dem Totenbett abgenommen hatte. Diese Echtheitsbescheinigung sorgte späterhin für Fassungslosigkeit, denn der Schädel war relativ gesehen größer als die Büste. »Dieses Votum der Gewährsmänner

Schwabe's ist mir schlechthin unbegreiflich«, stöhnte der Anatom Hermann Welcker 1883, als ob er die Autorität seiner Profession in Gefahr sähe.[41] In der Tat stellt sich die Frage, wie die drei Ärzte, von denen keiner ein ausgebildeter Anatom war, zu diesem Urteil kamen. Welcker spekuliert, daß die axiomatische Annahme, wonach der größte der gefundenen Schädel Schiller sein mußte, den Blick dirigiert habe. Das mag so sein, doch ein Umstand paßt in dieses *big is beautiful*-Schema nicht ganz hinein. Zumindest Froriep verfügte über Erfahrung in der Anatomie des Kopfes. Er hatte 25 Jahre früher zu den ersten Anhängern Galls gehört, mehrfach über die Organologie geschrieben und auch galvanische Experimente an Kopf und Gehirn eines Hingerichteten durchgeführt. Für ihn wäre es ein leichtes gewesen, den Schädel und die Büste auf besondere Erhabenheiten und Vertiefungen hin zu untersuchen, um die Identitätsfrage zu klären. Nichts dergleichen scheint geschehen zu sein, ganz zu schweigen von einer organologischen Untersuchung, die in bewährter Manier ein Persönlichkeitsprofil Schillers ergeben hätte.

Die Weimarer Inszenierung des cranialen Geniekults kam ohne die Organologie aus. 1826 war Gall längst nicht mehr ein solches Ereignis wie noch 1806. Seit fast zwei Jahrzehnten in Paris lebend, hatte er seine wichtigsten Publikationen in französischer Sprache veröffentlicht, und in Deutschland war es verhältnismäßig ruhig um ihn geworden. Daran schien man in Weimar nicht rütteln zu wollen. Aus diesem Grunde wurde vermutlich auch nicht erwogen, Schillers Schädel einen Ehrenplatz in einer anatomischen Sammlung zu gewähren. Statt dessen kam Herzog Carl August auf die Idee, den Schädel in der Großherzoglichen Bibliothek unterzubringen, und zwar im Piedestal, auf dem die Schillerbüste des Bildhauers Heinrich Dannecker stand. Aus physiognomischer Sicht war diese Überlegung nicht abwegig, da sich hier Kunst und Natur, Gesicht und Knochen miteinander verbanden. Die wütenden Proteste lokaler Kleriker, die darin einen »huronischen«, also einen barbarischen Akt sahen und Respekt vor der Totenruhe forderten, nützten zunächst nichts. Am 17. September 1826 wurde der Schädel in der Bibliothek mit einem feierlichen Akt überreicht. Goethe hätte eine Ansprache halten sollen, doch ließ er sich am selben Tag entschuldigen und seinen Sohn August den vorbereiteten Text verlesen. Wie er einige Monate später an Sulpiz Boisserée schrieb, war er verärgert darüber, daß der Plan, Schillers Schädel in der Bibliothek aufzubewahren, an die Öffentlichkeit gelangt war.[42] Auch wollte er für eine ordnungsgemäße Bestattung der leiblichen Überreste Schillers sorgen, doch war Goethe gegen eine säkulare Totenverklärung zumindest nicht ganz immun. Sicherlich kam eine öffentliche Ausstellung wie bei Raffaels Schädel in Rom nicht in Frage, doch sollten ihn immerhin solche Personen zu Gesicht bekommen, »von denen man mit Gewißheit voraussetzen kann, daß nicht Neugierde ihre Schritte leitet, sondern das Gefühl, die Erkenntnis dessen, was jener große

Mann für Deutschland, für Europa, ja, für die ganze kultivierte Welt geleistet hat«.[43]

Es mag dahingestellt bleiben, ob Goethe bei diesen Sätzen an seine eigenen Gefühle dachte, die ihn in der römischen Akademie S. Luca beim Anblick von Raffaels Schädel ergriffen hatten. Immerhin sorgte er dafür, daß Schillers Schädel zunächst in sein Haus am Frauenplan gebracht wurde, wo ein craniales Zusammentreffen mit Raffael unausweichlich war. Blieben nur noch die Personen mit dem rechten Gefühl, die Goethe für würdig befand, die Runde zu vervollständigen: Friedrich Wilhelm Riemer und Wilhelm von Humboldt. Dieser berichtet seiner Frau Caroline am 29. Dezember 1826 von der geradezu weihevollen Weimarer Schädelbetrachtung in einer Weise, die ihren intimen, beinahe freimaurerischen Charakter durch den Hinweis unterstreicht, daß Goethe ihn gebeten habe, davon niemandem, also auch Caroline nicht, zu erzählen. Der Schädel, geschützt durch ein gläsernes Gefäß, lagerte auf einem »blausamtenen Kissen«; daneben hatte Goethe die Kopie des Raffael-Schädels gelegt. »Der letztere ist regelmäßiger, gehaltener, in ganz gleich verteilter Wölbung. Aber der Schillersche Kopf hat etwas Größeres, Umfassenderes, mehr auf einzelnen Punkten sich ausdehnend und entfaltend, neben anderen, wo Flächen oder Einsenkungen sind.«[44] Auf den ersten Blick könnte man vermuten, daß die vergleichende Schädelbetrachtung von organologischen Gesichtspunkten geprägt war.[45] *Flächen* und *Einsenkungen* erinnern zumindest an die Gallschen Organe. Auch wenn diese Anspielung nicht von der Hand zu weisen ist, gibt es mehrere Gründe für die Annahme, daß es hier um andere Dinge ging.

Humboldt war kein Anhänger Galls, sondern ein Physiognom, der sich für das Gesicht interessierte. In den tagebuchartigen *Physiognomien* von 1799 beschreibt er die Gesichter verschiedener Persönlichkeiten, ohne über den Schädel auch nur ein Wort zu verlieren. Immerhin wird Gall ein einziges Mal angeführt: daß jemand »in der Stirn nach Gall viel Gedächtnis« habe.[46] Die Marginalität dieses Hinweises wird deutlich, wenn man Humboldts physiognomische Studien, die er um 1800 ausgiebig betrieb, eingehender betrachtet. Nicht die gewöhnliche Menschenkenntnis interessiert ihn, und es geht ihm auch nicht in erster Linie darum, den Charakter eines Menschen an seinem Äußeren ablesen zu wollen. Vielmehr heißt es in einem Tagebucheintrag aus dem Jahre 1789: »Manchmal kommt mirs bei gesichtern, bei gegenden, bei sinnlichen gegenständen überhaupt vor, als schaut ich durch den chiffre hindurch unmittelbar in den ursinn. Allein ist das nur bei gegenständen, die mein herz stark interessiren, und nur in momenten, wo nichts diess interesse stört.«[47] Der junge Humboldt räumt ein, daß es dabei zu Täuschungen kommen könne. Doch einige Jahre später, als er Goethe kennengelernt und dieser ihm seine Idee des Urtypus erklärt hatte, sind Gefühl und Erkenntnis für Humboldt zumindest im Bereich der Physiognomik kein Widerspruch mehr. Seine frühe Evokation des *ursinns* und Goethes späte

Ausrufe beim Betrachten von Schillers Schädel (»Wie mich geheimnißvoll die Form entzückte! / Die gottgedachte Spur, die sich erhalten!«) liegen viel näher beisammen als alles, was Gall je mit seiner Schädellehre vorhatte.

Die vergleichende Betrachtung der Schädelformen Raffaels und Schillers führt mit einem Schritt von der ganzen Schädelbildung zur ganzen Persönlichkeit. Der regelmäßigen Harmonie des ersteren ist die unruhige, unregelmäßige Form des letzteren entgegenzusetzen. Daß sich bei Humboldt hier frische Eindrücke mit sehr viel älteren Urteilen kompositartig übereinanderblenden, geht aus einer weiteren Notiz von 1799 hervor: »Stael. – Man würde Schillern nicht *une bonne tête* nennen, wegen des Mangels an Klarheit, aber *une tête profonde*.«[48] Diese charakterologische Einschätzung gehörte in die Sphäre der höheren Menschenkenntnis, die Humboldt von der gewöhnlichen scharf unterschied. Nur im Rahmen der ersteren war es möglich, die geistige Bildung eines Menschen zu erfassen, und nur von dieser ausgehend konnte eine Schädelbetrachtung von höherer Warte aus gewagt werden. Goethe wußte genau, warum er Humboldt auswählte, gemeinsam mit ihm den Schädel zu betrachten. Galls analytische Inspektion und Abtastung des Schädels; die rasche Anfertigung von Abgüssen und Zeichnungen, die das Objekt zu einem öffentlichen Gegenstand machten; die spektakulären Demonstrationen, die auch ein allgemeines Publikum zur besseren Menschenkenntnis führen sollten – all das war so ziemlich das Gegenteil von dem, was Goethe und Humboldt am Nachmittag des 29. Dezember 1826 in Weimar in den Sinn kam.

Schillers Schädel blieb weder am Frauenplan noch in der Bibliothek. Angesichts anhaltender Proteste entschied sich Herzog Carl August, die Überreste Schillers in seiner Familiengruft beizusetzen. Damit war die Weimarer Schädelkunde erst einmal beendet. Gerade weil die Geschichte um Schillers Schädel angesichts der überragenden Bedeutung dieses Dichters einen singulären Charakter hat und mit den prominenten Wiener Schädeln in Galls Sammlung nicht vergleichbar ist, ist sie aufschlußreich. Zunächst einmal fällt auf, wie wenig die Organologie hier eine Rolle gespielt hat. Das beginnt mit der Echtheitsbestätigung durch Froriep und seine Kollegen, die entscheidend dazu beigetragen haben dürfte, daß niemand mehr von den Laien – inklusive Goethe – Zweifel an der Echtheit gehabt hat. Und es findet seinen Höhepunkt mit Goethes und Humboldts sinnierender Schädelschau, bei der die Organologie außen vor blieb. Zwar war Goethe zeitlebens ein Anhänger der Gallschen Theorie, doch seine idiosynkratische Betrachtung konnte und sollte eben nur zu dem berühmten Altersgedicht führen, in dem Goethe Schillers Schädel vollends verklärte, nicht jedoch zu einer Veröffentlichung, wie sie 22 Jahre zuvor Kelch über Kants Schädel herausgebracht hatte.

Auch an dem römischen Gipsabguß des Raffael-Schädels wird die Differenz zwischen Gall und Goethe noch einmal deutlich. Als handle es sich um zwei ganz verschiedene Objekte, schreibt Goethe in der bereits zitierten Passage aus dem *Zweiten Römischen Aufenthalt*, daß der Schädel »ohne eine Spur [ist] von jenen Erhöhungen, Beulen und Buckeln, welche, später an andern Schädeln bemerkt, in der Gallischen Lehre zu so mannichfaltiger Bedeutung geworden sind«. In Goethes Hand (und Humboldt folgte dem bereitwillig) verwandelte sich Raffaels Schädel zu einer Ebenmäßigkeit und Gleichförmigkeit, die der organologischen Semiotik fremd war. Dagegen hatte Gall nur kurz zuvor in seinem letzten Werk noch einmal umständlich beschrieben, daß der Schädelabguß, den Scheel ihm aus Rom mitgebracht hatte, über dem Organ des Kunstsinns eine Wölbung aufwies, wie er sie an noch keinem anderen Schädel festgestellt habe.[49]

Gall ging es um eine Entzifferung der Einzelheiten, die sich dann in der Summation wieder zu einem Ganzen zusammenfügten. Goethe ging es um eine Betrachtung des Allgemeinen, die die Einzelheiten aus dieser übergeordneten Perspektive bewertete – und die sie ignorierte, wenn sie sich nicht in das Allgemeine einordnen ließen. Diesen Unterschied hat Goethe selbst klar gesehen, als er die Aufzeichnungen seiner Begegnung mit Gall, die 1805 in Halle stattgefunden hatte, für die *Tag- und Jahreshefte* redigierte. Darin machte er aus seiner Bewunderung für Gall keinen Hehl, wobei ihm die hirnanatomischen Demonstrationen – der »Gipfel vergleichender Anatomie« – noch mehr zusagten als die »craniologischen Belehrungen«. Kein Wunder, denn Galls so wichtige und folgenreiche Beobachtung, daß sich das Gehirn entwicklungsgeschichtlich aus dem Rückenmark bilde, mußte Goethe willkommen sein. Zur Organologie hingegen ging er behutsam auf Distanz. Nicht, daß er die Organe für Dieb- oder Kunstsinn ablehnte, doch wollte er diese lieber »unter allgemeinere Rubriken begreifen und also gar wohl gewisse Tendenzen mit dem Vorwalten gewisser Organe in Bezug setzen«.

Eine solche Entschärfung der Organologie war im frühen 19. Jahrhundert keine Seltenheit. Sie richtete sich in erster Linie gegen die somatische Festlegung des Menschen auf die Entwicklung einzelner Hirnorgane. Das heißt nicht, daß Goethe Gall des Materialismus bezichtigte, wohl aber attestierte er ihm eine simplifizierende Menschenkunde, der er unter dem Stichwort des »Besonderen« sogar seine Berechtigung zuwies, nämlich als eine Art Alltagslehre für den gewöhnlichen Menschen: »Das Leben ist auf's Besondere angewiesen, und gar viele Menschen können im einzelnen ihr Leben fortsetzen ohne daß sie nötig hätten weiter zu gehen als bis dahin, wo der Menschenverstand noch ihren fünf Sinnen zu Hülfe kommt.« Jenseits solcher Ambitionen bewegt sich nur eine Minderheit, die »das Allgemeine zum Grund legt«.[50] Hier passen die epistemologischen Kategorien des Allgemeinen und des Besonderen mit den kulturellen und mentalen Abstufungen genau zusammen. Auf die Schädelbetrachtungen angewendet, folgt daraus: auf der einen Seite die öffentliche Oberflächenbetrachtung, die sich auf Einzelheiten kapriziert und der auch Goethe etwas abgewinnen kann, wenn er gutgelaunt vermerkt, Gall habe aus seinem – Goethes – Stirnbau abgeleitet, daß er »nicht den Mund aufthun [könne], ohne einen Tropus auszusprechen«. Hierbei handelt es sich gewissermaßen um die hagiographische Erklärung auf Spaß-Niveau. Auf der anderen Seite die nichtöffentliche, auf das Allgemeine gerichtete Betrachtung, die nur einem kleinen Kreis von Eingeweihten vorbehalten bleibt. »Bewunderungswürdige Beobachtung« des Kopfes ist eine Sache, sinnierende Anschauung des Schädels eine andere. Wir haben es hier mit einem Zweistufenmodell der Schädelbetrachtung zu tun, das es Goethe erlaubte, den Gallschen Ansatz zu belobigen und gleichzeitig seinen intimen Zugang zu Schillers oder Raffaels Schädel zu pflegen.

Cranioskopie als Liaison zwischen Wissenschaft und Kunst

Galls Inspektionen und Goethes Intuitionen bildeten das Spektrum der Schädelbetrachtungen im frühen 19. Jahrhundert. Damit lag eine Ausgangsposition vor, die für die weitere Geschichte des Umgangs mit Schädeln und Gehirnen von Berühmtheiten wegweisend werden sollte. Zwischen beiden Ansätzen entwickelte sich sogar eine Konvergenz, die den komparativen Ansatz Galls mit dem geniereligiösen Habitus zu vereinen wußte bzw. diejenigen Elemente herauszog, die für eine wissenschaftlich, ästhetisch und symbolisch gleichermaßen befriedigende Cranioskopie benötigt wurden. Neben Goethes und Soemmerrings Versuchen gab es noch weitere Möglichkeiten, Schädel zu verklären; und sie ließen sich auch in anderer Weise öffentlich darbieten, als es Gall in seinen Vorlesungen getan hatte. Dazu waren die Etablierung und Verbreitung alter und neuer Reproduktionstechniken notwendig, denn der Originalschädel selbst blieb weiterhin ein tabuisiertes Objekt. Also richteten sich die Bestrebungen darauf, mit einer gewissen Regelmäßigkeit Schädelabgüsse und Totenmasken herzustellen, Messungen am Kopf lebender Zeitgenossen vorzunehmen, diese mit Schädeln und Modellen zu vergleichen und Zeichnungen für Atlanten anzufertigen, die ästhetische Ansprüche und wissenschaftliche Anforderungen an die Präzision der Darstellung miteinander verknüpften. Nicht jede Totenmaske, die abgenommen wurde, war für eine craniologische Tabelle gedacht oder geeignet, und umgekehrt wurde nicht jedes Gipsmodell eines Schädels in hagiographische Münze umgewechselt, doch die Verbreitung solcher Praktiken läßt sich nur dadurch erklären, daß Materialität, Form und Proportion des Kopfes von Berühmtheiten zu einem unerschöpflichen Datenreservoir und zum Bestandteil einer Erinnerungspraxis wurden, mit der Naturforscher dem Kult des Nachlebens eine neue Facette hinzufügten.

Für eine solche synthetisierende Cranioskopie, die Gall und Goethe miteinander vereinte, war niemand besser gerüstet als der Dresdner Romantiker Carl Gustav Carus, der sich zunächst als naturphilosophisch geprägter Anatom und Physiologe einen Namen machte und bis in die dreißiger Jahre hinein bedeutende Beiträge zur Osteologie und Entwicklungsgeschichte lieferte. Später dann, mit zunehmender Entfremdung von den Naturwissenschaften, gehörte er zu denjenigen, die die nostalgische Sehnsucht nach einer Einheit von Idealität und Materialität, Kunst und Wissenschaft aufrechtzuhalten versuchten. In zahlreichen Werken zur Naturphilosophie, Psychologie, Malerei, Cranioskopie, zu Goethe und zur Symbolik der menschlichen Gestalt, in Feuilletons, Reisebüchern und autobiographischen Schriften verlängerte er den zu Goethes Lebzeiten gepflegten Habitus in die Biedermeierzeit hinein. Auch wenn ihn die nachwachsende Generation von Anatomen und Physiologen nicht mehr ernst nahm, sind zumindest einige von Carus' Schriften in bildungsbürgerlichen Kreisen kanonisch geworden und bis weit ins 20. Jahrhundert hinein in verschiedenen politischen und kulturellen Konstellationen immer dann aufgerufen worden, wenn es darum ging, Alternativen zu einer als reduktionistisch und mechanistisch empfundenen Wissenschaft und Naturbetrachtung zu formulieren.

Doch nicht nur aus diesem Grunde lohnt es sich, die Entstehung der Cranioskopie genauer zu untersuchen. Auch die im Verhältnis zu anderen europäischen Ländern bemerkenswerte Erfolglosigkeit der phrenologischen Bewegung in Deutschland um die Mitte des 19. Jahrhunderts ist dadurch zu erklären, daß die Cranioskopie für eine auf Goethe fixierte Bildungsschicht attraktiver war. Ihre ästhetisch-physiognomische Grundierung und der ständige Bezug auf die Theorie, wonach der Organismus die Realisierung einer ursprünglichen Idee, eines göttlichen Urbildes bedeutet, machten die Cranioskopie zu einem Medium der Genieverehrung. So heißt es über die Kopfform von Karl Friedrich von Rumohr, dem Carus bei seiner letzten Krankheit beistand und dann auch die Sektion vornahm, daß »die wesentlichsten Züge im Charakter dieses Mannes offenbar vorgebildet waren in den durch unbewusstes Wirken der innersten Lebensidee gestalteten Formen seines Hauptes«.[51] Das klingt so, als wäre Carus bei Goethes und Humboldts Schädelschau heimlicher Zaungast gewesen, doch im Unterschied zu einer rein symbolischen Betrachtung ging Carus nach eigenem Verständnis streng wissenschaftlich vor, und das bedeutete Messungen der Schädeloberfläche mit dem Tasterzirkel, methodische Klarheit darüber, was überhaupt gemessen werden sollte, sowie eine exakte visuelle Darstellung der erzielten Ergebnisse. Bevor diese innovativen Repräsentationspraktiken untersucht werden, ist zunächst eine kurze Rekapitulation der Carusschen Schädel- und Hirnlehre angezeigt.[52]

1814 betrat Carus die wissenschaftliche Bühne mit einem Werk über das Gehirn, das vor allem zwei Intentionen verfolgte: die Gallsche Organologie zu bekämpfen und eine genetische Betrachtung des Gehirns stark zu machen. Galls Grundirrtum bestand nach Carus darin, die Suche nach einem Seelensitz im Gehirn so weit verfeinert zu haben, daß er die Seele in zahlreiche Vermögen zerlegte, »um endlich kein Läppchen und Fäserchen des Hirns übrig zu behalten, was nicht als ein besonderes Organ einer gewissen Seelenkraft zu betrachten wäre«.[53] Zwar hatte Gall nach seinem eigenen Verständnis mit dieser Art von Lokalisationstheorie der Suche nach dem Seelensitz den Todesstoß versetzt, doch Carus störte sich an etwas anderem. Egal ob man wie früher Gedächtnis oder Phantasie oder mit Gall Nächstenliebe, Diebsinn oder Scharfsinn lokalisierte, die Argumentation begann grundsätzlich beim vollständig entwickelten menschlichen Gehirn. Dagegen formierte sich nach 1810 ein ganzes Ensemble von Anatomen, die sich auf die Entwicklungsgeschichte des Gehirns konzentrierten, um funktionelle Unterschiede genetisch, das heißt, im Sinne einer Entwicklung von unten nach oben, zu bestimmen. Zwar hatte Gall behauptet, daß das Gehirn eine »echte Fortsetzung« des Rückenmarks darstelle,[54] doch während es ihm darum ging, daß das Nervensystem eine Einheit bildete und es sich beim Gehirn nicht um einen besonderen Stoff handelte, machten Carus und andere naturphilosophisch orientierte Naturforscher den entwicklungsgeschichtlichen Ansatz zum Programm.

Entwicklung ließ sich auf zweierlei Weise studieren; durch Vergleiche des Gehirns der Fische, Amphibien, Vögel, Säugetiere und des Menschen und durch Untersuchungen des embryonalen Gehirns. An solchen Studien hing die bereits damals kontrovers diskutierte Frage, ob der menschliche Embryo in seiner Entwicklung die verschiedenen Tierstadien gewissermaßen durchlaufe oder ob er, von einem anderen Anfangspunkt ausgehend, sich nur in Analogie zur Tierreihe entwickle. Für Carus war das moralische Selbstverständnis des Menschen in Frage gestellt, wenn er in seinen morphologischen Anfangsstadien nicht mehr als eine Kröte war. Dennoch war die Analogie zwischen tierischem, embryonalem und ausgewachsenem menschlichen Gehirn für ihn von großer Bedeutung, denn darauf gründete er seine neue, alternativ zu Gall formulierte lokalisatorische Einteilung des Gehirns. Nicht um 25 oder 32, am menschlichen Verhaltensrepertoire orientierte Zentren ging es, sondern um eine Aufteilung in drei große Regionen von vorne nach hinten: die Großhirnhemisphären, die Vierhügelregion sowie das verlängerte Mark (*Medulla oblongata*) und Kleinhirn. Eine solche Einteilung bewegte sich an der Schnittstelle von Embryologie und vergleichender Anatomie. Kein Tiergehirn wies so ausgeprägte Großhirnhemisphären im Verhältnis zu den übrigen Regionen auf wie das Menschengehirn. Beim menschlichen Embryo war – wie auch beim Fischgehirn – die Vierhügelregion vorherrschend. Erst mit der weiteren Entwicklung änderten sich die dynamischen Verhältnisse der drei Hirnregionen untereinander, um schließlich beim erwachsenen Menschen in einem souveränen Gleichgewicht zu stehen.[55]

Die Hirnanatomie war für eine solche Topographie notwendig, aber nicht ausreichend, denn auch der Schädel selbst gab wichtige Hinweise für die Entwicklungsgeschichte. Auch in diesem Punkt ging Carus von der Organologie aus, um sich dann von ihr abzuwenden. Gall hatte die Ausstülpungen des Schädels auf die besondere Entwicklung der darunter liegenden Hirnrinde zurückgeführt und sich nicht weiter um die Bildungsgeschichte des Schädels gekümmert.[56] Anders der Naturphilosoph Lorenz Oken, der in seiner Programmschrift *Über die Bedeutung der Schädelknochen* den ganzen Menschen zum Wirbelbein erklärte. Seine hastige Skizzierung der Wirbeltheorie des Schädels hob mit einer Analogie an: das Gehirn sei »das zu kräftigern Organen voluminoser entwickelte Rückenmark, die Hirnschale die voluminosere Rückensäule«,[57] wobei der Schädel aus drei Wirbeln bestehe. 1807 anläßlich der Berufung Okens nach Jena entstanden, löste dieser Text einen unerfreulichen Plagiatsstreit mit Goethe aus, der für sich in Anspruch nahm, bereits Jahre vorher den Schädel als Wirbelsäule identifiziert zu haben.[58] Weniger bekannt ist der Umstand, daß Oken sich hier in doppelter Weise auf Gall bezog. Als Zuhörer seiner Vorlesungen in Göttingen im August 1805 ließ sich Oken nicht nur davon überzeugen, daß das Gehirn aus dem Rückenmark hervorgehe, Gall legte auch auseinander, daß der Schädel aus drei Knochen bestehe. Das war zwar noch keine Wirbeltheorie des Schädels, doch Oken und Carus gaben Galls anatomischen Funden eine bildungsgeschichtliche Wendung, die darauf hinauslief, die drei Wirbel des Schädels mit den drei Regionen des Gehirns in Beziehung zu setzen. Psychologische Konsequenzen folgten daraus erst einmal nicht. Craniologie im Rahmen einer morphologischen Knochenlehre und Bildungsgeschichte des menschlichen Organismus und Cranioskopie als Handwerk der Psychologie waren für Oken und Carus zwei verschiedene Dinge, und es bleibt nun die Frage zu beantworten, wie diese beiden Dinge zusammenkamen.

In die Jahre des intensiveren Kontakts mit Goethe zwischen 1822 und 1828 fällt Carus' Beschäftigung mit seinem großen Werk *Von den Ur-Theilen des Knochen- und Schalengerüstes*, an dem Goethe regen Anteil nahm.[59] Der Anspruch dieses Werkes hätte kaum größer sein können. Es ging um eine Typologie, die gemeinsame Ursprünge, Ähnlichkeiten und Ausdifferenzierungen des Skelettsystems in der gesamten Tierreihe auslotete. Trotz dieser Ausrichtung bleibt es angesichts von Goethes Bewunderung für die Carussche Osteologie zumindest erwähnenswert, daß von Schillers Schädel in der Korrespondenz nicht die Rede ist. Das bestätigt noch einmal den Umstand, daß er für Goethe kein Gegenstand der wissenschaftlichen Betrachtung, sondern ausschließlich ein symbolisches Objekt war. Vermutlich hätte aber auch Carus zu jener Zeit an dem Schädel nur geringes Interesse gehabt, denn der psychologische Überschuß der Craniologie blieb eine Zukunftsaufgabe, auch wenn »in der richtigen Würdigung der Bedeutung von den

Elementartheilen des Schädels allein der Weg zu einer wissenschaftlichen Kranioskopie vorgezeichnet sei«. Damit legt Carus den ersten Baustein für eine umfassende Identitätstheorie, die davon handelt, »dass ursprünglich jeder der drei grossen Schädelwirbel einer Hirnmasse entspreche, dass jede Hirnmasse ursprünglich wieder einer Seite der Sinnesvorstellungen (Gehör, Gesicht, Geruch), als den Elementen für unsre geistige Entwicklung, parallel sei, und dass sodann, je nach der verschiedenen menschlichen Individualität eine oder die andere Seite mehr hervorstechen und ihr Überwiegen in höherer Ausbildung des ihr angehörigen Schädelwirbels sich äusserlich darstellen werde, als wenn man auf die durchaus willkürliche und in höherer Beziehung wahrhaft absurde Annahme Galls von Seelenorganen an der Hirnoberfläche, eine Kranioskopie gründen will.«[60] Immerhin wird hier der Gedanke einer individuellen geistigen Entwicklung bei komplementärer Schädel- und Hirngestalt erwogen, durch den kritischen Hinweis auf Gall aber auch wieder relativiert.

Lange bevor Carus an die Ausarbeitung seiner cranioskopischen Lehre ging, suchte er nach osteologischen Gesetzen und elementaren Bestandteilen, die die Gestalt eines Typus ausmachten. Wenn diese Arbeit dennoch als direkte Vorbereitung zu den Schädeluntersuchungen anzusehen ist, dann vor allem wegen der Sorgfalt, die Carus an die Abbildungen verwendete. Großen Anteil am Gelingen seiner Knochenlehre hatten nämlich die spektakulären Kupfertafeln, auf die Carus beim Zeichnen und Stechen allergrößtes Gewicht legte. Wie wichtig sie ihm waren, zeigt sich daran, daß er Goethe lange vor Erscheinen des Buches Probedrucke nach Weimar schickte und sie dann im Buch selbst dadurch hervorhob, daß nach der Einleitung zunächst die Erläuterung der Kupfertafeln und dann erst der Haupttext folgte. Die Wirbeltheorie des Schädels dürfte bis dahin von niemandem visuell so drastisch dargestellt worden sein. Okens provokative Behauptung vom Menschen als Wirbel-

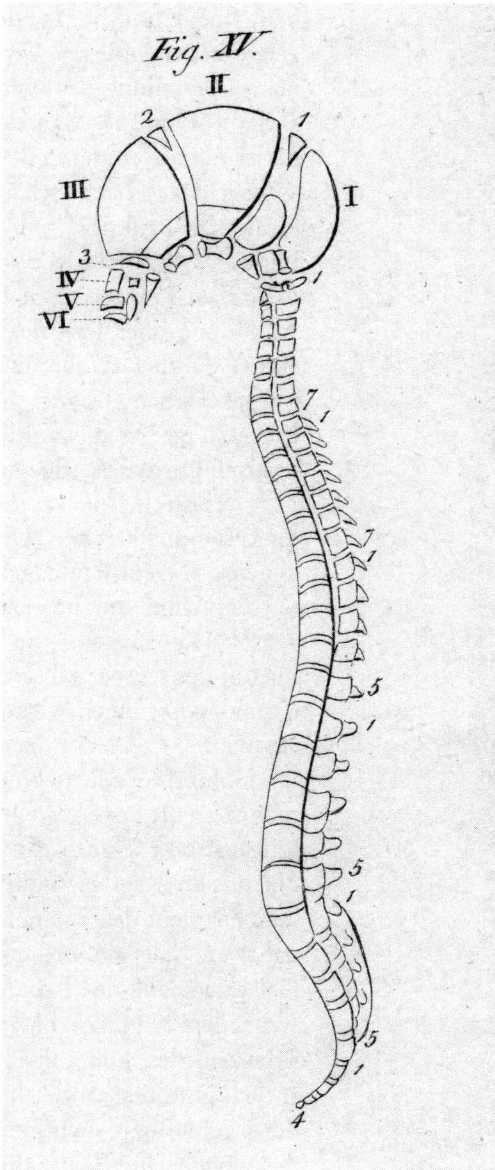

Abb. 13: Carl Gustav Carus, Schematische Zeichnung des Schädels als Auswuchs der Wirbelsäule

bein findet in Abb. 13, die den Schädel als Fortsetzung der Wirbelsäule zeigt, ihre ebenbürtige Umsetzung. Noch frappierender ist die einzige bildliche Darstellung des menschlichen Schädels, die dieses Werk überhaupt enthält (Abb. 14). Man muß sich klarmachen, daß es für dieses Bild keinerlei Entsprechung in der Natur gab. Die drei Schädelwirbel und die drei Wirbel des Gesichtsschädels, exakt nebeneinander postiert, waren eine ideale Konstruktion, mit der Carus die »abstracten Begriffe der einzelnen Formen«[61] verdeutlichen wollte. Anders gesagt, ging es bei diesen schematischen Figuren nicht um eine Abbildung der Natur, sondern um die Abbildung einer Theorie, und auch hier wird der Unterschied zu Gall noch einmal deutlich. Während dieser in seinem Atlas individuelle, nach der Natur gezeichnete Schädel und Gehirne darstellte, um zum Allgemeinen der Form zu gelangen, wählte Carus den umgekehrten Weg, um in einer idealisierten Form das Allgemeine zu erkennen.

Carus ließ sich zwölf Jahre Zeit, bevor er mit seiner Cranioskopie an die Öffentlichkeit trat. Um 1830 hielt er Vorlesungen zur Psychologie, in denen von Gehirn und Schädel keine Rede war, und nach eigenen Auskünften kam ihm die Idee zu einer »wissenschaftlichen Cranioscopie« erst 1839.[62] Diese Latenz von ein paar Jahren ist erklärungsbedürftig, weil bereits in den 1820er Jahren alle Elemente vorhanden waren, um eine solche Cranioskopie zu entwickeln. Tatsächlich hatte bereits 1821 Emil Huschke, ein Schüler Okens in Jena, einen Schritt in diese Richtung gewagt und der Dreiteilung des Schädels und des Gehirns eine ebensolche der geistigen Vermögen an die Seite gestellt. Danach waren die hintere Region (Medulla oblongata und Kleinhirn) Sitz des Triebs und des Willens (*appetitus, voluntas*), die mittlere Region (Sehhügel, Vierhügel) des Gefühls (*sensus*) und das vordere Segment des Verstands (*intelligentia*). Diese Einteilung konnte kaum näher an Galls Vorstellungen angelehnt sein. Huschke erwähnt sogar, daß Gall zuerst auf die besondere Ausbildung des Vorderhirns bei geistig hochstehenden Männern hingewiesen habe, aber auch die Lokalisierung des Triebs in den hinteren Hirnabschnitten wäre bei Gall kaum auf Widerspruch gestoßen. So leicht konnte also auch ein erklärter Naturphilosoph der Organologie nicht entkommen, selbst wenn er die weitere Einteilung des Schädels in Höcker für spekulativ hielt.[63]

Das heikle Verhältnis der Naturphilosophie zur Organologie versuchte Carus dadurch zu umgehen, daß er sich der Psychologie zuwandte, wobei er seine in der Morphologie ausprobierte genetische Methode auf die Lehre vom Seelenleben übertrug. Wiederum ist von drei Entwicklungsstufen die Rede, nämlich »Bewußtlosigkeit, Weltbewußtsein und Selbstbewußtsein«. Bei diesen Stichworten handelt es sich um Distinktionskategorien, die den Auftakt bilden für ein ganzes Panorama der Menschenkunde und an Deutlichkeit nichts zu wünschen übriglassen. Denn so wie es eine Analogie zwischen embryonaler Entwicklung und aufsteigender Bildung in

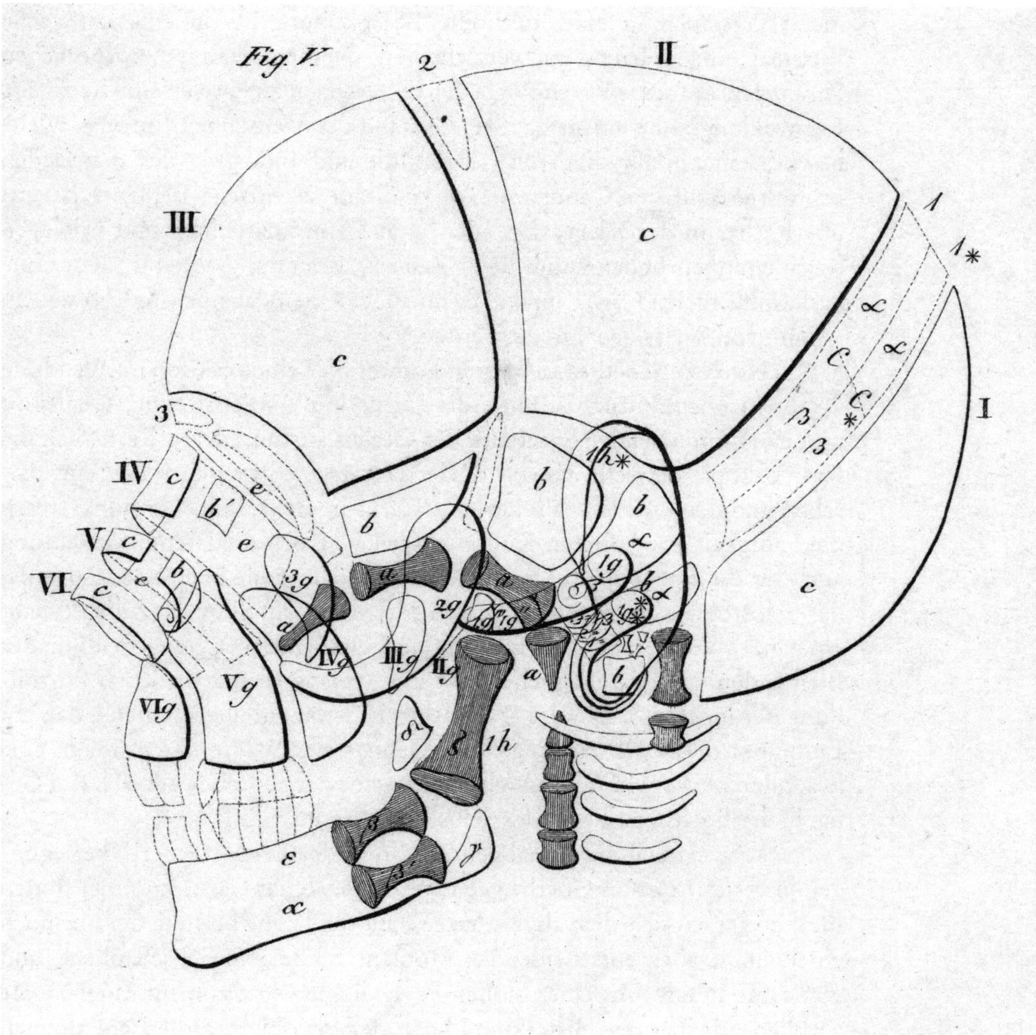

Abb. 14: Carl Gustav Carus, Schematische Zeichnung des aus sechs Wirbeln bestehenden Gehirn- und Gesichtsschädels

der Tierreihe gibt, gelten die drei Bildungsstufen der Seele sowohl beim Individuum als auch bei der gesamten Menschheit. Die diffamierende Hierarchisierung der Spätaufklärung wird durch Carus in den romantischen Entwicklungsgedanken transferiert. Bewußtlos sind die »im Zustand der Wildheit lebenden Völker«, und das bedeutet eine besondere Ausprägung der körperlichen Fähigkeiten und des Geruchssinns. Die »höchst künstlichen Geflechte, Schnitzwerke, Kleidungsstücke, Waffen und dergl.« dieser Völker erinnern den Maler und Kunstschriftsteller »in sonderbarer Weise an die künstlichen Arbeiten der Tiere«.[64] Carus scheint an diesem Punkt mehr Vertrauen in eine kulturelle Beschreibung als in eine natürliche Zuschreibung zu haben und verzichtet auf die ihm bekannten körperlichen Parameter, um seine Psychologie der Differenzen zu entwerfen. Die zweite Entwicklungsstufe entspricht dem Zustand der Menschheit Europas. Weltbewußtsein umfaßt die Welt der Politik und Industrie, der materiellen Interessen und des Genusses. Der zivilisationskritische Beiklang ist unüberhörbar in der Klage, daß »dem von Dampfmaschinen und Eilwagen beschleunigten Leben kaum mehr Zeit zur Besinnung« bleibt; nicht ohne Sarkasmus merkt Carus an, daß es im allgemeinen das höchste Lob sei, ein »Mann von Welt« genannt zu werden.[65]

Noch zu Goethes Lebzeiten kommt hier eine reaktionäre Wendung der Spätromantik zur Geltung, die Carus mit Ästhetisierung, Geniekult und einer umfassenden Symbolik der Gestalt ausfüllt, deren Kernstück die Cranioskopie darstellt. Gewiß ist der Unterschied zwischen den europäischen und den »wilden« Völkern für Carus immens, indem er nur ersteren die Fähigkeit zur höheren Kultur zuspricht. Doch die latente Verachtung auch für die eigene Kultur zeigt sich daran, daß er die höchste Seelenstufe, das Selbstbewußtsein, nur einzelnen Menschen zubilligt. Nur diese, nicht ein ganzes Volk, seien fähig zur Aufmerksamkeit, zur Unterscheidung des Bleibenden vom Vergänglichen und zur »geistigen und sittlichen Fortbildung der inneren Welt ihres Daseins«.[66] Es ist kaum überraschend, daß am Endpunkt dieser Überlegungen das Genie steht. Während das Talent eine besondere Ausprägung des Weltbewußtseins darstellt, bewegt sich das Genie in der höchsten Sphäre des Selbstbewußtseins.

Mögen auch die damaligen Zuhörer oder Leser solcher Überlegungen in erster Linie an Goethe gedacht haben, so hat Carus hier den Boden für eine wissenschaftlich abgefederte Genieverehrung bestellt, der nur noch ein kleines, aber entscheidendes Moment fehlte: eine anschauliche und wirksame Praxis. Mit einer bloßen Psychologie war das nicht möglich. Sie verblieb auf einer rein abstrakten Ebene, der sowohl die ästhetische als auch die wissenschaftliche Evidenz abging. Daneben vermochte sie nicht den ontologischen Anspruch auszufüllen, den Carus in seinem Frühwerk von 1814 formuliert hatte, nämlich den der Einheit von Körper und Seele, die nur verschiedene Manifestationsformen desselben Prinzips sind. Nun sollte die Bildungsgeschichte zum übergeordneten Prinzip werden, das Schädel und Nervensystem, Individuen und schließlich die ganze Menschheit mit einschloß. In der wissenschaftlichen Cranioskopie als Genieverehrung fand das genetische Prinzip sein eigentliches Kernstück.

Zunächst einmal ist hervorzuheben, daß Carus sich von der Gallschen Organologie zu einem Zeitpunkt abgrenzte, als es um diese in Deutschland noch recht still war. Er wußte um ihre enorme Popularität in England und Frankreich, die darauf zurückzuführen war, daß sie eine Alltagspsychologie begründete, die es jedermann ermöglichen sollte, sich mit wenigen Kenntnissen und einigen manuellen Fertigkeiten eine solide Menschenkenntnis zu verschaffen. Entsprechend wurde Carus nicht müde, gegen das »zigeunerhafte Herumtasten auf den Schädelbuckeln«[67] zu polemisieren und die Primitivität der Phrenologie zu geißeln. Der Vorwurf einer mangelnden Wissenschaftlichkeit zielte letztlich auf die egalitären Tendenzen der Phrenologie, weil diese dem Anspruch entgegenstanden, die vertiefte Menschenkenntnis zu einer exklusiven Angelegenheit zu machen, die einem kleinen Kreis von Kennern vorbehalten blieb. Mit einem Wort: die Phrenologie gehörte zur Sphäre des Weltbewußtseins, die wissenschaftliche Cranioskopie zu derjenigen des Selbstbewußtseins. Diese Konkurrenzsituation führte kurze Zeit später zum offenen Konflikt, als die Phrenologie in Deutschland durch demokratisch gesinnte Persönlichkeiten des Vormärz zu einer erneuten Blüte kam.

Da es sich also um zwei anthropologische Unternehmungen handelte, die im Kern einige Gemeinsamkeiten aufwiesen, mußte Carus die Stärken der Phrenologie zu seiner eigenen Sache machen und ihre Schwächen durch bessere Techniken ersetzen. Die Stärken der Phrenologie waren offensichtlich. Die Schädelsammlungen bildeten ein spektakuläres materielles Ensemble, das Heldenplatz und Datenreservoir in einem war. Über die historische Dimension der Gallschen Sammlung hieß es in einem zeitgenössischen Bericht über die wissenschaftlichen Institute in Paris: »Ein Spaziergang in dem Cabinet des Dr. Gall ist gerade, als ob man einen Theil der neuesten Geschichte, in unzerstörbaren Zügen auf die Hirnschädel der Menschen geschrieben, welche die Hauptereignisse derselben veranlaßt haben, Revue vor sich passiren ließe.«[68] Denken und Handeln in historischen Dimensionen dürfte auch für Carus nicht unerheblich gewesen sein. Also trug er, trotz aller ideologisch aufgeladenen Innerlichkeit ein glänzender Entrepreneur, wenn es um die Vermittlung von kulturellen Werten ging, eine bedeutende Sammlung von über 300 echten oder Gipsschädeln, Gipsköpfen und -masken zusammen.[69] Es fehlte kaum eine bedeutende Persönlichkeit der Zeit, manche waren gleich in mehreren Exemplaren vertreten. In diesem Museum der Köpfe waren alle Spielarten der Menschheit von den sogenannten Idioten und Wilden bis zu den Genies vertreten. Anders jedoch als in den universitären Schädelsammlungen war die Verwandtschaft zu bildungsbürgerlichen Praktiken nicht zu übersehen. Zwar fanden sich im Regelfall keine anthropologischen Schädel im Wohnzimmer, sehr wohl aber Büsten und Masken von bedeutenden Persönlichkeiten.

Eine zweite Stärke der Phrenologie war ihre hagiographische Dienstleistung, die bisweilen auch Skeptikern zu schmeicheln vermochte. In dieser Hinsicht hatte auch Carus einiges zu bieten. Einerseits hochangesehen in Dresden und Weimar, andererseits ein passionierter Bildungsreisender, der häufig in Europa unterwegs war, fiel es Carus nicht schwer, berühmte Persönlichkeiten für sein cranioskopisches Geschäft zu finden. Wenn sich die

Gelegenheit bot, nahm er selbst Masken von Freunden und Kollegen ab, und der Tasterzirkel gehörte zum obligaten Reisegepäck. Als Carus im Jahre 1844 den König von Sachsen auf seiner Reise nach England und Schottland begleitete, suchte er in London den Anatomen und Paläontologen Richard Owen auf: »Früh noch ein Rendezvous über allerhand Anatomica mit Owen im Hunter'schen Museum, wobei ich für meine Tabellen die Maaße vom Kopfe dieses englischen Cuvier's aufzeichnete. – Wie ich noch nie den Kopf eines wahrhaft bedeutenden Künstlers, Gelehrten oder Diplomaten gemessen habe ohne im Allgemeinen vortheilhafte und im Vorderhaupte besonders beträchtliche Maaße zu finden, so auch hier, wo dem guten Kopfe der eigne Kopf als Beweis der Richtigkeit physiologischer Cranioscopie dargeboten werden konnte.«[70]

Solche Operationen funktionierten im Rahmen einer stillschweigenden Vereinbarung unter Gleichgesinnten. Owen und andere stellten ihren Schädel zur Abmessung oder Abformung zur Verfügung, Carus bedankte sich mit einer entsprechenden Publikation seiner Meßergebnisse und deren Interpretation. Daß solche Berichte nicht nur zur literarischen Beschreibung einer Person im Reisebuch taugten, sondern gleichsam auch zum Bestandteil der Lebensgeschichte wurden, zeigt sich am Beispiel zweier Freunde von Carus. Sowohl die Biographie Karl Friedrich von Rumohrs als auch die postum herausgegebenen Erinnerungen Ludwig Tiecks enthielten im Anhang Carus' Beschreibungen des Schädels.[71] Ähnlich wie Gall benutzte also auch Carus außerwissenschaftliche Veröffentlichungsformen, um seine Lehre zu verbreiten. Er hielt öffentliche Vorträge und wendete sich an ein gebildetes Publikum. Nur hatte sich in den 40 Jahren zwischen Galls Vorlesungsreise und Carus' öffentlichen Vorträgen viel verändert. Während Gall für seine publikumswirksamen Auftritte heftig gescholten wurde, war das zu einer Zeit, da insbesondere durch das Wirken Alexander von Humboldts die Popularisierung der Wissenschaften in Mode kam, kein Problem mehr.[72] Der Habitus wissenschaftlicher Sorgfalt und die Hinwendung zu den höheren Bildungsschichten machten die Cranioskopie zu einer seriösen Alternative zur Phrenologie. Nur in dieser Doppelbewegung konnte der Boden dafür bereitet werden, daß, mit einer leichten zeitlichen Verzögerung, nicht nur Köpfe und Schädel, sondern auch Gehirne zum Gegenstand anatomischer Untersuchungen und Vergleiche wurden.

Die Schwächen der Phrenologie lagen, von den theoretischen Problemen einmal abgesehen, in praktischen Unzulänglichkeiten: vor allem in der ungenauen haptischen Datenerhebung – im »zigeunerhaften Herumtasten« – und in der unpräzisen visuellen Darstellung des Schädels. Dagegen konnte Carus seine stupenden praktischen Fähigkeiten als Anatom und Künstler in Anschlag bringen. Zudem bezog er auch die neuesten Entwicklungen der mikroskopischen Hirnanatomie mit ein. Was die Zuordnung der psychischen Hauptrichtungen zu den drei Hirnregionen betrifft, sagte

Carus nichts anderes als Huschke 20 Jahre zuvor. »Erkennen, Fühlen und Wollen« – diese drei Vermögen machten »die wesentlichen Aeusserungen alles psychischen Lebens« aus. Die Frage ist nun, wie man aus diesen Daten »einen Fingerzeig über die Individualität des Menschen« erhielt, ohne gleich zum Phrenologen zu werden.[73]

1836 hatte Gustav Gabriel Valentin, ein Schüler des Physiologen Jan Evangelista Purkyně in Breslau, einen Artikel veröffentlicht, in dem er die Struktur des Nervensystems auf zwei Bestandteile zurückführte: auf Globuli oder Zellen und auf Fasern, die das gesamte Nervensystem durchziehen. Wie bereits Gall kam es auch Valentin auf die Einheit des zentralen und peripheren Nervensystems an, doch entscheidend war für ihn noch ein anderer Punkt. Mit den Zellen und Fasern glaubte er den Urtypus gefunden zu haben, der das Nervensystem aller Lebewesen ausmachte.[74] Carus war begeistert, weil Valentin die Goetheschen Konzepte der Uridee und des Urtypus in die Welt des Mikroskopischen eingeführt hatte. Nun ging es nur noch darum, die neuentdeckten Teile des Nervensystems mit der genetischen Theorie zu verbinden. Die Frage, ob Fasern und Zellen bei den verschiedenen Lebewesen auch unterschiedlich konfiguriert sind, beantwortete Carus mit der verblüffenden Feststellung, daß beim Gehirn im höchsten Entwicklungszustand die »innere Fasersubstanz des Hirns« immer ausgeprägter und »alle drei Massen in sich und unter sich durch tausendfältige Leitungsbogen verbunden werden«.[75] Das heißt: je komplexer die inneren Verknüpfungen, desto edler und funktionstüchtiger das Gehirn. Im Idealfall kann von einer Lokalisation keine Rede mehr sein, weil alle Hirnteile ein einheitliches System bilden, das dem seelischen Zustand des Selbstbewußtseins entspricht, denn »je höher die Organisation steigt, auch um so freier der Geist wird von allen ursprünglichen Beziehungen«.[76]

Die Entdeckung der Primitivfasern markiert für Carus den fehlenden Baustein zu seiner Identitätstheorie, in der die Einheit zwischen Geist und Gehirn nicht mehr den Ruch des Materialismus und Determinismus an sich trägt. Während die göttliche Uridee sich bei den niederen Lebewesen als Unbewußtes in der Organisation des Gehirns manifestiert, disponiert sie das Gehirn in seiner höchsten Entwicklung zu Freiheit und Selbstbewußtsein. An diesem Punkt hätte man erwarten können, daß Carus sich noch einmal auf eine ausgiebige Untersuchung des Gehirns einläßt, um seine 1814 vorgelegte naturphilosophische Entwicklungsgeschichte des Gehirns zum Abschluß zu bringen. Statt dessen entscheidet er sich für eine neue Cranioskopie, die allerdings Fingerzeige gibt für die unterschiedlichen individuellen Hirnkonstellationen. Beim Genie zeigt sich die Überwindung einer strikten Lokalisierung darin, daß die drei Wirbel des Schädels in einem harmonischen Verhältnis zueinander stehen, bei den gewöhnlichen Menschen und mehr noch bei den *Wilden* und den *Idioten* verweist der Schädel mit einer ungünstigeren Proportionierung und einer besonderen

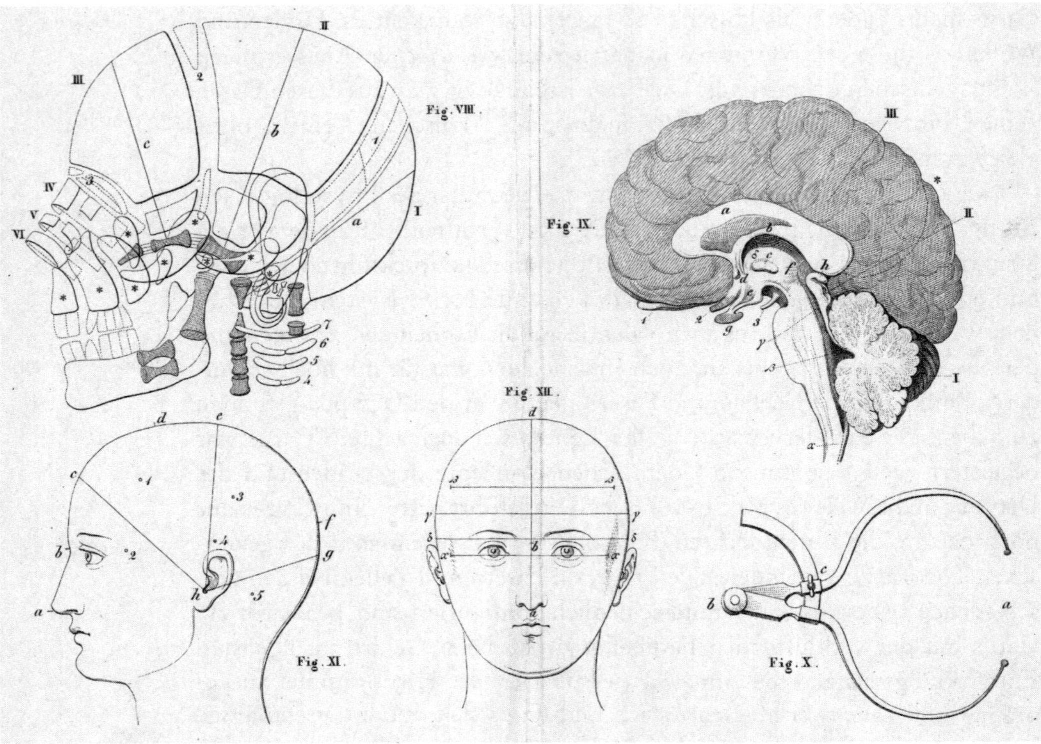

Abb. 15: Carl Gustav Carus, Vergleichende schematische Zeichnungen von Schädel, Gehirn und Kopf sowie Tasterzirkel

Entwicklung des mittleren oder des hinteren Wirbels auf eine mangelnde Komplexität der Faserverschaltung. Die Abmessung des Schädels in verschiedene Richtungen bildet den »Maaßstab für die größere Energie der in diesen Richtungen verlaufenden Primitivfasern«.[77]

Wie in der Phrenologie geht es auch hier um eine Analogie zwischen Schädel und Gehirn, doch während Gall sich auf das quantitative Ausmaß bestimmter Hirnrindenareale kaprizierte und dementsprechend nur Areal für Areal abtasten mußte, will Carus die Quantität der Faserverbindungen sichtbar machen, indem er Höhe, Breite und Länge des Schädels in den drei Wirbeln vermißt. Dazu benutzt er den Tasterzirkel, der sich sowohl an Schädel und Gipsbüsten wie auch an Totenmasken und lebende Köpfe anlegen läßt. Den Zusammenhang zwischen seinen älteren Arbeiten zur Dreiteilung des Schädels und des Gehirns und den Prinzipien der Vermessung des Kopfes hätte Carus kaum eindringlicher zusammenfassen können als in der Tafel zu seiner cranioskopischen Programmschrift von 1841 (Abb. 15). Die nebeneinander im Profil abgebildeten Schädel, Gehirn und Kopf mit

	Dimensio γ' von einem Ohr (d. i. der Oeffnung d. äußern Gehörganges) bis zur Höhe der Stirn.	Dimensio β' v. e. Ohr bis zur Höhe d. Mittelhauptes.	Dimensio α' v. e. Ohr bis zur stärksten Wölbung d. Hinterhauptbeins.	Breite des Vorderhauptes.	Dimensio x als Breite des Mittelhaupts v. e. Tuber parietale zum andern.
Negersklave *)	4″ 6‴	4″ 7‴	4″ —	3″ 10‴	4″ 6‴
Fieschi .	4″ 7‴	4″ 11‴	4″ 2‴	4″ —	5″ —
Schiller .	5″ —	5″ 3‴	3″ 7‴	4″ 8‴	5″ 10‴
Napoleon	5″ 9‴ (Nach Abzug der Hautlage).	6″ —	vacat. (weil der Abguß nur den halben Kopf giebt).	5″ 4‴	5″ 8‴

	Breite des Hinterhauptes.	Länge d. Vorderhauptes q—r.	Länge d. Mittelhauptes p—q.	Länge d. Hinterhauptes p—o.
Negersklave	3″ 2‴	4″ 8‴	4″ 7‴	3″ 9‴
Fieschi .	3″ 9‴	4″ 6‴	4″ 6‴	4″ 9‴
Schiller .	4″ —	5″ 2‴	5″ 4‴	4″ 5‴
Napoleon	vacat.	5″ 9‴ (ohngefähr).	—	vacat. —

Abb. 16: Carl Gustav Carus, Cranioskopische Tabelle

der jeweils eingezeichneten Dreiteilung lassen sich für den Betrachter übereinanderlegen und ergeben so ein Ganzes, das in der Messung der drei Dimensionen mit dem Tasterzirkel zum Ausdruck kommt.

Die gewonnenen Maße des Schädels werden in die etwas unübersichtliche Tabelle (Abb. 16) eingetragen und sollen »Stoff zu den merkwürdigsten Vergleichungen mit den geistigen Eigenschaften dieser Personen« bieten.[78] Man mag sich die Frage stellen, ob Goethe über die abgebildete Tabelle erfreut gewesen wäre, denn hier werden Genie, Wahnsinn, Verbrechen, Geschlecht und Rasse – die humanwissenschaftlichen Kategorien der Spätaufklärung – endlich in einem einzigen Zusammenhang dargestellt. Der entscheidende Punkt ist, daß neben die Anschauung nun auch noch die Zahl tritt. In dieser Repräsentationsform werden die Schädelmaße des »Negersklaven« und einer Giftmörderin neben denjenigen Schillers gestellt. Andere Tabellen positionieren die Büsten Talleyrands und Napoleons neben die Köpfe Raumers, der Sängerin Wilhelmine Schröder Devrient und des Schädelvermessers Carus selbst. Damit ließen sich zahlreiche Vergleiche anstellen, die genauer waren als die bloße Größe oder Form des Schädels. In der tabellarischen Repräsentation sind Schillers Vorderhaupt und Mittelhaupt, also die Regionen der Erkenntnis und des Gefühls, größer als bei dem »Negersklaven«, wiewohl Napoleon (da Carus nur über eine Gipsmaske verfügte, konnte er keine weiteren Messungen vornehmen) mit Abstand über das größte Vorderhaupt verfügt. Weitere Messungen ergeben, daß die Vorderhäupter der Frauen näher bei den außereuropäischen Schädeln sind als bei den europäischen Künstlern, Politikern und Gelehrten. Wenn etwa bei Talleyrand die hintere Kopfgegend besonders ausgeprägt ist, spricht das mehr für Willensstärke als für starke Triebe und Muskelkraft.

Im wesentlichen entsprachen die Zahlen und Daten den Carusschen Erwartungen. Sie erfüllten die längst feststehenden sozialen und kulturellen Hierarchien. Gleichwohl ging es ihm nicht darum, weg von der visuellen Anschauung und hin zur symbolischen Repräsentation zu gelangen. Der »besondere Forscherblick« blieb entscheidend, weil nur durch diesen »vieles zu entziffern [bleibt], was sich durch Maase allein nicht so unmittelbar ausdrücken lässt«.[79] Beispielsweise läßt sich durch Tabellen nicht erschließen, daß bei den Genies die Zwänge der Lokalisation außer Kraft gesetzt sind, weil bei ihnen die drei Hirn- und Schädelregionen in einem völlig harmonischen Verhältnis zueinander stehen. Visuelle Anschauung und Forscherblick sind für Carus jedoch mehr als die müßigen Betrachtungen Goethes. Der entscheidende Schritt liegt darin, daß der Blick des Craniologen beglaubigt wird durch die besonders sorgfältigen Abbildungen des Schädels und des Kopfes. Erst in der visuellen Darstellung des Schädels gelangt die Cranioskopie zu ihrer wissenschaftlichen Bestimmung, und damit knüpft Carus an seine früheren Arbeiten zur Osteologie an. Nicht ohne Stolz vermerkt er im ersten Heft seines *Atlas der Cranioscopie*, daß die Abbildungen erstmals allen Anforderungen an die Anthropologie entsprächen. Wir werden gleich sehen, was darunter zu verstehen war, aber sie entsprachen auch den Anforderungen an das ästhetische Gefühl, und genau das nutzt Carus aus, um die Genialität als eine Harmonie der einzelnen Teile untereinander am Kopf bzw. Schädel evident zu machen.

Wie oben gezeigt, hatte Goethe alles dafür getan, öffentlichen Rummel um Schillers Schädel zu vermeiden. Doch bevor der Schädel im Dezember 1827 in der herzoglichen Familiengruft in Weimar bestattet wurde, geschah entweder auf Goethes oder auf Carl Augusts Initiative hin etwas, das die ganze weitere Geschichte des Schädels inklusive seiner Falsifikation bestimmen sollte. Vom Schädel wurde eine Gipsform genommen, die es erlaubte, weitere Kopien herzustellen. Eine davon landete in der Carusschen Sammlung, wo sie eine andere Funktion hatte als das vermeintliche Original am Frauenplan in Weimar.[80] Der Schädel wurde vermessen, in Zahlen umgesetzt, die in einer Tabelle mündeten, und er wurde abgebildet und beschrieben. Carus eröffnet seinen *Atlas der Cranioscopie* mit einer Profilzeichnung von Schillers Schädel (Abb. 17), die gleich in mehrfacher Hinsicht eine Nähe zur Kunst aufweist. Zunächst einmal verläßt er sich nicht auf Zeichenhilfen wie den Pantographen oder die Camera lucida, weil sie bei der Abbildung des Kopfes in natürlicher Größe zu einem falschen

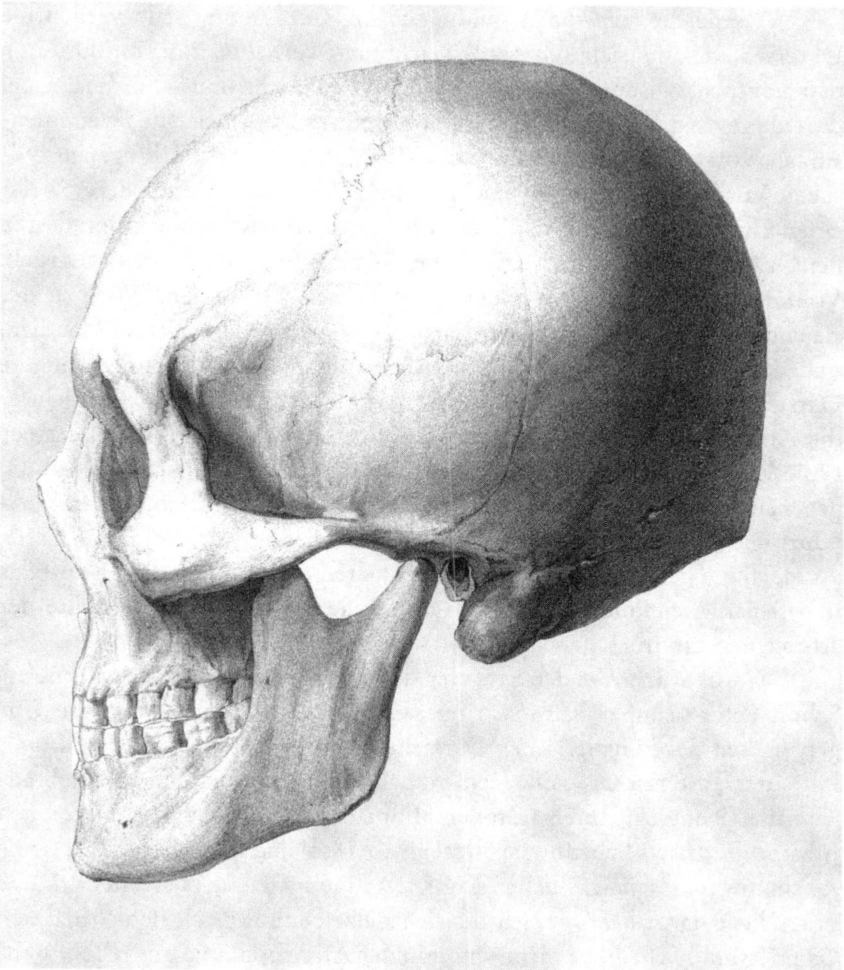

Abb. 17: Carl Gustav Carus, Zeichnung von Schillers Schädel

perspektivischen Verhältnis der Zeichnung führen. Statt dessen verknüpft Carus die Technik des Zeichnens mit dem Modellieren. Um einen exakten Umriß des Schädels zu erhalten, wird dieser zunächst abgegossen. Nach der Form wird der Umriß abgezeichnet, und dann erst werden die Modellierungen der Schädeloberfläche durch Schatten und Licht, die Knochennähte nach vorhergehender Messung aufgetragen.[81] Der Witz dieses Verfahrens liegt darin, daß der Kult der Authentizität und Unmittelbarkeit einer Abformung hier zum Ausgangspunkt wird für die Präzision einer wissenschaftlichen Abbildung. Was bei einer Maske oder bei einer nach dem Leben geformten Büste als Vergegenwärtigung der dargestellten Person funktionieren soll, wird bei Carus zum »Facsimile der Natur«.

Vergleicht man die Abbildungen bei Carus und Gall, werden die Unterschiede offensichtlich. Galls Zeichnungen erhalten ihre Kontur durch den Kontrast zwischen weiß bleibender Schädelfläche und Schraffierungen, die eine gewisse Räumlichkeit andeuten, im Prinzip jedoch eine zweidimensionale Vorstellung vermitteln. Carus dagegen legt auf die Übergänge zwischen Vorder- und Hintergrund größten Wert und gibt auf diese Weise einen Eindruck von der Dreidimensionalität des Schädels, und zumindest in der Originalabbildung im Maßstab eins zu eins gewinnt man den Eindruck, Volumen und Gewicht des Schädels ermessen zu können. Noch in der Zeichnung wird die dreidimensionale Arbeit des Modellierens deutlich, und das entspricht genau der Carusschen Intention. Um eine vollendete Darstellungsweise der Individualität eines Menschen zu erreichen, zieht er die Abformung des Kopfes sogar der von ihm bewunderten Daguerreotypie vor. Dabei ging es nicht darum, ein älteres und ein neues Medium gegeneinander auszuspielen. Doch während das fotografische Portrait mit »dürftiger Kleinheit« und »perspectivischen Fehlern« zu kämpfen hatte, vermochte ein Abguß die Eigentümlichkeiten des individuellen Kopfbaus in »Genauigkeit und Schönheit« darzustellen.[82] Genau davon sollte der Atlas einen Eindruck geben.

Carus war nicht der Erfinder der naturgetreuen Schädelzeichnung. Schon Peter Camper hatte sich im späten 18. Jahrhundert über die Ungenauigkeit der künstlerischen Darstellungen des Kopfes mokiert und mit Hilfe des Tasterzirkels seine Zeichnungen im geometrischen Maßstab angefertigt. Angeregt durch Camper, Blumenbach und Gall, benutzte auch Johann Gottfried Schadow spätestens ab 1802 den Tasterzirkel für seine Zeichnungen des menschlichen Kopfes.[83] Eine schwierig zu beantwortende Frage liegt darin, warum sich die Schädelzeichnung nach den Prinzipien Campers und Schadows nicht schon in der Anthropologie um 1800 durchsetzte. Weder Blumenbach noch Gall ließen ihre Abbildungen exakt nach dem geometrischen Maßstab anfertigen. Eine Antwort könnte lauten, daß es keinem von beiden um den Schädel als ganzen ging, sondern nur um bestimmte Merkmale: Blumenbach um Stirnbein und Oberkiefer, Gall um die Vorwölbungen und Einsenkungen des Hirnschädels. Carus hingegen ging es um eine naturgetreue Darstellung des ganzen Kopfes, von der aus dann die Einzelheiten und Feinheiten zu erschließen waren.

Eine weitere Antwort könnte darin liegen, daß Blumenbach und Gall sich nicht als Künstler verstanden, Carus hingegegen wollte mit seinen Abbildungen den Anspruch erfüllen, Wissenschaft und Kunst miteinander zu vereinen. So verwendete er den Tasterzirkel sowohl für die Zeichnungen (darin folgt er Schadow) als auch für die Messung der Schädelproportionen. Diese Verwebung künstlerischer und wissenschaftlicher Techniken und Werte war das Herzstück der Bestrebungen, die Natur durch die künstlerische Darstellung zu ersetzen. Es ging Carus darum, seine wissenschaftlichen Kollegen von der unbedingten Präzision seiner Zeichnungen zu überzeugen; und er zielte auf ein bildungsbürgerliches Publikum, das seinen Kunstgeschmack durch die Aufstellung von »gipsernen Kopien von berühmten Antiken, aber auch von geschätzten Kunstwerken der Renaissance wie der Gegenwart sowie Gipsbüsten verehrter Geistesgrößen«[84] im heimischen Wohnzimmer unter Beweis zu stellen suchte. Der Tasterzirkel war das Instrument, mit dem auch der Künstler seinen Tribut an die naturgetreue Darstellung unter Beweis stellte. Das Umgekehrte galt für die Abformung des menschlichen Kopfes. Hierbei handelte es sich um eine Domäne der Künstler, doch indem Carus den Bildhauer Ernst Rietschel einlud, in einem Anhang zur cranioskopischen Programmschrift eine genaue Anweisung zur Abformung des Kopfes beizusteuern, wird klar, daß Carus diese Technik auch seinem wissenschaftlichen Publikum vermitteln wollte.[85]

Mit der Verschmelzung von Wissenschaft und Kunst wird die Psychologie des Genies überführt in eine hagiographische Cranioskopie, die über die Kunst nur in dem Punkt hinausgeht, daß sie die wichtigsten Organe – den Schädel unmittelbar und das Gehirn mittelbar – abbildet und damit der Individualität des ganzen Menschen Rechnung trägt. So heißt es bei der Beschreibung des Schillerschen Schädels: »Das Verhältnis im Ganzen ist äusserst glücklich und harmonisch zu nennen, und stimmt wohl zu den hohen Geistesgaben, welche Schiller in jeder Beziehung neben Goethe stellen mußten.« Oder: »eine gewisse feine Abrundung und Ausbildung der ganzen Kopfbildung [tritt] wohlgefällig in's Auge.«[86] Aus diesen Sätzen ist nicht zu entnehmen, ob hier eine Büste, ein Schädel oder nur dessen Zeichnung beschrieben werden. Wichtig ist indes, daß Form und Gestalt beschreibbar werden. Der für Goethe undenkbare Fall, daß der Schädel zum Bestandteil einer allgemeinen Erinnerungskultur wird, ist für Carus kein Problem mehr. Schädel, Büsten und (mit Abstrichen) Totenmasken sind für ihn nur verschiedene Möglichkeiten desselben Anliegens: ein Faksimile der Natur zu schaffen, das zur Menschenkunde beiträgt, indem es individuelle Ausprägungen am Kopf mit der Persönlichkeit verknüpft – und genau das versteht er unter einer Symbolik der menschlichen Gestalt. Zugleich hat Carus allen Anforderungen an wissenschaftliche Präzision Rechnung getragen. Er hat gemessen und die einzelnen Schädelteile bestimmt, um dann zu einer Bewertung zu gelangen, die Begriffe wie Glück, Harmonie und Feinheit einführt. Damit ist der zunehmenden Freiheit des Genies von den cerebralen Determinanten auch auf der Ebene der Beschreibung Genüge getan. Gleichzeitig läßt sich eine gleichmäßige, schöne und geräumige Wölbung des Schädels auch in Zahlen ausdrücken und als ein allgemeiner Satz formulieren, der eine Art Referenz für weitere Messungen bietet.[87] Wie sicher sich Carus seiner Mittel ist, geht nicht zuletzt daraus hervor, daß er mit seinen Prämissen durch die Dresdner Gemäldegalerie zieht, um dort beispielsweise am Bild des *Heiligen Bonaventura im Gebet* von Francisco de Zurbarán zu entdecken, daß Bonaventuras Schädel im Mittelhaupt besonders ausgeprägt sei (Farbtafel I). Die mittlere Region des Gehirns ist nun nicht mehr bloß Sitz des Gemüts, sondern des »Gemüts für erhabene göttliche Dinge, ja solche, die man im günstigsten Sinne des Wortes als Schwärmer bezeichnet«.[88] Abgesehen davon, daß es einem heutigen Betrachter ein Rätsel bleiben muß, wie Carus unter der Kopfbedeckung vor schwarzem Hintergrund eine ausgeprägte Gemütsregion entdecken konnte, wird jedoch klar, daß es mit der Spezifizierung der religiösen Schwärmerei letztlich in die gleiche Richtung ging wie bei der Organologie. Am Ende stand das spezifische Profil eines Individuums.

Nun hat sich Carus nicht darauf beschränkt, Geistesgrößen abzubilden. Wie bereits angemerkt, hat er ähnlich wie Lavater und wesentlich engagierter als Gall an einer Anatomie der Differenzen mitgestrickt, die die Parameter Rasse, Geschlecht, Kriminalität und Wahnsinn in den Schädel einschrieb. Bereits in der cranioskopischen Programmschrift von 1841 heißt es, daß die mittlere Hirnregion bei Schwachsinnigen, Frauen sowie den »Dämmervölkern (Mongolen, Malayen und Amerikaner)«, die hintere Region bei den »Nachtvölkern (Aethiopier)« besonders entwickelt sei. Es versteht sich, daß die vordere Region Primat des (intelligenten) Mannes und der Kaukasier ist.[89] Um diese Unterschiede von der abstrakten Beschreibung in die konkrete Evidenz zu überführen, wählt Carus einmal mehr die Anschaulichkeit der Abbildung, indem er mehrere Schädelkonturen vergleichend übereinander zeichnet und so ein Ensemble herstellt, das die »geistige Individualität« eines Schiller oder Talleyrand von derjenigen eines Grönländers und eines Cretins abheben soll (Farbtafel II). Diese Schädel offenbaren eine »schöne und volle harmonische Entwicklung aller drei Kopfwirbel bei Schiller, das Vorherrschen des Vorderhauptes und Hinterhauptes bei Talleyrand, die Verkümmerung des Vorderhauptes bei dem Grönländer« und eine allgemeine Dürftigkeit beim Cretin.[90]

Im Prinzip lassen sich diese Konturzeichnungen komplementär zu der oben gezeigten Tabelle lesen, die die Unterschiede in Zahlen ausdrückt. Und doch geht die Abbildung mit ihren ästhetischen Anleitungen und Anspielungen einen Schritt weiter. Carus wendet sich direkt an den Leser bzw. Betrachter und fordert ihn auf, die »Unterschiede in dem Charakter der Linien und der organischen Modellirung der Contoure« sorgfältig miteinander zu vergleichen. »Je länger die Betrachtung, um so bedeutungsvoller werden die Formen erscheinen.«[91] Ein Umriß des Schädels soll genauso betrachtet werden wie ein Gemälde in der Dresdner Galerie. Die Komplementarität von Maßzahl und Abbildung zeigt an, daß es für Carus keinen Widerspruch, nicht einmal einen Abstand gibt zwischen craniologischen, psychologischen und ästhetischen Aspekten der Menschenkenntnis. Diese Vermischung hatte ihren Reiz, sie hatte aber ebenso problematische Auswirkungen für das gesamte Unternehmen der wissenschaftlichen Cranioskopie. Das betrifft weniger die schon erwähnte Tatsache, daß Carus sich seit der Jahrhundertmitte systematisch aus der Naturwissenschaft herausgeschrieben hat, sondern es geht darum, welche Befugnisse sich eine Menschenkunde anmaßt, die gleichzeitig szientifisch, idealistisch und ästhetisch sein will.

Das denunziatorische Potential der Cranioskopie hat Carus nicht bloß bei seiner Einteilung der Menschheit in Genies, Talente, elementare Menschheit und *Idioten* ausgespielt.[92] Es war auch ein wirkungsvolles Instrument bei der Kritik unliebsamer philosophischer und wissenschaftlicher Theorien. Was für die Phrenologie noch undenkbar war – die unmittelbare Entsprechung zwischen Werk und körperlicher Gestalt –, wird bei Carus zu einem potentiell diffamierenden Akt. So schreibt der greise Carus in seiner Autobiographie über den naturphilosophischen Arzt Dietrich Georg Kieser, der immerhin sein unmittelbarer Vorgänger als Präsident der Leopoldina war, daß dieser über eine »etwas ungelenke große Gestalt in ziemlich pedantischer Haltung eines modernen Professors« verfügt habe. Das »Starre, Festgewordene in seinem Wesen« meint Carus auch in Kiesers System der Krankheitslehre zu erkennen.[93] Gewiß verraten solche Sätze eine völlig aus den Fugen geratene Gestaltlehre, doch die Resonanzen mit der Cranioskopie sind offensichtlich. Am Schädel des Philosophen Karl Christian Friedrich Krause beobachtet Carus eine leichte Asymmetrie und vermutet, daß eine »nicht ganz symetrische […] Bildung des Denkorgans […] beitragen könne, der Welt unserer Vorstellungen eine auch in irgend einer Hinsicht nicht ganz geeignete Anschauung zu geben«.[94] Die Vorsicht, die Carus hier walten läßt, wird dadurch verständlich, daß er mit Krause zwischen 1815 und 1823 freundschaftlich eng verbunden war, so eng, daß er im Januar 1824 bei Goethe anfragte, ob Krause nicht unter Umständen für die unbesetzte Philosophie-Professur in Jena in Frage komme.[95] Auch 1865 bleibt Carus bei seiner wertschätzenden Meinung über Krause als Mensch und als Gelehrten. Dennoch wird hier – wenn auch mit großer Vorsicht – eine philosophisch als ungenügend angesehene Meinung auf eine cerebrale Deformation zurückgeführt. Mit der funktionellen Fehldeutung der Asymmetrie wird Carus ein Opfer seiner eigenen ästhetischen Prämissen, die Schönheit und Wohlproportioniertheit des Schädels mit Symmetrie assoziierten. Dabei hatten Anatomen des frühen 19. Jahrhunderts – z. B. Carus' Lehrer Karl Friedrich Burdach – längst die Vermutung ausgesprochen, daß die Asymmetrie der beiden Hemisphären ein Kriterium für die Höherentwicklung des Gehirns darstelle.[96]

Seit 1844 hätte Carus durch eine Untersuchung des Frankfurter Anatomen Johann Christian Gustav Lucae wissen können, daß eine leichte Asymmetrie des Schädels für die Anthropologie kein ernstzunehmendes Kriterium darstellte. Lucae war durchaus an der Frage der Unterschiedlichkeit der Menschenrassen interessiert und hoffte zeigen zu können, daß verschiedene Stufen von Symmetrie mit dem jeweiligen Entwicklungsstand der Völker übereinstimmten. Doch die Ergebnisse fielen, wie er freimütig einräumt, ganz anders aus. Insgesamt 762 Schädel ließen keinen Zusammenhang zwischen Rasse und Symmetrie erkennen, und auch die Schädel bedeutender Persönlichkeiten fielen nicht aus dem Rahmen.[97] Noch offensichtlicher wird der Unterschied zwischen den beiden Anatomen in Lucaes *Abbildungen interessanter Schädel*. Hierbei handelt es sich um ein knappes Dutzend Zeichnungen, die ganz nach dem Muster und den Ansprüchen der Carusschen Cranioskopie angefertigt wurden. Neben einigen außereuropäischen Schädeln enthält die Sammlung zwei herausragende Schädel: den von Wilhelm Heinse und den des Marburger Anatomen Heinrich Bünger.

Der Schädel des Dichters war nach Soemmerrings Tod in die Hände seines Sohnes Detmar Wilhelm Soemmerring übergegangen, der sich nicht mehr damit begnügte, den Knochen als Preziose in der Bibliothek aufzubewahren. In enger Kooperation mit Lucae arbeitete er an einer Zeichen-Vorrichtung, die anders funktionierte als die Zeichentechnik von Carus (Abb. 18). Während dieser den Umriß der Gipsabformung übernahm und dann mit dem Tasterzirkel operierte, blieben die beiden Frankfurter Anatomen enger an der geometrischen Zeichenmethode Peter Campers, indem sie die Umrisse des Objekts Stückchen für Stückchen nachzeichneten. Das Ergebnis lief im Prinzip auf das gleiche hinaus: eine Zeichnung, die ein getreues Abbild der Natur darstellt.[98] Soemmerring nahm sich den Schädel Heinses vor, Lucae denjenigen Büngers. Beide verfolgten hagiographische Absichten, indem sie auch Lebensbeschreibungen und Portraits hinzufügten (Abb. 19 und 20), und doch ist hier ein zumindest gradueller Unterschied zu Carus und zur Phrenologie zu verzeichnen, indem Schädel- und Lebensbeschreibung nebeneinander existieren, ohne weitergehende Deutungsmuster zu liefern.[99] Soemmerring referiert sogar die phrenologischen Ansichten, hütet sich jedoch, ein eigenes Urteil zu fällen, und überläßt das Urteil dem Leser. Die Carussche Drei-Zentren-Lehre kommt weder bei ihm noch bei Lucae vor. Diese Zurückhaltung sollte nicht dazu verleiten, Lucaes Schädelansichten als eine radikale Alternative zu den anderen Ansätzen zu interpretieren. Sein ikonographischer Positivismus bewegt sich im gleichen kulturellen Denkhorizont wie die Anthropologie von Carus. Seine Meinung zu Nubiern oder Ozeaniern speist sich aus den gleichen ethnographischen Quellen und Reiseberichten. Aber es ist ein Unterschied, ob man die geistige Eigenart eines Menschen oder eines Volkes in den Schädel inskribiert oder den Schädel bloß als Reservoir für quantitative Messungen nimmt, die Lucae nach der Carusschen Methode durchführt. Dieser mischt alles in ein großes System, jener läßt die Dinge nebeneinander stehen. Einige Jahre später veröffentlicht Lucae in einem weiteren Schädel-Atlas eine Frontaldarstellung der Schädel von verdienten Persönlichkeiten neben hingerichteten Verbrechern auf einer einzigen Abbildung (Abb. 21).[100] Die

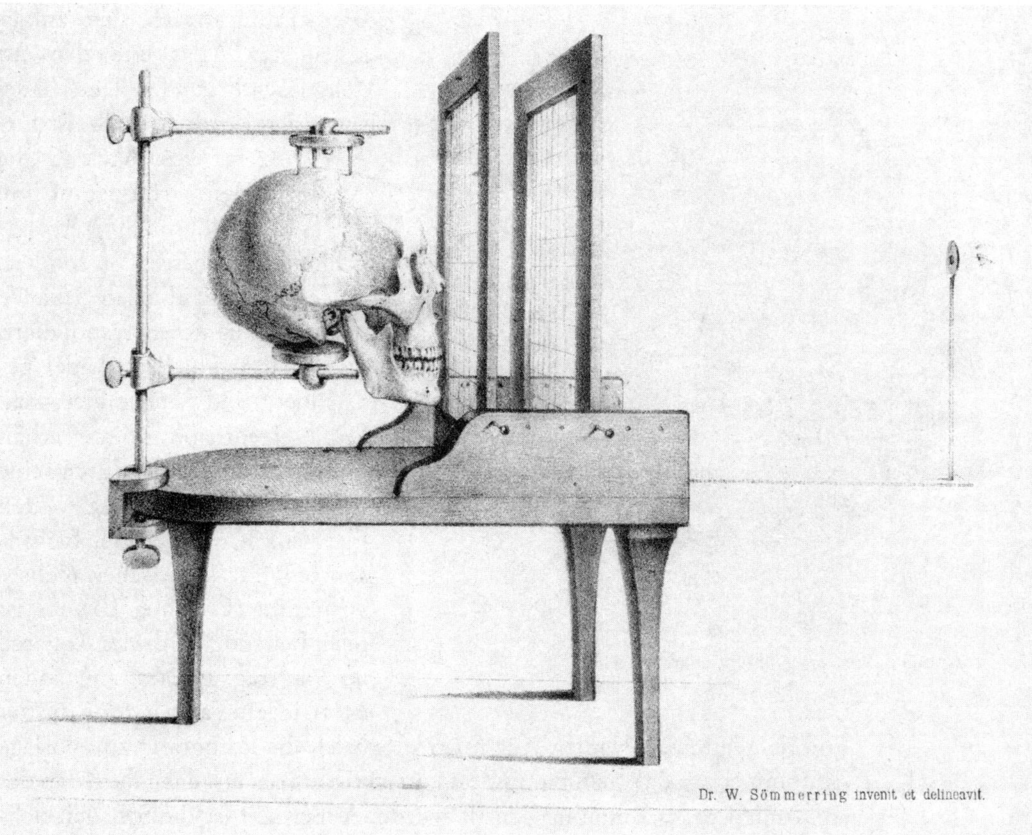

Abb. 18: J. Chr. G. Lucae, Zeichenapparat nach D. W. Soemmerring

Zuordnungen werden nur an den Namen, nicht an den Objekten selbst deutlich, und genau das soll die serielle Aneinanderreihung auch zeigen. Ohne die Namen läßt sich kaum feststellen, ob ein Schädel einem Gelehrten oder einem Mörder gehört. Zumindest verweigert sich Lucae einer entsprechenden Kennzeichnung des Schädels selbst, und das unterscheidet ihn von seinen Zeitgenossen und Nachfolgern.

Der vielleicht eindrücklichste Beweis für diese Art von Distanzierung zeigt sich in einer selbstironischen Geste Lucaes, die für die Anthropologie des Gelehrten im 19. Jahrhundert ohne Beispiel sein dürfte. Um 1860 läßt er sich in einer typischen Hamlet-Haltung fotografieren (Abb. 22). Den eigenen Schädel wie ein melancholischer Gelehrter auf die rechte Hand gestützt, hält er einen Schädel locker und gleichsam professionell mit der linken Hand. Die Möglichkeit einer Zwiesprache von Schädel zu Schädel und Geist zu Geist ist atmosphärisch angedeutet, auch wenn die gelehrte

Abb. 19: Portrait Wilhelm Heinses

Betrachtung durch den aufgeschlagenen Atlas und den auf dem Tisch liegenden Tierschädel suggeriert wird. Auch weist Lucaes konzentrierter Blick auf die Augen(höhlen)partie darauf hin, daß es hier nicht um die Vergänglichkeit des Lebens geht, sondern um einen individuellen Schädel, was auch damit korrespondiert, daß er individuelle Schädel gezeichnet und abgebildet hat. Seine eigentliche Pointe erhält dieses Bild jedoch durch eine Karikatur, die einen schlichten Platztausch der Schädel bei ansonsten fast identischer Kulisse vornimmt (Farbtafel III). Es ist nicht bekannt, ob dieses Aquarell im Auftrag Lucaes entstanden ist. In jedem Fall hat der Künstler mit dem sinnigen Namen Adam Ernst Schalck die Fotografie zur Vorlage genommen, so daß man zumindest vorsichtig davon ausgehen darf, daß das Bild mit Lucaes Billigung gemalt wurde. Außerdem ist die Schädelzeichnung von einer Güte, daß man fast annehmen möchte, Lucae habe einige Ratschläge gegeben. Wie dem auch sein mag. Die Umkehrung der Perspektive ist in doppelter Hinsicht bemerkenswert. Erstens ist es schwer vorstellbar, daß irgendein anderer renommierter zeitgenössischer Anatom sich in der Weise selbst zum Objekt hätte machen lassen. Und zweitens war die Schädel-Anthropologie nach dem durchaus sinnenfreudigen Gall eine tiefernste Angelegenheit, die für derben, vielleicht makabren Humor keinen Sinn hatte. Natürlich hat auch Lucae davon in seinen Publikationen nichts aufscheinen lassen, und man darf vermuten, daß sowohl Fotografie als auch Karikatur nur im Frankfurter Raum kursiert sind. Doch entscheidend ist, daß Lucae auch noch einen anderen Blick auf den Schädel hatte als den des vermessenden, zeichnenden, physiognomisch interpretierenden Cranioskopen.

Von dieser Leichtigkeit im Umgang mit Schädeln und einer damit korrespondierenden Vorsicht bei der Interpretation der Messungen war Carl Gustav Carus weit entfernt. Ab einem bestimmten Punkt nahm er Untersuchungen wie die von Lucae nicht mehr zur Kenntnis. Statt dessen schuf er in einer idealistischen Melange aus Anatomie, Physiologie, Ästhetik und Symbolik des Schädelbaus ein System von Analogien, in dem alles mit allem verknüpft war und somit auf alles eine Antwort gegeben werden konnte. Dieses System war gewissermaßen selbst ein hochkomplexes Gehirn, das in seiner vielfältigen Vernetzung eine Einheit bildete. Es ermöglichte einen ganzheitlichen Blick, der zunehmend in einen totalisierenden Blick mutierte und vom Individuum zu ganzen Völkern und vom Werk eines Einzelnen zu politischen und sozialen Ereignissen reichte.

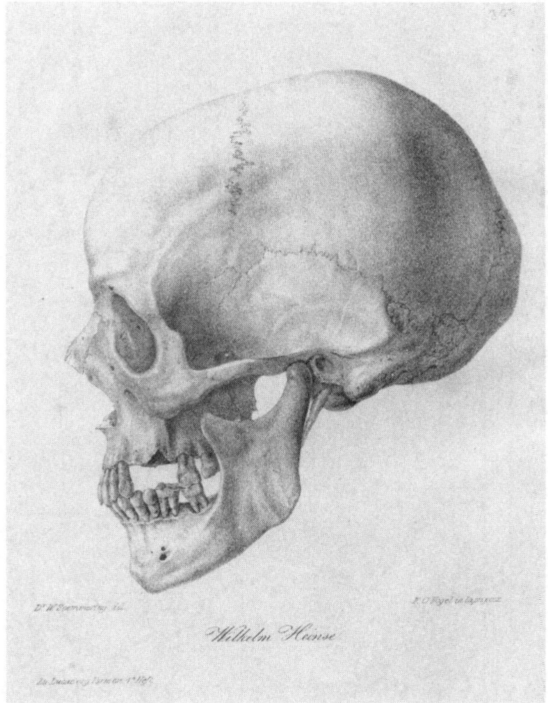

Abb. 20: J. Chr. G. Lucae, Heinses Schädel

1852 charakterisiert Carus durchaus ambivalent Revolutionen als »fieberhafte mit Phantasien und Delirien, und theils mit wirklich periodischem Wahnsinn begleitete [...] Entwickelungskrankheiten der Menschheit, ohne welche nun einmal der Zeiger der Geschichte niemals und nirgends bedeutend vorgerückt ist«. Indem er solche kollektiven »Geistes-Epidemien« mit Krankheitsepidemien vergleicht, kommt ihnen ein schicksalhafter Charakter zu, der einen reinigenden Effekt hat, mit dem sich jedoch keine Gesellschaftsordnung begründen läßt. Jenseits dieser Welt der Notwendigkeiten befinden sich nur »sehr Wenige«, die auch bei »allgemeinen fieberhaften Zuständen durchaus volle und klare Besinnung« bewahren.[101] Diese »sehr Wenigen« machen naheliegenderweise die Geistesaristokratie aus, die sich im Zustand des Selbstbewußtseins befindet. Eine egalitäre, demokratische Ordnung war mit Carus nicht zu machen, und das war nicht etwas anderes oder auch nur eine Folge seines wissenschaftlichen Systems; die politischen Anschauungen waren unmittelbar in dieses System verwoben.

Daß damit einer im Bürgertum verbreiteten Meinung Rechnung getragen wurde, dürfte ein zusätzlicher Grund dafür gewesen sein, daß die Cranioskopie zumindest für einige Jahre im Gespräch war, obwohl ihre wissenschaftliche Dignität nicht größer war als diejenige der von ihr bekämpften Phrenologie. Carus ist nicht müde geworden, die Phrenologie der Grobschlächtigkeit, Unwissenschaftlichkeit und des Materialismus anzuklagen, doch zugleich ist sein System der Symbolik wesentlich geschlossener und umfassender als alles, was Gall und die nachfolgenden Phrenologen jemals konzipiert haben. Die Cranioskopie enthielt in ihrer Zusammensetzung aus Entwicklungsgeschichte und Osteologie, Physiognomik und Hirnanatomie, Goethes Idee des Organismus als göttlichem Urbild und

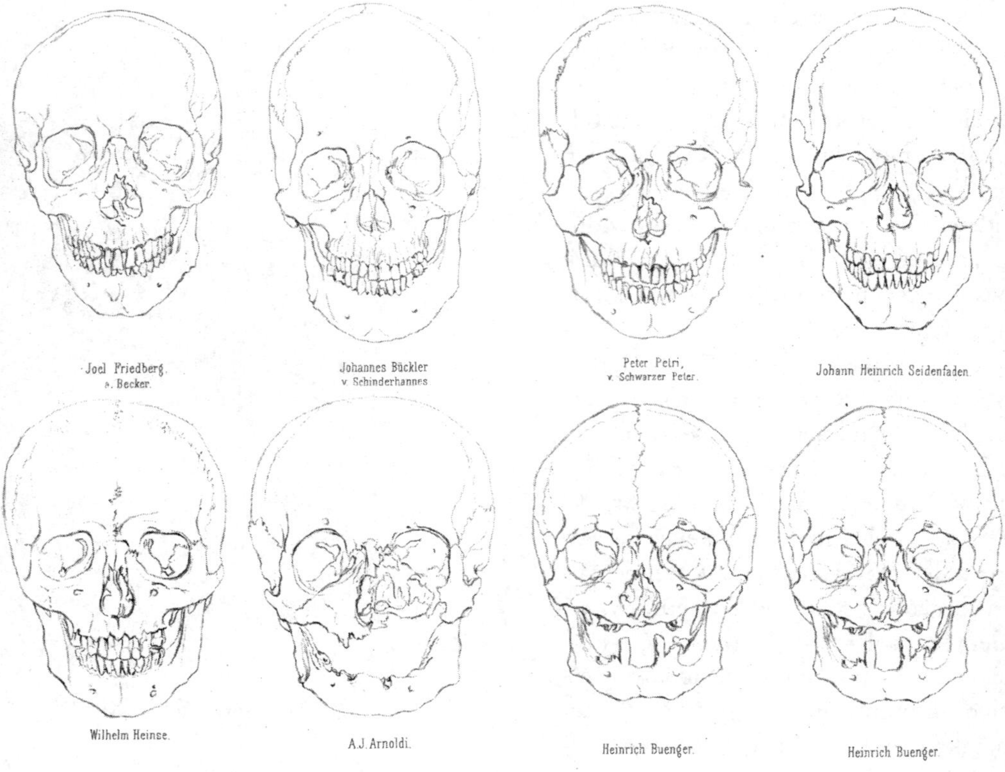

Abb. 21: J. Chr. G. Lucae, Acht Schädelzeichnungen

Rassismus, metrischer Präzision und Anschaulichkeit das Versprechen, die Genieverehrung der Goethezeit in eine neue Epoche hinüberzuretten. Das ist vielleicht nicht in der Weise gelungen, wie Carus es sich gewünscht hätte, und erst im 20. Jahrhundert hat er in der Physiognomik, Charakterologie, Graphologie und Modernitätskritik so unterschiedlicher Figuren wie Theodor Lessing, Hans Prinzhorn und Ludwig Klages eine alles andere als lupenreine Renaissance erfahren. Unabhängig davon hat er die Schädel- und Hirnmessungen bedeutender Persönlichkeiten um die Mitte des 19. Jahrhunderts in Deutschland auf die Tagesordnung gesetzt, und dort sind sie für lange Zeit geblieben.

Abb. 22: Ph. Hoff, Fotografie Lucaes (um 1860)

Der kurze Vormärz der Phrenologie in Deutschland

Die Phrenologie hat in verschiedenen Ländern Europas recht unterschiedliche Wendungen genommen. Im viktorianischen England und Schottland entfaltete sie, ausgehend von Edinburgh, ihren größten Einfluß als sozialreformerische Bewegung und Alltagspsychologie, die die moralischen Grundlagen der Gesellschaft nicht mehr theologisch, sondern naturgesetzlich begründete. Lange vor dem Siegeszug der Darwinschen Evolutionstheorie war die Phrenologie das erste durchschlagende Projekt einer Popularisierung von Wissenschaft, was durch eine einzige Zahl illustriert werden mag: Zwischen 1828 und 1848 wurde die phrenologische Programmschrift *The Constitution of Man* des Edinburgher Rechtsanwalts George Combe allein in Großbritannien in 80 000 Exemplaren verkauft.[102] In Frankreich, wo Gall von 1807 bis zu seinem Tod 1828 lebte, wurde die Flamme der Phrenologie – nach einem Bonmot von Marc Renneville – durch den Wind der Juli-Revolution von 1830 angeheizt, während derjenige von 1848 ihre letzte Glut zum Erlöschen brachte.[103] Tatsächlich wurde die 1831 gegründete *Société phrenologique* zum Sammelpunkt materialistischer, antiklerikaler und demokratischer Bestrebungen. Doch schon um 1840 begann die Phrenologie, befördert durch eine restriktivere Politik im II. Empire und durch massive Attacken konservativer Akademiker wie den Physiologen Pierre Flourens oder den Philosophen Victor Cousin, sich durch Liebäugeln mit Spiritualismus, animalischem Magnetismus und Metaphysik von ihren ursprünglichen, sozialreformerischen Positionen zu entfernen. Als im Februar 1848 die Revolution in Paris ausbrach, war von der phrenologischen Bewegung schon nichts mehr zu sehen.[104] Was sich in den vierziger Jahren bereits abzeichnete, wurde nun zur Gewißheit. Schädelmessungen und Untersuchungen des Gehirns wurden zur Domäne von physischen Anthropologen und Ärzten, die sich in ihren Praktiken, wenn auch nicht in all ihren Grundannahmen, dezidiert von der Phrenologie absetzten.

In Deutschland konnte die Phrenologie nach Galls fulminantem Auftritt kurz nach 1800 zu keinem Zeitpunkt mehr in ähnlicher Weise Fuß fassen wie in Frankreich oder Großbritannien. Galls Hauptwerke blieben unübersetzt, oder genauer: Übersetzungsprojekte wurden mangels Interesse abgebrochen. In den 1830er Jahren wurden die beiden wichtigsten Werke von George Combe ins Deutsche übersetzt, ohne auch nur im entferntesten die Verkaufszahlen zu erreichen wie in Großbritannien. Eduard Hirschfeld, Übersetzer beider Werke, gab in seiner Vorbemerkung zu *Das Wesen des Menschen* der Hoffnung Ausdruck, daß der deutsche Leser nun in der Lage sei, »die phrenologischen Entdeckungen, ihren gegenwärtigen Umfang und ihre Ansprüche wieder in seiner Muttersprache kennenzulernen«.[105] Als es dann nach 1840 tatsächlich zu einer kurzen Wiederbelebung der Phrenologie in Deutschland kam, geschah das mit massiver englischer Unterstützung. Daß die neuen deutschen Phrenologen sich mehr auf englische als auf französische Autoren bezogen, erklärt sich daraus, daß die französische Bewegung zu der Zeit bereits im Niedergang war, wohingegen die britischen Phrenologen, mit Combe und seinem Bruder Andrew an der Spitze, eine große Wirksamkeit entfalteten.

1841/42 hielt Combe sich in Heidelberg auf, um eine Serie von Vorlesungen zu halten. Im Publikum saß der Mannheimer Rechtsanwalt Gustav von Struve, der sich in kürzester Zeit zum engagiertesten deutschen Phrenologen entwickelte. Zu jener Zeit war Struve noch nicht der berühmte radikale Demokrat und Anführer des sogenannten »populistischen Radikalismus« in Baden, der in der Frankfurter Nationalversammlung für eine republikanische Verfassung und Volkssouveränität kämpfen und in der Revolutionszeit gemeinsam mit Friedrich Hecker mehrere Umsturzversuche unternehmen sollte.[106] Dennoch war die Phrenologie für Struve von Anfang an Bestandteil eines liberalen Politikverständnisses. Ihre Einbindung in die Aufbruchstimmung des Vormärz machte Struve im Vorwort zu der 1843 mit großen Erwartungen gegründeten *Zeitschrift für Phrenologie* deutlich: »Deutschland hat in diesem Augenblicke mehr denn je das Bedürfniß einer naturgemäßen Erkenntniß des menschlichen Geistes, einer Philosophie, die [...] mit Rücksicht auf die Wirklichkeit erhält und schafft.«[107] Eine solche Wendung ins praktische Leben war in der Gallschen Lehre durchaus vorgesehen und in der britischen Phrenologie auch realisiert worden, etwa im Hinblick auf eine Reform der Pädagogik und des Strafrechts, doch Struves Ambitionen reichten weiter. Für ihn sollte die Phrenologie den anthropologischen Fluchtpunkt für grundlegende soziale, kulturelle und rechtliche Reformen einnehmen. In dieser Perspektive war sie ein philanthropisches Unternehmen, das alle Menschen über ihre Stärken und Schwächen aufklärte und danach ihren Platz in der Gesellschaft definierte. Entsprechend gehörte es für Struve zu den ersten Dringlichkeiten, Pädagogik und Strafrecht nach den Vorgaben der Phrenologie zu liberalisieren und sein Plädoyer für die Abschaffung der Todesstrafe mit dem Argument zu begründen, daß sie allein durch ihre Brutalität den Zerstörungstrieb in der Gesellschaft anheize, während ein milderes Strafrecht zur Steigerung der »schöneren edleren Empfindungen führe«.[108]

Dieser bis dahin in Deutschland einmalige Versuch, die Neuordnung der Gesellschaft auf eine naturalistische Psychologie aufzubauen, war zum Scheitern verurteilt. Schon bevor Struve 1848 seine radikalen Positionen in der Paulskirche vertrat und in den südwestdeutschen Aufständen in die Tat umzusetzen versuchte, war der kurze Moment der phrenologischen Bewegung schon wieder beendet. Die *Zeitschrift für Phrenologie* mußte ihr Erscheinen nach drei Jahrgängen einstellen, eine Gesellschaft hatte sich erst gar nicht richtig konstituieren können. Die Gründe für dieses Scheitern waren politischer und wissenschaftlicher Natur. Sie waren politisch, weil konservative Kräfte der naturalistischen Psychologie tatsächlich zutrauten, gesellschaftszersetzend zu wirken – weswegen die Cranioskopie von Carus wesentlich freundlicher aufgenommen wurde. Und sie waren wissenschaftlich, da sowohl angesehene deutsche Universitätsprofessoren als auch einige von Struves liberalen Freunden die Phrenologie als rückständig oder gar als pseudowissenschaftlich betrachteten.

Was hatte sich seit den Untersuchungen Galls, die rund 20 Jahre zurücklagen, in der Phrenologie getan? Johann Caspar Spurzheim, der ehemalige Mitarbeiter und Schüler Galls, hatte die Zahl der Organe von 27 auf 35 erhöht, aber das interessierte außerhalb der phrenologischen Kreise niemanden. Es war ebenfalls Spurzheim, der davon abging, die einzelnen Organe für sich genommen zu untersuchen. Statt dessen versuchte er, die »individuellen Regionen des Kopfes mehr in Beziehung auf die drei Abtheilungen des Gehirns, und auf die drei Regionen: der thierischen Triebe, der menschlichen Gefühle und der intellektuellen Fähigkeiten zu beobachten.«[109] Zehn Jahre vor Carus und neun Jahre nach Huschke entschied sich also auch der nach Gall bedeutendste Organologe für eine Dreiteilung der geistigen Hauptvermögen, denen er die einzelnen Qualitäten zuordnete. Betrachtet man die seit jener Zeit in fast allen deutschen und englischen phrenologischen Büchern abgebildete Standardbüste (Abb. 23) mit den 35 Organen, so findet sich genau die von Spurzheim angegebene Dreiteilung, denn die Rubriken III bis V sind als intellektuelle Fähigkeiten zusammenzufassen. Die Lokalisierung der Grundvermögen auf dem phrenologischen Schädel zeigt die Triebe in der hinteren, die Gefühle in der mittleren und die intellektuellen Fähigkeiten in der vorderen Hirnregion versammelt. Im Endeffekt bestanden also keine nennenswerten Unterschiede zwischen der Carusschen Cranioskopie und der Phrenologie. Unterschiedlich waren die Methoden und Techniken, um dorthin zu gelangen, und die politisch-kulturellen Ambitionen, die mit der Menschenkunde verbunden waren. Wenden wir uns zunächst den praktischen Gesichtspunkten zu.

Nach Spurzheim machte man es sich nicht mehr so einfach wie noch die erste Generation von Organologen, die – wie Kelch beim Schädel Kants – den Schädel abgetastet und die Höcker nach manueller Erfahrung klassifiziert hatten. Eine vollständige phrenologische Untersuchung beinhaltete in den dreißiger Jahren die Abmessung des Schädelumfangs sowie seiner Länge und Breite. Vom äußeren Gehörgang aus wurde die Distanz zu den hinteren, vorderen und oberen Mittelpunkten des Schädels bestimmt, was den Hirnorganen für Kinderliebe, Gegenstandssinn und Wohlwollen entsprach. Unklar blieb allerdings, wie diese Zahlen mit dem jeweiligen Entwicklungsgrad der einzelnen Hirnorgane zusammenhängen sollten, denn zu den Attributen wie *mäßig* oder *groß* wurden Zahlen hinzugefügt, die vielleicht bequemer miteinander zu vergleichen waren, die

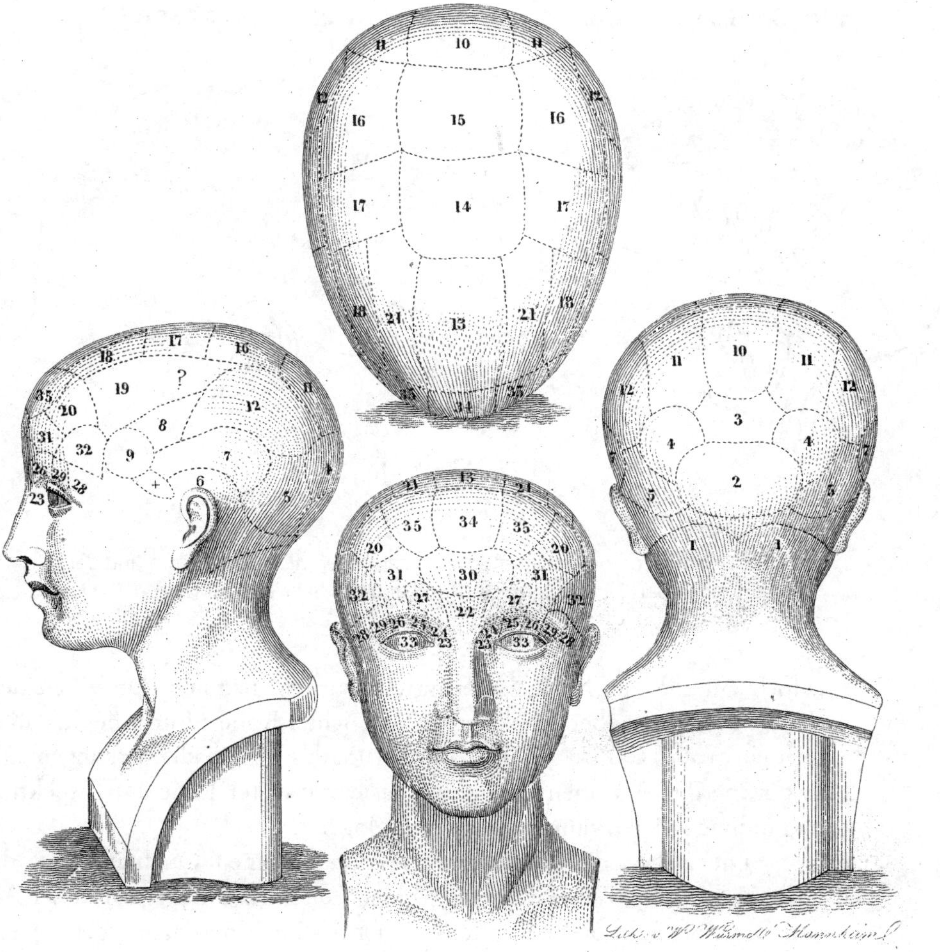

Namen und Eintheilung der phrenologischen Organe

I. Sinnlichkeit oder Triebe.	II. Empfindungs=Vermögen oder Gefühle.	III. Darstellungs=Vermögen oder Talente.	IV. Erkenntniß=Vermögen oder Fähigkeiten.	V. Denk=Vermögen oder Gaben.
1 Geschlechtstrieb.	10 Selbstgefühl.	9 Zusammensetzungssin	in ihrem Gegensatze	34 Vergleichungsgabe
2 Kinderliebe	11 Beifallsliebe.	Sinn für mechanische.	a nach dem Raume	(synthetischer Verstand)
3 Einheitstrieb.	12 Sorglichkeit.	Kunst oder Bautalent.	22 Gegenstandssinn.	35 Schlußvermögen
4 Anhänglichkeit.	13 Wohlwollen.	20 Witz.	23 Gestaltsinn.	oder analytischer
5 Bekämpfungstrieb.	14 Ehrerbietung.	21 Nachahmungstalent.	24 Größensinn.	Verstand.
6 Zerstörungstrieb.	15 Festigkeit.	29 Ordnungssinn.	27 Ortsinn.	
7 Verheimlichungstrieb.	16 Gewißenhaftigkeit.	32 Tonsinn.	25 Gewichtsinn.	
8 Erwerbtrieb.	17 Hoffnung.	33 Sprachsinn oder	26 Farbensinn.	
+ Nahrungstrieb.	18 Sin für das Wunderbare	Wortsinn.	b. nach der Zeit	
	19 Schönheitssinn oder		31 Zeitsinn.	
	Idealität		30 Thatsachensinn	
			c nach der Zahl	
			28 Zahlensinn.	

Abb. 23: Gustav v. Struve, Phrenologische Büste

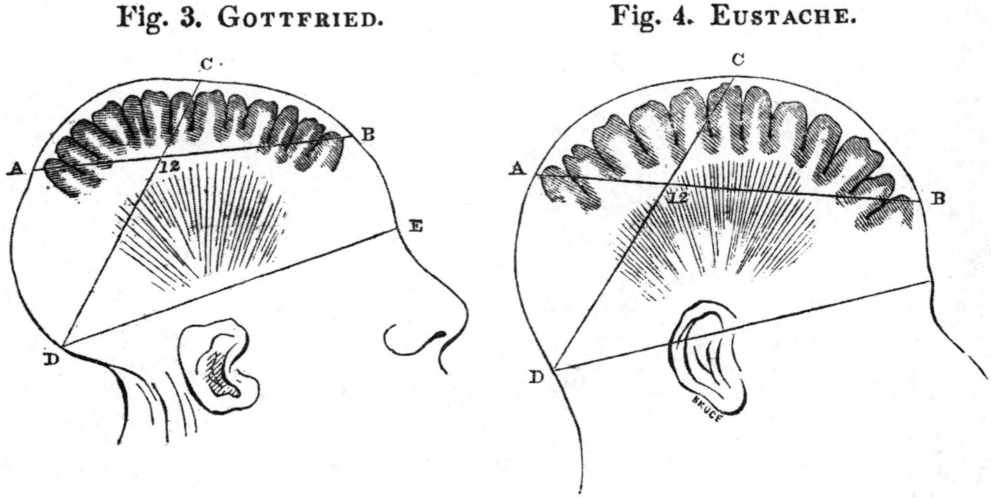

Abb. 24: George Combe, Schematische Zeichnungen der Schädelform und der Hirnwindungen der Giftmörderin Gottfried und des Sklaven Eustache

jedoch auf die gleiche Weise ermittelt wurden, nämlich durch Schädelabtasten. Wenn es über den schottischen Dichter Robert Burns heißt, daß er über ein großes Gehirn verfügt habe, beruht das auf Schädelmessungen. Die Erklärung der einzelnen Qualitäten basiert in erster Linie auf Inspektion und individueller Erfahrung des Phrenologen.[110]

Die geforderte Rückbeziehung der einzelnen Qualitäten auf die Grundvermögen machte den mangelnden Quantifizierungsgeist dieser Art von Datenproduktion noch offensichtlicher. Zur Eingrenzung der Region für moralische Gefühle zog Combe eine Linie vom Organ für Schlußvermögen (B) mitten durch das Organ für Fürsorglichkeit (12) (Abb. 24). Der Raum oberhalb dieser Linie repräsentierte die Moral: er war besonders klein bei der Bremer Giftmörderin Margarethe Gottfried, und besonders groß bei dem schwarzen Sklaven Eustache, der beim Aufstand in St. Domingo zahlreichen Weißen das Leben gerettet hatte. Aufschlußreich an dieser Skizze sind die angedeuteten Hirnwindungen, die Combe nach eigener Aussage nur zur Illustration einfügte. Sie waren reine Fiktion, weil Combe sie nicht nach dem Gehirn selbst zeichnete, sondern aus der Schädelform ableitete. Daß sie bei Gottfried klein, bei Eustache groß und reichhaltig erscheinen, entsprach den organologischen Axiomen, wonach die Ausprägung eines Vermögens mit der Größe der Hirnrindenregion und diese mit der entsprechenden Schädelausbuchtung korreliert ist.[111]

Mit dem Ergebnis dieser Gegenüberstellung wäre Carus einverstanden gewesen, nicht jedoch mit der Art, wie dieses Ergebnis erreicht und

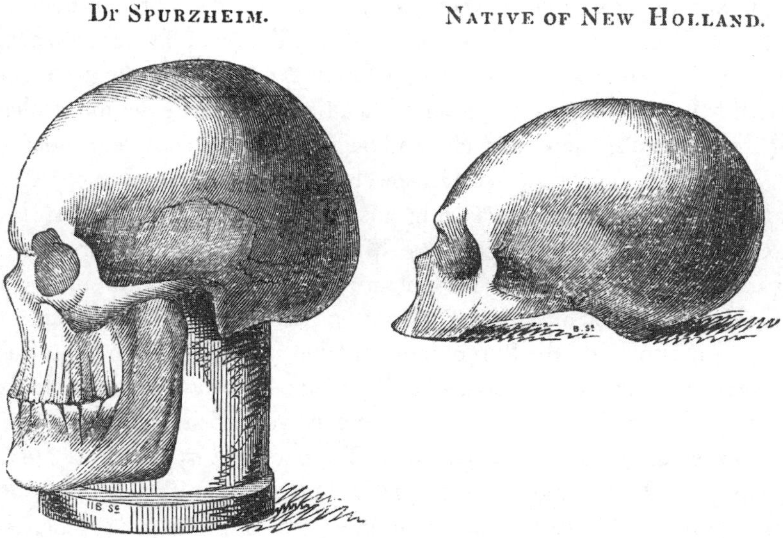

Abb. 25: George Combe, Schädel Spurzheims, auf einen Sockel gestützt, und eines Neu-Holländers

visuell umgesetzt wurde. Die Abbildungen bei Combe und den anderen Phrenologen sollten dem Leser eine Idee von den Schädelverhältnissen geben, aber nachprüfbar war das anhand der dargestellten Objekte nicht. Combes Gegenüberstellung des Schädels von Spurzheim, der 1832 gestorben war, mit einem Neu-Holländer hätten wohl die meisten Mediziner und Anthropologen der damaligen Zeit zugestimmt (Abb. 25), insbesondere seinem Kommentar, daß der Schädel Spurzheims im vorderen und mittleren Abschnitt besonders stark entwickelt sei. Das sprach für Spurzheims besondere intellektuelle und moralische Größe, während der andere Schädel das genaue Gegenteil zeigte.[112]

Carus verfolgte mit seinen Konturzeichnungen die gleichen Absichten, doch sein Anspruch war ein ganz anderer. Seine Veröffentlichungen richteten sich an ein wissenschaftlich und ästhetisch gebildetes Publikum, seine Abbildungen sollten durch Genauigkeit und Schönheit überzeugen. Ein Phrenologe wie Combe wendete sich an ein viel breiteres Publikum und richtete entsprechend seine Ansprüche darauf ein. Der Wunsch der Phrenologen, populär zu sein, zwang sie, preiswerte Bücher zu produzieren. Aufwendige Atlanten hatten hier keinen Platz. Die im Vergleich zu Carus simple Art der Meß- und Repräsentationsmethoden lag aber auch darin begründet, daß die Phrenologen nur zum Teil Ärzte waren. Combe und Struve als Rechtsanwälte beschäftigten sich nicht mit Feinheiten des Schädelabgusses bzw. der Zeichnung und Lithographie. Vielmehr kam es ihnen darauf an, daß möglichst viele sich mit den Grundkenntnissen und

-techniken der Phrenologie vertraut machten, um ihre intellektuellen Fähigkeiten, Gefühle und Triebe besser kennenlernen und beherrschen zu können. Carus dagegen reservierte die Praxis der Cranioskopie für Spezialisten. Ihr Wissen sollte dazu beitragen, die Hierarchisierung der menschlichen Sphäre in Bewußtlosigkeit, Welt- und Selbstbewußtsein zu begründen.

In einer Zeit, da Naturwissenschaften und Medizin ihren Autoritätsradius in Deutschland mächtig ausweiteten, war es wenig erfolgversprechend, wenn Struve und seine Mitstreiter sich mit Autoritäten wie Johannes Müller, Friedrich Tiedemann, Pierre Flourens und auch Carus anlegten.[113] Ihr polemischer Grundton ist jedoch nicht bloß damit zu erklären, daß Struve für die Phrenologie mit den gleichen Waffen kämpfte wie für seine konkreten politischen Ziele. Vielmehr war die Phrenologie in Deutschland von Anfang an in einer defensiven Position, und daran änderten auch die Versuche nichts, andere Tonarten anzuschlagen. 1844 setzte Struve große Hoffnungen in seine Teilnahme bei der *Versammlung deutscher Naturforscher und Ärzte* in Bremen, wo es ihm sogar gelang, einen Vortrag in der allgemeinen Sitzung zu halten. Mit großem Geschick zielte er auf die Grundprinzipien der akademischen Gesellschaft, nämlich Patriotismus sowie den Versuch, der zunehmenden Spezialisierung in den Naturwissenschaften entgegenzuwirken. Doch es bestand wenig Interesse, Gall als verlorenen Sohn nach Deutschland zurückzuholen bzw. die Phrenologie als eine Wissenschaft anzunehmen, die auf Erfahrung basierte und gleichzeitig naturwissenschaftliche und philosophische Bildung voraussetzte.[114] Dieser Platz war zum einen durch Carus besetzt, zum anderen zogen zeitgenössische Kritiker die patriotische Karte, um das Argument in sein Gegenteil zu verkehren. So charakterisierte Hermann Klencke, ein Anhänger von Carus, die Phrenologie nicht mehr als Lehre Galls, sondern als »englische, psychologisch-hypothetische und ebenso betrügerische« Marotte, der er die »deutsche, wissenschaftlich nachweisbare Schädellehre« entgegensetzte, weil sie sich auf eine »physiologische Erkenntniss des Hirnlebens« und die »Beziehung der psychischen Facultäten zu der Morphologie des Gehirns« berufen konnte. Kurzum: die Phrenologie wurde als nicht kompatibel mit dem Standard von deutscher Wissenschaft angesehen.[115]

Gegen solche Attacken setzten sich die Phrenologen mit massiver Polemik zur Wehr, gleichzeitig jedoch suchten sie die Attraktivität ihrer Lehre zu erhöhen, indem sie die Karte der Hagiographie berühmter Persönlichkeiten ausspielten. Dabei boten sich verschiedene Möglichkeiten an. Ein beliebtes Procedere bestand darin, für jedes der verschiedenen Hirnorgane herausragende Beispiele zu finden. Das war der Weg, den Gall seinerzeit beschritten hatte, und in seiner Nachfolge wurde er weidlich ausgetreten. Die Phrenologen garnierten ihre Werke mit Abbildungen von Portraits, Büsten und Masken illustrer Persönlichkeiten. 1837 erschien in

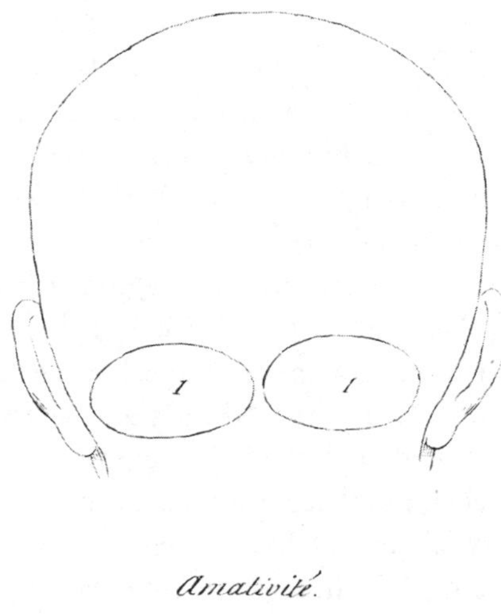

Abb. 26: Théodore Poupin, Portrait Galls und phrenologische Darstellung des Organs für Geschlechtsliebe am Hinterkopf

Paris ein Buch, in dem für jedes der 35 Organe eine passende Persönlichkeit gefunden wurde. Bei Giacino Rossini war es der Tonsinn, bei E.T.A. Hoffmann der Sinn für das Wunderbare, bei Victor Hugo der Schönheitssinn. Gall selbst wurde mit einem ausgeprägten Geschlechtstrieb bedacht (Abb. 26), was in Paris auch kein Geheimnis war und sich mit zeitgenössischen Berichten über Galls Liebesleben weitgehend deckte.[116]

Die andere, etwas gründlichere Methode bestand darin, nicht vom Organ, sondern von einer bestimmten Person auszugehen, deren Schädel dann systematisch inspiziert wurde. Nachdem zuerst Kelch diesen Weg mit Kants Schädel gewählt hatte, waren es danach die englischen Phrenologen, die zuerst semiquantitative Profile der Köpfe und Schädel bedeutender Personen erstellten. Der schon erwähnte Robert Burns war hier nur ein Beispiel unter vielen. Die ersten einer einzigen Person gewidmeten phrenologischen Profile in Deutschland stammten von dem amerikanischen Reisenden Michael Castle, der so unterschiedliche Figuren wie den romantischen Arzt, Poeten und Geisterseher Justinus Kerner, den protestantischen Theologen David Friedrich Strauß und den Schriftsteller Friedrich Wilhelm Hackländer untersuchte.[117] Trotz Kelch und trotz der englischen Phrenologen handelte es sich hier um ein neues Genre, indem Castle erstmals Charakterprofile entwarf, die in ihrer Ausführlichkeit erst eine Generation später durch die Pathographien übertroffen werden sollten. Entscheidend daran war, daß es Castle nicht auf eine Hagiographie ankam, die sich zudem bei Strauß und Hackländer auf keinerlei Referenz-Biographien stützen konnte, da beide noch viel zu jung waren. Vielmehr versuchte er eine differenzierte Darstellung bestimmter Charaktereigenschaften zu geben, die bei Kerner und Strauß verschiedene Resonanzen zu ihren Werken herstellte, ohne jedoch das eine aus dem anderen erklären zu wollen.

Näher an der bereits bekannten Hagiographie war die Untersuchung des Schädels von Justus Liebig durch den Edinburgher Arzt William Gregory, die zuerst im *Phrenological Journal* und dann in deutscher Übersetzung erschien. Das Ergebnis der Analyse dürfte Liebig geschmeichelt haben, auch wenn die Differenzierung zwischen Erkenntnisvermögen und Denkvermögen in der vorderen Hirnregion sich wie eine Antwort auf die deutschen Überheblichkeiten gegenüber den unwissenschaftlichen Engländern ausnahm. Das Übergewicht der Denkregion gegenüber der erkennenden Region an deutschen Köpfen korrespondiere mit dem »speculativen und denkenden Charakter der deutschen Schriften und ihrem häufigen Mangel an praktischer Beobachtung«.[118] Liebig hingegen verfüge über ein gutentwickeltes Denkvermögen, doch sei das Erkenntnisvermögen vorherrschend. Mit dieser Charakterisierung waren zwei Fliegen mit einer Klappe geschlagen. Liebig stand als glänzender Empiriker da, der sich, wie Gregory kaum entgangen sein dürfte, mehrfach über die fatalen Folgen des spekulativ-romantischen Denkens in der deutschen Naturforschung beklagt hatte. Und indem der damals bereits berühmteste Chemiker Europas mit der britischen Tugend der praktischen Beobachtung assoziiert wurde, fiel auch ein günstiges Licht auf die Phrenologie, die sich selbst immer wieder als empirisch definierte.

Auch Struve machte sich die Unterscheidung von Denk- und Erkenntnisvermögen zu eigen und leitete daraus sein Urteil über die vorherrschende Philosophie in Deutschland ab. Die Köpfe Kants, Fichtes und Schellings zeigten am oberen Teil der Stirn ausgeprägte Zentren für Schlußvermögen oder analytischen Verstand, während zumindest bei Kant die Organe für Gegenstandssinn und Tatsachensinn weniger stark entwickelt waren. Das erklärte seine philosophische Entfernung von der Wirklichkeit. »Der wahre Philosoph« dagegen zeichnete sich durch eine Verschmelzung aller drei Organe aus. Es spricht für Struves Witz, daß er dabei auf Francis Bacon verfiel, denn dieser – nach Hegels bissiger Anmerkung – »Heerführer aller Erfahrungsphilosophie, mit dessen Sprüchelchen man auch bei uns noch jetzt gerne die Werke ziert«[119] bildete in jedem Sinne den Gegenpol zur klassischen deutschen Philosophie. Die Selbstverortung der Phrenologie reichte bis in die intellektuellen Genealogien hinein, und wenn auf der zugehörigen Abbildung Bacon dem Leser vis-à-vis entgegenblickt (auch wenn er den Blick nicht genau trifft), während Kants Blickrichtung vom Betrachter abgewandt ist, so scheint auch diese Gegenüberstellung neben der spezifischen Hervorhebung der Stirnpartien den Unterschied zwischen Empirie und Wirklichkeitsferne suggerieren zu wollen (Abb. 27).[120]

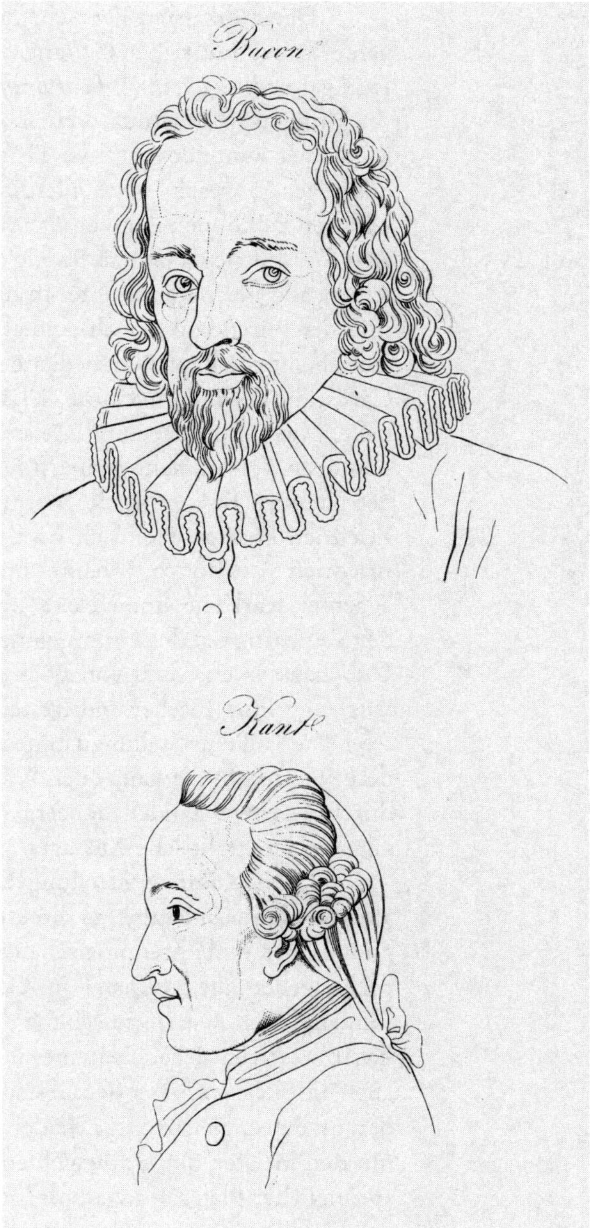

Abb. 27: Gustav v. Struve, Portraits von Bacon und Kant in vertikaler Anordnung

Den radikalsten Versuch, mit dem Schädel Politik zu machen, unternahm Struve mit seiner *Gallerie berühmter Männer des 19. Jahrhunderts.* 1845 geriet die *Zeitschrift für Phrenologie* in eine ausweglose Krise, als Struves Mitherausgeber Eduard Hirschfeld unerwartet starb. Hirschfeld war als Mediziner zumindest auf der Höhe der anatomisch-physiologischen Diskussionen gewesen, ohne allerdings daraus für die Phrenologie Kapital schlagen zu können. Und er war ein unentbehrlicher Autor der Zeitschrift. Sein Tod führte dazu, daß Struve den dritten und letzten Jahrgang fast im Alleingang bestreiten mußte. In dieser Situation versuchte er der Popularität der Phrenologie noch einmal neuen Schwung zu verleihen, indem er ein lebendiges Pantheon bedeutender Persönlichkeiten schuf. Anders als Carus, der lebende und tote Wissenschaftler und Künstler neben Kriminelle, Nicht-Europäer und Geisteskranke stellte, um Hierarchien festzuschreiben, versammelte Struve führende Politiker, Gelehrte und Publizisten der liberalen Bewegung des Vormärz in Südwestdeutschland, unter ihnen Friedrich Hecker, Heinrich Ewald, Georg Gottfried Gervinus, Christian Friedrich von Böckh, Johann von Itzstein, Karl Mathy, Carl Georg von Wächter, Karl Theodor Welcker und Ludwig Uhland. Nicht alle waren von der Sinnhaftigkeit des Unternehmens überzeugt: Uhland verriet »sichtliche Unbehaglichkeit«, und von Böckh erstarrte, als Struve sein Anliegen vortrug. Gervinus, Hecker und Itzstein ließen sich zwar untersuchen, verzichteten aber auf eine Stellungnahme zu dem phrenologischen Gutachten. Andere wie Mathy, Ewald oder Wächter waren mit der Charakterisierung durchaus einverstanden und ergänzten sie durch autobiographische oder allgemeinere politische Aussagen.[121]

Diese Zusammenstellung einer homogenen Gruppe von politisch aktiven Männern hatte kein direktes Vorbild. Anders als in älteren physiognomischen und phrenologischen Schriften wurden psychologische Details preisgegeben, die ansonsten im Genre der Autobiographie ihren Platz gefunden hätten. Die Vermischung dieser subjektiven Aspekte mit vermeintlich objektiven Schädeldaten war ungewöhnlich, und daraus dürfte sich auch die Skepsis einiger der Gefragten erklären. Struve machte keinen Hehl daraus, daß er gleichzeitig Schädelvermesser und Gesprächspartner war, der mit den meisten der Untersuchten persönlichen Umgang pflegte. Sein ursprünglicher Plan sah sogar vor, neben der phrenologischen Analyse sowie der Stellungnahme der betreffenden Persönlichkeiten auch ein Lichtbild (wohl eine Daguerreotypie) anfertigen zu lassen, das dann abgezeichnet werden und im Buch neben dem Charakterprofil stehen sollte. Das wurde wegen des zu hohen Aufwands jedoch nicht verwirklicht, womit Struves ganzes Dilemma sichtbar wird. Auf der einen Seite war er sich darüber im klaren, daß es für sein Mischprojekt aus Phrenologie und politischer Werbeschrift für die Personen und Ideen des Vormärz sinnvoll gewesen wäre, die Galerie mit realistischen Portraits der vorgestellten Männer ausstatten zu können. Auf der anderen Seite war er auf rasche und preiswerte Publikationen angewiesen, und da war es unmöglich, auch nur annähernd soviel Zeit und Sorgfalt auf Abbildungen anzuwenden wie etwa Carus. Zwar war das Publikum des Biedermeier für hagiographische Darstellungen empfänglich, doch dann mußten sie auch entsprechend repräsentativ sein. Genau daran scheiterte die Phrenologie. Struve scheint tatsächlich eine Zeitlang geglaubt zu haben, daß sich die Phrenologie in Deutschland ähnlich leicht und mit den gleichen Mitteln popularisieren ließe wie in England. Das war ein Irrtum. Wissenschaftliche Autorität ließ sich nur durch entsprechende Techniken, Medien, Untersuchungs- und Darstellungsformen erreichen und nicht durch eine Praxis, die der politischen Alltagspublizistik entsprach. Es kam hinzu, daß die affirmative, mit Idealen der Goethezeit operierende Psychologie von Carus mehr den Ton der Zeit traf als die egalitäre, auf gesellschaftlichen Wandel zielende Phrenologie in der Version von Struve. So blieb es ein Wunschtraum, daß die »Untersuchung an den bedeutendsten Männern unsers Jahrhunderts« für »die Geschichte einigen Gewinn« abwerfen würde,[122] und die Phrenologie verschwand wieder von der Bildfläche.

Verglichen mit den einflußreichen Bewegungen in Frankreich, Großbritannien und den USA, spielte die Phrenologie in Deutschland keine nennenswerte Rolle. Als Hirnlehre von der Anatomie und Physiologie abgelehnt, als Philosophie gegen die Grundprinzipien des Idealismus gerichtet, als Anthropologie und Charakterlehre von Carus in den Schatten gestellt, und als Politik Ausdruck eines liberalen Reformwillens, vermochte die Phrenologie nirgendwo richtig Fuß zu fassen. Dennoch wäre es kurzsichtig, sie als bloße Marotte einiger weniger Protagonisten abzutun, denn die durch Gall aufgeworfenen und von seinen Nachfolgern wieder aufgewärmten Probleme und Fragen um Gehirn und Schädel außergewöhnlicher Persönlichkeiten, um Materialismus und cerebrale Veranlagung geistiger Funktionen waren in der Mitte des 19. Jahrhunderts brennender denn je. Die bislang skizzierten Debatten um Phrenologie und Cranioskopie bedeuteten nur den Startschuß für weitergehende Untersuchungen, die sich nun auch auf das Gehirn selbst erstreckten. Es mag paradox erscheinen, doch solange die von Gall zuerst formulierten Parameter in der Hand von Phrenologen waren, galten sie als Zeichen für Rückständigkeit. Gelangten sie in die Hand von Anatomen, die sich nicht zur Phrenologie bekannten, wurden sie zu brauchbaren wissenschaftlichen Kriterien. Das galt für die cerebrale Identifizierung von Kriminalität, Geschlecht und Rasse, und das galt für die Hervorhebung von Talent und Genie. Im nächsten Kapitel geht es darum, wie die organologischen Parameter und Techniken aus dem frühen 19. Jahrhundert weiterentwickelt wurden, um das Geistige mit dem Körperlichen in Übereinstimmung zu bringen.

Ohne Organologie und Cranioskopie wäre es auch nicht zur Einführung der cerebralen Biographien gekommen. Während Goethe und

Soemmerring einen Schädelkult zelebrierten, der an die intime Zwiesprache Hamlets mit Yoricks Schädel erinnert, entwickelten sich die öffentlichen Schädeldeutungen zum positiven Wissensbestand, der zu aufwendigen bildlichen Darstellungen führte und in biographischen Werken auftauchte. Wieso hielten Biographen, die keine Mediziner oder Anthropologen waren, solche Informationen für besonders mitteilenswert? Es ist eine triviale Einsicht, daß den körperlichen Gegebenheiten, insbesondere den Krankheiten bedeutender Persönlichkeiten, immer schon große Aufmerksamkeit geschenkt worden ist. Doch in der ersten Hälfte des 19. Jahrhunderts überlagerten sich der Kult der Authentizität, der in der Verehrung für Gipsbüsten und -masken zum Ausdruck kam, und die naturalistisch motivierte Annahme einer direkten Korrespondenz zwischen Geistesleben und Gehirn bzw. Schädel.

Der naturgetreue Abdruck des Kopfes, die möglichst exakte, am besten faksimileartige Abbildung und die anatomische Beschreibung und Einordnung cranialer und cerebraler Befunde waren verschiedene Aspekte ein und derselben Sache. Die Annäherung eines faksimileartigen Schädelbildes an die zu portraitierende Person ging sogar so weit, daß sie eine mimetische Anverwandlung an das Werk des Betreffenden vornahm. Ein solcher Fall liegt ausgerechnet mit Arthur Schopenhauer vor, der dem Geniebegriff nach Edgar Zilsels trefflicher Beschreibung nicht nur »seine Leidenschaft eingehaucht« hat,[123] sondern dem Verhältnis von Genie und Gehirn eine neue Dimension hinzugefügt hat, deren Ausfaltung im späten 19. Jahrhundert große Bedeutung erlangen sollte.

Der Schädel als Wille und Vorstellung

1862, zwei Jahre nach Schopenhauers Tod, veröffentlichte Wilhelm Gwinner die erste Biographie des Philosophen. Dem Buch sind zwei Abbildungen beigegeben. Bei der ersten handelt es sich, genregemäß, um ein Portrait Schopenhauers, genauer, um einen Kupferstich, der nach einer Daguerreotypie angefertigt worden ist (Abb. 28). Die zweite Abbildung kennt man aus einem anderen Zusammenhang, würde sie jedoch nicht unbedingt in einer Biographie erwarten. Es handelt sich um eine vergleichende Seitenansicht des Schädelumrisses Schopenhauers im Kreise seiner Kollegen. Der kleinste Schädel gehörte einem Kretin, die übrigen berühmten Persönlichkeiten wie Kant, Schiller, Talleyrand und Napoleon. Diese geometrische Zeichnung, basierend auf den Carusschen Konturzeichnungen, wurde mit dem Zeichenapparat von dem erwähnten Frankfurter Anatomen Lucae angefertigt, und sie ist der Gwinnerschen Biographie keineswegs als ein bizarrer Solitär angehängt (Farbtafel IV).

Abb. 28: Portrait Schopenhauers in W. Gwinners Biographie

Der kleine Kopf des Kretin soll die Differenz markieren, doch die anderen Köpfe sind mit Bedacht ausgewählt, um Schopenhauers Rang als Genie zu taxieren. Napoleon und Talleyrand stehen als praktische Genies, als Männer der Macht und des Willens; Kant und Schiller als theoretische Genies, als Männer der Vorstellung und der Vernunft. Die Auswahl soll demonstrieren, daß Schopenhauer von beiden etwas hat, also genau in der Mitte zwischen theoretischem und praktischem Genie anzusiedeln ist. So gesehen ist der vergleichende Schädelumriß vielleicht noch wichtiger als das Portrait, und das wird auch durch Gwinners Text nahegelegt. Das letzte Kapitel der Biographie heißt schlicht »Sein Schädel«, und nach einer Wiedergabe der Lucaeschen Abmessungen prüft Gwinner den Schopenhauerschen Schädel auf die phrenologischen Organe hin. Das Ergebnis überrascht nicht: »Geschlechtstrieb gross bis sehr gross; [...] Kampfsinn ziemlich gross; Thätigkeitssinn oder Zerstörungssinn sehr gross; ... Sinn für Neues mittelmässig; [...] Thatsachensinn ziemlich gross; Schlussvermögen ziemlich gross.«[124]

Solche phrenologischen Bestätigungen der biographischen Konventionen werden noch übertroffen, indem Gwinner die Carussche Dreiteilung des Gehirns zur Grundlage seiner Cranio-Hagiographie macht. Bei Schopenhauer finden sich vordere und hintere Hirnregion besonders ausgeprägt, und Gwinner kommt zu dem Schluß: »Der Mensch, der nach diesen, freilich unvollkommenen und unsicheren, Daten vor uns steht, war also in der That vorherrschend ›Wille und Vorstellung‹ und den Primat in seinem Seelenleben hatte entschieden der Wille. Das Gefühl dagegen trat, als blosser Modus dieser beiden, in den Hintergrund.«[125] Der treue Biograph stört sich nicht an den rivalisierenden Konzepten der Phrenologie und der Cranioskopie, und er kann auch darüber hinwegsehen, daß Lucae, der den Schädelumriß gezeichnet hat, ein erklärter Gegner der Phrenologie war. Angemessen ist genau das, was dem Ruhm und der Ehre des Philosophen nützlich ist. Nun, der Nutzen des Schädelkapitels dürfte sich ebenso in Grenzen gehalten haben wie die von Gwinner bei dem Phrenologen Gustav Scheve in Auftrag gegebene Beurteilung des Schopenhauerschen Kopfabgusses. Selbstverständlich ließ es sich der letzte aktive Phrenologe in Deutschland nicht nehmen, diese Beurteilung, die sich von derjenigen Gwinners kaum unterschied, in seine *Phrenologischen Reisebilder* aufzunehmen und sogar Konturzeichnungen des Philosophen-Schädels aus drei Perspektiven zu präsentieren (Abb. 29 und 30).[126] Der aufkommende Ruhm Schopenhauers hat die Phrenologie nicht gerettet; doch umgekehrt ist es eine relevante Frage, wie sich die Phrenologie und insbesondere das von Gwinner suggerierte friedliche Nebeneinander von Wille und Vorstellung zu den Axiomen seiner Philosophie verhält.

Für Schopenhauer ist das Verhältnis zwischen Wille und Intellekt in einer Weise bestimmt, die immer auch die körperliche Objektivierung einbezieht. Daraus ergeben sich zwei nicht ganz miteinander zu vereinende Aspekte. Erstens »gehört das Gehirn und dessen Funktion, also der Intellekt, mittelbar und sekundär zur Erscheinung des Willens«. Indem der Wille zur Erkenntnis strebt, bedient er sich des Cerebralsystems, so wie er sich der Genitalien zur Zeugung oder des Magens zur Verdauung versichert.[127] Der Intellekt ist nicht mehr als ein Werkzeug, während »der Wille allein das Innere und Eigene des Menschen ist«.[128] Die Objektivierung des Willens im gesamten Organismus impliziert auch, daß dem Gehirn keinerlei Sonderstellung, geschweige denn Autonomie zukommt. Es müßte sich demgemäß den untergeordneten Platz mit anderen Organen teilen. Diese Konsequenz ist Schopenhauer jedoch nicht bereit zu ziehen. Er konstruiert nämlich zweitens einen fundamentalen Gegensatz zwischen Willen und Intellekt, der tendenziell auch letzterem eine Unabhängigkeit zugesteht. Unterstrichen wird dies durch die enge Anlehnung an Xavier Bichats physiologische Unterscheidung zwischen organischem und animalischem Leben. »Alles was ich dem eigentlichen Willen zuschreibe, legt er [Bichat, M. H.] dem organischen Leben bei, und Alles was ich als Intellekt fasse, ist bei ihm das animale Leben: dieses hat bei ihm seinen Sitz allein im Gehirn nebst Anhängen; jenes hingegen im ganzen übrigen Organismus.«[129]

Hier ist es der »übrige« Organismus, an anderer Stelle ist es der »gesammte« Organismus, der der Objektivierung des Willens entspricht. Wie ist dieses Spannungsverhältnis zu erklären? Zunächst einmal ist klar, daß das Hirnleben bei Schopenhauer äußerst eingeschränkt ist. Moral, Gefühl und Triebe stehen auf der Seite des Willens und arbeiten dem Intellekt entgegen. Also kann das Urteil über Gall nur lauten: »Der größte Irrthum in Galls Schädellehre ist, daß er auch für moralische Eigenschaften Organe des Gehirns aufstellt.«[130] Entsprechend haben auch die Triebe in der hinteren Region des Gehirns nichts zu suchen. Damit stellt sich Schopenhauer in einen scharfen Gegensatz zu

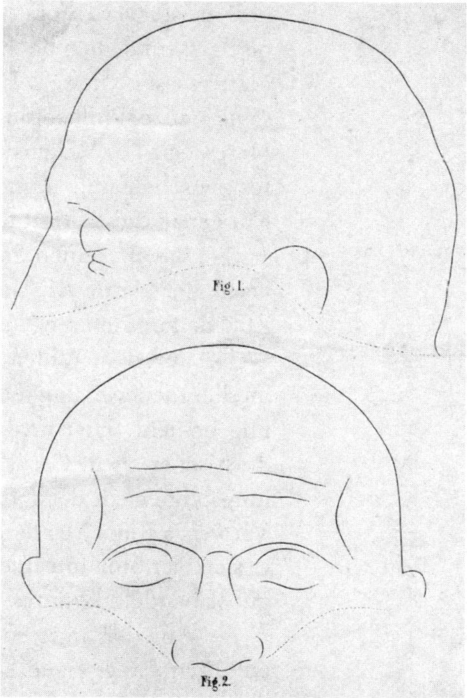

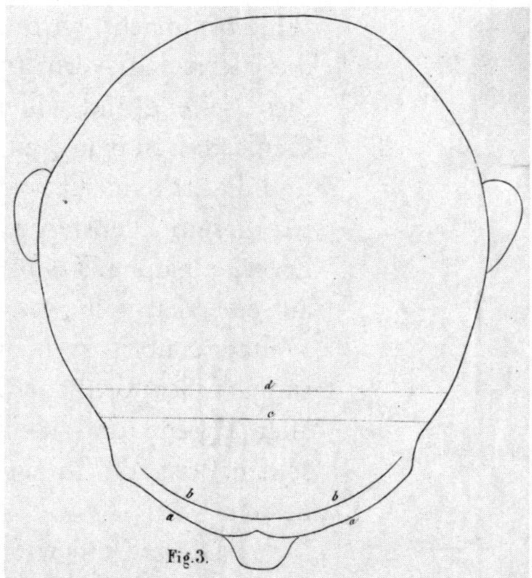

Abb. 29 und 30: Gustav Scheve, Umrißzeichnungen von Schopenhauers Schädel

den meisten Hirnforschern und Physiologen seiner Zeit, was nicht untypisch ist für seinen hochgelehrten, aber idiosynkratischen Umgang mit den Naturwissenschaften. Daß er das in Kauf nimmt, erklärt sich daraus, daß seine ganze Philosophie auf die Frage hinausläuft, wie der Mensch der Herrschaft des Willens entkommen kann. Die Ambivalenz des Verhältnisses zwischen Willen und Intellekt – entweder Werkzeug oder Gegensatz – hält genau diese Option offen.

Auf der einen Seite steht »der gewöhnliche Mensch, diese Fabrikwaare der Natur, wie sie solche täglich zu Tausenden hervorbringt«.[131] Sein Zugang zur äußeren Welt ist dadurch bestimmt, daß er stets in irgendeiner Weise auf den Willen bezogen ist, das heißt, daß der Wille sich der intellektuellen Fähigkeiten wie Aufmerksamkeit, Phantasie und Anschauung bedient. Hier artikuliert sich eine Geringschätzung, die, früher und drastischer als in Carus' Definition des Weltbewußtseins, gegen Entwicklungstendenzen der modernen Gesellschaft gerichtet ist. Allein schon der Verweis auf die Massenproduktion der Fabrik ist zu offensichtlich, als daß es sich hier bloß um eine abstrakte, aus der Geschichte ausgeschlossene Diagnose handeln könnte.

Auf der anderen Seite steht der ungewöhnliche Mensch, der sich, entgegen seiner eigentlichen Bestimmung, vom Willen lossagen kann. Indem er sich von den Zwängen des organischen Lebens, der Triebe und Gefühle frei macht, wird er reiner Intellekt, ein Hirntier gewissermaßen, das die Herrschaftsverhältnisse umkehrt und den Willen dominiert. Genau diese seltene und widernatürliche Erscheinung ist für Schopenhauer das Genie, dessen Fähigkeit darin besteht, »sich in die Anschauung zu verlieren, und die Erkenntniß, welche ursprünglich nur zum Dienste des Willens da ist, diesem Dienste zu entziehen, d. h. sein Interesse, sein Wollen, seine Zwecke, ganz aus den Augen zu lassen, sonach seiner Persönlichkeit sich auf eine Zeit völlig zu entäußern, um als rein erkennendes Subjekt, klares Weltauge, übrig zu bleiben«.[132] Auch wenn sich diese kontemplative Haltung bei Schopenhauer letztlich in »Nichts« auflöst, »das letzte Ziel hinter aller Tugend und Heiligkeit«, so hat der Exzeß des genialen Intellekts seinen Preis, der in einer verstärkten Affinität des Genies zum Wahnsinn besteht.[133]

Dieser Punkt ist außerordentlich prekär. Natürlich ist die Beziehung zwischen Genie und Wahnsinn seit der Antike ein durchgängiger Topos gewesen, doch seit dem späten 18. Jahrhundert hatten zumindest die naturalistischen Theorien des Genies versucht, einen Gegensatz zwischen Genie und Wahnsinn am Gehirn festzumachen. Daß Schopenhauer sich darüber hinwegsetzt, ist insofern bedeutsam, als auch er eine enge Verbindung von Genie und Gehirn postuliert, denn das Genie erklärt sich durch einen abnormen »Überschuß der Gehirnthätigkeit«.[134] Um so erstaunlicher, daß Schopenhauer in seiner Beschreibung des genialen Gehirns auf die möglichen Affinitäten zum Gehirn der Wahnsinnigen verzichtet. Ein genietaugliches Gehirn muß – wenig überraschend – groß, breit und hoch gebaut sein, über ein hohes Gewicht und eine feine Textur verfügen. Das Großhirn muß das Kleinhirn so deutlich überwiegen wie die weiße Substanz die graue, und auch das zuerst von Soemmerring postulierte Verhältnis zwischen Gehirn und Hirnnerven muß stimmen. Eine gewisse Referenz erweist Schopenhauer der Cranioskopie damit, daß hohe Intelligenz sich leicht an der Schädelform erkennen läßt: ein »schön gewölbter, hoher und breiter Schädel« schützt das Gehirn. Auf der physiologischen Seite gilt, daß das animalische Leben des Gehirns vom organischen Leben strikt getrennt sein muß, damit der Wille sich nicht im Cerebralsystem ausbreiten kann.[135]

Es ist nicht zu verkennen, daß Schopenhauer mit dieser Aufzählung 1844, als er den Zusatzband zur *Welt als Wille und Vorstellung* veröffentlicht, nicht mehr auf der Höhe der Zeit ist. Gewiß war und blieb das Überwiegen der vorderen über die hinteren Hirnanteile auf der Tagesordnung, und wenn er das hohe Hirngewicht von Georges Cuvier und Lord Byron anführt, zeigt er sich bestens informiert. Doch kommen die Differenzierung der Hirnwindungen und die Komplexität der Faserverbindungen bei Schopenhauer nicht vor, und die völlige Fehleinschätzung der Bedeutung der grauen Substanz ist auch mit seiner Abneigung gegen Gall nur ungenügend zu erklären. Ob umfassend belesen oder nicht, Schopenhauer hat naturwissenschaftliches Wissen recht eigensinnig für seine Zwecke benutzt, und genau darauf kommt es hier an, denn was die Hirnanatomie anbot, um die cerebrale Natur des Wahnsinns zu erklären, paßte ganz und gar nicht zu seinen Vorstellungen bezüglich Genie und Wahnsinn.

Diese Leerstelle kann jedoch nichts daran ändern, daß keine andere philosophische Geniekonzeption des 19. Jahrhunderts, die dem Idealismus und der Romantik verpflichtet ist, so viel Wert auf das Gehirn gelegt hat. Schopenhauers radikalisiertes Verständnis des Genies als monströse Ausnahmeerscheinung, die eine cerebrale Entsprechung haben mußte, wurde in der Mitte des 19. Jahrhunderts durch die konformistischen Doktrinen der Cranioskopie, Phrenologie und physischen Anthropologie überdeckt, obwohl es gerade die Offenheit für realistische und materialistische Weltmodelle war, die den Weg zu Schopenhauers spätem Ruhm ebnete.[136] Doch als sein Genieverständnis eine knappe Generation später zur Chiffre für eine ästhetizistische Realitätsflucht wurde und »in Wagners und Nietzsches rauschhaft-dekadentem Kunst- und Genie-Kult« kulminierte,[137] entwickelten sich gleichzeitig die Diskussionen um die cerebrale Natur des Genies zwischen Dekadenz und Wahnsinn. Davon wird im übernächsten Kapitel die Rede sein.

Die Bedeutung von Kunst und Anatomie, Cranioskopie und Phrenologie bestand darin, die physiognomische Methode der Eins-zu-eins-Korrelation zwischen innen und außen zu einem wirkmächtigen Diskurs zu formieren, der dann noch einmal eine entscheidende Wendung erfuhr, als die Hirnforschung sich in der zweiten Hälfte des 19. Jahrhunderts ernsthaft der radikalen Gehirne anzunehmen begann. Schopenhauers Bedeutung liegt darin, das für Phrenologie und Cranioskopie unproblematische Verständnis von Genialität und Cerebralität grundlegend in Frage gestellt zu haben. Während die Phrenologen stets an die Perfektibilität des Menschen glaubten und ihre gesellschaftlichen Vorschläge darauf ausrichteten, die Fähigkeiten, Neigungen und Tugenden zu stärken, und während auch Carus wenigstens noch an die individuelle Entwicklungsfähigkeit der Moral glaubte, waren bei Schopenhauer fast alle Menschen im Dämmer des Willens gefangen, und nur den wenigen Ausnahmemenschen gelang die Flucht in die Helligkeit des Intellekts, wofür der zu zahlende Preis noch zu bestimmen blieb.

Das Hirngewicht und die Physiognomik der Windungen

Die postphrenologische Verschiebung vom Schädel zum Gehirn

»Wir müßten uns die Schädeldecken aufbrechen und die Gedanken einander aus den Hirnfasern zerren«.[1] Mit dieser vivisektorischen Phantasie reagiert Danton in Georg Büchners Drama auf die Vergeblichkeit, einen anderen Menschen wirklich zu kennen. Das Authentische und Unverstellte findet sich nicht in den Worten, Blicken, Gesten und Taten, sondern nur am Ort ihrer physiologischen Entstehung, im Gehirn selbst; als ob die Gedanken sich dort aufsuchen und, wenn sie tatsächlich da wären, auch noch verstehen ließen. In diesen Worten kommt eine Abkehr von der Physiognomik zum Ausdruck, die so radikal nie betrieben worden ist. Gesicht und Schädel blieben weiterhin ergiebige Bedeutungsspender, doch für die Anthropologen, Anatomen und Psychiater ging es zunehmend darum, den Blick nach innen zu wenden und sich auf die Hirnrinde zu konzentrieren. Diese Oberfläche, eine wulstige, von zahlreichen Furchen durchzogene Landschaft, war bis dahin weder topographisch durchforstet noch funktionell klassifiziert worden. Das mangelnde Interesse der Anatomen an der Untersuchung der Hirnrinde zeigt nur, daß man ihr noch bis in die ersten Jahrzehnte des 19. Jahrhunderts hinein keine allzu große Bedeutung beimaß. Erst ab den dreißiger Jahren wurden Galls organologische Hirnrindenzentren durch eine Topographie der Hirnwindungen ersetzt, und erst in diesem Zusammenhang wurde das Gehirn als epistemischer Gegenstand wichtiger als der Schädel. Im Folgenden wird es darum gehen, die verschlungenen Wege dieser Verschiebung nachzuzeichnen, denn die Anfänge der Untersuchung von Gelehrtengehirnen sind in diesem und keinem anderen Feld zu finden.

Geläufig waren zum Zeitpunkt von *Dantons Tod* die schon erwähnten galvanischen Experimente an abgeschlagenen Köpfen, auf die Büchner mit seiner brutalen Cerebroskopie anspielt. Mit Stromstößen sollten nicht Gedanken, aber doch Bewußtseinsäußerungen aus dem Gehirn gezerrt werden. Solche Experimente, die auch nach Abklingen des galvanischen Fiebers noch hin und wieder vorgenommen wurden, gaben nicht die Hauptrichtung der Hirnforschung vor, doch sie waren Ausdruck eines Interesses am (tatsächlich oder vermeintlich) lebenden Gehirn, das durch die experimentelle Vivisektion an tierischen Gehirnen noch verstärkt wurde. Nach solchen makabren Experimenten waren die Ärzte neben dem Schafott mit ihrem Latein aber auch schon am Ende. Die Leichen wurden bis auf den

Schädel entsorgt, der nicht selten in anatomischen Sammlungen landete. Gall, Lucae, Carus und andere Sammler verzeichneten das sorgfältig in ihren Atlanten. Von Gehirnen ist in diesem Zusammenhang nie die Rede gewesen, und dafür gab es Gründe. Zwar existierten zahlreiche Abbildungen von Gehirnen in anatomischen und pathologischen Büchern, aber dabei handelte es sich zumeist um Teilansichten oder um bestimmte präparierte Hirnstrukturen, doch gesammelt und im Glas ausgestellt wurden Gehirne in der ersten Hälfte des 19. Jahrhunderts nur in Ausnahmefällen. Das galt selbstverständlich auch für Gehirne von außergewöhnlichen Persönlichkeiten.[2]

Wie ist das Desinteresse am Gehirn im Vergleich zur großen Konjunktur des Schädels zu erklären? Was die Sammlungen betrifft, so liegen die Gründe auf der Hand. Die Korrespondenzen zwischen Schädeln, Büsten und Masken kreierten eine Atmosphäre, in der Authentizitätskult, Naturalismus und das Gefühl, *Geschichte am Mann* nachvollziehen zu können, miteinander verschmolzen. Der Schädel offerierte ein reichhaltigeres Repertoire an Zeichen, und selbst diejenigen, die auf quantitative Messungen und naturgetreue Darstellungen setzten, versäumten es nicht, diese kulturelle Reichhaltigkeit für sich zu nutzen. Gleichwohl sind diese Gründe nicht ausreichend, die Hartnäckigkeit des Schädelregimes in der ersten Hälfte des 19. Jahrhunderts zu erklären.

Daß das Gehirn ein so schwacher Signifikant war, lag zunächst einmal an den moralischen Konventionen. Für eingehende Untersuchungen war es notwendig, den Schädel aufzusägen und das Gehirn herauszulösen. Anatomisch gesehen war das ebensowenig ein Problem wie die Konservierung und Härtung von Gehirnen in Alkohol. Doch es ist geradezu auffällig, daß keiner der berühmten und erfahrenen Hirnanatomen wie Soemmerring oder Gall das Gehirn einer berühmten Persönlichkeit sezierte oder die Ergebnisse veröffentlichte. Dies bezieht sich nicht auf Sektionen im allgemeinen. Die Leichen bedeutender Persönlichkeiten waren durchaus nicht tabu, doch die Gehirne blieben mehr oder weniger unangetastet. Ausnahmen waren Selbstmord und Geisteskrankheit. Nachdem Heinrich von Kleist sich in den Mund geschossen hatte, mußten die verantwortlichen Ärzte von einer tödlichen Hirnverletzung ausgehen. Dementsprechend wurde bei der Sektion die Schädeldecke eröffnet. Auch Friedrich Hölderlin wurde nach seinem Tod 1843 auf Anraten des Tübinger Mediziners Ferdinand Gottlieb Gmelin obduziert, ohne daß der Hirnbefund irgendwelche Hinweise auf seine Geisteskrankheit gegeben hätte.[3] In beiden Fällen wurde indes nicht der Versuch unternommen, die Gehirne aufzubewahren – was auch der Zustimmung der Angehörigen bedurft hätte. Auch im Falle einer pathologischen oder rechtsmedizinischen Absicherung durften die obduzierenden Ärzte nicht nach Gutdünken Körperteile für ihre Sammlung entnehmen, sofern es sich um Berühmtheiten handelte. Diese Erfahrung mußte der bereits erwähnte Wundarzt Anton Franz Rollett machen, der 1825 den in Wien verbliebenen Teil der Gallschen Sammlung übernommen hatte und diese um ausgewählte Stücke zu bereichern suchte.

Im Sommer 1836 schoß sich der Wiener Theaterdichter und Schauspieler Ferdinand Raimund in der panischen Angst, von einem tollwütigen Hund gebissen worden zu sein, eine Kugel in den Kopf. Rollett war zunächst an das Sterbebett des Schwerverletzten geholt worden und wurde dann als Gerichtsarzt beauftragt, den Selbstmörder zu sezieren. Im Obduktionsprotokoll beschränkte er sich auf Angaben über die Todesursache, vermerkte jedoch, daß die abgesägte Schädeldecke einige Besonderheiten aufweise, weswegen er sie zur weiteren wissenschaftlichen Bearbeitung an sich nehmen wolle. Dazu war er legitimiert, denn auffällige Körperteile von Selbstmördern durften ausdrücklich zu wissenschaftlichen Zwecken entnommen werden. Allerdings hatte Rollett nicht in Erwägung gezogen, daß es ein ungeschriebenes Gesetz gab, wonach die Leiche einer berühmten Persönlichkeit nicht verstümmelt werden durfte. Als Raimunds Lebensgefährtin kurz vor der Beerdigung noch einmal den Leichnam besichtigte und die fehlende Schädeldecke bemerkte, entfachte sie einen Skandal, der Rollett rasch zum Einlenken zwang. Bevor er den Knochen zurückgab, fertigte er einen Gipsabguß an, auf dem er als treuer Anhänger Galls besonders gut entwickelte Zentren für Anhänglichkeit, Beständigkeit, Nachahmung, Witz, Vergleichungssinn und Liebe zum Ereignis zu identifizieren meinte. Damit war für Rollett klar, daß Raimund über die notwendige cerebrale Ausstattung verfügt hatte, um ein bedeutender Schauspieler und Dramatiker gewesen zu sein. Jedoch verzichtete er auf eine Veröffentlichung seines Befundes, vermutlich weil er nach dem Skandal kein weiteres Ungemach auf sich ziehen wollte.[4]

Rolletts Geschichte zeigt neben der moralischen Komponente noch etwas anderes. Zum Zeitpunkt der Obduktion hätte ihn im Prinzip nichts davon abhalten können, das Gehirn zu entnehmen und daran die phrenologischen Organe zu untersuchen. Das aber war in der Phrenologie überhaupt nicht vorgesehen. Als Spurzheim 1832 starb, wurde er von phrenologischen Ärzten obduziert, die vom Schädel einen Abguß nahmen, das Gehirn jedoch, wie sie schrieben, nicht weiter störten.[5] Auch Carus kam, zumindest gemäß seiner Theorie, mit dem Schädel aus. Das Gehirn blieb so lange ein Gegenstand von nachgeordnetem Interesse, wie der Schädel als zuverlässiger, das Hirnleben wahrheitsgetreu abbildender Informant angesehen wurde. Es ist also kein Zufall, daß es die Skeptiker und Gegner der Phrenologie waren, die für eine Verschiebung des epistemischen Interesses vom Schädel zum Gehirn sorgten, und zwar mit der Intention, die Phrenologie auszuschalten.

Hirnwindungen oder: *eine Schüssel voll Macaroni*

Bereits 1812 hatte Gall argumentiert, daß das Gehirn in der aufsteigenden Tierreihe immer komplexer werde. »Beim Delphin, beim Elefant und beim Menschen sind die Windungen am zahlreichsten und am tiefsten [...] und ihre Form und Richtung variieren je nach Art.«[6] Die Komplexität bezog sich auf die Oberflächenstruktur der Hirnrinde, und das war etwas anderes als Gewicht oder Größe, die man mit der Waage oder einem schnellen Blick feststellen konnte. Die Differenziertheit der Hirnwindungen setzte ein genaueres Auge voraus, das Auge des Physiognomen, der darauf geeicht war, kleinste Unterschiede im Gesicht zu bemerken. Gall war zu sehr auf den Schädel fixiert und hielt zu beharrlich an der direkten Korrespondenz zwischen Knochen und Hirnoberfläche fest, als daß er die Hirnrinde physiognomisch untersucht hätte. Daß eine solche Untersuchung des Reichtums der Hirnwindungen beim Menschen im Verhältnis zu den postulierten Hirnorganen für die Organologie hätte nützlich sein können, konnte oder wollte Gall nicht sehen. Allerdings hätte er sich dann auch mit der Tatsache auseinandersetzen müssen, daß der relativ einfachen und übersichtlichen Anordnung der Schädelhöcker eine ungleich kompliziertere und verschlungenere Topographie der Windungen gegenüberstand. Diese Ungereimtheit war für die Gegner der Phrenologie Anlaß genug, sich an die Anordnung der Hirnwindungen zu wagen.

Als Wegweiser durch diesen verschlungenen Pfad sollten die vergleichende und die pathologische Anatomie dienen. Beide Ansätze hatten ihre Tücken. Das zeigt sich beispielsweise in einer Reihe von Abbildungen des Anatomen Friedrich Tiedemann, die die Ausdifferenzierung des Windungsreliefs bei verschiedenen Säugetieren von den Nagern bis zu den Affen darstellen (Abb. 31). Die Windungen und Furchen des Delphingehirns beispielsweise schienen zahlreicher als diejenigen des Menschen zu sein. Tiedemann sah keinerlei Möglichkeiten, diesen Befund zu deuten, zumal die »Seelen-Äußerungen des Delphins [...] gänzlich ausser dem Bereiche der Erfahrung und Beobachtung« stehen.[7] Das ließ sich noch verschmerzen, denn es gab ja auch einige Tiere, die ein größeres Gehirn hatten als der Mensch. Drängender allerdings war die Frage, ob sich die Erkenntnisse aus der vergleichenden Anatomie für anthropologisch relevante Fragen verwerten ließen, zum Beispiel für einen Vergleich zwischen verschiedenen Individuen einer Art. Wenn der französische Physiologe François Magendie, ebensowenig ein Freund der Organologie wie Tiedemann, schon 1816 die Frage aufwarf, ob nicht eine Beziehung bestehe zwischen der individuellen Disposition der Hirnwindungen und der Entwicklung der intellektuellen Fähigkeiten,[8] so deutete sich damit zaghaft eine Verschiebung von der Physiognomik des Schädels zur Physiognomik der Hirnrinde an, die jedoch

TABULA QUARTA.

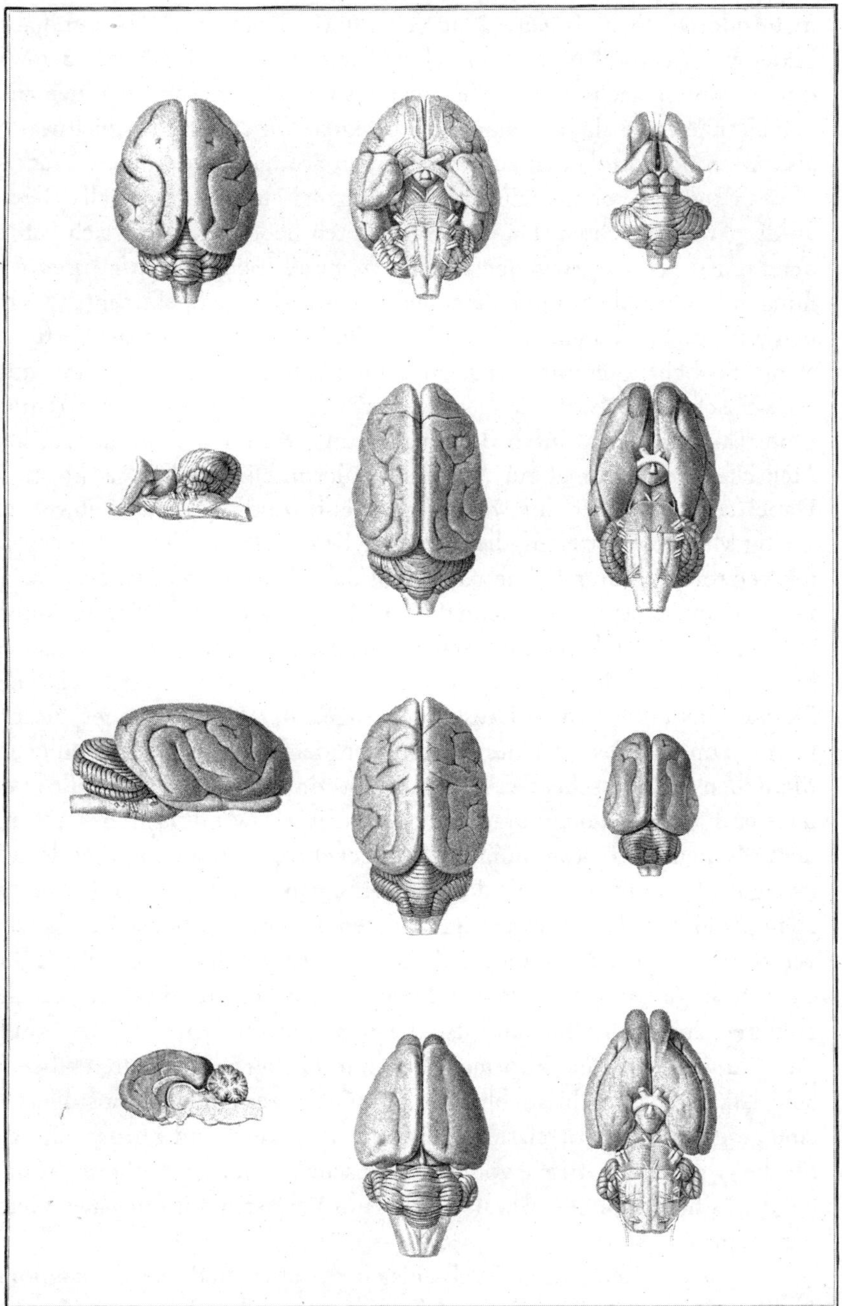

Abb. 31: Friedrich Tiedemann, Darstellung des Hirnwindungsreliefs bei verschiedenen Säugetieren

einer entscheidenden Voraussetzung bedurfte. Sie benötigte eine verbindliche Ordnung der Furchen und Windungen der Hirnrinde, die bis dahin mehr oder weniger als »eine Schüssel voll Macaroni« angesehen und abgebildet worden war.[9] Nur wenn sich bestimmte Regelmäßigkeiten der Windungsordnung nachweisen ließen, war es sinnvoll, Windungen voneinander abzugrenzen und sie mit Namen zu belegen. Ob es dann möglich war, sie als funktionelle Einheiten zu identifizieren, war eine ganz andere Frage.

Es waren vor allen anderen die französischen Gegner Galls, die sich an die Arbeit machten. Die Schwierigkeiten ließen nicht auf sich warten, denn um Vergleiche zwischen *intelligenten* und *weniger intelligenten* Windungen herzustellen, mußte auch ein entsprechendes Spektrum an Gehirnen untersucht werden, das jedoch den Anatomen gar nicht zur Verfügung stand. So behauptete der Anatom Louis Antoine Desmoulins in seinem Gemeinschaftswerk mit Magendie, daß die Ausdehnung der cerebralen Oberfläche, bedingt durch die Anzahl und Tiefe der Windungen, beim Menschen proportional zur Ausbildung der intellektuellen Vermögen sei. Dabei stützte er sich im wesentlichen auf windungsarme Gehirne von geistig Minderbemittelten, die in Pariser Krankenhäusern und Irrenanstalten verstorben waren.[10] Die pathologische Anatomie war trügerisch, wie Desmoulins selbst wußte. Denn diese Gehirne waren nicht bloß windungsarm, sondern auch klein und leicht. Daß aber ein großes und schweres Gehirn typisch für die größten und außergewöhnlichsten Geister sei, wollte Desmoulins unter keinen Umständen zugeben.[11] Hier begannen die Probleme. Um das Gehirn eines Kretins von dem eines normal intelligenten Menschen zu unterscheiden, reichte die Bestimmung der Hirngröße in den meisten Fällen aus; dazu brauchte man nicht das Windungsrelief. Doch in dem Moment, wo Desmoulins den umgekehrten Schluß zog und das verzweigte Windungsrelief mit den Universalgenies und den durch eine spezielle Fähigkeit des Geistes ausgezeichneten Genies in Beziehung brachte, verschwieg er den Umstand, daß ihm die Daten fehlten, um das Gehirn eines außergewöhnlich begabten Menschen von einem durchschnittlichen zu unterscheiden. Es entstand also die paradoxe Situation, daß Desmoulins die ihm zugänglichen Informationen zur Hirngröße, ermittelt über die Schädelkapazität, nicht stichhaltig fand. Gleichzeitig jedoch postulierte er eine gesetzmäßige Korrelation zwischen Intelligenz und Hirnwindungen, für die er nur eine Gruppe von pathologischen Gehirnen anführen konnte, bei der es höchst ungewiß war, ob sie zum Vergleich mit normalen Gehirnen taugte.

Den empfindlichsten Rückschlag in der Hirnwindungsphysiognomik mußte ausgerechnet Desmoulins' Kollege Magendie einstecken, der doch immerhin die Korrelation zwischen Intelligenz und Windungsrelief zuerst postuliert hatte. Nur wenig später legte er darauf nicht mehr allzuviel Wert und stellte die eigentümliche Theorie auf, daß die Intelligenz in einem umgekehrt proportionalen Verhältnis zur Menge der Ventrikelflüssigkeit stehe. Bei pathologischen Wasserköpfen war ein solcher Zusammenhang unbestritten, da sich die Flüssigkeit auf Kosten der Hirnsubstanz ausdehnte. Magendie jedoch wollte bei verstorbenen Geisteskranken und Idioten aus der Salpêtrière viel, bei einem »homme de génie« nur wenig Hirnflüssigkeit vorgefunden haben. Bei diesem Menschen handelte es sich vermutlich um Pierre-Simon Laplace, dem Magendie eng verbunden gewesen war. Nach Laplaces Tod sah sich Magendie mit der »schmerzlichen Notwendigkeit« konfrontiert, sein Gehirn zu untersuchen.[12] Und er fand das vor, was bei einem fast 78jährigen Greis keineswegs ungewöhnlich war: ein kleines, vertrocknetes und sklerotisches Gehirn, das offensichtlich nicht über besonderen Windungsreichtum verfügte, denn sonst hätte Magendie wohl kaum versäumt, darauf hinzuweisen. Dafür bewahrte er es, ungewöhnlich genug, in seiner anatomischen Sammlung auf.

1834 kursierte dazu in England folgende Geschichte: Eines Tages besuchte eine Gruppe von distinguierten Damen und Herren Magendie, um Laplaces Gehirn zu betrachten. Sie steuerten auf ein üppiges Gehirn zu und hielten es für dasjenige des großen Mathematikers, bis Magendie sie korrigierte. Das betreffende große Gehirn gehörte einem Idioten, hingegen das besonders kleine, auf das er die Gruppe hinwies, dem berühmten Gelehrten.[13] Verständlich, daß Magendie um dieses Gehirn keinerlei öffentliches Aufhebens machte, doch die Tatsache, daß er mal die Hirnwindungen, mal die Quantität der Hirnflüssigkeit zur Diskussion stellte, um den Zusammenhang von Gehirn und Intelligenz plausibel zu machen, ist ein starkes Indiz dafür, daß sich auch in den Kreisen der Pariser medizinischen Elite, die sich gegen die Gallsche Organenlehre stellte, die Gleichung von Gehirn und Intelligenz festzusetzen begann. Vorerst jedoch konnte die Inspektion des Windungsreliefs keine andere Evidenz für sich beanspruchen als diejenige, daß es eine Korrelation zwischen innen und außen geben mußte, die über Schädelhöcker und Hirngröße hinausging.

Die Annäherung an die Topographie der Windungen mittels pathologischer Anatomie war also erst einmal gescheitert. Trotz Magendies und Desmoulins' Postulaten war es unklar, ob es sich um ein ordnungsloses Sammelsurium oder um einen strukturierten Bautyp handelte. Um das Windungsrelief von zwei menschlichen Gehirnen miteinander zu vergleichen, gab es keinen verbindlichen Maßstab. Zwar hatte man einzelne Wülste mit Namen belegt, doch von einer die gesamte Hirnoberfläche umspannenden Topographie konnte keine Rede sein. Wie sollte dann aber ein individuelles Gehirn beurteilt werden? Die Anatomen befanden sich hier in einem Dilemma, denn sie konnten sich nicht auf die Untersuchung des ausgebildeten menschlichen Gehirns beschränken, wenn sie genauer wissen wollten, wie sich die menschlichen von den tierischen Hirnwindungen unterschieden. Zudem kamen sie mit der vergleichenden Anatomie nur langsam voran, denn die Windungsmuster verschiedener Tiergruppen sogar einer einzigen Klasse erwiesen sich als zu unterschiedlich, um so einfach miteinander verglichen werden zu können. Wenn eine solche Variationsbreite schon in der Gruppe der Affen auftauchte, stellte sich allerdings die Frage, mit welchen Affengehirnen das menschliche verglichen werden sollte, oder genauer: welche Windungen ihnen gemeinsam waren und welche nicht.

Eine weitere Schwierigkeit lag darin, wie sich eine mögliche Einteilung der Hirnoberfläche zu der gängigen, entwicklungsgeschichtlich begründeten Dreiteilung des Gehirns in einen vorderen, einen mittleren und einen hinteren Abschnitt verhielt. Sollten die Furchen und Windungen entsprechend dieser Ordnung eingeteilt werden, und wenn ja, wie vertrug sich diese Dreiteilung mit derjenigen des Schädels, die seit Oken und Goethe am Beginn aller Differenzierungen gestanden hatte? Solche Fragen illustrieren die Schwierigkeiten einer topographisch orientierenden anatomischen Nomenklatur. Natürlich konnte man für jede einzelne Furche und Windung einen Namen erfinden, aber dann lief man bei der großen Variabilität Gefahr, eine endlose Zahl von Begriffen zu etablieren oder für jedes individuelle Gehirn eine eigene Nomenklatur zu erheben, was so absurd oder vernünftig gewesen wäre wie das berühmte Werk der Borgesschen Kartographen, die eine Landkarte im Maßstab eins zu eins erstellten.

Ein wenig in diese Richtung ging das aufwendige Werk des in Bicetre tätigen Psychiaters François Leuret, der die Säugetiergehirne gemäß naturhistorischer Klassifikation in zwölf Gruppen einteilte und damit endete, daß er die Hirnwindungsstruktur für jede einzelne Tierart beschrieb. Damit wollte er ausschließen, nur solche Fälle zu berücksichtigen, die in eine bestimmte Doktrin hineinpaßten. Das Ergebnis lief darauf hinaus, daß Leuret zwei bis vier hufeisenförmige Hauptwindungen an der Außenseite jeder Hemisphäre konstatierte, die konzentrisch übereinander gelagert waren (Abb. 32). Das entsprach einer gewissen Ordnung, ließ jedoch nicht den Schluß zu, daß hier eine stufenmäßige Gesetzmäßigkeit vorlag: Das Schaf verfügt über zwei Hauptwindungen; Bär, Kamel, Elefant und Delphin über vier; Affen jedoch nur über drei Hauptwindungen. Daraus ließ sich schließen, daß es Gemeinsamkeiten der Windungen bei Tierarten gab, die ein sehr unterschiedliches Verhaltensspektrum aufwiesen, mehr aber auch nicht. Leuret beendete sein Werk mit der Maxime: »Weder Anwesenheit noch Anzahl oder Form der Windungen geben einen absoluten Anhalt hinsichtlich der Anzahl und Ausdehnung der Vermögen der Säugetiere.«[14] Damit war keine Physiognomik der Hirnrinde zu etablieren, und genau das war in Leurets Interesse, denn er gehörte zu den Pariser Medizinern, die sich als Gegner Galls und der Phrenologie verstanden.

Die antilokalisatorische Stoßrichtung der Windungsanatomie kommt auch bei Louis Achille Foville zum Tragen, der wiederum die Windungen

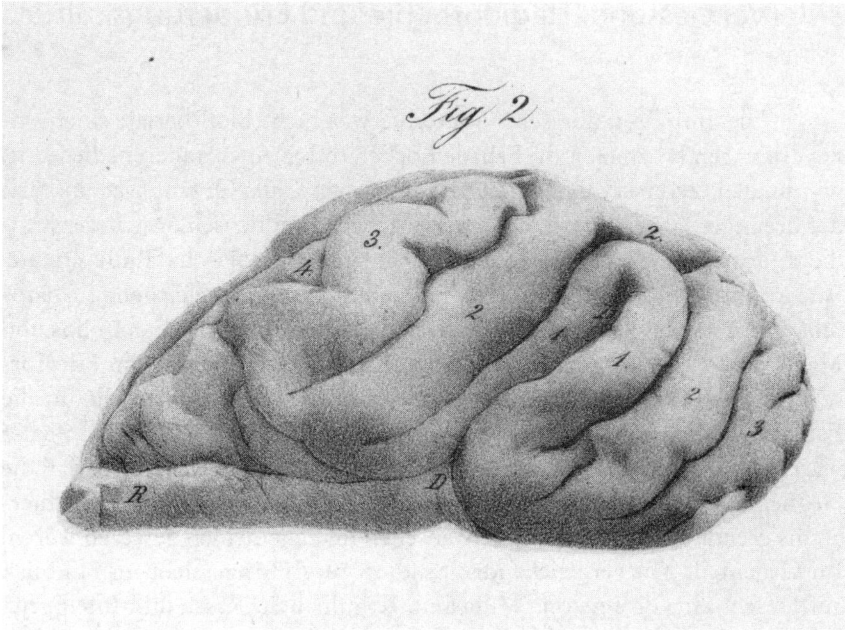

Abb. 32: Emil Huschke, Darstellung der Hauptwindungen beim Bärengehirn

nur am menschlichen Gehirn untersuchte und vier Gruppen von Hauptwindungen unterschied, von denen nur zwei in direktem Kontakt mit der Schädelwand standen.[15] Diese an sich triviale Beobachtung war von großer Bedeutung. Wenn alle und nicht nur einige Windungen für die intellektuellen Tätigkeiten wichtig waren – und davon waren Foville und Leuret überzeugt –, hatten die Schädelhöcker als semiotische Orientierungspfeiler und auch die Lehre von den Fakultäten ausgespielt. Somit hatten die Anatomen ihr Ziel erreicht. Endlich konnten sie die von Gall postulierte Korrespondenz zwischen Schädel und Hirnoberfläche als Schimäre entlarven. Es gab keine 28 oder 32 Organe, die unterschiedliche Funktionen repräsentierten. Das Gesamtmuster der Windungen wies auf Intelligenzunterschiede hin, nicht aber eine einzelne Windungsstruktur. Damit folgten die Pariser Anatomen dem Postulat des Physiologen Pierre Flourens, der die einheitliche Funktion des Gehirns als stärkstes Argument gegen Gall ins Feld geführt hatte. Der Glaube an ein verzweigtes Windungsrelief war so stark, daß es bereits als Zeichenträger intellektueller Außerordentlichkeit angesehen wurde, bevor die Windungen zuverlässig als anatomische Einheiten identifiziert und voneinander unterschieden werden konnten.

Die antiphrenologische Anatomie war nicht bloß bereit, einen unzuverlässigen Parameter, die Schädelhöcker, durch einen anderen, die Hirnwindungen, zu ersetzen. Die Abneigung gegen Galls Organe war im Paris der dreißiger Jahre so groß, daß noch ein zweiter notorisch unsicherer Kandidat, das Hirngewicht, seine eigentliche anthropologische Taufe erlebte. Wie konnte es passieren, daß ein Parameter, den die vergleichende Anatomie verabschiedet hatte, den nicht bloß Gall, sondern auch Desmoulins und Magendie in Zweifel gezogen hatten, mehrere Generationen von Hirnforschern in Atem hielt und zu zahllosen Untersuchungen führte, die für die Fehleinschätzung der geistigen Kapazitäten vielleicht noch folgenreicher waren als die Phrenologie? Erstens wäre es ein Irrtum zu glauben, daß die Gegner Galls, des Materialismus und der Hirnlokalisation gegen eine hierarchisierende Klassifikation des Menschen im allgemeinen gewesen wären. Im Gegenteil: Mit vergleichenden Studien zum Hirngewicht im Hinblick auf Geschlecht, Profession, Wahnsinn, Kriminalität, Rasse und Intelligenz haben sie die Verwissenschaftlichung der Politik der Differenzen erheblich vorangetrieben. Und zweitens galten exakt quantifizierbare Größen ähnlich wie in der Cranioskopie von Carus als ein hoher Wert, der Vergleiche in einem Bereich ermöglichte, die dem physiognomischen Blick oder der phrenologischen Hand verborgen blieben. Diese Vergleiche hatten darüber hinaus den großen Vorteil, daß sie so etwas wie einen standardisierten Normalwert erzeugten, an dem man sich orientieren konnte. 1835 veröffentlichte der belgische Statistiker Adolphe Quetelet seine epochale Studie über den Durchschnittsmenschen, der das Produkt von Statistiken und Mittelwerten darstellte. Ein Standardgehirn, das war den französischen Anatomen schnell klar, würde es so bald nicht geben, denn es war aussichtslos, aus der großen Variationsbreite der Hirnwindungen eine Größe zu ermitteln, die in etwa einem Mittelwert entsprach. In dieser Situation kamen Hirngewicht und Hirnvolumen wieder ins Spiel. Mochte es nach oben und unten unerwünschte Ausrutscher geben, wie das Beispiel von Laplaces Gehirn gezeigt hatte, im Mittelbereich konnte man mit Zahlen operieren, die wenigstens den Anschein eines Normalgehirns versprachen.[16]

Wie auch in anderen Bereichen ergab sich bei der Zusammenstellung der Tabellen und Durchschnittswerte das Problem, mit einer hinreichend großen Zahl verwertbarer Daten zu arbeiten. Da Hirnwägungen alles andere als üblich waren, blieben die Anfänge erst einmal bescheiden. So erging es Jean-Baptiste Maximien Parchappe, einem Psychiater aus Rouen und exponierten Gegner der Phrenologie und des Materialismus. Mit dem Bekenntnis zum Leib-Seele-Dualismus war es ohne Probleme vereinbar, daß Parchappe den bloßen Anblick und die manuelle Abtastung des Schädels und Gehirns als unzuverlässig zurückwies, während instrumentelle Messungen seiner Ansicht nach brauchbare Ergebnisse über das Verhältnis von moralischen Eigenschaften, Intelligenz und Hirnvolumen hervorbringen würden.[17] Die Freude an der Messung und an der von den Sinnen befreiten Objektivität wurde jedoch dadurch getrübt, daß Parchappe nur solchen Daten bedingungslos vertrauen konnte, die er auch selbst erhoben hatte. Aus 29 normalen Männergehirnen errechnete er ein Durchschnittsgewicht von 1323 Gramm. Das war ein zuverlässiger Wert, der aber nicht sonderlich hilfreich für einen Vergleich mit dem Hirngewicht bedeutender Männer war, weil Parchappe nur über die Daten für vier Gehirne verfügte, von denen er kein einziges je zu Gesicht bekommen hatte. Das Gewicht des Gehirns von Oliver Cromwell sollte 2231 Gramm, das von Lord Byron 2238 Gramm betragen. Beide Zahlen fand Parchappe weit übertrieben, zumindest lagen sie deutlich über allen von ihm selbst gewogenen Gehirnen. Sein Mißtrauen wurde verstärkt durch den Umstand, daß der in Oxford aufbewahrte Schädel Cromwells viel zu klein schien, um ein Gehirn mit derartigem Gewicht zu fassen.[18]

Damit blieben bloß die Gehirne zweier Pariser Geistesgrößen übrig, nämlich ausgerechnet dasjenige des Antiorganologen Georges Cuvier (1829 Gramm) und das des Chirurgen Guillaume Dupuytren (1436 Gramm).[19] Nur diese beiden Zahlen akzeptierte Parchappe als glaubwürdig. Sie lagen zwar unter denen der Engländer, aber immer noch deutlich über dem errechneten Durchschnitt.[20] Natürlich war die Anzahl von vier Gehirnen viel zu klein, um zuverlässige Schlüsse zu ziehen, doch immerhin ließ sich Parchappe zu der vorsichtigen Vermutung verleiten, daß das absolute Hirngewicht einen gewissen Einfluß auf die Intelligenz habe. Wie verhielt es sich dann aber mit Galls altem Einwand gegen die Bedeutung des absoluten Hirngewichts, der darauf hinauslief, daß eben nur die besondere Entwicklung bestimmter Fähigkeiten mit der Ausprägung spezifischer Hirnorgane korreliert sei? Die vorerst unüberwindliche Hürde bestand darin, daß Messungen der verschiedenen Hirnteile nicht vorlagen. Das gleiche galt für die Hirnwindungen. Auch ihre Anzahl und Differenziertheit betrachtete Parchappe als interessanten Parameter, doch unglücklicherweise waren solche differenzierenden Untersuchungen weder an Cuviers und Dupuytrens noch an anderen Gehirnen bedeutender Persönlichkeiten durchgeführt worden. Dementsprechend waren Parchappes abschließende Bemerkungen zu diesem Thema eher eklektizistisch und programmatisch:

> Die Quantität der Materie im Organ des Denkens hat einen Einfluß auf die Intensität der funktionellen Kräfte. Dieser Einfluß zeigt sich an Unterschieden in Gewicht und Volumen, sowie bei der Ausdehnung der Oberflächen der organisierten Materie. Diese Unterschiede

> sind zu denjenigen der Anzahl und der Energie bei den moralischen und intellektuellen Fakultäten korreliert [...] Die Intelligenz ist jedoch nicht absolut proportional zum Gewicht des Gehirns insgesamt. Sie scheint eher proportional zur Masse der Hemisphären zu sein.[21]

Solche Schlußfolgerungen gaben keinen Anlaß zu Enthusiasmus, zumal ein weiterer erbitterter Gegner Galls, der Psychiater Louis-Francisque Lélut mit dem Ergebnis aufwartete, daß es keinen allzu großen Unterschied zwischen den Gehirnen von normalen Männern und denen Imbeziler gab (1320 zu 1218 Gramm). Solche Ergebnisse paßten gut in die restaurative und antimaterialistische Stimmung im Paris um 1840. Parchappe und Lélut zählten zu dem monarchietreuen Kreis derjenigen Wissenschaftler im Umfeld der Akademie der Wissenschaften, die die Bedeutung des Gehirns zwar nicht leugneten – insbesondere wenn es um rassische Differenzen ging –, aber doch zu relativieren versuchten.[22] Für die Bewertung der Gehirne bedeutender Persönlichkeiten hieß das, daß sie auch außerhalb von Paris in die Marginalität der Fußnoten rutschten. Beispielsweise ging es in Tiedemanns *Das Hirn des Negers mit dem des Europäers und Orang-Outangs verglichen* explizit um das Hirngewicht, denn er versuchte zu beweisen, daß Schwarze gegenüber Weißen kein kleineres Hirn haben und dementsprechend über die gleichen geistigen Möglichkeiten verfügen. Tiedemanns Buch, eines der wenigen antirassistischen Glanzlichter der Anthropologie des 19. Jahrhunderts, leugnete einen prinzipiellen Zusammenhang zwischen Hirngröße und geistigem Vermögen keineswegs. Nur bezog dieser sich nicht auf ethnische Vergleiche, sondern auf Vergleiche zwischen Individuen und insbesondere zwischen unterschiedlich begabten Personen. In diesem Zusammenhang führte Tiedemann die Gehirne von Cuvier und Dupuytren an und kam zu keinem anderen Urteil als Parchappe.[23] Damit war es aber auch genug. Bei beiden Anatomen ist kein Hinweis darauf zu finden, daß sie weitere Untersuchungen an genialen Gehirnen für wünschenswert oder notwendig hielten. Die Gehirne von Cuvier und Dupuytren führten in der Wissenschaft eine bescheidene Existenz, ohne daß sie für die Hirnanthropologie je verfügbar gewesen wären. Dasjenige von Laplace war zwar vorhanden, wurde aber aus der wissenschaftlichen Diskussion herausgehalten. Andere prominente Gehirne fanden keinen Eingang in anatomische oder anthropologische Publikationen, sondern tauchten in einem ganz anderen Zusammenhang auf.

1841 war der Physiologe Ignaz Döllinger, geehrtes Mitglied der Bayerischen Akademie der Wissenschaften, verstorben. Im gleichen Jahr hielt sein Kollege Philipp Franz von Walther eine Gedächtnisrede vor der Akademie, in der von Döllingers Gehirn die Rede ist:

> Bemerkenswerth ist auch eine bei der Leichenöffnung vorgefundene große Aehnlichkeit und Uebereinstimmung im Bau des Hirnes zwischen Döllinger, Soemmerring und Cuvier. Diese bezieht sich besonders auf die vordern Lappen des großen Gehirns, welche zu den intelligenten Seelenverrichtungen wohl jedenfalls in einer nähern Beziehung stehen. Bei Döllinger waren die Windungen in diesen Hirnlappen zahlreicher, als sie sonst zu seyn pflegen, daher kürzer und weniger breit, auch in den beiden seitlichen Hirnlappen, unter sich verglichen, auffallend weniger symmetrisch: – die Furchen zwischen ihnen gleichfalls zahlreicher und tiefer.[24]

In diesem kurzen Abschnitt sind einige wichtige Kriterien versammelt: die Betonung des Frontalhirns, dessen Windungsreichtum und die Asymmetrie zwischen linker und rechter Hirnhälfte. Vom Hirngewicht ist nicht die Rede, obwohl das Gehirn entnommen und in Flüssigkeit konserviert wurde. Es war ähnlich wie beim Gehirn von Laplace. Die Antwort auf diese Leerstelle wurde 40 Jahre später gegeben, als Theodor Ludwig Wilhelm Bischoff das Ergebnis der Wägung publik machte.[25] Mit 1207 Gramm war Döllingers Gehirn noch unter dem Durchschnitt der von Lélut ermittelten Idiotengehirne, so daß Walther es nicht ratsam fand, diesen Wert zu erwähnen. Bemerkenswert an der zitierten Passage ist jedoch ein anderer Hinweis, nämlich der Vergleich Döllingers mit Cuvier und Soemmerring. Döllinger war Soemmerrings Nachfolger als Professor an der Münchener Akademie und hatte dort die Gedächtnisrede auf den 1830 verstorbenen Anatomen gehalten.[26] Doch weder in jener Rede noch an anderer Stelle war von einer Sektion Soemmerrings, geschweige denn seines Gehirns, die Rede. Walther hat also entweder über bis auf den heutigen Tag verborgene Informationen verfügt, was unwahrscheinlich ist; oder er hat die Ähnlichkeiten zwischen den beiden berühmten Naturforschern bis zu ihren Gehirnen imaginär ausgedehnt.

Im Unterschied zu Parchappe, Lélut und Tiedemann ging es Walther nicht um anatomische Meßergebnisse, sondern darum, Verbindungen zwischen Naturforschern zu knüpfen, die von ihrer wissenschaftlichen Bedeutung bis hin zur Form und Konfiguration ihres Gehirns reichen. Das argumentative Schema ist dabei das gleiche wie in der Organologie: Zunächst einmal werden aufgrund von persönlicher Erfahrung und tradiertem Wissen die geistigen Fähigkeiten und bedeutenden Taten der geehrten Persönlichkeit hervorgehoben, und dann wird gleichsam zur Bestätigung der Hinweis auf das besondere Gehirn nachgeschoben. Davon machten auch die vor Walthers Akademierede publizierten Berichte über die Gehirne von Cuvier und Dupuytren keine Ausnahme. Der anatomische Biograph E. Rousseau bezeichnete Cuvier als einen der »unbegreiflichen Menschen«, denen die geistige Arbeit so leichtgefallen sei, daß sie sich nur dabei entspannt hätten. Und er erwähnte das Gehirn im Rahmen einer ausführlichen Epikrise der tödlich verlaufenen Krankheit und der daran anschließenden Sektion und bedauerte ausdrücklich, daß zwar vom ganzen Körper und vom Kopf, nicht aber vom Gehirn und vom Schädel eine Gipsform abgenommen worden sei. In beiden Pariser Sektionsberichten wird hervorgehoben, daß die Sektion in Gegenwart mehrerer prominenter Autoritäten der Pariser Medizin stattgefunden habe. Solche Praktiken hatten gleich mehrere Funktionen zu erfüllen. In erster Linie belegten sie die hohe Wertschätzung der verstorbenen Gelehrten, und gleichzeitig dienten sie der moralischen Absicherung, daß die Sektion nach allen Regeln der Anatomie durchgeführt wurde.[27]

Diese Praktiken unterschieden sich grundlegend von den Repräsentationsformen, in denen die Gehirne der übrigen Menschen angesiedelt wurden. Der Referenzwert für das Gehirn eines gewöhnlichen Menschen war ein anderes Gehirn, und es ging um das Normalgewicht. Ein geniales Gehirn dagegen wurde unter spezifischen, zeremoniell anmutenden Bedingungen untersucht, und dann wurde es entweder mit einem anderen genialen Gehirn verglichen oder mehr individualisierend dem Eigenschaftsspektrum seines Besitzers angepaßt. Das war etwas anderes als die anthropometrischen Untersuchungen von Parchappe und Tiedemann, in denen geniale Gehirne nur eine marginale Rolle spielten. Die anatomische Untersuchung des Gehirns diente somit ganz unterschiedlichen Zwecken. Im einen Fall ging es um eine relativ große Anzahl von Gehirnen, die vergleichenden Wägungen unterzogen, in Tabellen und Durchschnittswerte eingefügt wurden. Im anderen Fall wurde das Gehirn in die Hagiographie eingebaut. Sicherlich waren die oben diskutierten moralischen Gründe dafür verantwortlich, daß nur wenige geniale Gehirne untersucht wurden, aber auch jenseits solcher Tabus war es in der ersten Hälfte des 19. Jahrhunderts kaum vorstellbar, solche Untersuchungen im großen Stil zu fordern.

Der Trend der vierziger Jahre, auch einen Blick auf das Gehirn zu werfen, erreichte auch die Schädelvermesser. Carus ließ von seinem toten Freund Rumohr nicht bloß den Kopf abformen, er sezierte auch das Gehirn und rühmte dessen Größe, »die reiche Ausbildung der eigenen Fasersubstanz« und die »vielen und scharfgezeichneten Windungen«.[28] Bezeichnenderweise nahm Carus diese Befunde nicht in seine wissenschaftlichen Werke zur Cranioskopie auf, sondern beließ sie im biographischen Kontext. Dort wurde das Gehirn zum Bestandteil der Erinnerungssymbolik. Die Schädellehre hingegen wäre durch solche Befunde nur durcheinandergebracht worden. Ähnlich verhielt es sich auch bei den Edinburgher Phrenologen. Als Andrew Combe, der Bruder von George, 1847 starb, ließ dieser auch das Gehirn untersuchen. Der obduzierende Arzt fand es groß, wohlgeformt, von tiefen und verzweigten Furchen durchzogen, die linke Hemisphäre größer als die rechte. Das Hirngewicht lag unter demjenigen von Dupuytren und Cuvier, aber mit ca. 1616 Gramm über dem

Durchschnitt. All das hätte auch ein Nicht-Phrenologe feststellen und daraus folgern können, daß dieses Gehirn seinem Besitzer zu besonderen Fähigkeiten verholfen habe. Nur reichte das für eine vollständige phrenologische Analyse nicht aus. Diese nahm dann George Combe höchstpersönlich am Schädel seines Bruders vor. Dazu hätte er die Daten über das Gehirn gewiß nicht gebraucht, doch durch einen bemerkenswerten Hirnbefund wurde das phrenologische Profil zumindest unterstützt. Wie auch in den anderen Fällen befanden sich die Obduktionsbefunde am Ende der Biographie.[29]

Die unterschiedlichen Zugangsweisen zum genialen Gehirn – als marginaler Gegenstand des Vergleichs in anthropometrischen Studien und als gepflegter Gegenstand der postumen Würdigung – sind besonders hervorzuheben, da die Forderung des späten 18. Jahrhunderts, die menschlichen Extreme in beide Richtungen zu untersuchen, zu keinem Zeitpunkt dementiert wurde. Ihre fehlende Einlösung hing damit zusammen, daß man sich nur zögerlich damit abfinden konnte, ein Genie zum Resultat seiner cerebralen Dispositionen zu machen. Zwar waren die meisten Anatomen der Überzeugung, daß eine außerordentliche Begabung auch über ein entsprechendes Gehirn verfügte, aber das verstanden sie eher in dem Sinne, daß eine solche Persönlichkeit sich durch mannigfaltige Besonderheiten mentaler und somatischer Art auszeichnete, und dazu zählte auch das Gehirn. Insofern war es kein determinierender Faktor – und das war im Rassen- und Geschlechterdiskurs ganz anders: Eine Frau oder ein Schwarzafrikaner wurden durch ihre Gehirne auf diejenigen Fähigkeiten und Eigenschaften hin disponiert, die ihnen sozial ohnehin längst zugeschrieben worden waren. Diese unterschiedliche Beurteilung des Gehirns fand breiten Konsens und wurde besonders von Carus und Schopenhauer thematisiert, indem sie argumentierten, daß das Gehirn des Genies zur Freiheit von den körperlichen Zwängen bzw. vom Willen führe. Mit seinem Hinweis auf die komplexe Verschaltung der Hirnfasern läßt sich zumindest bei Carus ein handfestes hirnmorphologisches Argument für diese Anatomie der Freiheit finden. Daß sich dieser Hinweis nicht forschungsstrategisch umsetzen ließ, lag daran, daß es auch in der Einschätzung der Möglichkeiten und (vorläufigen) Grenzen der Hirnuntersuchungen divergierende Meinungen gab. Neue Kriterien wie das (durchschnittliche) Hirngewicht und der Reichtum der Hirnwindungen konnten sich nur deswegen etablieren, weil sie als Waffe gegen die Organologie dienten. Dabei waren sich die messenden, zählenden und abwägenden Anatomen der Tatsache bewußt, daß ihre neuen Kriterien alles andere als besonders aussagekräftig waren. Entsprechend war ihre Skepsis ungleichgewichtig verteilt: Es wurde Zurückhaltung mit der Quantifizierung geübt, sofern es um geniale Gehirne ging; hingegen war man keineswegs zimperlich, sobald es um ethnische oder geschlechtliche Differenzierungen ging.

Naturalisierung, Quantifizierung, Cerebralisierung – es wäre ein großer Irrtum, davon auszugehen, daß darunter in jedem Falle dasselbe zu verstehen wäre. Der Ausnahmestatus des Genies war durch die Einbeziehung des Gehirns nicht in Frage gestellt. Naturalisierung war nicht gleich Naturalisierung, und die Unappetitlichkeit der Anatomie wurde einmal mehr durch Akkulturation entschärft. Die moralische Ungeheuerlichkeit und das soziale Tabu, den Schädel eines Genies aufzusägen und das Gehirn zu untersuchen, eventuell auch aufzubewahren, wurden nicht dadurch aufgeweicht, daß man auf den allgemeinen wissenschaftlichen Wert solcher Untersuchungen verwies, sondern daß man diese in die hagiographischen Riten mit einbezog. Diese Aspekte waren die unabdingbare Voraussetzung dafür, daß es nach 1848, als das Gehirn zum bevorzugten Gegenstand politisch-ideologischer Auseinandersetzungen innerhalb der Wissenschaften vom Menschen wurde, zu einer systematischen Erforschung der Gehirne von bedeutenden Persönlichkeiten kam.

Ist eine Hirnwindung ein Organ?

Es ist eine heikle Angelegenheit, das Verhältnis zwischen den Ereignissen und Auswirkungen der 1848er Revolutionszeit und dem anthropologischen Diskurs genauer zu bestimmen. Während die ersten Jahre nach der Revolutionszeit in Frankreich durch politische Unterdrückung, Zensur und Stillstand geprägt waren, die zu einer kurzfristigen Unterbrechung der humanwissenschaftlichen Debatten führte, traten in Deutschland die sogenannten Vulgärmaterialisten an die Stelle, die die Phrenologie hinterlassen hatte. Zwar orientierten sich diese nicht mehr an geistigen Fakultäten und Schädelhöckern, doch die Grundpositionen der Organologie dienten im Verein mit der Zellentheorie als Munition gegen Spiritualisten, Dualisten und politisch konservative Kräfte. Bereits 1845 äußerte der Zoologe Carl Vogt, der drei Jahre später in der Nationalversammlung für die Demokratie eintrat und kurz darauf aus Deutschland flüchten mußte, den folgenschweren Satz, daß »die Gedanken in demselben Verhältnisse etwa zum Gehirn stehen wie die Galle zu der Leber und der Urin zu den Nieren. Eine Seele anzunehmen, die sich des Gehirns wie eines Instruments bedient, mit dem sie arbeiten kann wie es ihr gefällt, ist ein reiner Unsinn.«[30] Die anspielungsreiche, wenn auch nicht neue Verknüpfung von Denken und Pinkeln war eine grobschlächtige Absage an die bestehende gesellschaftliche Ordnung, deren moralische Grundlagen mehr in der Theologie oder in der (dualistischen) Philosophie als in den Naturwissenschaften wurzelten. Es ist kein Widerspruch dazu, daß die naturalistische Weltsicht zur gleichen Zeit in der freundlichen Färbung der Populärwissenschaft einen enormen

Aufschwung erlebte, denn dieser vollzog sich auf den Explikations- und Rezeptionslinien von Alexander von Humboldts *Kosmos*.[31] Wissenschaftlich-technische Innovationen und ein umfassender positivistischer Welterklärungsanspruch riefen zwar auch manche Kritiker auf den Plan, aber nur in den Debatten um das Verhältnis von Gehirn und Seele waren die Frontlinien offensichtlich, weil sie vor und nach 1848 eine eindeutige politische Standortbestimmung implizierten. Diese Differenz hatte bereits die Debatte zwischen Carus und der Phrenologie bestimmt. Im sogenannten Materialismusstreit, in dem Vogt und der konservative Göttinger Physiologe Rudolph Wagner die Hauptakteure waren, sollte diese Debatte Mitte der fünfziger Jahre eskalieren. Allerdings gab es in den Leib-Seele-Kontroversen einen konvergierenden Aspekt, der nicht zu unterschätzen ist. Unabhängig von ihrer politischen oder weltanschaulichen Einstellung arbeiteten alle Anatomen und Anthropologen letztlich am gleichen Projekt, und das lautete: die Korrespondenz zwischen außen und innen, zwischen Gehirn und Geistesleben zu erschließen. Dabei eröffnete sich vorerst nicht ein einziger grundsätzlich neuer hirnanatomischer oder -physiologischer Gesichtspunkt, keine neue Theorie und keine technisch-instrumentelle Innovation, wenn man einmal von der Fotografie absieht. Alle Beteiligten hantierten mit den gleichen, bereits bekannten Parametern, die sie ausweiteten, modifizierten oder abschwächten. In diesem Zusammenhang traten die Hirnwindungen endgültig in den Vordergrund.

1854 stellten Pierre Gratiolet, der in Paris das Werk von Leuret vollendete, und Emil Huschke, der in Jena die Tradition Okens hochhielt, zeitgleich und unabhängig voneinander eine bis auf den heutigen Tag weitgehend gültige Windungsordnung auf. Dadurch wurde die Windungsphysiognomik zum Kernstück einer Hirnanthropologie, in der es um typologische und individuelle Differenzen ging. Diese Anthropologie war in beiden Werken gezielt angelegt. Gratiolet, ein weiterer Gegner der Organologie, hielt seine Windungsstudien strikt von der Lokalisationsfrage getrennt. Einzelne Windungszüge interessierten ihn nur in bezug auf die Regelmäßigkeit ihres Erscheinens, nicht hinsichtlich ihrer möglichen Funktion. Das hinderte ihn jedoch keineswegs daran, mit den Hirnwindungen veritable Rassen- und Geschlechteranthropologie zu betreiben. Anknüpfend an Desmoulins und andere Anatomen bestand für Gratiolet kein Zweifel, daß Windungsarmut insbesondere im frontalen Bereich bei geistig Retardierten Ausdruck des Stehenbleibens der cerebralen Entwicklung auf einer embryonalen oder frühkindlichen Stufe darstelle. Diese unvollständige Entwicklung bezeichnete er als »dégradation«.[32]

Die Verschränkung von Rasse, Geschlecht und Inferiorität machte sich in Paris an einem *Objekt* fest, das für die Anthropologen des 19. Jahrhunderts geradezu emblematische Bedeutung hatte. Die schwarze Südafrikanerin Saartjie Baartman war kurz nach 1800 unter dem Namen *Hotten-*

totten-Venus bekannt geworden. Die sogenannte Hottentotten-Schürze, eine erhebliche Vergrößerung der äußeren Geschlechtsteile, regte die Naturforscher zu allerlei Spekulationen über das Sexualleben der Schwarzen an, mehr noch: diese eine anatomische Besonderheit wirkte wie eine Initialzündung, sich intensiver mit den weiblichen Geschlechtsteilen zu befassen. Als Saartjie Baartman 1815 in Paris starb, nahm Cuvier nicht nur die ihn faszinierenden Geschlechtsteile, sondern auch das Gehirn in die anatomische Sammlung des *Musée d'Histoire Naturelle* auf, wo es dann Jahrzehnte später von Gratiolet ausgiebig untersucht wurde.[33] An diesem einen Gehirn stellte er eine ähnliche Windungsarmut fest wie an den Gehirnen der geistig Retardierten aus Paris – und zog daraus fatale Schlußfolgerungen. Im Falle der *Hottentotten-Venus* konnte man nach Augenzeugenberichten nicht davon reden, daß es sich um eine geistig zurückgebliebene Person handelte, sondern um eine Frau, die über eine »hinreichende Intelligenz« verfügte. Aufgrund dieses Umstandes konnte sich Gratiolet nicht mit der Behauptung anderer Anthropologen anfreunden, daß Schwarze ähnlich wie Idioten auf einer niederen Stufe stehengebliebene Kinder seien. Für sich genommen handelte es sich um perfekt entwickelte Lebewesen, aber, und das ist der springende Punkt, auf einer niederen Stufe der Entwicklungsreihe, wofür Gratiolet den Begriff der »infériorité« prägte. Er meldete ernsthafte Zweifel an, ob »les nègres, les Bojesmans, des Botocudes« zur selben Art (»espèce«) gehörten wie die Weißen und nicht nur zur selben Gattung (»genre«).[34] Polygenismus, also die Lehre, daß die Menschheit mehrere Ursprünge habe, war im 19. Jahrhundert noch weit verbreitet, wenn auch weniger in Europa als in Amerika, wo verheerende Konsequenzen für die Legitimation der Sklaverei die Folge waren.[35]

In Europa zog die Hirnwindungsanthropologie eine hartnäckige Suche nach strukturellen Unterschieden im Windungsrelief nach sich. Gratiolet selbst lieferte dazu die entscheidenden Stichworte, und er konnte nicht nur mit neuen Erkenntnissen aufwarten. Daß etwa der Reichtum der Furchen und Windungen im frontalen Bereich so zu deuten war, dort den »nobelsten« Teil des Gehirns zu vermuten, hatte bereits Gall angenommen. Eine wirkliche Neuentdeckung hingegen waren die Übergangsfurchen zwischen dem occipitalen und dem temporalen Bereich der Hirnrinde. Diese sogenannten »plis de passages« waren beim Affen besonders stark entwikkelt, beim Menschen jedoch nur andeutungsweise vorhanden. Für Gratiolet bedeuteten diese Furchen ein wichtiges Unterscheidungsmerkmal zwischen Mensch und Affe, einige seiner Nachfolger sollten darin ein Hauptkriterium für die Identifizierung von Primitivität, Bestialität und Kriminalität beim Menschen sehen.[36]

Vergleicht man nun Huschkes Werk *Schädel, Hirn und Seele*, das die Summe seiner jahrelangen, bereits in der Dissertation von 1821 angelegten Forschungen enthielt, mit demjenigen von Gratiolet, so wird bei allen Unterschieden der philosophischen und praktischen Forschungstraditionen die gemeinsame Stoßrichtung augenfällig. Huschkes Buch ist ein verblüffendes Sammelsurium aus naturphilosophischen Analogien und avancierter Technik der Darstellung des Gehirns, romantischer Symbolik des Geistes, organologischen Reminiszenzen und ausgreifenden quantitativen Untersuchungen, rassistischen und sexistischen Invektiven sowie einer grundlegenden Ordnung der Hirnwindungen. Wenn die Zeitgenossen an diesem Ansatz irgend etwas zu kritisieren hatten, dann sein naturphilosophisches Verständnis des Gehirns als eines galvanischen Apparates und nicht etwa seine stigmatisierenden hirnanthropologischen Klassifikationen. Huschke erfüllte alle damaligen Ansprüche an eine objektive, exakt messende und darstellende Hirnanatomie, und gleichzeitig schloß er sich der Carusschen Position an, wonach das Gehirn den »symbolischen Ausdruck« der Gedankenwelt darstelle. Die Zurückweisung der materialistischen (das Gehirn ist die Ursache der Gedanken) und der dualistischen Position (das Gehirn als Instrument des Geistes) war in dem von ideologischen Grabenkämpfen geprägten Zeitklima zweifellos entlastend, weil es Huschke einer eindeutigen politischen Stellungnahme enthob. Diesen Freiraum füllte er mit anthropologischen Werturteilen, die von der Zurückhaltung eines Leuret oder Foville weit entfernt waren und auch über Gratiolet hinausgingen. Während die Franzosen die Komplexität der Hirnwindungen zum Argument gegen die Phrenologie wendeten, ging es für Huschke darum, das Gehirn mit der Maxime zu untersuchen, »einen Fingerzeig [...] für die Gedankenwelt« zu geben.[37]

»Wenn irgendwo die Geistesthätigkeiten ihren Sitz aufgeschlagen haben, so sind es gewiss die Windungen«, mit diesem Credo begrüßte Huschke den Leser bereits auf der ersten Seite.[38] Folgerichtig verwendete er viel Mühe darauf, System in das Windungslabyrinth zu bringen. Wie Gratiolet ging er einen kleinen, aber entscheidenden Schritt über Leuret hinaus. Dieser hatte argumentiert, daß die Korrelation von Zahl und Verzweigung der Windungen mit den Geistesfähigkeiten nur bei Tieren einer Gattung zulässig sei: der Wolf hat unvollkommenere Windungen als der Hund, die Katze unvollkommenere als der Löwe. Gratiolet hatte sich damit aus der Affäre gezogen, daß er Schwarze und Weiße kurzerhand zu zwei Arten erklärte. Huschke hatte noch weniger Skrupel und behauptete einfach, daß »Neger« unvollkommenere Windungen hätten als »Kaukasier«.[39] Neu war nicht die diskriminierende Wertung als solche. Doch mehr noch als Gratiolet vermischte er die Windungssystematik mit der stereotypen Hierarchisierung der Rassen und Geschlechter und ebnete damit den Weg für eine Physiognomik der Hirnrinde. Ausgestattet mit Kenntnissen der vergleichenden Anatomie und der Entwicklungsgeschichte, orientierte sich Huschke im Windungslabyrinth wie der Physiognom im Gesicht.

Betrachtet man Abbildung 33, die »das Gehirn eines 29 Jahre alten Deutschen« von oben und von der linken Seite darstellt, so werden mit den Buchstaben C und D zwei der Hauptfurchen benannt: die Zentralfurche (oder Rolandosche Furche) und die Sylvische Furche. Beide waren lange vorher beschrieben worden, doch nun dienen sie als Wegweiser durch das Windungssystem. Erstere Furche ist beim menschlichen Gehirn so entscheidend, daß »man seinen Blick zuerst auf die Centralfurche und ihre Windungen richten und von da aus dann vor- und rückwärts nach dem Stirnhirn und Zwischenscheitelhirn fortgehen« muß.[40] Damit wird ein topographischer und ideologischer Nullpunkt definiert, von dem aus sich altbekannte Überzeugungen durch Messungen und Vergleiche präzisieren lassen. Beim Mann beispielsweise soll der Frontallappen vor der Zentralfurche größer sein, während bei der Frau der Parietallappen dahinter umfangreicher ist.[41] Wenn man bedenkt, daß es hier in erster Linie um eine Bestätigung der früheren Schädelmessungen ging, beweist das einmal mehr, wie wichtig die Praxis des Messens, der Benutzung von Zahlen und Tabellen für die Anthropologie der Jahrhundertmitte war. Damit wurden Attribute von Wissenschaftlichkeit erfüllt, damit ließen sich aber auch Annahmen und Behauptungen legitimieren, die solchen Quantifizierungen gar nicht recht zugänglich waren.

Die Windungen hatten noch etwas mehr zu bieten, als bloße Referenzpunkte für Abmessungen zu sein. Um den Anfangspunkt der Sylvischen Furche herum legt sich beim Menschen die erste Urwindung, darüber die zweite und die dritte. Alle drei schlängeln sich gleich einem Halbrund von der vorderen Zentralwindung nach vorn und biegen nach unten verlaufend wieder nach hinten. Das gleiche Muster wiederholt sich im Prinzip mit den hinteren Urwindungen, die von der hinteren Zentralwindung ausgehen. Verzweigung, Schlängelung und Größe der Windungen entgehen Huschkes physiognomischem Blickmaß nicht: Am Gehirn der Afrikaner verläuft die Sylvische Furche nur etwas weniger schief als beim Schimpansen, beim Europäer ist sie waagerecht; die Zentralfurche ist bei diesem schiefer, beim Afrikaner senkrechter. Bei Afrikanern und Frauen ist die dritte vordere Urwindung im Vergleich zum männlichen Europäer außerordentlich breit, die hinteren Windungen sind beim Afrikaner ohnehin ausgeprägter, »wenn auch gerade nicht sehr fein gegliedert«.[42]

Warum ist es angezeigt, auf diese Art von Furchensatzleserei näher einzugehen? Nun, Huschke ist zumindest im deutschen Sprachraum eine repräsentative Übergangsfigur, die alte Cranioskopie, Organologie und Morphologie mit derjenigen neuen Hirnanatomie verbindet, die Präzision, Quantifizierung und Objektivität zu ihren Tugenden zählt. Mit seinen Messungen und Tabellen hat Huschke diesen Anspruch eingelöst. Seine Windungsphysiognomik kann da nicht ganz mithalten, doch zum einen kompensiert er das durch seine Abbildungen, von denen er zu Recht sagen

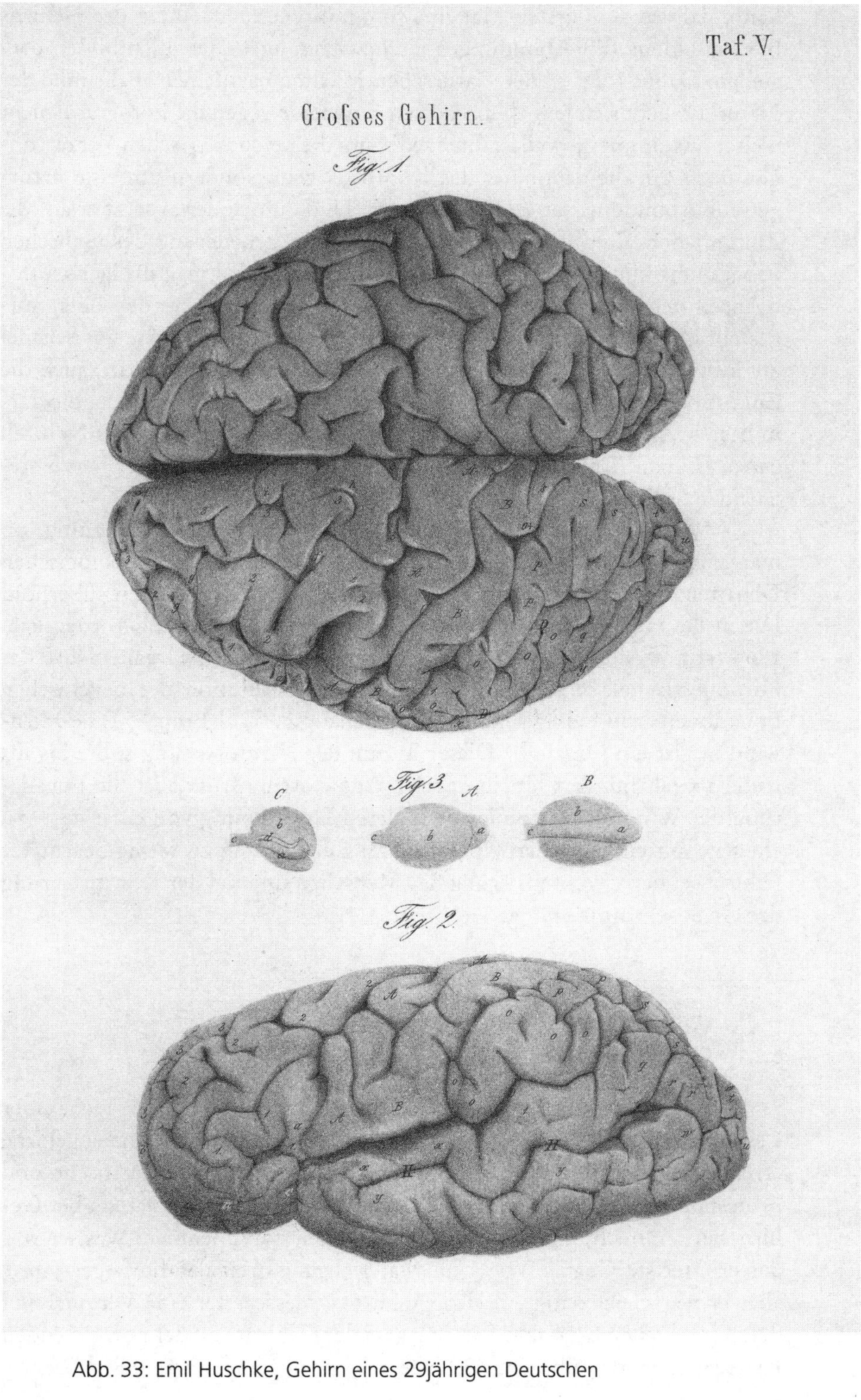

Abb. 33: Emil Huschke, Gehirn eines 29jährigen Deutschen

kann, daß sie zum ersten Mal eine fotografische Darstellung des Gehirns bieten, indem die Abbildungen Steinzeichnungen der Lichtbilder darstellen. Damit folgt er der Carusschen Maxime nach einem Faksimile der Natur, braucht sich jedoch um dessen Einwände gegen die Fotografie nicht weiter zu kümmern, weil es ihm weder um die perspektivischen Verzerrungen noch um die Schönheit des Kopfbaus geht, sondern um eine naturgetreue Abbildung der Hirnwindungen. Und zum anderen setzt er auf die Zukunft der Windungsanatomie, die wie eine Erneuerung des Gallschen Programms klingt: »Die gesammten Hirnorgane wird man übrigens künftig nach dem natürlichen System der Windungen, welches ich oben aufgestellt habe, zu ordnen und danach eine geographische Karte am Schädel zu entwerfen haben.« Von dort aus ist es nur ein kleiner Schritt, auch die Zukunft einer individualisierenden Hirnforschung vorzuzeichnen, die darin besteht, menschliche Gehirne zu untersuchen, »deren geistiges Naturell genau bekannt ist, um so besser, wenn es einseitige, mit Einer hervorstechenden Seelenkraft versehene Individuen sind«.[43]

Mit einer solchen Vision ausgestattet, war es fast gleichgültig, ob man sich nun zum Materialismus bekannte oder nicht. Die ideologischen Debatten wurden gewissermaßen durch die Praxis der Forschung überholt. Die in die Hirnwindungen gesetzten Hoffnungen waren außerordentlich. 1869 träumt Alexander Ecker von »einer vollständigen Organenlehre der Hirnoberfläche, […] einer Lehre von der Localisation der psychischen Functionen«, und einige Jahre später behauptet Paul Broca: »Eine Hirnwindung ist ein Organ.«[44] Dieser Traum der Hirnforschung sollte bis ins frühe 20. Jahrhundert hinein dauern. Aus diesem Grunde ist die Formierung der Windungsanatomie sowie deren Umstülpung von einer anti- zu einer neophrenologischen Unternehmung ein bislang zu wenig beachteter Faktor bei der Cerebralisierung des Menschen und bei der Konstituierung der Geniegehirnforschung.

Göttinger Professorengehirne

Es vergingen nur wenige Jahre, bis die systematischen Versuche einer Lesbarmachung der Hirnrinde auch die Erforschung der Gelehrtengehirne erreichten, denn um 1856 begann der konservative, monarchistische und protestantische Physiologe Rudolph Wagner, systematisch Daten über Gehirne zu sammeln und selbst Untersuchungen vorzunehmen. Wagner war der erbittertste Gegner Vogts im Materialismusstreit der fünfziger Jahre, aber er war gleichzeitig ein eifriger Hirnvermesser, der eine Verquickung der individuellen Charakterisierung genialer Gehirne mit der normierenden Klassifikation der übrigen Gehirne in einem gemeinsamen Repräsentationssystem vornahm. Mit Wagner begann die moderne, systematische Erforschung der Gehirne von Ausnahmepersönlichkeiten. Seit dieser Zeit konnte niemand mehr sagen, daß es sich bei solchen Unternehmungen um marginale Versuche zweifelhafter Provenienz handle, denn es waren von nun an höchst angesehene Hirnforscher, die auf diesem Gebiet aktiv wurden.

Zu Beginn seiner wissenschaftlichen Laufbahn zeigte Wagner kein Interesse für das Gehirn. In seiner *Naturgeschichte des Menschen* aus dem Jahre 1831 fertigte er Galls Organologie als eine bereits vergessene Irrlehre ab, die nur noch historisches Interesse beanspruchen könne. Er widmete ihr dann aber doch einige Seiten und hob eigens hervor, daß Gall Schädel berühmter Persönlichkeiten gesammelt habe und daß Leute in Wien Angst gehabt hätten, ihr Schädel könnte in die Hände des Organologen fallen; was ja auch nicht ganz an der Sache vorbeiging. Wagner bewertete das nicht ausdrücklich, doch im Kontext seiner sonstigen abfälligen Bemerkungen wird deutlich, daß er weder für die Theorie noch für die Praxis des Gallschen Unternehmens Verständnis aufbrachte. Dabei ließ er auch seinen christlich-dualistischen Glauben durchblicken, indem er nicht nur auf die Ungereimtheit der Phrenologie hinwies, sondern auch auf die »Verdammlichkeit, welche solche offenbar zum Materialismus führenden Lehren in sich haben«.[45] Mit diesem Exkommunikationsgestus war das Thema Gehirn, Seele und Lokalisierung geistiger Qualitäten für Wagner vorerst erledigt.

Zwanzig Jahre später hatte der inzwischen zum Professor in Göttingen aufgestiegene Physiologe allen Grund, sich wieder mit dem Materialismus zu befassen. Zwischen September 1851 und Juli 1852 veröffentlichte er in der *Augsburger Allgemeinen Zeitung* eine Anzahl von *Physiologischen Briefen*, die er explizit als Antwort auf Carl Vogts *Physiologische Briefe für Gebildete aller Stände* verstand. Seit 1848 war der Materialismus für Wagner jedoch nicht mehr bloß eine Irrlehre, sondern ein ernstzunehmender politischer Gegner, der die soziale und kulturelle Ordnung in Deutschland an den Rand des Ruins getrieben hatte. Durch die Revolution seien »die höchsten menschlichen Interessen gefährdet« und »die theuersten vaterländischen Interessen mit dem Schiffbruch bedroht«[46] worden. Die Aufgabe des Wissenschaftlers in solch bedrohlichen Zeiten sah Wagner darin, die Beziehung der Wissenschaften zur allgemeinen Bildung und deren Verhältnis zur nationalen Entwicklung hervorzuheben. Naturwissenschaftler sollten die moralischen Grundlagen der Gesellschaft erhalten und fördern. Entsprechend hielt Wagner diejenigen für besonders gefährlich, die die bestehende Ordnung mit Hilfe der Naturwissenschaften auszuhebeln versuchten. Genau das war der Vorwurf an die Adresse Vogts. Wagner stellte sogleich die Beziehung zu den politischen Aktivitäten Vogts als Abgeordneter der Frankfurter Paulskirche her und zollte der Urin-Metapher galligen Beifall »im Hinblick auf den politischen Unsinn, den einzelne hirnverbrannte Köpfe in diesen letzten Jahren zu Tage förderten«. Allerdings sei Urin ein guter Dünger, »während jene erwähnten Geistesproducte nur als Fermente der Zersetzung der gesellschaftlichen Ordnung und nationalen Bildung dienen«.[47]

Mit solchen Sätzen waren die Frontlinien abgesteckt. Nur kurze Zeit später fand der erwähnte Materialismusstreit bei der Göttinger Versammlung Deutscher Naturforscher und Ärzte 1854 einen spektakulären Höhepunkt. Für Wagner hatten diese Diskussionen, in denen auch das Gehirn immer wieder thematisiert wurde, außerordentliche Konsequenzen, denn seit dieser Zeit konzentrierte er seine Forschungen fast ausschließlich auf das Gehirn. Man könnte meinen, daß Wagner alles darangesetzt hätte, die Unversöhnlichkeit zwischen Materialismus und Republikanismus auf der einen und Spiritualismus und Monarchismus auf der anderen Seite am Gehirn festzumachen und die Sinnlosigkeit des Versuchs zu zeigen, den Geist in den Hirnwindungen zu fassen. Das Gegenteil trat ein. Vogt hatte in Übereinstimmung mit Gall die Seelentätigkeiten als Funktionen der Hirnsubstanz bestimmt. Aber auch Wagner stellte bereits in seinen populären Briefen fest, daß das Gehirn aus zahlreichen Aggregaten von Ganglienzellen mit unterschiedlichen Funktionen bestehe. Solche Schlußfolgerungen ergaben sich keineswegs zwingend aus den bestehenden neuroanatomischen Ansichten, die Zellen als Elementarsubstanzen des Gehirns betrachteten, doch war Wagner der Überzeugung, daß der Nachweis aller feineren hirnanatomischen Elemente und ihrer funktionellen Verbindungen mehr zur Psychologie beitrage als alle Philosophie von Plato bis Herbart.[48] Wagners politische und weltanschauliche Überzeugungen waren denjenigen Vogts diametral entgegengesetzt, und dennoch zogen beide am gleichen Strang. Selbst wenn Wagner im Materialismusstreit für eine strikte Trennung zwischen Glauben und Wissen votierte, sollten Wissenschaftler nicht nur als moralische Autoritäten wirksam werden, sondern auch mit ihren Forschungen Glaube, Ordnung und Sittlichkeit stützen. Wagners Hinwendung zur Untersuchung der Gehirne nicht nur von Verbrechern und Mikrocephalen, sondern auch von mathematischen Genies wie Carl Friedrich Gauß und Peter Gustav Lejeune Dirichlet sollte in diesem Kontext betrachtet werden.

Wagner und Gauß waren über Jahre hinweg Kollegen an der Göttinger Universität, ohne daß sie in engerem Kontakt miteinander gestanden hätten. Erst in den letzten Wochen vor Gauß' Tod am 23. Februar 1855 suchte Wagner den Todkranken einige Male auf und führte Tagebuch über die gemeinsamen Gespräche. Man sprach über Mathematik, die Wissenschaften im allgemeinen, politische Fragen und auch über religiöse Themen, insbesondere über die Transmutation der Seele. Wagner notierte die Worte von Gauß: »Die Welt wäre ein Unsinn, die ganze Schöpfung ein Unding ohne Unsterblichkeit.«[49] Ein solcher Satz entsprach den religiösen Anschauungen Wagners, und er konnte im Kampf gegen den Materialismus dienlich sein. Also nutzte er die Gelegenheit eines Nachrufs, um Gauß' Abscheu gegen »grassen Atheismus« und »politischen Radikalismus« hervorzuheben und dann auf Tod und Unsterblichkeit einzugehen. Sein eigenes Credo einer Trennung von Köhlerglauben und Wissenschaft vergessend, berief er sich auf die höchste Autorität des Mathematikers: »Ja, er [Gauß, M. H.] erwog selbst, bei Gelegenheit einiger von mir auch jüngst ausgesprochenen Ansichten, die Möglichkeit und Form der Fortexistenz der menschlichen Seele vom Standpunkt seiner exakten Wissenschaft aus.«[50]

Damit überspannte Wagner den Bogen, und als er auch noch ein Manuskript unter dem Titel »Newton, Haller und Gauss über göttliche und zukünftige Dinge« verfaßte, wurde die Publikation durch ein Veto der Gauß-Familie gestoppt.[51] Man wollte vermeiden, daß die fragmentarischen Worte eines todkranken Mannes im Materialismusstreit instrumentalisiert wurden. Wagner lenkte in dieser Angelegenheit sogleich ein, denn an einer Auseinandersetzung mit der Familie konnte ihm nicht gelegen sein. Bereits im Nachruf erwähnte Wagner, daß er das Gehirn von Gauß untersucht und im Vergleich mit den Gehirnen von Cuvier, Dupuytren oder Lord Byron keine Besonderheiten gefunden habe, außer, daß sie alle über einen besonderen Windungsreichtum verfügt hätten. Wie in den früheren Fällen war also auch hier der Nachruf der Ort, an dem das Gehirn eigens erwähnt wurde. Zunächst einmal ging es gar nicht so sehr um Wissenschaft, denn im gleichen Atemzug berichtete Wagner, daß ein Abguß von Kopf und innerer Schädelfläche vorgenommen und auch der ganze Körper exakt vermessen und gezeichnet worden sei. Es ist unschwer zu erkennen, worauf das hinzielte: »Wäre er [Gauß] ein Engländer gewesen, so würde ihm eine Ruhestätte in der Westminster-Abtei und ein Denkmal neben Newton nicht fehlen.«[52] Um die nationale Bedeutung der Wissenschaft sinnfällig zu machen, sollte ein Denkmal, eine »monumentale Erinnerung« an Gauß in Göttingen errichtet werden. Soweit verblieb das Gehirn des großen Mathematikers zunächst einmal im Bereich der Erinnerungskultur, wie sie durch die Nekrologe inauguriert worden war. Doch im Gegensatz zu seinen Vorgängern ließ Wagner es dabei nicht bewenden, und er kündigte eine genauere Beschreibung der am Gehirn von Gauß gefundenen Resultate an.

Der Beginn von Wagners Beschäftigung mit genialen Gehirnen fiel in eine Zeit, in der er eine Reihe von Niederlagen hatte einstecken müssen und sein Ansehen als Wissenschaftler sowohl in Göttingen als auch in der Profession nicht allzu hoch war. Mehrere Faktoren waren zusammengekommen. Nach dem Tod des Göttinger Chirurgen und Anatomen Conrad Johann Martin Langenbeck hatte Wagner 1851 versucht, auch den Lehrstuhl für Anatomie zu übernehmen und so die alte Einheit von Anatomie und Physiologie wiederherzustellen. Damit verkannte er nicht bloß die Zeichen der Zeit, die darauf hindeuteten, daß sich die Physiologie als Disziplin von der Anatomie emanzipierte. Wagner überschätzte auch seine eigenen Möglichkeiten, und trotz Intervention einiger Kollegen aus der Fakultät waren seine Bemühungen vergebens.[53] Der Schaden war für Wagner so groß, daß Carl Vogt noch 1855 genüßlich schreiben konnte, Wagner sei auf dem Gebiet der Anatomie ein völliger Dilettant.[54] Darüber hinaus war auch Wagners Verhalten bei der Göttinger Naturforscherversammlung 1854, als er Carl Ludwig in einem Vortrag heftig angriff und sich dann einer geplanten gemeinsamen Diskussion entzog, auf großes Befremden gestoßen. Seitdem mußte Wagner alles an einer Verbesserung seines wissenschaftlichen Rufs gelegen sein. Dazu schien die gewissenhafte Untersuchung von Gehirnen außerordentlicher Persönlichkeiten nicht der schlechteste Weg zu sein. Voraussetzung war allerdings, daß er sich vom Ruch der Phrenologie und der Physiognomik fernhielt.

Wagner war sich der Neuheit seines Vorhabens bewußt, da es »genaue Beschreibungen oder Abbildungen von Gehirnen ausgezeichneter Menschen«[55] bislang so gut wie überhaupt nicht gab; und er wußte auch um die Gründe: eine »natürliche Apprehension [...] gegen eine solche Benutzung einer privaten Leichenöffnung«.[56] Es ist sinnlos, darüber zu spekulieren, wie Wagner die Familienangehörigen dazu bewegen konnte, diese »Apprehensionen« zu überwinden, denn die moralischen Vorbehalte waren um 1860 kaum weniger ausgeprägt als eine Generation zuvor. Ein Grund dürfte jedoch in der spezifischen Göttinger Konstellation zu suchen sein, die eine seit der Gründung 1737 gepflegte, naturwissenschaftlich geprägte Nüchternheit und Rationalität mit einem außerordentlichen Ansehen und Selbstbewußtsein der Professoren verband.[57] Nicht, daß jeder Professor nach seinem Dahinscheiden der anatomischen Forschung zur Verfügung stand, doch die Untersuchung von Göttinger Gehirnen paßte in das elitäre Selbstverständnis, sofern nur die »Förderung ernster wissenschaftlicher Erkenntniss« und die »streng wissenschaftliche Form« gewahrt wurden. Nur dadurch konnten moralische Bedenken überwunden werden, denn Wagner wies ausdrücklich darauf hin, daß die »falsche Popularisirung und dilettantenhafte Behandlung, wie sie der Gall'schen Schule in diesem Gebiete eigenthümlich ist«,[58] vermieden werden sollte. Es ging also nicht um eine Neuauflage des Schädelenthusiasmus, sondern eine seriöse Forschung, die dem Göttinger Renommee in doppelter Hinsicht dienen sollte: durch die Untersuchung selbst und durch die prominenten Gegenstände.

Kurz nachdem Wagner mit der populären Instrumentalisierung von Gauß bei der Frage der Unsterblichkeit Schiffbruch erlitten hatte, sah er sich nun gezwungen, seine Forschungen dadurch zu legitimieren, daß er sich resolut von der Phrenologie abgrenzte. Diese moralische Distanzierung schien um so notwendiger zu sein, als die beiden Grundfragen, die Wagners ganzes Unternehmen trugen, nicht über die längst bekannten

					Lebensjahre
1)	Lord Byron	mit	2238	Gramm.	36
2)	Cromwell	"	2233	"	59
3)	Cuvier.	"	1829	"	63
4)	Dupuytren	"	1436	"	58
5)	Lej. Dirichlet	"	1520	"	54
6)	C. H. Fuchs	"	1499	"	52
7)	C. F. Gauß	"	1492	"	78
8)	C. F. Hermann	"	1358	"	51
9)	J. F. L. Hausmann	"	1226	"	77

Abb. 34: Rudolph Wagner, Tabelle mit dem Hirngewicht von neun bedeutenden Persönlichkeiten

Annahmen hinausgingen, nämlich erstens, daß das Gehirn intelligenter Männer größer, die Hemisphären des Großhirns und insbesondere des Stirnlappens ausgeprägter seien; und zweitens, daß sich die Oberfläche der Hirnrinde durch zahlreichere Windungen und tiefere Furchen auszeichnen würde.

Selbstverständlich war Wagner mit den gleichen Schwierigkeiten konfrontiert wie seine Vorgänger. Trotz der günstigen Göttinger Umstände konnte er nicht erwarten, je so viele Gehirne zu sammeln, daß es für definitive Aussagen reichte. Also war er auf andere Untersuchungen angewiesen. Darüber hinaus reichte ihm, da er sich anerkennend auf die Arbeiten von Leuret, Gratiolet und Huschke stützte, eine bloß orientierende physiognomische Inspektion der Gehirne nicht aus. Die Hinweise auf die Gehirne von Soemmerring und Döllinger waren so wertlos, daß Wagner sie nicht einmal der Erwähnung für würdig befand.[59] Abgesehen davon waren in den zwei Jahrzehnten seit den Publikationen Parchappes und Tiedemanns zwar weitere Untersuchungen zum Hirngewicht erschienen, doch unter den gewogenen Gehirnen fand sich, wenn man von Andrew Combe einmal absieht, kein einziges Gehirn einer bedeutenden Persönlichkeit. Somit war Wagner gezwungen, auch die älteren, unglaubwürdigen Gewichtsangaben zu übernehmen. Da in der Zwischenzeit weitere Professoren der Georgia Augusta verstorben waren, deren Gehirne Wagner für sich gewinnen konnte, kam er in seiner ersten Veröffentlichung zum Thema immerhin auf die Zahl von neun genialen Gehirnen (vgl. Abb. 34).

Lord Byron und Cromwell fielen trotz ihrer Einbeziehung in die Tabelle von vornherein aus, aber auch bei der Angabe von Cuviers Gehirn kamen Wagner Zweifel, die er dann allerdings durch Nachforschungen über

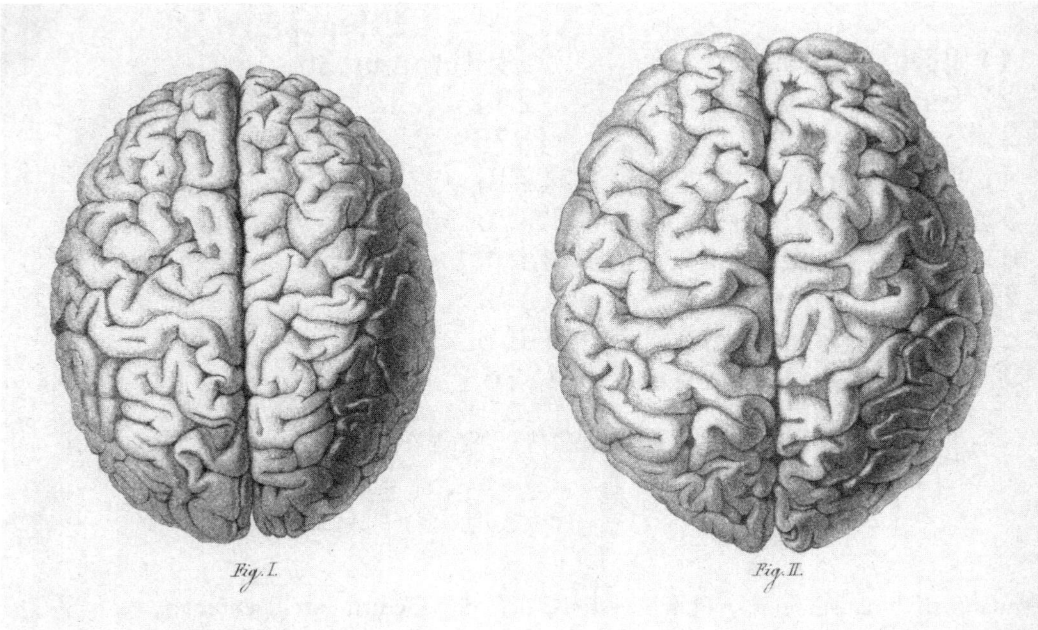

Abb. 35: Rudolph Wagner, Darstellung der Gehirne von Gauß (links) und Lejeune Dirichlet (rechts)

die Umstände der Sektion ausräumte.[60] Was die übrigen sechs Gehirne betraf, waren die Ergebnisse alles andere als spektakulär, denn von 32 männlichen Gehirnen, die Wagner untersucht hatte, gehörte das schwerste einem »Erwachsenen Mann (seit 2 Jahren blödsinnig)«; darauf folgte ein »22jähriger Arbeiter, an einem Beckenbruch verungl.«.[61] Erst an dritter Stelle rangierte Lejeune Dirichlet vor dem Kliniker Conrad Heinrich Fuchs und Gauß. Trotz der kleinen Zahl der beobachteten Fälle sah sich Wagner in der Lage, die Frage, ob sehr intelligente Menschen ein schwereres Gehirn hätten als weniger intelligente, zu verneinen. Das gleiche Resultat ergab auch das Gewichtsverhältnis zwischen Großhirn und Kleinhirn, wo die fünf Göttinger Gelehrten auf die gleichen Zahlen kamen wie gewöhnliche Göttinger Handwerker.[62]

Viel schwieriger zu beantworten war die Frage nach dem Windungsreichtum. Wagner differenzierte zwischen »windungsarmen oder einfachen« Gehirnen und »windungsreichen oder complizirten«. Bei ersteren war »die embryonale Form der Windungsverhältnisse, wie sie im 7ten Monat des menschlichen Gehirns besteht, noch mehr oder weniger zu erkennen«.[63] Beide Typen kamen bei beiden Geschlechtern vor, aber der windungsarme Typ sollte bei Frauen überwiegen, ganz wie es Huschke bereits postuliert

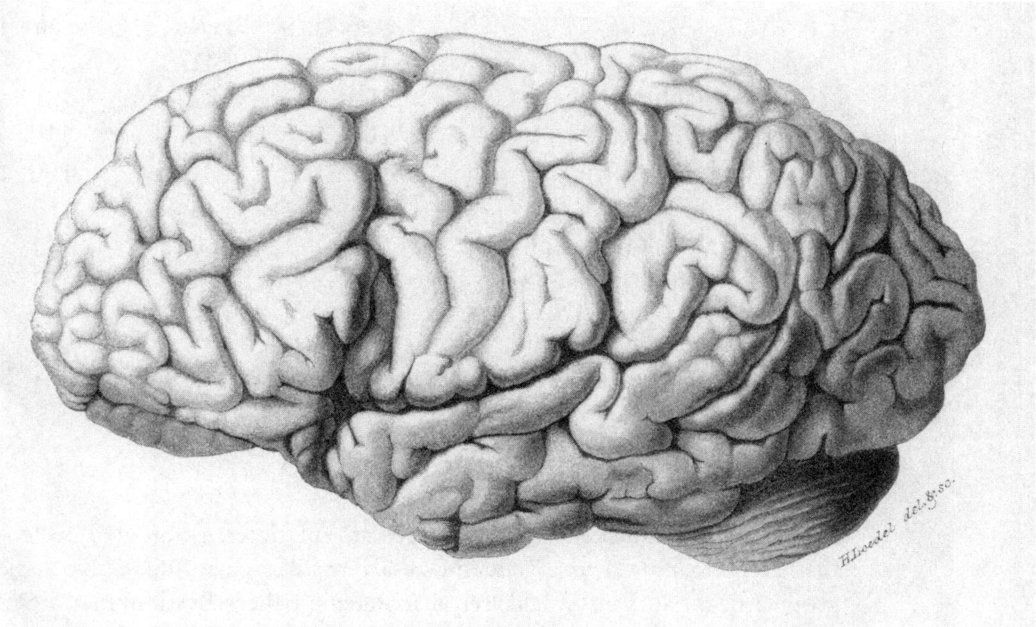

Abb. 36: Rudolph Wagner, Darstellung der linken Hemisphäre des Gehirns von Gauß im Profil

hatte. Für den Moment kam es Wagner jedoch auf die Feststellung an, daß er die windungsreichsten Gehirne bislang bloß bei Männern, und zwar bei den Mathematikern Lejeune Dirichlet und Gauß, gesehen habe (Abb. 35 und 36).[64]

In seinen Gesprächen mit Gauß hatte Wagner gesagt, »daß es mathematische Naturen, Inventionstalente mit mathematischem Instinkt ohne Technik des Rechnens gebe und Rechenmaschinen ohne Talent«.[65] Die Frage war bloß, inwieweit man mathematische Naturen am Gehirn ablesen konnte. Wagner war vorsichtig genug, seine Beobachtung, daß die Gehirne der beiden Göttinger Mathematiker vor allem im Stirnhirnbereich extrem windungsreich waren und die beiden Hemisphären dadurch asymmetrisch wirkten, nicht zu sehr zu strapazieren. Zwar fügten sich diese Befunde perfekt in die älteren Angaben ein, doch reichte das für Wagner noch nicht aus, daraus »ein für die mathematische Begabung charakteristisches spezifisches Formelement«[66] zu deduzieren. Darin kam jedoch kein prinzipieller Zweifel zum Ausdruck, sondern nur ein methodisches Dilemma, das die Untersuchung der Gehirnoberfläche mit der Physiognomik teilte. Für Wagner bestand kein Zweifel daran, »dass die Physiognomie des Menschen, insoweit dieselbe durch die von den Nervenerregungen abhängigen Zustände

	Länge	Breite	Höhe
1) Gauss	185	141	125
2) Deutscher	168	131	125
3) Tnnguse	165	143	116
4) Russe	167	131	120
5) Neger	175	128	115
6) 31jähr. Microceph. .	102	66	71
7) 26jähr. Microceph. .	101	65	73
8) Alter Orang-Utang .	101	108	87

Abb. 37: Rudolph Wagner, Tabelle mit Meßwerten der Länge, Höhe und Breite der Hirnoberfläche

in den Gesichtsmuskeln fixirt worden ist, auf tieferen, mit den Seelenthätigkeiten zusammenhängenden Kausalverhältnissen beruht.«[67] Doch die große Anzahl an Einflußfaktoren machte eine nähere Bestimmung dieses Verhältnisses außerordentlich schwierig. In ähnlicher Weise verhielt es sich auch mit den Hirnwindungen.

Wagner selbst machte sich auf die Suche nach weiteren Parametern. Diese Suche galt nun weniger dem in weite Ferne gerückten Ziel, geniale Begabung mit einer bestimmten Stelle im Gehirn oder mit irgendeiner Maßzahl zu korrelieren; es ging vielmehr um den Nachweis von Unterschieden. Also machte Wagner sich an eine weitere Meßreihe, für die er Gipsausgüsse von Schädeln anfertigte und dann deren Länge, Höhe und Breite ausmaß. Dieses Mal war Gauß eindeutig der Gewinner (siehe Abb. 37). Mit Genugtuung konnte Wagner hinzufügen, daß der Ausguß sogar etwas kleiner sei als bei den anderen Schädeln: »Denn bei Gauss ist der Ausguss in der frischen Schädelhöhle gemacht und enthält somit die dura mater nicht mit, während diese bei den anderen an trockenen Schädeln gemachten Ausgüssen hinzukommt.«[68] Außerdem hob er hervor, daß es sich bei den ausgewählten Gipsgehirnen um »typische Exemplare der Hauptvölkerformen« handelte. Mit der absteigenden Reihe von Gauß zum Orang-Utan orientierte sich Wagner an der geläufigen Hierarchisierung, wie sie die Anthropologie seit der Camperschen Schädel- und Gesichtsdarstellung als Stufenfolge vornahm. Natürlich gab es in Göttingen nicht mehr den klassischen Idealverlauf vom Affen bis zu Apollo Belvedere. Letzterer wurde durch das mathematische Genie ersetzt. Das brachte immerhin den Vorteil mit sich, daß der Idealtypus auch leibhaftig war.

Eine Variante zu dieser Hierarchisierung findet sich in Wagners letzter großer Arbeit über das Gehirn, in der er sich noch einmal mit den Gehirnwindungen beschäftigte und die früheren eher physiognomischen

Inspektionen durch mühselige Vergleiche und Messungen einzelner Windungen ersetzte. Diese Untersuchungen waren so zeitraubend, daß er sich auf wenige Gehirne, darunter die von Gauß und Fuchs, eines Göttinger Handwerksmanns, einer jungen Frau und eines Mikrocephalus beschränken mußte.[69] Wagner schnitt sich verschieden große Stücke aus Pflanzenpapier zurecht, das in 16 Quadratmillimeter große Quadrate eingeteilt war, und bedeckte damit die Hirnoberfläche bis in die Furchen hinein. Die Addition der Quadrate war das Maß für die Ausdehnung der Hirnoberfläche. Auf dieser Basis entwickelte Wagner eine ganze Reihe von neuen Parametern: die Gesamtlänge aller Furchen im Stirnlappen, die Länge der Furchen bezogen auf 100 Quadrate und die Länge der Furchen in Relation zur Oberfläche. In allen Fällen rangierte Gauß vor Fuchs. In gewissem Abstand folgten die Frau und der Handwerker und schließlich abgeschlagen der Mikrocephalus. Wagner fand in diesen Ergebnissen »etwas Befriedigendes, als sie allein vielleicht ein anatomisches Verhältniss andeuten, das durch Zahlen ausdrückbar erscheint und das sich auf eine psychologisch-physiologische Leistung des Gehirns beziehen könnte«.[70]

Perfektioniert wurde dieser Ansatz durch Wagners Sohn Hermann, einen später berühmt gewordenen Geologen, der in seiner Dissertation Oberfläche, Länge und Tiefe der Furchen des gesamten Gehirns ausmaß, wobei er auf den Mikrocephalus verzichtete und ansonsten dieselben vier Gehirne nahm wie sein Vater. Für die Oberflächenmessung benutzte er statt Pflanzenpapier Blattgold, um das Gehirn zu bedecken: »ein der Zartheit des Gegenstandes angemessenes Material«, wie Wagner fast liebevoll schreibt, dessen Stücke sich »mit ihrem einen Ende zart und glatt an dem betreffenden Theil des Gehirns festsaugen«, so daß »das steifgehaltene Blättchen langsam über eine Reihe von Windungen« gestülpt werden kann.[71] Dadurch ergaben sich völlig andere Zahlen als bei den früheren Messungen, doch blieb die Reihenfolge mit Gauß vor Fuchs, der Frau und dem Handwerker die gleiche.

Die Längen- und Tiefenmessungen zeigen viel deutlicher als bei Rudolph Wagner, daß diese Methode nur aufgrund der seit Gratiolet und Huschke bestehenden Windungssystematik möglich war. Hermann Wagners Einteilung in Primärfurchen, die die Haupt- oder Urwindungen voneinander trennen, Sekundär- und Tertiärfurchen sowie die separate Behandlung der die einzelnen Lappen voneinander trennenden Grenzfurchen ist die Grundlage für vergleichbare Zahlen, auch wenn er mit einer Interpretation etwa des Verhältnisses von Primär- zu Sekundärfurchen sehr zurückhaltend war. Zudem zeigt sich hier die Herkunft Wagners aus der Geographie, die durch zahlreiche Analogien und methodische Übertragungen wirksam wird, etwa wenn er die »Gehirnoberfläche [...] mit Ländern vergleich[t], die eine bedeutende Küstenentwicklung besitzen. [....] Wir betrachten demnach die ganzen Hemisphären sowohl als die einzelnen

Lappen als Halbinseln.« Also überträgt er die Mathematik zur Berechnung der Küstenlänge auf die Furchenlänge und findet den »unbestimmten Begriff ›windungsreich‹, ›windungsarm‹ […] derart präcisirt, dass man die Gehirne geradezu rangiren kann, um so die Beziehung zwischen der Entwicklung einzelner Hirnpartien mit den psychischen Eigenschaften der Inhaber zu prüfen«.[72] Auch damit ist Wagner zurückhaltend, doch immerhin geht aus Abb. 38 nicht nur die schon bekannte Reihenfolge hervor, sondern auch, daß die Furchenentwicklung im Vorderlappen des Gehirns ausgeprägter ist als in den übrigen Lappen.

Hermann Wagners Untersuchung stellte zu diesem Zeitpunkt gewiß den methodisch ausgeklügeltsten Beitrag dar, auch wenn er damit längst bekannte Annahmen nur mehr bestätigte bzw. erweiterte. Gegen seine methodische Vorgehensweise, die Mathematisierung des Gegenstandes, ließen sich aus damaliger Sicht kaum Einwände erheben. Hierin dürfte ein wichtiger Grund liegen, daß solche Untersuchungen fortgeführt wurden, auch wenn sie keine spektakulären Ergebnisse zutage förderten. Daß der Grat schmal war, der bei diesen Untersuchungen beschritten wurde, zeigt sich bei einem nochmaligen Rückblick auf Rudolph Wagner. Die Freude an seinen Ergebnissen wurde weniger durch die Unsicherheit getrübt, die in der geringen Zahl der Fälle begründet lag, als durch ein ganz anderes Problem, dem Wagner bis dahin nicht allzuviel Aufmerksamkeit geschenkt hatte. Seine Untersuchung der Göttinger Professorengehirne war von der Überzeugung geleitet, daß diese sich positiv von denen eines gewöhnlichen Menschen abhoben. Das war Konsens unter den Zeitgenossen. Wie aber war es zu erklären, wenn das Gehirn eines Göttinger Professors sich in keiner Weise auszeichnete, vielmehr im unteren Bereich der Tabelle rangierte? Wagner hatte sich frühzeitig von der Bedeutung des absoluten Hirngewichts verabschiedet, doch das Gehirn des berühmten Göttinger Mineralogen Friedrich Hausmann nahm mit 1226 Gramm nicht nur die 641. Stelle von insgesamt 964 gewogenen Gehirnen ein. Auch hinsichtlich der Hirnoberfläche war Hausmann bei 12 gemessenen Gehirnen Vorletzter. Hinter ihm lag nur noch der Mikrocephalus. Wagner hatte für diese Zahlen keine Erklärung und gab sogar zu, daß ihn Hausmanns Hirnwindungsrelief an dasjenige der *Hottentotten-Venus* und an einen Embryo erinnere. Für diesen Vergleich handelte er sich einigen Ärger ein, denn die Familie Hausmanns war über die veröffentlichten Resultate außerordentlich verstimmt und warf Wagner vor, ihren Verwandten postum herabsetzen zu wollen.[73] Das Tabu der Hirnsektion berühmter Persönlichkeiten war auch in der Göttinger Nüchternheitskultur dadurch entschärft worden, daß das Gehirn zum Bestandteil der Hagiographie und Erinnerungskultur wurde. Nur unter diesen Bedingungen waren solche Untersuchungen möglich. Im Fall von Laplace und Döllinger war das geringe Gehirngewicht verschwiegen worden, doch wenn ein so eklatanter Widerspruch bestand zwischen wis-

Tabelle V.

Furchenentwickelung.

Namen.	Seite.	Gesammte Oberfläche.	Stirnlappen = *lobus frontalis.*	Scheitellappen = *lobus parietalis.*	Hinterhauptslappen = *lobus occipitalis.*	Schläfelappen = *lobus temporalis.*	*Lob. front.* und *lob. pariet.*	*Lob. pariet., lob. occip.* und *lob. temp.*	Verhältnisszahlen im ganzen Gehirn.	*lob. front.*	*lob. pariet.*	*lob. occipital.*	*lob. tempor.*	*lob. front. & parietalis.*	*lob. par., occ. & tempor.*
Gauss	r. l.	39,14 38,72 } **38,93**	25,1 25,22 } **25,16**	20,60 16,7 } **18,35**	18,21 18,42 } **18,31**	14,27 15,96 } **15,11**	31,94 30,25 } **31,09**	30,0 29,4 } **29,7**	100	100	100	100	100	100	100
Fuchs	r. l.	37,98 38,26 } **38,12**	24,68 25,92 } **25,30**	17,28 18,33 } **17,80**	16,42 14,49 } **15,45**	16,35 15,83 } **16,09**	30,10 31,65 } **30,87**	28,8 28,2 } **28,5**	97,9	100,6	97	84,4	106,5	99,3	96
Frau	r. l.	34,2 35,48 } **34,84**	21,17 22,23 } **21,70**	15,84 17,44 } **16,64**	15,32 16,6 } **15,96**	15,02 15,90 } **15,46**	26,3 28,26 } **27,28**	26,5 27,7 } **27,1**	89,5	86,2	90,7	87,2	102,3	87,7	91,3
Krebs	r. l.	34,65 34,81 } **34,73**	21,57 22,13 } **21,85**	15,77 17,13 } **16,45**	18,44 16 } **17,22**	13,63 14,46 } **14,04**	26,66 27,60 } **27,13**	27,6 26,9 } **27,2**	89,2	86,8	89,6	94,0	92,9	87,3	91,

6*

Abb. 38: Hermann Wagner, Tabelle mit Meßwerten der Länge der Hirnwindungen

senschaftlicher Lebensleistung und Hirnbefund wie bei Hausmann, war das implizite Bündnis zwischen Angehörigen und Hirnforscher ernsthaft in Frage gestellt.

Der Vorwurf der Familie Hausmanns war also nicht unverständlich, zumal in der Pariser *Société d'Anthropologie*, wo man Wagners Untersuchungen mit großer Anteilnahme zur Kenntnis nahm und diskutierte, ein erbitterter Streit über das Hirngewicht im allgemeinen und Hausmanns Gehirn und seine Bedeutung als Wissenschaftler im besonderen ausgebrochen war. Die beiden Hauptprotagonisten dieses Streits waren Pierre Gratiolet und Paul Broca. Während der eine mit Wagner die Bedeutung des Hirngewichts herunterspielte und die Entwicklung der Windungen in den verschiedenen Rindenlappen favorisierte, setzte der andere auf das Hirngewicht und jede einzelne Hirnwindung. Dieser Streit mag akademisch erscheinen, doch er ist charakteristisch für die Geniegehirnforschung. Broca war im Gegensatz zu Gratiolet ein Sympathisant der Phrenologie und meinte, nun endlich Instrumente zur Verfügung zu haben, um intellektuelle Unterschiede auch bei Individuen und nicht bloß bei Rassen kausal begründen zu können. Die Folgen für die Pariser Debatten liegen auf der Hand. Für Gratiolet war es unbestreitbar, daß Hausmann trotz seines geringen Hirngewichts ein bedeutender Wissenschaftler gewesen sei.[74] Broca war da anderer Ansicht. Für ihn waren die schwergewichtigen Gehirne wie Cuvier und Lord Byron »große Männer, zwei Männer von Genie, die Seite an Seite mit den ersten unseres Jahrhunderts marschieren«. Auch wenn Broca am

Genie eines Gauß trotz dessen vergleichsweise geringen Hirngewichts keinen Zweifel hatte, mochte er dasselbe über Hausmann nicht sagen und gab zu bedenken, daß vielleicht auch ein weniger bedeutender Mann einen Lehrstuhl in Göttingen wahrnehmen konnte.[75]

Für Wagner ging Brocas Hirngewichtsgläubigkeit viel zu weit. Zwar fühlte er sich durch die Aufmerksamkeit, die er in Paris erregte, geschmeichelt, doch notierte er mit Befremden, daß Hausmanns Hirngewicht die Pariser Anthropologen am Wert seiner wissenschaftlichen Arbeiten hatte zweifeln lassen.[76] Nicht zuletzt aus diesem Grunde war er froh, daß er noch ein weiteres berühmtes Gehirn mit geringem Gewicht anführen konnte, wodurch die Einzigartigkeit des *casus Hausmann* etwas abgemildert wurde. 1861 war Friedrich Tiedemann im Alter von 80 Jahren verstorben. Wie dessen Schwiegersohn Bischoff in der Gedächtnisrede vor der Münchener Akademie berichtete, war das Gehirn atrophiert und nicht gerade schwer, verfügte allerdings über zahlreiche Windungen im vorderen und mittleren Bereich. Bischoff ging nicht weiter auf diese Befunde ein, fügte jedoch hinzu, daß das Gehirn in Spiritus aufbewahrt und später genauer untersucht werden würde. Wagner entnahm der Gedächtnisrede mit Erleichterung, daß man auch mit vergleichsweise geringem Gehirngewicht geistig tätig sein konnte.[77]

Man sieht: Wagner ging gewissenhaft zu Werke, und er hat keine voreiligen Schlüsse aus seinen Ergebnissen gezogen, obwohl die Sichtbarmachung von Unterschieden ihm durchaus am Herzen lag. Diese Vorsicht galt jedoch nur so lange, wie es sich um die Gehirne von Professoren handelte. Ansonsten bewegte er sich vor dem bekannten rassistischen Horizont. Auf der berühmten Göttinger Anthropologen-Tagung von 1861, die am Beginn der Bemühungen stand, eine deutsche Gesellschaft für Anthropologie zu gründen, nahm Wagner selbstverständlich an, daß eine geringere Ausbildung der Hirnwindungen mit einer begrenzten geistigen Entwicklung korreliert sei: »Dass die windungsärmeren Gehirne mit geringerer Furchenentwickelung zu reduciren sein dürften auf ein Stehenbleiben auf einer früheren Bildungsstufe, auf einem mehr embryonalen Zustand, wie derselbe in dem siebenten bis achten Monate des Fruchtlebens gefunden wird.«[78] Ein solcher Satz blieb nicht nur unwidersprochen, er war ein zentrales Axiom der meisten europäischen Anthropologen, insbesondere wenn es um Frauen und Schwarzafrikaner ging. Zu außereuropäischen Gehirnen hat Wagner sich nicht weiter geäußert, da er, wie er selbst einräumte, über keinerlei eigene anatomische Erfahrungen verfügte. Doch die Zusammenstellung der Untersuchungsgruppe *Gauß*, *Frau*, *Göttinger Handwerker* zeigt an, daß die typologischen, sozial determinierten Klassifikationen den Blick auf das Gehirn steuerten.

Wagners Unternehmen bedeutet in zweierlei Hinsicht einen Wendepunkt. Zum einen begann er mit der systematischen Sammlung von Gelehrtengehirnen, während man vorher höchstens Schädel, zumeist jedoch deren Abgüsse und Büsten sammelte. Damit wurde der Anspruch, solche Gehirne zu untersuchen, erstmals systematisch realisiert, und das geschah in dem Moment, als durch die Arbeiten von Gratiolet und Huschke eine brauchbare Windungssystematik zur Verfügung stand. Erst in diesem Moment wurde das Gehirn als Sammelobjekt interessant, und tatsächlich sind die bedeutenden Gehirnsammlungen erst ab der zweiten Hälfte des 19. Jahrhunderts entstanden. Zum anderen kombinierte Wagner die Erinnerungskultur der cerebralen Biographien mit der spätaufklärerischen Forderung nach vergleichenden anthropologischen Untersuchungen. Wie er es im Materialismusstreit bereits gesagt hatte: Die Wissenschaft sollte der Stützung der gesellschaftlichen Ordnung dienen, und dazu zählten soziale Hierarchien und die Verehrung der nationalen Heroen. So gesehen war Wagners Professorengehirnforschung eine Fortsetzung des ideologischen Kampfes mit anderen Mitteln. Allerdings war dieser Weg nicht unproblematisch, denn je mehr die Hirnforschung aufdeckte, desto größer war die Gefahr, daß der Materialismus Oberwasser gewann. Bei einem monarchietreuen Protestanten wie Wagner weist die Spannung zwischen individueller Freiheit und somatischer Disposition auf einen Konflikt innerhalb der bürgerlichen Werteordnung hin. Wie gezeigt, empfand er – wie viele andere auch – den Vergleich der Gehirn- mit der Nierenproduktion als Skandal, und doch setzte er auf das Gehirn als das Organ, an dem sich Differenzen festmachen ließen. In gleichlautender Weise hatten es auch Carus, Huschke und die französischen Anatomen vorexerziert, so daß man hier mit Recht von einer antimaterialistischen Tradition der Hirnvermessung reden kann.

Nach 1859 kam es sogar zu einer Entschärfung dieses Aspekts der Gehirndiskussionen, was mit dem Erscheinen von Charles Darwins *The Origin of Species* zusammenhängt. Wenn vorher die Assoziierung von Hirn und Harn das Skandalon bildete, so war es nachher die vermeintliche Ähnlichkeit der Affen- und Menschengehirne, die die Gemüter erregte. In England brach ein heftiger Streit zwischen dem konservativen Richard Owen und Darwins Anhänger Thomas Henry Huxley aus, der sich wie eine Fortsetzung des Materialismusstreits zwischen Wagner und Vogt liest. Es kann kaum überraschen, daß Wagner mit Owen zur Diskontinuität zwischen Affe und Mensch tendierte, obgleich er Huxley als Naturforscher durchaus schätzte; Vogt hingegen stellte sich kompromißlos auf die Seite Huxleys.[79] Eine Stellungnahme in dieser hirnanatomischen Kontroverse ist zumindest in der deutschen Gelehrtenwelt der sechziger und siebziger Jahre ein zuverlässiger Wegweiser dafür, ob der Betreffende die Darwinsche Mutationstheorie akzeptierte oder ablehnte.

Diese Feststellung bedeutet jedoch nicht, daß das Ereignis Darwin der uns hier interessierenden Geschichte eine grundsätzlich andere Wendung gegeben hätte. Die anthropologische Bestimmung cerebraler Differenzen blieb durch die Darwinsche Evolutionstheorie vorerst unbeeindruckt. Wagner reagiert auf die Ereignisse in England mit einer kleinen Korrektur. Während er im ersten Band seiner *Vorstudien* 1860 Gauß und den Orang-Utan noch in einer Tabelle unterbrachte, verschwindet der Menschenaffe zwei Jahre später kommentarlos aus dem Vergleichssystem und wird durch einen Mikrocephalus ersetzt. Damit soll deutlich werden, daß Affen- und Gelehrtengehirne schlechterdings nichts miteinander zu tun haben und daß Vergleiche nur innerhalb der menschlichen Art vorzunehmen sind.

Vom Nutzen und Nachteil der Zahlen

In welche Richtung sollte es nach den Untersuchungen von Wagner Vater und Sohn weitergehen? Nicht wenige Skeptiker sind nach den dürftigen oder wenigstens sehr vorläufigen Resultaten zu der Überzeugung gelangt, daß man die Erforschung genialer Gehirne besser zu den Akten lege. In Göttingen jedenfalls ist die Sammlung und Untersuchung von Gelehrtengehirnen nach Rudolf Wagners Tod 1864 nicht fortgeführt worden. Nicht einmal sein eigenes Gehirn fand den Weg zu seinen berühmten Kollegen. Wie ist es dann zu erklären, daß es in Europa zu einer regelrechten Konjunktur solcher Untersuchungen kam? Ich habe oben kurz angedeutet, daß die spezifische Atmosphäre in Göttingen zwischen nüchterner Rationalität und professoralem Selbstbewußtsein zumindest einen günstigen Nährboden für Wagners Ambitionen bedeutete. Ähnliche Konstellationen mag es aber auch an anderen Orten gegeben haben, ohne daß das zu vergleichbaren Aktivitäten geführt hätte. Hingegen wurde die Gelehrtengehirnforschung an Orten betrieben, die sich nicht nur von Göttingen, sondern auch untereinander erheblich unterschieden: in dem katholischen, höfisch geprägten München mit seinen naturwissenschaftlichen Leitfiguren wie Justus Liebig, Max Pettenkofer oder Carl Voit und in Paris, das sich nach den politischen Liberalisierungen um 1860 rasch wieder zur anziehenden wissenschaftlichen Metropole formierte. Es gab nicht den einen *genius loci*, der die Sammlung und Untersuchung außergewöhnlicher Gehirne ermöglichte, und deswegen gilt es, die lokalen Traditionen im Auge zu behalten, wobei es offensichtlich ist, daß Wagners Untersuchungen die Münchener und Pariser Unternehmungen unmittelbar angeregt haben.

Die Münchener Akademierede auf Ignaz Döllinger hatte 1841 mit der Erwähnung seines Gehirns geendet, doch es sollte zwanzig Jahre dauern, bis der Physiologe Theodor Bischoff damit begann, systematisch Gehirne von in München verstorbenen Gelehrten zu sammeln. Nachrichten über jene Gehirne fanden sich nun weniger in Nachrufen als in wissenschaftlichen Artikeln, die in den Sitzungsberichten der *Bayerischen Akademie der*

Wissenschaften oder auch in Festschriften veröffentlicht wurden. Gleichwohl wird auch in diesen Publikationen immer wieder deutlich, daß die Gelehrtengehirne einen Sonderstatus einnahmen. In München blieb Bischoff mit seinen Untersuchungen erst einmal allein, bis sein Schüler und Nachfolger als Professor der Anatomie, Nikolaus Rüdinger, in seine Fußstapfen trat. Etwas anders verhielt sich die Situation in Paris. Hier gab es nicht bloß die Tradition der Hirnwindungsuntersuchungen von Leuret und Gratiolet – mit der 1859 gegründeten *Société d'Anthropologie* bildete sich ein Sammelpunkt republikanischer, materialistisch und positivistisch gesinnter Wissenschaftler, die Fragen der Craniologie und der Hirnentwicklung ins Zentrum ihrer Diskussionen stellten.[80] Die Kontroverse zwischen Gratiolet und Broca hat davon bereits eine Kostprobe gegeben.

1861 trat Broca, der einflußreiche Mitbegründer der Gesellschaft, mit zwei epochalen Präsentationen vor seine Kollegen. Erstens stellte er den Fall des von ihm so bezeichneten *Monsieur Tan* vor, der nach einem Schlaganfall seine Sprachfähigkeit eingebüßt hatte. Broca postulierte die Existenz eines Sprachzentrums, das er in der dritten Frontalwindung lokalisierte. Für die moderne, wissenschaftlich akzeptierte cerebrale Lokalisationsforschung bedeutete das gewissermaßen die Gründungsurkunde.[81] Im letzten Drittel des 19. Jahrhunderts ruhte das Lokalisationsparadigma auf drei Säulen. Die erste war die seit langem akzeptierte Annahme, daß eine stark ausgeprägte anatomische Struktur mit einer besonderen Entwicklung der Funktion verbunden sei. Die zweite war Brocas Postulat, wonach man aus einem Funktionsausfall bei Läsion einer bestimmten Gehirnstruktur auf die Lokalisation dieser Funktion in der betreffenden Struktur schließen dürfe. Die dritte Säule wurde etwas später durch Anatomie und Physiologie aufgestellt. Sie besagt, daß aus der sekundären Degeneration oder Atrophie einer Hirnstruktur bei Nichtvorhandensein einer bestimmten Funktion (z.B. Blindheit oder Taubstummheit) die materielle Beteiligung dieser Struktur an der entsprechenden Funktion zu deduzieren sei. Auf diesen Annahmen gründeten zahlreiche Untersuchungen und Beschreibungen von neuropsychiatrischen Krankheitsbildern, so daß hier, nach dem ersten halbwegs verunglückten Versuch durch Gall, von der eigentlichen wissenschaftlichen Etablierung der Lokalisation gesprochen werden kann.

Für Brocas anthropologische Ambitionen war das erste Axiom besonders relevant: Alle Menschen verfügen über ein Sprachzentrum, doch wenn die Annahmen über Hirngröße und Intelligenz stimmen, dann müssen besonders sprachbegabte Menschen auch über eine größere dritte frontale Hirnwindung verfügen. Genau das war der Streifen am Horizont, den die Anthropologen für ihre weiteren Untersuchungen benötigten, allen voran Broca selbst. Seine zweite Präsentation von 1861 war die oben bereits zitierte umfangreiche Studie über Hirngewicht und -volumen, in der er sich ausführlich und kritisch mit Wagner auseinandersetzte. Die Kombination der quantitativen Messungen und der Lokalisationsforschung eröffnete die Perspektive für eine Neuorientierung. Zwar haben weder Broca noch Bischoff diesen Weg konsequent betreten, doch bildete sich in ihrem Umfeld jener neue Ansatz für die Untersuchung besonderer Gehirne, der nicht mehr das gesamte Windungsrelief, sondern nur noch eine einzige Windung bzw. Furche in den Mittelpunkt stellte.

Stephen Jay Gould hat in seiner kritischen Analyse der Untersuchungen Brocas eingeräumt, daß er großen Respekt vor dem französischen Arzt und Anthropologen habe: »Ich glaube ihm seine Zahlen und bezweifle, daß je bessere ermittelt worden sind.«[82] Das ist zwar schwierig zu beurteilen, doch unzweifelhaft legten Broca und seine Zeitgenossen eine methodische Sorgfalt und Gründlichkeit an den Tag, die in der Hirnanatomie bis dahin beispiellos war. Über die peniblen Messungen der Wagners hinausgehend, erstellten Broca und auch Bischoff genaue Anweisungen, wie ein Gehirn präpariert werden müsse, um das Hirngewicht zuverlässig zu bestimmen. Zur Messung des Hirnvolumens füllten sie Schädel mit trokkener Hirse oder Schrotkörnern, schüttelten und ruckelten an dem Knochen, damit sich die Körner möglichst überallhin verteilten. Sie zerbrachen sich den Kopf darüber, welche Bedingungen erfüllt sein mußten, um Hirngewichte miteinander zu vergleichen, und sie versuchten Faktoren wie Körpergewicht und -größe, Alter sowie pathologische Veränderungen systematisch bei der Interpretation der Daten zu berücksichtigen.[83] Nur vor diesem Hintergrund ist es erklärlich, daß das von Wagner als untauglich verabschiedete Hirngewicht wieder ins Spiel kam, und es zeigte sich einmal mehr, daß ein widerspenstiger Parameter durch verschärfte methodische Sorgfalt gezähmt werden konnte.

Eine nicht ganz leicht verdauliche Demonstration dieser methodischen Anstrengungen oder besser, Verrenkungen läßt sich ausgerechnet am Beispiel des Gehirns von Friedrich Tiedemann geben, das Wagner gegen den direkten Zusammenhang von Hirngewicht und Intelligenz angeführt hatte. Dazu ist es erforderlich, genauer auf Bischoffs verwirrende Zahlenverschiebungen einzugehen. Die wissenschaftliche Praxis der Hirnvermessung läßt sich kaum treffender als an diesem Beispiel aufzeigen. Tatsächlich war ein Gewicht von 1254 Gramm etwas mickrig, wenn man das von Bischoff ermittelte durchschnittliche männliche Hirngewicht von 1387 Gramm zugrunde legte. Dennoch ärgerte er sich über Wagners vermeintlich vorschnelle Beurteilung, weil dieser die erhebliche Atrophie von Tiedemanns Gehirn nicht genügend berücksichtigt hatte. Wie aber ließ sich das Hirngewicht nach oben rechnen? 1862 hatte Hermann Welcker, ein Schüler Bischoffs, ein Werk veröffentlicht, in dem er den Beweis anzutreten versuchte, daß sich aus dem Horizontalumfang des Schädels auf das Hirngewicht schließen läßt.[84] Das war eine gewagte Position, aber nicht gewagter als andere auch; und wenn etwas daran war, konnten die zahlreichen

Zahl der Fälle.	Horizontalumfang.	Hirngewicht.
1	495	1095
1	510	1215
1	520	1332
5	530—538	1431
1	546	1431
2	550	1517
1	570	1671

Abb. 39: Theodor Bischoff, Tabelle mit Schädelumfang und Hirngewicht

Schädelsammlungen noch sehr nützlich werden. Bischoff machte sich mit großem Eifer an eine Überprüfung der Resultate seines Schülers. Bei 100 gemessenen männlichen Gehirnen und Schädeln betrug das Durchschnittsgewicht die besagten 1387 Gramm, der Umfang des nichtskelettierten Schädels 532 Millimeter.[85] Zwar ließ sich eine Beziehung zwischen beiden Größen aufzeigen, doch war die individuelle Variation so groß, daß Bischoff an seinen Zahlen verzweifelte. Beispielsweise differierte das Hirngewicht bei zwei Individuen mit gleichem Schädelumfang um 590 Gramm. Es gab zahlreiche Inkonsistenzen dieser Art. Doch um den Welckerschen Parameter zu retten, nahm Bischoff mehrere Faktoren wie Schädeldicke, Größe des Schädelinnenraums, Kurz- oder Langschädeligkeit zu Hilfe. Bei 12 skelettierten Männerschädeln kam Bischoff auf einen ähnlichen Mittelwert und ordnete sie zusätzlich in Gruppen, angefangen mit dem kleinsten Horizontalumfang und dann in Zehnerschritten nach oben. Aus Abb. 39 geht hervor, daß 5 der 12 Fälle bei einem Horizontalumfang von 530-538 Millimetern ein mittleres Hirngewicht von 1431 Gramm aufwiesen. In diese aus puren Zahlenspielen gebildete Hirngruppe fügte Bischoff nun das Gehirn Tiedemanns ein, und zwar mit der folgenden Operation: Bischoff verfügte nicht über den Schädel selbst, sondern nur über einen Abguß des Kopfes. Er rechnete die Kopfhaut herunter, kam auf 531 Millimeter Horizontalumfang, phantasierte das Gehirn in die besagte Gruppe und landete bei »wenigstens« 1422 Gramm – was Bischoff beinahe zu einem Stoßseufzer der Erleichterung führte: »Tiedemann's Gehirn hätte sich also danach schon etwas über das Mittelgewicht erhoben.«[86]

Was ist hier passiert? Eben noch kam der Verfasser zu dem Ergebnis, daß es nicht möglich sei, »allein aus dem bekannten Schädelhorizontalumfange einen einigermassen sicheren Schluss auf das Hirngewicht zu ziehen«,[87] und nun nahm er Zahlenverschiebungen vor, die durch nichts als die selbstgewählten Kategorien und deren Verknüpfung gerechtfertigt waren. Schon Gould hat im Detail aufgezeigt, daß die Anthropologen des

19. Jahrhunderts ihre Kategorien, Parameter und Zahlen so lange herumschoben, bis das gewünschte Ergebnis herauskam. Das hat Bischoff auch getan, aber man muß eben genau hinschauen, wo er es getan hat, denn er hat sich von der Welckerschen Methode gerade nicht verführen lassen. Zusammenfassend mußte er doch zugeben, daß man im individuellen Fall nicht vom Schädelumfang auf das Hirngewicht schließen könne. Dieses Schwanken zwischen skeptischer Vorsicht und mehr als gewagter Hochrechnung scheint typisch für die quantifizierenden, sorgfältig ihr Material aufbereitenden und dokumentierenden Anthropologen zu sein. Sie sind dem phrenologischen Regime des Ungefähren und Ungenauen entkommen, um mit ihrer Genauigkeit bei Resultaten zu landen, die sich von denen der Phrenologie kaum unterscheiden. In diesem Zusammenhang ist Bischoffs Ehrenrettung des Schwiegervaters ein besonderer Fall, denn mit keinem anderen Gehirn hat er bis dahin soviel Aufwand betrieben. Dabei schien es ihm gleichgültig zu sein, daß die Gruppe der 12 Gehirne, die er als Referenz nahm, um Tiedemanns Gehirn aufzuwerten, alles andere als ehrenvoll war. Es handelte sich um neun hingerichtete Mörder und drei Arbeiter, also nicht gerade die Gesellschaft, in der man ein Gelehrtengehirn erwartete.

Mit solchen Zahlen ließen sich Bischoffs Hoffnungen kaum erfüllen, und in der Folgezeit hat er seine Spielereien mit Tiedemanns Gehirn nicht nur stillschweigend zurückgenommen, er hat vorerst auch darauf verzichtet, seine weiteren Untersuchungen über Gelehrtengehirne öffentlich mitzuteilen. Als Justus Liebig, dem er jahrelang freundschaftlich verbunden war, 1873 starb, nahm Bischoff die Hirnsektion vor und protokollierte den Befund ausführlich. Ein Jahr später veröffentlichte er eine Denkschrift über Liebigs Einfluß auf die Physiologie, in der er zwar viel über die Persönlichkeit, jedoch nichts über das Gehirn des großen Chemikers aussagte.[88] Diese Zurückhaltung ist nicht so zu verstehen, daß Bischoff es für unwürdig gehalten hätte, den Zusammenhang zwischen Gehirn und Genialität in einer hagiographischen Schrift unterzubringen. Die Befunde waren nicht so: das Hirngewicht im guten Durchschnitt, die Windungen differenziert, aber nicht sonderlich hervorragend; ein Gehirn unter vielen, und das entsprach nicht den Erwartungen, mit denen Bischoff angetreten war.

Daß er ansonsten wenig zimperlich war, seine Hirngewichtsuntersuchungen zu instrumentalisieren, geht aus der berüchtigten Abhandlung über das Medizinstudium der Frauen hervor, in der er den intellektuellen und akademischen Fähigkeiten des weiblichen Geschlechts eine gehörige Absage erteilte und dafür als Begründung das durchschnittlich geringere Hirngewicht anführte.[89] Zweifellos zählt diese Schrift zu den größten Peinlichkeiten, die sich ein Akademiker im 19. Jahrhundert mit der Autorität der von ihm vertretenen Wissenschaft erlaubt hat, aber sie verdeutlicht auch die Logik, die solche Entgleisungen ermöglichte; und sie war mitnichten ein Einzelfall. Den beginnenden Veränderungen im Geschlechterverhältnis, der Forderung nach uneingeschränktem Wahlrecht für Frauen oder nach freiem Zugang zur Universität, wußten Anthropologen wie Broca, Wagner, Huschke und viele andere nur so zu begegnen, daß sie mit ihrer akademischen Autorität auf einem gesellschaftlichen Status quo insistierten.[90]

All die Messungen und mathematischen Operationen, die Bischoff mit seinen insgesamt 559 männlichen und 347 weiblichen Gehirnen vorgenommen hatte, führten zu dürftigen Resultaten. Die Zahlen waren zwar groß genug, um gültige Aussagen zu treffen, doch die individuelle Variabilität machte genau diese Versuche zunichte. Daran scheiterten auch Typologisierungen wie die Einschreibung von Intelligenz oder Kriminalität ins Gehirn. Was sollte man anfangen mit zehn Gehirnen von Münchener Gelehrten, von denen fünf über, fünf unter dem durchschnittlichen Hirngewicht lagen? Nicht viel, und so mußte Bischoff schließlich enttäuscht zugeben, daß alle Anstrengungen, Gehirn und Gelehrsamkeit miteinander in Beziehung zu setzen, mißglückt seien.

Noch prekärer verhielt es sich mit den Gehirnen von Kriminellen. Bischoff scheint über glänzende Verbindungen zu den bayerischen Justizbehörden verfügt zu haben, denn nicht weniger als 135 seiner Gehirne stammten von verurteilten Kriminellen. Von den 16 Raubmördern abgesehen, verfügten die übrigen 119 über ein Gewicht, das leicht über dem allgemeinen Durchschnitt lag. Das ließ sich nur damit erklären, daß »Spitzbuben, Diebe, Betrüger etc. [...] meist schon intelligentere Köpfe« seien, etliche auch aus der körperlich kräftigeren bayerischen Landbevölkerung stammten.[91] Immerhin, ein typisch konfiguriertes *Verbrechergehirn*, wie es die damals aufkommende Kriminalanthropologie postulierte, lehnte Bischoff kategorisch ab. So blieben schließlich als vermeintlich handfeste und sichere Daten nur noch die leichteren Frauengehirne übrig, und man kann es fast tragisch nennen, daß das keine Neuigkeit für die Hirnanthropologen war. In diesem Fall war Bischoff nicht bereit, die Komplexität der verschiedenen Faktoren wie Körpergewicht oder Körpergröße auch nur einen Moment lang in Erwägung zu ziehen. Die methodische Vorsicht geriet an dem Punkt an ihre Grenzen, wo die Forderungen nach rechtlicher, politischer und sozialer Gleichstellung der Frauen unüberhörbar wurden.

Es wäre ein schweres Mißverständnis, Bischoffs Hirnuntersuchungen und deren Deutung als Fehlgriff in einem ansonsten vorbildlichen Wissenschaftlerleben anzusehen. Die Dichotomie von Skepsis und Voreingenommenheit ist typisch für all die positivistischen Wissenschaftler, die hier genannt worden sind, mögen sie Gratiolet, Wagner, Huschke, Vogt, Broca, Welcker oder Bischoff heißen. Genau diese Mischung brachte die Gelehrtengehirnforschung jedoch paradoxerweise eher voran, als daß sie sich hemmend auswirkte. Nur durch beharrliche Sammlung und Messung, ermüdende Tabellen, Vergleiche und Statistiken, nur durch sorgfältige

Abbildungen und Zeichnungen und nur durch trockene Zahlenreihen, die hier und da ein Fenster zum angepeilten Ziel einer Hirnphysiognomik öffneten, war es möglich, die Gehirne der Gelehrten aus dem Gehäuse der Phrenologie und Cranioskopie herauszuholen. Nach den Kapriolen der vierziger und dem Materialismusstreit der fünfziger Jahre standen Wagner und mehr noch Bischoff für ein positivistisches Biedermeier, in dem die Sammlung und Untersuchung von besonderen Gehirnen konventionalisiert wurde.

Nicht mehr vom Geniegedanken der Goethezeit affiziert und noch nicht von den emotional aufgeladenen Debatten um Genialität, Degeneration und Wahnsinn im Fin de siècle infiziert – für die diese Praktiken jedoch in einem ganz unmittelbaren Sinne das Fundament abgaben –, bildete sich hier eine unspektakuläre Normalität heraus, die für die Zeitgenossen offensichtlich nicht viel Beunruhigendes an sich hatte. Als der neukantianische Philosoph Jürgen Bona Meyer gleichermaßen mit Materialismus und Darwinismus abrechnete, ging er auch kurz auf die Untersuchungen Huschkes und Wagners ein und zählte sorgsam die Ungereimtheiten auf, um dann seinem Spott über die Materialisten damit freien Lauf zu lassen, daß »manches Frauengehirn noch klarer zu denken im Stande ist als Büchner und Consorten«.[92] So sympathisch (und selten) die Abqualifizierung der misogynen Hirnvermesser auch ist, denn Meyer hielt den Zusammenhang zwischen Hirngröße und Intelligenz allgemein für Unsinn, verschoß er sein Pulver nur in eine Richtung. Nicht Ludwig Büchner und Konsorten, sondern deren Gegner Huschke, Wagner und Bischoff hatten Frauengehirne gewogen und als minderwertig bezeichnet. Das wurde für den Neukantianer jedoch nur in dem Moment ein Problem, wenn es sich im Rahmen der von ihm bekämpften materialistischen Weltanschauung bewegte. Ein spiritualistischer Frauenverächter wurde nicht zur Zielscheibe seiner Kritik.

Das Hirngewicht und seine Aporien wären damit erst einmal abgearbeitet. Was aber geschah mit den Hirnwindungen? Bischoff hat dieses Thema konsequent umschifft. In seiner großen Abhandlung über die Hirnwindungen ist von individuellen Gehirnen mit keinem Wort die Rede, und an Hermann Wagners Untersuchungen läßt er kein gutes Haar, da sie ihm zu schwierig, zeitraubend und fehleranfällig erscheinen. Als ob alle Mühen der Quantifizierung umsonst gewesen wären, meint Bischoff, daß man nach wie vor auf den Augenschein angewiesen sei.[93] Dieses Problem war so lange unüberwindlich, wie es darum ging, die gesamte Oberfläche der Hirnrinde zu taxieren. Der Abschied vom Gesamtrelief fiel den Anatomen zunächst einmal gar nicht so leicht, denn signifikante, für die Intelligenzbestimmung nutzbare Unterschiede sollten sich nach ihren Vorstellungen am ganzen Gehirn oder wenigstens an einem einzelnen Rindenlappen festmachen lassen. Huschkes Messungen, wonach der Frontallappen bei Männern größer sei als bei Frauen, waren in dieser Hinsicht brauchbar. Das Festhalten am gesamten Windungssystem hatte einen entscheidenden Grund: die Ablehnung der Phrenologie. Die Aufspaltung des Geisteslebens in mannigfaltige Fähigkeiten und Neigungen war für Anatomen wie Gratiolet, Wagner und Bischoff, die an die Einheit der Seele glaubten, ein metaphysischer Greuel. Was wäre die Konsequenz einer Reduktion auf die einzelnen Windungen gewesen? Möglicherweise, daß bei einem Gauß oder einem Liebig diese oder jene Windung stärker entwickelt war als beim Durchschnitt, andere jedoch schwächer. Exzeptionalität hätte sich in einem mühevollen Windungsvergleich mehr oder weniger verflüchtigt, und das war so lange inakzeptabel für die Hirnanatomen, wie der Zusammenhang von Windung und Funktion unbekannt war. Brocas Lokalisierung des motorischen Sprachzentrums in der dritten Frontalwindung bildete insofern eine große Zäsur, doch wie seine Diskussionen mit Gratiolet gezeigt haben, konnten sich auch die Pariser Anthropologen nicht sogleich auf einen verbindlichen Parameter für die Klassifizierung von Gelehrtengehirnen einigen.

In der klinischen Medizin wurde Brocas Sprachzentrum rasch akzeptiert. Mit ein paar Jahren Verzögerung kam die Diskussion um die Lokalisierung von Hirnfunktionen und damit die Bedeutung einzelner Windungen und Furchen auch in der Gelehrtengehirnforschung an. In Deutschland war es Nikolaus Rüdinger, der es zu einer geradezu virtuosen Einengung der geistigen Kapazitäten auf eine einzige Furchenkonfiguration brachte. 1882 veröffentlichte er gleich zwei Abhandlungen. In der einen nahm er sich die dritte Frontalwindung Brocas, in der anderen die Interparietalfurche und die sogenannte *Affenspalte* vor. »Alter, Geschlecht, Race und Individualität« – das war einmal mehr das erprobte Quartett, mit dem der Frage zu Leibe gerückt wurde, ob nicht »anatomische Verschiedenheiten [...], je nach der geistig höheren oder niederen Stufe, welche ein Individuum während seines Lebens einnahm, unzweifelhaft zu konstatieren seien«.[94] Dazu nahm Rüdinger eine kleine methodische Neuerung vor, indem er nur eine Windungsgruppe oder gar eine einzige Windung »mit Hülfe der Photographie oder einer naturgetreuen Zeichnung« fixierte. Wiederum ist die Repräsentation wichtiger als das Objekt selbst, denn nun lassen sich die Kopien der Windungen mehrerer Individuen leicht nebeneinanderlegen und vergleichen. Sind die Zeichnungen nach der geometrischen Methode exakt ausgeführt, »so kann man an denselben ebenso wie an den Furchen Längen- und Winkelmaass mit Vortheil anwenden und die Unterschiede leicht feststellen«.[95] Im Unterschied zu den nichtvisuellen Meßmethoden Huschkes, Wagners und Bischoffs griff Rüdinger hier auf die visuellen Präzisionstechniken von Carus und Lucae zurück. Dieser Wechsel hatte mit den Schwierigkeiten zu tun, die Gehirnwindungen direkt zu messen, denn mit der Goldblattmethode Hermann Wagners ließen sich die Windungen nicht klar voneinander abgrenzen. Der Nachteil bestand

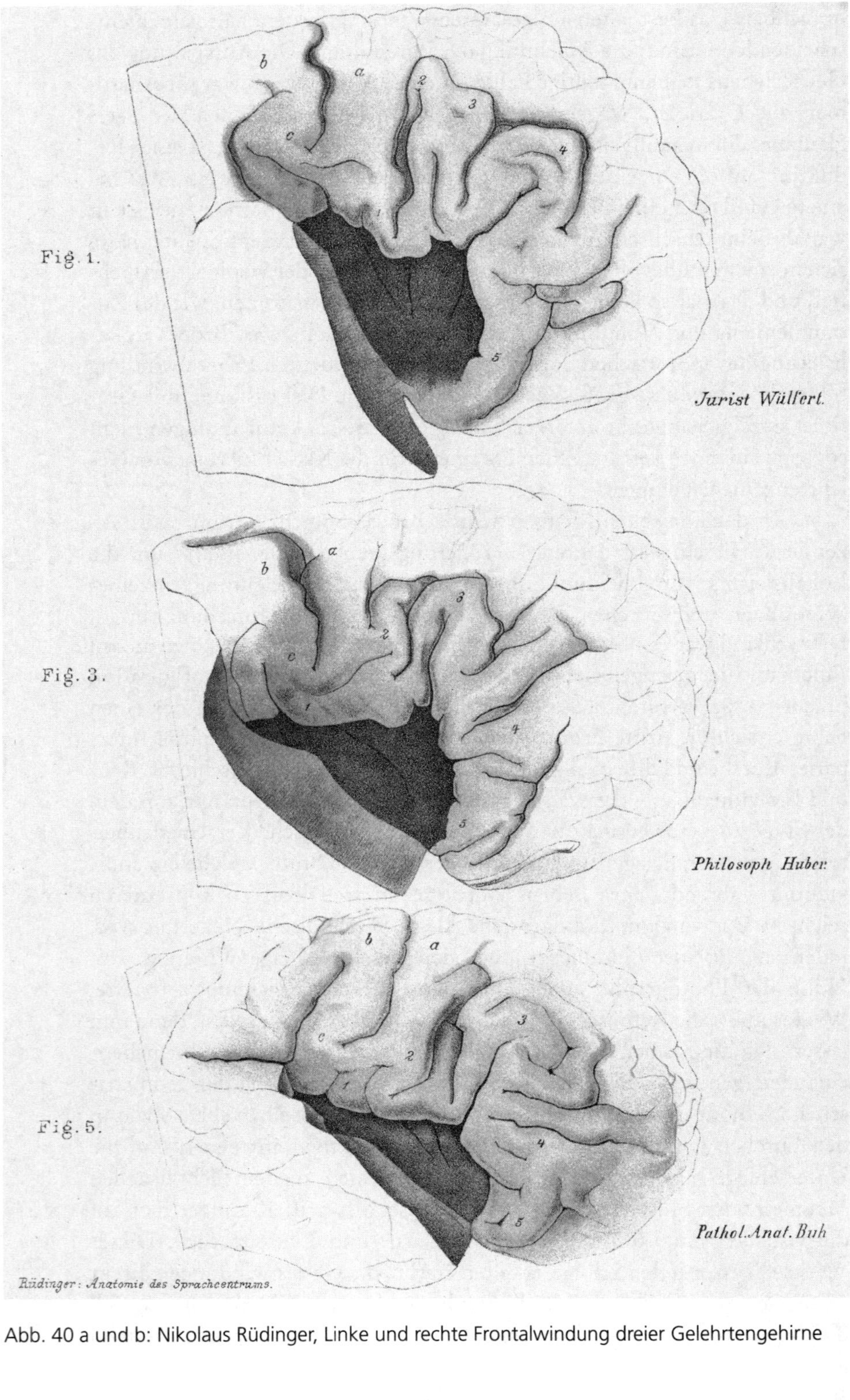

Abb. 40 a und b: Nikolaus Rüdinger, Linke und rechte Frontalwindung dreier Gelehrtengehirne

Tafel V.

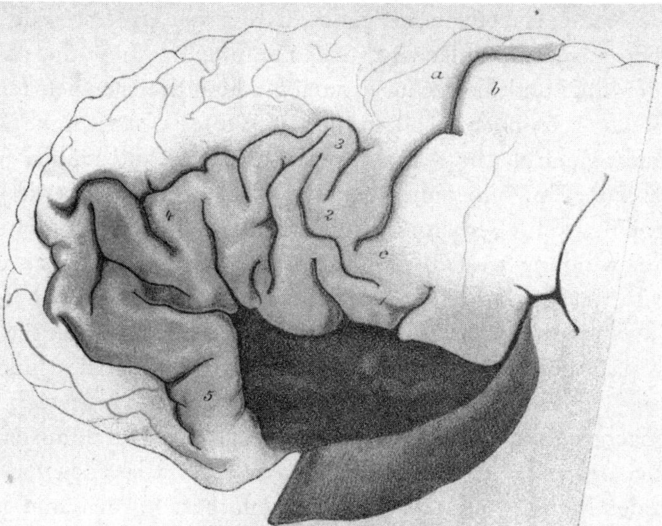

Fig. 2.

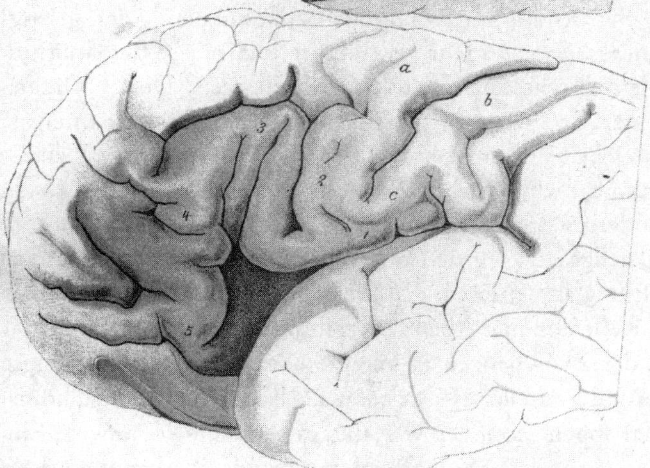

Fig. 4.

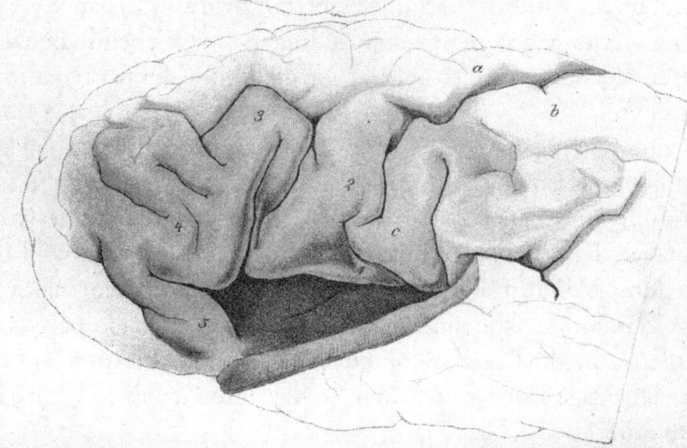

Fig. 6.

darin, wie Rüdinger bedauernd zugibt, daß er die Unterschiede nur mit Worten und nicht mit Zahlen ausdrücken konnte. In Abbildung 40 a und b werden die linke und die rechte Frontalwindung dreier Gelehrtengehirne gezeigt. Beim »rhetorisch begabten Juristen Wülfert« ist die linke Windung größer und länger als die rechte, ebenso bei dem Philosophen Johannes Huber, obwohl die Philosophenwindung etwas kleiner ist als die Juristenwindung. Umgekehrt verhält es sich bei dem Pathologen Buhl. Hier ist die rechte Stirnwindung wesentlich ausgeprägter, was Rüdinger zu der Vermutung führt, daß es sich um einen »›rechtshirnigen‹ Mann« handle.[96]

Die Lateralisierung war nichts Neues. Broca hatte schon 1863 postuliert, daß das Sprachzentrum in den meisten Fällen auf der linken Seite gelegen sei.[97] Die eigentlich entscheidende Frage war, inwieweit sich die Gelehrtengehirne von anderen unterschieden. Nach Durchmusterung des Münchener Bestandes konnte Rüdinger vermelden, »dass den geistig niedrig stehenden Menschen durchschnittlich einfachere Formen und geringere Ausdehnung der dritten Stirnwindungen zukommen als den geistig hoch stehenden; diese besitzen mehr gekrümmte und mit sekundären und tertiären Furchen durchsetzte dritte Stirnwindungen. Dieses Organ steht bezüglich seiner Grösse im proportionalen Verhältniss zur Intensität der Thätigkeit, welche mit ihm vollbracht worden ist.«[98] Das war eine wagemutige Annahme, nicht so sehr wegen der Gleichung zwischen Größe und Leistung, sondern wegen der Naivität, mit der hier die Sprachmotorik mit Intelligenz gleichgesetzt wurde. Zwar hatte Broca 1861 das Sprachzentrum mit der Hoffnung angepriesen, daß die edelsten kognitiven Vermögen wie Urteilskraft, Reflexion und Abstraktion ihren Sitz im Frontallappen haben, doch war in der Zwischenzeit in der Lokalisationsforschung einiges passiert.[99] Insbesondere stellte es sich heraus, daß das Sprachverständnis nicht an den Frontallappen gebunden war, und es herrschte keineswegs Einigkeit darüber, ob das motorische Sprachzentrum Brocas überhaupt etwas mit Intelligenz zu tun habe. Auch wenn Rüdingers vergleichende Beobachtungen zutreffen mochten, blieb es unklar, wie die Größe der dritten Stirnwindung zu deuten sei.

Die wichtigere Konsequenz dieser Untersuchungen lag darin, daß sie die neuerliche Konjunktur der Physiognomik der Hirnwindungen anheizten und eine metaphorisch aufgeladene Begrifflichkeit hervorbrachten, mit der sich die Schubladen Rasse, Geschlecht, Kriminalität und Intelligenz ein weiteres Mal auffüllen ließen. Die prägnantesten Wortschöpfungen in diesem Zusammenhang sind der *Raubtiertypus* und die bereits erwähnte *Affenspalte*. Beide Begriffe sollten in der Geschichte der Anthropologie eine zwielichtige Karriere machen, so daß ihre Genealogie kurz behandelt werden muß.

Im Regelfall besteht das Stirnhirn des Menschen aus drei Urwindungen. Bisweilen sind es auch vier, wie bei manchen Raubtierarten. Diesen

Umstand betrachtete der Wiener Arzt Moritz Benedikt als Anomalie, die er als typisch für Gehirne von Verbrechern ansah. Benedikt, der zu den ersten Anhängern der Brocaschen Lokalisationslehre im deutschsprachigen Raum gehört hatte, gründete in Wien eine von ihm selbst so bezeichnete Verbrecherklinik, die nichts anderes war als eine Sammlung von Schädeln und Gehirnen verstorbener oder hingerichteter Krimineller. Ungefähr gleichzeitig und wohl unabhängig von dem wesentlich bekannteren Cesare Lombroso machte sich Benedikt an seine hirnanatomischen und craniologischen Untersuchungen. In der Vermischung von vermeintlich konstanten Hirnbefunden und semantischen Anspielungen auf die Minderwertigkeit und Bestialität des Verbrechers kommt das gesamte Instrumentarium einer biopolitischen Erzeugung des Bösen zum Ausdruck. Einerseits wird der kriminelle Typus als atavistischer Rückfall in ein früheres Stadium der tierischen Entwicklung bezeichnet, wobei die Ausbildung der Windungen und Furchen einen darwinistischen »Kampf um Oberfläche« bedeutet.[100] Andererseits spielt die Hirnanthropologie mit den kollektiven Ängsten vor der Gefährlichkeit des primitiven Raubtiers.

Benedikt löste eine anhaltende, kontrovers geführte Diskussion aus, in der das Spektrum der vertretenen Ansichten bezüglich des Windungsreliefs von einer degenerativen Hemmungsbildung bis hin zu einer harmlosen anatomischen Varietät reichte. Auch wenn die Mehrzahl der Anatomen Benedikts *Raubtiergehirn* zurückwies, hieß das nur, daß sie die Existenz eines typischen Verbrechergehirns ablehnten. Daß Gehirne von Verbrechern oftmals Deformationen, Merkmale eines Stehenbleibens auf einer niedrigeren Stufe bzw. einer angeborenen Degeneration aufwiesen, war kaum umstritten.[101]

Wesentlich langlebiger als das *Raubtiergehirn* war die *Affenspalte*. Dabei handelte es sich um eine von Gratiolets *plis de passages*, also um die Übergangswindungen zwischen occipitalem und parietalem Cortex. Als *Affenspalte* bezeichnete man die Verschmelzung zweier Furchen, der äußeren Hinterhauptfurche und der parieto-occipitalen Furche. Benedikt folgerte daraus, daß die Konfluenz von Furchen einen primitiven Hirntypus ausmache, während die voneinander getrennten Furchen dem edleren, höher entwickelten Hirntypus entsprechen. Damit stand er bei weitem nicht allein.[102] Unter exakt dieser Fragestellung begann Rüdinger die Münchener Hirnsammlung erneut zu durchforsten. Die sorgfältig gestalteten Tafeln seiner Abhandlung enthalten in chronologischer und also hierarchischer Reihenfolge zunächst »Hirne von Affen«, dann »Hirne von Frauen«, »Hirne von Männern« und schließlich »Hirne von Gelehrten« (siehe Farbtafel V bis VII). Die Abbildungen sind nicht bloß wegen ihres völlig unverblümten und selbstverständlichen Rassismus und Sexismus bemerkenswert, sie zeigen auch, wie die ansonsten auf äußerliche Körpermerkmale wie Schädel, Augen, Nase oder Kiefer angewendete physiognomische Methode hier in bis dahin kaum gekannter Konsequenz auf das Gehirn angewendet wurde. So wie Lavater 100 Jahre zuvor den Kopf eines Newton radikal von dem eines »Labradoriers, der weiter nicht, als auf sechse zählen kann«, unterschieden wissen wollte, war Rüdinger davon überzeugt, daß die Hirnwindungen einer »Hottentottin« und eines »Justus Liebig« einen passenderen Schlüssel zur Politik der Differenzen boten als Gesichter. Was diese cerebro-physiognomischen Bilder nahelegen wollen, sind spezifische menschliche Profile. Diese Profile sollten Identitäten sicherstellen, und das geschah durch ethnische, geschlechtliche und berufliche Zuordnungen und bei den Gelehrten durch Namensnennung.

Genau das ist der Kontext, der das individualisierende Hirnbild und die Besetzung des Gehirns mit einer geistig-moralischen Wertigkeit auf die Tagesordnung setzt. Die Visualisierung des Gehirns eines Justus Liebig war Bestandteil der Hagiographie und des Erinnerungsgeschäftes an einen der bedeutendsten Wissenschaftler des 19. Jahrhunderts. Die Hirnbilder eines Dienstmädchens, einer Schwarzafrikanerin oder eines Juden waren Bestandteil einer Stigmatisierung. Sie sollten sich ebenfalls in das kollektive Gedächtnis einbrennen, und zwar nicht in der Weise, wie es Hautfarbe, Nase oder Gesichtsprofil taten. Letztere Zeichen galten als so primitiv, daß beinahe jeder sie erkennen konnte. Mit dem Gehirn verhielt es sich komplizierter. Es kam nicht darauf an, daß jeder diese Zeichen lesen konnte, man sollte nur einsehen, daß diese Zeichen eben auch am Gehirn auftauchen und daß ein Fachmann sie zu deuten verstand.

Die Durchschlagkraft der physiognomischen Lesart der Hirnrinde kam auch darin zum Ausdruck, daß visuelle Darstellungen des Gehirns zunehmend einem nichtfachlichen Publikum vorgeführt wurden. Zwar verblieben Rüdingers Bilder im engen Kreis der Fachgelehrten, doch schon 1873 zeigte der russische Anatom Vladimir Betz auf der Wiener Weltausstellung Präparate der Gehirne von Geisteskranken und Verbrechern, jenen »anthropologischen Zwillingsgeschwistern«, wie Benedikt es ausdrückte, mit denen abnorme Hirnentwicklungen demonstriert werden sollten. Weltausstellungsfähige Hirnbilder sind ein untrügliches Anzeichen dafür, daß sich das Gehirn als Zeichenträger anthropologischer Eigenschaften und Typen vom Schädel emanzipiert hatte.[103]

Autopsie mutuelle

Am 29. Oktober 1876 veröffentlichte die *Tribune médicale* die Statuten einer neuen Vereinigung mit dem nicht gerade alltäglichen Namen *Société d'autopsie mutuelle*. Dahinter verbarg sich eine Gruppe von zwanzig Mitgliedern der *Société d'Anthropologie*. Zu diesem Zeitpunkt hatten sich in der Anthropologen-Vereinigung zwei Gruppen mit unterschiedlichen Zielsetzungen herausgebildet. Die eine, um Paul Broca geschart, hielt auch nach der Gründung der Dritten Republik daran fest, wissenschaftliche Fragen von politischen und weltanschaulichen Debatten fernzuhalten. Für sie bedeutete Anthropologie vor allem vergleichende Anatomie der Rassen, mit einem Schwerpunkt auf Schädel- und Gehirnuntersuchungen. Die andere Gruppe scharte sich um Gabriel de Mortillet, der bereits 1848 auf der Seite der Revolution gestanden und danach 14 Jahre im Exil verbracht hatte. Mortillet, ursprünglich Jesuit, war ein radikaler Republikaner und Sozialist, der den Evolutionsgedanken mit einer Fortschrittsidee verband, die den Menschen in eine glückliche Zukunft führen sollte. Er griff Ideale der Französischen Revolution auf, um sie mit dem aktuellen wissenschaftlichen Materialismus sowie anthropologischen und biologischen Versatzstücken anzureichern. Wissenschaft diente der Gruppe um Mortillet als Waffe im politischen Meinungskampf der noch jungen, durch den verlorenen Krieg gegen Preußen gedemütigten französischen Republik.[104] Entsprechend verstanden sie sich als Wissenschaftler und Politiker oder wenigstens als politische Publizisten, deren Aktivitäten stets eine doppelte Ausrichtung hatten. Sie gründeten eine politische (*La Pensée Libre*) und eine wissenschaftliche (*L'Homme*) Zeitschrift, eine Freimaurerloge im Geiste des wissenschaftlichen Materialismus und eben die *Société d'autopsie mutuelle*. In dieser Vereinigung kamen Gehirn und männlicher Ehrencodex, sozialhygienische Forderungen wie die Standardisierung der Autopsie und antiklerikale Bestattungspraktiken in provokativer Absicht zusammen. Die Gründungsabsichten und Statuten der Gruppe wurden gleich in mehreren wissenschaftlichen und nichtwissenschaftlichen Zeitungen veröffentlicht, so daß ihre programmatischen Absichten niemandem verborgen bleiben konnten.[105] Mit ihren Aktivitäten besetzten die Mitglieder der Société einen symbolischen Raum, der ihnen intellektuelle Unabhängigkeit und gesellschaftlichen Einfluß sichern sollte, und damit definierten sie sich nicht mehr als akademische Kaste, die von Zeit zu Zeit ein größeres Publikum suchte, sondern als öffentliche Intellektuelle, die sich als Vorbild für die gesamte Gesellschaft betrachteten.[106]

Dieser Anspruch geht auch aus den Statuten hervor (Abb. 41). Daß das Wohl der Menschheit auch von einer genaueren Kenntnis der Hirnfunktionen und der Lokalisation der verschiedenen Vermögen abhängt, war im Rahmen der positivistischen Wissenschaftsideologie des späten 19. Jahrhunderts eine häufig geäußerte Ansicht. Wie aber ließ sich die regelmäßige Autopsie kultivierter Gehirne begründen? Schon Bischoff hatte sich darüber beklagt, daß die meisten der ihm zur Verfügung stehenden Gehirne von kranken, weniger intelligenten Menschen der unteren Schichten stammten. Das war auch die Meinung der Société, jedoch mit einer ganz anderen, sozialkritischen Färbung, wenn es heißt, daß die »Unzulänglichkeiten unserer sozialen Organisation« diesen Menschen nicht die Gelegenheit gebe, ihre angeborenen cerebralen Fähigkeiten zu entwickeln. Was der Anatom also üblicherweise vorfindet, ist ein unausgebildetes, weil ungenutztes Gehirn. Zudem ist es von Nachteil, daß die Wissenschaft über die Lebensumstände der im Krankenhaus Verstorbenen zumeist kaum etwas weiß. Ein Gehirn ohne eine Lebensgeschichte vermag nur unvollkommene Einsichten zu vermitteln. Gehirne von Gelehrten, Politikern, Schriftstellern oder Industriellen sind somit nicht bloß wertvoll, weil ihre Besitzer gebildet und kultiviert waren, sondern auch, weil es sich um öffentliche Figuren handelte. Ein weitergehendes Interesse für die Lebensumstände der Gelehrten hatten weder Wagner noch Bischoff zu einem besonderen Desiderat erhoben, und wenn, so beschränkte sich dieses Interesse auf hagiographische Absichten. Darüber ging die Société mit ihrer Forderung nach einer Korrelation von Charakter, Biographie und Gehirn deutlich hinaus, oder genauer: sie ging zurück zu den Zielen der Organologie Galls, und das bedeutete, typologische Kategorien zu finden, die sich gesellschaftlich verwerten ließen. Was Broca und seine Anhänger im Hinblick auf eine vergleichende Hirnanatomie der Rassen und der Kriminellen begonnen hatten, wollte die Gruppe um Mortillet auf alle Bereiche der französischen Gesellschaft, mit den gebildeten Schichten an der Spitze, übertragen.

Noch unverblümter zeigen sich der politische und szientifische Optimismus, oder anders: die biopolitische Aufbruchstimmung der Société in einem medizinischen Argument für die Durchführung von Sektionen, das sich kaum anders als protoeugenisch bezeichnen läßt. Das Gründungsmanifest verlangt sogar, Autopsien aller Leichen vorzunehmen und deren Ergebnisse sowohl der Wissenschaft als auch der Familie zur Verfügung zu stellen, die das pathologische Zeugnis ihrer verstorbenen Angehörigen bei Bedarf zukünftigen behandelnden Ärzten vorlegen könnten. Der Text geht hier nicht weiter ins Detail, doch eröffnet sich damit implizit die Möglichkeit, zur Vermeidung angeborener Krankheiten auf Geburtenkontrolle, medizinische Interventionen und auf eine gezielte Verbesserung der Lebenssituation für die Bevölkerung zu setzen. Diese Überlegungen sind aus mehreren Gründen bemerkenswert. Zunächst einmal erweist sich der Lamarckismus nicht zum ersten und nicht zum letzten Mal als Evolutionstheorie der Wahl für linke Reformer. Die Annahme einer Vererbung erworbener Eigenschaften erlaubt physische und soziale Interventionen, um erwünschte Entwicklungen zu fördern und unerwünschte zu bekämpfen. Zweitens stehen diese Forderungen quer zum französischen Hygienediskurs der siebziger Jahre. Gewiß spricht auch das Manifest von einem langen Leben und der »Verwirklichung des großen Desiderats: mens sana in corpore sano«. Doch das ist gleichsam nur eine rhetorische Verbeugung vor dem herrschenden Wissen, um radikale Veränderungen einzuführen, die in ihrer Zielrichtung bereits näher an ein interventionistisches Verständnis der

— STATUTS DE LA SOCIÉTÉ D'AUTOPSIE MUTUELLE. — Les soussignés, préoccupés de cette pensée scientifique que l'avenir intellectuel de l'humanité dépend entièrement des notions plus ou moins exactes qu'on possède sur les fonctions cérébrales et sur la localisation des diverses facultés, sont d'accord sur les points suivants :

1° L'expérimentation sur les animaux si féconde en résultats pour élucider les problèmes qui concernent les fonctions physiologiques (mouvements, sensations, sécrétion, etc.) n'ont jusqu'ici jeté qu'une lumière insuffisante sur l'étude des phénomènes de l'intelligence.

2° Seule l'étude de l'encéphale humain a enrichi la science de notions positives à cet égard.

3° Or, les notions que nous possédons sur les fonctions cérébrales sont presque toutes le résultat d'autopsies, grâce auxquelles on a pu constater qu'une lésion de telle partie du cerveau coïncidait avec la perte de telle fonction.

4° Nous ne possédons guère jusqu'à présent que l'étude pathologique, à peine encore ébauchée, de la psychologie basée sur l'observation rigoureuse des faits.

5° L'étude physiologique de la psychologie, c'est-à-dire la détermination du rapport existant entre telle fonction spéciale et telle portion nettement délimitée du cerveau, est encore très-incomplète.

6° Cette lacune provient de ce qu'on ne fait guère d'autopsie que dans les hôpitaux, et que l'examen ne porte sur le cerveau que dans les cas où le sujet a présenté pendant sa vie quelque lésion cérébrale.

7° L'étude directe qui nous préoccupe ne saurait se compléter dans un tel milieu, où le médecin ne sait généralement rien de la vie, du caractère, ni des aptitudes spéciales du sujet confié à ses soins. D'ailleurs, les sujets qu'on peut observer dans les hôpitaux, fussent-ils mieux connus, l'étude de leur encéphale ne pourrait nous fournir que des notions insuffisantes, parce qu'ils appartiennent à cette partie déshéritée de la population à laquelle les défectuosités de notre organisation sociale n'ont pas laissé les moyens de développer les aptitudes cérébrales qu'elle possède en germe.

8° L'observation, pour être féconde, devra porter sur l'encéphale d'individus appartenant à la classe cultivée, c'est-à-dire d'individus connus, ayant eu une valeur comme savants, littérateurs, industriels, politiques, etc... Chez ceux-là, dont la vie aura été en partie publique, l'étude comparative des circonvolutions saines et des facultés en action, devra conduire à des notions positives.

9° Au point de vue purement médical, l'étude approfondie des organes après la mort est appelée à devenir une sauvegarde contre le développement des maladies héréditaires. Réduite à ce qu'elle est aujourd'hui, elle est loin de rendre les services qu'elle comporte. Il y a à cela deux raisons : 1° quand une autopsie est faite dans un hôpital, les résultats n'en sont jamais portés à la connaissance des principaux intéressés, les parents du mort ; 2° les médecins chargés de soigner ses descendants, héritiers de sa constitution, l'ignorent également. Si la science médicale profite toujours des bienfaits généraux de ces observations quotidiennes, la famille ne profite jamais du bienfait immédiat qu'elle retirerait de la communication du procès-verbal d'autopsie auquel elle a, croyons-nous, des droits incontestables.

10° Dans l'intérêt de la santé publique et de la longévité des générations à venir, il serait donc fortement à désirer que la pratique des autopsies se généralisât, non-seulement dans les hôpitaux, mais encore dans la pratique médicale de la ville, et que toujours un procès-verbal en fût remis à la famille pour être conservé et communiqué par la suite en temps utile aux médecins.

11° Le procès-verbal d'autopsie, sous son double aspect pathologique et psychologique, est appelé à constituer l'état civil de sortie de l'humanité. L'hygiène et l'éducation y trouveront les éléments propres à hâter la réalisation de ce grand desideratum : « *Mens sana in corpore sano.* »

Des préjugés nombreux qui ont leur source dans une sentimentalité irréfléchie s'opposeront longtemps encore à la généralisation de cette pratique féconde.

Les soussignés estiment que le meilleur moyen de vaincre les préjugés est de donner l'exemple. En conséquence, ils forment entre eux une Société sur les bases suivantes :

Art. 1er. — Chaque sociétaire, résolu à concourir au double but, scientifique et humanitaire, énoncé ci-dessus, dispose qu'il sera procédé à son autopsie.

Art. 2. — Afin de lever par avance tout obstacle qui pourrait être apporté, après sa mort, à l'exécution de sa volonté, il laissera, écrit de sa main, en double exemplaire, et confiera à des personnes de son choix, avec le pieux devoir de le faire respecter, un testament conçu dans les termes suivants :

« Je soussigné, désire et veux qu'après ma mort il soit procédé à mon autopsie, afin que la découverte des vices de conformation ou des maladies héréditaires à laquelle elle pourrait donner lieu, puisse servir de guide dans l'emploi des moyens propres à en combattre le développement chez mes descendants. Je désire en outre que mon corps soit utilisé au profit de l'idée scientifique que j'ai poursuivie pendant ma vie. Dans ce but, je lègue mon cadavre, et notamment mon cerveau et mon crâne, au laboratoire d'anthropologie, où il sera utilisé de la façon qui semblera convenable, sans que qui que ce soit puisse faire opposition à l'exécution de ces clauses, qui sont ma volonté expresse, spontanément exprimée ici. Les parties de mon cadavre qui ne seront pas utilisées seront inhumées de la façon suivante : ...... »

Nota. — Chacun réglera, suivant son désir, les détails de la cérémonie de son enterrement.

Ont signé comme fondateurs :

Dr Coudereau, dr Collineau, dr Thulié, de Mortillet, Giry, Jacquet, Asseline, dr Obédénard, E. Véron, Robert Halt, dr Topinard, Y. Guyot, E. Barbier, dr Delaunay, Issaurat, A. Hovelacque, Ernest Chantre, dr Bertillon, dr Letourneau. — Les adhésions sont reçues chez M. le docteur Coudereau, 5 rue Marsollier.

Abb. 41: Statuten der *Société d'autopsie mutuelle*

Medizin rücken, wie es seit den neunziger Jahren durch den Schweizer Psychiater und Hirnanatomen August Forel vertreten wird und eine Grundlage der eugenischen Bewegung bildet.[107] Und drittens schließlich ist die Autopsie bedeutender Persönlichkeiten keine Angelegenheit einer kleinen Gruppe von Eingeweihten mehr. Indem die gebildete Klasse ihren Körper der Wissenschaft vermacht, übernimmt sie eine Vorbildfunktion für die anderen Mitglieder der Gesellschaft und vollzieht dadurch eine moralische Legitimierung der notorisch umstrittenen Sektion. Nicht mehr der Körper der Verbrecher oder der Mittellosen wird auf dem Altar der Wissenschaft geopfert, wie es weite Teile der Bevölkerung nicht nur im 19. Jahrhundert angenommen haben. Vielmehr wird die routinehafte Sektion zu einem Versprechen, das eine bessere Zukunft verheißt. Die Nobilitierung der Anatomie geht ganz auf Kosten der herkömmlichen Begräbnisriten. Der letzte Absatz des Manifests enthält ein vorformuliertes Testament, das für alle Mitglieder der Société verbindlich ist und mit dem Satz endet: »Die Teile meines Körpers, die nicht gebraucht werden, sollen auf folgende Weise bestattet werden: ....« Die abschließenden Leerzeichen signalisieren einen Freiheitsgrad, der aber dann doch nur in eine Richtung vollstreckt wird: der Verweigerung einer kirchlichen Bestattung.

Einen so offenen Affront gegen die herrschenden Sitten hatte es bis dahin in der Gelehrtengehirnforschung nicht gegeben. Gewiß hatte vorher mancher Wissenschaftler sein Gehirn oder seinen ganzen Körper der Wissenschaft vermacht; wenn nicht ausdrücklich, so hatten die Angehörigen ihr Einverständnis gegeben. Doch legten Anatomen wie Wagner oder Bischoff größten Wert darauf, nicht gegen den moralischen Codex zu verstoßen. In Paris verlängerte sich der antiklerikale und radikaldemokratische Impetus bis in den eigenen Körper hinein, und das Gehirn bildete die physische und moralische Speerspitze des kultivierten und politisierten männlichen Körpers. So kompromißlos standen weder die deutschen wissenschaftlichen Materialisten noch radikale Darwinisten wie Huxley für ihre Sache ein, die sich in ihren Zielen nur unwesentlich von den Franzosen unterschied.

Offensichtlich sind hier eine Reihe von neuen, politischen Elementen im Spiel, die der Untersuchung der Gelehrtengehirne eine neue Wendung gaben. Allerdings blieb diese zunächst einmal auf der programmatischen Ebene stecken, denn in der Praxis waren die radikalen Anthropologen mit ähnlichen Problemen konfrontiert wie ihre gemäßigteren Kollegen. Selbstverständlich konnte sich auch die Société nur dann zu Wort melden, wenn eines ihrer Mitglieder verstorben war. Den Auftakt machte Louis Asseline, ein Jurist und Freund von Émile Zola, der die Zeitschrift *La Libre Pensée* mitgegründet hatte und seit 1874 als gewählter Pariser Stadtrat fungierte. Bereits in seinem Todesjahr 1878 erschien der Sektionsbericht in den *Bulletins* der *Société d'Anthropologie*, der prompt zu gewissen Erklärungsnöten führte. Zwar wies das Hirngewicht überdurchschnittliche 1468 Gramm auf, doch eine vermeintliche Anomalie der Hirnwindungen machte den Anthropologen zu schaffen.[108]

In einer seiner letzten wissenschaftlichen Arbeiten stellte Broca das Gehirn des Mörders Prevost vor, bei dem sich eine ausgeprägte *Affenspalte* fand. Broca hielt diesen Befund für höchst selten. Er schätzte, daß er höchstens bei 2 % der weißen Rasse vorkomme. Darüber hinaus fügte sich diese Windungsanomalie glänzend in Benedikts Verbrecheranthropologie, die in Paris, insbesondere bei Broca, auf große Zustimmung stieß.[109] Die Schwierigkeit war nur, daß auch der verdiente Asseline die gleiche occipitale Furchenkonfiguration aufwies wie der Mörder Prevost. Broca mußte seine ganze vielfach erprobte Differenzierungskunst aufbieten, um diesen Fall zu erklären. Entweder, so argumentierte er, sind solche Furchenverschmelzungen Ausdruck einer absoluten Kleinheit der im Bereich der betreffenden Furchen liegenden Hirnwindungen, und dann handelt es sich um einen Defekt. Oder es liegt eine relative Kleinheit vor, und das bedeutet, daß die jeweiligen Nachbarwindungen überproportional groß sind. Genau das war bei Asseline der Fall, aber auch bei Prevost, und deswegen legte Broca großen Wert darauf, daß es sich bei letzterem um einen intelligenten Mörder gehandelt habe, der seine Verbrechen »mit kaltblütiger Präzision« plante.[110]

Die Fragwürdigkeit dieser Deutung wurde wenige Jahre später deutlich – Broca war inzwischen ebenfalls verstorben – als Mathias Duval der *Société d'Anthropologie* eine ausführliche Untersuchung von Asselines Gehirn vorlegte, in der er auf die vermeintliche Anomalie mit keinem Wort einging. Statt dessen gab er einen trockenen, nur mühsam seine Enttäuschung verbergenden Bericht über jede einzelne der Hauptwindungen und -furchen, die nichts Besonderes aufzuweisen hatten. Der Occipitallappen war wenig voluminös, die erste Frontalwindung überdurchschnittlich groß, die dritte allerdings, dank Broca die einzige, der man bis dahin eine Funktion zuweisen konnte, nur durchschnittlich ausgeprägt. Über die Dürftigkeit dieses Ergebnisses tröstete Duval sich und seine Kollegen mit dem Hinweis hinweg, daß man erst ganz am Anfang stehe und zahlreiche Vergleiche notwendig seien.[111] Zusätzliches Ungemach ergab sich dadurch, daß ein Mitglied der *Société d'Anthropologie* in der anschließenden Diskussion Zweifel am Wert der *autopsie mutuelle* angemeldet hatte. Prompt ließ sich Duval nicht mehr dazu hinreißen, seinen Beschreibungen irgendwelche qualifizierenden Erläuterungen beizugeben. Die im gleichen Jahr vorgetragenen Berichte über die Gehirne von Auguste Coudereau, den ersten Präsidenten der Société, und Jules Assézat beschränkten sich auf reine Beschreibungen des Hirnwindungsreliefs.[112]

Nach diesen drei Sektionsberichten konnte von einer Einlösung der in den Statuten formulierten Forderungen keine Rede sein. Die Mitglieder der Société mochten über die Lebensumstände, Fähigkeiten und den Charakter ihrer verstorbenen Kollegen wohl informiert sein, das Publikum ließen sie daran nicht teilhaben. Auch ein medizinischer Nutzen war aus den Publikationen nicht zu erkennen. Man sezierte Gehirne, wie in den Statuten festgelegt, aber man wußte nicht recht, was man damit anfangen sollte. Daß hier eine erhebliche Lücke zwischen Anspruch und Realität klaffte, wird auch durch die wenig exakte methodische Vorgehensweise bestätigt. Zwar wurde das Gehirn abgeformt, um dann von der Moulage eine Zeichnung mit dem Stereographen anzufertigen, doch wann immer von einer großen oder kleinen Windung, einer einfachen oder verzweigten Furche die Rede ist, bleibt der Referenzparameter für eine solche Aussage im dunkeln. Es scheint, daß die Pariser Anthropologen nach Broca sich mit dem Augenschein begnügten, während Wagner und Rüdinger sich mit peinlich genauen Messungen und Ausschnittsvergleichen abgeplagt hatten.

Wenige Jahre später gelang der Société mit der Beschreibung des Gehirns von Léon Gambetta dann endlich ein großer Coup. Gambetta repräsentierte wie vielleicht kein zweiter Politiker die Hoffnungen der jungen Dritten Republik, die angesichts starker reaktionärer und monarchistischer Kräfte alles andere als gefestigt war, zumal der verlorene Krieg gegen Preußen wie ein Alpdruck auf der Nation lag. Mit einem untrüglichen Gespür für die Stimmungen des Volkes ausgestattet, fand er für die Revanchegedanken die richtige Formel (»Nie davon sprechen, stets daran denken«) und verfolgte die Strategie, »die aus der Niederlage geborene Republik vom Makel der Niederlage freizuhalten, besser noch freizukämpfen«.[113] Für einen Beobachter wie Max Nordau, der das deutsche Publikum mit kulturkritischen Berichten über Paris und die Dritte Republik versorgte, war der noch junge Politiker der Mann, »in dem sich die gegenwärtige Republik verkörpert«, und er ging davon aus, daß die »Aera Gambetta [zur] Entwickelung der demokratischen und republikanischen Institutionen und Freiheit« führen werde. Geradezu hingerissen war Nordau von Gambettas Beredsamkeit und Sprachgewalt, die den Vergleich mit Mirabeau und Danton aushalten konnte, wenn er »Gratiskonzerte auf seinem Instrumente: der Sprache« veranstaltete.[114] Bevor die Ära Gambettas so richtig zum Tragen kam, war sie auch schon beendet, denn Anfang 1883 starb er im Alter von nur 44 Jahren an einer Blinddarmentzündung.

In den Sitzungsräumen der *Société d'Anthropologie* wurde am 18. März 1886 die Moulage von Gambettas Gehirn vorgeführt. Zunächst unterschied sich die Demonstration nicht von den vorausgegangenen. Dann aber ergriff Duval das Wort, um sich wortreich zu entschuldigen, daß auch dieser Fall noch nicht zu irgendwelchen allgemeineren Schlußfolgerungen tauge und nur einen weiteren kleinen Schritt auf dem langen Weg bedeute, einen Zusammenhang zwischen Hirnwindung und geistigem Vermögen herzustellen. Nach dieser Einleitung holte er drei weitere Gehirnmodelle hervor – zwei von Frauen und eines von einem Eskimo – und richtete die Aufmerksamkeit seiner Kollegen auf die dritte Frontalwindung, das Brocasche Sprachzentrum. Alle drei Individuen waren »wenig intelligent« und wiesen nach Duval jeweils eine reduzierte dritte Hirnwindung auf. Dagegen war Gambettas Windung extrem gut entwickelt und an der Spitze sogar auseinandergefaltet. Zur Bestätigung dieser Differenz hielt Duval sogar die Abbildung mit den Münchener Gehirnen Wolferts und Hubers aus Rüdingers Publikation daneben und hob besonders hervor, daß sie über große Windungen verfügten, aber nicht über eine Auseinanderfaltung an der Windungsspitze.[115]

Wenn man so will, war die Hirnwelt an diesem Tag für die *Société d'autopsie mutuelle* endlich einmal in Ordnung. Dabei mag der kleine Triumph, daß der Franzose über eine noch raffiniertere Windung verfügte als die deutschen Gelehrten, eine erwünschte Nebensächlichkeit gewesen sein. Entscheidender war, daß wenigstens ein Beleg für die Richtigkeit des Brocaschen Programms vorgelegt werden konnte, mit dem sich die Mitglieder der Société identifizierten. Die dritte Hirnwindung war für die französischen Anthropologen nicht nur ein motorisches Sprachzentrum, es war das Zentrum der sprachlichen Intelligenz überhaupt und damit – wenn man bedenkt, welch entscheidende Rolle die Sprache in der französischen Kultur spätestens seit Descartes spielt – ein cerebraler Ort, an dem sich geistiger Adel festmachen ließ. Broca hatte bis zu seinem Tod dafür gekämpft, die Asymmetrie zwischen linker und rechter Gehirnhälfte als Parameter für die Perfektibilität des Menschen zu etablieren, und er war damit ziemlich erfolgreich.[116] Die *Société d'autopsie mutuelle* trat nun in seine Fußstapfen, indem sie versuchte, die Perfektibilität auf eine einzige Hirnwindung zu reduzieren. Gewiß waren Gambettas Popularität und sprachliche Virtuosität ein idealer Aufhänger für ein solches Unterfangen. Doch schon bei den darauffolgenden Autopsien sollte sich herausstellen, daß die Gleichung zwischen Hirnwindung und (Intelligenz-)Organ nicht so leicht aufging.

Die Veröffentlichung über das Gehirn des Geographen Adolphe Bertillon setzte dadurch einen neuen Akzent für die Société, daß sie erstmalig ganze Passagen aus einer Lobrede auf den Verstorbenen und ein Portrait des Verstorbenen enthielt, doch die Windungsanalyse ergab ein gemischtes Ergebnis. An der Spitze war die dritte Hirnwindung recht kümmerlich, im weiteren Verlauf entwickelte sie sich dann beachtlich. Dafür gab es immerhin eine Erklärung. In der Aussprache meldete sich ein Freund Bertillons zu Wort und berichtete, daß dieser, ganz im Gegensatz zu Gambetta, große Schwierigkeiten gehabt habe, seine Gedanken angemessen auszudrücken und auch nicht über eine fehlerfreie Grammatik verfügt habe. Daraus müsse man schließen, daß die Fähigkeit, gut zu reden und zu schreiben, nicht notwendigerweise Anzeichen für eine hohe Intelligenz sei.[117] Man einigte sich darauf, das Verhältnis von Sprache und Intelligenz weiter zu diskutieren, aber genau das ist in den folgenden Jahren kaum geschehen. Als 1903 das Gehirn von Jean-Vincent Laborde präsentiert wurde, war wiederum von einem ausgeprägten Brocaschen Zentrum die Rede, das mit der großen Eloquenz des Verstorbenen zusammenpasse. Als ein Zuhörer in der Aussprache einwarf, daß es nicht ausreiche, die Sprachfähigkeit eines Menschen auf die dritte Frontalwindung zu reduzieren, und die Intelligenz vielleicht eher auf zellulärer Ebene untersucht werden müsse als anhand der Windungen, kam es zu keiner weiteren Diskussion.[118]

Das Schweigen, das auf diesen Einwand folgte, kann als symptomatisch gelten für die zunehmende Marginalisierung, in die die *Société d'autopsie mutuelle* seit den neunziger Jahren geraten war, und dafür waren politische und wissenschaftliche Gründe ausschlaggebend gewesen. Zunächst einmal hatte sich die politische Landschaft insoweit verändert, als der Protestcharakter der Société nur noch anachronistisch wirkte. Als Laborde ab 1892 die Präsidentschaft der Société übernahm, kam es zu einer erkennbaren Mäßigung der politischen Aktivitäten, was natürlich auch damit zusammenhing, daß die radikalen Mitglieder der ersten Stunde alt wurden und verstarben. Dafür versuchte Laborde, den wissenschaftlichen Charakter der Autopsien, durchaus im Sinne des Gründungsmanifests, zu modernisieren. Er bat die Mitglieder darum, Details aus ihrem Leben mitzuteilen. 1903 wurde sogar ein standardisierter Fragebogen entworfen, der Fragen nach Biographie, körperlicher Statur und Konstitution, Temperament, Gedächtnis oder Musikalität stellte (Abb. 42).[119] Dabei handelte es sich um eine etwas späte Reaktion auf Psychologen wie Alfred Binet, die ihre Untersuchungen zur Intelligenz mit Hilfe von standardisierten Fragen durchführten. Der Erfolg dieser Maßnahme war mehr als bescheiden. Die Mitglieder füllten die Fragebögen nur sehr unvollständig aus, und zu einer spürbaren Veränderung der *autopsie mutuelle* führten sie bis zur Selbstauflösung der Gesellschaft im Jahre 1914 auch nicht mehr. Diese Stagnation läßt sich am ehesten dadurch erklären, daß die Société durch ihr Selbstverständnis als politisch radikale Vereinigung geprägt war. Ihre Mitglieder sahen sich selbst als Revolutionäre oder wenigstens als politische Aktivisten, die bereit waren, für die Existenz und die Weiterentwicklung der Republik zu kämpfen. Die gegenseitige Sektion und die Fokussierung auf das Gehirn paßten in dieses heroische Männlichkeitsbild hinein, nicht aber das Ausfüllen von Fragebögen.

Der mit ihrem Aufstieg und Niedergang verknüpfte politische Charakter der Société dürfte auch der Grund dafür sein, daß sie in anderen europäischen Ländern keine Nachahmer fand bzw. entsprechende Bemühungen zum Scheitern verurteilt waren. In den späten achtziger Jahren versuchte der schwedische Anatom Gustaf Retzius eine Gesellschaft nach dem Vorbild der Société zu gründen. Doch als er in der Stockholmer Gesellschaft eine Liste herumreichen ließ, auf der die Mitglieder sich eintragen sollten, erlebte er eine herbe Enttäuschung: Die Liste blieb leer.[120] Radikale politische Ambitionen verfolgte Retzius, der zur wissenschaftlichen, gesellschaftlichen und finanziellen Aristokratie seines Landes zählte, gewiß nicht. Rein wissenschaftliche Gründe scheinen jedoch nicht ausgereicht zu haben, die ohnehin eher konservativen Ärzte von der Sinnhaftigkeit einer postumen Entrichtung ihres Zentralorgans zu überzeugen. Organspende war immer schon ein schwieriges Thema. So blieb Retzius nichts anderes übrig, als Angehörige zu überreden, in die Entnahme des Gehirns der Verstorbenen einzuwilligen. Dabei kam es ihm wiederum zugute, daß er zu den höchsten Kreisen der schwedischen Gesellschaft gehörte. Dieser Weg blieb auch in der Folgezeit maßgeblich. Als Felix von Luschan 1907 versuchte, die Berliner Mitglieder der *Gesellschaft für Rassenhygiene* darauf zu verpflichten,

Ces questions sont très simples, afin que les réponses soient précises et faciles à faire. Elles sont suffisantes pour donner des renseignements précieux sur les fonctions organiques et surtout sur celles du cerveau. Chaque membre de la Société est donc instamment prié de remplir ce questionnaire avec soin et de le retourner au secrétaire général de la Société.

D'autres observations seraient du plus haut intérêt, mais elles exigent l'emploi d'une technique difficile. Les personnes qui voudraient bien s'y prêter n'ont qu'à s'adresser au secrétaire général.

Nom.
Age.
Nationalité et lieu de naissance.
Profession.
Religion.
État civil (marié, veuf).
Taille.
Poids.

Système musculaire. — Est-on robuste ?
Est-on résistant à la fatigue ?
Est-on gaucher, droitier ou ambidextre ?
Quel est le membre inférieur (pied ou mollet) le plus gros ? (Bien spécifier si aucun accident, fracture, paralysie, etc., n'a modifié anormalement le volume).
Est-on adroit à des exercices ou à des travaux manuels ?
Le pied ou la main sont-ils dressés à un exercice particulier ?
A quel âge a-t-on marché ?

Parole. — A-t-on de la facilité d'élocution ?
A-t-on de la facilité pour articuler les mots difficiles ou étrangers, ou des tendances à bégayer ?
La voix est-elle juste ou fausse ?

Mimique. — A-t-on une physionomie expressive ou immobile ?
Peut-on mouvoir à volonté le cuir chevelu, les oreilles, le crémaster ?

Organes des sens :
Vue : Bonne ou faible ?
Est-on affecté de daltonisme ?
L'acuité est-elle égale des deux côtés ?
Ouïe : bonne ou faible ?
Egale des deux côtés ?
Exercée à la musique ?
Odorat : Sensibilité aux odeurs marquée ou non ?
Goût : Sensibilité marquée ou non ?

Mémoires :
Retient-on mieux les choses vues ou entendues ?
A t-on des particularités à signaler sur la mémoire des lieux, des noms propres, des langues, des airs de musique, etc. ?
A-t-on une bonne mémoire des odeurs ou des saveurs ?

Mentalité générale :
A-t-on de la vivacité ou de la lenteur d'esprit ?
Est-on enclin aux jeux de mots, aux calembours ?
Est-on triste ou gai, calme ou violent ?
Quels sont les penchants qui dominent ?
A-t-on des aptitudes spéciales (musique, dessin, poésie, éloquence, etc.) ?

Maladies :
Indiquer avec soin les maladies qu'on a eues pendant ou après la croissance : *rachitisme*, convulsions infantiles, fièvres graves, paralysies disparues ou persistantes, nervosisme, etc.
Signaler ceux de ces caractères qui sont héréditaires dans la famille.
Signaler, s'il y a lieu, une précocité particulière ou un retard dans le développement (parole, marche, puberté, etc.)

Abb. 42: Fragebogen für die Mitglieder der *Société d'autopsie mutuelle*

der Gesellschaft ihr Gehirn zu vermachen, hielt sich der Enthusiasmus ebenfalls mehr als in Grenzen.[121] Wie sich nach dem Ersten Weltkrieg zeigen sollte, paßten Elitegehirnforschung und Eugenik glänzend zusammen, doch einen Gehirnclub wie in Paris hat es in der Form in Europa nicht noch einmal gegeben.

Schließlich hatte der Niedergang der Société auch wissenschaftliche Gründe. Zunächst einmal handelte es sich um eine lokal gebundene, nicht an einem breiten akademischen Informationsaustausch interessierte Vereinigung, die real und symbolisch an die *École d'Anthropologie* gebunden war. Etliche der aktiven Mitglieder waren Professoren an der École, und man blieb unter sich. Ein skeptischer Einwand wie der des Neurologen und Charcot-Schülers Charles Féré, der nach den vorliegenden Untersuchungen keinen notwendigen Zusammenhang zwischen der groben Morphologie des Gehirns und dem intellektuellen und moralischen Status einer Person zugeben wollte, focht die Anthropologen kaum an. Sie nahmen es nicht einmal zur Kenntnis.[122] Was für die innerstädtischen Verhältnisse in Paris galt, traf für die Rezeption von ausländischen Forschungen fast in noch höherem Maße zu. Wagners und Bischoffs Untersuchungen wurden noch zur Kenntnis genommen, doch danach blieb man auf sich selbst bezogen.[123] Daß es schon in den siebziger Jahren in Berlin heftige Diskussionen um die cerebrale oder psychologische Natur der Sprache gab; daß mit Carl Wernickes Fund eines zweiten Sprachzentrums ein sensomotorisches Sprachmodell geschaffen wurde, das die Sprache tatsächlich zu einem komplexeren Phänomen machte als bloße Sprachmotorik; daß in England und Deutschland große Vorbehalte gegen eine Lokalisierung des Sprachvermögens artikuliert wurden, die etwa in Sigmund Freuds Buch über die Aphasien mündete, dessen Kernthese besagte, daß die Funktionsbedingungen des Sprachapparats nicht an bestimmte Zentren delegiert werden könnten; und daß schließlich in England durch den Mathematiker Karl Pearson und seine Arbeitsgruppe aufgrund biometrischer Untersuchungen die Korrelation zwischen cranialer Kapazität und geistigen Fähigkeiten als Mythos entlarvt wurde – all diese Entwicklungen fanden ohne die *Société d'Anthropologie* statt.[124] Statt dessen klammerte sie sich an das Brocasche Sprachzentrum. Auch in der Hirnanatomie wurde die Topographie der Hirnrinde auf ein neues Fundament gestellt. *Assoziationszentren* ist das Stichwort für diese Entwicklungen, die jedoch an Frankreich vorbeigingen. Mit dem Verschwinden der Société war die Gelehrtengehirnforschung dort erledigt.

Gelehrten- und Künstlergehirne im Fin de siècle

Das Genie zwischen Positivismus und Pathologie

Im Fin de siècle, das gleichzeitig auch als *naturwissenschaftliches Zeitalter* bezeichnet wurde, hat das permanente Oszillieren zwischen Fortschrittsglauben und Untergangsängsten bisweilen erstaunliche Blüten getrieben. Zu den bemerkenswertesten zählt die Wiederkehr des Genies, die das Resultat einer Zusammenführung zweier scheinbar unvereinbarer Dinge darstellt. Auch ohne Max Webers Thesen von der Rationalisierung und Entzauberung der Welt zu bemühen, leuchtet es ein, daß die positivistische Reduktion des Geisteslebens auf die somatischen Determinanten des Gehirns und der ästhetisch gefaßte Begriff der Genialität bzw. des Genies einander ausschließen. Für die französischen und deutschen Hirnanthropologen war der Geniebegriff eine quantité négligeable, denn mit all den Wägungen, Vergleichen und Quantifizierungen blieben romantische und idealistische Attribute des Genies wie Intuition und anschauende Erkenntnis des Ganzen, die noch für Carus und Huschke verbindlich gewesen waren, erst einmal auf der Strecke. Schopenhauers Verklärung des Genies als notwendig pathologische Erscheinung war für die Hirnvermesser ebenso folgenlos wie Carus' Symbolik der menschlichen Gestalt. Die post-idealistische Ausnüchterung des Wissens ging mit einer Entzauberung des Genies einher, die andere Tugenden als Intuition, Geistesblitze und bloße Originalität ins Spiel brachte. Gefragt waren Disziplin, Beharrlichkeit und Spezialisierung, um dem wissenschaftlichen und kulturellen Fortschritt zu dienen.

Niemand in Deutschland hat diese Tugenden besser repräsentiert und deutlicher artikuliert als Hermann von Helmholtz, der mit einem unverhohlenen Seitenhieb gegen Schopenhauer Geistesblitze, geistreiche Einfälle und unbestätigte Spekulationen namentlich in den Naturwissenschaften für schädlich hielt. Zwar behielten Anschauung, Intuition und psychologisches Taktgefühl für Helmholtz ihre Bedeutung für die wissenschaftliche Arbeit, und auch die individuelle Geistesrichtung des Talents zog er nicht in Zweifel, doch all diese Aspekte konnten sich nur in gründlicher und ausdauernder Arbeit entfalten.[1] Nicht mehr der hochfliegende Genius, sondern die in mittlerer Geschwindigkeit sich fortbewegende kleinere oder größere Begabung wurde zum Idealtypen des naturwissenschaftlichen Zeitalters. Das war auch die Überzeugung der Hirnanthropologen. In ihrer Perspektive war Genie das Resultat einer besseren morphologischen Ausstattung einzelner Hirnwindungen, und die Deutung der Gehirne von Gauß, Gambetta oder Liebig markierte die Richtung für weitere Untersuchungen. Letztlich folgte die Hirnanthropologie auch in diesem Punkt dem gescholtenen Organologen Gall, der Genie als Höherentwicklung einzelner Hirnorgane bezeichnet hatte. Messungen, Wägungen und Vergleiche legten nahe, daß der Abstand vom Genie zum gewöhnlichen Menschen und zum Talent bedeutend sein konnte, aber er war doch quantitativ bestimmbar. Mit dieser Definition begann man sogar im Rahmen der Künste und der Ästhetik zu arbeiten.

Keine Disziplin hat den Anspruch, durch quantitative Messungen den Körper in überschaubare Einheiten zu zerlegen und funktionell zu erklären, stärker vertreten als die Physiologie. Mit ihren Methoden forcierte sie eine Experimentalisierung des Lebens, die weit über das Laborgeschehen hinausging. Der Materialismusstreit der fünfziger Jahre wurde im sprachlichen und epistemischen Raum der Physiologie geführt, und die experimentelle Methodik selbst diente als Vorbild für ästhetische Programmatiken. Auch wenn führende Physiologen wie Helmholtz oder Claude Bernard immer wieder auf kategoriale Unterschiede zwischen wissenschaftlicher und künstlerischer Tätigkeit hinwiesen, war die Forderung nach einer Adaptation des experimentellen Ansatzes durch den Künstler für die ästhetische Grundlegung des Naturalismus zentral. Am weitesten ging Émile Zola in seiner einflußreichen naturalistischen Schrift *Le Roman expérimental*, indem er Bernards berühmte *Introduction à l'étude de la médecine expérimental* zum Vorbild nahm und meinte Bernards *Mediziner* nur noch durch den *Romancier* ersetzen zu müssen, um den auf der Höhe der Zeit agierenden Schriftsteller zu charakterisieren.[2] So wie der Physiologe die Natur erforschte, indem er eine experimentelle Anordnung entwarf, sollte der Romancier die Gesellschaft beobachten und analysieren.

Die Annäherung der Ästhetik an die Naturwissenschaften und die Trockenlegung des Genies in den Hirnwindungen kann man als zwei Seiten einer Medaille ansehen. Das geht vor allem aus den theoretischen Schriften des deutschen Naturalismus hervor. In seiner an Zola orientierten Schrift *Die naturwissenschaftlichen Grundlagen der Poesie* redet Wilhelm Bölsche von der »Vererbungsfurche« und der »Aneignungs-Furche« und kennzeichnet das Genie als »Gehirnprocess«, der innerhalb des normalen Spektrums »eine gewisse individuelle Besonderheit aufweist«. Conrad Alberti redet von gesunden, kräftig gebauten und geübten »Großhirnrinden«: »Talent, Genie ist nichts anderes als die normale, gesunde, entwicklungsfähige Ausbildung der Gehirnzentren.«[3] Hier kommt eine spröde Genieauffassung zum Vorschein, die das Genie nicht mehr als absolute Ausnahme darstellt. Das geistige Plus, das es vor seinen Mitmenschen hervorhebt, ist eine hirnphysiologisch und -anatomisch erklärbare Nuance im variablen Spielraum des Normalen.

Doch wogegen wendet sich dieser Geniebegriff eigentlich? Ist die romantische Verklärung des Genies nach 1870 tatsächlich der Hauptangriffspunkt? Alberti selbst redet vom Überirdischen, Geheimnisvollen und Unerklärlichen, das den älteren Geniebegriff umgibt. Zweifellos ging es ihm wie auch Bölsche darum, den naturwissenschaftlichen Grundlagen des modernen Denkens Rechnung zu tragen. Andererseits haben wir aber auch gesehen, daß sich Naturwissenschaften und Ästhetik nicht so leicht gegeneinander ausspielen ließen. Carus hatte seine ganze Anstrengung darauf gerichtet, die romantische Vorstellung vom Genie mit der exakt vorgehenden Craniologie zu verbinden. Und auch für Schopenhauer war das Genie ein Hirntier und kein überirdisches Geheimnis. Die Naturalisierung oder Cerebralisierung des Genies war keine Erfindung des Naturalismus. Hingegen bedeutete die Einordnung des Genies und der Kunst überhaupt in die Schubfächer der Nützlichkeit und der allgemeinen Volksaufklärung das Angebot, »auf freundlichem Boden sich mit der Naturwissenschaft zu begegnen. Beide reichen sich dann die Hand in dem Bestreben, den Menschen gesund zu machen.«[4] Derlei Verweise auf die Gesundheit und eine optimistische Zukunft des Menschen machen verständlich, warum auch beim Genie so vordringlich von Gesundheit und Normalität die Rede ist, denn ein krankes, deformiertes Genie eignet sich schlecht als Vorbild für die Gesellschaft. Doch ebendiese Stilisierung des Genies als pathologisches Phänomen ist die zweite große Geniekonzeption im späten 19. Jahrhundert, und obwohl sie sich in gleicher Weise auf cerebrale Determinanten stützt, steht sie im scharfen Kontrast zur naturalistischen Sichtweise.

Wie konnte in der umfassenden Rationalisierung des Geisteslebens der emphatisch aufgeladene Geniebegriff wieder ins Spiel gebracht werden? Kulturkritik wie diejenige des jungen Nietzsche, der das dionysische Genie als Gegenbild zum lebensfeindlichen Bildungsphilister und mediokren Gelehrten beschwor und damit zumindest im Bereich der Ästhetik noch einmal eine Wende in der Geschichte des Geniegedankens einleitete, hilft in diesem Fall nicht sonderlich weiter. Sicher, auch innerhalb der Naturwissenschaften formierte sich ein kulturkritisches Unbehagen gegen die Verflachung und Nivellierung der Welt, das nahtlos an die Vorbehalte gegen materialistische und demokratische Tendenzen anknüpfte. Doch um den Aufstieg kranken Genies im positivistisch ausgestatteten Raum der wissenschaftlichen Medizin zu verstehen, muß man auf die fundamentale Bedeutung zurückgehen, die *das Pathologische* in diesem Kontext hatte.[5]

Die Mediziner des 19. Jahrhunderts haben das Pathologische nicht erfunden, aber sie haben es in einer bis dahin unbekannten Weise generalisiert. Während ihre Vorgänger im 17. und 18. Jahrhundert damit beschäftigt waren, Wunder, Dämonen und Zauberei aus der Welt zu verbannen, so haben sie das Pathologische definiert und aufgebaut, bekämpft und eingedämmt, in verborgenen Winkeln aufgespürt und rhetorisch überhöht, um die eigene wissenschaftliche Arbeit als heroische Tat dagegenzusetzen. Die Ausbreitung des Pathologischen in alle erdenklichen Bereiche ist Teil der Erfolgsgeschichte der wissenschaftlichen Medizin. Nur so ist es zu erklären, daß medizinische und soziale Phänomene wie psychische Erkrankungen, Prostitution, Geschlechtskrankheiten, Tuberkulose, Kriminalität, oder Alkoholismus auf die Kostenseite der Moderne geschlagen wurden, was mit einer Selbstermächtigung der Medizin als soziokultureller Instanz Hand in Hand ging.

Die erwähnten Phänomene wurden in einem engen kausalen Zusammenhang mit den massiven politischen, sozialen und ökonomischen Veränderungen erklärt. Das Großstadtleben galt geradezu als Emblem für die Umwälzungen, die mit einer Mischung aus fortschrittsgläubiger Faszination und pessimistischer Verunsicherung aufgenommen wurden. Bereits 1861 vertrat der Psychiater Wilhelm Griesinger die Ansicht, daß die Zunahme der Geisteskrankheiten mit den modernen gesellschaftlichen Verhältnissen zusammenhänge, indem die »Steigerung der Industrie, der Künste und Wissenschaften [...] auch eine allgemeine Steigerung der cerebralen Thätigkeiten« voraussetze. Die Überbeanspruchung des Gehirns und der Nerven wurde zu einer Allerweltsdiagnose und kulminierte in der Konstruktion der Neurasthenie als Leitkrankheit eines durch die Geschwindigkeit der modernen Technologisierung und Industrialisierung erschöpften Bürgertums.[6]

In diesem Zusammenhang wurde auch das Genie zum pathologischen Phänomen erklärt. Wiederum gilt, daß es sich dabei nicht um eine Erfindung des 19. Jahrhunderts handelt, wohl aber um eine spezifische historische Konfiguration, die ihre eigenen Wertungen, Symbole und Praktiken erzeugte. 1859, im Gründungsjahr der *Société d'Anthropologie*, veröffentlichte J. Moreau de Tours sein Buch *La Psychologie morbide*, in dem er einen Einfluß der Neuropathie auf die intellektuelle und künstlerische Schaffenskraft postulierte. Neuropathie oder Nervosität hieß erst einmal nichts anderes als eine erhöhte Reizbarkeit des männlichen Gehirns, die sowohl zu Schwäche und Ermüdung als auch zu gesteigerter Sensibilität und Kreativität prädestinierte.[7] Moreau de Tours' Stichworte breiteten sich in Künstlerkreisen und in der wissenschaftlichen Medizin gleichermaßen zu einem Kult der Nervosität aus, der die Tendenz zur Selbstbeobachtung und die medizinische Diagnostik gleichermaßen beflügelte. Zu den diagnostischen Verfahren gesellten sich alsbald auch die quantitativen Hirn- und Schädeluntersuchungen, doch das führte nicht, wie man vielleicht erwarten könnte, zu einem standardisierten anthropologisch-psychiatrischen Untersuchungsprogramm und zu einer konvergierenden Genielehre, sondern zu heftigen Debatten um das pathologische Genie. Solide und gutentwickelte Gehirnstrukturen oder höhere Erregbarkeit? Anatomie, klinische Beobachtung oder psychophysischer Test? Gesund oder krank? Wenn krank, um welche Krankheit

Tafel I: Francisco de Zurbarán, Der heilige Bonaventura im Gebet (Ausschnitt)

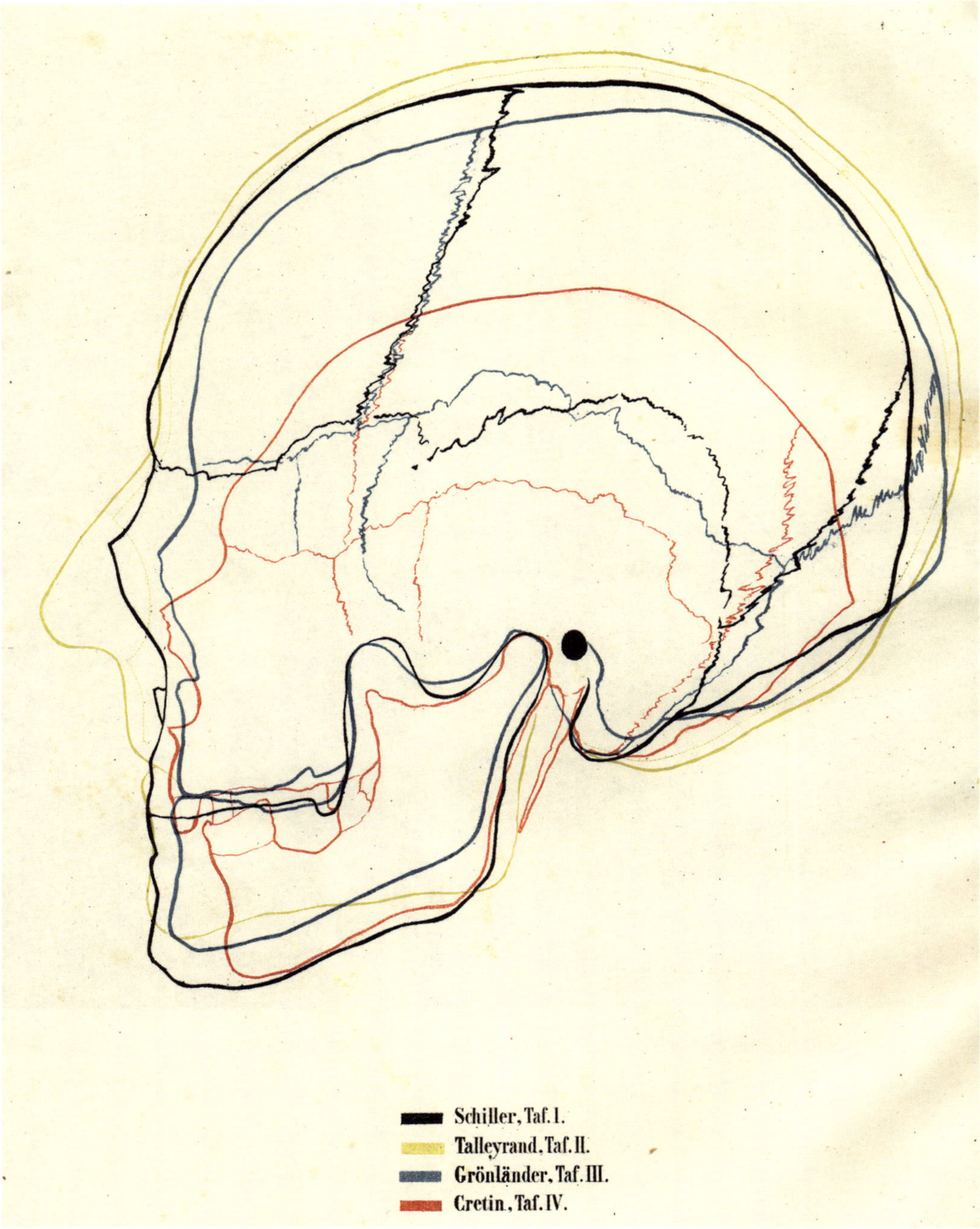

Tafel II: Carl Gustav Carus, Konturzeichnung von vier Schädeln

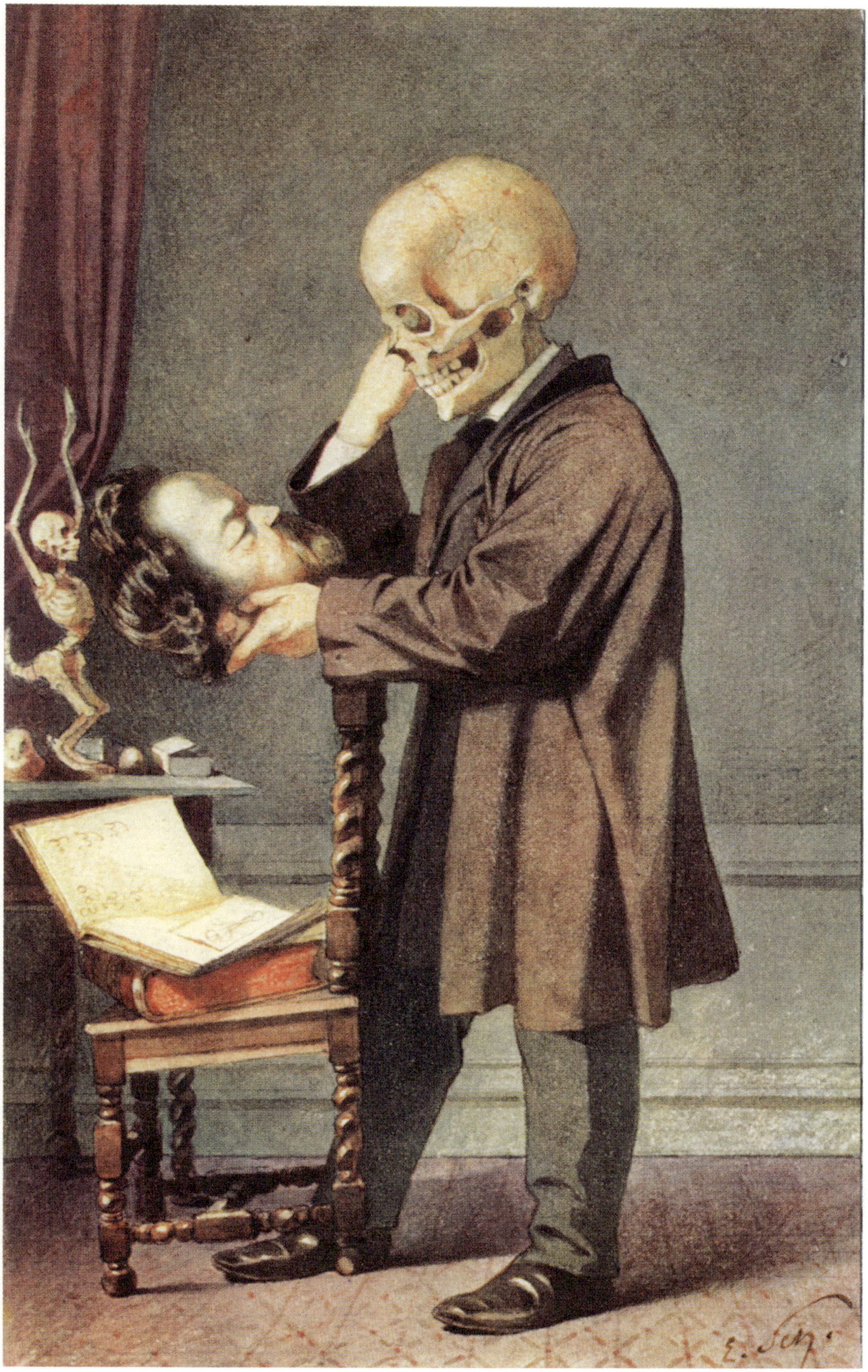

Tafel III: Adam Ernst Schalck, Aquarell nach Hoffs Fotografie

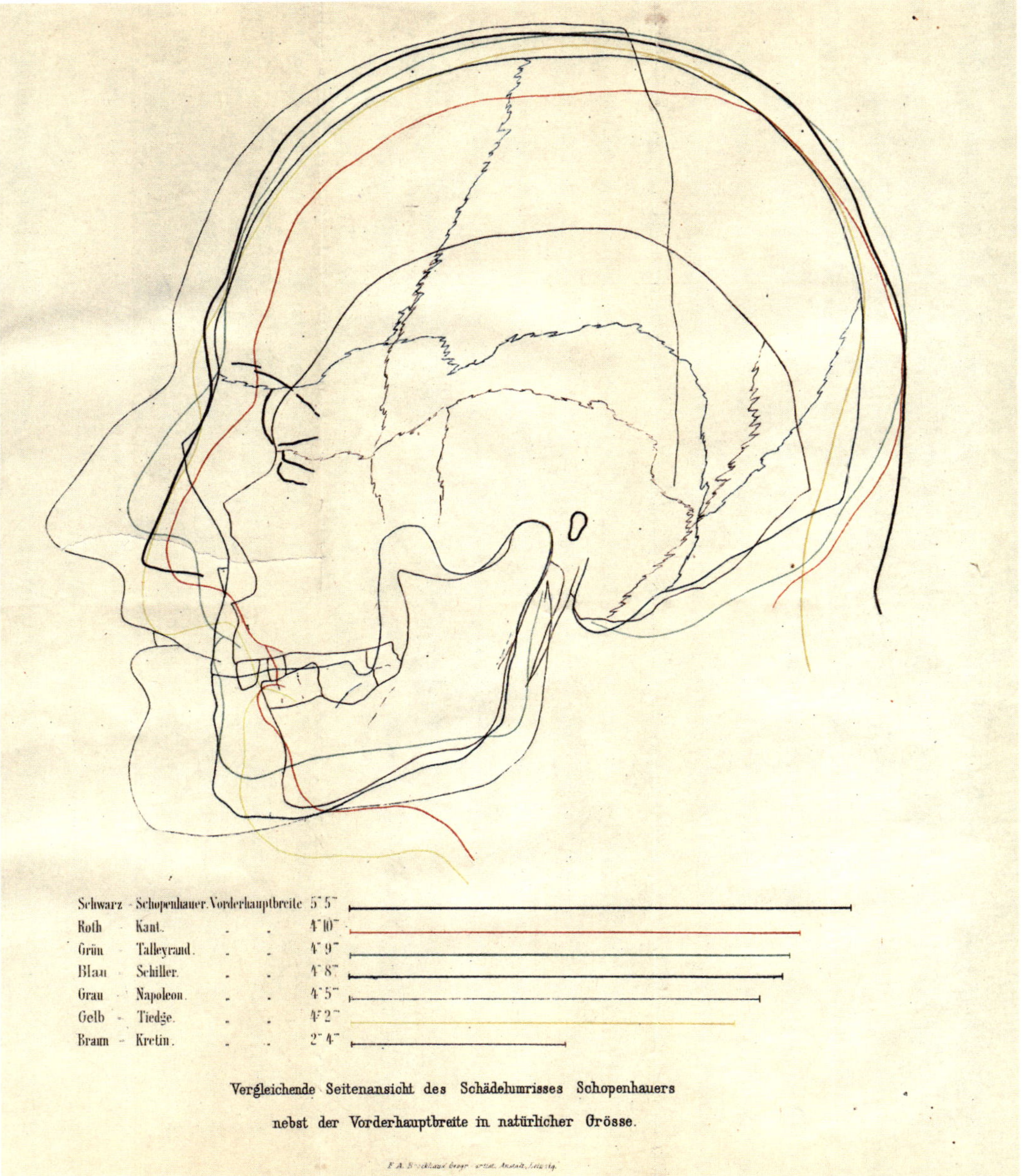

Tafel IV: J. Chr. G. Lucae, Konturzeichnung von sieben Schädeln in Gwinners Schopenhauer-Biographie

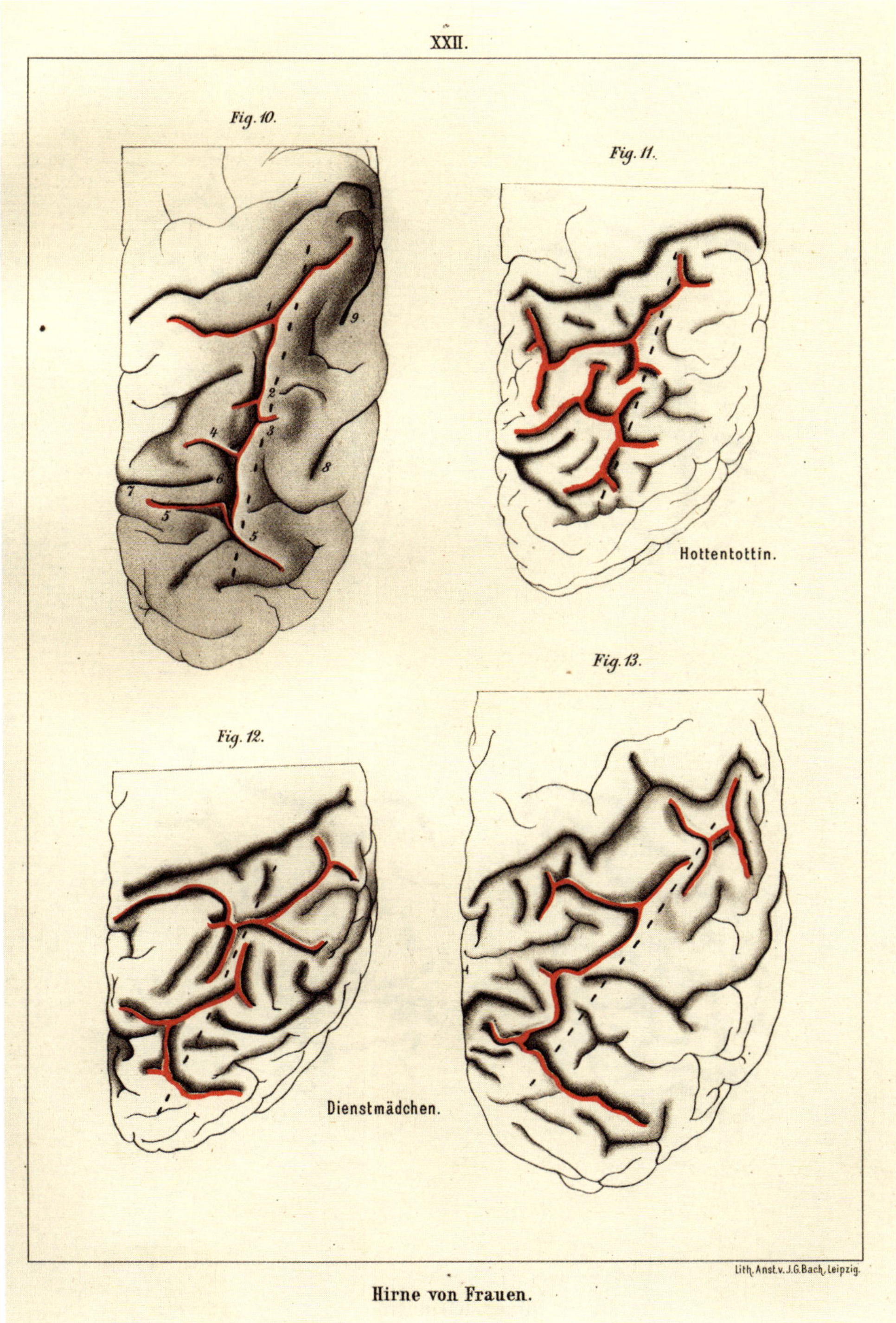

Tafel V: Nikolaus Rüdinger, Gehirne von Frauen

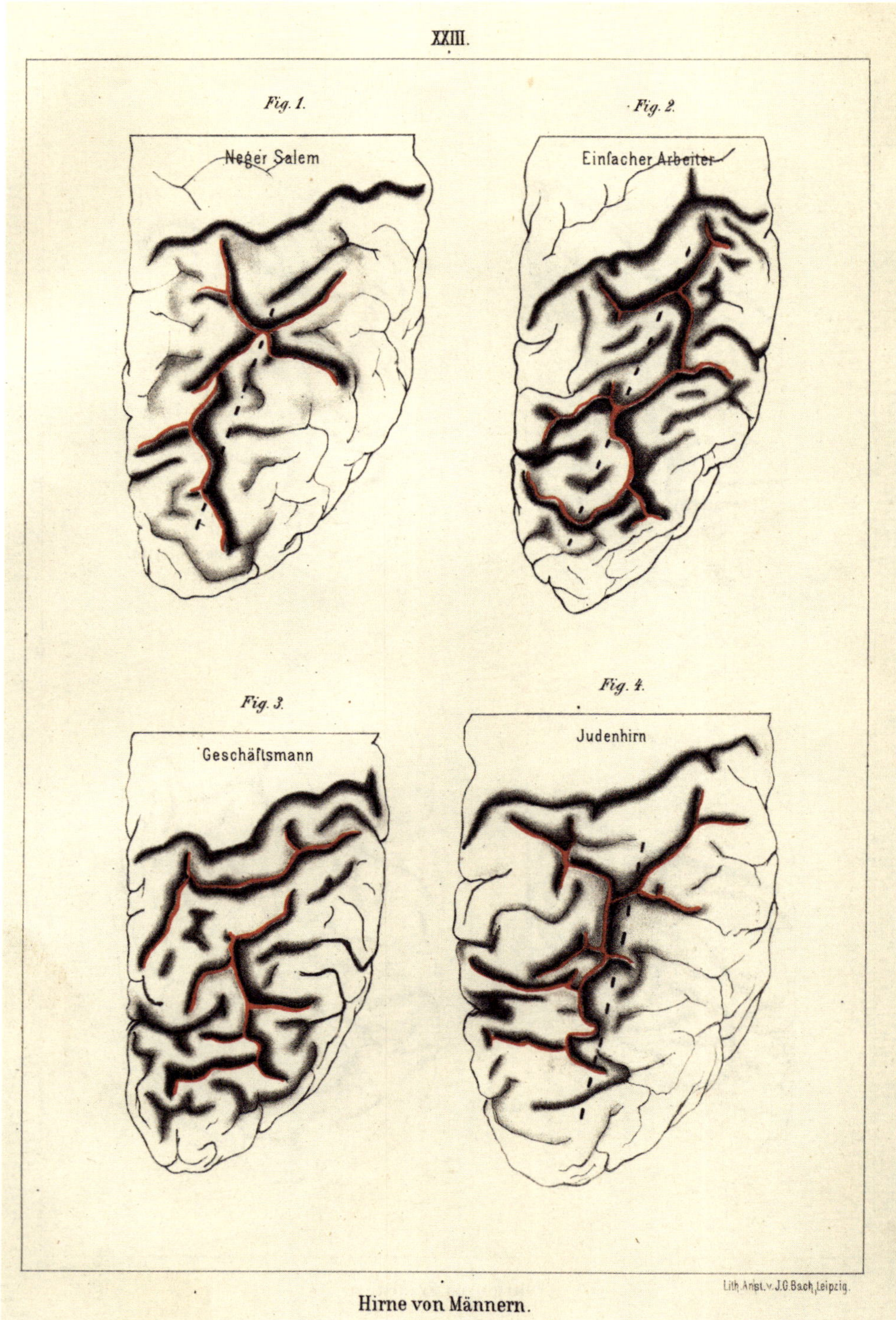

Tafel VI: Nikolaus Rüdinger, Gehirne von Männern

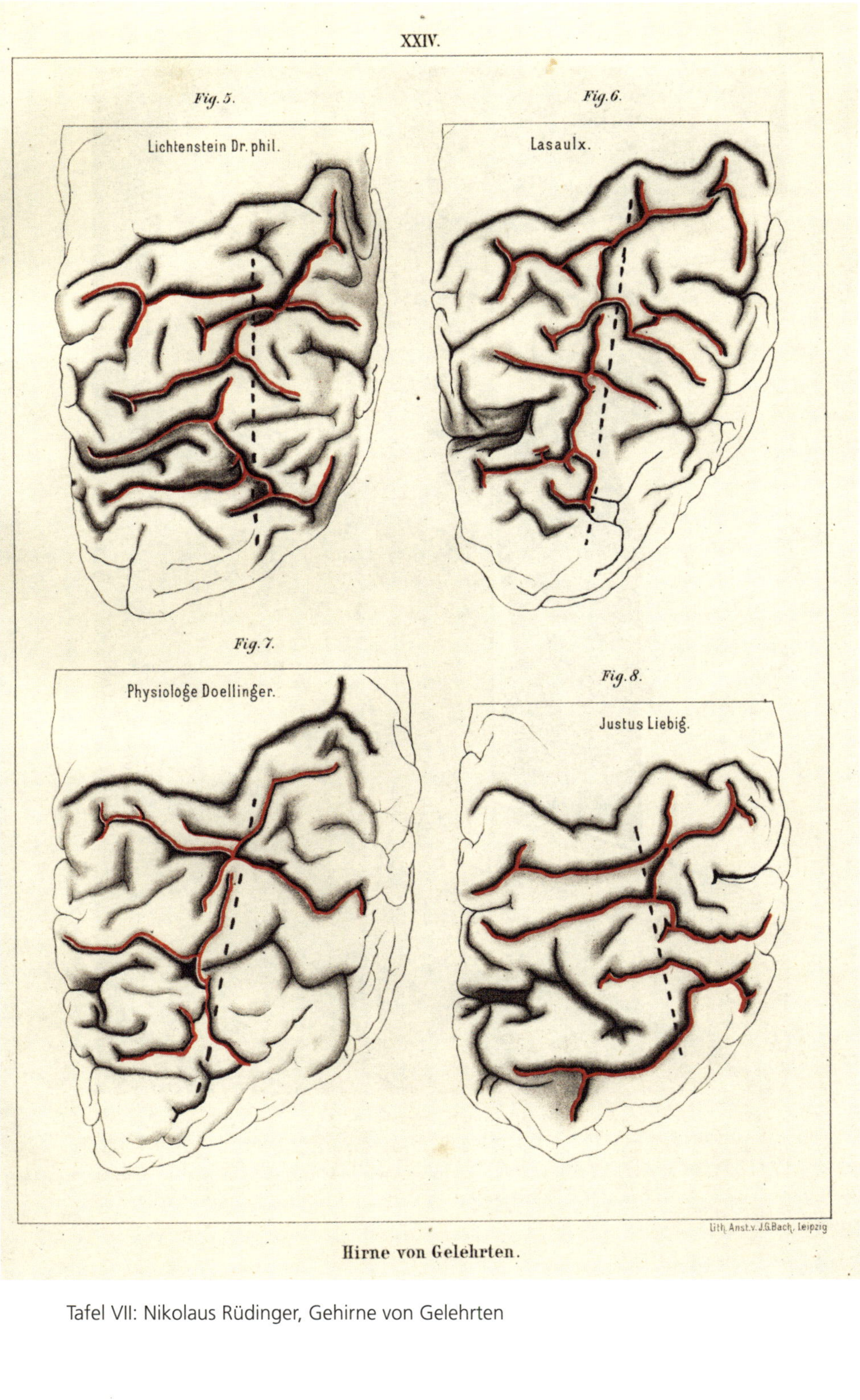

Tafel VII: Nikolaus Rüdinger, Gehirne von Gelehrten

Kahn, Leben des Menschen IV Tafel VII

Die Empfindungsbahn

gleicht einer Radioleitung. Die Radioleitung setzt sich zusammen aus Antenne (1) = Aufnahmeapparat für Ätherwellen, Verbindungsdraht (2) zwischen Antenne und Radioapparat, Radioapparat (3) zur Wiedergabe aufgenommener Reize (Wort als Wort, Musik als Musik), Mensch. (4) Ganz entsprechend setzt sich die Empfindungsbahn zusammen aus sensibles Aufnahmeneuron (1) zur Aufnahme der Außenweltsreize, Schaltneuron (2) zur Verbindung des Hautnerven mit dem Gehirn Hirnstammneuron (3) zur Qualifikation des aufgenommenen Reizes (Wärme als Wärme, Schmerz als Schmerz), Hirnrindenneuron (4) = Bewußtseinszelle, in der die aufgenommene Empfindung bewußt wird. Wie nur der an die Radioleitung angeschlossene Mensch (4), so ist nur die in der Hirnrinde liegende Empfindungszelle (4) Sitz des Bewußtseins.

Tafel VIII: Fritz Kahn, Sensorische Bahn vom Bauchnabel bis zur Hirnrinde und Radioleitung von der Antenne bis zum Radiohörer

handelte es sich? Und worin bestanden die sozialen und kulturellen Voraussetzungen und Konsequenzen dieser Krankheit? Diese Fragen steckten den Rahmen ab, in dem sich Psychiater, Physiologen, Anatomen, Anthropologen und Künstler über die Natur des Genies zu verständigen suchten; und einmal mehr stand das Gehirn dabei im Mittelpunkt.

Das vielleicht wirksamste Schlagwort für eine medizinische Rationalisierung von Untergangsängsten war der Begriff der Degeneration oder Entartung, der sich in Bénédict Augustin Morels Definition über ganz Europa verbreitete und mit unterschiedlichsten Nuancierungen medizinische und biologische, soziale und künstlerische Erscheinungen deutete. Morel selbst hatte Entartung als krankhafte und vererbbare Abweichung verstanden, die ihren Träger daran hinderte, seine geistigen und sozialen Aufgaben zu erfüllen. In der Folgezeit entwickelte sich Entartung zu einem organisierenden Begriff mit festem Kern und durchlässigen Rändern, der gegen Ende des Jahrhunderts unterschiedliche Wissensbereiche wie Evolutionstheorie, Kriminologie und Psychiatrie durchzog.[8] Als entartet galten Geisteskranke und Verbrecher, Alkoholiker, Prostituierte und Geschlechtskranke, Menschen in Armut, Philosophen, Künstler und ganze Kunstrichtungen. In dieser Situation schlug die Stunde der Nervenärzte, die sich aus dem akademischen Glaskasten herausbegaben und als Hüter der Kultur andienten. Der Zusammenhang zwischen Gehirn(erkrankungen), Kultur und Gesellschaft wurde in Buchtiteln wie *Kultur und Nervensystem*, *Berufswahl und Nervenleben*, *Nervenleben und Weltanschauung* oder *Gehirn und Kultur* thematisiert, die oftmals auch Therapievorschläge zur Heilung der angeschlagenen Kultur mitlieferten.[9]

In seiner berüchtigten Schmähschrift *Entartung* hat Max Nordau das Profil des Psychiaters folgendermaßen umrissen: »Rückenmarkschnitte in Chromsäure härten und mit neutrophiler Lösung färben ist ganz verdienstlich, aber damit sollte die Thätigkeit eines Professors der Irrenheilkunde nicht erschöpft sein. [...] Er spreche zur Masse der Gebildeten, die weder Aerzte noch Rechtskundige sind! [...] Er zeige ihnen die Geistesstörung der entarteten Künstler und Schriftsteller und belehre sie darüber, daß die Modewerke geschriebene und gemalte Delirien sind.«[10] Die ästhetischen Prämissen von Nordaus Rundumschlag gegen zeitgenössische Kunstrichtungen wie Symbolismus und Naturalismus, gegen Literaten von Oscar Wilde bis Zola und gegen Philosophen von Schopenhauer bis Nietzsche brauchen hier nicht weiterverfolgt zu werden. Festzuhalten bleibt, daß der Entartungsbegriff mit seinen psychiatrisch-anthropologischen Ätiologien, Diagnosen und Rezepten zur kulturkritischen Keule geformt wurde, deren fatale Wirkung sich erst im 20. Jahrhundert in vollem Umfang entfalten sollte.[11] Nordaus massive Ausbrüche gegen das Fin de siècle brachten ihm zwar schon von seinen Zeitgenossen heftige Kritik ein, doch in weniger ungestümer Form etablierte sich die psychopathologische Kulturkritik als feste Größe. Seitdem haben Nervenärzte immer wieder einen Zusammenhang zwischen Hirnkonstellation, Geisteskrankheit, Degeneration und den avanciertesten Entwicklungen der künstlerischen und philosophischen Moderne konstruiert und dabei der Pathographie – ein bis dahin eher marginales Genre, das Leben und Werk bedeutender Persönlichkeiten mit der Lupe neurologisch-psychiatrischen Sachverstandes durchstreift – zu enormer Popularität verholfen. Pathographie, das ist um 1900 in jenen europäischen Ländern, wo die Künste eine zentrale Rolle für das nationale Selbstverständnis spielen, der nachhaltige Versuch der Psychiatrie, ihre kulturellen Ambitionen zu kanalisieren und in einer Mischung aus naturwissenschaftlicher Expertise und herkömmlicher biographischer Dramaturgie geisteswissenschaftliches Terrain zu besetzen.[12]

Lombrosos Gehirn und Zolas gläserner Schädel

In der Verflechtung von Wissenschaft und Kultur erfuhr die Gleichung von Cerebralität und Genialität eine Aufwertung, die über Hirnwägungen und Windungsphysiognomik weit hinausging. Dreh- und Angelpunkt dieser Entwicklung war der Turiner Psychiater Cesare Lombroso, Nordaus Hauptgewährsmann, dem er auch die *Entartung* gewidmet hatte. Lombroso hat den Zusammenhang von Genie und Wahnsinn zu einem europäischen Dauerthema gemacht.[13] Von seinen wissenschaftlichen Anfängen, in denen er historische Figuren wie den Renaissance-Gelehrten Girolamo Cardano mit psychiatrischen Begriffen seiner Zeit zu erklären versuchte, bis in die letzten Lebensjahre hinein, als er ganz auf der Linie des Degenerationsdiskurses argumentierte und bei noch lebenden Zeitgenossen nach körperlichen, funktionellen und kulturellen Merkmalen einer epileptischen Entartung suchte, hat Lombroso in der Büchse der Pandora herumgewühlt. Erst mit ihm wird die 100 Jahre alte Lichtenbergsche Trias von Genialität, Kriminalität und Wahnsinn, die sich bis dahin nur partiell miteinander verbunden hatte, zu einem zusammenhängenden Teppich geknüpft: »Das Genie [...] wurde von nicht wenigen Gelehrten, zugleich mit dem Hang zum Verbrechen, zu den theratologischen Formen des menschlichen Geistes gezählt und für eine der vielen Formen des Irrsinns erklärt.«[14] Hier geht es nicht mehr so sehr um drei Grundtypen, die die Basis für alle anderen ergeben, sondern um biologische Verwandtschaften und Überschneidungen, die die drei Ausnahmetypen wahlweise zu bewundernswerten, gefährlichen oder mitleiderregenden Kreaturen machen und die der besonderen Aufmerksamkeit der Medizin bedürfen.

Lombroso fordert keinerlei Maßnahmen für oder gegen degenerierte Genies. Vielmehr ist er davon überzeugt, daß sie individuell zum Untergang verurteilt sind und gleichzeitig zum Fortschritt der Menschheit beitragen. Damit unterscheidet er sich von Nordau, der ihre künstlerische Produktion als schädlich verdammte.[15] Einig sind sich die beiden jedoch darin, die Psychopathologie zum wichtigsten Instrument der Zeitkritik zu machen. Schon in Lombrosos frühem und bedeutendstem pathographischen Werk *Genie und Irrsinn* heißt es, daß es weniger um die Person des Genies gehe als um »die Kritik artistischer und litterarischer, und zuweilen wissenschaftlicher Erzeugnisse«. Man könne zum Beispiel »in den wissenschaftlichen Schriften die häufigen Zänkereien, die Übertreibung der Systeme, den Hang, von sich selbst zu reden und an die Stelle der Logik das Epigramm zu setzen, [...] für krankhafte Erscheinungen halten. [...] und hierbei bekenne ich, daß viele unter den die öffentliche Meinung leitenden Organen in dies Pech getunkt sind, und manche jungen Leute sich bemühen, die ernsten socialen Fragen in der Zankweise der Irrenhäuser und in dem verstümmelten Satzbau der biblischen Zeiten zu besprechen [...]; bei dieser Beobachtung wird mir angst für die kommende Generation.«[16]

Es wäre im einzelnen zu untersuchen, welche öffentlichen Entwicklungen Lombroso hier vor Augen hat, aber offensichtlich bereiten ihm weniger die genialischen Momente und Einfälle selbst Sorgen als vielmehr bestimmte intellektuelle Attitüden, die die Bemühungen um eine Bewältigung der sozialen und politischen Probleme des zwar vereinigten, aber tief zerklüfteten und rückständigen Italiens konterkarieren. So wie Lombroso die Kriminalanthropologie als Ordnungsinstrument ansieht, die zerfaserte, chaotisch anmutende italienische Gesellschaft zu bändigen, ist auch die Genieanthropologie der Versuch, Wissenschaft und Kunst auf ihren Dienst an der Nation hin zu verpflichten.[17] Dabei werden sonderbare Allianzen geschmiedet, die nicht selten den Eindruck erwecken, Teil der Krankheit zu sein, die eigentlich zu kurieren wäre. Einerseits liegt dem Genie ein ähnlicher Defekt zugrunde wie dem Verbrecher, andererseits ist die Schöpfungskraft des Genies ein entscheidendes Moment der menschlichen Kultur. Damit wird der Geisteskrankheit ein Status eingeräumt, den sie seit den Zeiten der Melancholieverehrung nicht mehr eingenommen hat. Gleichzeitig ist es die Aufgabe der politisch-medizinischen Kultur, psychopathologische Elemente im gesellschaftlichen Kontext zu erkennen und auszuschalten. Diese eigentümliche Melange ist das Ergebnis des kulturellen Selbstverständnisses eines Psychiaters, der sich selbst als fortschrittlicher Sozialist zum Positivismus und zur sozialdarwinistischen Evolution der Gesellschaft bekennt. Bewahrer der Werte, der das Schöne und Wahre zu schätzen und mit wissenschaftlichem Sachverstand einzuordnen weiß; und zeitkritischer Mahner, der sich um das Gedeihen von Staat und Gesellschaft sorgt.

Ein ähnliches Sammelsurium ergibt sich, wenn man die von Lombroso zusammengetragenen Charakteristika des Genies etwas genauer betrachtet. Er ist mit den Idealisten und Romantikern der Ansicht, daß im Genie das Unbewußte vorwaltet und daß eine strikte Diskontinuität zum Talent besteht, weist sogar darauf hin, daß das akademische Mittelmaß, die Wissenschaftler mit mehr oder weniger großem Talent, das Genie zu unterdrücken pflegen. Er unterscheidet nicht zwischen künstlerischem und wissenschaftlichem Genie, hält sie vielmehr allesamt für rauschhafte Charaktere. Hier zeigt sich eine gewisse Ähnlichkeit mit Nietzsche, mit dem entscheidenden Unterschied freilich, daß Nietzsche das rauschhafte Genie für einen Ausbund an Gesundheit hält. Der ausschlaggebende somatische Faktor ist für Lombroso die erhöhte Durchblutung des Gehirns, die Genies durch Rauschmittel, Alkohol oder Kaffee zu steigern versuchen. Durch die erhöhte Durchblutung kommt es zu einer erhöhten Reizbarkeit, Leidenschaft und Feinfühligkeit, die dem Geist Farbe und Lebendigkeit verleiht – was wiederum mit dem Geniebegriff des späten 18. Jahrhunderts übereinstimmt. Mit Francis Galton ist Lombroso der Ansicht, daß Genie ebenso vererbbar ist wie Wahnsinn, auch wenn geniale Männer öfter unfruchtbar sind oder mit ihnen der Verfall der betreffenden Familie einsetzt.[18]

Mit der Erblichkeitsthese eröffnet Lombroso den zweiten Schauplatz für die Pathologie des Genies, der in seinen späteren Werken immer mehr in den Vordergrund tritt: das Genie als Degenerationsphänomen. Ging er zunächst noch davon aus, daß keineswegs jedes Genie wahnsinnig sei und signifikante Unterschiede zwischen Genies und Geisteskranken bestehen, korrigiert er sich später dahingehend, daß bei einem scheinbar normalen Genie die krankhafte Entartung nur noch nicht erkannt worden sei. Das Junktim zwischen Kreativität und Entartung wird unausweichlich, und das Genie mutiert zu einer traurigen Gestalt, die ihrem Untergang entgegensieht.[19] Diese Veränderung in der Geniekonzeption wird auch deutlich anhand der Beispiele, die Lombroso mit unermüdlicher Sammelleidenschaft für seine Behauptungen herbeischafft. Zuerst beschränkt er sich auf die verstorbenen Heroen der Geistes- und Wissenschaftsgeschichte, später wird quasi jeder neue Stern, den er am europäischen Kulturhimmel entdeckt, in den Club der Entarteten aufgenommen. Sogar die geringe Körpergröße wird zum Zeichen, so daß auch die kleinwüchsigen Gottfried Keller und Adolf Menzel zu den genial Degenerierten zählen.

Die abschließende Aufgabe bestand dann bloß noch darin, die vielfältigen Charakteristika des Genies in ein einziges Krankheitsbild zusammenzuführen, das etwas spezifischer war als eine bloße »Degenerationspsychose aus der Gruppe des moralischen Irreseins«. Lombroso brauchte nicht lange zu suchen, um die »Familie der Epilepsien« als geeigneten Kandidaten festzumachen, da sie gleich mehrere neurologische und kulturelle Kriterien erfüllte.[20] Abgesehen davon, daß die Epilepsie eine lange Tradition als *heilige Krankheit* vorzuweisen hatte, litten eine Reihe von unbezweifelbaren Genies unter epileptischen Anfällen. Einer der berühmtesten,

Dostojewski, hatte sogar eine anschauliche Beschreibung der Analogie zwischen genialer Inspiration und Konvulsion gegeben. Aber auch die neurophysiologische Seite war abgedeckt. Seit Gustav Fritsch und Eduard Hitzig 1870 die elektrische Reizbarkeit der Hirnrinde nachgewiesen hatten, lag es nahe, auch die Epilepsie auf eine lokale Reizung bestimmter Rindenareale zurückzuführen, eben weil sich die Krämpfe auch experimentell auslösen ließen.[21] Der Kernpunkt von Lombrosos Analogie ist schließlich »die Aehnlichkeit des epileptischen Anfalles mit dem Eintritt der Inspiration, d.h. die Aehnlichkeit des unbewussten Handelns, welches hier schaffend, dort in Form von Konvulsionen auftritt.«[22] Was im Gehirn als lokale Reizung beginnt und sich unkontrolliert zum Anfall ausbreitet, ist beim Genie der Funke der Inspiration, der zur schöpferischen Entladung führt. Mit dieser Engführung schließt sich der Kreis zur Vorstellung vom Genie als rauschhafter Ausnahmeerscheinung. Vertreter des Naturalismus wie Conrad Alberti konnten sich noch so sehr über die idealistische Überhöhung des Genies mokieren. Die berühmteste und einflußreichste medizinische Genietheorie des Fin de siècle speist das ehemals Überirdische und Unerklärliche einfach in den Hirnapparat ein und läßt es als neuropathologische Entartung wieder heraus.

Wie bereits angedeutet, war Lombroso bei der Wahl seiner diagnostischen Methoden und Apparaturen nicht gerade zimperlich. Das zeigt sich insbesondere in seiner Deutung der Gehirne und Schädel entarteter, epileptoider und geisteskranker Genies, die er überall auszumachen meinte. Dabei konnte Lombroso kaum auf eigene Erfahrungen zurückgreifen. Zwar hatte er den Schädel des berühmten Physikers Alessandro Volta und einige Gehirne von Verbrechern untersucht sowie Schädelumfangsmessungen im Anschluß an Hermann Welcker vorgenommen, um daraus das Hirnvolumen zu bestimmen, doch für die ausgewiesenen Hirnanatomen der Zeit war das kaum der Rede wert. Als der Lombroso sehr wohlgesonnene Irrenarzt und Anatom Heinrich Schlöss eine ausführliche Untersuchung veröffentlichte, in der er den Zusammenhang von Genie, Verbrechen und Wahnsinn in den Hirnwindungen zu rekonstruieren versuchte, verglich er seine eigenen an Gehirnen von Geisteskranken gewonnenen Ergebnisse mit denjenigen von Benedikt, Bischoff und Wagner. Lombroso kam nur als Anreger und Stichwortgeber ins Spiel, nicht als sorgfältiger Empiriker.[23] Dabei war er, hierin einer der getreuesten Vertreter des naturwissenschaftlichen Positivismus, ein unermüdlicher Sammler von Daten, Objekten und Anekdoten. Sein mit großem Engagement betriebenes *Museo di antropologia criminale* verfügte über eine umfangreiche Sammlung von Schädeln, Gehirnen, tätowierten Hautabschnitten und zahllosen anderen (kriminal-)anthropologischen und psychiatrischen Objekten. Nur eine Sammlung von Gelehrtengehirnen fehlte.[24] Statt dessen sammelte er die Befunde und Nachrichten über geniale Gehirne so eifrig und wahllos, wie er auch biographisches Material zusammentrug. Dabei machten es die Annäherung des Genies an Geisteskranke und Verbrecher sowie deren Charakterisierung als Degenerationserscheinungen völlig gleichgültig, welcher Art die Abweichung war. Der Schädel Voltas hatte einen ungewöhnlich großen Umfang, was auf ein großes und schweres Gehirn hinwies; gleichzeitig ähnelten bestimmte Unregelmäßigkeiten der Schädelkonfiguration »untergeordneter Rassen«, was Lombroso als Anzeichen für Entartung nimmt. Andere Genies hatten auffallend kleine Gehirne, wofür er sogar die von Wagner und Bischoff angegebenen Hirngewichte als Indiz heranzieht. Broca hatte Ähnlichkeiten bei den Gehirnen des Verbrechers Prevost und des Gelehrten Asseline konstatiert. Schlöss hatte bei seinen Vergleichen zwar eine »merkwürdige Uebereinstimmung der vorliegenden Befunde an Gehirnen hoch intelligenter Persönlichkeiten mit den Befunden an Verbrechergehirnen und erblich veranlagten Geisteskranken« gefunden, ohne jedoch diese Frage als gelöst anzusehen. Also steht es für Lombroso fest, daß die Hirnwindungen der Genies denen von Verbrechern gleichen. Bei einigen Geisteskranken war ein besonders schweres Gehirn gefunden worden. Also schreibt Lombroso, daß das Hirngewicht bei Genies und Irren besonders groß sei.[25]

Die Variationsbreite und Uneinheitlichkeit der Meßergebnisse hatte Hirnanatomen und Anthropologen zur Verzweiflung getrieben, hatte sie zu raffinierten rechnerischen Operationen und zur Erfindung der abwegigsten Parameter gezwungen, um die Daten irgendwie interpretieren zu können. Für Lombroso war das alles kein Problem. Wenn Reihenuntersuchungen, Statistiken und Tabellen zur Hand waren, wie bei den Untersuchungen zu Kriminellen und zur Normalbevölkerung, war es gut; wenn sie nicht zur Verfügung standen, wie bei Gelehrtengehirnen, war es auch nicht schlimm.

Physiologen wie Claude Bernard hatten seit der Mitte des 19. Jahrhunderts immer wieder die bedenkenlose Ansammlung von Daten und Fallgeschichten bei klinischen Medizinern kritisiert, weil diese der irrtümlichen Ansicht waren, daß sich aus der Addition dieser Fälle die wissenschaftliche Wahrheit von selbst ergebe. Lombroso war von der Zuverlässigkeit der Sammelmethode zutiefst überzeugt. So wie er Tätowierungen und Gehirne von Verbrechern sammelte, trug er auch Nachrichten über Biographie und Gehirn bedeutender Persönlichkeiten zusammen. Offensichtliche Ungereimtheiten blendete er aus, denn schwere und leichte Gehirne, übermäßig konfluierende und verzweigte Hirnwindungen konnten allesamt als Entartungszeichen gelten, die sich folgerichtig bei Genies, Verbrechern und Geisteskranken fanden.

Mit solchen halbverdauten Interpretationen und Deutungen tat Lombroso der Hirnanthropologie und der hirnorganischen Psychiatrie, die damals hoch im Kurs stand, keinen Gefallen. Dementsprechend scharf waren die Reaktionen. Theodor Meynert, der auch Benedikts *Raubtiergehirn* heftig kritisiert hatte, hielt Lombrosos Verbrecher- und Genietheorie für den »größten Schund, mit dem je Schwindel getrieben wurde«, und wollte ihm am liebsten verbieten, weiter in den Naturwissenschaften zu arbeiten.[26] Andere Anatomen äußerten sich ähnlich ablehnend. Derartige Ausgrenzungsversuche waren jedoch genauso erfolglos wie 80 Jahre zuvor die Bestrebungen, Gall als Scharlatan abzutun. Gewiß bestritten nicht einmal Lombrosos Anhänger und Verteidiger seine unbedarfte Versammlung von Daten und seine mangelnde Erfahrung mit der Anatomie des Gehirns.[27] Daß er dennoch seine Reputation als wissenschaftlicher Mediziner mehr oder weniger bewahren konnte, war erstens der Tatsache zu verdanken, daß in seinem Methoden-Eklektizismus auch quantifizierende und objektivierende Verfahren wie Fotografie, Gesichtsfeldmessungen oder Algometrie Platz fanden. Und zweitens hielt er an einer materialistisch-positivistischen Erklärung der Welt, die »den Gedanken auf mechanische Vibrationen der Moleküle zurückführen«[28] wollte und somit naturwissenschaftlich-medizinische Deutungen auch auf Geistesleben und Kultur ausdehnte, unbeirrt fest. Er erweiterte den Spielraum der *Medizin als Kultur*, und das verschaffte ihm Ansehen. Insofern wurde das Urteil darüber, was als gültige oder wenigstens als diskussionswürdige Doktrin anzusehen war, nicht allein von immanent naturwissenschaftlichen Kriterien bestimmt.

Wie die hohen Verkaufszahlen von Lombrosos Büchern zeigen, waren mit der Verknüpfung von Genie und Wahnsinn nicht nur die Psychiater als Experten adressiert, auch andere Mitglieder der gebildeten Schichten konnten schwerlich übersehen, daß Lombroso die bestehenden Klassifikationen des Genies gehörig durcheinanderbrachte. Gewiß war der Zusammenhang von Genie und Wahnsinn seit der Antike immer wieder thematisiert worden, doch hatte Wahnsinn in diesem Zusammenhang stets auch einen idealtypischen Charakter eingenommen, wodurch das Genie als Ausnahmeerscheinung vom gewöhnlichen Wahnsinn abgekapselt wurde. Dieser Sonderstatus war auch in der ersten Hälfte des 19. Jahrhunderts noch Bestandteil einer gängigen kulturellen Praxis, die die Popularität von Büsten und Totenmasken und den künstlerisch-wissenschaftlichen Umgang mit Schädeln einschloß. Lombroso ließ manche ältere Vorstellung – das Genie als Ausnahmeerscheinung oder der geniale Schaffensprozeß als unbewußter, unvorbereiteter Akt der Inspiration – in neurologisch-psychiatrischem Gewande wieder aufscheinen und erwies damit der kulturellen Tradition seine Reverenz. Doch indem er die Genialität auf einer Achse mit Geisteskrankheit und Verbrechen verhandelte – zwei Phänomenen, die im Fin de siècle als besondere Bedrohung empfunden wurden –, drohte ein lange gültiger Konsens aufzubrechen. Kulturkritikern wie Nordau konnte das nur recht sein, da sie die moderne Kunst und Kultur ohnehin als

Abweichung vom Pfade bürgerlicher Tugenden und Werte auffaßten. Und auch diejenigen, die für eine Wachablösung des Künstlers durch den Wissenschaftler auf dem Olymp der geistigen Definitionshoheit plädierten, konnten zumindest der Gleichung von Genie und Wahnsinn viel abgewinnen.

Gegen solche Assoziationen wendeten sich, wie gesehen, nicht nur die Naturalisten, sondern auch diejenigen, die in der Annahme vom kranken Genie eine gravierende Bedrohung für den Fortschrittsgedanken und die Vorstellung einer kontinuierlichen Wissensvermehrung sahen. Wissenschaftliche Tugenden wie Disziplin, Aufmerksamkeit, Objektivität und Selbstlosigkeit waren gefährdet, wenn nur unberechenbare und unbewußte Inspiration den Fortschritt gewährleisten sollte. Lombrosos romantische Version des Positivismus schlug gewissermaßen auf diesen selbst zurück, und deswegen rankten sich die nachfolgenden Forschungen und Diskussionen um die Frage, ob nicht die Ausnahmeerscheinung auch ohne den Preis der degenerativen Pathologie zu haben sei, oder genauer: ob nicht Nervenleiden und Nützlichkeit, Dekadenz und Fortschritt miteinander versöhnt werden könnten.[29] Das bedeutete einmal mehr, den Blick auf das Gehirn zu lenken. Lombroso selbst hatte nicht allzu genau hingeschaut, doch seine Behauptungen sorgten dafür, daß das Gehirn nun um so genauer betrachtet wurde. Immer wieder hatten sich die Hirnanthropologen an Gelehrten- und Künstlergehirnen die Zähne ausgebissen, doch in der mittelbaren oder unmittelbaren Auseinandersetzung mit Lombrosos Genietheorie kam es um 1890 zu einer regelrechten Flut solcher Untersuchungen. Eine besonders pikante Auseinandersetzung dieser Art fand vor Lombrosos Haustür in Turin statt. Er selbst war daran als Subjekt und Objekt mehr beteiligt, als es ihm vielleicht lieb gewesen sein dürfte.

Schädel- und Gehirnuntersuchungen des italienischen Volkes waren nach der Staatsgründung keine Seltenheit. Sie gehörten, wie in anderen europäischen Ländern auch, zur Bestimmung der nationalen Identität, die sich zu einem wichtigen Teil über die Rasse definierte.[30] Manche Anatomen waren aber auch der Ansicht, daß sich vom Schädel und Gehirn nicht ohne weiteres auf eine rassische Höher- oder Minderwertigkeit schließen lasse. Das war die Ansicht von Carlo Giacomini, Turiner Lehrstuhlinhaber für Anatomie und somit Lombrosos Kollege und einer seiner bedeutendsten Gegenspieler in Italien. Giacomini warnte mehrfach davor, vermeintliche Abweichungen im Hirnwindungsrelief für etwas anderes zu halten als für individuelle Varietäten. Diese morphologischen Varietäten ließen jedoch ebensowenig Rückschlüsse auf Intelligenz oder Charakter zu, wie es eine spezifische Architektur von Verbrechergehirnen gab.[31] Auch ohne Namen zu nennen, war klar, gegen wen sich solche Sätze richteten. Da Giacomini über ungleich viel mehr Erfahrung in der Hirnanatomie verfügte als Lombroso, war es auch klar, daß dieser sich nicht direkt gegen seinen Kollegen

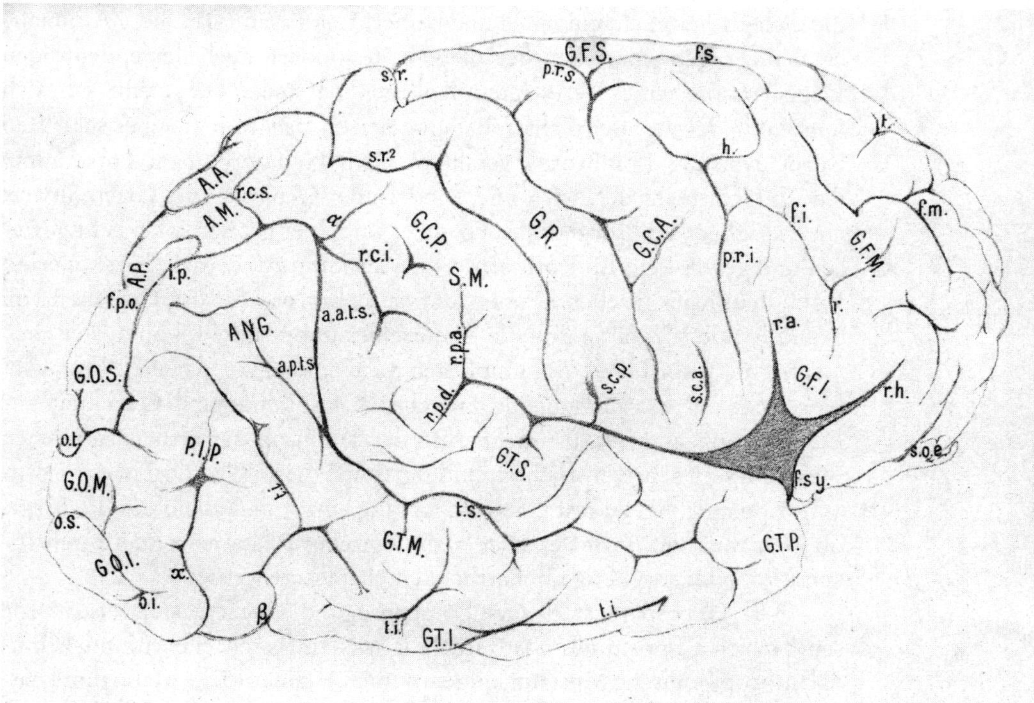

Abb. 43: Giuseppe Sperino, Das Gehirn von Carlo Giacomini mit verdoppelter Rolandoscher Furche (s.r. und s.r.²)

wenden konnte. Also blieb ihm nichts anderes übrig, als die Kritik zur Kenntnis zu nehmen, sie als eine Meinung unter mehreren hinzustellen und ansonsten unbeirrt weiterzusammeln. In seinen Publikationen machte Lombroso nicht den Eindruck, als ob ihn Giacominis Skepsis in irgendeiner Weise tangierte. Ihren Höhepunkt und Abschluß fand diese Auseinandersetzung erst in dem Moment, da die Gehirne der beiden Kontrahenten nicht mehr in ihren Schädelhöhlen saßen, sondern gemäß testamentarischer Verfügung auf dem Seziertisch der Anatomie lagen.

Als Giacomini 1898 starb, fand sich bei der Sektion eine seltene Anomalie, die er selbst als erster beschrieben hatte, nämlich eine Verdopplung der Rolandoschen Furche (siehe Abb. 43). Andere Anatomen hatten behauptet, daß diese Anomalie gehäuft bei Epileptikern vorkomme, was Giacomini stets zurückgewiesen hatte. Bei dem standesgemäßen Bericht über den Sektionsbefund vor der Turiner *Accademia di Medicina* betonte Giacominis Schüler Giuseppe Sperino, daß der Befund seinem Lehrer postum recht gebe, denn dieser habe zwar über große geistige Gaben verfügt, jedoch nicht an Epilepsie gelitten. Der anwesende Lombroso ließ sich die Gelegenheit nicht entgehen und bemerkte süffisant, daß diese Anomalie eben nicht nur Anzeichen der Genialität, sondern auch der epileptoiden Degeneration seines verewigten Kollegen darstelle. Daraufhin sah sich Sperino in der veröffentlichten Fassung der Hirnsektion zu einer schroffen Zurückweisung Lombrosos veranlaßt. Sein Hauptargument entstammte jedoch nicht mehr der Anatomie, sondern der Genietheorie: Giacomini sei ein geduldiger und sorgfältiger Forscher mit einer großen Übersicht gewesen und gewiß kein Epileptiker.[32] Ohne ausfällig zu werden, hätte Sperino kaum deutlicher machen können, daß er Lombroso für das Gegenteil von geduldig und sorgfältig und die Theorie des unbewußten, konvulsivischen Genies für absurd hielt. Man muß sich noch einmal vor Augen führen, daß hier nicht der Zusammenhang zwischen Cerebralität und Genialität zur Disposition stand. Dazu war Sperino der Tradition des hirnanatomischen Nekrologs zu sehr verpflichtet, und dazu war diese Koalition in der Hirnanthropologie viel zu fest etabliert. Es ging einzig und allein um die Frage, ob Genialität ein normales oder pathologisches Phänomen und durch Inspiration oder sorgfältige Beharrlichkeit charakterisiert sei.

Elf Jahre später starb auch Lombroso, und naheliegenderweise wurde sein Gehirn als postumes Glanzstück in das damals schon berühmte kriminalanthropologische Museum aufgenommen.[33] Eine solche Maßnahme hatten nicht einmal Wagner oder Bischoff verfügt. Lombroso trieb damit die anatomische Selbstverewigung auf einen neuen Höhepunkt, wenn auch auf etwas eigenwillige Weise, denn die übrigen Gehirne des Museums gehörten Verbrechern und Geisteskranken. Ein nicht weiter kommentierungsbedürftiger Mosaikstein zur Komplettierung dieses Bildes ergibt sich durch den Sektionsbefund von Lombrosos Gehirn, der nicht, wie im Falle Giacominis, viele Seiten einer wissenschaftlichen Zeitschrift füllte, sondern gerade mal auf einer Seite Platz fand. Mit mäßigen 1300 Gramm blieb das Gehirn sogar unter dem Durchschnitt. Ansonsten ragte an dem unauffälligen Organ einzig eine enorm große *Affenspalte* hervor. Jene Verschmelzung der äußeren Hinterhauptfurche mit der parieto-occipitalen Furche, die Benedikt, Broca, Lombroso und seine Anhänger für ein typisches Entartungszeichen bei Gehirnen von Verbrechern gehalten hatten, war auch das cerebrale Hauptmerkmal beim Begründer der Kriminalanthropologie. P. Foà, der die Sektion geleitet hatte, begnügte sich mit diesen spärlichen Angaben.[34] Bei einem Gehirn, das sich der anatomischen Heldenverehrung so eindeutig verweigerte, erübrigten sich weitere Untersuchungen.

Naturalismus und Degenerationstheorie in der Version Lombrosos standen sich nicht nur in Turin unversöhnlich gegenüber. Die fast überbetonte Rede der Naturalisten vom gesunden und normalen Genie war eine unmittelbare Reaktion auf den zum Untergang bestimmten *L'uomo di genio*. 1896 schaltete sich auch Zola mit einer beispiellosen Aktion in die Debatte ein, bei der nicht nur seine eigenen Überlegungen zur experimentellen Vorgehensweise des Schriftstellers und seine Verabschiedung von Kategorien wie künstlerischer Inspiration oder Aura des Genies zur Disposition standen. Es ging auch um seine eigene Person und seinen Gesundheitszustand. Nordau hatte Zola ein ganzes Kapitel gewidmet und ihn als Entarteten par excellence vorgestellt. Sein vernichtendes Urteil über Zolas ästhetische Qualitäten garnierte er mit einer Fülle von psychopathologischen Schimpfwörtern wie »Schwachsinn«, »Koprolalie«, »Neigung zum Argot« als Merkmal des Verbrechers, »Verworrenheit seines Denkens«, »Sexual-Psychopath«. Das waren nur einige der Entartungszeichen, die Nordau bei Zola auszumachen meinte. Besondere Aufmerksamkeit widmete er der ausgiebigen Beschreibung von Gerüchen in dem Romanzyklus *Rougon-Macquart*, denn sie galten Nordau als Indiz dafür, daß in Zolas Gehirn der ansonsten bei Tieren vorherrschende Riechlappen den Stirnlappen, Sitz der höchsten Geistesverrichtungen, überlagerte.[35] Eine derart diffamierende und unsinnige Gegenüberstellung war aus der Anthropologie der Rassen bestens bekannt, und Nordau brauchte sie bloß noch ins Genre der Pathographie zu verpflanzen, um einen weiteren Brückenkopf zwischen klinischer Literaturkritik und neuropathologischer Diagnose zu bauen. Das blieb nicht ohne Konsequenzen. 1894 gründete Auguste Cabanès in Paris die Zeitschrift *La chronique médicale*, die sich ausdrücklich der Pathographie verschrieb und sich auch für Zola interessierte. Cabanès' Artikel über die Bedeutung des Geruchssinns bei Zola bewegt sich jedoch in einer anderen Logik als Nordau, da er Zola nicht gleich einen vormenschlichen und also entarteten Geruchssinn attestiert.[36]

Lombroso hatte ein differenzierteres Verhältnis zu Zola, griff bisweilen auf dessen Formulierungen und Einschätzungen zurück, wenn sie in sein Konzept paßten, lobte ihn dafür, daß er »die positive Methode in die Litteratur eingeführt« habe, merkte aber auch kritisch an, daß Zola die Charakterisierung des Verbrechers in einigen Romanen mißlungen sei.[37] Dabei tat er nichts anderes, als die theoretischen Forderungen aus dem *Roman expérimental* mit den Romanen selbst abzugleichen, um dann herauszufinden, daß die Welt des Romans mit derjenigen der dokumentarischen Wahrheit doch nicht ganz identisch war. Von der Anthropologie des Genies einmal abgesehen, lag der Hauptgrund für Lombrosos und Nordaus klinische Beurteilungen von Literatur darin, daß sie eifersüchtig die Definitionsmacht darüber bewahren wollten, was eine adäquate Schilderung von Wahnsinn und Degeneration sei. Die naturalistischen Darstellungen in den *Rougon-Macquart* stellten für die kulturell ambitionierten Mediziner eine Herausforderung erster Ordnung dar, denn mit einer Anerkennung Zolas wurde die strikt bewachte Grenze zwischen Fakt und Fiktion durchlässig. Wenn ein Mediziner in einer Fallgeschichte sexuelle Aberrationen schilderte, so war er der objektive, nicht beteiligte Chronist; wenn ein Schriftsteller das gleiche in einem Roman tat, so war das Ausdruck seiner eigenen Entartung. Eine derartige Aufteilung läßt sich am ehesten als panische Angst der positivistischen Ärzte verstehen, daß der fiktionale Anteil ihrer eigenen Arbeit zum Vorschein kommen könnte, was wiederum ihre Zugehörigkeit zur wissenschaftlichen Medizin in Frage stellen würde.[38]

Rivalitäten zwischen Literatur und Medizin um die Frage, wer die genaueren Milieuschilderungen zustande bringt, bildeten den Hintergrund, waren jedoch nicht der eigentliche Stein des Anstoßes für Zola. Den brachten Nordau und Lombroso ins Rollen. Mit der These, daß nicht bloß einige wenige, offensichtlich an Epilepsie leidende Künstler, sondern alle Genies als geisteskranke und entartete Epileptiker anzusehen seien, durfte auch Zola sich angesprochen fühlen, wiewohl er gar nicht namentlich genannt wurde. Die Erregung über die implizite Ferndiagnose meint man Zola noch in seiner Einführung anzumerken, die er für Édouard Toulouses einzigartige Studie *Émile Zola. Enquête médico-psychologique sur la supériorité intellectuelle* schrieb: »Mein Gehirn ist wie in einem Schädel aus Glas. Ich habe es für alle hingegeben, und ich fürchte nicht, daß alle darin lesen werden.«[39] Was hier als Vision vom eigenen Gehirn durchscheint, das für alle sichtbar auf einer Weltausstellung ausgestellt wird, ist nur ein weiteres Beispiel dafür, wie sehr sich die Vorstellung vom Gehirn als *dem* Ort der Conditio humana um 1900 festgesetzt hat. Zola benutzt die visuelle Metapher des öffentlich präsentierten Gehirns im Glas, um zu sagen, daß er sich einer wissenschaftlichen Hirnspiegelung unterzogen habe. Mag hierin die Empörung über Nordaus Unterstellungen mitgeschwungen haben, die Idee eines »Enkephaloskops«, das »den lebendigen Schädel sammt dem Gehirn durchsichtig« macht und in »einer populären Vorlesung« dem zahlenden Publikum Einblick in die Gedanken- und Vorstellungswelt gewährt, war zu jener Zeit wenigstens als Science-fiction im Rahmen des Denkbaren.[40]

Zola geht es jedoch nicht um in die Zukunft gerichtete Spekulationen. So wie er seine Romane in einer Weise vorbereitet, die der fotografischen Aufzeichnung und damit einer »transparenten Medialität und Beweiskraft«[41] entsprechen, verfährt er mit der eigenen Person. Der Weg zu einer authentischen Darstellung seiner körperlichen Konstitution und seiner physischen und psychischen Befindlichkeiten und Fähigkeiten führt über biomedizinische Apparaturen und Untersuchungsmethoden. Während 100 Jahre zuvor mit der autobiographischen Geständnisliteratur ein neues Genre geschaffen wurde, in dem das selbstreflexive und gefährdete bürgerliche Individuum über sich selbst Auskunft gab, wird das autobiographische Geständnis um 1900 zum Bestandteil einer Kultur der Evidenz. Es wird an die objektivierenden Meßinstrumente und Tests delegiert – um damit Lombrosos Genietheorie den Boden zu entziehen. Niemals vorher oder nachher hat sich ein bedeutender Schriftsteller einer so eingehenden medizinischen Anamnese und Untersuchung, anthropometrischen, physiologischen und psychologischen Messungen, Tests und Fragebögen gestellt.

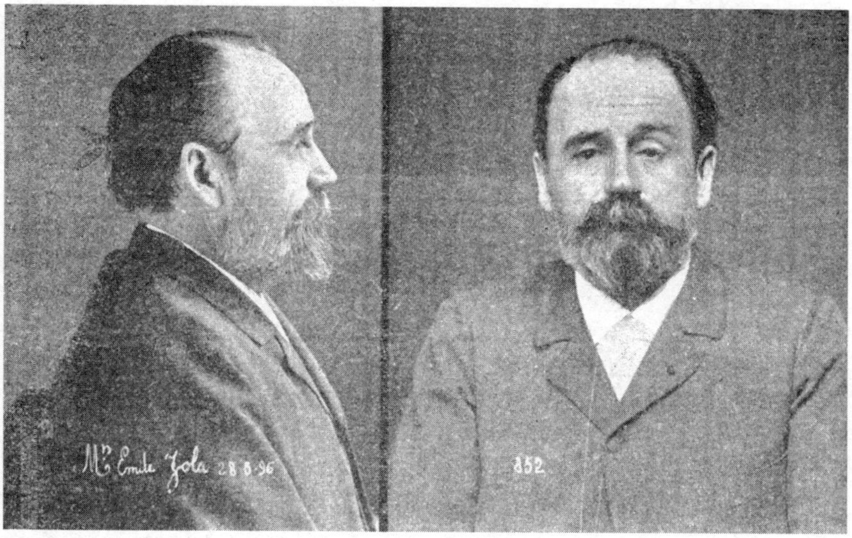

Abb. 44: Kriminalanthropologische Fotografie von Émile Zola

Das Buch enthält zwar ein Portrait Zolas, wie es einer Biographie entspricht, doch daneben läßt sich Zola auch in einer Doppelaufnahme im Profil und von vorne darstellen, die typisch für die anthropologische bzw. Verbrecherfotografie ist (Abb. 44). Im Vergleich zu den Mitgliedern der *Société d'autopsie mutuelle*, die kaum dazu zu bewegen waren, Persönlichkeitsfragebögen auszufüllen, erweist sich Zola als der eifrigere Wissenschaftler, und er will auch nicht auf den postumen Bericht warten. »Ich akzeptiere die Wahrheit«, schreibt er, wohl wissend, daß die Epilepsie-Diagnose und die Stigmatisierung als entarteter Geisteskranker nicht haltbar waren, aber doch auch, nachdem er sich Untersuchungen unterzogen hatte, deren Ergebnis er nicht unbedingt voraussagen konnte.

Zolas Interessen deckten sich mit denjenigen von Édouard Toulouse, dem leitenden Psychiater der Pariser Nervenklinik Saint Anne. Auch ihm ging es darum, Lombrosos Genietheorie zu widerlegen und dafür die Neuropathie zum Partner der geistigen Begabung zu machen. Die Neuropathie war seit Moreau de Tours' Studie von 1859 eine feste Größe in der französischen Kultur. Sogar ein Soziologe wie Émile Durkheim sah in der Neuropathie oder Neurasthenie einen »Wegbereiter des Fortschritts« in »Gesellschaften der höchsten Kulturstufe«.[42] Hypersensible Nerven sprachen nicht gegen das naturalistische Ideal vom gesunden Genie, denn die zahlreichen lästigen, aber nicht bedrohlichen Beschwerden waren der Preis für die Aufopferungen und Mühen disziplinierter und fortwährender geistiger Arbeit. Auch Zola erklärte seine labile Gesundheit damit, daß er all seine geistigen, körperlichen und moralischen Kräfte in die Arbeit gesteckt habe. Gerade wegen ihrer Elastizität war die Neuropathie-Diagnose mit der naturalistischen Genielehre, wie sie Zola auf sich selbst anwendete, gut vereinbar. Entsprechend bedankte er sich bei Toulouse für die sorgfältige Untersuchung.[43]

In ihrer Anlage war Toulouses Studie tief in die Pariser Wissenschaftskultur verwoben. Ausdrücklich bezog er sich auf die Aktivitäten der *Société d'autopsie mutuelle*, und er verfügte sogar über einen Vorteil, den die Société nicht aufzuwiegen vermochte, weil ihre Mitglieder die Datenerhebung zu Lebzeiten boykottierten. Die Studie mit und über Zola sollte den Auftakt zu einer ganzen Serie machen. Berühmtheiten wie Alphonse Daudet, Auguste Rodin oder Camille Saint-Saëns hatten ihr Interesse an einem solchen Untersuchungsmarathon bekundet, Edmond de Goncourt hatte sich zur Teilnahme sogar schon bereit erklärt, was dann jedoch durch seinen Tod im Juli 1896 vereitelt wurde. So blieb Toulouses Studie ein Einzelfall,[44] der aber gleichwohl symptomatisch ist für die Anstrengungen um 1900, die Verbindung zwischen Genie, Gehirn und Gesundheit aufzuzeigen.

So weitgehende Einigkeit zwischen Psychiatrie, Soziologie und Literatur war das Resultat einer rationalisierten Gefühlsstimmung, die sich aus Selbstwahrnehmungen, pathographischen Deutungsmustern, Vertrauen in die Objektivität von Meßinstrumenten und Aversion gegen Lombrosos Genietheorie speiste.[45] An diesem Punkt erwies sich die Unschärfe des Neuropathie-Begriffs allerdings als Nachteil, denn auch Lombroso hatte ihn sich zu eigen gemacht und Moreau de Tours lobend erwähnt. Aus diesem Grund kam es entscheidend darauf an, die bei Lombroso zerfließenden Grenzen zwischen Geisteskrankheit, Epilepsie und Neuropathie wieder deutlich zu markieren. Beispielsweise legte Toulouse großen Wert auf den Nachweis, daß die Neuropathie kein Degenerationsphänomen sei. Dafür gab es keinen unumstößlichen Beweis, doch er hielt es wie einige Jahre zuvor Giacomini in seiner Polemik gegen Lombroso. Die angeblichen körperlichen Stigmata verstand er als individuelle Variationen, die sich im Bereich der Norm bewegten. Wer mehr darin sah oder las, machte es nicht anders als seinerzeit die Phrenologen, indem er einer aktuellen Mode folgte, die auch wieder verging.[46]

Observation directe – das war die Formel, mit der Toulouse seine Unternehmung legitimierte. Dazu versicherte er sich der Mitarbeit einiger bedeutender Autoritäten. Francis Galton untersuchte Zolas Fingerabdruck, Léonce Manouvrier nahm die anthropometrischen, insbesondere die Schädelmessungen vor; Charles Henry untersuchte mit seinem Dynamometer Zolas Handdruck. Weitere Untersuchungen galten Gesicht, Gehör, Geruch, Urin, Handschrift, Gedächtnisformen, Aufmerksamkeit und Reaktionszeit. Die Schädelmaße lagen leicht über dem Durchschnitt, und der delikate

Geruchssinn – wen sollte es angesichts der infamen Unterstellungen Nordaus wundern? – leicht unter dem Durchschnitt. Damit Zola ein Parfüm riechen konnte, mußte dessen Dosierung etwas höher sein als bei anderen Versuchspersonen.[47] Ansonsten ist das Buch gespickt mit Zahlen, Tabellen, Graphiken und Kurven, die allesamt auf das Ergebnis zulaufen, daß Zola kein Epileptiker und kein Hysteriker ist und auch sonst keine Anzeichen für eine Geisteskrankheit bestehen. Er leidet an multiplen nervösen Beschwerden, doch für eine geistige Degeneration bestehen keinerlei Anzeichen. Sein Nervensystem ist hypersensibel, dessen verschiedene Bestandteile befinden sich im Ungleichgewicht, doch davon werden seine überragenden geistigen Fähigkeiten kaum tangiert. Vielmehr erfreuen sich die höheren Eigenschaften der Intelligenz wie Urteilskraft, Imagination und Willenskraft bester Gesundheit. Am Ende folgt Toulouse sogar der Einschätzung von Zola, daß die Neuropathie, neben einem gewissen hereditären Anteil, Resultat der unausgesetzten intellektuellen Anstrengungen sei.[48]

Nach all der neuropsychiatrischen Diagnosekunst dürfte augenfällig geworden sein, daß diese nicht einseitig das Resultat von objektivierenden Meßmethoden und Apparaturen war. Von einem instrumentellen oder graphischen Determinismus kann keine Rede sein, denn die Interpretation der Meßergebnisse zu einer Gesamtdiagnose ist nicht loszulösen von Zolas Körperempfindungen, Selbstwahrnehmungen und Erlebnissen, von Überzeugungen, Werten und Konventionen, die sich in anderen Medien wie Romanen und Briefen, medizinischen Theorien und klinischen Fallgeschichten gebildet und artikuliert haben und die zum Teil längst existierten, bevor die zum Einsatz gekommenen Instrumente überhaupt erfunden waren. Wozu dann der ganze Aufwand? Warum hat die apparative Welt des Labors in dieser Geschichte eine so glänzende Rolle gespielt? Gewiß hätten die Meßergebnisse manch unangenehme Überraschung zutage fördern können, doch daß sie einen positiven Beweis für Epilepsie, Wahnsinn oder Degeneration geliefert hätten, glaubte ohnehin niemand der Beteiligten. Insofern stand zwar nicht die wortwörtliche Zusammenfassung, wohl aber die Richtung, in die das ganze Unternehmen laufen sollte, von vornherein fest. Allerdings verkörperten die Apparaturen und Meßmethoden auch eine große wissenschaftliche Autorität, die den Idealen einer angeblich von subjektiven Elementen freien Objektivität und einer vollkommenen Transparenz geschuldet war. Genau das hatte Zola in seiner Analogie vom gläsernen Schädel auf den Punkt gebracht. Der direkte Zugriff auf seinen Geistkörper vermittelte eine andere wissenschaftliche Wertigkeit als Lombrosos Diagnosen vom Hörensagen. Mit der versammelten instrumentellen und professoralen Pariser Kompetenz konnte es der Turiner Arzt letztlich nicht aufnehmen. Keine Rivalität, sondern ein Bündnis zwischen wissenschaftlicher Medizin und Literatur charakterisiert das Projekt von Toulouse und

Zola. Dennoch würde es zu kurz greifen, dieses Projekt ausschließlich auf die Abwehr Lombrosos und Nordaus zu reduzieren. Zweifellos war Zola von der Authentizität der apparativen Verfahren genauso überzeugt wie von Claude Bernards experimenteller Methode. Doch eröffneten sie Zola keine völlig neue Welt, sondern sie unterstützten, bestärkten oder korrigierten seine Selbstwahrnehmungen und seinen psychologischen Scharfsinn. Diese Art von Beglaubigung war nicht bloß nützlich zur öffentlichen Darstellung der eigenen *persona*, sie legte auch nahe, daß Zola mit seinen literarischen Milieu- und Personenschilderungen nicht ganz falsch gelegen hatte; und das zu verteidigen, hatte er in jenen Jahren durchaus Grund.[49]

Es ist nichts darüber bekannt, daß Zolas Gehirn nach seinem Tod 1905 untersucht worden wäre. Dafür wurden zahlreiche andere Gehirne von Berühmtheiten untersucht. Der gemeinsame Nenner all dieser Untersuchungen liegt darin, daß bedeutende Persönlichkeiten sich nicht als Objekt oder gar Opfer einer gefräßigen Wissenschaft verstanden, wenn sie ihr Gehirn, zu Lebzeiten oder post mortem, zur Durchleuchtung freigaben. Das war und blieb der fundamentale Unterschied zu den Untersuchungen an Gehirnen von Kriminellen oder Geisteskranken. Auch als außergewöhnliche Begabungen als pathologisches Phänomen charakterisiert wurden, hat das die Bereitschaft zur cerebralen Durchleuchtung sogar noch verstärkt. Eine Erfolgsgeschichte ließ sich damit selbstverständlich nicht garantieren. In seiner Mischung aus Gewöhnlichkeit und Verbrecher-Stigma – nach damaliger Klassifikation – war Lombrosos Gehirn denkbar ungeeignet für eine cerebrale Biographie, was aber nichts daran änderte, daß es zum zentralen Objekt des von ihm selbst gegründeten Museums wurde. Im Falle Zolas ist die Koproduktion von Selbstdarstellung und Diagnostik auf die Spitze getrieben. Toulouse zeichnet zwar als Autor für das Buch verantwortlich, aber im Grunde handelt es sich um ein Gemeinschaftswerk, an dem die versammelten Pariser Autoritäten und vor allen anderen Zola selbst mitgeschrieben haben. Eine Autobiographie in Zahlen und Daten, Bildern und Diagrammen, könnte man dieses Buch vielleicht als weitestmögliche Annäherung an das betrachten, was Zola 16 Jahre zuvor in seinem *Roman expérimental* vorgeschwebt hat.[50]

Die Assoziationszentren als geistig-moralische Anstalt

Nicht bloß Pariser Psychiater und Literaten machten gegen Lombroso Front, auch die Hirnanatomie setzte alles daran, die Absurdität des entarteten Genies nachzuweisen. Dabei kam ihr eine ganz neue Entwicklung zugute, die Psychiatrie und Anthropologie im späten 19. Jahrhundert nachdrücklich prägte: die sogenannte Assoziationstheorie. Darunter ist eine vor allem von Theodor Meynert und Paul Flechsig vertretene Hirntheorie zu verstehen, die die Bündelung und Verschaltung sogenannter Assoziationsfasern in der Hirnrinde für das materielle Äquivalent intelligenter Leistungen hielt. Diese Annahme wurde sofort von der Gelehrtengehirnforschung aufgegriffen. Nachdem er Lombroso abgefertigt hatte, flocht Giuseppe Sperino in seine Untersuchung über Giacominis Gehirn einen Hinweis ein, wonach sich im parietalen Bereich des Cortex ein großes Assoziationszentrum befand, das nach den Untersuchungen Flechsigs den Ort der höheren geistigen Fähigkeiten darstellte.[51]

Assoziationstheorie, das war mehr als die bis dahin unternommenen mühseligen Versuche, Reichtum und Differenzierung der Hirnwindungen zu quantifizieren oder einzelne Windungen nach ihrem physiognomischen Erscheinungsbild auszumessen. Assoziationssysteme zu identifizieren bedeutete, von der Oberfläche einen Schritt weiter ins Gehirn hinein zu tun und dort Verteilung und Verlauf der Leitungsbahnen zu rekonstruieren, insbesondere die Verbindungen verschiedener Rindenregionen untereinander. Waren die Windungen bis dahin als Monaden aufgefaßt worden, von denen nicht recht klar war, wie die einzelnen Teile ein funktionelles Ganzes ergaben, deutete sich nun ein Weg an, Hirnfunktionen anatomisch fassen zu können. Nachdem Broca das motorische Sprachzentrum in der dritten Frontalwindung identifiziert hatte, ging es darum, die Verbindungsbahnen des Sprachzentrums zu anderen Rindenregionen herauszufinden. Für die Etablierung der Lokalisationstheorie war das von großer Bedeutung. Daneben kristallisierten sich die Assoziationssysteme immer mehr als der Ort heraus, der den Menschen zu Kultur und Zivilisation befähigen sollte. Diese Nobilitierung bestimmter Hirnregionen stand im scharfen Gegensatz zu Lombrosos Degenerationstheorie. In gewisser Hinsicht schrieb die Assoziationstheorie die Geschichte des gesunden Genies fort, ging aber auch darüber hinaus, indem sie erstmalig eine neurophysiologische Theorie des Genies ausprobierte und damit die reinen hirnanatomischen Anstrengungen hinter sich zu lassen versuchte.

Die Anfänge der anatomischen Assoziationslehre reichen zurück in die 1860er Jahre und hatten zunächst nicht viel mit der Lokalisierung von Genialität zu tun.[52] Zu jener Zeit bearbeitete Theodor Meynert gehärtete Hirnstücke mit einem Rasiermesser, um die mikroskopische Struktur des Gehirns genauer zu untersuchen. Für die älteren, etablierten Anatomen jener Zeit war das ein wenig erfolgversprechendes Unterfangen, vor allem weil es an geeigneten Instrumenten zur Herstellung dünner Gewebeschnitte fehlte. Josef Hyrtl, einflußreicher Professor der Anatomie in Wien, zog den deprimierenden Vergleich: »Zum Bau des Gehirns verhalten sich unsere feinsten Werkzeuge wie eine Zimmermannssäge zu einem Spinnengewebe.«[53] Meynerts Antwort auf diesen Skeptizismus bestand in einem kurzen anatomischen Beitrag zu einem psychiatrischen Lehrbuch, in dem er zwei Typen von Nervenfasern in der Hirnrinde unterscheidet: die später so genannten Projektionsfasern (Verbindung von tiefer gelegenen Hirnteilen mit dem Cortex) und die Assoziationsfasern (Verbindung der Cortex-Areale untereinander). Sobald sich eine bestimmte Anzahl von Fasern zu einem Bündel vereinigt, spricht Meynert von Systemen.[54] Leitungsbahnen, Bündel und Systeme bedeuten noch nicht die Lokalisation von bestimmten Zentren, doch entfaltet sich hier das Gehirn als eine Landkarte, in der die Lokalisation solcher Systeme Hinweise auf funktionelle Einheiten gibt. Das ausschließliche Vorkommen der Assoziationsfasern in der Hirnrinde nimmt Meynert als Bestätigung für deren herausgehobene Position im Gehirn. Die komplexe Verschaltung der Assoziationsfasern untereinander führt zur höchsten geistigen Entwicklungsstufe des Menschen: »Das Ich ist ein unüberschaubarer Coordinationsact der im Gehirn zu Wege gekommenen Wahrnehmungen, Gedanken und Gefühlsimpulse im Rückblick, in der Gegenwart, ja in ihrer zukünftigen Coordination, dessen Unüberschaulichkeit sich in der Erscheinung der Freiheit ausspricht.«[55]

Voraussetzung für die cerebrale Entwicklung zu einer reifen Persönlichkeit sind die begrenzten, zumeist automatischen Mechanismen beim Säugling, dem sogenannten *primären Ich*. Das primäre Ich ist hilflos, in Abwehrreflexen auf die Integrität des Leibes beschränkt, fähig zur Empfindung von Hunger, Körperschmerz, Wärme und Bewegungsfreude. Mit der fortlaufenden Gehirntätigkeit und Reifung entsteht allmählich das sekundäre Ich. Das beginnt mit der Empfindung der Außenwelt und erstreckt sich bis hin zum Gefühl für andere Menschen und Verantwortungsbewußtsein für Gesellschaft und Staat. Das primäre Ich ist egoistisch, das sekundäre Ich »associiert sich mit der Idee des Mutualismus, der Wechselseitigkeit, der Brüderlichkeit«. Trotz der Anspielung auf Ideale der Aufklärung besteht für Meynert kein Zweifel, daß es sich hierbei um ein »Phänomen der Association, der Gehirnarbeit« handelt.[56]

Meynert schwebt so etwas wie eine Kultivierung des Gehirns vor, wenn er das Gehirn als »Colonie, durch Fühlfäden und Fangarme sich des Weltbildes bemächtigender lebender bewusstseinsfähiger Wesen« bezeichnet, wobei der »corticalen Colonie« die Aufgabe zukommt, die unteren, subcorticalen Kolonien und Impulse zu hemmen. Die Assoziationskomplexe in der Hirnrinde machen also das zivilisierte, sekundäre Ich aus, während die unteren, entwicklungsgeschichtlich älteren und primitiveren Hirnteile für das primäre Ich stehen. Für diese hierarchische Beziehung wählt Meynert kaum zufällig die implizite Analogie zur Hauptstadt des habsburgischen Kaiserreichs, in der er selbst seine wissenschaftliche Laufbahn begonnen und gekrönt hatte. Der Cortex ist die Hauptstadt des Gehirnstaates, und nur beim Menschen ist die Hauptstadt größer als die Provinzen. Das konnte in der k. und k. Monarchie natürlich nur in qualitativer

Hinsicht stimmen, und deshalb beeilt Meynert sich hinzuzufügen, daß die Hauptstadt und der Cortex der Hauptsitz der Intelligenz seien.[57] Die politische Dimension dieses Vergleichs ist sogar noch spürbar, wenn er die pathologische Störung des geordneten hierarchischen Verhältnisses zwischen Cortex und subcorticalen Anteilen zu erklären versucht. Danach ist Geistes- bzw. Gehirnkrankheit entweder Ausdruck der Tatsache, daß sich das sekundäre Ich nicht oder nur unzureichend entwickelt hat, also ein Stehenbleiben irgendwo in der Entwicklung; oder der Cortex kann seine Kontrollfunktion nicht mehr wahrnehmen, und die subcorticalen Funktionen werden übermächtig, was fatale Folgen hat: »In den subcorticalen Organen liegt der rein persönliche, der parasitische Factor des Gehirnlebens, der im Rahmen der socialen Gesittung zum Bösen wird.«[58]

Die Hirnrinde übt demnach in der gleichen Weise eine Hemmungsfunktion aus, wie es das gesittete Individuum mit seinen Trieben und geheimen Wünschen tut – und wie die zentrale Regierung in der Hauptstadt mit den vielfältigen, vielsprachigen und chaotischen Provinzen des Habsburgerreiches verfährt. Dabei ist die Charakterisierung des Gehirns als »eine Colonie [...] sich des Weltbildes bemächtigender bewusstseinsfähiger Wesen« ausdrücklich »mehr als ein blosser Vergleich«.[59] So weit sind andere Hirnforscher des 19. Jahrhunderts nicht gegangen, doch zog sich die Denkfigur eines hierarchischen Verhältnisses von höheren und niederen Hirnregionen mit polarisierenden Begriffspaaren wie bewußt – unbewußt, zweckmäßig – automatisch, gesund – krank, Vernunft – Unvernunft oder Zivilisation – Wildheit durch das gesamte Jahrhundert. Dabei mußte es sich gar nicht notwendig um die Opposition zwischen corticalen und subcorticalen Regionen handeln. Die Differenzierung zwischen vorne und hinten und zwischen linker und rechter Hemisphäre ging in die gleiche Richtung.

Der entscheidende Punkt ist nun, daß Meynert diese Kultivierungsarbeit des Cortex, das Knüpfen neuer Verbindungen, »das Associationsspiel der Gedankengänge«, die Verknüpfung alter und neuer »Rindenbilder«, die andauernde Prüfung und Bewertung dieser Bilder, den wohldosierten Umgang mit neuen Sinneseindrücken, »die Treffsicherheit [...] im Ausschliessen der falschen Richtungen« für essentielle Eigenschaften des Genies hält.[60] Genialität ist das Ergebnis eines langsamen Reifungs- und Disziplinierungsprozesses, nicht einer unbewußten Inspiration oder Konvulsion; und damit befindet sich Meynert im diametralen Gegensatz zu Lombroso und seinen Anhängern. »Je mehr Anschauung und Wissen vorrangig, um so größer die Wahrscheinlichkeit des Zusammenlegens neuer Verbindungen.« Die bürgerliche Tugend von Fleiß, Übung und Sorgfalt findet sich hier wieder in Gestalt einer neurophysiologischen Theorie der zunehmenden Verschaltung der Assoziationssysteme, die sich von den rein anatomischen Vorstellungen dadurch unterscheidet, daß sie nicht bloß auf die Quantität setzt, also auf die Anzahl der Rindenelemente, sondern auch auf qualitative

Momente. Die Assoziationsfasern zeigen dann eine besondere Bereitschaft, neue Verbindungen einzugehen, wenn bereits viele alte bestehen, »denn an die Erinnerungsbilder knüpfen die Neubildungen des Bewusstseins an«.[61] Ein ungebildetes, unerfahrenes, gleichsam aus dem Nichts kommendes Genie ist für Meynert eine Unmöglichkeit, und das allein schon deswegen, weil die cerebralen »Lebewesen«, die Assoziationsfasern, keine Möglichkeit erhalten haben, eine reife Kolonie auszubilden. Eine solche reife Rindenorganisation ist jedoch nicht unbedingt auf ein großes Gehirn angewiesen. Qualität und Komplexität der Verbindungen sind entscheidend, nicht so sehr die Quantität. Es geht um die Entwicklung des Gehirns, nicht so sehr um seine fertige Physiognomie.

Mit dieser lapidaren Feststellung wischt Meynert alle anatomischen Bemühungen um eine Spezifizierung der Begabung im Gehirn vom Tisch. Obwohl ein überzeugter Verfechter der sogenannten Hirnpsychiatrie, der den wegweisenden Satz äußerte, daß der Hirnbau den Seelensitz »in höchst lesbarer Schrift« ausdrücke, hegt Meynert eine prinzipielle Abneigung gegen eine individualisierende oder typisierende Physiognomik der Hirnrinde.[62] Das hat seinen Grund darin, daß er trotz seines anatomischen Ansatzes das Gehirn für ein dynamisches Netzwerk hält, dessen Eigenart sich dem herkömmlichen physiognomischen Blick nicht erschließt.[63] Insbesondere die Windungen taugen nicht zur Erstellung eines psychologischen Profils. Die Kenntnisse von der Bedeutung des Hirnwindungsreliefs sind viel zu bescheiden, »um in ihren individuellen Variationen ausgedeutet zu werden«.[64] Damit steht Meynert quer zur Tradition von Wagner, Bischoff und den französischen Anthropologen. Es paßt zu dieser Haltung, daß von ihm nur eine einzige Sektion des Gehirns einer bedeutenden Persönlichkeit bekannt geworden ist: des 1884 verstorbenen Malers Hans Makart. Den handgeschriebenen Sektionsbefund hat Meynert zu Lebzeiten in seinem Schreibtisch aufbewahrt, ohne je an eine Veröffentlichung zu denken.[65]

Meynert war eine der größten hirnanatomischen Autoritäten seiner Zeit, auch wenn er als Psychiater umstritten war. Zeitgenössische Nervenärzte kritisierten seine kompromißlose Hirnpsychiatrie als Irrweg. Aber wenn Meynert für Lombrosos Nebeneinanderstellung von Genie und Wahnsinn und für Moritz Benedikts Verbrechergehirne nur Verachtung übrig hatte, wenn er sogar die Untersuchungen der von ihm ernst genommenen Hirnanatomen verwarf, wieso hatte das keine allgemeine Signalwirkung für eine Beendigung der Studien an Gelehrten- und Verbrechergehirnen? Eine einfache Antwort läßt sich darauf nicht geben. Zum einen bedeutete die Netzwerk-Idee tatsächlich die Abkehr von einer morphologischen und physiognomischen Sichtweise auf das Gehirn und die Hinwendung zu einer funktionellen Theorie, die in Wien zu jener Zeit von zwei anderen Hirnforschern verfolgt wurde: von Sigmund Exner mit seiner hirnphysiologischen Theorie und von Sigmund Freud mit seinem berühmten *Entwurf* von 1895.[66] Was immer diese Entwürfe noch vermitteln wollten, es war offensichtlich, daß sie nicht an einem einzelnen Gehirn, sondern an der Funktionsweise des Gehirns als Apparat interessiert waren. In der Mitte des 20. Jahrhunderts, nach mehreren Umwegen und Neuansätzen, trug dieser funktionelle Ansatz in Gestalt der Kybernetik des Gehirns zum abrupten Ende der Elitegehirnforschung bei. Im Fin de siècle allerdings bedeutete eine solche Position unweigerlich den Rückzug aus den relevanten, hohe Wellen schlagenden Diskussionen. Und damit wären wir beim zweiten Punkt. Mit vornehmer oder verachtender Zurückhaltung hätten die Hirnanatomen ihren Widersachern wie Lombroso, Nordau und der wachsenden Anzahl von Pathographen das Feld überlassen. Ein Rückzug in dieser Frage hätte weder dem Image der Hirnpsychiatrie und schon gar nicht ihren politischen Deutungsansprüchen geholfen. Meynert selbst schwebte so etwas wie eine aus Anatomie, Philosophie, Biologie und bürgerlichen Wertvorstellungen zusammengesetzte, mit Metaphern und Analogien angereicherte Theorie vor, die jedoch keine konkreten politischen Ziele verfolgte. Der Übergang von Meynert zu Flechsig war in anatomischer Hinsicht eine Weiterentwicklung der Assoziationstheorie, doch darüber hinaus war es auch die Wende von einer Philosophie des Gehirns zu einer Gehirnpolitik, die hinter den kulturkritischen Ambitionen anderer Psychiater des Fin de siècle um nichts zurückstand.

Bei seinen anatomischen Untersuchungen hatte Meynert gesehen, daß sich die Markscheiden der Nervenfasern in den verschiedenen Gehirnregionen des Embryos und des Kleinkindes ungleichzeitig entwickeln, diesen Befund jedoch nicht weiterverfolgt. Flechsig machte ihn zum Ausgangspunkt systematischer Untersuchungen fötaler und kindlicher Gehirne, bei denen es sich immer wieder zeigte, daß ganze Faserzüge noch durchsichtig, während andere bereits mit der typischen Markscheidenumhüllung versehen sind. Was am ausgereiften Gehirn des Erwachsenen gleichartig aussieht, ist das Resultat einer sukzessiven Myelinisierung oder Markscheidenreifung aller Leitungsbahnen.[67] Sensibilisiert durch Meynerts Differenzierung der Assoziations- und der Projektionsfasern, leitet Flechsig ein Ordnungsprinzip ab, wonach gleichzeitig myelinisierende Fasern auch funktionell gleichartig sind, während eine ungleichzeitige Myelinisierung funktionelle Ungleichheit bedeutet. Dieses *myelogenetische Grundgesetz*, keine ganz zufällige Anlehnung an Ernst Haeckels biogenetisches Grundgesetz, kombiniert strukturelle und funktionelle Gesichtspunkte aus der Perspektive der embryonalen Reifung. Zunächst reifen die sensorischen Faserbündel, dann die motorischen und schließlich, einige Monate nach der Geburt die Assoziationsbündel. Zuerst Empfindung, dann Bewegung und Reflexe und zuletzt Sammlung, Verknüpfung und Verwertung der Empfindungen – so lautet Flechsigs Vorstellung von der frühkindlichen geistigen Reifung in einem Satz.

Während Meynert noch davon ausging, daß Bündel von Assoziationsfasern die verschiedenen Projektionsbündel miteinander verbinden, führt Flechsig die Begriffe Assoziationszentrum und Projektionszentrum ein. Letztere enthalten nach Flechsig beide Arten von Fasern. Projektionsfasern stellen die Verbindung zwischen Hirnrinde und Körperperipherie her, Assoziationsfasern verbinden die Sinneszentren mit den Assoziationszentren, in denen sich wiederum keine oder fast keine Projektionsfasern befinden. Hier werden Vorstellungen und Sinneseindrücke geordnet, gespeichert und verarbeitet, Erinnerungen ausgelöst und kombiniert. Die Hirnrinde enthält zwei große und eine kleinere Assoziationsregion (Abb. 45). Das große hintere Zentrum, mit den auditorischen und visuellen Sinneszentren sowie der Körperfühlsphäre verbunden, ist der Ort des positiven Wissens und der Phantasie, also der eigentliche Sitz des Geistes. Das vordere Zentrum dient motorischen Funktionen, Willensakten und der Aufmerksamkeit und bildet die emotionale Basis des Selbstbewußtseins und repräsentiert das höhere Gefühlsleben, ist also der eigentliche Sitz des Ichs.[68]

Im Vergleich zu den älteren funktionellen Einteilungen der Hirnrinde in einen vorderen und einen hinteren Abschnitt haben sich die Verhältnisse ziemlich genau umgekehrt. Während in der Tradition von Gall und Carus die geistigen Fähigkeiten vorne, Emotionen und Triebe eher hinten lokalisiert waren, wird nun das Gegenteil behauptet. Die berüchtigte Denkerstirn der Physiognomen erhält einen hirnanatomischen Dämpfer. Eine hohe Stirn müßte nun eher auf einen kultivierten als auf einen besonders intelligenten Menschen schließen lassen. Aber auch Brocas Interpretation des Sprachzentrums, die ganz der Annahme verpflichtet war, daß die intellektuellen Fähigkeiten vorne sitzen, wird relativiert. Die Freude der Pariser Anthropologen über Gambettas fulminante dritte Frontalwindung links war etwas verfrüht, und zwar nicht, weil an der Gleichung *Große Windung entspricht großer Fähigkeit* etwas falsch wäre, sondern weil der Geist nicht nur vorne sitzt. Und wenn dieser etwas mit der Sprachfähigkeit zu tun hat, müssen noch andere Rindenzentren involviert sein.[69]

Selbstverständlich waren Flechsigs Zuordnungen nicht ausschließlich das Resultat der Untersuchung frühkindlicher Gehirne. Myelogenetische Homogenität der verschiedenen Nervenbündel wies den Weg zu funktionellen Zentren, und diese Resultate mußten dann mit klinischen Untersuchungen abgeglichen werden. Brocas Bestimmung des motorischen Sprachzentrums und Fritschs und Hitzigs experimentelle Lokalisation motorischer Zentren hatten den Auftakt gebildet für eine Blütezeit der Lokalisationslehre in den letzten drei Jahrzehnten des 19. Jahrhunderts. Zahlreiche neuropsychologische Syndrome, bedingt durch Hirnverletzungen oder -krankheiten, wurden erstmalig beschrieben.[70] In diese klassische Epoche der neurologischen Lokalisationslehre muß auch Flechsigs Werk

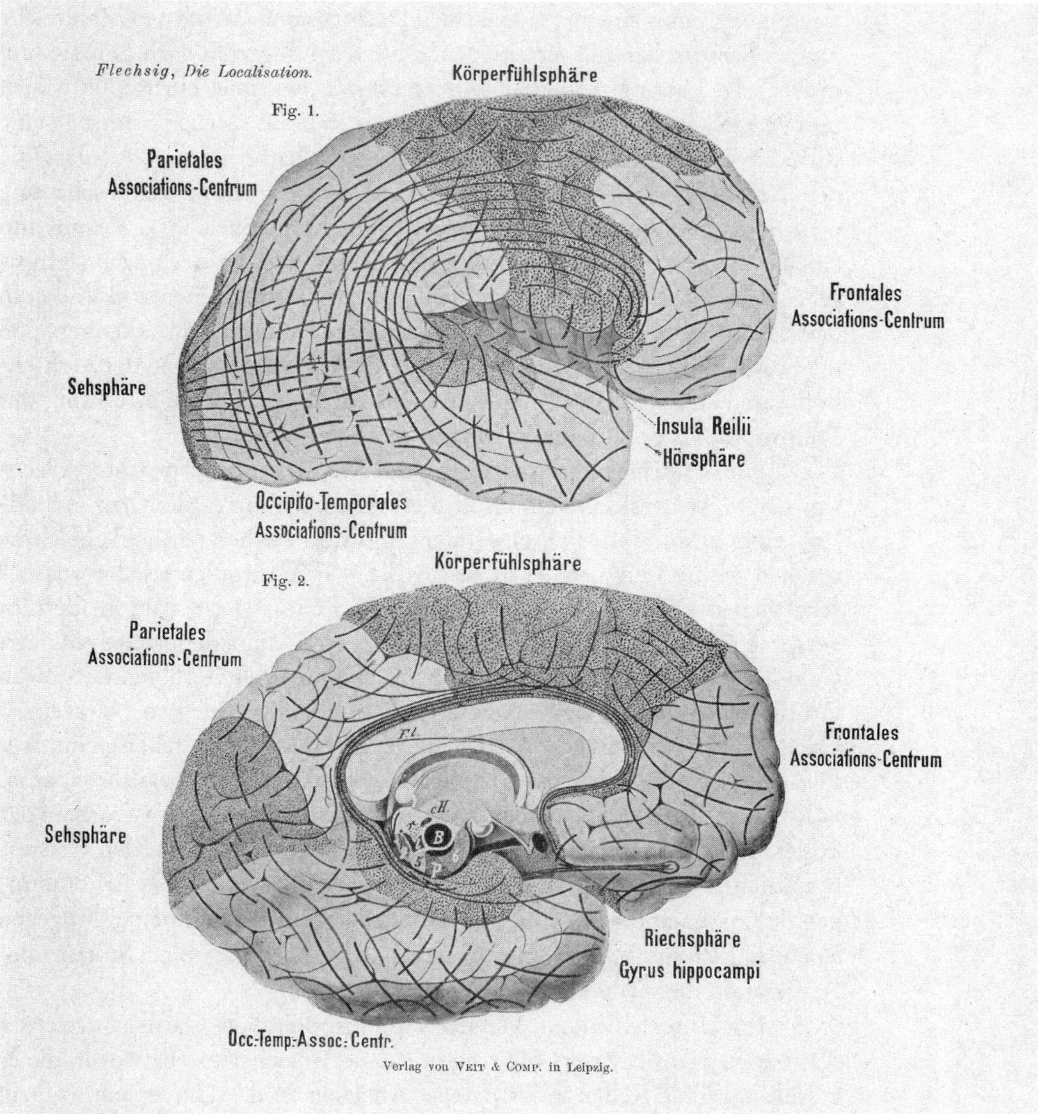

Abb. 45: Paul Flechsig, Schematische Darstellung der Projektions- und Assoziationszentren

eingereiht werden. Er war zu wenig an klinischen Fallstudien interessiert, als daß er ein einziges Krankheitsbild von Grund auf erforscht hätte, doch die Lehre von den Assoziationszentren bot nicht nur den um die exakte Begrenzung der Funktionszentren streitenden Lokalisationisten einen gewissen Halt, sie war auch breit genug, die unterschiedlichen kognitiven, emotionalen und perzeptiven Leistungen bzw. deren pathologische Beeinträchtigung unter einem gemeinsamen Dach zusammenzufassen. Zahlreiche junge Hirnforscher aus verschiedenen Ländern pilgerten nach Leipzig, um in Flechsigs Labor zu arbeiten. Dort lernten sie, wie man Hirnschnitte färbt und betrachtet, sie lernten jedoch auch, wie sich mit solchen Schnitten eine veritable Hirnpolitik betreiben läßt. Flechsig hatte behauptet, »dass die neueste Aera der Hirnforschung die uralte für die gesamte Weltanschauung massgebende Frage des Verhältnisses von Leib und Seele ihrer Lösung um einen wesentlichen Schritt näher gebracht hat, ja nach der psycho-physischen Seite hin die gesamte vorausgehende Arbeit aller Zeiten und Völker in den Schatten stellt«.[71] Insbesondere der letzte Halbsatz läßt erkennen, daß die Hirnforschung für Flechsig eine kulturelle Spitzenleistung der Menschheit darstellte, woraus er sogleich einen Anspruch auf die Ablösung der Philosophie als orientierende Leitwissenschaft ableitete.

Die »enormen Frontallappen« des Menschen beanspruchten Flechsigs ganze Aufmerksamkeit, als er die Hirnforschung explizit zur Grundlage einer »Moralphysiologie« oder »physiologischen Sittlichkeitslehre« machen wollte und sich Anstöße für die »Grundprobleme jeder wissenschaftlichen Pädagogik« sowie für die Förderung der »wahren Cultur« versprach. Die Projektions- oder Sinneszentren sind demnach »eine Art Kampfplatz, wo die niederen Triebe mit den höheren Gefühlen und Ideen um die Herrschaft ringen – wenigstens bei edler veranlagten Naturen«.[72] Gut sozialdarwinistisch wird hier ein offener Kampf zwischen primitiver Fleischlichkeit des Körpers und höherer Sittlichkeit der Assoziationszentren konstruiert, den nur eine beschränkte Auswahl von Menschen zugunsten der höheren Gefühle entscheiden kann. In dieser Perspektive werden Geisteskrankheiten notwendigerweise zum Stigma, denn wenn diese Erkrankungen des Assoziationssystems, »gewöhnliche« Gehirnkrankheiten hingegen solche des Projektionssystems darstellen, folgt daraus, daß bei Störung der Assoziation die niederen Hirnanteile überwiegen.[73]

Im Unterschied zu Meynerts philosophischen Garnierungen der Assoziationslehre avisiert Flechsig mit seiner verschärften Rhetorik, die er gezielt in seinen Reden zu offiziellen Anlässen an der Universität Leipzig zu inszenieren wußte, eine auf der Anatomie basierende Psychiatrie als Leitwissenschaft einer autoritären Gesellschaftsordnung, in der sich die »moralisch und intellectuell Minderwertigen« einer »geistig-sittlichen Aristokratie zu unterwerfen« hatten.[74] Der Therapievorschlag, um die behauptete Krise der Zivilisation zu kurieren, ist nichts anderes als die strikte Beibehaltung der im Gehirn vorherrschenden Verhältnisse: »Nicht die Republik, sondern die Monarchie ist in der Organisation des Seelenorgans verwirklicht.«[75] Das war keineswegs unumstritten, gehörte aber um 1900 zu den Positionen, mit denen die Hirnforschung sich in die politischen und kulturkritischen Diskussionen einmischte. Ähnlich wie Lombroso, August Forel und anderen Neuropsychiatern ging es Flechsig um die Beherrschung von Alkoholismus, Nervenkrankheiten und Kriminalität. Insbesondere in bezug auf die heikle Frage nach den Verbrechergehirnen erwies sich Flechsig als differenzierter, weil hirnanatomisch versierter als Lombroso. Den eigentlichen Verbrechertyp lehnte er als nicht mit der »strengen Wissenschaft« vereinbare Spekulation ab. Doch der Hirnbau des Gewohnheitsverbrechers zeigt in einer noch nicht näher bestimmbaren Anzahl der Fälle angeborene Bildungsanomalien der Assoziationsorgane, was »intellectuelle Inferiorität, geistige Minderwerthigkeit« zur Folge hat. Im Verein mit einer »besonderen Keimanlage«, die zur Degeneration führt, und einem schädigenden, pathologischen Milieu, das die normale Entwicklung der Körperfühlsphäre, des »Charaktercentrums«, verhindert, sind die »Gewohnheitsverbrecher mit niederem Hirntypus [...] auf einer niederen Entwicklungsstufe stehengebliebene Individuen«.[76] Viel anderes hatte Lombroso auch nicht gesagt, aber er verfügte nicht über die offensichtlich notwendige hirnanatomische Detailkenntnis, um einen solchen Satz mit ausreichender Legitimation zu versehen. Von wissenschaftlicher Strenge, wie sie Giacomini, Meynert und in anderem Zusammenhang auch Flechsig eingeklagt hatten, ist hier nur wenig zu sehen.[77]

Flechsigs monarchistische Hirnpolitik war nicht bloß auf Festreden und Vorträge beschränkt. In der Praxis sah es so aus, daß ein stationärer Aufenthalt »bei Flechsig« in der Leipziger Universitätsklinik bei den Bürgern der Stadt einen jahrelangen »Zweifel an der geistigen Zurechnungsfähigkeit eines Menschen« auslöste und unterhielt.[78] Solche kollektiven Gefühle und Vorurteile waren gewiß nicht spezifisch für Leipzig, aber sie kamen der Autorität, die sich ein sich als Naturwissenschaftler verstehender Mann wie Flechsig im wilhelminischen Deutschland zuschrieb, insofern entgegen, als sie die plattere und marktgängigere Version dessen bildeten, was er selbst als Experte vertrat. Flechsigs Jonglieren mit seiner leicht zwielichtigen Berühmtheit war Bestandteil der Inszenierung eines »Geistesaristokraten«, der sich als Herr über die Zurechnungsfähigkeit der Lebenden und die Aussagefähigkeit der Hirnschnitte gerierte und sich vor einem überdimensionierten Gehirn fotografieren ließ, das ihn geradezu wie ein Heiligenschein umgibt (Abb. 46).[79]

Es ist müßig, darüber zu spekulieren, wieso Flechsig, der über eines der bedeutendsten neuroanatomischen Laboratorien seiner Zeit verfügte, durch das mehrere nachmals berühmte Hirnforscher gingen, auf eine systematische Sammlung von Gelehrtengehirnen verzichtet hat. Gepaßt hätte es, denn im Gegensatz zu Meynert war er der Überzeugung, daß »sich auch die geistige Individualität in der Form der Hirnoberfläche, im Windungsreichtum der Associationscentren, ihrer relativen Grösse im Verhältnis zu den Sinnescentren etc. weit deutlicher aus[drückt], als man bisher angenommen hat. Jedes Gehirn hat gewissermassen seine Physiognomie, und die Gesetze dieser Physiognomie auf exacter Grundlage (nicht in der Weise Gall's) zu schaffen, erweist sich als eine ernsthafte Aufgabe für die wissenschaftliche Forschung.«[80] Klarer und präziser ließ sich das Anliegen der Gelehrtengehirnforschung nicht auf den Punkt bringen.

Seine Vorstellungen von der Natur des Genies hat Flechsig in der Rede zur Geburtstagsfeier des Königs Albert von Sachsen zum besten gegeben, die auch das Bekenntnis zu Verbrechergehirnen enthielt. Wie flexibel Flechsig mit seinen Rindenbefunden umzugehen verstand, erweist sich daran, daß er die beiden großen Assoziationszentren nun als »geistige Centren« bezeichnete. Von Ich-Bildung vorne und positivem Wissen hinten ist zwar nicht die Rede, dafür jedoch von einem überraschenden Unterschied zwischen Wissenschaftlern und Künstlern. Beim wissenschaftlichen Genie sind beide geistigen Regionen reicher gegliedert und feiner organisiert, bei einigen Künstlern wie Beethoven und Bach (über deren vom Schädelinneren genommene Ausgüsse man verfügte) ist nur eine proportional stärker entwickelte Scheitelgegend zu beobachten. Also zeigt »das wissenschaftliche Genie andere Verhältnisse des Hirnbaues wie das künstlerische«.[81] So vorläufig und provisorisch diese Sätze auch verstanden sein wollten, nimmt man sie mit den Aussagen der anderen offiziellen Reden zusammen, wird zumindest eine Tendenz spürbar, den beanspruchten Primat der Wissenschaft über die Kunst auch hirnanatomisch zu begründen. Wenn das vorne lokalisierte höhere Gefühlsleben, das die sittliche Reife ausmacht, nur bei Wissenschaftlern und nicht bei Künstlern besonders ausgeprägt ist, beantwortet sich die Frage von selbst, wer bei der »Weiterbildung des Menschengeschlechts« ganz vorne steht. Flechsig war klug genug, diese Konsequenzen seiner anatomischen Differenzierung unausgesprochen zu lassen, zumal es ihm nicht um die postume Herabwürdigung von Künstlern ging, sondern darum, das Genie als das Gegenteil eines Degenerierten, als »Fortschritt zu einem höheren Typus« zu deklarieren.[82] Dennoch fügt sich diese weich formulierte Idee vom Übermenschen nahtlos in die wissenschaftlich dominierte »geistig-sittliche Aristokratie«.

Die positiven, wenn auch flüchtigen Verweise auf die Schädel Beethovens und Bachs scheinen nicht recht zu Flechsigs ambitionierten Hirnuntersuchungen zu passen. Zumindest ist nichts darüber bekannt, daß er sich je den Schädel einer prominenten Person vorgenommen hätte; und das entspricht auch dem wissenschaftlichen Credo der Hirnpsychiater, die sich in diesem Punkt von den Anthropologen und Craniologen unterschieden. Seit Bernhard von Gudden 1870 nach anatomischen Beobachtungen an menschlichen Embryos und Tierexperimenten darauf hingewiesen hatte, daß Schädel in ihrer frühen Entwicklung und bei Tieren noch nach der Geburt unter leisestem mechanischen Druck oder Zug modellierbar waren wie Wachs, gab es für das seit den Zeiten der Lavaterschen Physiognomik unerschütterliche Dogma ein Problem. Schädel waren nicht mehr die harten und konstanten Knochen, die unabhängig von kontingenten Umwelteinflüssen ein

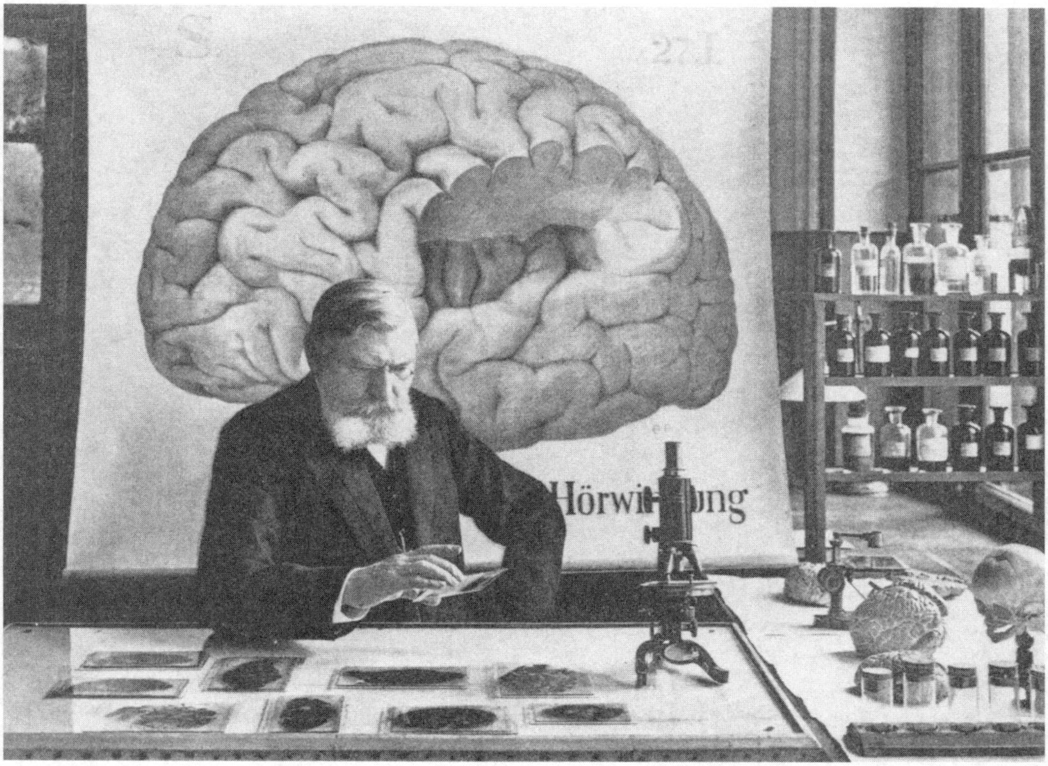

Abb. 46: Paul Flechsig im Labor

zuverlässiger Indikator für den Reifegrad und das Gewicht des Gehirns darstellten.[83] Anders gesagt: Schädelwachstum erwies sich als komplexer, von verschiedenen Faktoren geprägter Prozeß, der nur dann einen Hinweis auf die Hirnentwicklung ermöglichte, wenn sich durch einen Gipsausguß der Schädelhöhle ein Abbild des Gehirns herstellen ließ. Das aber war in der Craniologie unüblich, weil es vorausgesetzt hätte, daß der Schädel in der Mitte durchgesägt wird. Angesichts des unausgesprochenen Konsens, der die Untersuchung des Gehirns oder Schädels bedeutender Persönlichkeiten zuließ, insofern sie sich den Regeln der Erinnerungskultur unterordnete, schreckten nicht wenige Wissenschaftler vor einer solchen Prozedur zurück.[84]

Nun profitierten die Anatomen des späten 19. Jahrhunderts von den Bemühungen der Stadtmagistrate und Kirchengemeinden, die sterblichen Überreste ihrer bedeutendsten Bürger umzubetten bzw. eine würdige Grabstätte zu gestalten. So geschah es in Wien, als die Gebeine Beethovens auf den Zentralfriedhof überführt wurden und Carl Toldt mit der Schädel-

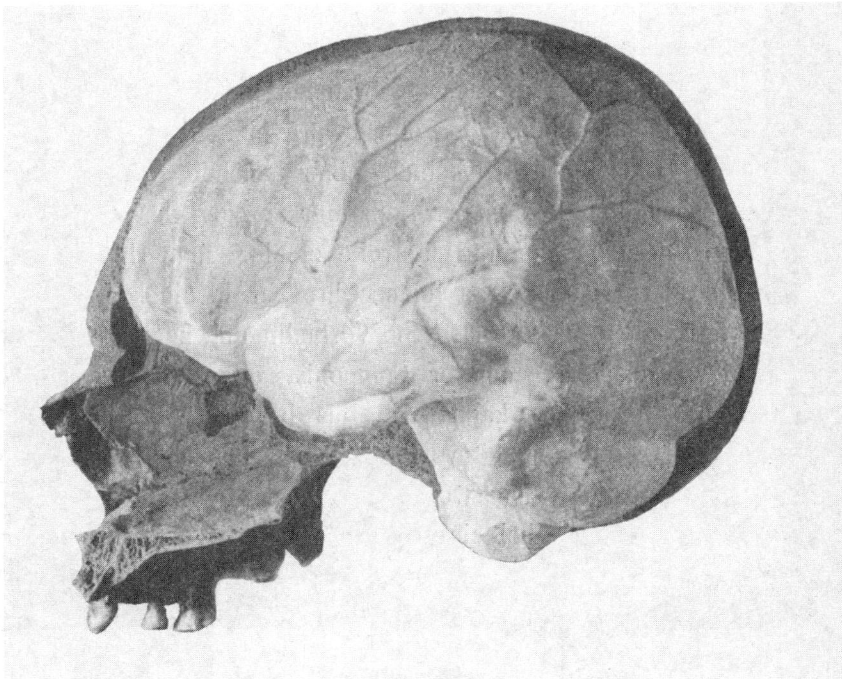

Abb. 47: Wilhelm His, Fotografie des Bach-Schädels mit Gipskern

messung beauftragt wurde; so geschah es in Königsberg, als die Grabstätte Kants im Dom neu hergerichtet wurde, was den Anatomen Kupffer und Bessel Hagen die Gelegenheit gab, den Schädel auszumessen und zu fotografieren.[85] 1894 wurden auch Bachs Gebeine auf dem Leipziger Johanniskirchhof ausgegraben, so daß Flechsigs Leipziger Kollege Wilhelm His den Schädel des Thomaskantors untersuchen konnte. His begnügte sich nicht mit Messungen und Fotografien, sondern sägte den Schädel tatsächlich – nach eingehender Rücksprache mit dem Kirchenvorstand – in der Mitte durch und fertigte einen Schädelausguß an, auf dem sich die Furchen und Windungen des Gehirns deutlich abzeichneten (Abb. 47). Moralische Bedenken zerstreute er mit dem Argument, daß sich der Schädel trotz dieser Operation völlig wiederherstellen lasse und damit auch späteren Generationen in unversehrter Form zur Verfügung stehe.[86]

Der hirnanthropologische Abstand zwischen His und seinen Vorgängern liegt darin, daß er über ein virtuelles Gehirn Bachs verfügt, was er auch noch dadurch unterstreicht, daß er in den Schädelausguß das kaum angedeutete Windungsrelief selbst einzeichnet (Abb. 48). Mit dieser Zeichnung soll die Besonderheit des Bachschen Gehirns evident werden. Es teilte sich ein in ein relativ wenig entwickeltes Stirnhirn, an dem die Windungen und Furchen auch nur flüchtig skizziert sind, und ein wuchtiges temporales

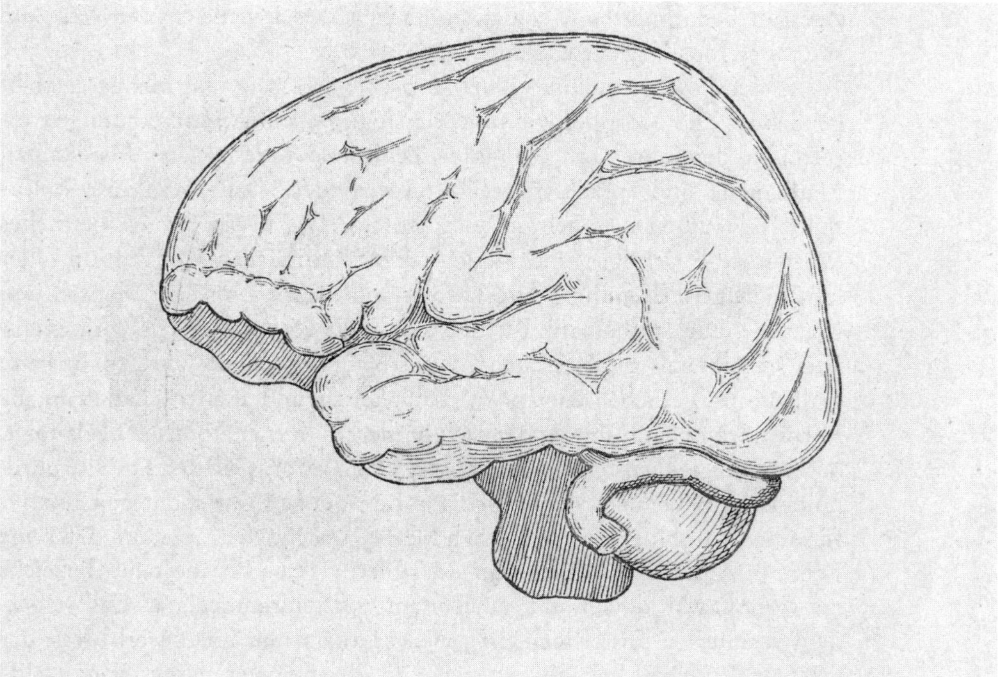

Abb. 48: Wilhelm His, Zeichnung des Gipskerns mit fiktiven Hirnwindungen

und parietales Hirn, an dem die mittlere Schläfenwindung, die hinter der Sylvischen Furche liegenden Windungen (zuerst der *Gyrus supramarginalis*, der die hintere Begrenzung der Sylvischen Furche darstellt, und der dann folgende *Gyrus angularis*) sowie die untere Scheitelwindung besonders hervorragen (zur besseren Orientierung in der Hirnwindungstopographie siehe Abb. 49 a und b). Auf eine »eingehendere physiologische Interpretation dieser Verhältnisse« will His sich nicht einlassen, aber in gewisser Weise tut er es doch, indem er sie mit Flechsigs myelogenetischer Lokalisationslehre verknüpft. Die am Bachschen Gehirn möglicherweise besonders entwickelten Rindengebiete entsprechen nämlich jenen Assoziationszentren, die zwischen den akustischen und den optischen Sinneszentren gelegen sind.[87] His beläßt es dabei, doch die Verhältnisse erlaubten es Flechsig in seiner oben angeführten Rede, Bachs musikalisches Genie in das hintere Assoziationszentrum zu verlegen. Zwar weiß auch er nicht genau anzugeben, welche spezifischen geistigen Funktionen in den betreffenden Windungen verborgen sind, doch die Hervorhebung des parieto-temporalen Cortex bei immerhin zwei Musikern verweist auf einen der bedeutendsten Beiträge Flechsigs zur Hirnanatomie, nämlich seine myelogenetische Lokalisierung der Hörsphäre in den Querwindungen der Schläfenlappen.[88] Ein großes Hörzentrum macht noch keinen großen Musiker, doch die diesem

Zentrum benachbarten Assoziationszentren wiesen vielleicht den Weg zum spezifisch musikalischen Talent.

Bei diesem Leipziger Duett zwischen Flechsig und His ist es nicht geblieben. Die Morphologie und Physiognomik der Hirnwindungen erreichte in den Jahren um 1900 ihren Zenit, und dabei spielten Musikalität, Mathematik und Sprachfähigkeit eine besondere Rolle, was ihrer kulturellen Bedeutung ziemlich genau entsprach. Die Musik ist in Nietzsches Worten »die richtige Empfindung, die Feindin aller Convention, aller künstlichen Entfremdung und Unverständlichkeit zwischen Mensch und Mensch«. Die Mathematik ist für Helmholtz der wichtigste Repräsentant »der selbstbewussten logischen Geistesthätigkeit«.[89] 100 Jahre zuvor hatte Gall die bürgerlichen Tugenden, Fähigkeiten und Leidenschaften in die Hirnrinde verlegt. Nun fanden sich immerhin, hirnanatomisch beglaubigt, drei essentielle menschliche Eigenschaften im Gehirn wieder. Die alte phrenologische Frage nach den einseitigen Begabungen war somit neu gestellt. In seiner Autobiographie regte sich Flechsig mächtig darüber auf, daß seine Lehre in Amerika als »Leipziger oder Flechsigsche Phrenologie« bezeichnet worden war, doch mußte auch er am Ende einräumen, daß Gall »trotzdem vermutlich unsterblich [ist], weil er zuerst die Lokalisierbarkeit der geistigen Vorgänge behauptet, also ein im allgemeinen richtiges Prinzip aufgestellt hat«.[90]

Kulturgehirne

Es würde die bisherige Geschichte konterkarieren, wollte man die sich häufenden Untersuchungen der Gehirne von Gelehrten, Künstlern und Politikern ausschließlich der Flechsigschen Assoziationszentrenlehre zuschreiben. Flechsig offerierte einen vielversprechenden theoretischen Rahmen, aber darüber hinaus gab es eine Reihe von Interessen, Erwartungen und Werten wie etwa die Zurückweisung von Lombrosos Genietheorie oder die Inszenierung von Naturwissenschaft *als* Kultur. Noch wichtiger war die fest verankerte weltanschauliche Überzeugung, daß der gesellschaftliche Fortschritt der Menschheit in der Sprache der biologischen Höherentwicklung geschrieben werde. Auch vor der Formierung der eugenischen Bewegungen wurden Forderungen laut, diese Entwicklung durch sozialhygienische Maßnahmen – also noch nicht durch Eingriffe in die Fortpflanzung – aktiv zu gestalten, gerade weil bestimmte Zivilisationserscheinungen die Evolution bedrohten. Komplementär dazu dienten einmal mehr die großen Persönlichkeiten als Vorbild, an dem man sich orientieren konnte. Das Gehirn spielte dabei eine geradezu paradoxe Rolle. Bisweilen gewinnt man den Eindruck, daß dem Blick in die Zukunft der Blick ins

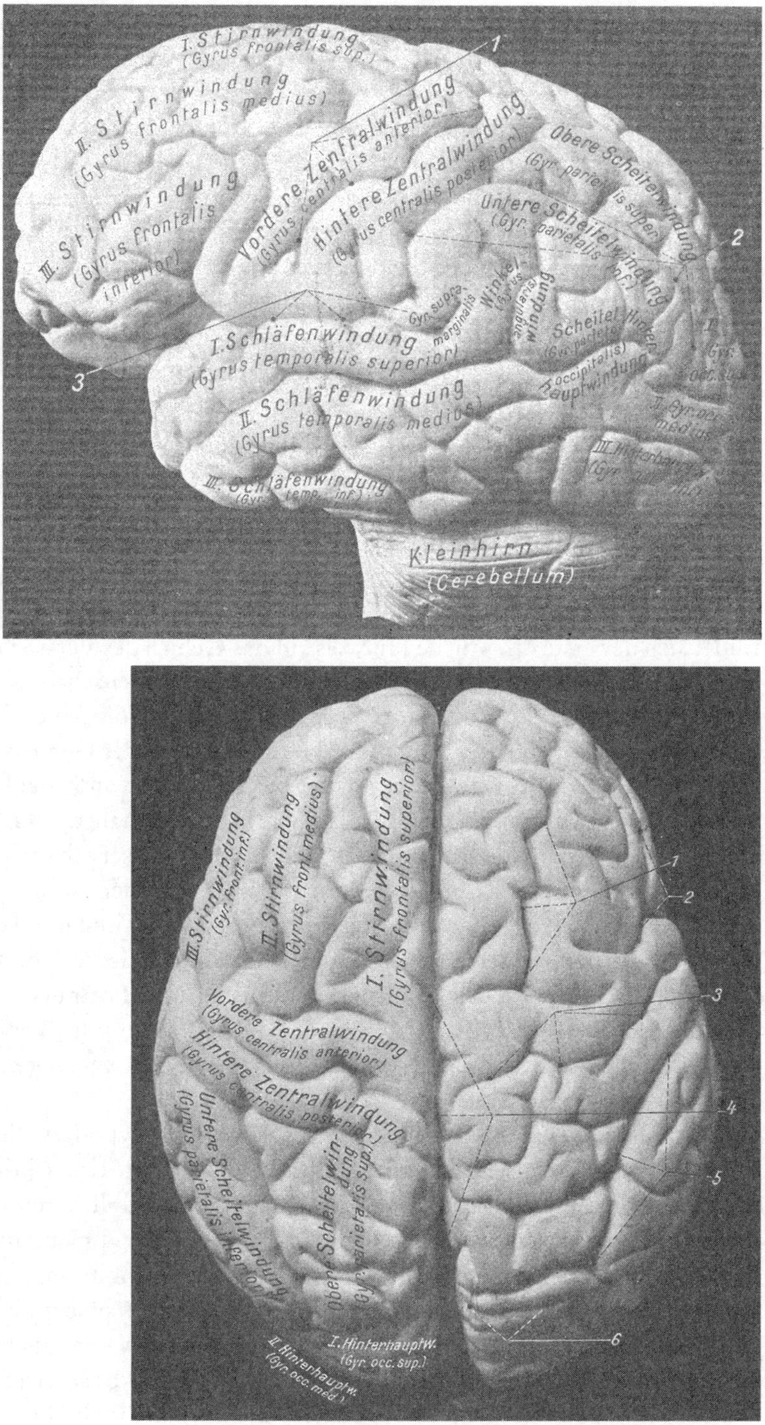

Abb. 49 a und b: Richard Arwed Pfeifer, Darstellung des menschlichen Gehirns von der Seite und von oben gesehen

Gehirn großer Männer unmittelbar vorausging, als ob man sich davon gewisse Deutungshilfen versprochen hätte. Dann wieder sind die Einschätzungen so verhalten bis skeptisch, daß es kaum nachzuvollziehen ist, warum angesehene Hirnforscher auch nur eine Minute Zeit an solche Untersuchungen verschwendet haben. Latente Erwartungshaltungen sind jedoch stets mit im Spiel gewesen, insbesondere wenn es um Persönlichkeiten ging, die bereits zu Lebzeiten zu historischen Figuren geworden waren; und insbesondere wenn es um einige der bedeutendsten Persönlichkeiten des deutschen Kaiserreichs ging.

Prestige und Ruhm von Hermann von Helmholtz sind in den ersten Jahrzehnten des Kaiserreichs von keinem anderen Naturwissenschaftler übertroffen worden. Helmholtz war die wissenschaftliche Persönlichkeit, die den Aufstieg Deutschlands an die Spitze der Kulturnationen geradezu emblematisch verkörperte. Die Formel vom »Reichskanzler der Wissenschaften« trifft diese Ausnahmestellung präzise. Was Bismarck für die Sphäre des Politischen bedeutete, war Helmholtz analog dazu für die Naturwissenschaften. Sein Tod am 8. September 1894 war ein nationales Ereignis, an dem auch Wilhelm II. Anteil nahm.[91] Wie in früheren Fällen auch findet sich der erste öffentliche Hinweis auf das Gehirn des Verstorbenen in der Gedächtnisliteratur. Der Ophthalmologe und Wissenschaftshistoriker Julius Hirschberg, ein Schüler des Verstorbenen, beschloß seinen Nachruf mit den Worten, daß die »ungewöhnliche Entwicklung der Gehirnwindungen [...] die staunende Bewunderung der bei der Section anwesenden Ärzte« erregte. Emil du Bois-Reymond, langjähriger Weggefährte und Freund, kam in seiner Gedächtnisrede vor der Akademie der Wissenschaften in ganz anderer Weise auf den Kopf des Verstorbenen zu sprechen: »ein fast übermächtiger Schädel, aber von reinster Form, barg das wundervolle Denkorgan«.[92] Auch wenn es sich hierbei um eine metaphorische Überhöhung handelte, die den visuellen Eindruck der Büsten und Portraits in Worte umzumünzen versuchte, war es doch genau diese Mischung aus Verklärung, ästhetischer Betrachtung und Materialismus, die die Erwartungen an das Gehirn immer wieder verstärkten.

In der kalten Realität des Sektionssaals war das »wundervolle Denkorgan« alles andere als ein vorzeigbares Stück Genialität. Die Sektion fand im Pathologischen Institut des ähnlich berühmten Rudolf Virchow statt, doch Virchow war auf Reisen, so daß sein Assistent David Hansemann die Sektion vornahm. Die Todesursache, eine massive Hirnblutung, hatte die gesamte rechte Hemisphäre zerstört, die linke hingegen war so gut erhalten, daß sie in Gips abgeformt wurde. Da das Gehirn selbst – möglicherweise auf Wunsch der Witwe Anna von Helmholtz – nicht konserviert wurde, war der Gipsabguß das Objekt, auf das sich die Forscher in der Folgezeit zu konzentrieren hatten. Initial scheint der in der Hirnanatomie unerfahrene Hansemann nicht recht gewußt zu haben, was er damit anfangen sollte. Nur drei Wochen nach Helmholtz' Tod bot er dem Frankfurter Hirnanatomen Ludwig Edinger einen weiteren Abguß an. Ähnlich wie 100 Jahre zuvor, als der angebliche Schädel Raffaels in die Sammlungen Goethes, Blumenbachs, Soemmerrings und Galls wanderte, zirkulierte nun wieder eine für die Nachwelt aufbewahrte Reliquie im kleinen Kreis von Eingeweihten. Neben Edinger kamen auch Flechsig, der Stockholmer Anatom Gustaf Retzius sowie der holländische Paläoanthropologe Eugène Dubois in den Besitz eines Abgusses, wobei die unausgesprochene Vereinbarung lautete, daß Hansemann als demjenigen, der die Sektion vorgenommen hatte, die Publikationspriorität zustand.

Auch in den 1890er Jahren handelte es sich also um eine diskrete Angelegenheit, bei der die verschiedenen Forschungsinteressen, der Respekt vor der Persönlichkeit Helmholtz' und seiner Angehörigen miteinander koordiniert wurden. Mit einer Popularisierung à la Lombroso wollte man in Berlin nichts zu tun haben. Insofern ärgerte sich Hansemann darüber, daß eine Fotografie des Gipsabgusses bei der Redaktion der *Deutschen medizinischen Wochenschrift* gelandet war. Die zu erwartende Publikation – die dann doch nicht zustande kam – nannte er »nicht legal« und schimpfte, daß sie »nicht in wissenschaftlichem, sondern in sensationellem Sinne« erfolge.[93] Was an diesem Vorgang gegen die Spielregeln verstieß, war nicht, daß der Gipsabguß in der an sich angesehenen medizinischen Zeitschrift abgebildet wurde, sondern daß das nicht im Rahmen einer Publikation erfolgte, die wissenschaftlich und moralisch abgesichert war. Möglicherweise aufgrund dieses Zwischenfalls regte der inzwischen nach Berlin zurückgekehrte Virchow an, daß Hansemann seinen Befund in *Virchows Archiv* veröffentliche. Auch daraus wurde nichts, und es mußte erst ein zweiter Fauxpas passieren, den sich ausgerechnet Flechsig erlaubte, ehe die Publikation der Untersuchung in Angriff genommen wurde. Wie Hansemann mit Empörung vermerkte, hatte »Herr Flechsig es nicht unterlassen können, eine Notiz über das Gehirn zu publiciren«, ohne die Erlaubnis von ihm oder von Anna von Helmholtz eingeholt zu haben.[94]

Nun war Flechsig bekannt dafür, es mit der Priorität nicht allzu genau zu nehmen, doch in diesem Fall ging es für ihn um einiges. An der abgeformten linken Hemisphäre des Helmholtzschen Gehirns waren nämlich, von der ohnehin reichen Gliederung der Windungen einmal abgesehen, der hintere Teil der ersten Schläfenwindung sowie die *Gyri supramarginalis* und *angularis* besonders entwickelt (Abb. 50).[95] Das war genau die Region, in der sich die Hörsphäre und die daran angrenzenden parieto-temporalen Assoziationszentren befanden und die auch am Schädelausguß von Bach so prominent gewesen war. An der großen Musikalität von Helmholtz, der ein auch für die Musikwissenschaften bahnbrechendes Buch über die Tonempfindungen geschrieben hatte, zweifelte kein Zeitgenosse. Entsprechend nährte dieser Befund die Hoffnung, in dieser Assoziationsregion tatsächlich

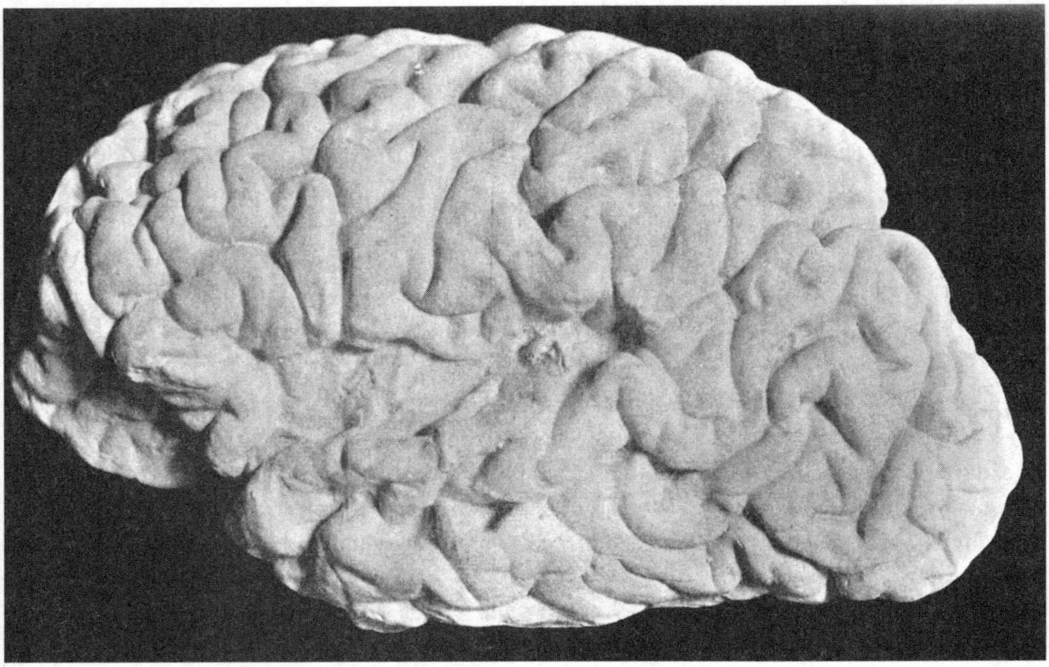

Abb. 50: Gipsabguß der linken Hemisphäre des Gehirns von Helmholtz

so etwas wie den Sitz des musikalischen Genies zu identifizieren. Nach der dritten Frontalwindung und der *Affenspalte* verfügten die Forscher über eine dritte umschriebene Rindenkonfiguration, die ihre Aufmerksamkeit auf sich zog.

Trotz seines Ärgers mußte Hansemann »die geistvollen Arbeiten Flechsig's« hervorheben und dessen Beobachtungen bestätigen. Es paßte sogar zu Flechsigs cerebraler Charakterisierung des Wissenschaftlers, daß das Gehirn von Helmholtz zusätzlich noch über eine »ausserordentlich reiche Gliederung der Stirnlappen« verfügte.[96] Um Flechsig das wissenschaftliche Feld nicht vollständig überlassen zu müssen, zog Hansemann noch einen Trumpf aus dem Ärmel, der sich wie das entzauberte Spiegelbild zu du Bois-Reymonds Rede vom »übermächtigen Schädel« ausnimmt. Dieser war für Hansemann nichts anderes als die Folge eines leichten Hydrocephalus (Wasserkopf), an dem Helmholtz nach eigenen Angaben in seiner Jugend gelitten hatte. Eine Verknüpfung von Intelligenz und Wasserkopf hatten auch andere angenommen, und Hansemann spekulierte darüber, daß der etwas erhöhte Hirndruck zu einem permanenten, kreativitätsfördernden Reizzustand des Gehirns beitrage.[97]

Eine kleine Bemerkung in seinen Überlegungen enthielt gewaltigen Sprengstoff. Helmholtz habe ihm, so Hansemann, einmal verraten, daß er die »leichten Ohnmachtsanfälle«, die ihn bisweilen heimsuchten, »als epileptoid« ansah. Es scheint, daß Hansemann sich der möglichen Konsequenzen dieses Hinweises gar nicht bewußt war, denn er selbst unterschied scharf zwischen »dauernden Intelligenzen« wie Newton, Cuvier, Goethe, Beethoven, Bismarck oder Helmholtz und »pathologischen Intelligenzen«, die »immer zum Irrsinn« führten. Dafür brauchte Hansemann als einziges Beispiel nur den in Weimar vor sich hin dämmernden Friedrich Nietzsche anzuführen. Helmholtz und Nietzsche, einen größeren Gegensatz konnte es für einen konservativ geprägten naturwissenschaftlichen Bildungsbürger um 1900, der seinen Nordau verinnerlicht hatte, kaum geben. Krankheit steht hier gegen Gesundheit, eine geniale wissenschaftliche Lebensleistung, die zum Fortschritt der Menschheit beiträgt, gegen eine pathologische Tätigkeit, die es »nur zu einer sensationellen Popularität« bei denjenigen bringt, »die seinen [Nietzsches] Geist nicht vom psychiatrischen Standpunkte zu beurtheilen vermochten«.[98] In Sätzen wie diesen vermischen sich Pathographie und Rindenphysiognomik bis zur Ununterscheidbarkeit. Um sich einem *gesunden* Genie wie Helmholtz anzunähern, brauchte es nicht mehr als Bewunderung für die Lebensleistung und Inspektion der Hirnrinde. Für ein *krankes* Genie wie Nietzsche benötigte man psychopathologische Kenntnisse. Diese Diagnose bezog sich auf das Werk, nicht auf das Leben, denn im Falle Nietzsches war der geistige Zusammenbruch bloß noch die Besiegelung eines längst gefällten ideologischen Urteils, während Helmholtz' Werk ihn für Hansemann gegen jede psychopathologische Betrachtung immunisierte.

In seiner zweiten Publikation, die nicht minder berühmten Kulturgehirnen galt, hatte Hansemann es wiederum mit einer Persönlichkeit zu tun, die unter seltenen, als epileptoid gedeuteten Ohnmachtsanfällen gelitten und auch einen leichten Wasserkopf hatte. Adolf Menzel war 1905 im Alter von 90 Jahren verstorben. Bei Menzel war die Sache von Anfang an delikater, weil er bereits zu Lebzeiten seinen Namen in Lombrosos Buch *Entartung und Genie* lesen konnte. Insofern erscheint es plausibel, daß die Familie selbst, wie Hansemann hervorhebt, eine Sektion Menzels »zum Zweck der Untersuchung des Gehirns und etwaiger daran hervortretender Eigentümlichkeiten« wünschte.[99] Anders als bei Helmholtz ging Hansemann nun so vor, daß er eine geraffte biographische Skizze Menzels voranschickte. Begreiflicherweise hob er »das ungeheure Können und die geniale Leistungsfähigkeit auf jedem Gebiete der darstellenden Kunst« hervor, die manuelle Geschicklichkeit, die Phantasie und das ausgebildete musikalische Verständnis. Solche Sätze sollten die Biographie nicht ersetzen, doch das aus den Zeiten von Gall und Carus geläufige Muster einer Eins-zu-eins-Korrespondenz zwischen Hirnphysiognomik und individuellem Genie kommt auch hier wieder zur Geltung, unterstützt durch die beigegebenen

Abbildungen, die sowohl Menzels Portrait als auch sein Gehirn wiedergeben (Abb. 51 und 52).

Die Betonung der vielfältigen Begabungen Menzels hatte noch einen weiteren Grund, und der ist im Gehirn selbst zu suchen. Für die Spezifizierungen der Lokalisationstheorie war die Konfiguration der Hirnrinde Menzels nämlich unbrauchbar. Auf der linken Seite zeigte sie eine starke Gliederung fast aller Projektions- und Assoziationsgebiete, auf der rechten war die Gliederung sogar noch stärker und ungewöhnlicher.[100] Hansemann mochte diesen Befund umständlich als Bestätigung der Flechsigschen Assoziationstheorie anpreisen, nach Flechsigs eigenen Kategorien war Menzels Gehirn eher typisch für einen Wissenschaftler als für einen Künstler. Und auch die Hirndrucktheorie konnte nur eine Vermutung sein, denn die anderen beiden von Hansemann untersuchten Gehirne, das des Chemikers Robert Bunsen und das des Historikers Theodor Mommsen, gaben nicht den leisesten Hinweis auf einen Wasserkopf.

Hansemanns Veröffentlichungen machten die Situation nicht gerade übersichtlicher. Man stelle sich einen Moment vor, was aus dieser selbstgewissen Aufteilung der geistigen Welt geworden wäre, wenn Lombroso den größten Naturwissenschaftler und den größten Maler des deutschen Kaiserreichs als Bestätigung für seine Theorie des epileptischen Genies vorgeführt hätte. Alle hirnanatomischen Anstrengungen, den Zusammenhang von Genie und Degeneration zu widerlegen, wären in sich zusammengebrochen, und auch das heroische Bild von Helmholtz und Menzel hätte anders ausgesehen. Schon allein aus diesen Gründen mochte kein Hirnanatom Hansemanns Hirndrucktheorie folgen, von inhaltlichen Bedenken einmal ganz abgesehen. Aber auch die Assoziationstheorie kam nicht recht weiter, weil die Gehirne sich letztlich als zu komplex für die Aussagefähigkeit der Theorie erwiesen. Die Komplexität paßte zwar mit dem übergreifenden Genius eines Helmholtz, Menzel oder Mommsen gut zusammen, war jedoch für eine Identifizierung der einzelnen Assoziationszentren fatal.

Diese Schwierigkeiten blieben auch den anderen beteiligten Akteuren nicht verborgen, und sie versuchten ihnen damit zu begegnen, daß sie auch bei Mehrfachbegabungen versuchten, einzelne Talente zu isolieren. Bei Helmholtz beispielsweise ließ sich die hintere Assoziationsregion gleich mit zwei Begabungen verknüpfen, der musikalischen und der mathematischen. Wozu das führte, zeigt sich an den Untersuchungen von Edinger und Retzius, die ja beide über einen Gipsabguß des unvollständigen Helmholtzschen Gehirns verfügten. 1898 hatte Retzius seine erste große Untersuchung zum Thema Gelehrtengehirne herausgebracht. Sein Beispiel, der schwedische Astronom Hugo Gyldén, war nicht nur ein exquisiter Musiker, sondern auch eine »eminente mathematische Begabung«; und auch Retzius fand die Region um den *Gyrus supramarginalis* auf beiden Seiten besonders stark

Abb. 51: Adolf Menzel

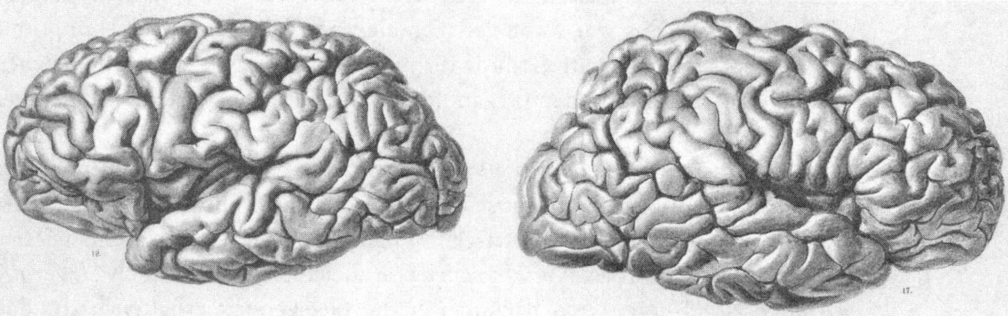

Abb. 52: David Hansemann, Menzels Gehirn

entwickelt. Das paßte und paßte nicht. Einerseits gab es die Flechsigsche Verbindung von Hörzentrum und Musikalität, der auch Retzius viel abgewinnen konnte; andererseits die mathematische Begabung: »Es ist sogar nicht unwahrscheinlich, dass das psychische Centrum für mathematische Begabung gerade in diesem Associationscentrum zu suchen ist.«[101] Davon war bislang nicht die Rede gewesen, auch nicht bei Flechsig. War es eine Laune der Natur, daß die möglichen Zentren für Mathematik und Musikalität nebeneinander lagen, oder bestand hier ein kausaler Zusammenhang? Niemand wagte zu dieser Zeit solche Fragen zu stellen, geschweige denn eine Antwort zu geben. Edinger schrieb nach der Lektüre der Studie über Gyldén einen enthusiastischen Brief an Retzius und verwies auf die verblüffende Ähnlichkeit mit dem Gehirn von Helmholtz, ging jedoch mit keinem Wort auf eine mögliche Koinzidenz von Musik und Mathematik ein.[102]

Im 20. Jahrhundert sind immer wieder Zusammenhänge zwischen musikalischer und mathematischer Begabung hergestellt worden, doch die Hirnforscher um 1900 hielten sich weitgehend zurück. Die Gehirne von Helmholtz und Gyldén hätten eine günstige Gelegenheit dargestellt. Sie blieb ungenutzt, weil das Lokalisationsparadigma die Annahme einer gewissen cerebralen Abgrenzbarkeit der geistigen Fähigkeiten voraussetzte, selbst wenn nicht einmal Flechsig bestreiten mochte, daß erst das Zusammenwirken der verschiedenen Teile zur genialen Tat führe. Möglicherweise hat noch ein weiterer Umstand die Hirnanatomen dazu bewogen, die enge Nachbarschaft von Musik und Mathematik nicht weiterzuverfolgen. Niemand anderes als Gall hatte den Tonsinn und den Rechensinn unmittelbar nebeneinander lokalisiert, nämlich direkt über bzw. neben dem äußeren Augenwinkel. Das war zwar der frontale und nicht der parieto-temporale Cortex, doch es gab gute Gründe für die Anatomen, nicht auf dem gleichen Boden zu stehen wie der Organologe, von dem sie sich ohnehin immer wieder abgrenzen mußten.

Selbst der vehementeste Verteidiger Galls zu jener Zeit, der Leipziger Neurologe Paul Julius Möbius – Flechsigs noch zwielichtigerer Kollege –, wollte von der Verbindung zwischen Musik und Mathematik nichts wissen. In durchaus familiärer Absicht schrieb er gleich ein ganzes Buch *Ueber die Anlage zur Mathematik*, nachdem er die Gelegenheit erhalten hatte, den Schädel seines Großvaters, des Mathematikers August Ferdinand Möbius, zu untersuchen. Der Enkel setzte all seine Kräfte daran, die Richtigkeit der Gallschen Behauptung nachzuweisen, und versetzte die mathematische Begabung in den vordersten Abschnitt der dritten Frontalwindung, etwa dort, wo auch der Großvater über eine starke Schädelentwicklung verfügte. Ungerührt nahm Möbius den Umstand in Kauf, daß in derselben Windung bereits das Brocasche Sprachzentrum untergebracht war. Mit diesem Lokalisationscoup bestätigte Möbius den Eindruck, den seine Pathographien über Goethe, Nietzsche oder Schopenhauer hinterlassen hatten. Sie galten als nicht ganz unwissenschaftlich, ohne jedoch wirklich respektabel zu sein. Zuviel Anekdote und historische Diagnostik anstatt sorgfältiger Untersuchung, zuviel Schädel anstatt Gehirn. Anatomen wie Flechsig, Retzius oder Edinger nahmen solche Versuche nicht ernst, weil sie die methodischen und materiellen Kriterien für eine aussagekräftige Untersuchung nicht erfüllten. Allerdings konnten auch sie nicht darüber hinwegsehen, daß Möbius trotz aller Mängel den schwächsten Punkt der anatomischen Bemühungen beim Namen genannt hatte, denn in seinen Referaten der Gehirn-Untersuchungen zu Gauß, Lejeune Dirichlet, Gyldén und Helmholtz konnte er mit Recht darauf hinweisen, daß alle Genannten über besonders gut entwickelte Frontalwindungen verfügten. Wieso sollte die mathematische Begabung dann nicht auch dort ihren Sitz haben?[103]

Darauf wußte Retzius auch keine rechte Antwort. Am Gehirn der russischen Mathematikerin Sonja Kovalevski – das einzige weibliche Gehirn, das in der gesamten europäischen Elitegehirnforschung überhaupt untersucht worden ist – fand er eine verkürzte Sylvische Furche nach hinten und eine Verbreiterung des *Gyrus supramarginalis*, was gut zu dem Befund an Gyldéns Gehirn paßte, so daß er bei seiner Meinung blieb, das mathematische Zentrum in der parieto-temporalen Assoziationsregion zu suchen, aber es war auch klar, daß zwei Beispiele nicht ausreichten, um Möbius zu widerlegen.[104] Edinger wiederum und sein Schüler Siegmund Auerbach gingen in die andere Richtung und versuchten die um das hintere Ende der Sylvischen Furche gelagerte parieto-temporale Region als Zentrum der musikalischen Begabung zu etablieren. Am Gehirn des Dirigenten Hans von Bülow erhoben sie den gleichen Befund wie Retzius bei Sonja Kovalevski. Die Sylvische Spalte war wegen der besonderen Entwicklung des bereits zum Parietallappen zählenden *Gyrus supramarginalis* und der hinteren ersten Schläfenwindung signifikant verkürzt. Ähnliche, wenn auch nicht völlig gleiche Konstellationen im Temporallappenbereich fand Auerbach auch bei dem Geiger Naret Koning, dem Sänger Julius Stockhausen, dem Violoncellisten Bernhard Cossmann und dem Dirigenten Felix Mottl, so daß er sich immerhin dazu berechtigt fühlte, Musikern eine große Hörsphäre zuzubilligen.[105] Das war keine allzu gewagte Aussage, denn zur gleichen Zeit gab es genügend pathologische Hinweise darauf, daß eine Schädigung im Bereich der Temporalwindungen zu Störungen des Musikverständnisses (Amusie) führen konnte.[106] Das Flechsigsche Hörzentrum war damit einigermaßen stabilisiert, über die entsprechenden Assoziationsareale war jedoch noch nichts gesagt. Und wenn derselbe morphologische Befund bei Edinger/Auerbach als typisch für Musikalität, bei Retzius als typisch für mathematische Begabung gedeutet wurde, machte das die Angelegenheit nicht einfacher.

Ungereimtheiten dieser Art führten nicht zum Ende der Hirnwindungsphysiognomik, wohl aber zu einer vorsichtigen Einschätzung der eigenen Leistungen. Das Schwanken zwischen Aufbruchstimmung und Resignation ist in der Person von Retzius vereinigt, wenn er einerseits fordert, daß man bei derartigen Untersuchungen ganz »von Neuem anfangen« müsse, und das auch tut. Seine fünf Untersuchungen über Gehirne bedeutender Persönlichkeiten galten den Zeitgenossen als Musterbeispiel sorgfältiger Beschreibungen der Windungskonfiguration und fotografischer Abbildungen des Gehirns bei gleichzeitiger Zurückhaltung hinsichtlich der Schlußfolgerungen.[107] Mit seinen noblen, aufwendigen Veröffentlichungen, die er auf eigene Kosten drucken ließ, erfüllte Retzius die Anforderungen an eine würdige cerebrale Biographie, in der alle Elemente der Erinnerungskultur enthalten sind: eine ausführliche biographische Würdigung von Leben und Werk, ein Portrait der Verstorbenen und exquisite Fotografien der Gehirne. Andererseits schreibt er mit kaum zu überbietender Kühle und Desinteressiertheit, daß er zunächst »keine grossen Hoffnungen auf positive Resultate dieser Forschung zu setzen wagte«, jedoch aus Pflichtgefühl die Gehirne beschreibe und abbilde, »bevor man die Verfolgung dieses Zieles [...] ganz aufgiebt«.[108]

Man kann nicht sagen, daß es einer der anerkanntesten Autoritäten der damaligen biologischen Wissenschaften, der bei der Vergabe des Nobelpreises ein gewichtiges Wort mitzureden hatte, an Skepsis gegenüber der ganzen Forschungsrichtung mangelte, für die er selbst maßgeblich stand. Doch genau diese Mischung aus gediegener Anatomie, perfekter und repräsentativer Darstellung sowie skeptischen Vorbehalten war die bevorzugte Strategie, um ein wissenschaftliches Thema virulent zu halten, das mit so großen Schwierigkeiten verbunden war und im Grunde nicht zu verwertbaren Resultaten führte, sondern stets auf die Zukunft verweisen mußte. Auch Edinger vertrat in seinen seit 1903 regelmäßig veröffentlichten Berichten über die laufenden Arbeiten auf dem Gebiet der Hirnanatomie einen Positivismus der minutiösen Beschreibung und Abbildung der Oberflächenmorphologie, die späteren Generationen als »Material« dienen sollten, wenn neue theoretische Ansatzpunkte zur Verfügung standen.[109] Dahinter verbarg sich die alte anatomische Überzeugung, daß eine sorgfältige Beschreibung nicht veralten würde, zugleich aber begann das Projekt der Gelehrtengehirnforschung auch in eine andere zeitliche und räumliche Dimension überführt zu werden. Es ging hier nicht mehr um etwas, das sich mit einer individuellen Lebensleistung bewältigen ließ, sondern um ein kollektives Unternehmen, das unter Umständen mehrere Generationen beschäftigen konnte. Gelehrtengehirnforschung wurde zu einem Projekt, das in die Zukunft gerichtet war und sich dadurch einer möglichen Kritik wegen seiner mageren Ergebnisse entledigte. Gleichzeitig enthielt sie ein großes Versprechen, denn daß sich individuelle Unterschiede am Gehirn festmachen ließen, davon waren Anatomen wie Edinger, Retzius oder Flechsig zutiefst überzeugt.

Diese Haltung hätte für sich genommen keinen Unterschied gemacht, wenn sie nur von einigen wenigen Anatomen vertreten worden wäre, mochten sie auch noch so angesehen sein. Doch die Konservierung und Bereitstellung von Material sowie die raum-zeitliche Dehnung lokaler Sammlungs- und Forschungsbemühungen wurden zum zentralen Gegenstand einer Hirnforschung, die genau zu dieser Zeit begann, sich international zu organisieren und zu koordinieren. Dieser erste Versuch einer weltweiten Vernetzung gab der Gelehrtengehirnforschung für einige Jahre Rückenwind, indem er sie auf die offizielle Agenda der förderungswürdigen Forschungsrichtungen setzte.

Ein Weltprojekt? Die International (Elite) Brain Commission

Auch vor etwas mehr als 100 Jahren kursierte die Vorstellung, daß das beginnende Jahrhundert das Jahrhundert des Gehirns werden müsse. Bei der 1901 in Paris tagenden internationalen Assoziation der Akademien hatte die sächsische Akademie der Wissenschaften den Antrag gestellt, eine internationale Kommission für Hirnforschung zu gründen. Hinter der Leipziger Initiative steckten Flechsig und His. Der Wunsch nach Bündelung und Koordination der weitverzweigten Aktivitäten war der Gunst der Stunde geschuldet, bedeutete aber auch eine Reaktion auf verschiedene besorgniserregende Entwicklungen, die eher der Stärke als der Schwäche der Hirnforschung geschuldet waren. Erstens hatten technische Entwicklungen wie die Einführung des Mikrotoms und die verschiedenen Färbemethoden dazu geführt, daß Gehirne in unzählige Schnittserien zerlegt werden konnten. Dieses gigantische Material vermochte niemand mehr vollständig zu überblicken, geschweige denn aus Einzelbildern ein Gesamtbild des Gehirns zusammenzufügen. Daraus erwuchs das Bedürfnis, international verbindliche Regeln festzulegen, nach denen Gehirne gesammelt, verarbeitet und allgemein nutzbar gemacht werden.

Reine Arbeitserleichterung war nicht das einzige Ziel. Am Ende sollte so etwas wie ein Standardgehirn stehen, »vergleichbar den Karten der Geographen, Geologen und Astronomen, den Wörterbüchern der Philologen oder den Geschichtstabellen der Historiker«.[110] Eine solche vollständige Kartographie des normalen Gehirns war aus der Sicht der Hirnforscher um 1900 durchaus verständlich, denn die Diskussionen um die Bedeutung der *Affenspalte* oder die Verdopplung bestimmter Windungen hatte gezeigt, daß es ein Referenzgehirn, an dem sich die Frage: *individuelle Variation oder pathologische Abweichung?* entscheiden ließ, schlicht nicht gab. Sicherlich war man sich seit Gratiolet darüber einig, daß das menschliche Gehirn dem Typus mit drei Windungen entsprach. Man konnte auch, wie es Flechsig und später sein Schüler Vladimir Bechterev vorführten, ein Gehirnmodell bauen, in das die sensorischen und motorischen Leitungsbahnen mit Drähten eingezogen wurden (Abb. 53). Das war jedoch nur ein erster Schritt dahin, eine für einzelne Forscher unüberschaubare Anzahl morphologischer Details zu erfassen, die dann in einer Weise zusammengeführt wurden, daß man sie wie in einem Wörterbuch nachschlagen konnte.[111]

Es ist fraglich, ob selbst diejenigen, die ein solches Gehirn forderten, eine Vorstellung davon hatten, wie es letztlich aussehen sollte. Sie wußten aber wohl, daß nur dann Aussicht auf Erfolg bestand, wenn es ähnlich wie bei den Astronomen und Geologen zu einer klar definierten Arbeitsteilung kam. Und hier lag das zweite Problem verborgen. Es herrschte ein als eklatant empfundenes Mißverhältnis zwischen massiven Forschungsaktivitäten und einer mangelnden akademischen Etablierung und Ausdifferenzierung der Hirnforschung. Einige der bedeutendsten Hirnanatomen betrieben ihr Geschäft unter schwierigen Umständen in privaten Instituten, andere arbeiteten in universitär verankerten Disziplinen wie Psychiatrie, Anatomie oder Physiologie und hatten dementsprechend ganz andere Aufgaben zu erfüllen. Deswegen bestand die wichtigste Forderung darin, spezialisierte Zentralinstitute zu gründen, in denen die sachgemäße Handhabung des Forschungsmaterials gewährleistet wurde.

Der Aufruf zur Gründung der ersten weltweiten Organisation von Hirnforschern war erfolgreich. Am 5. Juni 1903 konstituierte sich in London die *Central Commission for Brain Research* mit 34 Gründungsmitgliedern, deren Herkunft von St. Petersburg bis Baltimore reichte.[112] Viel Zeit war der *Brain Commission* nicht vergönnt, denn mit Ausbruch des Ersten Weltkriegs war ihre Existenz auch schon wieder beendet. Insofern wurde von den ambitionierten Zielen kaum eines erreicht. Immerhin kam es in den wenigen Jahren zwischen 1903 und 1914, zum Teil mit Unterstützung der Kommission, zur Gründung einiger neuer, unabhängiger Hirnforschungsinstitute in St. Petersburg, Philadelphia und Amsterdam, die regelmäßig über ihre Bestände und Aktivitäten berichteten und dadurch eine heute selbstverständliche, aber damals unbekannte Transparenz der Forschungsaktivitäten schufen.

Der vielleicht wichtigste Punkt war die symbolische Wirkung, die von der *Brain Commission* ausging. Gegründet von ehrwürdigen und berühmten Hirnforschern, die ihren wissenschaftlichen Zenit zum Teil bereits überschritten hatten, konnten ihre Proklamationen und Entscheidungen kaum übersehen werden, wenn es darum ging, das Spektrum der neurowissenschaftlichen Themen und Methoden kanonisch abzustecken. Auch hier folgte die Kommission einem Vorschlag Flechsigs, der zur Gründungsversammlung ein ausführliches Gutachten eingereicht hatte, in dem er die

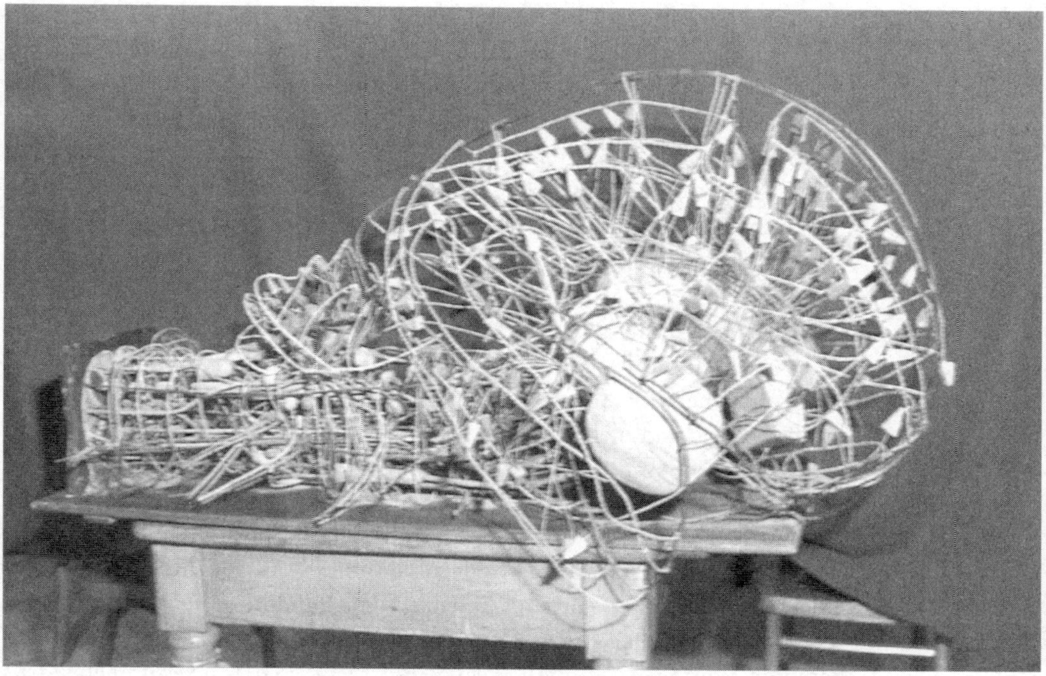

Abb. 53: Vladimir Bechterev, Gehirnmodell mit sensorischen und motorischen Leitungsbahnen

individuelle Physiognomik der Hirnrinde zum erstrangigen Desiderat der Hirnforschung erhob und eine »makroskopische Morphologie des menschlichen Gehirns, mit Berücksichtigung der Rassenunterschiede, sowie der individuellen Variation nach Größe, Form, Gewicht u.s.w.« einforderte.[113] Die seit dem frühen 19. Jahrhundert immer wieder erhobene Forderung, Gehirne nach Alter und Geschlecht, Rasse und Individualität zu sammeln und zu untersuchen, wurde damit ganz offiziell und in internationaler Einmütigkeit ratifiziert. Die Wichtigkeit der Gehirne von bedeutenden Persönlichkeiten brauchte nicht einmal eigens hervorgehoben zu werden. Mit der Erwähnung *individueller* Gehirne war jedem Eingeweihten klar, worum es ging. Eine gewisse Zurückhaltung bei der Formulierung entsprach dem gesetzten Habitus der Kommissionsmitglieder, die alles andere im Sinn hatten, als ihre Zeitgenossen zu brüskieren. Ein offizieller Aufruf an die Gelehrtenrepublik, ihre Gehirne der Brain Commission zu vermachen, wäre unmöglich gewesen. Dazu war das Thema zu delikat und die Erfahrungen zu gemischt. Die Kommission war gut beraten, die Untersuchung von Elitegehirnen auf leisen Sohlen zu normalisieren. Damit setzte sie einen Kontrast zu den Pariser Anthropologen, die in der Kommission ohnehin nicht vertreten waren, und sie grenzte sich von den überhitzten Diskussionen um die pathologische Natur des Genies ab. Außerdem beließ sie jedem

Kommissionsmitglied die Freiheit, seine Forschungen nach eigenem Gutdünken zu gestalten, denn zweifellos waren nicht alle an solchen Untersuchungen interessiert. Daß aber die *Brain Commission* als Zentralorgan auch in dieser Frage als essentiell angesehen wurde, geht aus Victor Horsleys Vortrag über das Gehirn von Charles Babbage vor der Royal Society in London hervor. Nach Horsley benötigen die Untersuchungen der Gehirne bedeutender Männer »die Unterstützung gelehrter Gesellschaften, um adäquat durchgeführt zu werden. Bevor nicht eine solche organisierte und kombinierte Aktion zur Sammlung einer großen Anzahl von Fakten geführt hat, ist es unmöglich, wissenschaftlich haltbare Schlußfolgerungen aus dem Verhältnis von spezifischen geistigen Eigenschaften und Hirnentwicklung zu ziehen.«[114] Solche Kommentare zeigen, daß es hier um ein Zukunftsprojekt und nicht um eine marginale Kuriosität ging.

Beim Kommissionstreffen 1906 in Wien wurde die Internationalisierung weiter vorangetrieben. Zu den neugewählten Mitgliedern zählte auch Henry H. Donaldson, seit kurzem Leiter der neurologischen Abteilung des Wistar-Instituts für Anatomie und Biologie in Philadelphia, das aus einer von Caspar Wistar im frühen 19. Jahrhundert angelegten anatomischen Sammlung hervorgegangen war. Die Eigenständigkeit der Abteilung kam den Kommissionsmitgliedern gerade recht, so daß sie es umgehend als »Zentral-Hirnforschungsinstitut« für die USA deklarierten. Das wiederum lag auch im Interesse des Wistar-Instituts, denn Donaldson setzte alles daran, das bis dahin eher als Museum fungierende Institut in eine Forschungseinrichtung umzuwandeln. Dazu instrumentalisierte er die vorhandene große Gehirnsammlung, darunter auch einige Gehirne von bedeutenden Persönlichkeiten. Wenige Tage nach Beendigung des Wiener Treffens erschien ein wie bestellter, groß aufgemachter Artikel in der Zeitschrift *North America* unter dem Titel *Unraveling illustrious brains in aid of science*, der in leichter Übertreibung suggerierte, das Wistar-Institut unternehme im Auftrag der *Brain Commission* »a most remarkable study of the mystery of the ages«.[115] Mit einem Jahrhundertprojekt in die Schlagzeilen zu kommen, konnte dem auf der Suche nach einem neuen Profil befindlichen Wistar-Institut nur recht sein. Das Kuriose war indes, daß Donaldson, »one of the most important neurologists in the world«, überhaupt nicht daran dachte, die bedeutenden Gehirne der Sammlung zu untersuchen. Was einer Erklärung bedarf, denn er hatte bei Flechsig in Leipzig sein Handwerk gelernt, eine gründliche Studie des Gehirns der blinden und taubstummen Laura Bridgman vorgelegt und sich auch sonst fast ausschließlich mit der Anatomie des Gehirns befaßt. Mit bedeutenden Gehirnen jedoch hat Donaldson seine ganz speziellen Erfahrungen gemacht.[116]

In Europa war das Modell der *Société d'autopsie mutuelle* ohne Nachahmer geblieben. Anders in den USA, wo Gelehrtengehirne bis 1889 kaum eine Rolle spielten. In jenem Jahr allerdings formierte sich in Philadelphia eine Gruppe von Ärzten und Wissenschaftlern mit dem einzigen Ziel, daß die Mitglieder sich verpflichteten, ihre Gehirne der *American Anthropometric Society* – so nannte sich die Gruppe – zu vermachen. Die Struktur war ganz anders als die der Gruppe in Paris. Man trat nicht öffentlich in Erscheinung, erstattete nicht regelmäßig Bericht über die laufenden Aktivitäten und verfolgte auch keinerlei politische Ziele. Zu ihren besten Zeiten soll die *Anthropometric Society* über 300 Mitglieder verfügt haben, doch nur bei wenigen ist ihre Mitgliedschaft überhaupt bekannt geworden. Zu den frühen Mitgliedern zählten angesehene Neurologen wie Francis Dercum und Edward Charles Spitzka, der Biologe Joseph Leidy, der Paläontologe Edward Cope und auch einer der nachmals berühmtesten amerikanischen Ärzte, William Osler.[117] Osler, Dercum und Spitzka, der einige Jahre bei Meynert gelernt und auch Flechsig besucht hatte, waren Gegner der Benediktschen These vom Verbrechergehirn, ansonsten jedoch ausgesprochene Verfechter der Korrelation zwischen Hirnentwicklung und geistigen Fähigkeiten.

Spitzka, der als größte neuroanatomische Autorität der Vereinigten Staaten galt, war zu jener Zeit indirekt in eine heftige Kontroverse zwischen dem Armee-Chirurgen William Hammond und der Frauenrechtlerin Helen Gardener involviert. Hammond hatte die Vorstellungen seiner europäischen Kollegen über die Inferiorität des weiblichen Gehirns nachgebetet, was bei Gardener sogleich die Befürchtung weckte, daß die gesellschaftlichen und beruflichen Emanzipationsbestrebungen der weiblichen Mitglieder der weißen Mittelschicht unterminiert werden könnten.[118] Teil dieser Emanzipationsbewegung war jedoch die Akzeptanz des wissenschaftlichen Wissens, weswegen Gardener nicht den Zusammenhang zwischen Gehirn und Intelligenz in Frage stellte, sondern umgekehrt die gleichartige Befähigung der Frau am Gehirn festmachen wollte. Zu diesem Zweck rekurrierte sie auf das Hirngewicht europäischer Berühmtheiten und argumentierte, daß die erheblichen Gewichtsunterschiede der Gehirne Lord Byrons und Gambettas wohl kaum dazu angetan seien, einem *leichteren* Gehirn die gleichen Rechte und sozialen Entwicklungsmöglichkeiten vorzuenthalten. In diesem Zusammenhang wandte sie sich an Spitzka, der zwar auch nicht an eine naturgegebene Gleichheit von Mann und Frau glauben mochte, aber immerhin einräumte, daß die bisherigen Gehirnuntersuchungen eine klare Grenze zwischen Wissen und reinen Vermutungen zogen. Damit war Gardener legitimiert, Hammond als Pseudowissenschaftler abzukanzeln. Konsequenterweise forderte sie Untersuchungen der Gehirne herausragender Frauen.[119] Dieses Projekt kam nicht zustande, doch die Anregung dazu zeigt, daß sich eine führende Frauenrechtlerin wie Helen Gardener und ihre Anhängerinnen ganz im szientifischen Hirndiskurs des späten 19. Jahrhunderts bewegten. Am Gehirn und nirgendwo sonst ließen sich Unterschiede oder eben keine Unterschiede feststellen. Der vergebliche Aufruf, weibliche

Gehirne zu untersuchen, zeigt aber auch, daß solche Praktiken ausschließlich eine männliche Domäne waren. Frauen befanden sich nicht in den akademischen Positionen, die ihnen solche Unternehmungen ermöglicht hätten. Männer wiederum waren bereit, die Gehirne ihrer eigenen akademischen Kollegen zu untersuchen, nicht aber diejenigen hervorragender Frauen. Diese Exklusivität kann keine neuroanatomischen Gründe haben. Vielmehr funktionierten die Hirngesellschaften nach festgelegten sozialen Codes, die mit wissenschaftlichen Inhalten nichts zu tun hatten.

Ein entscheidender Unterschied zwischen den Gesellschaften in Paris und Philadelphia war die völlig andersartige Umgangsweise mit den anfallenden Gehirnen. Zehn Jahre nach ihrer Gründung verfügte die *Anthropometric Society* immerhin über acht stattliche Männergehirne, die im Wistar-Institut aufbewahrt wurden. Doch bis zu diesem Zeitpunkt war kein einziges der Gehirne untersucht worden, und das mit Absicht. Man wollte so lange warten, bis eine als geeignet angesehene Untersuchungsmethode zur Verfügung stand. Dagegen vermochte auch Donaldson, der ebenfalls zu dem Kreis gehörte, nichts zu machen. Als er sich anerbot, die Untersuchungen vorzunehmen, lehnten seine Kollegen das mit dem Ratschlag ab, er möge noch weitere Erfahrungen mit gewöhnlichen Gehirnen sammeln.[120] Es ist nachvollziehbar, daß der Flechsig-Schüler keinen zweiten Versuch einer Annäherung an diese Gehirne unternahm. Der oben erwähnte Zeitungsartikel war also eine gezielte Fiktion, die dem Wistar-Institut die gewünschte öffentliche Aufmerksamkeit zuteil werden ließ. Fiktionen geben üblicherweise vor, es habe etwas stattgefunden, was gar nicht der Fall ist. In diesem Falle war es jedoch umgekehrt. Der Artikel behauptete, es werde in der Zukunft etwas stattfinden, was in Wirklichkeit schon längst stattgefunden hatte. Zu dem Zeitpunkt, als das Wistar-Institut sich im Fahrwasser der *Brain Commission* einen Namen zu machen begann, war die Untersuchung der Gehirne der *Anthropometric Society* bereits erledigt. Am 16. März 1906 erstattete der 29jährige Edward Anthony Spitzka vor der *American Philosophical Society* ausführlich Bericht über seine Arbeit, die er 1902, mit offiziellem Auftrag der *Anthropometric Society*, begonnen hatte.[121]

Wie konnte ein junger Anatom am Beginn seiner Karriere den Zuschlag erhalten vor einem älteren Kollegen mit jahrelanger Erfahrung? Die Tatsache, daß er der Sohn des Gründungsmitglieds Edward Charles Spitzka war, mag geholfen haben, doch wichtiger war, daß er anscheinend über eine Eigenschaft verfügte, die so ziemlich das Gegenteil zu den vornehmen und geistesaristokratischen europäischen Mandarinen darstellte. Spitzka repräsentierte eine Art unbedarftes Draufgängertum, einen optimistischen und patriotischen Pioniergeist, der die wissenschaftliche Problemstellung als Abenteuer auffaßte und sich mit Verve hineinstürzte. Noch vor Abschluß seines Medizinstudiums an der New Yorker Columbia University brachte

Spitzka allein 1901 nicht weniger als acht hirnanatomische Aufsätze heraus, die zum Teil originelle und neue Gedanken enthalten: Er untersucht Elitegehirne unter Berücksichtigung aller Parameter vom Hirngewicht über die Assoziationszentren bis hin zu familiären Ähnlichkeiten; er untersucht Gehirne von Kriminellen, die er direkt vom elektrischen Stuhl auf den Seziertisch bringen läßt, um nachzusehen, ob der elektrische Strom das Hirngewebe schädigt; er echauffiert sich über moralische Vorbehalte gegenüber der Sektion und beklagt jedes einzelne Elitegehirn, das der Forschung verlustig geht. Wie die europäischen Anthropologen ist er ein unverblümter Rassist, der den cerebralen und geistigen Abstand zwischen einem Gauß und einem Buschmann für ebenso gewaltig hält wie den Abstand zwischen diesem und einem Affen; er fordert die verstärkte Untersuchung von sogenannten Rassegehirnen, bedauert, daß es keine einzige Beschreibung des Gehirns eines nordamerikanischen Indianers gebe, und behauptet, daß die »cerebral physiognomy« genauso eindrücklich den Unterschied zwischen Dummheit und Intelligenz darstelle wie das Gesicht; und er ist davon überzeugt, daß die amerikanische Rassenvermischung – gemeint ist die »American Family of Aryan Race« – eine besonders glückliche Konstellation von Gehirnen darstelle, »characterized by greater energy, motility and culture«.

Mit dieser Mischung aus jugendlichem Elan, cerebromorphem Eifer und neuropatriotischer Einstimmung auf das amerikanische Jahrhundert überzeugte Spitzka nicht nur die Altvorderen der *Anthropometric Society*, er machte sich auch schnell einen Namen in der amerikanischen Wissenschaftslandschaft. Im Vorspann zu einer seiner in rascher Folge erscheinenden Publikationen heißt es: »Dr. Spitzka believes that the future American brain is to dominate the human powers of the earth.«[122] Was diesseits des Atlantiks recht war, konnte in der Neuen Welt nur billig sein. Kaum eine europäische Nation, die auf sich hielt, hatte darauf verzichtet, die durchschnittliche Schädel- und wenn möglich Gehirngröße des eigenen Volkes zu ermitteln und mit anderen Völkern zu vergleichen. Allerdings war noch niemand auf die Idee gekommen, auch die Gelehrtengehirne unter nationalen Gesichtspunkten zu betrachten. Das holte Spitzka nach. Mit großem detektivischen Spürsinn und Fleiß sammelte er die Gewichte von insgesamt 137 Elitegehirnen zusammen, eine bis dahin nicht gesehene Revue europäischer und amerikanischer Köpfe, die klarmacht, daß das Hirngewicht im 19. Jahrhundert keineswegs nur in Göttingen, München und Paris auf der Tagesordnung stand. Wie seine Vorgänger in diesen drei Städten stellte auch Spitzka allerhand Rechenspiele an. Er suchte sich aus dem Gehirn-Pool die 38 deutschen, 27 amerikanischen, 20 französischen und 14 britischen Elitegehirne und errechnete ihr Durchschnittsgewicht. Die amerikanischen wiesen das höchste (1519 Gramm), die deutschen das niedrigste Hirngewicht auf (1439 Gramm).[123] Solche Zahlen brauchten nicht mehr eigens kommentiert zu werden. Sie waren gut fürs Selbstbewußtsein, ohne daß sie in ihrer Aussagekraft allzuhoch eingeschätzt wurden. Denn seit den Zeiten Brocas und Bischoffs hatte das Hirngewicht in der Gelehrtengehirnforschung, nicht so sehr in der Anthropologie, erheblich an Reputation verloren. »Bisweilen handelt es sich bei den Trägern von so schweren Gehirnen um geistig hervorragende Leute – oder auch um Idioten.«[124] Mit dieser bissigen Bemerkung gab Constantin von Monakow die allgemeine Meinung der Hirnforscher nach 1900 wieder. Spitzka kümmerte sich um solche Vorbehalte verhältnismäßig wenig, denn auch für ihn stellte das Hirngewicht nicht mehr als eine allgemeine Orientierungsgröße dar. Mehr am Herzen lag ihm die Rindenphysiognomik, und hier blieb er bezüglich Sorgfalt, Ideenreichtum, bildlicher und schriftlicher Dokumentation der Ergebnisse keinen Deut hinter seinen europäischen Kollegen zurück.

In einer seiner frühesten Arbeiten verglich Spitzka die Gehirne zweier Ärzte – Vater und Sohn, die mit der *Anthropometric Society* nichts zu tun hatten – und kaprizierte sich auf die Inselregion, eine bis dahin weniger beachtete Hirnrindenstruktur. Wie gezeigt, interessierten sich die europäischen Anatomen für das vordere und das hintere Flechsigsche Assoziationszentrum. Das dritte Zentrum, die Inselregion, stellte ein Problem dar. Beim Embryo noch gut sichtbar, wird sie im weiteren Verlauf der Entwicklung vom vorderen Teil des Temporallappens überlagert und verschwindet tief in der Sylvischen Spalte und ist beim erwachsenen menschlichen Gehirn von außen nicht zu sehen. Entsprechend galt eine prominente, sich nach außen stülpende Insel als pathologische Wachstumshemmung. Andererseits jedoch weist sie enge topographische Beziehungen zur dritten Frontalwindung und zur ersten Temporalwindung auf und ist für gewöhnlich in der linken Hemisphäre größer als in der rechten. Das paßte gut mit der von Broca postulierten Lateralisierung der Sprache in die linke Hemisphäre zusammen und legte nahe, daß die Insel in irgendeiner Weise mit der Sprachproduktion zusammenhing. Isolierte Läsionen dieser Region waren selten, doch in Fällen angeborener Taubstummheit war die linke Insel im Verhältnis zur rechten deutlich atrophiert.[125] An diese Befunde, die unter anderem Donaldson erhoben hatte, knüpfte Spitzka an und interpretierte die stark entwickelten linken Inselregionen bei seinen beiden Ärzten als Ausdruck hoher Intelligenz, insbesondere der sprachlichen Fähigkeiten.[126]

Spitzkas Deutung bewegt sich ganz in der Logik der klassischen Lokalisationslehre, doch erging es ihm damit nicht viel besser als Retzius und Edinger bei ihren Versuchen, musikalische und mathematische Begabung zu lokalisieren. Keines der sechs Gehirne der *Anthropometric Society*, die Spitzka so gründlich untersuchte, wies eine so signifikante Inselregion auf, daß er der schon bestehenden Ansicht über dieses Assoziationszentrum als »language-arrangement center« etwas hinzufügen mochte. Wie nicht anders zu erwarten, war die linke Insel größer als die rechte, denn die sprachlichen

Fähigkeiten wurden seit Broca vornehmlich mit der linken Hirnhemisphäre in Zusammenhang gebracht. Nur war dieser Befund für die Elitegehirnforschung nicht unbedingt verwertbar. Also hielt sich Spitzka an die vordere und hintere Flechsigsche Assoziationsregion und konnte immerhin Unterschiede bei dem Biologen Joseph Leidy und dem Paläontologen Edward D. Cope feststellen. Bei letzterem, einem scharfen und abstrakten Denker, war das frontale Zentrum, bei Leidy, einem glänzenden Beobachter, was das parieto-temporale Zentrum besser ausgebildet.[127]

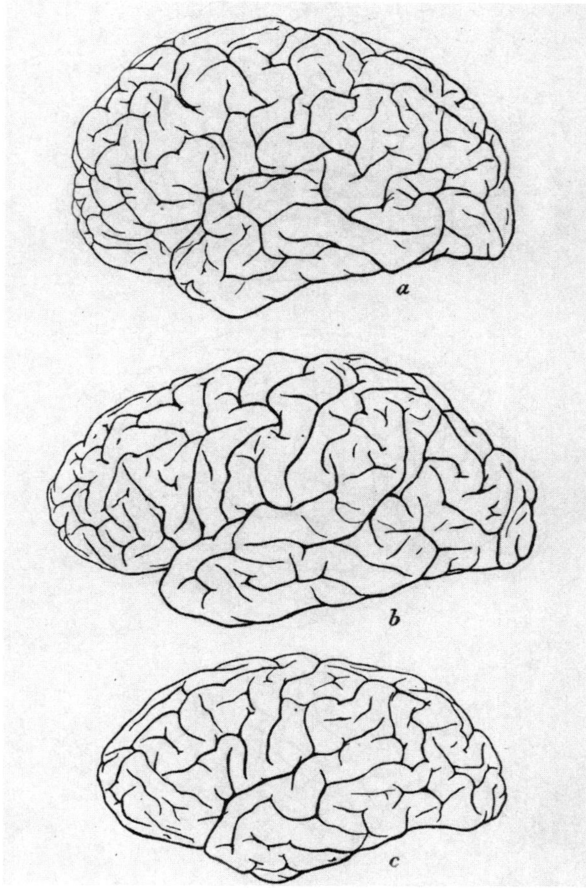

Abb. 54: Edward Anthony Spitzka, Gehirne von General Skoboleff (a), dem Anatomen Altmann (b) und Gambetta (c)

Diese dürftigen Resultate nach fast vier Jahren Arbeit waren mit Spitzkas Ambitionen, das Feld der Elitegehirnforschung von hinten aufzurollen, nur schwer vereinbar. Einerseits lieferte er ausgiebige Beschreibungen, Messungen und Abbildungen der ihm überlassenen Gehirne, die ganz der Auffassung Edingers entsprachen, durch Präzision und Anschaulichkeit Material für künftige Interpretationsoptionen zur Verfügung zu stellen. Andererseits drängte er seine Befunde zu einem anthropologischen Gesamtbild zusammen, das die Kategorien Elite und Rasse, Höherwertigkeit und Minderwertigkeit auf suggestive Weise miteinander verschraubte. Dazu bediente er sich eines bewährten Mittels: der Eigendynamik der Bilder, wie sie die Anthropologie des 19. Jahrhunderts hervorgebracht hatte. Wenn er in zwei aufeinanderfolgenden Abbildungen (Abb. 54 und 55) individuelle Hirnphysiognomien zusammenfügt und das Gehirn Gambettas und dasjenige eines Gorillas als jeweils kleinste bewußt oder unbewußt auf eine Stufe stellt; wenn er nach flüchtigen anatomischen und physiologischen Aussagen über den die beiden Hirnhälften miteinander verbindenden Balken (*Corpus callosum*) ein Bild komponiert, in dem der obere, größte Balken Joseph Leidy und der unterste, kleinste einem »negro« gehört (Abb. 56), folgt Spitzka zwar der Bildlogik eines Wagner oder eines Rüdinger und bedient gängige rassistische Klischees, doch er

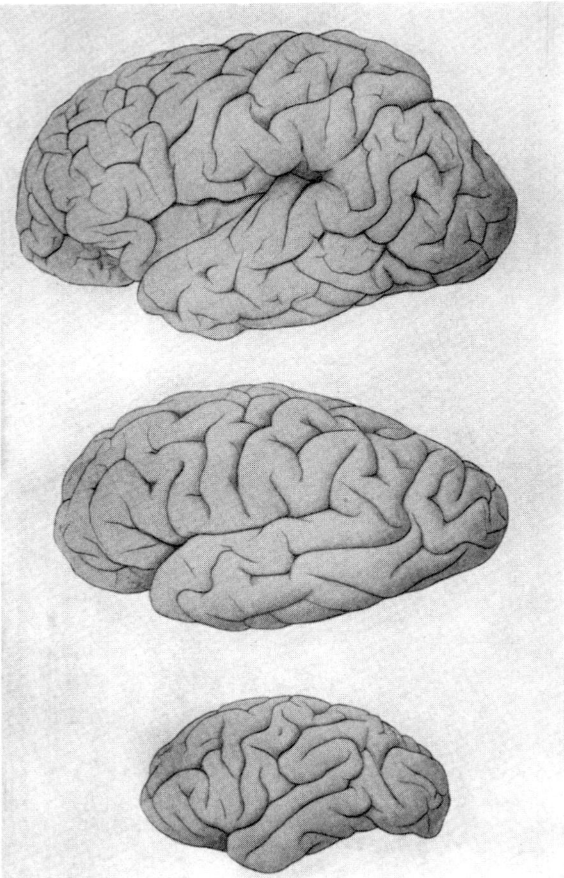

Abb. 55: Edward Anthony Spitzka, Gehirne von Helmholtz, einem Papua aus Neuguinea und einem Gorilla (von oben nach unten)

übersieht, daß eine derartige Vorgehensweise zumindest bei den Hirnforschern, die sich in der *Brain Commission* zusammengeschlossen hatten, ähnlich schlecht angesehen war wie das Deuten des Hirngewichts.

Mit seinen Zusammenstellungen und Vergleichen, von der üppigen Rhetorik einmal ganz abgesehen, ließ es Spitzka an jener Distanziertheit fehlen, die die Haltung der Hirnforscher charakterisierte und die eine gewisse Immunisierung gegen zu erwartende Kritik bot. Der Deskriptionspositivismus eines Retzius oder Edinger war die Nische, in die sich die Gelehrtengehirnforschung einnistete. Und genau dafür stellte die *Brain Commission* den symbolischen Raum zur Verfügung, in dem Konservierung, Verwaltung und Beschreibung der Elitegehirne stattfinden konnte. Spitzka hat diesen Konsens durchbrochen, indem er sich zwar in der anatomischen Praxis an die Spielregeln hielt, diese jedoch durch seine allzu suggestive Darstellung konterkarierte. Dabei ging es nicht darum, ob man den Standpunkt einer sozialen und cerebralen Hierarchie vertrat. Das haben Flechsig und Retzius zweifellos getan. Es ging vielmehr darum, wie man es tat, und vor allem, wie man seine Hirnbefunde darstellte und kontextualisierte. Retzius hatte dabei den Maßstab gesetzt, den Spitzka nicht zu erfüllen vermochte. Kein Zufall, daß ein amerikanisches Gründungsmitglied der *Brain Commission* zu den schärfsten Kritikern der hohen Ambitionen der Elite- und der Rassengehirnforschung zählte. Franklin Mall, ebenfalls einer der germanophilen Anatomen, versuchte gemeinsam mit seinen Mitarbeitern Gehirne zu identifizieren, von denen sie nicht wußten, ob sie Schwarzen oder Weißen, Männern oder Frauen gehörten. Sein lapidares Resultat: Gehirne vom Gauß-Typ, die reich an Windungen und Furchen sind, kommen bei amerikanischen Schwarzen nicht selten vor. Das gleiche gilt im Prinzip für Frauen. »Zur Zeit verbietet es uns die Grobheit unserer Methode, anatomische Charakteristika hinsichtlich Rasse, Geschlecht oder Genie festzulegen. Falls solche Charakteristika existieren sollten, werden sie durch die große Zahl individueller Variationen vollständig verdeckt.«[128]

Malls Blindtest war dazu angetan, die rassistische und sexistische Windungslektüre der Hirnanatomie von Huschke bis Spitzka als voreingenommene Kaffeesatzleserei zu entlarven. Wie aber verhielt es sich mit der weitergehenden Frage nach der epistemischen Dignität der Hirnwindungen überhaupt? Bis dahin hatte die Physiognomik des Hirnwindungsmusters stets auf zwei unerschütterliche Grundannahmen bauen können: erstens die aus der vergleichenden Anatomie bekannte Korrelation zwischen Intelligenz auf der einen, Zunahme des Stirnlappens und der Hirnwindungskomplexität in der Säugetierreihe auf der anderen Seite; und zweitens die offensichtliche Bedeutung der Hirnwindungen für menschspezifische Fähigkeiten. Daran war auch nicht zu rütteln, und doch begann sich die Beurteilung der vorhandenen Daten grundlegend zu verändern. Dabei machte Mall es sich etwas einfach, wenn er die Untersuchungen Hansemanns und Retzius' kurzerhand als Beispiele dafür reklamierte, daß die Gelehrtengehirnforschung keinerlei Resultate erbrachte und also wertlos sei. Seine Aufforderung, Tabula rasa zu machen und die Hirnanthropologie auf eine neue Datengrundlage zu stellen, war insofern wohlfeil, als er keinerlei Angaben dazu machte, woher diese Daten wohl genommen werden sollten. Dennoch war in Amerika das Strohfeuer der Gelehrtengehirnforschung mit Spitzkas Demontage erst einmal beendet. Die *Anthropometric Society* verschwand ähnlich wie die *Société d'autopsie mutuelle.* Das Wistar-Institut sammelte zwar weiterhin bedeutende Gehirne, doch die Forschungen gingen in eine andere Richtung. Erst viele Jahre später, 1928, konnte Henry Donaldson sich dazu durchringen, ein einziges Mal über Gelehrtengehirne aus der Sammlung zu berichten, und das womöglich nur, weil sich darunter auch das Gehirn von William Osler befand, der es kurz vor seinem Tod 1919 dem Wistar-Institut zur Aufbewahrung und Untersuchung vermacht hatte.[129]

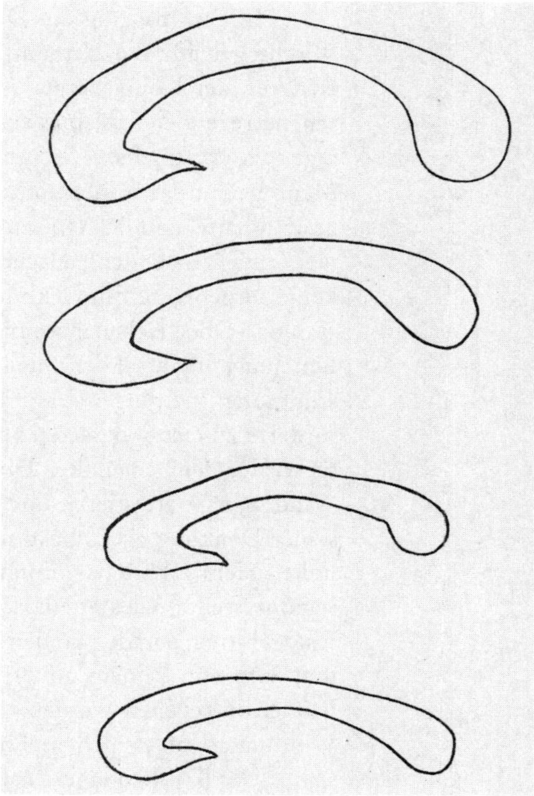

Abb. 56: Edward Anthony Spitzka, Zeichnungen des *corpus callosum* im Querschnitt: Joseph Leidy (Biologe); Edward C. Seguin (Neurologe); ein weißer Arbeiter; ein Schwarzer (von oben nach unten)

In Europa ging die Diskussion um die epistemische Relevanz der Windungen für die Hirnanthropologie noch etwas weiter. Ihr heftigster Kritiker, der Königsberger Anatom Ludwig Stieda, konnte mit dem aufsehenerregenden Fall eines verschrobenen Mannes aufwarten, der nicht weniger als 54 verschiedene Sprachen beherrschte. Im Grunde erfüllte dieser Mann genau das Kriterium, das sich die Gelehrtengehirnforschung selbst gestellt hatte, nämlich eine einseitige, abgegrenzte Begabung. Das Ergebnis war ernüchternd, denn ausgerechnet im Bereich der Sprachzentren ließ sich keine ausgeprägte Entwicklung feststellen. Doch Stiedas Aufforderung, die sinnlose Oberflächenanatomie aufzugeben und sich der mikroskopischen Untersuchung der Hirnzellen zuzuwenden, fand auch keine ungeteilte Zustimmung.[130] Edinger versprach sich nicht viel von den Nervenzellen und forderte zu einem besseren Studium der Hirnoberfläche auf.[131] Und Bechterev, der dem Chemiker Dimitri Mendeleev eine »Luxusausstattung der Windungen« attestierte und »die besondere Schärfe und Lebendigkeit seiner Denkungsart in bestimmten Beziehungen zu der namentlich an der linken Hemisphäre bevorzugten anatomischen Ausgestaltung der Parietalregion« stellte, wies Stieda schroff zurecht: »Das Heil der Lehre von den Elitegehirnen gerade von den histologischen Strukturdifferenzen zu erwarten, wird von keinem unvoreingenommenen Forscher als unbedingt vorhanden zugegeben werden.«[132] Das war zweifellos richtig, aber mit den Windungen sah es nicht viel besser aus.

Die Kritiken eines Mall oder Stieda waren nur die Zuspitzung einer skeptischen Bewertung gegenüber dem, was Karl Jaspers einige Jahre später als Hirnmythologie bezeichnen sollte. Gemeint war damit die von Psychiatern wie Meynert und Flechsig gepflegte Identifizierung von Hirnrindenzelle und Erinnerungsbild, Assoziationsfaser und psychologischer Assoziation.[133] Diese Kritik setzte fundamentaler an, als bloß die Lesbarkeit der Windungen in Zweifel zu ziehen, denn hier stand der Wert der Hirnanatomie für das Verständnis der psychologischen Prozesse zur Disposition. Kaum jemand, der sich an der Debatte beteiligte, zweifelte daran, daß geistige Tätigkeiten vom Gehirn abhängig seien, doch es gab nicht wenige, die der Ansicht waren, daß man umgekehrt zur anatomischen Blickrichtung »den Bau und die Funktion des Gehirns von psychologischer Seite her deuten« könne.[134] Zweifellos hatte die Psychologie als ganz junge Disziplin das Bedürfnis, sich von der medizinisch geprägten Hirnforschung thematisch und methodisch abzugrenzen, doch solche Ausdifferenzierungsprozesse bieten nur die halbe Erklärung. Die Anerkennung und Anwendung der psychologischen Herangehensweise reichte tief in die Medizin und auch bis in die Anatomie hinein. Sogar der Spanier Santiago Ramón y Cajal, spätestens seit der Verleihung des Nobelpreises 1906 als größte Autorität auf dem Gebiet der Hirnanatomie anerkannt, räumte ein: »Da wo exakte anatomisch-physiologische Tatsachen gefehlt haben, sind wir, um einige Lücken zu füllen, auf die Lehre der Psychologie zurückgegangen, denn wie Vogt zutreffend bemerkt, sind gegenwärtig die Phänomene des Bewußtseins besser bekannt als der Bau des Gehirns, und die Wissenschaft von der Seele kann diejenige vom Gehirn eher wirksam unterstützen als umgekehrt.«[135] Der erwähnte Oskar Vogt und andere, so unterschiedliche Psychiater wie Emil Kraepelin, August Forel oder Sigmund Freud, die – mit Ausnahme Kraepelins – die eine Gemeinsamkeit hatten, daß sie höchst versierte Hirnanatomen waren, setzten ab den neunziger Jahren verstärkt auf experimentelle Psychologie, Introspektion, psychologische Tests und Hypnose. Kraepelin beispielsweise, der mit Flechsig als Vorgesetztem schlechte Erfahrungen gemacht hatte, kritisierte dessen und Meynerts Lehren als »Luftgebilde« und als Beispiel für »speculative Anatomie«.[136] Forels und Vogts Versuch, Hypnotismus als legitimen Bestandteil der wissenschaftlichen Medizin und Psychologie zu etablieren, gehört ebenso hierher wie die Anfänge der Psychoanalyse.[137]

Die Hirnpsychiatrie verschwand durch solche Angriffe und Alternativkonzepte nicht von der Bildfläche, doch es entstand ein Pluralismus der Zugänge und Methoden, der es schwierig macht, einen einheitlichen wissenschaftlichen Gegenstand überhaupt noch zu erkennen. Die Gelehrtengehirnforschung, die ja von der umstrittenen Hirnpsychiatrie entschieden profitierte, war für einige Jahre gegen diese Veränderungen immunisiert, weil sie ihre Legitimation aus einer Zurückweisung der Lombrososchen Theorie vom pathologischen Genie bezog. Das war keineswegs eine leichte Aufgabe, denn eine der argumentativen Stärken der Degenerationstheorie bestand ja gerade darin, daß die widersprüchlichen Ergebnisse bei der Schädelmessung und der Bestimmung des Hirngewichts Genies, Kriminelle und Geisteskranke in ein und dieselbe Schublade steckten. Aus diesem Grunde wurden Parameter wie Schädelumfang und Hirngewicht von den in der *Brain Commission* zusammengeschlossenen Hirnforschern mehr oder weniger ausgemustert. Übrig blieben die minutiöse Beschreibung und Ausmessung der Hirnwindungen und die funktionelle Einordnung der Windungen entlang der Flechsigschen Assoziationslehre. Ein weiterer Grund für die Seriosität der Gelehrtengehirnforschung sind die makellosen und vorbildlichen Publikationen gewesen, für die Retzius den Maßstab setzte. Das beinhaltete minutiöse Dokumentation des Gegenstands, sorgfältige und ausführliche Abbildungen und Beschreibungen, die auch die Lebensgeschichte der betreffenden Personen einschloß. Diese biographischen Abrisse waren nicht so ausführlich gehalten wie in den Pathographien, doch in der individualisierenden Verklammerung von Persönlichkeit und Gehirnkonfiguration kamen repräsentative Veröffentlichungen zustande, die nahtlos an die cerebralen Biographien des 19. Jahrhunderts anknüpften. Erst in dem Moment, wo es um Vergleiche ging, wo die definierten Kategorien wie Musikalität, Mathematik und Sprachbegabung, abstraktes Denken und gute

Beobachtungsgabe präzise im Gehirn verortet werden sollten, wo es um ein stabiles Kriterium zur Unterscheidung zwischen Genie und Mittelmäßigkeit ging, entstanden Schwierigkeiten, die nur durch einen gründlichen Deskriptionspositivismus kaschiert werden konnten.

Bei Ausbruch des Ersten Weltkriegs senkte sich die zwischen Zuversicht und Resignation schwankende Waage eindeutig zugunsten letzterer. Ähnlich wie die Craniologie und Phrenologie um 1850 und ähnlich wie nach den Untersuchungen Wagners und Bischoffs um 1880 schien die Erforschung bedeutender Gehirne einmal mehr mit leeren Händen dazustehen. Die internationale *Brain Commission* stellte ihre Tätigkeit ein, und die Hirnforscher der kriegführenden Nationen hatten sich eher um zahllose hirnverletzte Soldaten mit ganz neuen Formen von neuropsychologischen Syndromen zu kümmern als um Gelehrtengehirne.[138]

Die Krise der Hirnanatomie, die Umorientierung der Psychiatrie und das Ende der Hirnwindungsphysiognomik fielen aber auch mit dem Ende eines bestimmten für diese Hirnbetrachtung relevanten Gelehrten- und Künstlertypus zusammen. Der Tod von Siemens und Helmholtz, Virchow und Bismarck, Mommsen und Menzel vermittelte in Deutschland schon vor dem Epochenbruch des Weltkriegs das Gefühl einer Zäsur. Bevor noch die Gelehrten- und Künstlerhirnforschung ganz verschwunden war, reifte der Keim des Neuen und fand sogar schon einen neuen Begriff: Elitegehirnforschung. *Élite*, dieser französische, ursprünglich aus der Warenwelt und dem Militärwesen stammende Begriff, spielte in der deutschen Sprache vor 1900 kaum eine Rolle. 1904 benutzte Richard Weinberg das Wort *Elitegehirn* in einem Aufsatz, den er in der *Politisch-anthropologischen Revue* veröffentlichte, was vielleicht kein Zufall ist, denn diese 1902 gegründete Zeitschrift gehörte zu den ersten, in denen völkisch geprägte Rassenanthropologen und Rassenhygieniker ein Forum fanden. Hier und im *Archiv für Rassen- und Gesellschafts-Biologie* wurden die Veröffentlichungen der Gelehrtengehirnforschung aufmerksam verfolgt, und auch das Hirngewicht wurde dort noch diskutiert, als die Anatomen es längst verabschiedet hatten.[139] Aus alldem folgt nicht, daß die Hirnforschung im Zentrum der eugenischen Bewegung gestanden hätte. Und es folgt auch nicht, daß die Elitegehirnforschung völkisch geprägt gewesen wäre. Doch mit der Verquickung von Elitegehirnforschung und eugenischen Zielen wurde in den zwanziger Jahren ein großangelegter Versuch unternommen, effektive Hirnpolitik zu betreiben. Das geschah vor allem in Deutschland, Österreich und Rußland, den Ländern, die den Krieg verloren hatten.

Aufstieg und Niedergang der Elitegehirnforschung

Der Mensch, das Hirntier

»Vor reichlich zweieinhalb Jahren wurde ich mit der mikroskopischen Untersuchung des Gehirns Lenins betraut. Der die Verhandlungen mit mir führende Volkskommissar für Gesundheitswesen Herr Professor Semaschko, richtete an mich die präzise Frage: ob ich mir positive Ergebnisse von einer solchen Untersuchung verspräche. Ich habe diese Frage bejaht.« Mit diesen Sätzen eröffnete der Berliner Hirnforscher Oskar Vogt einen Artikel, den er am 15. Dezember 1927 im fortschrittlich-liberalen *Berliner Tageblatt* publizierte.[1] Öffentliche Bekenntnisse zur Sozialdemokratie und wohlwollende Einschätzungen der russischen Oktoberevolution hatte man von Vogt bereits früher lesen können, doch nun war eine neue Stufe seiner öffentlichen Präsenz erreicht. Die ersten Forschungsergebnisse zu Lenins Gehirn teilte er nicht, wie es üblich gewesen wäre, in einer wissenschaftlichen Zeitschrift mit, sondern in der Tagespresse. Der Artikel selbst ist eine seltsame Mischform aus programmatisch-popularisierenden Elementen und wissenschaftlichen Details über den feineren Schichtenaufbau der Hirnrinde, die dem allgemeinen Publikum nichts zu sagen hatten: soviel Wissenschaft wie nötig, um detaillierte Evidenz für die hirnanatomische Autorität beizubringen, und soviel verallgemeinernde Programmatik wie möglich, um eine politische und kulturelle Deutungshoheit für sich zu reklamieren.

Vogts Entscheidung, die üblichen Spielregeln der Wissenschaftlergemeinschaft und die anerkannten Grenzen zwischen einem populären und einem wissenschaftlichen Aufsatz zu ignorieren, wirkt wie ein erstes Signal für die weitverbreitete Vorstellung, daß die Elitegehirnforschung in der ersten Hälfte des 20. Jahrhunderts auf einen Forscher – Vogt – und ein Gehirn – dasjenige Lenins – beschränkt gewesen wäre. Beide Annahmen sind falsch. Wenn Vogt dennoch mit Recht als bedeutendste Figur innerhalb der Elitegehirnforschung angesehen wird, dann weil sie einen konstitutiven Bestandteil seines Forschungsprogramms einer Hirnforschung als Wissenschaft vom Menschen ausmachte. Auch diese Zusammenhänge hat der Hirnforscher in der Öffentlichkeit thematisiert. Der Artikel im *Berliner Tageblatt* war Bestandteil einer außerordentlich geschickten Mobilisierung der Medien, die mehrere Ziele verfolgte.[2] Zunächst einmal nutzte Vogt das verständliche Interesse an Lenins Gehirn, um Werbung für seine rassenhygienisch motivierte Hirnforschung zu machen, die zur »Höherzüchtung« des Menschen beitragen sollte. Bereits vor dem Ersten Weltkrieg hatte er davon gesprochen, daß die Zukunft der Menschheit vom »Ausbau einer Hirnhygiene« abhänge, doch erst nach 1918 war die Zeit gekommen, um solche Programme zu spezifizieren und in die Tat umzusetzen.[3]

Sodann versuchte Vogt seine zunehmende Popularität zu nutzen, um endlich den langgehegten Traum von einem Neubau für das von ihm geleitete Kaiser-Wilhelm-Institut für Hirnforschung zu verwirklichen. Der Umzug aus den beengten Verhältnissen des Neurobiologischen Instituts, wo Vogt mit seiner Frau Cécile seit 1898 gearbeitet hatte, in das damals weltweit größte Hirnforschungsinstitut sollte dem Forscherehepaar Vogt die Möglichkeit verschaffen, ihre ambitionierten neurobiologischen Forschungen mit entsprechender personeller, technischer und finanzieller Ausstattung durchzuführen. Cécile und Oskar Vogt: Dieses Forscherpaar hat so eng zusammengearbeitet, daß es unmöglich ist, die jeweiligen wissenschaftlichen Beiträge streng voneinander zu trennen. Wenn im Folgenden mehr von Oskar Vogt die Rede ist, liegt das daran, daß die Texte zur Elitegehirnforschung und zur Höherzüchtung mehr aus seiner Feder geflossen sind. Gleichwohl hat Cécile Vogt an diesen Gedanken und Forschungen einen gleichberechtigten Anteil gehabt. Beide Vogts sahen sich als Bestandteil einer geistigen und wissenschaftlichen Elite, die Deutschland nach dem »Diktat von Versailles« wieder an die Spitze der führenden Nationen der Welt bringen sollte. Dabei stand eine Höherzüchtung des Gehirns im Mittelpunkt, die der »Entwicklung der Menschheit in der Richtung der Entstehung von Spezialisten und einseitig begabten Führernaturen« diente.[4]

Zur Propagierung und möglichen Durchsetzung solcher Ansprüche setzte Vogt auf die öffentlichen Medien, und in den turbulenten Jahren der Weimarer Republik verstand er es wie nur wenige Naturwissenschaftler, auf dieser Klaviatur zu spielen. Die publizistische Verwebung von Gehirn und Politik, Eugenik und Sozialismus stellt eine neue Qualität dar, der gegenüber sich die Künstler- und Gelehrtenhirnforschung des Kaiserreichs oder die reaktionären Forderungen eines Flechsig geradezu bieder ausnehmen. Höherzüchtung und Hemmung, die Wiedergenesung Deutschlands unter der Stabführung wissenschaftlicher Eliten, die Favorisierung des Führerprinzips in der Gesellschaft – diese ideologische Gemengelage war eine Rezeptur, die nicht nur die Vogts der Weimarer Republik verschrieben haben. Als es ab 1933 an die Umsetzung dieser und anderer Prinzipien ging, verfügte man damit über ein effektives Vehikel auf dem Weg in die Barbarei. Dennoch wäre es verfehlt, hier von einer homogenen Entwicklung auszugehen. Rassenhygiene war nicht notwendigerweise identisch mit dem Ruf nach Rassenreinheit; Höherzüchtung und Hemmung hieß nicht automatisch Zwangssterilisation oder gar Euthanasie; das Führerprinzip war keineswegs gekoppelt an eine nationalsozialistische Gesinnung. Solche Differenzierungen sollen nicht als Legitimationsstützen dienen, aber sie sind angezeigt, um die Bedeutung der Elitegehirnforschung im wissenschaftlichen und politischen Horizont der zwanziger Jahre präziser zu bestimmen. Elitegehirnforschung erschließt sich nicht retrospektiv vom Nationalsozialismus her, und das nicht nur, weil die Vogts nach 1933 massiv unter politischen Druck gerieten und ihre Position am Kaiser-Wilhelm-Institut räumen mußten. Ohne Vogts Engagement in der Sowjetunion, ohne die in verschiedenen politischen Farben geträumte Vision vom *Neuen Menschen*, ohne die Ablösung der alten Führungsschichten durch neue Eliten und ohne einen neuen, höchst innovativen Ansatz in der Hirnanatomie hätte die Elitegehirnforschung kaum einen so fulminanten Aufstieg genommen. Deswegen muß es vor ihrer Analyse unter den spezifischen Bedingungen der Nachkriegsordnung zunächst darum gehen, die anatomischen und weltanschaulichen Prämissen zu untersuchen, von denen die Vogts ab 1900 ausgingen. Obwohl also das Thema der Gelehrtengehirne 1914 für die ältere Generation von Hirnforschern erledigt war, ist es notwendig, noch einmal in die Jahre um 1900 zurückzugehen. Erst dann ist es möglich, die Verschiebungen und Konjunkturen der Nachkriegszeit zu begreifen.

Im Leipziger Labor von Paul Flechsig hielt es Oskar Vogt nicht lange aus.[5] 1894/95 war er nach nur wenigen Monaten im Streit von Flechsig geschieden, wobei anatomische Meinungsverschiedenheiten und Plagiatsstreitigkeiten eine wesentliche Rolle spielten. Kurze Zeit später wurde deutlich, daß Vogt mit seinen eigenen Hirnschnitten der myelogenetischen Lokalisationslehre den Boden unter den Füßen wegzuziehen drohte, indem er mit dem schlichten anatomischen Argument aufwartete, auch in den Assoziationsfeldern Projektionsfasern gefunden zu haben. Es sei zwar völlig richtig, daß die Fasern in verschiedenen Hirnzentren nicht alle gleichzeitig myelinisierten, doch daraus folge keineswegs, daß die erst später myelinisierenden Assoziationsbündel keine Projektionsfasern erhielten.[6] Auch andere Anatomen wie Constantin von Monakow kamen zu dem gleichen Ergebnis. Mit der Infragestellung der reinen Assoziationszentren war auch die von Flechsig so sehr betonte physiologische und psychologische Relevanz des Studiums der Markscheidenbildung bedroht. Vogt, der sich zu jener Zeit bereits als Hypnosearzt einen Namen gemacht hatte, drehte das Argument der Hirnpsychiatrie kurzerhand um: Da die experimentelle Psychologie besser fundiert war als Anatomie und Physiologie, diente sie als »Pfadfinder für das Labyrinth des Faserbaus unseres Grosshirns«; und die wichtigste psychologische Einsicht – von Vogt selbst hervorgehoben, aber in entscheidenden Punkten der Psychophysik Ernst Machs verpflichtet – besagte, »dass an jedes intellectuelle Element Gefühlselemente geknüpft sind und dass weiter das Auftreten dieser Gefühlselemente von subcorticalen Innervationsveränderungen [...] begleitet ist«. Zu diesem Zeitpunkt war Vogt noch der Auffassung, daß nicht die Anatomie, sondern Selbstbeobachtung und klinische Erfahrung die Existenz »intellectueller und emotioneller Elemente und [die] Möglichkeit der Verknüpfung dieser Elemente zu Complexen« plausibel gemacht hätten.[7]

Mit solchen Überlegungen bewegte sich Vogt zwischen der Assoziationstheorie und den psychologischen Auffassungen eines Wilhelm Wundt, Oswald Külpe oder Hugo Münsterberg. Die Unterschiede zu Flechsig und den anderen Hirnpsychiatern zeigen sich am deutlichsten bei der Konzeptualisierung des Gehirns selbst. Für Vogt gibt es keine hierarchische Unterteilung in höhere und niedere corticale Felder, keine strikte Aufteilung in intellektuelle und emotionale Bereiche, keinen Kampfplatz zwischen edlen und primitiven Trieben, und auch die Verbindung corticaler und subcorticaler Strukturen ist nicht ausschließlich durch Hemmungs- und Kontrollprozesse geregelt. Statt dessen ist die gesamte Hirnrinde ein differenziertes Organ, in dem Elemente zu Komplexen verknüpft wurden. Mit den untergeordneten Hirnstrukturen steht der Cortex in einer interaktiven Beziehung.

Es ist mit Recht darauf hingewiesen worden, daß es hier gleichzeitig um anatomische und politisch-weltanschauliche Differenzen ging.[8] Flechsig war ein Monarchist, der zwischen dem Aufbau des Gehirns und dem eines autoritär geführten Staates keinen prinzipiellen Unterschied sah. Ob sich Cécile und Oskar Vogt um 1900 als Demokraten verstanden, sei dahingestellt, aber zumindest bildete ihre Vorstellung vom Gehirn das Äquivalent zur arbeitsteiligen, modernen Gesellschaft. Für sie war das Gehirn ein Konglomerat aus zahlreichen funktionell gleichberechtigten Zentren. Deswegen bestand die zukünftige Aufgabe nicht in einer Anatomie oder Physiologie der Zentren, sondern in einer Lehre von der zellulären Struktur des Großhirns. Genau an diesem Punkt kam die Anatomie in neuem Gewande wieder ins Spiel, jedoch nicht als Myelogenetik, als Neuronenlehre oder als Suche nach Assoziations- und Projektionsfasern, sondern als Feinanalyse, die den Cortex nach Anordnung, Zahl, Größe und grober Morphologie der Nervenzellen und Leitungsfasern einteilte. Dadurch sollte ein strukturelles oder architektonisches Gesamtbild des Cortex erschlossen werden. Dieses cytoarchitektonische Programm, das in der Folgezeit im Labor der Vogts durchgeführt wurde, kehrte das Verhältnis von Psychologie und Anatomie erneut um. Die Psychologie hatte vorgearbeitet, und nun sollte unter der Federführung der Anatomie der Beweis angetreten werden, daß tatsächlich jedem einzelnen intellektuellen Element ein materieller Parallelvorgang entsprach. Dabei wurde mittels der Architektonik eine cerebrale Landkarte erstellt, die im Prinzip an ihre lokalisationistischen Vorgänger anknüpfte. Der einzige und entscheidende Unterschied liegt darin, daß die Cytoarchitektonik eine andere Darstellungs- und Einteilungsmethode der Hirnrinde ermöglichte und dementsprechend zu einer neuen Lokalisationsordnung gelangte.[9]

Neben und gemeinsam mit den Vogts war es Korbinian Brodmann, der die cytoarchitektonische Einteilung der Großhirnrinde begründete und zugleich die Entdeckung machte, daß der Rindenaufbau bei allen Säugetieren prinzipiell gleich sei. Auf der Basis vergleichender Untersuchungen nahm Brodmann eine topographische oder strukturelle Einteilung der corticalen Areale vor. Dabei ging er so vor, daß er eine homogene und mehr oder weniger deutlich begrenzbare Gruppe von gefärbten Zelleibern als ein einzelnes Areal hervorhob.[10] Dabei kam es entscheidend darauf an, die zahllosen anatomischen Hirnschnitte in einer genau festgelegten Ordnung unter das Mikroskop zu legen, denn nur auf diese Weise waren Strukturunterschiede von Zellverbänden und damit zuverlässige Abgrenzungen eines bestimmten Areals möglich. Nach dieser Methode erstellte Brodmann eine Hirnkarte des Menschen mit einer groben Einteilung des Cortex in Regionen und diese wiederum unterteilt in 52 Felder oder Areale (Abb. 57).

Das zunächst einmal wenig erfreuliche Resultat dieser Kartierung war nun, daß sie keine Lokalisation im ursprünglichen Sinn einer psychophysischen Zuordnung erlaubte. Die Felder waren nicht identisch mit den Arealen, die die Kliniker, Physiologen und Anatomen des 19. Jahrhunderts meinten gefunden zu haben. Brodmann machte das am Beispiel der Aphasie deutlich: »erstens, daß eine Aphasie, gleichviel ob es sich um eine motorische oder sensorische Unterart handelt, niemals an ein einzelnes Strukturzentrum, also etwa an ein einziges unserer cytoarchitektonischen Felder gebunden sein kann, sondern daß sie stets einen Komplex solcher Felder umfaßt, und zweitens, daß den ›Aphasiezentren‹ eine weit größere Ausdehnung zukommt, als man früher anzunehmen gewohnt war.«[11] Für die Lokalisationsidee war diese Schlußfolgerung mißlich, denn sie zog etliche von deren älteren Postulaten in Zweifel. Auch für die Architektonik stellte sich die Frage, inwieweit ihre Feldereinteilung bestimmten Funktionen entsprach. Gleichwohl hob Brodmann mit Entschiedenheit hervor, daß die Anatomie die Grundlage aller funktionalen Lokalisation sei. Die Existenz umschriebener Felder nahm er aufgrund scharf abgegrenzter, unter dem Mikroskop unterscheidbarer Strukturen für bestimmte Funktionen an. Brodmann zählte motorische und sensorische Regionen dazu, aber im Gegensatz zu Flechsig wies er psychische Zentren, Assoziationsschichten, Denkorgane oder Vorstellungszellen mit dem Argument zurück, daß es dafür keinerlei architektonische Anhaltspunkte gebe.[12]

Auch wenn Brodmanns Hirnkarte ihre Gültigkeit als lokalisatorischer Wegweiser durch die Hirnrinde bis auf den heutigen Tag bewahrt hat und jeder Neuroanatom sich an den 52 Brodmann-Feldern orientiert, sah es zum Zeitpunkt ihrer ersten Veröffentlichung eher so aus, daß sie im Hinblick auf die Prämissen und Hoffnungen der Hirnpsychiatrie zu einer antilokalisatorischen Sichtweise gelangte. Vogt kam dieses Ergebnis insofern gelegen, als es seinen verhaßten Widersacher Flechsig zusätzlich schwächte, andererseits aber unterminierte eine rein anatomische Lokalisation ohne psychophysiologischen Mehrwert die hochgesteckten Ambitionen des Vogtschen Forschungsprogramms. Deswegen kam es vordringlich

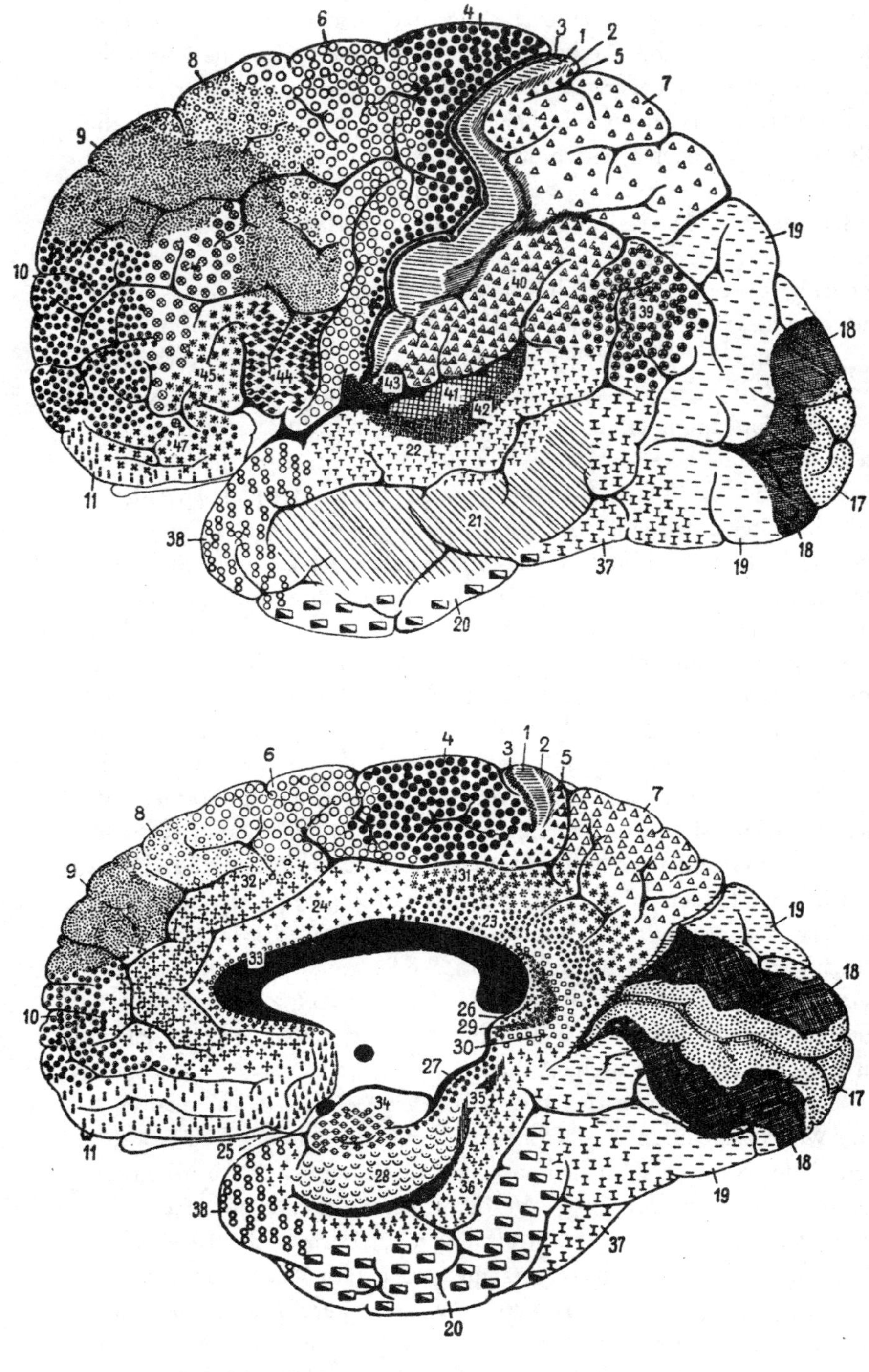

Abb. 57: Korbinian Brodmann, Cytoarchitektonische Einteilung der Hirnrinde beim Menschen (oben die laterale, unten die mediale Hemisphärenfläche)

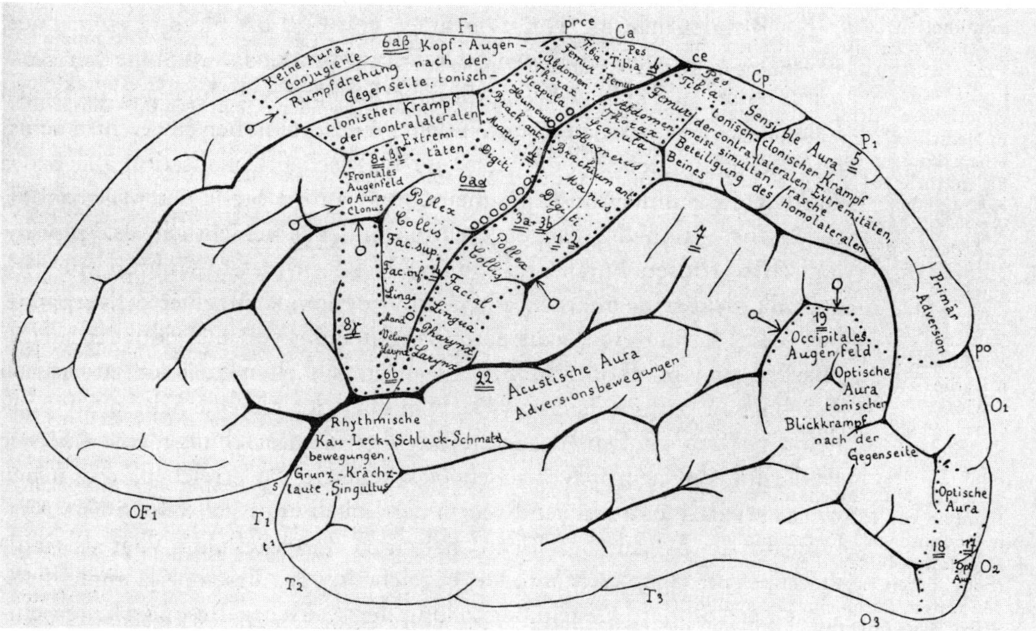

Abb. 58: Cécile und Oskar Vogt, Lokalisation der von Otfried Foerster erzielten Reizergebnisse

darauf an, die Brodmann-Felder durch andere neurologische Untersuchungsmethoden zu stabilisieren. In erster Linie boten sich dazu reizphysiologische Stimulationen an, denn auf diesem Wege hofften die Vogts, funktionelle Unterschiede mit den cytoarchitektonischen Feldern abgleichen zu können. Das geschah zunächst im Tierversuch, später im Rahmen von neurochirurgischen Operationen bei Soldaten, die im Krieg Splitter- und Schußverletzungen des Kopfes erlitten hatten und neben vielfältigen neuropsychiatrischen Symptomen auch unter epileptischen Anfällen litten. Diese Operationen führte der Breslauer Neurologe und Neurochirurg Otfried Foerster durch, der sich dabei auf die Brodmannsche und Vogtsche Einteilung als Wegweiser stützte. Die Resultate waren zumindest ermutigend. Man war noch weit davon entfernt, für jedes Brodmann-Feld eine spezifische Funktion zu finden, doch nach und nach füllte sich die cerebrale Landkarte mit Qualitäten, die wenigstens teilweise als Repräsentation des psychischen Apparats angesehen werden konnten (Abb. 58).[13] Das war genau die Bestätigung, die die Vogts brauchten, um den einmal beschrittenen Weg fortzusetzen. Trotz Brodmanns Warnungen hinsichtlich der Lokalisation psychischer Qualitäten landeten die Vogts unversehens wieder in den Armen einer Lokalisationstheorie, deren Feinanalyse es auf eine individuelle Physiognomik der Hirnrinde absah.

Blendet man die Traditionslinien von Gall bis Flechsig einmal aus, so ist der Perspektivenschwenk der Vogts von der Psychologie zur Anatomie damit zu erklären, daß sie die experimentalpsychologisch gemessenen Fähigkeiten, Eigenschaften und Talente eines Menschen im Gehirn selbst festmachen wollten. An die Stelle der klassischen Lokalisation à la Broca rückten die Stimulationsexperimente, und an die Stelle der makroskopischen Inspektion des ganzen Gehirns und der verächtlich als »physiologisch wertlosen Furchenmorphologie« bezeichneten Windungsphysiognomik rückte eine mikroskopische Physiognomik einzelner Zellverbände, bei der es darum ging, »aus einer Vergleichung von individuellen anatomischen und psychophysischen Eigentümlichkeiten zu lokalisatorischen Ergebnissen [zu] gelangen«.[14] Das war aber nur die eine Seite des Unternehmens. Um nämlich »das letzte Ziel aller Hirnforschung«, eine »kausale Erklärung des neuropsychischen Geschehens«, zu erreichen, war neben einer cytoarchitektonischen Reform der Lokalisationslehre auch eine Analyseform der psychischen Eigenschaften zu entwickeln, die Vogt als »individualpsychologische Methode« bezeichnete. In diesem Zusammenhang sprach er von der »Gegenüberstellung der seelischen Besonderheiten einseitig begabter oder unbegabter Menschen und der anatomischen Besonderheiten ihrer Gehirne«.[15]

Das Prinzip der komplementären anatomischen und psychologischen Untersuchung mag Vogt der *Société d'autopsie mutuelle* abgeschaut haben, als er sich 1895/96 zu einem Forschungsaufenthalt in Paris aufhielt. Allerdings stand mehr auf dem Spiel als bei den Pariser Anthropologen. Vogt ging es um die exakte Feststellung der Fähigkeiten von Individuen, die Unterscheidung der erworbenen von den Erbfaktoren bei der geistigen Entwicklung und die klare Abgrenzung der Abweichung von der Norm. Es war klar, daß die Psychologie einen unverzichtbaren Bestandteil der cerebralen Charakterologie bildete, denn Anatomie ließ sich nicht am lebenden Menschen betreiben. Hier lag ein unbestreitbarer Vorteil der psychologischen Testmethoden. Entsprechend hatte dieses Programm nichts mit der Individualpsychologie Alfred Adlers in Wien zu tun, die von der Idee ausging, daß Individuen seit ihrer frühen Kindheit permanent mit dem Gefühl von Minderwertigkeit konfrontiert sind. Vielmehr verstanden die Vogts Individualpsychologie in einem wörtlichen Sinne, und das hieß, so viele Daten wie möglich über eine Person zusammenzutragen. Das umfaßte Tests, Messungen, genealogische Stammbäume, Briefe und andere persönliche Dokumente, Berichte von Freunden und Verwandten. Idealerweise handelte es sich also um eine Kombination aus Toulouses Studie über Zola mit den Details der Pathographie, wobei der Aspekt der Krankheit von nachrangiger Bedeutung war.

Mit dieser geistigen und körperlichen, biographischen und historischen Totalerfassung des Individuums umreißt Vogt die *Bedeutung, Ziele und Wege der Hirnforschung* und wiederholt zunächst einmal die seit der zweiten Hälfte des 19. Jahrhunderts bekannten Formeln. Auch er glaubt, daß die gesamte kulturelle und soziale Entwicklung des Menschen auf die Ausbildung und Funktion des Gehirns zurückzuführen sei, und dementsprechend bildet die Hirnforschung den Mittelpunkt, »um den sich alle anderen Wissenschaften zur gruppiren haben«. Dann aber kommt Vogt auf »eine spezielle kulturelle und soziale Bedeutung« der Hirnforschung zu sprechen: »Jede neue Erkenntnis, die unser Beeinflussen oder Vorauserkennen neuropsychischen Geschehens vergrößert, bedeutet einen sonst nicht erreichbaren Fortschritt auf dem Wege menschlicher Weiterentwicklung.« Die noch wenige Jahre zuvor vorherrschende kulturdiagnostische Funktion der Hirnforschung, die dann zu einer Beseitigung bestehender sozialer Mißstände beitragen sollte, wird nun erweitert zu einem optimistischen Zukunftsszenario, in dem Voraussage und Intervention im Mittelpunkt stehen. Diese Universalisierung wird geschichtsmetaphysisch aufgeladen, wenn es heißt:

> Der Mensch wird immer mehr zum *Hirntier* werden. In unserer Weiterentwicklung wird das Gehirn eine immer noch bedeutendere Rolle spielen. Aber diese Entwicklung wird auch stets größere gesundheitliche Gefahren mit sich bringen. So hängt auch eine glückliche Zukunft unseres Geschlechts nicht zum Wenigsten von dem Ausbau einer Hirnhygiene ab.[16]

Damit ist Vogt im 20. Jahrhundert angekommen, und es handelt sich um mehr als bloße Anklänge an Rassenhygiene, Eugenik und Visionen vom *Neuen Menschen*, wenn der Traum vom Fortschritt der menschlichen Gesellschaft das gesamte Arsenal biomedizinischer und psychologischer Techniken durchspielt. Diese Techniken sollen dazu dienen, »die Fähigkeiten und Betätigungstendenzen ihrer einzelnen Mitglieder [der Gesellschaft, M. H.] genau feststellen zu können«; sie sollen durch »Anwendung der invidualpsychologischen Maßmethoden auf Mitglieder derselben Familie [...] die erblichen Faktoren der geistigen Persönlichkeit« aufdecken; oder sie sollen klären, »welche seelischen Fähigkeiten und Tendenzen der einzelne zu vererben in der Lage ist« und damit »der willkürlichen Zuchtwahl, der Rassenhygiene der Zukunft, die schon langersehnte wissenschaftliche Grundlage« verschaffen.[17] Die Analogisierung zwischen Arbeitsteilung im Gehirn und Arbeitsteilung in der Gesellschaft wird in diesem Szenario weiter konkretisiert, und die Hirnforschung wird zum Gravitationszentrum der medizinisch, sozial und pädagogisch aktivierten Humanwissenschaften.

Auch wenn Vogt hier seinem akademischen Mentor und Freund August Forel folgte, der in seinem verbreiteten Buch *Hygiene der Nerven und des Geistes* ähnliche Gedanken, Visionen und Forderungen geäußert hatte, erhebt sich die Frage, wie dieser Ansatz zum »*mainstream* der eugenischen Bewegung« steht, dem die Vogts dezidiert nicht angehörten?[18] Abgesehen von Forel und dem sozialistischen Genetiker Herman J. Muller, der erst Anfang der dreißiger Jahre in Vogts Institut arbeitete, pflegten sie mit keinem der eugenischen Aktivisten näheren persönlichen oder wissenschaftlichen Umgang. Sie waren nicht in der internationalen eugenischen Bewegung aktiv und forderten schon gar keine eigenständige Disziplin namens Eugenik. Auch ihre wissenschaftlichen Praktiken unterschieden sich deutlich von denen der Eugeniker wie Eugen Fischer oder Fritz Lenz, deren methodische Ansätze Oskar Vogt sogar kritisierte. Doch die genetische Verbesserung des Menschen sowie die Hemmung vermeintlich oder tatsächlich defizitärer angeborener Eigenschaften (z.B. bei Verbrechern, Asozialen oder bei neurologischen und psychiatrischen Erbkrankheiten) lag den Vogts ebenso am Herzen wie dem *mainstream*, selbst wenn die konkreten Forderungen erheblich divergierten. Faßt man Eugenik als Diskurs mit unterschiedlichen Akzentuierungen und Akteuren auf, wobei der gemeinsame Nenner darin bestand, die biologische und soziale Zukunft des Menschen mit medizinischen, genetischen und politischen Maßnahmen zu beeinflussen, hatten darin auch die Vogts ihren Platz.

Elite versus Genie

Wie auch in der eugenischen Bewegung gibt es in der Vogtschen Kombination von Individualpsychologie, Hirnanatomie und eugenischen Zukunftsperspektiven Verschiebungen, die eindeutig dem Ersten Weltkrieg geschuldet sind. So ist vor 1914 von einseitig Begabten und Unbegabten die Rede, jedoch nicht von Eliten und Führernaturen. Es ist von »krankhaftem Gebaren« die Rede, jedoch nicht von Kriminellen und Asozialen. Schließlich kommen Begriffe wie Rasse oder gar das deutsche Volk nicht vor. Dieses Vakuum läßt darauf schließen, daß auch für die Vogts der Krieg und die gesellschaftliche Neuordnung am Beginn der Weimarer Republik eine Schwelle bildeten, die für die weitere Entwicklung ihrer Ideen und Forschungen konstitutiv war. In diesem Zusammenhang ist auch zu bedenken, daß die Absichtserklärungen hinsichtlich einer Höherzüchtung des Gehirns vorerst keine Konsequenzen hatten. Um 1912 waren die Vogts mit ausgreifenden vergleichenden cytoarchitektonischen Untersuchungen und reizphysiologischen Experimenten beschäftigt.[19] Von einer Sammlung oder gar Untersuchung von Elite- oder Verbrechergehirnen konnte keine Rede sein.

Dieser blinde Fleck ist erklärungsbedürftig, denn die um 1900 geführten Diskussionen über den Zusammenhang von Genie, Gehirn und

Wahnsinn waren Vogt nicht verborgen geblieben. So publizierte er in der von ihm herausgegebenen *Zeitschrift für Hypnotismus* eine Kontroverse zwischen Möbius und Forel über die Natur des Genies. Darin bestritt Möbius Lombrosos Ansicht, daß das Genie »etwas Pathologisches« an sich habe. Wohl aber hätten Talent und Genie ihren Preis, da sie »überhaupt nur durch Defect an anderen Fähigkeiten ermöglicht« würden. Es handelte sich also eher um eine Störung des normalen Gleichgewichts. Diese Überlegung basierte auf zwei Voraussetzungen. Zum einen konnte es kein allumfassendes Genie geben, da eine hohe Ausbildung aller Talente unmöglich sei. Zum anderen bestand eine Kontinuität vom Normalmenschen zum Genie: »Das Talent ist nichts als eine Steigerung einer allen Menschen zukommenden Fähigkeit und das Genie ist nichts als ein hoher Grad des Talentes.«[20]

Nun war die Frage einer Kontinuität oder Diskontinuität zwischen Talent und Genie notorisch umstritten, denn wenn das Genie nur in bestimmter Hinsicht mehr Talent hatte als andere, war es schwierig, seinen Ausnahmestatus zu rechtfertigen. Otto Weininger setzte mehrere Kapitel seines Werkes *Geschlecht und Charakter* daran, die Diskontinuität zwischen Genie und Talent zu beweisen. Talent war erklärbar, doch Genie offenbarte den »göttlichen Funken« und blieb damit ein Mysterium. Für Weininger war das Genie durch Universalität und durch eine schöpferische Wirksamkeit charakterisiert, die vom Fortschritt der Zeiten unberührt blieb und damit etwas Unverrückbares bekam.[21] Mit solchen Überlegungen war er keineswegs allein. Auch Lombroso und seine Anhänger waren der Ansicht, daß das Genie durch anfallsartige, unbewußte Schübe von Kreativität ausgezeichnet sei. Dieser Ansicht hat sich auch Forel angeschlossen. In einer direkten Antwort auf Möbius wollte zwar auch er von den universellen Genies nichts wissen, aber die schöpferische Phantasie war für ihn ebenfalls das Kriterium, das ein Genie sogar in Gegensatz zum Talent stellte. Mit Weininger war er der Ansicht, daß nur Genies den Fortschritt der Kultur vorantrieben, nicht selten sogar in Opposition zur »landläufigen Politik« und zu den »vorgeschriebenen Bahnen der Staatsordnung«.[22]

Solche Scharmützel waren Bestandteil der Fin-de-siècle-Diskussionen um Naturalismus und Pathologie, Helmholtz und Nietzsche, Gesundheit und Degeneration. Für Vogt jedoch spielten diese Gegensätze nur ein paar Jahre nach der Jahrhundertwende keine Rolle mehr, und genau an diesem Punkt ist die Verschiebung vom Genie alter Ordnung zur Elite anzusetzen. Wie gesehen, hatten Weinberg und Spitzka den Begriff der Elitegehirne benutzt, damit aber nicht mehr als ein Strohfeuer entfacht, das mit der Krise der Gelehrtengehirnforschung wieder verglimmte. Für Vogt stellt sich gar nicht erst die Frage, ob Genies gesund oder krank, angepaßt oder unangepaßt, spezialisiert oder universal, schöpferisch oder besonders talentiert, kommensurabel oder inkommensurabel seien. Auch wenn Vogts Elitebegriff manches von der naturalistischen Vorstellung des Genies übernimmt, besteht der entscheidende Unterschied darin, daß Elite von der Gesellschaft und nicht vom Individuum aus gedacht ist. Für Vogt sind Eliten ausschließlich Funktionseliten, die gemäß ihrer einseitigen Begabungen spezifische Aufgaben übernehmen. Nicht das Prinzip der Ausnahmeerscheinung steht im Vordergrund, sondern dasjenige der sinnvollen Arbeitsteilung. Das Genie steht abgesondert und etwas verloren in der Welt herum, während Eliten Verantwortung übernehmen und auf die gesellschaftliche Zukunft hin operieren. Fortschritt ergibt sich nicht nur durch das Werk einzelner Genies wie Helmholtz oder Bismarck, sondern durch ein von den Wissenschaften angeleitetes kollektives Unternehmen, für das der Sozialismus die angemessene Staatsform darstellt.

Am deutlichsten wird die Differenz zwischen Genie und Elite, wenn man Vogts Überlegungen mit der pathographischen Geniediskussion eines Ernst Kretschmer oder Wilhelm Lange-Eichbaum vergleicht, die in den späten zwanziger Jahren mindestens ebenso populär ist wie die Elitegehirnforschung und darüber hinaus sicherlich eine längere Wirkungsgeschichte zu verzeichnen hat. Kretschmer sieht das Genie als eine für Geisteskrankheiten anfällige »seltene und extreme Variantenbildung menschlicher Art« an, die beschränkt ist auf »die künstlerisch darstellenden oder erfinderisch forschenden Menschen«. Ausdrücklich schließt er jene Begabungen aus, »die sich wesentlich in der intelligenten Ausübung traditioneller Berufsleistungen erschöpft«.[23] Genau diese Differenzierung kommt in Vogts Elite-Begriff nicht vor. Ob Dichter oder Diplomat, Revolutionsführer oder Komponist, alle werden auf der gleichen Ebene verhandelt, weil sie ihre jeweilige verantwortungsvolle Position in der Gesellschaft einzunehmen haben. Dagegen sind Kretschmers Genies die großen Individuen, wie seine ausführlichen Beschreibungen Goethes, Hölderlins oder Robert Mayers belegen.

Aus dieser Perspektive ist es zu erklären, daß Cécile und Oskar Vogt den in Deutschland als verheerend angesehenen Ausgang des Weltkriegs als Chance für einen gesellschaftlichen Neubeginn auffaßten. 1919 meldeten sie sich in der fortschrittlichen Kulturzeitschrift *Nord und Süd* mit einem Artikel zu Wort, in dem sie den Untergang der »auf Mystik und überlieferte Glaubenssätze« vertrauenden Monarchie begrüßten und ein Loblied auf die Sozialdemokratie sangen, weil diese den Anspruch erhob, ein auf wissenschaftlichen Erkenntnissen basierendes Programm zu besitzen. Für den modernen Staat komme es darauf an, seine »Gestaltung und [...] Betätigung der gegenwärtigen Wissenschaft« anzupassen. Das bedeutete für die Vogts, daß der Staat die Naturgesetze des menschlichen Zusammenlebens anerkannte bzw. deren gesellschaftliche Verwirklichung förderte und widerstrebende Tendenzen hemmte. Politik war also die Fortsetzung der Naturverhältnisse mit anderen Mitteln. Der Wissenschaft kam dabei die Aufgabe zu, die feineren Mechanismen dieser Verhältnisse aufzuklären und ihre Erkenntnisse bereitzustellen, damit sie von der Politik umgesetzt wurden.

Die Vogts hatten mit ihren Forschungen einiges anzubieten. So sollte die Individualpsychologie die Grundlagen schaffen für eine optimale gesellschaftliche, ökonomische und kulturelle Einsetzung der »einzelnen Bürger entsprechend ihrer Begabung«. Die Feststellung von Begabungen beschränkte sich aber nicht bloß auf Individuen. Mit der These, daß es einen »Mangel an politischem Sinn des deutschen Volkes« gebe, offenbarten die Vogts gleichsam im Nebensatz eine politische Anthropologie, deren Konsequenz darin bestand, den Wissenschaftlern, und überhaupt den geistigen Eliten, quasi kompensatorisch kulturelle und gesellschaftliche Leitungsfunktionen anzudienen. Die desolate ökonomische Situation der jungen Weimarer Republik und der »Zusammenbruch einer auf kirchliche Dogmata gestützten Sittlichkeit« boten die ideale Voraussetzung dafür, daß nun die ganze Gesellschaft zum Versuchsfeld der Erfahrungswissenschaften wurde.[24]

Politische Erwägungen und Aktivitäten, denen sich die Vogts in den zwanziger Jahren mehr und mehr zuwandten, hatten stets auch einen spezifischen wissenschaftspolitischen Hintergrund. Der Umzug der stetig anwachsenden Forschungsgruppe in ein neues, größeres Gebäude, das den Vogts 1914 bei der Eingliederung des Instituts in die Kaiser-Wilhelm-Gesellschaft zugesagt worden war, wurde durch Krieg und Inflation immer wieder hinausgezögert. Bei seinen Bemühungen bewies Oskar Vogt nicht bloß erhebliches taktisches Geschick, er verstand auch die Medien für seine Interessen zu mobilisieren. 1927 erschien in dem populären Wissenschaftsmagazin *Die Koralle* ein außerordentlich wohlwollender Artikel über das Kaiser-Wilhelm-Institut für Hirnforschung, der zumindest in einigen Abschnitten von Vogt in die Feder diktiert worden sein dürfte. Der Titel *Bibliothek der Gehirne* war nicht zufällig gewählt worden, denn das Gehirn wurde als »Buch mit zehntausend Blättern« dargestellt, das in riesigen »Bücherschränken« aufbewahrt wurde. Sammlung und Lesbarkeit gehörten untrennbar zusammen. Die herkömmlichen Bibliotheken als Räume des Wissens sollten ergänzt werden durch neue Räume, die zwar im Aufbau und in der Metaphorik den alten ähnlich waren, in denen aber direkt im Buch der Natur gelesen werden konnte.

Der zentrale Punkt des Artikels lag darin, daß er die wissenschaftliche Innovationskraft des Instituts eng mit seiner sozialen Struktur und Arbeitsorganisation verknüpfte. Es sollte deutlich werden, daß sich das Institut nicht am Vorbild der Fabrik oder auch des industriellen Labors orientierte, sondern bloß dessen Errungenschaften für seine Zwecke ausnutzte. Es herrschte Arbeitsteilung, und das bedeutete, daß »die Gelehrten [...] nur die gedankliche Arbeit zu verrichten« haben, während eine große Zahl von Hilfsarbeitern die praktischen Aufgaben erledigte.[25] Es stimmte schon, daß die enorm aufwendige Bearbeitung der Gehirne durch technische Mitarbeiter, zumeist Frauen, erledigt wurde, aber auch die *Gelehrten* verbrachten zahllose Stunden vor dem Mikroskop oder beim Experimentieren. Eine solche Aufteilung entsprach den Vorstellungen einer schöpferischen Arbeit, die einer geistigen Elite vorbehalten war. Nur angedeutet wurde in diesem Artikel, daß die Arbeitsgemeinschaft nicht nach dem Kollegialitätsprinzip funktionierte, sondern einen Direktor oder *Führer* hatte, bei dem die Fäden zusammenliefen, der über die Forschungsrichtung entschied und der für den Ruhm des Instituts in erster Linie verantwortlich war: Vogt selbst. Diese Hervorhebung war ganz selbstverständlich, da die Kaiser-Wilhelm-Institute nach dem sogenannten Harnack-Prinzip funktionierten, das vorsah, ein Institut um eine Leitfigur herum zu organisieren.[26] Vogt stellte dieses Prinzip als eine Innovation hin, die den Ausbau des Instituts legitimieren und zudem für die politische und gesellschaftliche Entwicklung Deutschlands relevant sein sollte.

In dieser (wissenschafts)politischen und neuroanatomischen Konstellation war nun endlich auch von Elite- und Verbrechergehirnen die Rede. 1927 verfügte das Institut laut Dach über »einige Gehirne, deren einstmalige Träger bekannte Männer waren«, doch »ob diese *bedeutenden* Gehirne besonders überragende Eigentümlichkeiten aufwiesen, ist eine andere Frage«. Die Unentschiedenheit hinsichtlich der cerebralen Verankerung von geistigen Eigenarten kam noch klarer in der Rede von den »Gehirnen sozial völlig Gescheiterter« zum Ausdruck: es seien Gehirne von Kriminellen im Institut untersucht worden, doch wiesen sie keine besonderen Merkmale auf. Also gehörte das »Mördergehirn« ins Reich der Phantasie.[27] Ähnlich zurückhaltend äußerte sich zu diesem Zeitpunkt auch Cécile Vogt. Auf die Anfrage der Frauenrechtlerin Agnes Zahn-Harnack, ob die älteren Behauptungen haltbar seien, daß Frauen aufgrund ihrer Hirnstruktur weniger zu geistigen Höchstleistungen befähigt seien, antwortete sie, daß Parameter wie Hirngewicht und Anzahl der Windungen für das Geistesleben des Individuums irrelevant seien. Damit wiederholte sie noch einmal, was Oskar Vogt bereits Jahre vorher mit seinem ätzenden Begriff von der »Furchenmorphologie« festgestellt hatte. Dagegen hob Cécile Vogt die Feinstruktur des Gehirns hervor, räumte allerdings ein, daß man mit diesen Forschungen noch am Anfang stehe und mögliche Geschlechtsunterschiede bislang gar nicht in Angriff genommen habe. Deswegen könne man »auf Grund des heutigen Standes der Hirnforschung die Frau als solche von keinem Beruf ausschliessen«.[28] Eine solche Position war Bestandteil des gesellschaftlichen Modells der Vogts, das im Prinzip auf Gleichberechtigung basierte. Dementsprechend hatte eine hirnanatomisch begründete Geschlechterhierarchie bei ihnen keinen Platz, was sie von vielen anderen Hirnforschern unterschied.[29] Die Zurückhaltung in der Geschlechterfrage war indes unabhängig von den Untersuchungen an Elite- und Verbrechergehirnen. Zwar standen die Vogts damit erst am Anfang, doch mündeten ihre Forschungen rasch in wesentlich dezidiertere Aussagen.

Pyramidenzellen, die die Welt erschütterten: Die Untersuchung von Lenins Gehirn

1927 wurde Vogt zum Direktor des Moskauer Hirnforschungsinstituts ernannt, in dem er die Untersuchung von Lenins Gehirn leitete. Da ein Gehirn nach der cytoarchitektonischen Methode in zahllose Schnitte zerlegt werden mußte, um diese dann unter dem Mikroskop miteinander zu vergleichen, dauerte allein die technische Aufbereitung des Leninschen Gehirns erheblich länger als ein Jahr. Anläßlich der offiziellen Eröffnung hielt Vogt im November 1927 in Moskau einen Vortrag über seine vorläufigen Untersuchungsergebnisse. Die *Prawda* berichtete, daß Vogt eine verdickte III. Hirnrindenschicht gefunden habe, was auf die besondere Größe und Anzahl der dort lokalisierten Pyramidenzellen zurückzuführen sei. Da diese Zellen zudem zahlreiche Faserverbindungen zu anderen corticalen Zellen aufwiesen, seien Lenins assoziative Fähigkeiten entsprechend hoch entwikkelt gewesen. Wie vorläufig auch immer diese Ergebnisse sein mochten, sie paßten glänzend in den entstehenden Leninkult und fügten sich nahtlos in den Materialismus ein, denn – so die *Prawda* abschließend – dieser Befund sei »ein bedeutender Beitrag zur materialistischen Erklärung des Psychischen überhaupt«.[30] Diese offensichtliche Verbindung von Hagiographie und Biopolitik war in der Geschichte der Elitegehirnforschung nicht ganz neu, doch sollte sie in der sowjetischen Variante zu einer der bizarrsten Erscheinungen überhaupt führen, dem sogenannten *Pantheon der Gehirne*, zu dem auch Vogt seinen Beitrag leistete.

Mit seiner Rede tat Vogt der sowjetischen Regierung und der kommunistischen Ideologie einen großen Gefallen, aber er handelte keineswegs gegen seine eigenen wissenschaftlichen Überzeugungen. Im Gegenteil: Den Glauben an die besondere Bedeutung der III. Rindenschicht gab er – wie sich noch zeigen wird – bis an sein Lebensende nicht mehr auf. Zudem erreichte er mit dem Moskauer Vortrag eine neue Popularitätsstufe, die er geschickt für sich zu nutzen wußte. Während er noch ein Jahr zuvor in der *National-Zeitung* mit abgeschmackten Begriffen als »genialer« Wissenschaftler bezeichnet worden war, der »in stiller entsagungsvoller Arbeit« einen »unvergänglichen Dienst an der leidenden Menschheit« leistet,[31] fand er sich nun inmitten der Verquikkung von Lenins Gehirn, Höherzüchtungsphantasien und marxistischer Ideologie wieder. Im Berliner Zentralorgan der Kommunistischen Partei, in der *Roten Fahne*, brachte der russische Volkskommissar für das Gesundheitswesen, Nikolai Semaschko, seine und aller Werktätigen Dankbarkeit gegenüber Vogt zum Ausdruck. Zwar war Semaschkos Zusammenfassung des Moskauer Vortrags durchaus sachlich, doch ließ er keinen Zweifel daran, daß die Erforschung von Lenins Gehirn den Sieg des Materialismus »auf jenem Gebiete fördert, auf dem Metaphysik und Dualismus noch stark sind«.[32]

Vogt wiederum gestaltete die Verquickung von Materialismus, Hirnforschung, positiver Eugenik und Wertschätzung Lenins auf seine Weise. Zwar gab er sich im privaten Kreis keinerlei Illusionen über die Situation in der Sowjetunion hin, etwa wenn er 1926 nach einem längeren Aufenthalt dort frustriert an Forel schrieb, daß er »vom Kommunismus [...] in Russland nichts mehr gesehen habe«,[33] doch auf diplomatischem Parkett pflegte er eine enge Kooperation mit den Bolschewiken. Als Semaschko mit 20 weiteren Wissenschaftlern im Sommer 1927 nach Berlin kam, um an der russischen Forscherwoche teilzunehmen, feierte Vogt die Revolution als das Ereignis, das »die begabten Bewohner der Sowjetunion« aus ihrem unverschuldeten Bildungsnotstand befreite und hoffnungsvolle Perspektiven für die Zukunft der russischen Naturwissenschaften und Medizin anbot.[34] Das war zwar ausgesprochen gastfreundlich formuliert, knüpfte aber auch nahtlos an Vogts Forderung an, die Politik auf wissenschaftlichen Erkenntnissen aufzubauen und dementsprechend die Förderung der Naturwissenschaften als ureigenes Interesse des Staates und der Gesellschaft zu verstehen. Diese Überzeugung wurde zum Kernpunkt einer unermüdlichen Initiative, mit der Vogt für seine Hirnforschung und für das Kaiser-Wilhelm-Institut warb.

Ende 1927 publizierte Vogt den bereits eingangs zitierten Artikel im *Berliner Tageblatt*, der auch für Spezialisten der Hirnforschung Neuigkeiten enthalten haben dürfte, da Vogt zum ersten Mal in schriftlicher Form Ergebnisse seiner Untersuchungen einzelner Elitegehirne mitteilte. Vogt ging auch auf Lenins Gehirn ein, nahm als Hauptbeispiel jedoch dasjenige des sozialdemokratischen Politikers Emanuel Wurm. Die Ehepaare Vogt und Emanuel und Mathilde Wurm pflegten in Berlin seit den 1910er Jahren vertrauten Umgang miteinander. Beide Wurms nahmen im August 1919 aktiv an der Verfassunggebenden Deutschen Nationalversammlung in Weimar teil. Als Wurm, Journalist und Autor eines Buches *Die Naturerkenntnis im Lichte des Darwinismus*[35] und seit 1890 mit Unterbrechungen Reichstagsabgeordneter der SPD, im Mai 1920 starb, wurde sein Gehirn als vermutlich erstes Elitegehirn in die Vogtsche Sammlung integriert. In seinem Artikel stellte Vogt fest, daß Wurms Gehirn eine besondere Entwicklung bestimmter »höherer Rindenzentren« aufwies, insbesondere in der Region der Sprachzentren. Wenn dieser Befund stimmte, war er für die Hirnforschung von erheblicher Bedeutung, weil dann viel darauf hindeutete, daß die Ausprägung bestimmter Fähigkeiten mit der Größe spezifischer Rindenorgane korrelierte. Für Vogt selbst war das wichtigste Ziel dieser Untersuchungen »ein künftiges Züchten sozial wertvoller Gehirne und ihre geeignetste Pflege«.[36]

Als Direktor zweier Hirnforschungsinstitute, die er als ein »Gesamtkollektiv« ansah, ging Vogt nun daran, die Forschungsaufgaben zu verteilen. Im Moskauer Institut sollten neben Lenins Gehirn weitere Elitegehirne sowie »Gehirne der verschiedenen Nationen der Sowjet-Union« untersucht werden, während man sich in Berlin mehr den pathoarchitektonischen Untersuchungen, also der Genese der Gehirn- und Geisteskrankheiten, widmen wollte.[37] Mit dieser Strategie verfolgte Vogt mehrere Ziele, die ein erstaunliches Feingefühl für die damalige Erwartungshaltung an die Hirnforschung in Moskau erkennen lassen. Erstens mußte Lenins Gehirn mit demjenigen anderer führender russischer Persönlichkeiten verglichen werden, denn aus den älteren Forschungen wußte Vogt nur zu gut, daß zuverlässige Aussagen nur mittels Vergleichsstudien zu erreichen waren. Das vertrug sich glänzend mit der Idee, auch weitere Gehirne von verstorbenen Revolutionären und anderen bedeutenden Russen zu untersuchen. Zweitens ließen sich diese Forschungen problemlos mit der vor allem von Leo Trotzki entwickelten Vision vom neuen kommunistischen Menschen verbinden, der in einer Synthese aus pädagogischen und psychophysiologischen Elementen zu einem »höheren gesellschaftlich-biologischen typus«, zum »übermenschen« gezüchtet werden sollte, so daß sich der »durchschnittliche menschentyp [...] bis zum niveau des Aristoteles, Goethe und Marx erheben« werde. Trotzki phantasierte sich diese wissenschaftliche Praxis als Konglomerat aus Reflexphysiologie, Psychoanalyse und Psychotechnik zurecht, doch traf er mit seinen Züchtungsideen zweifellos den biopolitischen Nerv der kommunistischen Utopie, was sogleich zu einer Ironisierung dieser eugenischen Sehnsucht führte.[38]

Zwischen Januar und März 1925 schrieb Michail Bulgakow den Roman *Hundeherz*, in dem ein Moskauer Straßenköter in die Hände des berühmten Professors Filipp Filippowitsch Preobrashenskij gerät, der ihn einem revolutionären Experiment unterzieht. Der Professor ist spezialisiert auf Transplantationen. Er verpflanzt allerdings nicht das ganze Gehirn, sondern nur die Hypophyse, Produktionsort einiger wichtiger Hormone. Der Hund erhält die Hypophyse des verunglückten Arbeiters Klim Tschugonow eingepflanzt, und es bleibt nicht aus, daß er sich nach der Operation in einen Menschen wandelt. Aus Pfoten werden allmählich Beine und Arme, er lernt Sprechen, und aus dem Tier wird ein humanoider Genosse, der allerdings mehr und mehr die Eigenschaften des liederlichen, vorbestraften Alkoholikers Tschugonow übernimmt. So kommt es, daß Filipp Filippowitsch, dem es doch eigentlich »um die Eugenik, um die Verbesserung der menschlichen Rasse« ging, die Operation wieder rückgängig macht. Die Kreation des *Neuen Menschen* durch Verpflanzung des »Miniaturgehirns« setzt eher auf den prägenden Einfluß der Hormone als auf denjenigen der Hirnrindenzellen. Insofern bezieht sich Bulgakow eher auf die endokrinologischen Forschungen der zehner und zwanziger Jahre als auf die Neuroanatomie. Dennoch nimmt er die Problemlage der eugenisch motivierten Elitegehirnforschung auf und verknüpft sie mit einer der ältesten Denkfiguren über die Besonderheit individueller Gehirne. Als Filipp Filippowitsch über das Resultat seiner Operation in Verzweiflung gerät, konfrontiert ihn sein Mitarbeiter mit der Frage, wie er reagieren würde, wenn es sich um das Gehirn Spinozas gehandelt hätte. Was im 18. Jahrhundert für Lavater einen Skandal bedeutet und Lichtenberg immerhin für möglich gehalten hatte, nämlich daß ein edles Gehirn in einem elenden Körper wirkt, beantwortet der geläuterte Hypophysentransplanteur auf folgender Weise:

> Sagen Sie mir bitte, wozu soll man Spinozas künstlich fabrizieren, wenn jedes beliebige Weib sie jederzeit gebären kann? Madame Lomonossow aus Cholmogory hat ihren berühmten Sohn doch einfach geboren. Doktor, die Menschheit sorgt selbst dafür und bringt jedes Jahr neben einer Masse Dreck Dutzende von Genies hervor, die eine Zierde der Welt sind.[39]

Offensichtlich geht es nicht darum, daß das Experiment scheitern könnte, doch sind die sozialen Konsequenzen unabsehbar. Eine derart radikale Absage an Trotzkis Vision einer biologischen und sozialen Verbesserung der Menschheit hatte im russischen Meinungsklima der zwanziger Jahre natürlich keinen Platz. Der Roman blieb jahrzehntelang unter Verschluß. Aber auch Vogt hätte Bulgakow entschieden widersprochen, denn die Eindämmung des »Drecks« bei gleichzeitiger Förderung der »Zierden« war sein wichtigstes hirnpolitisches Anliegen um 1930.

Kult um Lenin, Werbung für die Sammlung von Elitegehirnen und neuroanatomische Konkretisierung der Idee vom *Neuen Menschen* waren auch Gegenstand des berühmt gewordenen Vortrags, den Vogt im November 1929 im *Pantheon des Staatsinstituts für Hirnforschung* in Moskau hielt. Er wiederholte seinen Befund einer verbreiterten III. Rindenschicht mit zahlreichen großen Pyramidenzellen in Lenins Hirn, bezeichnete diesen als einen »Assoziationsathleten« und stellte weitere Detailuntersuchungen in Aussicht.[40] Eine entscheidende Frage hat Vogt in seinem Vortrag ausgeklammert: Wieso konzentrierte sich die Untersuchung von Lenins Gehirn bis zu diesem Zeitpunkt nur auf die Stratigraphie der Rindenschichten und nicht auf den horizontalen Vergleich der Brodmann-Felder? Immerhin hatten doch die Vogts selbst durch ihre physiologischen Reizexperimente gezeigt, daß einzelne Felder spezifischen Funktionen entsprachen. Eine Antwort darauf gab Vogts Moskauer Stellvertreter I. N. Filimonoff, indem er die Korrelation zwischen Rindenbau und charakterologischen Eigentümlichkeiten als »sehr komplizierte Aufgabe« bezeichnete. »In einzelnen architektonischen Feldern können nur elementare Funktionen lokalisiert werden. Derartige Funktionen, an denen mnestische oder gnostische Elemente als Komponenten Anteil nehmen, müssen zweifellos als eine Resultante der gemeinsamen Arbeit vieler Felder, meistenteils vielleicht auch der ganzen Großhirnrinde betrachtet werden.«[41]

Das entsprach genau der Position, die Brodmann bereits 20 Jahre zuvor geäußert hatte. Wenn Vogt der gleichen Meinung war, so hat er es zumindest nicht öffentlich gesagt, denn das hätte nicht recht zu seiner ambitionierten und vollmundigen Hirnpolitik gepaßt. Also kaprizierte er sich auf die scheinbar weniger komplizierte Schichtung der Hirnrinde, und das war nach damaligem Forschungsstand nicht abwegiger als andere Hypothesen auch. Niemand konnte sagen, welche Funktionen in den sechs Rindenschichten repräsentiert waren, doch umgekehrt ging man sehr wohl davon aus, daß diese Schichten in einem architektonischen Feld nicht bloß einer einzigen Funktion dienten.[42] Was nun die Pyramidenzellen im Speziellen betrifft, so waren sie in den frontalen und den parietalen Abschnitten der Hirnrinde, also den notorischen Kandidaten für höhere geistige Funktionen, besonders verbreitet.[43] Zudem handelte es sich bei den Pyramidenzellen um Assoziationszellen, also solche, die »die Reizenergie zu anderen Rindenstellen leiten«.[44] Das heißt, daß dieser Zelltyp für die Kommunikation und Verschaltung innerhalb der corticalen Felder zuständig war. Und schließlich entwickelte sich die III. Rindenschicht im embryonalen Gehirn besonders spät. Komplementär zu Flechsigs myelogenetischem Grundgesetz, das die am spätesten myelinisierenden Fasern als reifste und höchste postulierte, schloß auch Vogt, daß ihr ontogenetisch spätes Erscheinen die »besondere Bedeutung der III. Schicht für den intellektuellen Menschen« ausmache.[45]

An dieser Begründungsstrategie sieht man, daß Vogt der anatomischen Tradition von Meynert und Flechsig gar nicht so fernstand, wie er es gerne suggerierte. Die Grundannahmen, nämlich die komplexe zelluläre Verschaltung in der Hirnrinde, die besondere Rolle des frontalen und des parietalen Cortex sowie die späte ontogenetische Reifung datierten alle ins späte 19. Jahrhundert zurück und kehrten nun in der modifizierten Form der Cytoarchitektonik wieder. Wenn Vogt bei Lenin die besagten großen Pyramidenzellen in Hülle und Fülle sah wie bei sonst keinem anderen Gehirn, so war das aus damaliger Sicht zweifellos ein interessanter Befund. Ob der Begriff des »Assoziationsathleten« angemessen war, steht auf einem anderen Blatt.

Es geht mir hier keineswegs darum, den Vogtschen Befund nachträglich zu rechtfertigen, sondern zu versuchen, ihn vor dem Hintergrund der damaligen cytoarchitektonischen Lokalisationsforschung einzuordnen. Zwar gab es auch in den zwanziger Jahren bedeutende Hirnforscher, die die Cytoarchitektonik als nicht so relevant ansahen. Dennoch galt Vogts Hirnforschungsprogramm als das bedeutendste und vielversprechendste Unternehmen jener Zeit. Entsprechend hatte sich die sowjetische Regierung 1924 entschieden, Vogt mit der Untersuchung von Lenins Gehirn zu beauftragen. Wenn man also die Prämissen der Cytoarchitektonik einkaufte, und das heißt in erster Linie, aus der sichtbaren

Struktur auf die Funktion zu schließen, dann war der Befund an Lenins Gehirn wissenschaftskonform. Nun war auch Vogt vorsichtig genug, auf die Vorläufigkeit seiner Ergebnisse hinzuweisen und vergleichende Untersuchungen an anderen Elitegehirnen in Aussicht zu stellen. Und so konnte er unter namentlicher Nennung jedes einzelnen vormaligen Besitzers stolz mitteilen, daß das Institut inzwischen über 13 Elitegehirne verfügte.

Das Moskauer Institut, nicht weit vom Roten Platz und vom Lenin-Mausoleum entfernt, diente nicht bloß der Forschung, sondern war auch für die Öffentlichkeit zugänglich. Die Idee, ein öffentliches *Pantheon der Gehirne* einzurichten, stammte von Bechterev, der einige Jahre zuvor bereits das Gehirn des Chemikers Mendeleev untersucht hatte. Wie sogar die *Neue Zürcher Zeitung* am 24. Juli 1927 meldete, plante Bechterev in Leningrad ein »allrussisches Pantheon«, in dem die Gehirne der berühmten Bolschewiken, Künstler und Wissenschaftler ausgestellt werden sollten. Der Effekt eines solchen Ortes leuchtete den Machthabern völlig ein, denn er vermochte zu suggerieren, daß die Revolutionäre auch nach ihrem Tod für die Wissenschaft und die Fortsetzung des Klassenkampfes nicht verloren waren. »Aber dieses Pantheon«, schreibt Bechterev, »darf nicht dem Pariser Pantheon ähnlich sein, das die Särge mit den sterblichen Ueberresten einer nicht grossen Zahl von Menschen beherbergt und überhaupt keinen wissenschaftlichen Wert besitzt, sondern es muss eine lebendige Anstalt für wissenschaftliche Untersuchung und Aufklärung sein.«[46] Bechterevs radikale Forderung, die Untersuchung der genialen Gehirne obligatorisch einzuführen, fand die Zustimmung der Partei. Allerdings wurde das Pantheon nicht in Leningrad, sondern in Moskau in dem von Vogt geleiteten Institut in die Tat umgesetzt. Das hatte vielleicht weniger mit der Rivalität zwischen den beiden Metropolen zu tun als damit, daß Bechterev noch 1927 plötzlich verstarb. Nur eine Woche nachdem er Stalin ärztlich untersucht und eine Paranoia diagnostiziert hatte, die er unvorsichtigerweise Stalins Leibarzt mitteilte, lebte er nicht mehr.[47]

Das Moskauer Pantheon beschrieb der Korrespondent der *Düsseldorfer Nachrichten* folgendermaßen: »Die dreizehn Gehirne stehen in dreizehn Glaskassetten längs einer Wand in einem großen Raum, vielleicht war es einmal der Ballsaal, zur Zeit nämlich, als dieser Palast noch einem reichen Moskauer Kaufmann gehörte. Ueber jeder Glaskassette steht der Name des Mannes, dessen Kopf das im Schranke gehaltene Gehirn entnommen wurde, und einige Aufzeichnungen über seine Laufbahn; in einigen Fällen auch Lichtbilder des Mannes; ferner vergrößerte Photos verschiedener Querschnitte der hier aufbewahrten grauen Hirnsubstanz. Die Glaskassetten stehen auf Holzbehältern, die einige Werke des Mannes, Zeitungsausschnitte über ihn, Photographien aus verschiedenen Lebensaltern, ärztliche Befunde, Krankheitsgeschichten usw. enthalten.«[48] Natürlich enthielten die Glaskassetten nur Nachbildungen der Gehirne, da diese einige Räume weiter anatomisch untersucht wurden, doch auch so wurde der Zusammenhang von Cerebralität und Genialität offensichtlich. Lenins Gehirn war die Hauptattraktion, aber im Prinzip war das Pantheon als ein Weiheort auch der damals noch lebenden Revolutionäre angelegt, denn etliche Kassetten waren noch leer und warteten darauf, gefüllt zu werden.

Daß es dazu dann nicht mehr kam und das Pantheon geschlossen wurde, dürfte einen ähnlichen Grund haben wie den, daß auch die Eugenik nach 1930 und der endgültigen Machtfestigung Stalins keine Rolle mehr in der Sowjetunion spielte. Das Gehirn adressierte den Menschen als biologisches und nicht als soziales Wesen, während es Stalin radikaler als den Bolschewiken der zwanziger Jahre darum ging, das Biologische sozial zu überformen.[49] Das heißt jedoch nicht, daß das Hirnforschungsinstitut geschlossen worden wäre. Im Gegenteil entwickelte es sich zu dem Ort, der die Gehirne mehrerer Mitglieder der künstlerischen, politischen und wissenschaftlichen Prominenz und einiger Außenseiter versammelte, darunter Vladimir Majakowski, Andrej Belyi, Maxim Gorki, Ivan Pavlov, Vladimir Bechterev, Konstantin Stanislavski, Sergej Eisenstein, Clara Zetkin, Stalin und – sogar noch viele Jahre später – Andrej Sacharov. Auch die Forschungen wurden fortgeführt, die Untersuchung von Lenins Gehirn 1936 sogar zu einem vorläufigen Abschluß gebracht. Nur hat man davon in der westlichen Welt über Jahrzehnte hin fast nichts mehr zur Kenntnis genommen, weil die Ergebnisse entweder geheimgehalten oder nur auf russisch publiziert wurden.[50]

Von einem öffentlichen Pantheon war in Berlin zu keinem Zeitpunkt die Rede, wiewohl Vogt den Begriff wiederholt in den Mund nahm. Um 1930 waren seine Bemühungen verstärkt darauf gerichtet, auch in Berlin eine Sammlung von Elitegehirnen aufzubauen. Die Voraussetzungen dazu waren günstiger als je zuvor, da im Juni 1931 endlich der Neubau des Kaiser-Wilhelm-Instituts in einem großen Gebäudekomplex in Berlin-Buch eingeweiht werden konnte. Mit der Vergrößerung des Instituts auf insgesamt zehn Forschungsabteilungen war Vogt zum Direktor des damals größten Hirnforschungsinstituts der Welt geworden. Er schrieb weiterhin populäre Artikel, lud Journalisten und Politiker in sein Institut ein, gab Interviews und machte Fotografien aus dem Haus publik. Die Rechnung ging auf, denn es erschienen zahlreiche Artikel in Tageszeitungen, Magazinen und populärwissenschaftlichen Zeitschriften, die so reichhaltig und wirkungsvoll mit cytoarchitektonischen Hirnbildern und Fotografien und Portraits von Vogt ausgestattet waren, daß sie den eigentlichen Text zumeist dominierten. Das Spektrum der visuellen Rhetorik reicht dabei von reduzierten, beinahe asketischen Bildern bis hin zu üppigen und anspielungsreichen Montagen. Von dem Maler Rudolf Grossmann kursierte eine Portraitzeichnung in der Tagespresse, auf der Vogt im Profil mit aus-

Abb. 59: Rudolf Grossmann, Oskar Vogt (1932)

geprägtem, langgestrecktem Schädel dargestellt ist (Abb. 59). Die sparsame, auf wenige Striche beschränkte Zeichnung scheint einen weltabgewandten Forscher zu präsentieren, dessen Blick nach unten und auf seinen Gegenstand konzentriert ist. Eine ganz ähnliche Kopfhaltung und Blickrichtung findet sich auch in einem völlig anderen Arrangement.

1931 erscheint in der *Kölnischen Illustrierten Zeitung* eine Doppelseite unter dem Titel »Der sezierte Verstand«.[51] Neben dem geringen Textanteil, der Vogt attestiert, bereits seit 1898 »berühmt« gewesen zu sein, und zudem ein langes Zitat von ihm enthält, in dem er sein Credo zur Höherzüchtung und zur »Hemmung schädlicher Eigenschaften« wiederholt, ist der eigentliche Augenfang eine fulminante Bild-Collage. Den Hauptteil der zweiten Seite des Artikels nimmt eine große Fotografie ein (Abb. 60). Vogt ist ganz auf das Gehirn konzentriert, das ihm vor die Brust gehalten wird. Konzentration und Vorsicht sind angemessen, denn es handelt sich um das Gehirn von Forel, der im Juli 1931 82jährig gestorben war. Entsprechend lautet die Bildunterschrift: »Gelehrtengehirne begegnen sich«. Vogts ernsthafter Blick auf das Gehirn und die behutsame Berührung sind gleichsam auch eine Verbeugung vor dem Freund und Lehrer. Die Bildachse der Gelehrtengehirne wird aber noch weiter nach unten gezogen. Verblüffend ist die Ähnlichkeit zwischen Vogt und Lenin: die Halbglatze, der Spitzbart und die zu den Seiten hin nach oben verlaufenden Augenbrauen suggerieren Korrespondenzen, durch die Vogt auf eine Stufe mit Lenin gestellt wird. Die nächste Korrespondenz ergibt sich zwischen Lenins Konterfei und dem daneben plazierten anatomischen Präparat, das einen Schnitt durch Lenins Hirnrinde darstellt. Diese Nebeneinanderstellung soll die Entsprechung zwischen einem außergewöhnlichen Hirnbild und einer außergewöhnlichen Persönlichkeit suggerieren.

rechts: Abb. 60: Foto-Collage mit Oskar Vogt, Lenin und August Forels Gehirn

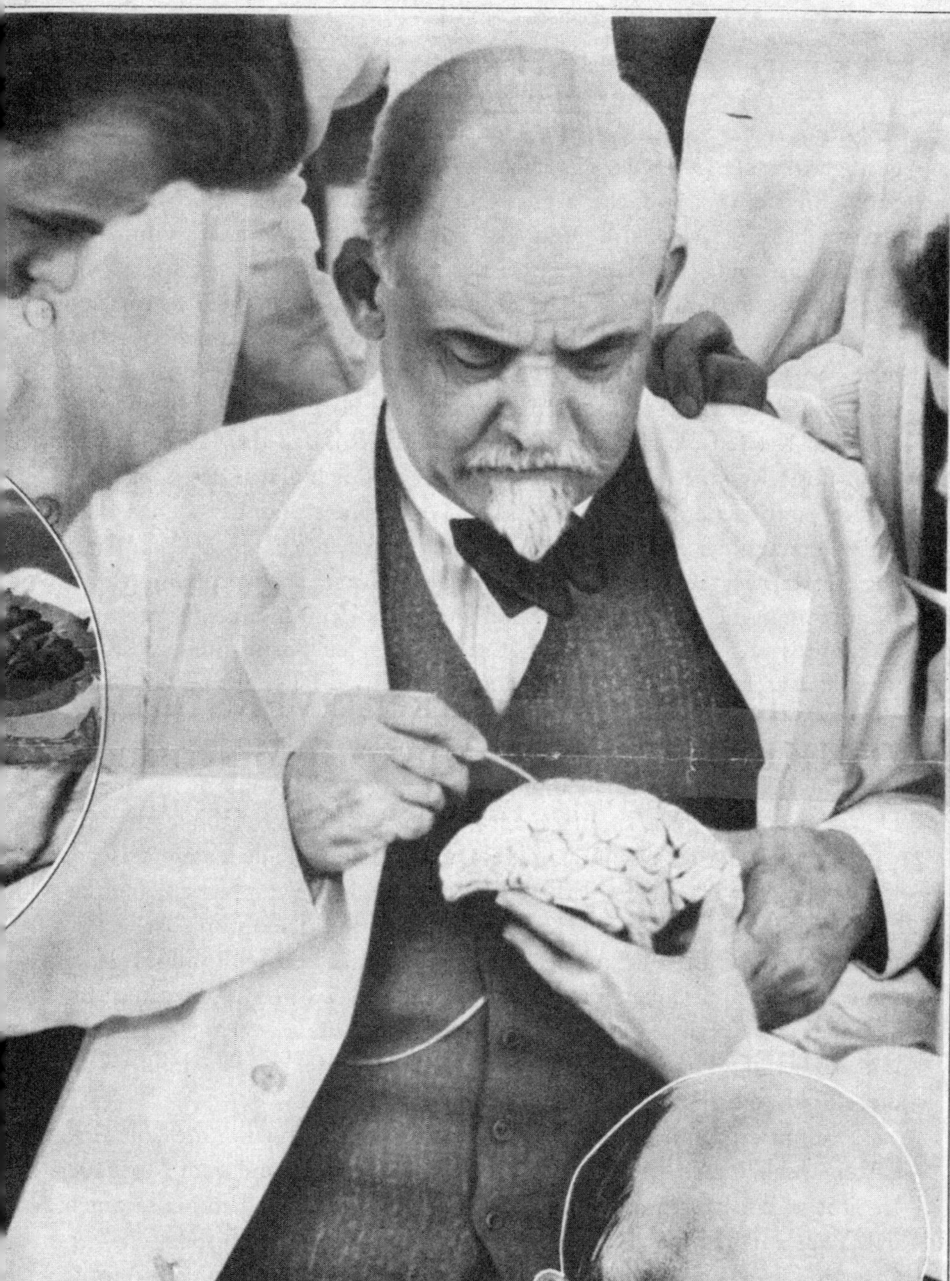

Gelehrtengehirne begegnen sich

Oskar Vogt, der weltbekannte Leiter des Hirnforschungsinstituts der Kaiser-Wilhelm-Gesellschaft, vor seinen Mitarbeitern das in Paraffin präparierte Gehirn August Forels, des schweizerischen sophen und Forschers, der bekanntlich sein Gehirn testamentarisch dem Bucher Institut vermacht hat

Der russische Revolutionär Wladimir Lenin, dessen Hirnschnitt nebenstehend abgebildet ist

So sieht dein Hirn aus! Schematische Querschnitte durch die Gehirne vier verschiedener Menschen: Der Normalmensch

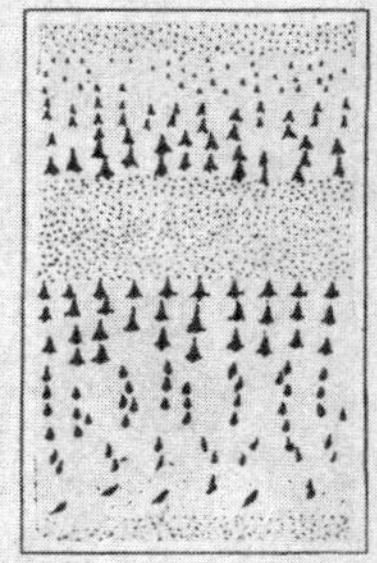

Die schwachsinnige Mörderin

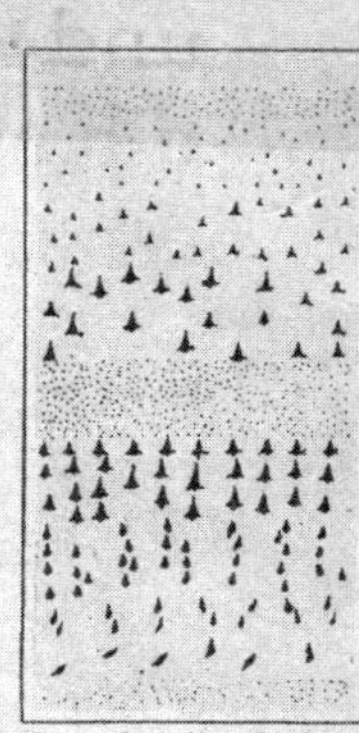

Das erkrankte asoziale Individuum

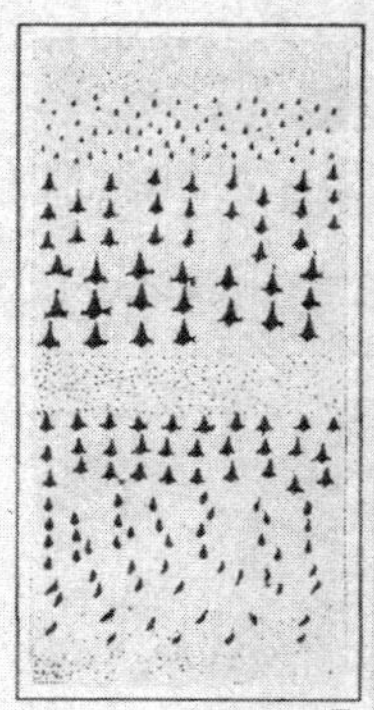

Lenin 31

Sonderaufnahmen für die Kölnische Illustrierte von Weltrundschau

esondere eine Heilung oder Vorbeugung schwerer Geisteskrankheiten erwarten : die Zukunft nur von materiellen Einwirkungen auf das Gehirn. Nur wenn gelingt, für bestimmte Gewebeteile des Gehirns besondere Nähr- oder ungssubstanzen zu entdecken und dem Gehirn zuzuführen, werden wir solche ungen erzielen können." — Auch über das damit eng zusammenhängende n der Begabung kann man heute schon manches sagen. So vor allem, daß jede ung eine durchaus komplexe Erscheinung ist, die sich aus den verschiedenen nenten, die wieder in verschiedenen Quartieren des Hirns lokalisiert sind, nensetzt. Eine Begabung kann also nicht zustande kommen durch einseitige ßerung einer einseitigen Hirnpartie (die ja notwendig eine Verkümmerung Partien zur Folge haben muß), sondern nur durch eine harmonische Höherlung aller Komponenten, die bei der betreffenden Begabung mitspielen.

Die Besonderheit von Lenins Hirnbild erweist sich in der rechten Kolumne, in der vier Bilder von Schnitten durch die sechs Rindenschichten gezeigt werden. Oben der Normalmensch – suggestiv untertitelt mit dem Satz »So sieht dein Gehirn aus!« –, unten Lenin, in der Mitte eine »schwachsinnige Mörderin« und »das erkrankte asoziale Individuum«. Ein Hirnschnitt sollte so weit charakteristisch sein, als er zuverlässig spezifische Begabungen, Kriminalität, Schwachsinn und Geisteskrankheit identifizierte. Auch wenn die Hirnschnitte alles andere als eine anschauliche Darstellung vom Gehirn boten, wurde die Visualisierung von Unterschieden durch das Prinzip der Collage unterstützt, indem die Hirnschnitte neben Gehirnen und Köpfen plaziert wurden. Man sieht also, daß die Collage, die ja nicht unter Vogts Regie angefertigt wurde, ziemlich genau das wiedergab, was er mit seinen programmatischen Äußerungen ausdrücken wollte. Selbstverständlich konnten weder Vogts Artikel noch die Bild-Collagen darüber hinwegtäuschen, daß die Elitegehirnforschung ganz am Anfang stand. Allein die gründliche Untersuchung des Lenin-Gehirns hatte mehrere Jahre in Anspruch genommen. Die Langsamkeit, Sprödigkeit und Komplexität dieser Untersuchungen stand in einem auffallenden Kontrast zur allgemeinen Faszination, die die Elitegehirnforschung um 1930 auslöste. Kein Zweifel, daß der Personenkult um Lenin im Verbund mit den Diskussionen um eugenische Maßnahmen hier eine entscheidende Rolle spielte. Das ist aber nicht alles. Einmal mehr – und wahrlich nicht zum letzten Mal – gelang es der Hirnforschung, mit einem relativ bescheidenen empirischen Haushalt einen maximalen Effekt zu erreichen. Das Versprechen einer besonderen Ergiebigkeit dieser Untersuchungen und der optimistische Verweis auf die zukünftige Lösung eines der drängendsten und philosophisch relevantesten Menschheitsprobleme wurden in bewährter Manier zum Bestandteil einer Etablierungsstrategie, die sich zudem im reichhaltigen Bild- und Vorstellungsarsenal der Physiognomik bediente, um ihr Anliegen auf den Punkt zu bringen.

Zum Zeitpunkt des Umzugs in das neue Institut konnte von einer systematischen Arbeitsteilung zwischen dem Berliner und dem Moskauer Institut bereits keine Rede mehr sein. Das hing zum einen damit zusammen, daß Vogt ab 1930 zunehmend aus seiner Moskauer Leitungsposition herausgedrängt wurde.[52] Zum anderen machte er sich den Umstand zunutze, daß *Elite* und *Verbrecher* Reizthemen der Weimarer Republik waren, die sich für den institutionellen Ausbau seines Hirnforschungsprogramms glänzend instrumentalisieren ließen. Selbstverständlich wußte auch Vogt, daß der Zusammenhang von Kriminalität, Genialität und Cerebralität eine längere Geschichte aufzuweisen hatte, doch während die vorangegangene Generation mit den Parametern des Hirngewichts und der Hirnwindungen mehr oder weniger chaotische Resultate hervorgebracht hatte, glaubte er mit der III. Rindenschicht den richtigen Kandidaten gefunden zu haben.

Sein spezielles Interesse an Elite- und Verbrechergehirnen kam sogar bei offiziellen Veranstaltungen der Kaiser-Wilhelm-Gesellschaft zur Sprache. Im Juni 1928 wurde der von der Rockefeller-Stiftung finanzierte Neubau der Deutschen Forschungsanstalt für Psychiatrie in München eingeweiht. Zu diesem Anlaß wurde erstmals der Kraepelin-Preis verliehen, und zwar an Vogt. Dieses Ereignis war insofern von Bedeutung, als sich die Rivalität zwischen dem Berliner und dem Münchener Institut auf mehreren Ebenen abspielte. In erster Linie war Vogt kein Freund der von dem Psychiater Ernst Rüdin in Gemeinschaft mit Eugen Fischer beantragten Massenuntersuchungen zur anthropologischen Erforschung des deutschen Volkes. In einem Gutachten für Friedrich Schmidt-Ott, den Präsidenten der Notgemeinschaft der Deutschen Wissenschaft, hob er einmal mehr die Notwendigkeit »einer richtigen Ausnutzung und Förderung des Wertvollen und einer Hemmung des Schädlichen« hervor, doch kritisierte er die von Rüdin zugrunde gelegte psychiatrische Klassifikation als »noch nicht reif« für »derartige Massenuntersuchungen«. Wenn es Rüdin und Fischer um die »Bildung von Konstitutionstypen« gehe, so führe der Weg dorthin nur über die hirnanatomische und genetische Untersuchung einzelner Individuen, unterstützt durch tierexperimentelle Untersuchungen.[53] Mit diesem Gutachten wird einmal mehr deutlich, daß Vogt durchaus eugenische Ziele verfolgte, dabei jedoch andere Wege beschritt als die aktiven Eugeniker Rüdin und Fischer, und er machte gegenüber Schmidt-Ott auch kein Hehl daraus, daß er seine Strategie für wissenschaftlich überlegen hielt. Zudem geht aus dem Gutachten zumindest implizit hervor, daß Vogt sich für die Masse nicht interessierte. Vielmehr ging es ihm um die Untersuchung und Förderung der Elite, also jener wenigen, die aus der Masse hervorragten.

Darüber hinaus bestand ein Konkurrenzverhältnis zwischen zwei hirnanatomischen Untersuchungsmethoden: der Cytoarchitektonik der Vogts und der Histopathologie, wie sie in München von dem Neuropathologen Walter Spielmeyer repräsentiert wurde. Diese Rivalität bezog sich in erster Linie auf die Frage, welche anatomische Methode zur Erklärung der Gehirnkrankheiten die geeignete sei, berührte aber auch ein Kernstück des Vogtschen Programms, nämlich ob es eine direkte Entsprechung gebe zwischen cerebraler Architektur und Geistesleben. In seiner Laudatio auf Vogt erlaubte sich Spielmeyer den Hinweis, daß der »Geehrte« nun zu allgemeiner Bekanntheit gelangt sei, »seit Sie es jüngst unternahmen, den Gehirnbau auch des genialen und des verbrecherischen Menschen auf seine mikroskopischen Besonderheiten zu durchsuchen«.[54]

Zunächst schien Spielmeyer an diesen Untersuchungen interessiert zu sein, zumal er Vogt bereits 1925 Teile des Gehirns eines Hingerichteten zugeschickt hatte. Anfang 1928 konnte Vogt berichten, daß die Untersuchung dieses Gehirns »einen infantilen Stillstand in der Entwicklung vieler Ganglienzellen ergeben [hat]: ein Befund, den ich an zwei anderen Hingerichteten ebenfalls festgestellt habe«.[55] Zwar war Vogt sich nicht sicher, ob es sich bei diesem Befund, der mit einer auffallenden Schmalheit der II. und III. Rindenschicht einherging, um ein Artefakt handelte, das durch Formolinjektionen bedingt war, doch faszinierte ihn die Möglichkeit, einen komplementären Befund zu Lenins verbreiterter III. Rindenschicht zu erlangen, so sehr, daß er Spielmeyer und andere Kollegen um weitere Hirnschnitte bat.[56] Das Problem mit dem Austausch von Hirnschnitten bestand darin, daß unterschiedliche Untersuchungsmethoden auch entsprechende Schnitt- und Färbetechniken erforderten, die nicht immer miteinander kompatibel waren. So wandte sich Vogt im April 1928 an einen Neuroanatomen mit der Bitte, ihm leihweise Hirnschnitte von Hingerichteten zu überlassen, was dieser auch bereitwillig tat.[57] Nur hatten diese Schnitte den gravierenden Nachteil, daß sie nicht nach seinen eigenen Maßgaben für eine cytoarchitektonische Analyse präpariert worden waren. Dementsprechend versuchte er, in den Besitz der Gehirne Hingerichteter zu gelangen.

Im Mai 1931 muß Vogt zu Ohren gekommen sein, daß die Hinrichtung des Massenmörders Peter Kürten bevorstehe. Er wendete sich an den Berliner Anatomen Rudolf Krause, der ihm zwar antwortete, von einer bevorstehenden Hinrichtung Kürtens noch keine Benachrichtigung erhalten zu haben, doch dann machte er Vogt Hoffnung, nach der Exekution wenigstens eine Hirnhälfte zur Verfügung stellen zu können. Kürten wurde am 2. Juli 1931 hingerichtet, doch es passierte gar nichts. Als Vogt Krause an sein Versprechen erinnerte, schrieb dieser zurück: »Zu meinem Bedauern ist es mir nicht möglich, die Ihnen in Aussicht gestellte Hirnhälfte zu liefern, da das gesamte Gehirn von Kürten auf Wunsch des vorgesetzten Ministeriums der Deutschen Forschungsanstalt für Psychiatrie in München übergeben worden ist.«[58] Diese Entscheidung ist um so bemerkenswerter, als Vogt im Gegensatz zu Spielmeyer mehrfach öffentlich sein Interesse an Gehirnen von Verbrechern bekundet hatte. In der Zwischenzeit hatte Spielmeyer sich sogar – als einziger deutscher Hirnanatom von Rang – öffentlich von Vogt distanziert, wobei er wohl weder mit den Schlußfolgerungen aus einigen wenigen untersuchten Gehirnen noch mit Vogts Entscheidung, seine Ergebnisse zunächst in den Massenmedien zu publizieren, einverstanden war. So wählte er als Publikationsort einen langen Handbuchartikel, um Zweifel an Vogts Interpretation der Befunde an Lenins Hirn und an den Gehirnen Hingerichteter anzumelden.[59] Entsprechend seiner Überzeugung, daß man Genialität oder Kriminalität nicht an der Feinstruktur des Gehirns erkennen könne, scheint Spielmeyer der Untersuchung von Kürtens Gehirn nur mit Widerwillen nachgekommen zu sein, denn während seine Befundkarten üblicherweise sorgfältige Angaben über das untersuchte Gehirn enthielten, auch wenn keine pathologische Abweichung festzustellen war, enthielt die Karteikarte zu Kürten nur ein einziges Wort: »Normal«.[60]

Für Vogt war die Angelegenheit ein Affront. Nicht nur, daß das Ministerium ihm die rivalisierende Münchener Institution vorgezogen hatte. Kürtens Gehirn hätte in wissenschaftlicher und in propagandistischer Hinsicht wohl ähnlich nützlich werden können wie das Gehirn Lenins. Die Empörung war noch einige Jahre später spürbar, als der Londoner Neurologe Macdonald Critchley nach dem pathologisch-anatomischen Befund von Kürtens Gehirn fragte, da er glaubte, »in Peter Kuerten ein besonders prägnantes Beispiel psychologischer Anomalie gefunden zu haben«. Vogts Antwort war denkbar knapp: »Das Gehirn ist in die Deutsche Forschungsanstalt für Psychiatrie in München gekommen und dort nicht in unserem Sinne architektonisch, sondern von Professor Spielmeyer histologisch untersucht worden. Er hat keine pathologischen Abweichungen aufgedeckt.«[61]

Wie sich Cécile und Oskar Vogt eine angemessene Untersuchung von Gehirnen hingerichteter Verbrecher vorstellten, geht aus einer abgeschlossenen, aber nicht veröffentlichten Arbeit *Zur hirnanatomischen Erfassung constitutioneller Verbrechertypen* hervor, die um 1930 entstanden ist. Bei bestimmten »Verbrechertypen«, deren »Infantilismus« sich in »Hemmungslosigkeit« äußerte, meinten die Vogts eine verdünnte III. Rindenschicht ausmachen zu können, die sie auf eine konstitutionelle Entwicklungshemmung zurückführten. Diese Verdünnung ging mit einem Zellreichtum bei gleichzeitiger Kleinheit der Zellen einher. Ähnliche Muster ließen sich bei menschlichen Neugeborenen und bei Meerkatzen finden, während die normale Entwicklung zu einer Reduktion der Zellen bei gleichzeitiger Vergrößerung führte. Das größere Zellvolumen sollte dann bessere Verbindungen zu anderen Nervenfasern gewährleisten, was wiederum die Voraussetzung für eine angemessene Assoziationstätigkeit bildete.[62]

Solche Weiterführungen der von Meynert, Flechsig und anderen entwickelten Parameter des 19. Jahrhunderts wurden mit konkreten eugenischen und kriminologischen Forderungen verschmolzen. Da die Entwicklungshemmung keiner »heilpädagogischen Verhütung« zugänglich war, hatte die Gesellschaft das Recht, »einen durchgreifenden Selbstschutz gegen derartige konstitutionelle Verbrecher zu organisieren«. Wie auch in ihren veröffentlichten Schriften hielten sich die Vogts – im Gegensatz etwa zu Forel und vielen anderen Vertretern der Rassenhygiene – mit konkreten Vorschlägen zurück, wollten diese vielmehr von »ausgedehnten anatomischen Untersuchungen abhängig« machen. In konsequenter Fortsetzung des ursprünglichen Programms aus den Jahren vor dem Ersten Weltkrieg sollte die Anatomie zur Basis einer ganzen Typologie von Verbrechern werden, in die im Prinzip jede Verhaltensweise eingeordnet werden konnte. Natürlich ist zu berücksichtigen, daß die Vogts ihre Arbeit nicht publiziert haben. Möglicherweise war das ein Resultat der kritischen Einwände Spielmeyers, so daß sie erst weitere Fälle untersuchen wollten. Andererseits hat zumindest Oskar Vogt seine Auffassungen zu den Gehirnen Hingerichteter und den daraus zu ziehenden Konsequenzen mehrfach öffentlich wiederholt. Insofern kann keine Rede davon sein, daß er sich von seiner Fixierung auf die III. Rindenschicht distanziert hätte.

An die konkrete gesellschaftliche Umsetzung dieser Art von Hirnanatomie – etwa die Registrierung von Verbrechertypen vor irgendwelchen Verhaltensauffälligkeiten – war jedoch nur zu denken, wenn die Korrelation zwischen Hirnbefund und psychologischen Befunden hinreichend stabilisiert werden konnte. Nur beide zusammen ergaben ein vollständiges cerebro-charakterologisches Profil eines Menschen. Deswegen war Vogt nur an solchen Gehirnen interessiert, bei denen detaillierte Information über die Lebensumstände, Krankheiten usw. bekannt waren. Als ihm 1927 das Gehirn eines »Hellsehers« angeboten wurde, der selbst gewünscht hatte, sein Gehirn der Anatomie zu vermachen, lehnte Vogt mit dem Argument ab, daß die Bearbeitung eines einzelnen Gehirns sehr langwierig sei, »und es scheint mir doch jede psychologische Analyse der Persönlichkeit zu fehlen, ohne die diese Arbeit sich nicht lohnen würde«.[63] Der enorme Aufwand einer cytoarchitektonischen Untersuchung schloß Reihenuntersuchungen ohnehin aus, und jede einzelne Untersuchung mußte sorgfältig erwogen werden, da es eben auch auf detaillierte biographische Kenntnisse einschließlich medizinischer und anderer intimer Fragen ankam. In dieser Hinsicht zahlte es sich aus, daß die Vogts jahrzehntelange Freundschaften mit hochstehenden Persönlichkeiten aus Wissenschaft, Kultur und Politik gepflegt hatten, so daß die Arbeit schon zu Lebzeiten der Betreffenden beginnen konnte, um dann postum mit der Analyse des Gehirns gekrönt zu werden. In rascher Folge füllte sich das Bucher Pantheon mit den Gehirnen von Persönlichkeiten wie dem Schriftsteller Hermann Sudermann, dem Chemiker Wilhelm Ostwald, dem Neuropathologen Salomon Henschen, dem Pathologen Ludwig Aschoff, dem Soziologen Ferdinand Tönnies und Forel. Mit der Ausnahme von Ostwald, den sie zumindest nicht näher kannten, waren die Genannten Freunde der Vogts und gaben dementsprechend bereitwillig Auskunft über ihre Lebensumstände.

Das einzige Beispiel einer individualpsychologischen Untersuchung, das in diesem Zusammenhang entstand, ist die umfangreiche Studie über Sudermann, die Irmgard Leux 1928 in Vogts Hauszeitschrift *Journal für Psychologie und Neurologie* veröffentlichte. Sudermann hatte Vogt testamentarisch zum Nachlaßverwalter bestimmt. In ihrer Arbeit konnte sich Leux auf reichliches biographisches Material stützen.[64] Um das charakterologische Profil Sudermanns abzurunden, wäre eine cytoarchitektonische Analyse seines Gehirns notwendig gewesen, aber dazu ist es nur in rudimentärer Form gekommen. Außer den mehrfach veröffentlichten Befunden von Lenins Gehirn sowie den Hinweisen auf die Eigenart von Verbrechergehirnen haben die Vogts keine weiteren wissenschaftlichen Arbeiten über

Elitegehirne veröffentlicht. Und auch mit den Forschungen selbst ging es nicht so rasch voran, wie man es um 1930 vielleicht annehmen konnte. Für solche Erwartungen hatte Vogt selbst mit seinen Publikationen und Ansprachen und den von ihm geförderten Artikeln in der Tagespresse gesorgt.

Vor diesem Hintergrund ist es verständlich, daß Oscar Forel, der Sohn von August Forel, gut zweieinhalb Jahre nach dessen Tod anfragte, wie es mit der Untersuchung des Gehirns seines Vaters stehe. Vogt antwortete, daß die Veröffentlichung noch dauern werde, »da wir ja eine gründliche architektonische Untersuchung beabsichtigen, und diese das Heranziehen eines vielfachen Vergleichsmaterials erfordert«.[65] Zwei Jahre später wurde dann offensichtlich, warum die Familie Forel ein so großes Interesse an dem Hirnbefund hatte. Sie plante die Herausgabe der Autobiographie August Forels, und im Anhang sollten Forels »Testament spirituel« und eine zusammenfassende Beschreibung seines Gehirns veröffentlicht werden. Man sieht, daß die Tradition des 19. Jahrhunderts, den Hirnbefund an die Biographie anzuhängen, seine Wirkung gezeigt hat. Doch wiederum mußte Vogt die Familie vertrösten, so daß die Autobiographie schließlich ohne den Anhang publiziert wurde.[66] Zu diesem Zeitpunkt – 1934 – hatte Vogt mit ganz anderen Problemen zu tun, da das Institut bereits kurz nach der Machtübernahme der Nationalsozialisten in erhebliche Schwierigkeiten geraten war.

Für den Moment bleibt festzuhalten, daß in den Jahren zwischen 1927 und 1933, als die Vogts mit dem Bezug des neuen Instituts den Höhepunkt ihrer wissenschaftlichen Karriere und sogar öffentliche Berühmtheit erlangt hatten, Elite- und Verbrechergehirne eine zentrale Rolle spielten. Das bezog sich sowohl auf die öffentliche Darstellung der Institutsarbeit, in der solche Forschungen als Beitrag zur Rassenhygiene und zum Wiederaufstieg Deutschlands präsentiert wurden, als auch auf die Forschungspraxis selbst, denn die Vogts bemühten sich zu jener Zeit mit Nachdruck darum, in den Besitz entsprechender Gehirne zu gelangen. Sie unternahmen auch Forschungen in diesem Bereich, wie die unveröffentlicht gebliebene Arbeit über Verbrechergehirne sowie die individualpsychologische Monographie über Hermann Sudermann beweisen. Ihr Glaube an die konstitutive Überlegenheit oder Minderwertigkeit von Gehirnen orientierte sich an Individuen, und zwar unabhängig von ihrer sozialen Herkunft, ihrer Bildung und ihrer vermeintlich rassischen Zugehörigkeit. Nicht an der Rasse, sondern an Individuen und Eliten sollte Deutschland genesen. Es ging um einseitige Führerpersönlichkeiten und um arbeitsteilig funktionierende Gemeinschaften.

Der Umstand, daß sie ihre Ergebnisse kaum publizierten, weist darauf hin, daß die Vogts ihre Untersuchungen noch nicht für ausgereift hielten und daß das Projekt Elite- und Verbrechergehirnforschung über ihr eigenes Forscherleben hinaus angelegt war. Daraus folgt aber auch, daß sie gegenüber vorschnellen eugenischen Maßnahmen skeptisch waren. Immerhin schlugen sie Ehen zwischen intellektuell gleichwertigen Männern und Frauen vor, in denen beide Partner arbeiteten, doch mögliche medizinische Interventionen – etwa pharmakologischer oder genetischer Art – setzten weitere Forschungen voraus. Die auf Dauer angelegte Beschäftigung mit Elitegehirnen hatte noch einen weiteren Aspekt, der auf das Selbstverständnis einer wissenschaftlichen und kulturellen Elite abzielte. Das einige Kilometer vom Berliner Zentrum gelegene neue Institut entsprach der Idee einer Arbeits- und Lebensgemeinschaft, einer *Gelehrtenrepublik*, in deren Zentrum das *Pantheon der Gehirne* stand, das von Generation zu Generation zugleich ein Ort der Forschung und der Erinnerung war.

Elitegehirne und progressive Cerebration

Es ist insbesondere von Schülern und ehemaligen Mitarbeitern der Vogts mehrfach betont worden, daß Vogt seine These von Lenin als »Assoziationsathleten« in seinen späteren wissenschaftlichen Arbeiten nicht mehr wiederholt und auch sonst keine Analysen von Elitegehirnen mehr publiziert habe.[67] Damit wurde der falsche Eindruck erweckt, als ob es sich hierbei um einen opportunistisch motivierten Ausrutscher in einem ansonsten glänzenden Wissenschaftlerleben handelte. Es ist ebensowenig richtig, daß niemand unter den zeitgenössischen Hirnforschern Vogts Diagnose ernst genommen habe. Spielmeyers Kritik an der Elite- und Verbrechergehirnforschung war zwar unmißverständlich, ist jedoch vor dem Hintergrund einer fundamentalen Auseinandersetzung zwischen Berliner Neuroanatomie und Münchener Neuropathologie zu sehen. Mag auch die Majorität der sich indifferent verhaltenden Forscher Spielmeyer in dieser speziellen Frage zugestimmt haben, so gab es doch mehrere Anatomen und Psychiater, die zwar den Assoziationsathleten nicht akzeptierten, im Prinzip jedoch die Elitegehirnforschung begrüßten oder gar selbst betrieben.

1931 konnten nicht nur die Vogts ihr neues Institut einweihen, auch in Wien wurde in der Psychiatrischen Klinik eine eigene Hirnforschungsabteilung eingerichtet, deren Leiter Constantin von Economo war. Auch wenn die nur mit wenigen Räumen und einer Handvoll von Mitarbeitern ausgestattete Abteilung nicht mit dem riesigen Institut in Buch konkurrieren konnte, waren die Forschungsambitionen weitgehend identisch. Auch in Wien ging es um Geschlechts- und Rassenunterschiede, unterschiedliche Talente und Elitehirne. Allerdings wählte Economo eine andere Strategie. Einige Jahre zuvor hatte er zusammen mit seinem Assistenten Georg Koskinas ein Werk vorgelegt, das man eigentlich von den Vogts erwartet hatte: eine ausführliche und systematische Beschreibung der Cytoarchitektonik des menschlichen Gehirns mit dazugehörigem Atlas. Der vielleicht entscheidende Unterschied zwischen diesen beiden Richtungen der Cytoarchitektonik betrifft die Frage der Hirnwindungen. Während Vogt die »wertlose Furchenmorphologie« beiseite geschoben hatte, ging es Economo um die Beziehung der architektonischen Areale zu den einzelnen Hirnwindungen, also um eine Synthese der älteren Oberflächenmorphologie und der cytoarchitektonischen Topik der Hirnrinde.[68]

Economo war nicht der erste, der eine solche Kombination forderte. Tatsächlich war sogar schon 1924 die Untersuchung eines Elitegehirns publiziert worden, die sowohl eine makroskopische als auch eine architektonische Analyse enthielt. Vogt hat diese Untersuchung des Gehirns von Ernst Haeckel mit keinem Wort gewürdigt, was erklärungsbedürftig ist, denn er hatte Anfang der neunziger Jahre bei Haeckel Vorlesungen gehört und bezog sich immer wieder auf den Jenenser Biologen, ohne allerdings näheren Umgang mit ihm zu pflegen. Der Grund für diese Mißachtung dürfte darin liegen, daß Friedrich Maurer Haeckels Gehirn ganz auf der Linie der Furchenmorphologie interpretierte. Eine besonders stark entwickelte occipitale Sehrinde machte Haeckel, im Kontrast zu den parieto-temporalen Musikergehirnen, zu einem Augenmenschen, wobei es offenblieb, ob damit nur Haeckels empirischer Ansatz oder auch seine phantasievollen Zeichnungen der Naturgegenstände gewürdigt werden sollten. Die cytoarchitektonische Untersuchung ergab eine stark entwickelte II. Schicht (= äußere Körnerschicht), während die III. Schicht mit den Pyramidenzellen unauffällig blieb. Das war ziemlich exakt das Gegenteil dessen, was Vogt etwas später an Lenins Gehirn finden sollte. Mehr noch: Maurers Begründung, daß die ansonsten an jugendlichen Gehirnen ausgeprägte Körnerschicht dafür sprechen könne, daß Haeckels Gehirn »auch in höherem Alter noch frisches Zellenmaterial zur Verfügung stand«, hätte nach Vogt gerade für ein Stehenbleiben auf einer früheren Entwicklungsstufe gesprochen.[69]

Bei Maurer standen Windungsmorphologie und Architektonik unverbunden nebeneinander, wobei erstere klar dominierte. Auch ohne dem Vogtschen Rigorismus zu folgen, war es einigen Anatomen und Psychiatern klar, daß dieses Verhältnis umgedreht werden mußte. So forderte Walther Riese, ein Mitarbeiter Kurt Goldsteins in Frankfurt, daß die Interpretation der Hirnoberfläche auf der Basis der Brodmannschen Hirnkarte zu erfolgen habe, denn nur so ließ sich klären, welchem architektonischen Areal diese oder jene Windungsprominenz zuzuordnen war. Da sich jedoch die Arealgrenzen keineswegs streng an die Windungsgrenzen hielten, folgerte der ebenfalls in Frankfurt tätige Psychiater Karl Kleist, daß zahlreiche Gehirne »in kunstgerechter Weise myelo- und zytoarchitektonisch durchgearbeitet werden, um der Forschung eine neue tragfähige Grundlage zu geben«.[70] Economo versuchte für diese Forderungen eine methodische Grundlage zu entwickeln, und das begann mit der Bearbeitung der einzelnen Gehirne. Während Vogt ein Gehirn wie dasjenige Lenins durch die Ausführung von lückenlosen Serienschnitten in 30 000 hauchdünne Schnitte zerlegen ließ, führte Economo Scheibenschnitte aus, die vollkommen senkrecht zu den Hirnwindungen standen (Abb. 61). Die ca. 4 Millimeter dicken Scheibchen orientierten sich exakt an Windungsoberfläche und Windungsverlauf, hatten gegenüber den Serienschnitten allerdings auch einen gravierenden Nachteil, wie Vogt und seine Mitarbeiter sogleich hervorhoben. Die relative Dicke der Scheiben erlaubte es nicht mehr, die Grenzen der architektonischen Felder, und das heißt deren Größe, genau zu ermitteln.[71] Die Cytoarchitektonik um 1930 konnte also nur eines haben, entweder eine exakte Bestimmung der jeweiligen Arealgröße oder eine enge Korrelation zwischen diesen Arealen und den Windungen.

Aber auch darüber hinaus gab es gravierende Unterschiede. Vogt eröffnete die Partie der Elitegehirnforschung mit einem Paukenschlag, indem er einige exemplarische Bilder über die Schichtengliederung des Leninschen Gehirns in der Tagespresse veröffentlichte, Economo antwortete mit der methodischen Schrift *Wie sollen wir Elitegehirne verarbeiten?*, die sich als praktische Propädeutik zunächst der Bearbeitung und der Meßmethoden versicherte, bevor überhaupt das erste Elitegehirn unters Messer kam. Während Vogt mit den Massenmedien agierte, wendete Economo sich an einige Spezialisten und griff eine alte Maßgabe der verflossenen *Brain Commission* auf, nämlich Elitegehirne nach einheitlicher Methode zu untersuchen und diese »als Standardmethode« international zu etablieren. Im gleichen Zusammenhang äußerte er sich abfällig über »einzelne unvollständige Notizen in der Tagespresse [...] über eine eingehendere architektonische Rindenuntersuchung« des Lenin-Gehirns.[72]

Vordergründig betrachtet ging es bei der Auseinandersetzung zwischen Vogt und Economo um die Frage der Bearbeitung der Gehirne, der Schnittechnik und der Bedeutung der Hirnwindungen. Im Hintergrund jedoch standen unvereinbare Auffassungen darüber, was unter Elite zu verstehen sei. Vogt hatte mit den hirnanatomischen und politischen Prämissen des Kaiserreichs gebrochen, sich dem Sozialismus angenähert und vertrat eine eigenwillige Form von Rassenhygiene. Economo dagegen blieb stets ein Anhänger der untergegangenen Donaumonarchie, der seine Berühmtheit nicht als Hirnforscher erlangt hatte, sondern als Flugpilot. Als einer der ersten Flugzeugbesitzer Österreichs empfing er sogar Kaiser Franz Joseph I. vor seinem Flugzeug Typ Voisin, wobei eine gewisse Ähnlichkeit seines Aussehens mit dem ebenfalls flugbegeisterten Gabriele d'Annunzio unübersehbar ist (Abb. 62). Noch vor dem Ersten Weltkrieg beteiligte sich Economo als Zivilpilot an einem Armeemanöver, das auch den k. und k. Generalstab davon überzeugte, daß die Aviatik von hohem Wert für die Kriegsführung sei. Economo wurde zwar nicht zu einem Heldenflieger des Weltkriegs, aber auch nach dem Zerfall der Monarchie blieb er Präsident des Österreichischen Aeroklubs.[73]

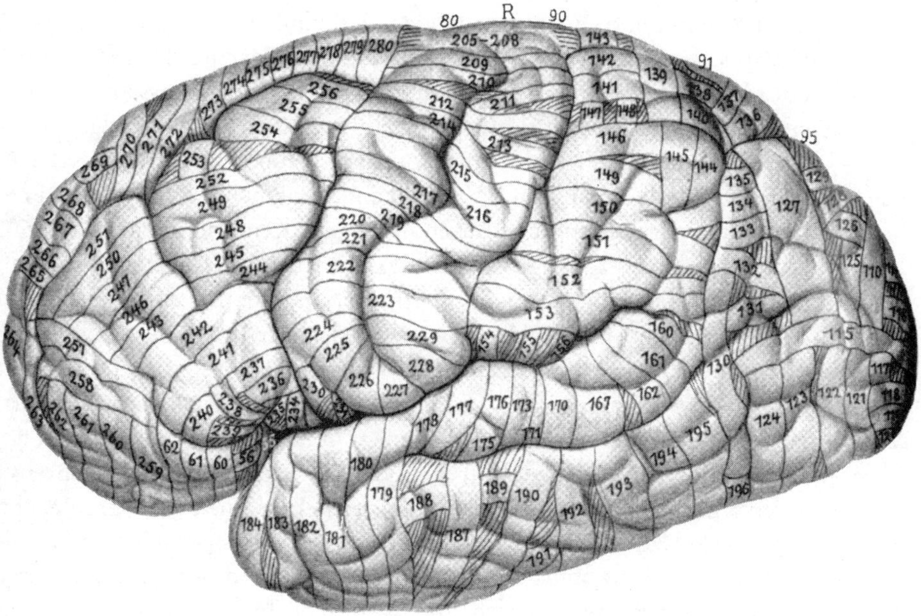

Abb. 17. Beispiel der Schnittführung der Scheibenschnittmethode an der Konvexität des Gehirns.

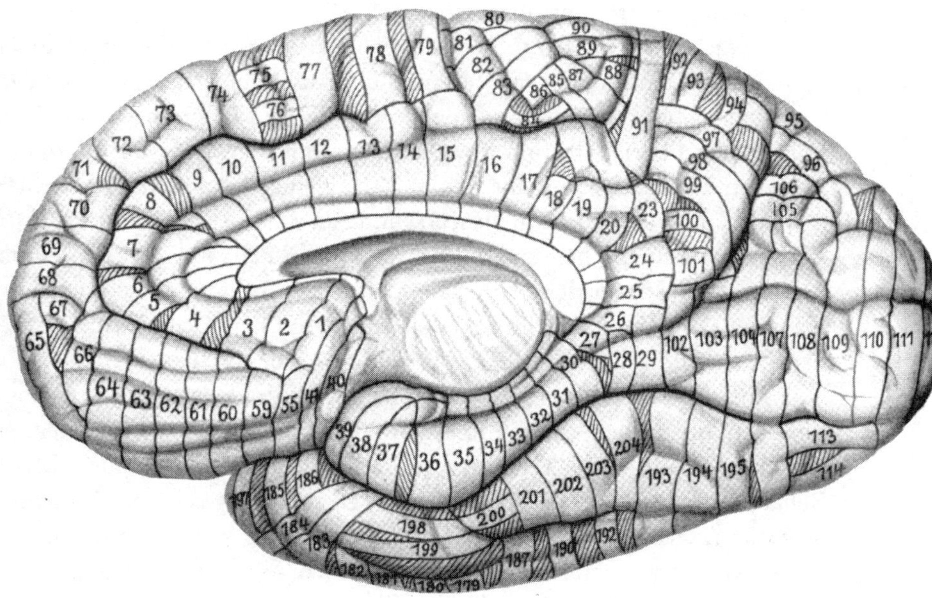

Abb. 18. Idem wie Abb. 17 an der Medianfläche des Gehirns.

Abb. 61: Constantin v. Economo, Einteilung des Gehirns nach der Schnittmethode in Blöckchen

Der Zusammenhang zwischen Aviatik und Hirnforschung liegt darin, daß Economo entsprechend dem individualistischen und heroischen Habitus des aristokratischen Fliegers nie daran dachte, Hirnforschung als ein arbeitsteiliges Unternehmen zu organisieren. Seine Forschungen führte er, aufgrund seiner Herkunft finanziell unabhängig, als Einzelgänger oder höchstens mit einem Mitarbeiter durch. Er glaubte wie Vogt, daß der Aufstieg eines Volkes von seiner Elite abhänge, und plädierte ebenfalls für »die frühzeitige Erkennung der Begabungen, die Kenntnis der Art ihrer Vererbung und ihres sonstigen Zustandekommens«.[74] Von irgendwelchen eugenischen Forderungen sowie einer Funktionselite und einseitigen Führerpersönlichkeiten ist jedoch nicht die Rede. Der moderne gesellschaftlich orientierte Elitebegriff spielt bei Economo keine Rolle. Statt dessen setzt er auf die Überzeugungskraft von Individuen, was auch in seinem Festvortrag vor der Wiener Gesellschaft der Ärzte zum Ausdruck kommt, wenn er die anwesenden Ärzte darum bittet, »in der Oeffentlichkeit und in ihrem engeren Kreise dahin zu wirken, daß Leute, welche eine besondere Begabung aufweisen, […] ihre Gehirne dieser Hirnforschungsanstalt überlassen«.[75] Während die Elitegehirnsammlung in Moskau von der bolschewistischen Diktatur profitierte und sich um moralische Fragen nicht zu kümmern brauchte, während Vogt in Berlin sein weitgespanntes Netz von Freunden hatte, um in den Besitz von Gehirnen zu gelangen, mußte Economo, der nicht über die entsprechende institutionelle Macht verfügte, den Weg der kollegialen Solidarität wählen.

Nach allen bis dahin gemachten Erfahrungen hätte er mit diesem Appell kaum eine nennenswerte Sammlung zusammengetragen, doch dazu ist es gar nicht erst gekommen, denn nur wenige Monate nach der Eröffnung seiner neuen Hirnforschungsabteilung im Mai 1931 starb Economo an einem Herzleiden. So läßt sich nur aus wenigen Andeutungen entnehmen, daß die Wiener Elitegehirnforschung an die Vorkriegs-Untersuchungen zur mathematischen und zur musikalischen Begabung anknüpfen und zusätzlich eine historische Dimension einführen sollte, die nicht ganz neu war, in bezug auf Elitegehirne jedoch bis dahin kaum eine Rolle gespielt hatte.

Wie bereits weiter oben erwähnt, war für diejenigen Evolutionsbiologen, die an der Vererbung erworbener Eigenschaften festhielten, ein weiteres Wachstum des Gehirns auch in historischer Zeit möglich. Brocas Behauptung, daß das Gehirn der Pariser Bevölkerung seit dem Mittelalter gewachsen sei und das ein Beweis für die kulturelle Entwicklung sei, hatte einige Nachahmer gefunden, auch wenn es nicht immer französische Gehirne waren, die sich so erfreulich vergrößerten. Als Retzius in seiner umfassenden Untersuchung schwedischer Schädel zu dem Ergebnis kam, daß die Steinzeit-Exemplare keinen Deut kleiner waren als die modernen, wurde es still um die Lehre vom historischen Hirnwachstum.[76] Offensichtlich ließ

Abb. 62: Franz Joseph I. besucht Economo vor seinem Flugzeug

sich mit bloßen Schädelvermessungen und den daraus deduzierten Annahmen über das quantitative Hirnwachstum nicht viel anfangen. Das änderte jedoch nichts daran, daß der Lamarckismus für Anatomen wie Vogt und Economo eine relevante Größe blieb. Vogt hatte schon 1912 vom *Hirntier* gesprochen, und in seinem ersten Bericht über Lenins Gehirn erwähnte er beiläufig, daß große Zellen wie zum Beispiel die Pyramidenzellen Lenins »stets einen progressiven Charakter« haben, das heißt, daß sie Ausdruck einer Höherentwicklung sind.[77]

Economo setzt den Hebel an der paläontologischen Entwicklung des Menschengeschlechts vom Australopithecus und Neandertaler bis zum Homo sapiens an. Unbestreitbar ließ sich hier ein Wachstum der Schädelkapazität verzeichnen, aber darauf kam es gar nicht so sehr an. Wichtiger war die »höhere Differenzierung und qualitative Weiterentwicklung« bestimmter neuer Hirnteile, die für den Menschen spezifisch waren. Dazu stützt sich Economo auf das längst bekannte Verfahren der Schädelausgüsse, an denen sich die Windungskonfiguration ablesen ließ. Die bei diesen Vergleichen zum Vorschein kommenden neuen Rindenregionen waren die alten Bekannten aus der Hirnforschung um 1900, insbesondere Teile des Frontallappens und die parieto-occipitale Zwischenregion um den Gyrus angularis, also Kerngebiete der Flechsigschen Assoziationsregionen.[78]

Zusätzlich zur Synthese zwischen Cytoarchitektonik und Windungslokalisation bezieht Economo nun noch die zeitliche Dimension mit ein, und er zieht daraus radikale Konsequenzen für die kulturelle Menschheitsgeschichte. Die Entwicklung »vom Faustkeil des Eoanthropus zu den primitiven Flintwerkzeugen des Neandertalers und zu unseren heutigen Feuerwaffen, Flugzeugen und Radio, sowie vom Stammeln der ersten Naturlaute bis zu den philosophischen Betrachtungen eines Plato und Kant« ist nicht nur einer kulturellen »Aufspeicherung der Schätze der Zivilisation, sondern gleichzeitig auch einer wirklichen Weiterentwicklung von Gehirn und Seele« geschuldet.[79] Während in dieser Passage kulturelle und biologische Entwicklung gleichberechtigt nebeneinanderstehen, macht Economo sich in einem anderen Beispiel zum dezidierten Advokaten der letzteren. Er findet es befremdlich, »daß das kunstsinnige, vielseitig begabte und gefühlsreiche Volk der Hellenen eine so wenig entwickelte Musik besaß«, und erklärt das damit, daß die spätere Entwicklung der »Musik gleichsam als Ausdruck einer Neuerwerbung auf Grund unserer fortschreitenden Hirnentwicklung anzusehen« seien. Für diesen Prozeß prägt er den Begriff der »progressiven Cerebration«, der fortlaufenden Höherentwicklung des Gehirns.[80]

Auch Economo glaubt nicht an Brocas seit dem 13. Jahrhundert wachsende Pariser Schädel, doch er glaubt an eine cerebrale Weiterentwicklung in der kurzen historischen Zeitspanne von 2500 Jahren. Damit ergibt sich fast zwangsläufig die Frage nach der Zukunft des Menschengeschlechts. Ist die progressive Cerebration abgeschlossen, oder übt sie nach wie vor ihre Wirkung auf die Entwicklungsrichtung des Menschen aus? An diesem Punkt kommen die Elitegehirne ins Spiel, denn »das immer wieder erneute Auftreten über das Mittelmass hinausragender Begabungen [spricht] gegen die Annahme, dass der heutige Zustand unseres Grosshirns ein definitiver sein könnte«. Ausnahmeerscheinungen wie Bach, Mozart oder Beethoven sind bereits Beispiele des zukünftigen Menschen.[81]

So deutlich hatte kein anderer gesagt, daß Elitegehirne selbst schon die vorweggenommene biologische Zukunft des Menschen sind. Indem er die progressive Cerebration mit der Geniefrage assoziiert und dabei die großen Heroen der Musikgeschichte heranzieht, grenzt Economo sich von Vogts gesellschaftlich und ökonomisch orientiertem Elitebegriff ab. Während für Vogt die Elite Teil einer Hirnpolitik darstellt, die ganz in der aktuellen politischen Situation der Weimarer Republik aufgeht, operiert Economo mit den musikalischen Genies einer großen Vergangenheit und der bereits Gehirn gewordenen Aussicht auf eine optimistische Zukunft, was den Nebeneffekt hat, auf die beklagenswerte Situation der zurechtgestutzten österreichischen Republik nicht eingehen zu müssen. Man hatte sich daran gewöhnt, daß die Hirnforschung den Blick des Publikums in eine verheißungsvolle Zukunft richtete. Für Economo, den monarchietreuen adligen Hirnanatomen und Flugpionier ist nicht nur die gesamte Technik-, Militär und Geistesgeschichte ein Epiphänomen der Gehirnentwicklung, auch die Zukunft ist bereits in bestimmte Elitegehirne eingeschrieben. Trotzki und andere Eugeniker wollten den Übermenschen durch biologische und soziale Maßnahmen erzwingen. Economo nimmt den Begriff nicht in den Mund, gerade weil er der Züchtungsidee nichts abgewinnen konnte. Dennoch ist der Übermensch in bestimmten Genies bereits Fleisch geworden.

Kein Wunder, daß das Konzept der progressiven Cerebration auf Gottfried Benns Welt- und Menschenbild den größten Eindruck gemacht hat. Bei kaum einem Dichter des 20. Jahrhunderts spielen das Gehirn, seine Erforschung und die Konstitution des (schöpferischen) Ichs eine so zentrale Rolle wie bei Benn, doch um 1930 scheint er geneigt zu sein, das Regime des Großhirns zugunsten einer holistischen Betrachtung der Persönlichkeit zu verabschieden. Inspiriert durch die Lektüre Lange-Eichbaums und Kretschmers, geht er in seinem Aufsatz *Der Aufbau der Persönlichkeit* so weit, die corticale Lokalisationslehre aus dem »Zeitalter Flechsigs« zu beerdigen und sich einer neuen Schichtenlehre zuzuwenden, die die Bildung der Person auf den ganzen Körper, Großhirn und vegetatives Nervensystem, Blutdrüsen und Hormone, verteilt.[82] Die Untersuchungen Vogts, die Benn unmöglich entgangen sein können, ignoriert er auf geradezu demonstrative Weise, und das kann seinen Grund nur darin haben, daß Vogt auf die Elite setzt, während Benn es eher mit dem einsamen Genie hält. Als ihm die Schriften Economos in die Hände fallen, ändert sich das Vokabular in Benns Essays einmal mehr. Nun redet er vom »unaufhaltsamen Zuwachs an Intellektualisierung, an Verhirnung« und von der »Distanz zwischen Instinkt und Rinde, zwischen Anschauung und Begriff, zwischen Farbe und Zahl«.[83] Benn teilt Economos Optimismus nicht unbedingt: Die »Überspezialisierung des Leitorgans« könnte schon aus rein physiologischen Gründen zum Untergang der menschlichen Art führen. Andererseits erhebt er die progressive Cerebration zum »beherrschenden Ausdruck der neuen Stufe, [zum] grundlegenden Begriff für die ganze beginnende Epoche«.[84]

Der Dichter *nach dem Nihilismus* sucht sich vor allem in der Hirnforschung und Biologie die Argumente zusammen, um seine Geschichtsphilosophie in Stellung zu bringen, die nur kurze Zeit später Realität zu werden scheint. In dem berüchtigten autobiographischen Text *Lebensweg eines Intellektualisten* von 1934 versucht er seine Position im neuen nationalsozialistischen Staat dahingehend zu definieren, daß die »komplexen Probleme« der »vorgerückten Zivilisationen« von »hochgezüchteten Gehirnen« bearbeitet werden müssen.[85] Progressive Cerebration, Verhirnung, hochgezüchtete Gehirne – das sind die cerebralen Standortbestimmungen des genialen Intellektualisten, die sich ganz und gar aus dem Forschungs- und Begriffsarsenal der Hirnanatomen bedienen. Daß Benn mit dem aristokratischen Wiener Individualisten Economo mehr anfangen kann als mit dem machtverwöhnten Berliner Organisator und Großforscher Vogt, dürfte weniger einer persönlichen Vorliebe als vielmehr dem Umstand zuzurechnen sein, daß das Konzept der progressiven Cerebration eine metaphysische Note enthält, die Vogts Elitebegriff abgeht. Benn erkennt mit untrüglicher Sicherheit, daß Vogt jegliche Transzendenz aus dem Gehirn und aus dem Geniebegriff auslöscht, während Economo die Transzendenz wenigstens dadurch bewahrt, daß im Elitegehirn eine mögliche historisch-teleologische Entwicklung realisiert ist.

Elitegehirnforschung um 1930 ist also mehr als nur das Wirken von Oskar und Cécile Vogt. Elitegehirnforschung umfaßt verschiedene Praktiken, Denkfiguren und Mentalitäten, die von parteiischen, aber doch aufmerksamen Beobachtern wie Benn auch in ihrer Unterschiedlichkeit wahrgenommen wurden. Selbstverständlich waren die Gemeinsamkeiten größer als die Unterschiede. Dazu zählten der Glaube an die Eins-zu-eins-Korrespondenz zwischen Persönlichkeit und Hirnbau, die Ablehnung der pathographischen Verknüpfung von Genie und Psychopathie und die szientokratische Überzeugung, daß die Zukunft der Menschheit in erster Linie von überdurchschnittlichen Begabungen abhänge. Wie aber sollte diese Zukunft gestaltet werden, welche praktischen Maßnahmen ließen sich, wenn überhaupt, aus der Elitegehirnforschung ableiten? Vogt wiederholte fast gebetsmühlenartig seine Forderungen nach Förderung des sozial Nützlichen und Hemmung des sozial Schädlichen, doch seine konkreten Vorschläge beschränkten sich eher auf soziale Maßnahmen wie berufliche Gleichberechtigung der beiden Geschlechter und Ehen zwischen Partnern, die intellektuell auf einer Stufe standen. Economo war in dieser Hinsicht völlig zurückhaltend.

Betrachtet man die verschiedenen Schauplätze, auf denen die Elitegehirnforschung verhandelt wurde, so erfolgte die Beurteilung ihrer Konsequenzen entlang der unterschiedlichen politischen Ausrichtungen und Couleurs. Auf die Einschätzung der Kommunisten muß nicht noch einmal eingegangen werden. Gemäßigte linke Autoren stellten die Elitegehirnforschung einem größeren Publikum als zukunftsträchtiges Unternehmen vor, das aber vorerst keine unmittelbaren Folgen habe. Walther Riese, der sich in der Zwischenzeit von der Hirnanatomie ab- und sozialmedizinischen Problemen zugewandt hatte, stand einer Gesellschaftsordnung skeptisch gegenüber, in der »nur der Übermensch zur Geltung kommen kann«, und pochte statt dessen auf soziale Reformen, die der breiten Bevölkerung zugute kamen. Demgemäß ließ er im offiziellen Begleitbuch zur Dauerausstellung des Dresdener Hygiene-Museums keinen Zweifel daran, daß individuelle Unterschiede der Persönlichkeit und Talente mit der Konfiguration der Rindenschichten korreliert seien, doch er warnte auch vor übereilten Erwartungen.[86]

Fritz Kahn ging in seinem Bestseller *Der Körper des Menschen* noch einmal ausführlich auf die Frage des Hirngewichts und der Hirnwindungen ein und machte sich geradezu lustig über die daran geknüpften Hoffnungen, wie Abb. 63 unmißverständlich zeigt. Das leichteste und das schwerste

Vergleichende Oberflächenbetrachtung von Menschenhirnen. 211

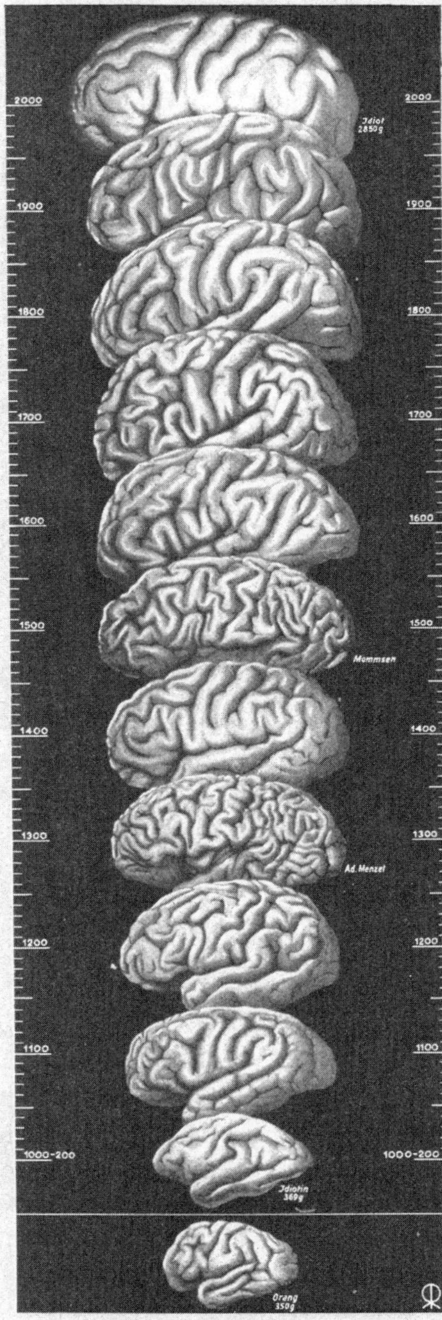

Krankhaft vergrößert

Ungewöhnlich groß. Nur ausnahmsweise mit hohen Geistesgaben verbunden.

Über dem Durchschnitt.

Oberer Durchschnitt.

Mittlerer Durchschnitt.

Unterer Durchschnitt.

Unter dem Durchschnitt.

Ungewöhnlich klein. Nur ausnahmsweise mit hohen Geistesgaben verbunden.

Krankhaft klein. Mit Geistesschwäche verbunden.

2850 Idiot (21 Jahre).
2400 Idiot, epileptisch.
2028 Moralisch Verkommener.
2012 Turgenjeff (65 J.). (Die Messung wird bezweifelt!).

2000 Arbeiter Rustan.
1945 Maurer.
1935 Bouny (Notar, ungewöhnl. Gedächtnis; das höchste authentische Hirngewicht ein. Begabt.).
1925 Arbeiter.
1920 Taguchi (japan. Anatom, der erste begabte Asiate, dessen Hirn untersucht wurde).
1911 3j. Kind; Engl. Krankheit.
1900 Ziegelstreicher.
1840 Knabe, mindwtg., (6 J.).
1820 Cuvier (63 J.). (Wasserkopf!)
1807 Byron (36 J.) (angezweifelt!)

1690 Hermann Levy (60 J.). (Wagners erster Kapellmstr.).
1660 Thackeray (52 J.).
1650 Kant (80 J.).

1600 W. v. Siemens (68 J.).
1580 Riebeck (61 J.) (berühmter Großindustrieller.)
1575 Häckel (85 J.)

1495 Agassiz (66 J.).
1492 Gauß (78 J.).
1485 Broca (55 J.).
1475 Rob. Schumann (46 J.).
1425 Mommsen (86 J.).
1420 Helmholtz (73 J.).
1420 Franz Schubert (31 J.).
1395 Goltz, Physiologe (68 J.).

1352 Liebig (70 J.).

1320 Pettenkofer (82 J.).
1314 Gambetta (44 J.).

1298 Menzel (89 J.).
1282 Walt Whitman (72 J.).

1198 Gall (70 J.).

1131 Döllinger (91 J.), (Historiker).

1017 Anatole France (80 J.).

369 Idiotin Motten.
241 Idiot.

Abb. 148. Naturgetreue Darstellung von Menschenhirnen verschiedener Größe.
(Die Zahlen geben das Hirngewicht in g an.)

Abb. 63: Fritz Kahn, Säule der Gehirne vom höchsten bis zum niedrigsten Hirngewicht

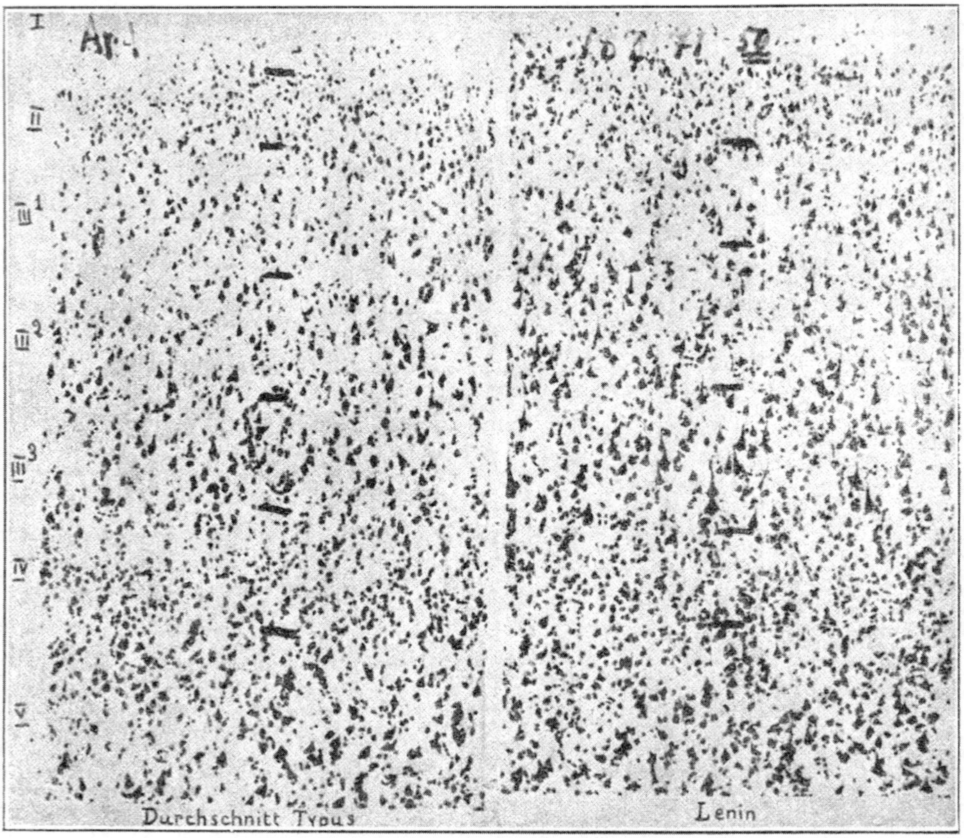

Abb. 150. Das Gehirn Lenins
ist das erste Gehirn eines bedeutenden Menschen, das durch viele tausend Serienschnitte nach modernen Prinzipien untersucht wurde. Mit einem Durchschnittshirn verglichen, zeichnet es sich in den Assoziationssphären durch Größe und Zahl der Zellen und durch den Reichtum an Assoziationsfasern aus. (Präparate von Prof. O. Vogt.)

Abb. 64: Fritz Kahn, Mikrofotografie der Rindenschichten des Lenin-Gehirns im Vergleich zum Durchschnittstypus

Gehirn gehören zwei geistig Zurückgebliebenen, und dazwischen reihen sich allerlei bedeutende und weniger bedeutende Gehirne aneinander. Auch die windungsreichen Gehirne bewegen sich im sicheren Mittelfeld, ohne irgendwie herauszuragen. »Vielwindigkeit«, schreibt Kahn, »ist eine nicht selten angetroffene Anomalie des Idiotenhirns.« Im Unterschied dazu werden Flechsigs Assoziationszentren und die Cytoarchitektonik als seriöser gewürdigt. Lenins Gehirn ist sogar mit einer Mikrofotografie vertreten, um die Kahn bei Vogt direkt angefragt hat (Abb. 64).[87] Zwar hat dieses Bild nichts von der Suggestivität der Collage in der *Kölnischen Illustrierten* und auch nicht die Anschaulichkeit des auf der vorangegangenen Abbildung gezeigten Turms aus Gehirnen, aber es wird doch deutlich, daß sich die Physiognomik des Normalgehirns von derjenigen Lenins unterscheidet. Die unvermittelte Abstraktion, die Kahn in seinem Werk ansonsten nur sehr sparsam verwendet, ist die Chiffre für einen neuen Forschungsweg, der sich noch nicht für eine ausladende bildliche Umsetzung eignet, mit der Kahn ansonsten sein Werk ausstattet. Diese vergleichsweise ikonographische Schlichtheit ist Ausdruck einer sachlichen und abwartenden Einschätzung der Elitegehirnforschung, die auf der rechten Seite des politischen Spektrums vor 1933 nicht anzutreffen ist.

Anläßlich der Einweihung des Neubaus in Berlin-Buch geriet der Hamburger Psychiater Wilhelm Weygandt ins Schwärmen. Er pries die vorzüglichen Arbeitsbedingungen, mit denen die seiner Ansicht nach wichtigsten Aufgaben der Hirnforschung nun angepackt werden könnten, in erster Linie die Untersuchung von »Elitegehirnen«, »Idiotengehirnen«, »das Gehirn des Berufs- oder Gewohnheitsverbrechers« und die »Menschenrassenhirne«. Die politische Aktualität dieser Forschung lag für Weygandt auf der Hand: »Gerade in einer Zeit, in der das Gleichheitsdogma im Unterbewußtsein der Menschen auf die gesamte Beurteilung menschlicher Rechte und Pflichten einwirkt, ist die wissenschaftlich exakte Darstellung, daß die Hirne als Träger seelischen Lebens naturgegebene Unterschiede aufweisen, von höchst aufklärendem Werte.«[88] In ähnlicher Weise äußerte sich auch Johannes Bresler, Herausgeber der *Psychiatrisch-neurologischen Wochenschrift*, der in der »Erfassung des Unter- und Überwertigen im Hirnbau« die Grundlage sah »für praktische Maßnahmen zur Unterdrükkung des Unterwertigen und Höherzüchtung des Vollwertigen«.[89] Weygandt und Bresler gehörten zu denjenigen deutschen Ärzten, die die Regierungsübernahme der Nationalsozialisten 1933 enthusiastisch begrüßten. Bresler sah sich wohl zu Recht als Nationalsozialisten der ersten Stunde, der schon 1922 Einsteins Relativitätstheorie als jüdisches Machwerk gegeißelt hatte. Weygandt wiederum beschimpfte die avantgardistische Kunst bereits in den zwanziger Jahren als geisteskrank und entartet und war ein besonders rigider Verfechter der Zwangssterilisation.[90] Diese beiden Beispiele deuten an, daß die Elitegehirnforschung mit ihren eugenischen Implikationen für die Nazi-Ideologie durchaus hätte interessant werden können, doch dadurch, daß sie hauptsächlich mit Lenins Gehirn assoziiert war, fiel diese Option aus. Vielmehr war Vogts Beurteilung der Leninschen Geistesfähigkeiten einer der Hauptgründe dafür, daß seiner Karriere als Kaiser-Wilhelm-Direktor rasch ein Ende bereitet wurde.

Was hatte Lenin eigentlich im Kopf?
Der Abstieg der Elitegehirnforschung nach 1933

Die Gründe und Umstände, die zur Entlassung der Vogts und zu ihrem Weggang aus Berlin Anfang 1937 führten, sind bereits mehrfach diskutiert worden.[91] Es liegt nahe, daß Vogt mit seinen engen Kontakten zur Sowjetunion und dem Lob der Revolution und Lenins kein akzeptabler Partner für die Nationalsozialisten war. Schon im Frühjahr 1934 hatte Vogt sich bei den neuen Machthabern so unbeliebt gemacht, daß seine Absetzung vom Direktoratsposten betrieben wurde. Dabei fiel es den Nationalsozialisten nicht allzu schwer, Material für ihre Vorwürfe zu sammeln. Immer wieder wurde Vogt die Verherrlichung Lenins und der Sowjetunion vorgehalten, wobei sein Engagement in den populären Medien eine zentrale Rolle spielte. So hieß es in einer ministeriellen Stellungnahme, daß Vogt seine Untersuchungsergebnisse »nicht nur in der Fachpresse, sondern auch in der linksgerichteten Berliner Tagespresse in grosser Aufmachung veröffentlicht [hat]. [...] Da der Wert dieser Lenin-Untersuchung in Fachkreisen kaum ernst genommen worden sei, könne als Motiv eine Anbiederung bei Sowjetrussland und beim Kommunismus angenommen werden.«[92] Vom Vorwurf der »Anbiederung« einmal abgesehen, wurde Vogt nun ein Strick daraus gedreht, daß er seine Ergebnisse tatsächlich zuerst im linksliberalen *Berliner Tageblatt* veröffentlicht hatte.

Diese Position machte sich das Ministerium für Wissenschaft, Erziehung und Volksbildung zu eigen, um Vogt von seinem Direktoratsposten abzusetzen. Die »Verherrlichung« Lenins bzw. seines Gehirns rangierte unmittelbar neben einer Bevorzugung von »Nichtariern« und Kommunisten im Institut und der Entlassung von »alten Parteigenossen«.[93] Natürlich reichten solche Anschuldigungen aus, um Vogt zu entmachten, doch man suchte nach weiteren Anlässen, um Vogts Absetzung zu legitimieren. In diesem Zusammenhang kam dem Fall Mathilde Wurm besondere Bedeutung zu. Auch nach dem Tode ihres Mannes Emanuel blieb Mathilde Wurm, Jüdin, Frauenrechtlerin und Reichstagsabgeordnete der SPD bis 1933, den Vogts freundschaftlich verbunden. Im Frühjahr 1933 verbrachte sie einige Tage im KWI in Berlin-Buch, und zwar zur Zeit des Reichstagsbrands. Das Ministerium hätte zu gern den Vorwurf erhoben, daß Frau Wurm sich dort versteckt habe, um einer möglichen Vernehmung oder gar Verhaftung zu entgehen, aber das ließ sich nicht beweisen. Dennoch war man skeptisch gegenüber der von den Vogts vorgebrachten Begründung, daß der Aufenthalt »mit der Absicht von Untersuchungen am Gehirn der Frau Wurm« stattgefunden habe.[94]

Tatsächlich hatte sich Mathilde Wurm zu einer ausgiebigen psychologischen Untersuchung im Institut aufgehalten, da sie ihr Gehirn dem

Institut vermachen wollte. Am 5. März 1933 hatte sie schriftlich erklärt: »Ich vermache hiermit mein Gehirn dem Kaiser-Wilhelm-Institut für Hirnforschung in Buch zur wissenschaftlichen Untersuchung. Der Direktor des Instituts ist berechtigt beliebig schnell nach meinem Tode das Zentralnervensystem heraus zu nehmen. ... gez. Mathilde Sara Wurm. geborene Adler.«[95] Dazu sollte es jedoch nicht kommen, da ihr noch im gleichen Jahr die deutsche Staatsbürgerschaft entzogen wurde und sie 1934 im englischen Exil Selbstmord beging. Für die Vogts war die Sache damit nur in wissenschaftlicher Hinsicht beendet. Rudolf Mentzel, Forschungsreferent im Ministerium und hartnäckigster Widersacher Vogts, erhob den Vorwurf, »dass ausgerechnet Frau Wurm seine Patientin war und er diese wegen ihrer Krankheit beobachten lassen wollte [...]. Er [Mentzel, M. H.] wollte daraus konstruieren, dass Herrn Professor Vogt deswegen politisch links orientiert sein müsse. Herr Professor Menzel [!] stellte den Erbbiologen Professor Rüdin-München als Vorbild hin und meinte, dass sich unter den von diesem bearbeiteten Familien keine jüdisch-kommunistischen befinden.«[96]

Der Hinweis auf das Münchener Institut entbehrte nicht einer gewissen Pikanterie. Während nur wenige Jahre zuvor das zuständige Ministerium offensichtlich die hirnanatomischen Fähigkeiten Spielmeyers über diejenigen Vogts gestellt hatte, um ein Verbrechergehirn zu untersuchen, wurde Vogt nun der ganz auf der nationalsozialistischen Linie liegende Rüdin entgegengehalten, dessen Forschungen zudem eine entscheidende Legitimation für Maßnahmen wie das *Gesetz zur Verhütung des erbkranken Nachwuchses* abgaben.[97] Und schließlich wird deutlich, daß das von Rüdin und Adele Juda seit 1928 durchgeführte Höchstbegabtenprojekt, eines der ambitioniertesten, am längsten laufenden und teuersten Projekte der Deutschen Forschungsanstalt für Psychiatrie, beim Ministerium höher im Kurs stand als Vogts Projekt über Elitegehirne.[98] Das muß nicht unbedingt als Bevorzugung der genealogisch-genetischen Methode gegenüber der Hirnforschung angesehen werden, doch neben der Tatsache, daß Vogt mit Lenins Gehirn schlicht das *falsche* Objekt untersucht hatte, war auch offensichtlich, daß das Münchener Institut seine Ergebnisse regelmäßig publizierte, während Vogt bis dahin eher mit Absichtserklärungen an die Öffentlichkeit getreten war. Für die Umsetzung der rassenhygienischen Forschungen und Forderungen in nationalsozialistische Vernichtungspolitik waren Genealogie und Erbuntersuchungen nützlicher als die langwierigen Untersuchungen an einzelnen Elitegehirnen.

Nach einigem Hin und Her gaben die Vogts ihren Kampf um einen Verbleib in Berlin-Buch auf und zogen es vor, mit Unterstützung von Gustav Krupp von Bohlen und Halbach, ihrem langjährigen Mäzen, ein neues, privates Institut in Neustadt im Schwarzwald aufzubauen. Dahin konnten sie einen Teil der Sammlungen, Gerätschaften und Bücher aus Berlin mitnehmen. Auch die Elitegehirne traten den Weg nach Neustadt an.

Die Vogts waren auf diese großzügige Regelung angewiesen, um ihre Forschungen fortsetzen zu können, und dazu zählte auch »die Erforschung von Gehirnen besonders Begabter«.[99] Dementsprechend hieß es im Gesellschaftsvertrag zwischen Vogt und Krupp von Bohlen und Halbach bezüglich der Ziele des Instituts unter § 3 ausdrücklich: »Höherentwicklung aller Gehirne, [...] die Sammlung und Verwertung wissenschaftlicher Erkenntnisse auf diesem Gebiete für den Zweck der Rassenpolitik«.[100] Die Vogts hielten also unbeirrt am Paradigma der Höherzüchtung und der Elitegehirnforschung fest. Selbst die Ansichten zu Lenins Gehirn blieben unverändert.

Mit dem Weggang aus Berlin zum 1. April 1937 war Vogt zwar keine öffentliche Person mehr, aber dennoch warf die SS weiterhin ein Auge auf ihn. Noch im gleichen Jahr veröffentlichte *Das Schwarze Korps*, die Zeitschrift der SS, einen Artikel gegen Vogt, in dem Lenins Gehirn noch einmal hervorgeholt wurde, um Vogt als »Weißen Juden in der Wissenschaft« zu charakterisieren.[101] Vogt vermutete – wohl nicht zu Unrecht –, daß der Neuropathologe Berthold Ostertag zumindest das Material geliefert hatte, denn erstens war zu jener Zeit noch ein Ehrenhandel zwischen beiden anhängig, bei dem Ostertag Vogt sogar zum Duell gefordert hatte; und zweitens zitierte der Artikel die nur wenigen Hirnforschern geläufigen kritischen Bemerkungen Spielmeyers aus dem Jahre 1930, um Vogts wissenschaftliche Dignität anzuzweifeln.[102] Wenn man so will, wurde der alte Streit zwischen Histopathologie (der Ostertag angehörte) und Cytoarchitektonik in einem SS-Hetzblatt fortgesetzt. Der Artikel schloß mit der sarkastischen Frage: »Wir aber wüßten gerne, was Prof. Vogt jetzt über Lenin denkt.«

Vogt blieb eine Antwort darauf nicht schuldig. In einer Stellungnahme, die auf das zur Entscheidung anstehende Ehrengerichtsverfahren hinzielte, machte Vogt klar, daß er seine Befunde und deren Deutung aufrechterhielt: »Ich denke über das Leningehirn wie früher. [...] Unsere Vermutung von der engen Beziehung der 3. Rindenschicht zu unseren Denkprocessen, die durch den Befund am Leningehirn frühzeitig gestützt wurde, fanden wir seitdem immer wieder bestätigt. [...] Meine Zurückführung eigenartiger intellektueller Leistungen des gesunden Leninschen Gehirns [...] auf Baubesonderheiten der 3. Schicht ist bisher durch nichts widerlegt.«[103] Da hatte Vogt zweifellos recht, doch andererseits hatte sich auch niemand die Mühe einer umständlichen Widerlegung gemacht. Niemand sonst im nationalsozialistischen Deutschland hatte 1937 ein weitergehendes Interesse an der zeitaufwendigen und schwierigen cytoarchitektonischen Elitegehirnforschung.

Nachdem die Angelegenheit mit Ostertag erledigt war, erfolgten keine weiteren Angriffe mehr auf Vogt. Im September 1940 wurde er zu den Feierlichkeiten des 800jährigen Bestehens Portugals eingeladen, doch mußte er die Reise angesichts der »augenblicklichen Verhältnisse« absagen. Allerdings schickte er ein Resümee seines geplanten Vortrags und bat um Übersetzung ins Portugiesische, damit wenigstens die Kurzfassung noch verlesen werden konnte.[104] Daraus geht hervor, daß Vogt den Portugiesen dasselbe riet wie 15 Jahre zuvor bereits den Sowjets: die Gründung eines nationalen Hirnforschungsinstituts, in dem vorrangig Elitegehirne – »die größten Kunstwerke der Natur« –, defekte Gehirne, solche von asozialen Menschen und auch Rassengehirne gesammelt und untersucht werden sollten. Rassengehirne spielten jedoch nur eine untergeordnete Rolle. Zwar stünden in den portugiesischen Kolonien »einschlägige Gehirne« zur Verfügung, doch ungleich wichtiger sei das »vergleichende Studium der eigenen Population«.[105] Prominenter war von Höherzüchtung und Hemmung die Rede, doch heißt es ausdrücklich, daß man dieses Ziel »einst«, also in der Zukunft, »mit Sicherheit werde erreichen können«, und zwar »auf dem Wege von Nähr- und Wirkstoffen«, also mit pharmakologischen Mitteln. Was immer man von solchen Aussichten halten mag: Die von den Nationalsozialisten durchgeführten Maßnahmen, zuerst Zwangssterilisation und dann Ermordung von Kranken, können damit eigentlich nicht gemeint sein.[106]

Auch unter den gegebenen Bedingungen verfolgten die Vogts ihr Lebensprojekt eines Gehirn-Pantheons unbeirrt weiter. Das Eingangsbuch für jene Jahre verzeichnet mehrere Gehirne von Universitätsprofessoren und Hingerichteten.[107] Ein weiterer Hinweis für das anhaltende Interesse an Elite- und Verbrechergehirnen ist ein Brief an Wolfgang Ostwald, den Sohn des berühmten Chemikers und Monisten, in dem Vogt um nähere Auskünfte über den Vater bat. Zwar befand sich das Gehirn Wilhelm Ostwalds bereits seit 1932 in der Sammlung, doch rechtfertigte Vogt die lange Latenzzeit damit, daß die »normal-anatomischen Arbeiten« sich nun ihrem Abschluß näherten, »so dass in absehbarer Zeit mit der Bearbeitung der Elitegehirne begonnen werden kann«.[108] Resignierter im Ton klingen die wenigen Publikationen zwischen 1940 und 1945, in denen Vogt sich latent verächtlich über die Situation der Hirnforschung in Deutschland und also auch über das Bucher Institut nach seinem Weggang äußerte. Ausgiebig ließ er sich in dem erwähnten Vortrag für Portugal darüber aus, daß die Sammlung von Elitegehirnen »am intensivsten von dem Moskauer Hirnforschungsinstitut betrieben« werde. In Deutschland sei diese Aufgabe zunächst in Buch und nun in Neustadt angegangen worden. Und dann folgt die Klage: »Dieses ist aber in seiner jetzigen Gestalt nicht in der Lage, viele Gehirne in Schnittserien zu zerlegen. Überweisungen von Elitegehirnen, vielfach auf Grund testamentarischer Bestimmungen, erfolgen dagegen in großer Zahl. […] Die Erfassung des nationalen Hirnguts wird Generationen beschäftigen.«[109] Das hieß mit anderen Worten, daß der Teil der Hirnforschung, den Vogt für den wichtigsten hielt, in Deutschland nur in sehr beschränktem Maß durchgeführt wurde und daß das Projekt insgesamt weit über seine eigene Lebensspanne hinausreichte.

In ähnlicher Weise beschwerte sich Vogt 1943 darüber, daß »die Untersuchung von Rassengehirnen zwecks Lösung der Frage nach Unterschieden derselben, [...] von Zwillings- und Verwandtengehirnen zur Klärung der Erblichkeit und endlich [...] die [Untersuchung] der größten Wunder der Natur, der ›Elitegehirne‹, noch kaum in Angriff genommen« worden sei.[110] Diese Sätze finden sich in einem Artikel zur Huldigung des Wiener Hirnanatomen und Psychiaters Theodor Meynerts, und sie bedeuteten gleichzeitig ein indirektes Eingeständnis, daß ein Zweig des Programms trotz jahrzehntelanger Anstrengungen recht kümmerlich geblieben war. Die Vogts selbst hatten sich insbesondere um Rassengehirne kaum gekümmert. Deswegen dürfte der Hintergrund der Klage ein anderer gewesen sein. Es war nämlich keineswegs so, daß die Hirnanatomie im nationalsozialistischen Deutschland zum Erliegen gekommen wäre. Doch die zeitaufwendige, komplizierte und dementsprechend nur von wenigen Spezialisten beherrschte Cytoarchitektonik war mit dem Weggang der Vogts aus Berlin zu einer marginalen Angelegenheit geworden. Durch die politischen Umstände begünstigt, hatte die rivalisierende histopathologische Richtung ein deutliches Übergewicht gewonnen. Und die Histopathologie beschäftigte sich, ausschließlicher als die Cytoarchitektonik, mit den cerebralen Ursachen neurologischer und psychiatrischer Erkrankungen, was in der gegebenen historischen Konstellation zur Konsequenz hatte, daß führende Hirnanatomen in die Euthanasiemorde unmittelbar verstrickt waren.[111]

Außerhalb Deutschlands waren Cytoarchitektonik und Elitegehirnforschung, von Moskau einmal abgesehen, ohnehin eine Randerscheinung. Nach 1933 interessierten sich nur noch wenige Hirnforscher in systematischer Weise für solche Untersuchungen. Die Arbeiten, die überhaupt noch durchgeführt wurden, entsprachen mit wenigen Ausnahmen nicht den Maßgaben Vogts und Economos, da sie entweder neuropathologische Veränderungen und Projektionsbahnen zwischen corticalen und subcorticalen Hirnstrukturen verfolgten, ohne sich mit dem Problem der Elite auseinanderzusetzen;[112] oder sie beschränkten sich auf Einzeluntersuchungen, die zwar teilweise den zellulären Rindenaufbau berücksichtigen, im Grunde jedoch in ihrer Methode, formalen Gestaltung und Mentalität an die Arbeiten des frühen 20. Jahrhunderts anschlossen. Das gilt sowohl für die Untersuchung des Gehirns von Constantin von Monakow, das eine Verdopplung der 2. linken Frontalwindung aufwies, als auch für einige Studien aus der Budapester psychiatrischen Klinik von Karl Schaffer, in denen windungsmorphologische und cytoarchitektonische Befunde nebeneinandergestellt, aber nicht miteinander verglichen wurden.[113]

Die bis dahin wohl aufwendigste Untersuchung eines einzelnen Gehirns galt dem polnischen Militärführer und Politiker Josef Piłsudski und wurde von Vogts ehemaligem Mitarbeiter Maksymilian Rose durchgeführt. 1935 verstorben, wurde der populäre Staatsmann mit einer repräsentativen Nationalausgabe der Untersuchung seines Gehirns geehrt, die auch Retzius' aufwendige Publikationen in den Schatten stellte und hagiographische Züge aufweist, die am ehesten an den Personenkult um Lenin erinnern.[114] Die Fotografien sind von exquisiter Qualität, und die besondere Vergrößerung der Rindenoberfläche im frontalen sowie im parieto-temporalen Grenzbereich verführte Karl Schaffer zu der Aussage, daß damit Piłsudskis »Taten- und Willensgröße vom neurologischen Gesichtspunkt verständlich« würden.[115] Ansonsten stand dieses Werk ganz im Zeichen des ausbrechenden Weltkriegs. Als Monakows Zürcher Lehrstuhl-Nachfolger Mieczyslaw Minkowski, der ursprünglich aus Warschau stammte, Roses Buch im *Schweizer Archiv für Neurologie und Psychiatrie* rezensierte, war der brutale Überfall Deutschlands auf Polen bereits im Gange. Auf diese Weise wurde die Rezension zu einem verzweifelten patriotischen Bekenntnis: »Mit diesem Werk hat die polnische medizinisch-biologische Wissenschaft eine originelle und bleibende Leistung vollbracht. Möge es ihr vergönnt sein, die Unbill der Zeit zu überstehen und die auf vielen Gebieten erwiesene Fähigkeit zu überaus wertvollen selbständigen Beiträgen zu allgemeinen Schatz menschlicher Erkenntnis in eine bessere, friedlichere und humanere Zukunft hinüberzuretten.«[116]

Zusammenfassend also hatte sich die Erforschung genialer Gehirne wie bereits um 1860 und um 1900 als eine heftige Eruption erwiesen, die in einer spezifischen historischen Konstellation ausbrach und nach einigen Jahren wieder beendet war. In der stalinistischen Sowjetunion wurde die Elitegehirnforschung zur Geheimsache erklärt, in Deutschland ließ sie sich nicht in nationalsozialistische Politik umsetzen, auch wenn Vogts Ansatz einer Hirnforschung als Wissenschaft vom Menschen von den Nationalsozialisten ohne größere Schwierigkeiten hätte absorbiert werden können, wenn sie nur gewollt hätten.[117] Daß sie es nicht wollten, hatte mehrere Gründe. Zum einen gab es genügend Wissenschaftler, die sich mit Verve in den Dienst des Nationalsozialismus stellten. Auf jemanden wie Vogt war man nicht angewiesen, zumal seine Forschungen keine rasch umsetzbaren Ergebnisse versprachen. Hier bestand ein scharfer Gegensatz zu den wissenschaftlichen Praktiken und deren konkreter Umsetzung etwa in den Kaiser-Wilhelm-Instituten für Psychiatrie und Anthropologie. Zum anderen hat Vogt auch nach 1933 nicht den Eindruck vermittelt, daß er für die Nationalsozialisten ein loyaler Partner werden würde, sondern er blieb ein eigenwilliger und schwieriger Wissenschaftler, der auf die neuen Machthaber mit selbstbewußter Arroganz herabblickte. Es ging Vogt nicht um eine Anbiederung an die Politik, sondern er war eher umgekehrt der Überzeugung, daß seine Wissenschaft als Grundlage der Politik tauge. Dieses szientifische Dogma hat Vogt zu keinem Zeitpunkt aufgegeben, auch nicht nach dem Zusammenbruch Deutschlands im Jahre 1945, als seine Erforschung außergewöhnlicher Gehirne noch einmal eine neue, überraschende Wendung nahm.

Nachkriegszeit: *Der Nazismus vor dem Richterstuhl der Biologie*

Nachdem die Vogts und ihre Mitarbeiter das Kriegsende aus einer einigermaßen ruhigen Perspektive erlebt hatten, unternahm Vogt 1945/46 mit 75 Jahren noch einmal den Versuch, aus der Versenkung aufzutauchen. Dazu suchte er sich wiederum ein Projekt aus, das ihm enorme Aufmerksamkeit gesichert hätte. Mit der richtigen Vermutung, daß bei den Nürnberger Prozessen führende Nationalsozialisten zum Tode verurteilt werden würden, wollte er deren Gehirne untersuchen, um getreu seiner alten Ansichten eine cerebrale Ursache für das menschliche Verhalten herauszufinden. Der Plan bestand also darin nachzuweisen, daß die Nürnberger Kriegsverbrecher konstitutionelle Verbrecher waren. Die Frage, was Lenin im Kopf hatte, sollte nun auf Göring, Streicher, Ribbentrop usw. angewendet werden.

Im Frühjahr 1946 setzte sich Vogt mit Paul Klingelhöfer, dem Vorsitzenden des Kuratoriums der Universität Frankfurt in Verbindung. Klingelhöfer kannte Robert Kempner, den Chefankläger in Nürnberg, und trug diesem Vogts Ansinnen mit werbenden Worten an, auch wenn er nicht versprechen mochte, ob bei den »Untersuchungen etwas Positives oder gar demonstrativ Deutschliches [!]« herauskomme.[118] Kempner schien diesem Projekt nicht abgeneigt zu sein und empfahl, daß Vogt sich direkt an das *General Secretary of the International Military Tribunal* wenden möge, was dieser auch tat, nicht ohne zu betonen, daß die Untersuchung »zu wissenschaftlich interessanten und auch für eine Bekämpfung des Nazismus wichtigen Ergebnissen« führen könne und etwa zwei bis drei Jahre in Anspruch nehmen werde. Daraufhin erhielt er noch ein kurzes Bestätigungsschreiben von Kempner, aber dann scheint die Sache im Sande verlaufen zu sein.[119] Nimmt man die bis dahin übliche Geschwindigkeit bei seinen Untersuchungen außergewöhnlicher Gehirne zum Maßstab, so erscheinen Vogts Zeitangaben nicht allzu realistisch. Es mag sein, daß es für ihn eine Genugtuung bedeutet hätte, wenigstens einige Gehirne führender Nationalsozialisten in die Verbrecherabteilung seiner Bibliothek der Gehirne einzuverleiben. Doch das Interesse an diesen Gehirnen ging weit über bloße Sammlerleidenschaft hinaus; es war Bestandteil einer umfassenden Abrechnung mit dem Nationalsozialismus.

Um die gleiche Zeit arbeitete Vogt an einem Buchmanuskript mit dem Titel *Der Nazismus vor dem Richterstuhl der Biologie*, das als Broschüre in hoher Auflage verbreitet werden sollte.[120] Es ist nicht ganz nachzuvollziehen, was Vogt davon abgehalten hat, das Manuskript fertigzustellen. Daß er es mit der Veröffentlichung ernst meinte, zeigt eine Teilveröffentlichung des Manuskripts in der Schweizer Kulturzeitschrift *DU*, und zwar in einem Themenschwerpunkt »Deutsche über den deutschen Charakter«. Vogts Text paßte in diesen Kontext nahtlos hinein, indem er nun mit einer nationalen Charakterologie vorstellig wurde, die das politische Versagen und die Schuld der Deutschen auf bestimmte Hirnkonfigurationen zurückführte. Bereits 1919 hatte Vogt die politische Talentlosigkeit der Deutschen konstatiert, dann interessierte er sich für nationale oder Rassengehirne jahrzehntelang nur noch am Rande, doch im Angesicht der deutschen Katastrophe kam er darauf zurück, nur daß nun nicht mehr von »Rasse«, sondern von »Nation« die Rede war.

Vogt war sich treu geblieben mit seinem Ansinnen, die Hirnforschung zur Grundlage der Politik zu machen. In diesem Sinne ist auch seine bis dahin noch nicht in Erscheinung getretene Kategorie des »prädisponierten Verbrechers« zu verstehen. Darunter verstand Vogt einen weitverbreiteten Typus mit »geringeren Defekten der am ethischen Handeln beteiligten Hirnteile«. Unter geordneten staatlichen Bedingungen und bei »genügender ethischer Erziehung« mochten diese Menschen »Soldatenschinder« oder »polizeiliche Rohlinge« werden, in Hitler-Deutschland wurden sie gefördert und dadurch gefährlich.[121] Wenn Vogt von moralischer Unterentwicklung sprach, hatte er jedoch nicht nur Mörder und Menschenschinder im Sinn, sondern auch Gebildete und Akademiker, die sich durch »Fälschungen, Lügen und Verleumdungen« hervortaten. In dem veröffentlichten Artikel werden keine Namen genannt, doch die unpublizierte, längere Fassung zeigt, daß es Vogt um eine konkrete Abrechnung mit denjenigen Personen ging, die ein Jahrzehnt zuvor seine Demontage betrieben hatten. Dementsprechend charakterisierte er Rudolf Mentzel als »ethisch defekt«. Berthold Ostertag, zwar nicht namentlich genannt, jedoch überdeutlich charakterisiert, diente als Beispiel für einen »prädisponierten Verbrecher«, der der deutschen Wissenschaft schwersten Schaden zugefügt habe.[122]

Auch wenn sich die Genannten guter Gesundheit erfreuten und Vogt nicht über ihre Gehirne verfügte, machte er die für »die associative Tätigkeit und damit die Bildung und das Wecken hemmender Kontrastvorstellungen« verantwortliche »III. Rindenschicht des Isocortex« zum historischen Akteur, der Deutschland in den Ruin getrieben habe.[123] In diesem Zusammenhang tauchte auch die alte Idee wieder auf, wonach die europäischen Völker über unterschiedliche Begabungen verfügten. Wie bereits 1919 konstatierte er bei den Deutschen eine »apolitische Veranlagung«, die eine Antwort darstellen sollte auf Karl Barths These von einem unentschuldbaren politischen Versagen der Deutschen.[124] Mit der Zurückweisung der These von der deutschen Kollektivschuld schien Vogt die Hoffnung zu verbinden, sich in eine geisteswissenschaftlich dominierte Diskussion einzuschalten, die ihn aus der unfreiwilligen Isolation zurückführte in diejenigen Regionen, wo die weichenstellenden Entscheidungen stattfanden. Mit ungebrochenem Selbstermächtigungsgestus forderte Vogt für »angeborene« und »disponierte Verbrecher« der Nazizeit eine Entfernung aus dem »Volkskörper«, womit er nicht die Todesstrafe, sondern eine »Überführung in ausländische Arbeitskolonnen« im Sinn hatte.[125]

Neben einer Kriminalisierung des Nationalsozialismus, die das vermeintlich unbescholtene Deutschland um so reiner dastehen ließ, ging es Vogt auch um eine naturwissenschaftlich begründete Zurückweisung der nationalsozialistischen Ideologie. In diesem Zusammenhang kam er noch einmal in einer Ausführlichkeit auf die Elitegehirnforschung zurück, wie sie bis dahin in keinem seiner – publizierten oder unpublizierten – Texte zu finden war. Unter der Überschrift »Der nazistische Totalitätsanspruch im Lichte hirnanatomischer Befunde« gab er Beispiele für die individuellen Verschiedenheiten des Schichtenbaus des primären optischen Feldes in der hinteren Hirnrindenregion. Dazu zog er die Gehirne von Forel, Sudermann, Ludwig Aschoff und dem Photographen Riedel heran, der viele Jahre für die Vogts gearbeitet hatte. Bei Forel, Aschoff und Riedel handelte es sich um ausgezeichnete Beobachter, Sudermann war Eidetiker, dessen »Erinnerungsbilder eine sinnliche Lebhaftigkeit [zeigten]. Bei der Auffassung seiner Dramen sah er seine Personen auf der Bühne handeln und schuf so die äusserlich so wirksamen Scenen.«[126] Diese Fähigkeit führte Vogt auf ungewöhnlichen Zellreichtum und eine Zunahme von Körnerzellen in bestimmten Schichten zurück, die die anderen Gehirne nicht aufwiesen. Die Schichtprofile der drei anderen Gehirne wichen zwar auch voneinander ab, doch im Gegensatz zum Durchschnittstypen wiesen sie in der III. und IV. Schicht erhebliche Verbreiterungen und Zellreichtum auf, was dann auf Kosten anderer Schichten ging. Mit diesen Befunden wiederholte Vogt nicht nur seine alte Lieblingsidee, wonach es keine Universalgenies gebe, und daß alle hervorragenden Menschen gleichzeitig Defekte haben, ohne gleich krank oder degeneriert zu sein; zugleich folgte daraus, daß »jeder totalitäre Anspruch irgend einer Regierung naturwidrig ist«.[127]

Wieder einmal meldete sich Vogt in einer politisch-gesellschaftlichen Umbruchsituation als Biologe und Neurologe zu Wort und meinte daran erinnern zu müssen, daß die Güte politischer Entscheidungen daran zu messen sei, inwieweit sie naturwissenschaftliche Erkenntnisse in die Tat umsetzen. Vogts Glaube an die unbedingte Richtigkeit seiner cytoarchitektonischen Hirnrindenphysiognomik war ungebrochen, und er meinte damit einen Beitrag zur Erklärung und Korrektur individueller und kollektiver deutscher Verfehlungen und Verbrechen leisten zu können. Die

Untersuchung der Frage, »warum unter dem Naziregime so viele Menschen Verbrechen begingen«, war ausdrücklich ein individualpsychologisches Problem, das nur durch die bewährte Kombination psychologischer und hirnarchitektonischer Methoden angegangen werden konnte.[128] Erst in dieser historischen Situation überwand Vogt seine beharrliche Abneigung, sich mit den Kategorien Masse und Rasse zu befassen. Im Grunde jedoch war und blieb Vogt ein Vertreter der deutschen Bildungselite, der sich für die Ausnahmen, und das waren die außergewöhnlichen Persönlichkeiten, Höchstbegabungen und Verbrecher, interessierte.

Vogts Anfrage in Nürnberg, die Gehirne der hinzurichtenden Kriegsverbrecher zu untersuchen, war mithin unmittelbarer Bestandteil seiner *wissenschaftlichen* Aufarbeitung des Nationalsozialismus. Die Selbstgewißheit zu einer solchen Auseinandersetzung speiste sich noch aus dem vielfach beschworenen *naturwissenschaftlichen Zeitalter*, dieser seltsamen Verbindung von Bürgertum und Fortschrittsoptimismus, Allmachtsphantasien und technologischen Innovationen, die in dieser Kombination bereits 1914 ihre Tauglichkeit verloren hatte. Mit großem Geschick hat Vogt dieses Weltbild den jeweiligen politischen Entwicklungen angepaßt, doch was in der späten Weimarer Republik glänzend funktionierte, wirkte 1946 nur noch anachronistisch. Insofern ist Vogt mit der unterbliebenen Veröffentlichung seiner Broschüre möglicherweise eine große Enttäuschung und wohl auch ein großer Skandal erspart geblieben. Wenn heutzutage einige prominente Hirnforscher Willensfreiheit und Schuldfähigkeit des Menschen grundsätzlich in Frage stellen und dabei die kaum zu glaubende Äußerung fällt, daß Cäsar, Napoleon oder Hitler allesamt Fälle für den Psychiater seien, so ist das mehr als nur ein naiver Rückfall ins 19. Jahrhundert. Mit dem Verzicht auf eine historische Durchleuchtung der politischen Ansprüche von Gall und Carus, Wagner und Broca, Spitzka und Flechsig, den Vogts und Economo und der daraus folgenden Vorsicht bei der Deutung der eigenen Forschungsergebnisse begibt sich die Hirnforschung ohne Not in die Gefahr, alten und neuen Mythen aufzusitzen.

Gerade wegen seiner problematischen Aspekte ist *Der Nazismus vor dem Richterstuhl der Biologie* ein erstaunliches Dokument, zumal es sich um mehr handelt als um eine persönliche Abrechnung mit dem Nationalsozialismus und einigen seiner Repräsentanten. Es ist nämlich zugleich der Versuch, das Versagen der deutschen geistigen Elite, der Vogt sich ein Leben lang zugehörig fühlte, zu thematisieren und hirnanatomisch zu erklären. Mit dieser cerebralen Charakterologie grenzte sich Vogt entschieden von denjenigen Kollegen ab, die sich nach 1945 als Opfer oder bloße Mitläufer stilisierten.[129] Daraus folgt freilich nicht, daß dieser Text ein Musterbeispiel an Selbstreflexivität oder gar Selbstkritik darstellte. Das war in Vogts mentalem Gepäck nicht vorgesehen. So war die scharfe Demarkationslinie zwischen Wissenschaft und Pseudowissenschaft bzw. Ideologie

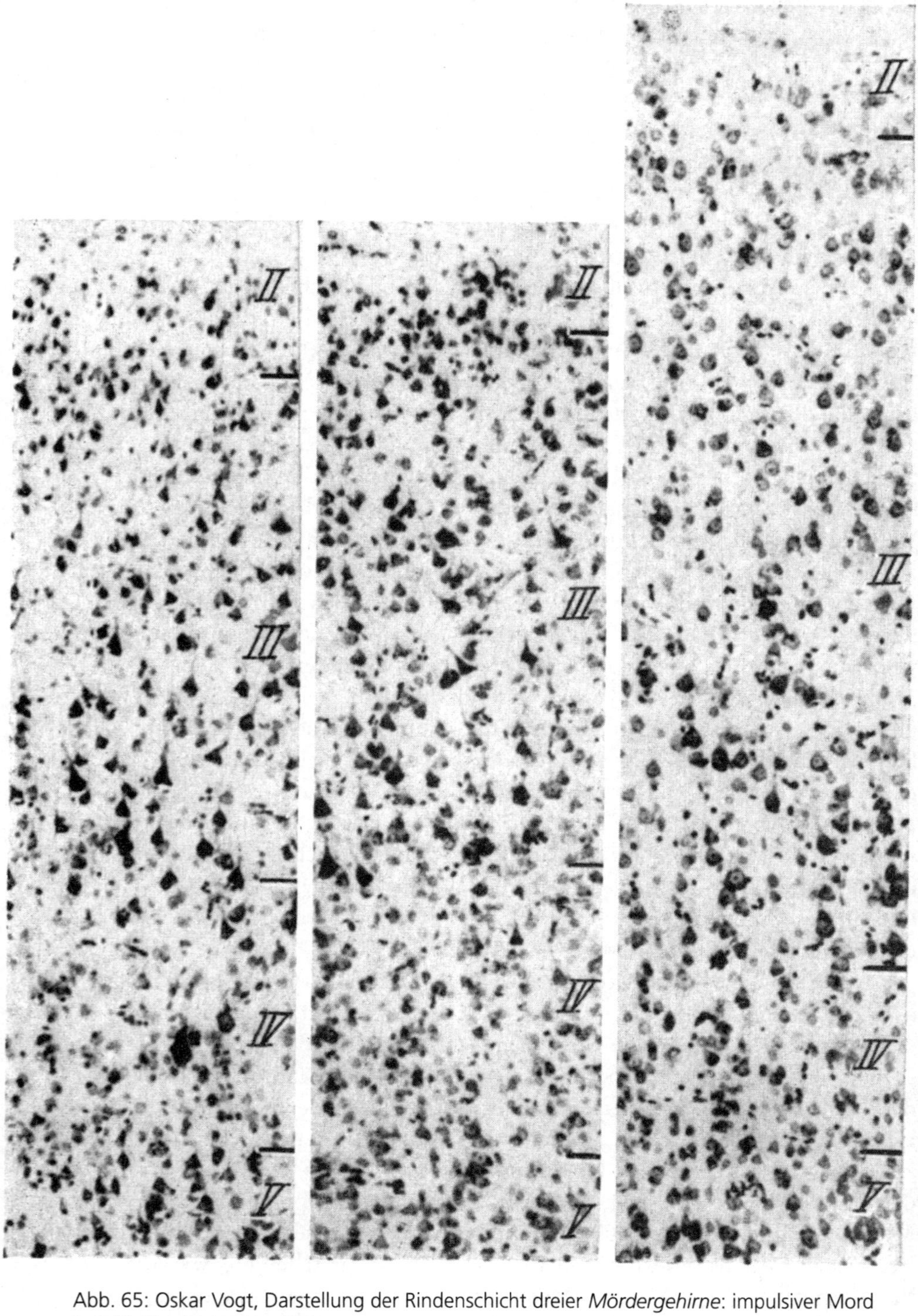

Abb. 65: Oskar Vogt, Darstellung der Rindenschicht dreier *Mördergehirne*: impulsiver Mord (a & b), überlegter Mord (c)

das kollektive Erklärungsmuster einer ganzen Generation, und auch Vogt wich davon nicht ab.[130]

Daß Vogt sich bei seinen Erklärungsversuchen im wesentlichen auf die Architektonik der Rindenschichten bei außergewöhnlichen Gehirnen berief, zeigt einmal mehr, daß er mit der Elite- und Verbrechergehirnforschung sein Lebensthema gefunden hatte, dem er über Jahrzehnte hin treu blieb, auch wenn er dazu nur wenig publizierte. Die alte Lichtenbergsche Trias von Genie, Wahnsinn und Kriminalität, die am Beginn der modernen Humanwissenschaften stand, hat keinen der in diesem Buch behandelten Protagonisten der Hirnanthropologie anhaltender und obsessiver beschäftigt als Oskar Vogt. Auch als das fortgeschrittene Alter und die Zeitumstände die weitere Forschung immer mühsamer werden ließen, versuchte Vogt die Hirnsammlung stetig zu vergrößern. Nachdem ihm im Sommer 1946 das Gehirn von Hermann Graf Keyserling angeboten wurde, der in Innsbruck verstorben war, fragte er noch Monate später an – das Gehirn war längst an die psychiatrische Klinik in Waldau bei Bern gegeben worden –, ob nicht außer dem Gehirn und der Krankengeschichte »auch noch Details über das Leben und die verschiedenen Eigenschaften des Grafen Keyserling« und »Details über seine Ascendenz« vorhanden seien.[131]

Noch 1951 verglich Vogt die Hirnschnitte zweier »impulsiver« und eines »überlegten« Mörders miteinander und kam zu dem Ergebnis, daß bei den beiden ersteren die Verschmälerung der III. Rindenschicht und damit die geringe Zahl der Pyramidenzellen in der Präfrontalregion »die normale Hemmung vermissen lassen und die Träger dieser Gehirne zu geborenen Verbrechern« machten (Abb. 65). In einem ihrer letzten Texte zählten Cécile und Oskar Vogt »die Untersuchung der Gehirne Asozialer« zu den »wichtigen Aufgaben der Hirnforschung«.[132] Und in der ersten Jahreshälfte 1958 nahm der greise Vogt ein ermüdendes bürokratisches Hin und Her auf sich, um in den Besitz des Gehirns eines Lustmörders zu gelangen, der im Gefängnis Selbstmord begangen hatte.[133] Zu diesem Zeitpunkt war an forcierte wissenschaftliche Arbeiten kaum mehr zu denken. So blieben am Ende weniger die wissenschaftlichen Erkenntnisse als die Sammlung selbst. Da in ihr über das individuelle Forscherleben hinaus auch künftige Generationen arbeiten sollten, haben die Vogts ihr Projekt nicht als gescheitert angesehen. Sie betrachteten die Hirnsammlung als Pantheon, als innerste Kammer der Gelehrtenrepublik, die gleichsam als Lebens- und Todesstätte für Gelehrte fungieren sollte. Als Oskar Vogt im Juli 1959 starb und sein Gehirn in die eigene Sammlung von Elitegehirnen integriert wurde, war diese zwar noch Gedächtnisort für einen ausgewählten Kreis von Hirnforschern, aber – bis auf weiteres – kein aktiver Forschungsraum mehr.

Nach der Elitegehirnforschung

Das kybernetische Gehirn

> Haben Sie sich schon einmal klargemacht, daß nahezu alles, was die Menschheit heutigen Tages noch denkt, denken nennt, bereits von Maschinen gedacht werden kann, hergestellt von der Cybernetik, der neuen Schöpfungswissenschaft? Und diese Maschinen übertrumpfen gleich den Menschen, die Ventile sind präziser, die Sicherungen sind präziser als in unseren zerklafterten Wracks [...]. Also das Gedankliche geht in die Roboter, der deckt den Bedarf, was übrig bleibt, sind Rudimente eines vulkanisch Früheren und wo sie sich zeigen, wirken sie bereits unmenschlich und verkracht.[1]

Gerade mal 17 Jahre, nachdem er die progressive Cerebration als »grundlegenden Begriff für die ganze beginnende Epoche« bezeichnet hatte, verabschiedete sich Gottfried Benn vom Gehirn als dem Organ, das die Menschheit zukunftsfähig machte. »Völlig entleerte, ausgelaugte Rassen u. Gehirne« nahm er in einer Fußnote zu dem Gedicht *Quartär* kurz nach Kriegsende wahr. Was immer man von der hier zum Ausdruck kommenden mangelnden politischen Differenzierungsfähigkeit und der trotzigen Beibehaltung der abgenutzten Begriffe halten mag, markiert diese Anmerkung gleichwohl den Abschied von einer organizistisch und rassenhygienisch geprägten Geschichtsauffassung. Wenn die Gehirne entleert sind, ist auch von Elitegehirnen nichts mehr zu erwarten. Als ob alle Versuche seit dem späten 18. Jahrhundert, das Gehirn mit Werten und Bedeutungen aufzuladen, sich von selbst erledigt hätten; als ob alle Selbstzuschreibungen von Genie oder Elite sich selbst ausgelöscht hätten, bleibt nur noch eine große Leere zu konstatieren. In dieses Vakuum ließen sich die Versprechungen einer neuen Schöpfungswissenschaft, die Norbert Wiener tatsächlich intendierte, mühelos einfügen.[2] Die Schaltzentrale Gehirn wird gegen die Schaltzentrale Computer ausgetauscht.

Benns Diagnose ist nicht die isolierte Weltuntergangsstimmung eines umstrittenen Intellektualisten, der gerade dabei war, sich seinen Platz im Nachkriegsdeutschland zu erschreiben. In einer viel umfassenderen Weise, als Benn es sich vielleicht ausgemalt haben mag, formierte sich in den vierziger Jahren ein neues Dispositiv in der Hirnforschung, das in so ziemlich jeder Hinsicht das Gegenteil des strukturell-morphologischen Ansatzes bedeutete, den die anatomisch orientierten Forscher von Flechsig und Retzius bis Vogt und Economo verfolgt hatten.

Dieses Dispositiv läßt sich als Wandel von einer organizistischen zu einer technizistischen Betrachtung des Gehirns beschreiben. Es kaprizierte sich nicht auf cerebrale Strukturen, sondern auf Funktionen; es war nicht an individuellen Merkmalen interessiert, sondern an allgemeinen Gesetzmäßigkeiten des Denkens, Wahrnehmens und Handelns; es setzte nicht auf Größenverhältnisse und überhaupt auf topographische Konstellationen, sondern auf dynamische Zustände, Verdrahtungen und Verschaltungen, bei denen es gleichgültig war, ob diese durch organische Substanzen wie Nervenzellen und -fasern oder durch Maschinen realisiert wurden. Größe und Anzahl von Nervenzellen waren irrelevant, statt dessen kam es auf ihren Aktivierungszustand an. Das Gehirn galt nicht länger als Organ, in das Intelligenz und Gefühle, Denken und Triebe an verschiedenen Orten eingeschrieben wurden, sondern als eine Funktionseinheit, die Probleme zu lösen imstande ist. Dieser *cognitive turn* machte das Gehirn zu einem Computer. Die zentrale Frage lautete: Nach welchem Algorithmus funktioniert das Gehirn, und wie lassen sich Gehirnfunktionen elektronisch simulieren? Es ist bislang noch nicht einmal in Ansätzen erforscht worden, wieweit die Konjunktur zwischen Kybernetik, Computerwissenschaft und Hirnforschung nach dem Zweiten Weltkrieg getragen hat. Doch unbestritten war das Gehirn als »computational device« zumindest für einige Zeit eine forschungsleitende Kategorie, die den Unterschied zwischen Gehirn und Maschine einschmolz.

Es ist ebenso klar, daß die Kybernetik das technizistische Gehirn nicht vollständig neu erfunden hat. Schon in den zwanziger Jahren kursierten vor allem in den USA behavioristische Maschinenmodelle des Gehirns. Sie hatten zwar den Nachteil, daß es noch keine Maschinen gab, die auch nur die simpelsten kognitiven Funktionen simulieren konnten, dennoch waren die Angleichungen so stark, daß Fritz Kahn in seinen populären Abbildungen den Hirnraum mit technischen und elektronischen Vorrichtungen möblierte, um die unterschiedlichen Funktionsbestandteile des Sehakts zu verdeutlichen (Abb. 66).[3] Wenn Paul Valéry zu jener Zeit in seinen *Cahiers* notierte, daß das Nervensystem, »funktional gesehen, eine Gesamtheit von Transformationen und Substitutionen« darstelle und die Hirnanthropologie damit bloßstellte, daß das »Schema einer Rundfunkanlage […] mehr vom Lebendigen und vom Funktionieren des empfindungsfähigen Lebewesens [verrät] als jeder histologische Schnitt«,[4] dann konnte er keine bessere visuelle Umsetzung finden als bei Kahn, der im Betrieb moderner Hochhaus-Architektur Radioleitung und sensorische Leitungen im Körper als identische Vorgänge darstellte (siehe Farbtafel VIII). Zudem konnte sich Valéry der Zustimmung zumindest derjenigen Hirnforscher sicher sein, die die anatomischen Lokalisationsversuche mit großer Skepsis betrachteten. So fertigte Henry Donaldson, das ehemalige Mitglied der *American Anthropological Society*, in seiner einzigen Veröffentlichung über

Gelehrtengehirne den morphologischen Ansatz mit den Worten ab, daß das Gehirn post mortem eine »krude Maschine ohne Kraft und Kontrolle« darstelle. Donaldson war kein Physikalist, weswegen er die unbekannten Kräfte, die das Gehirn steuerten, weniger in elektrischen Prozessen als in der Chemie des Nervengewebes, in den Verbindungen zwischen den einzelnen Nervenzellen und in der Blutversorgung sah.[5]

Andere Anatomen schlossen sich der Kritik an der Morphologie und an den überzogenen Ansprüchen der Cytoarchitektonik an. Dabei spielten sowohl wissenschaftliche als auch weltanschauliche Gründe eine Rolle. Raffael Lorente de Nó, der sogar einige Zeit bei den Vogts in Berlin geforscht hatte, konnte mehrere Ungereimtheiten nachweisen: Rindenschichten, die eigentlich hätten gleichartig sein müssen, wichen bisweilen in Ursprung und Struktur signifikant voneinander ab. Und Felder, die nach der architektonischen Methode eine funktionelle Einheit bildeten, ergaben mit der Silbernitratfärbung nach Camillo Golgi ein ganz anderes Resultat. Während Lorente de Nó nicht daran zweifelte, daß zwei morphologisch unterschiedliche Felder auch unterschiedliche Funktionen hätten, hielten Karl Lashley sowie Gerhardt von Bonin und Percival Bailey die architektonischen Ergebnisse weitgehend für Artefakte. Lashley betrachtete strukturelle Differenzen einzelner Felder als Folge variabler Entwicklungsvorgänge in der Hirnrinde, Bailey und Bonin sahen strukturelle Unterschiede als Ausdruck individueller Variationen an und insistierten darauf, daß das Gehirn aller Menschen im Prinzip gleichartig sei – eine dezidiert antirassistische Deutung der Hirnanatomie, die sich mit den UNESCO-Erklärungen von 1950 und 1951, wonach der Rassenbegriff nichts anderes als ein Mythos sei, in Einklang befand.[6] Damit war, zumindest in den USA, auch die Cytoarchitektonik in den Ruch einer durch die Barbarei des Nationalsozialismus kontaminierten Wissenschaft geraten, und das trug zur Ablösung des organizistischen Blicks auf das Gehirn durch eine technizistische Sichtweise zweifellos bei.

Die Frustration über den anatomischen Ansatz wird auch in Norbert Wieners *Kybernetik* spürbar. In dem Kapitel »Kybernetik und Psychopathologie« schreibt er, daß Geisteskrankheiten funktioneller Natur seien und es keine Möglichkeit gebe, das Gehirn eines Schizophrenen oder Depressiven zu identifizieren. Mit präziseren Worten wiederholt er Donaldsons Einschätzung, daß das tote Gehirn für die Bestimmung der lebendigen Hirntätigkeit wertlos sei. An der Leiche gibt es »keinen Weg, der Neuronenkette und den damit zusammenhängenden Synapsen nachzuspüren und die Bedeutung dieser Ketten für den Ideengehalt, den sie aufzeichnen, zu bestimmen«. Weil dem so ist, bietet Wiener eine Erklärung psychopathologischer Prozesse an, die er ganz in der Terminologie der Nachrichtentechnik als »sekundäre Verkehrsstörungen«, als »Überbeanspruchung dessen, was vom Nervensystem bleibt und die Umleitung von Nachrichten« be-

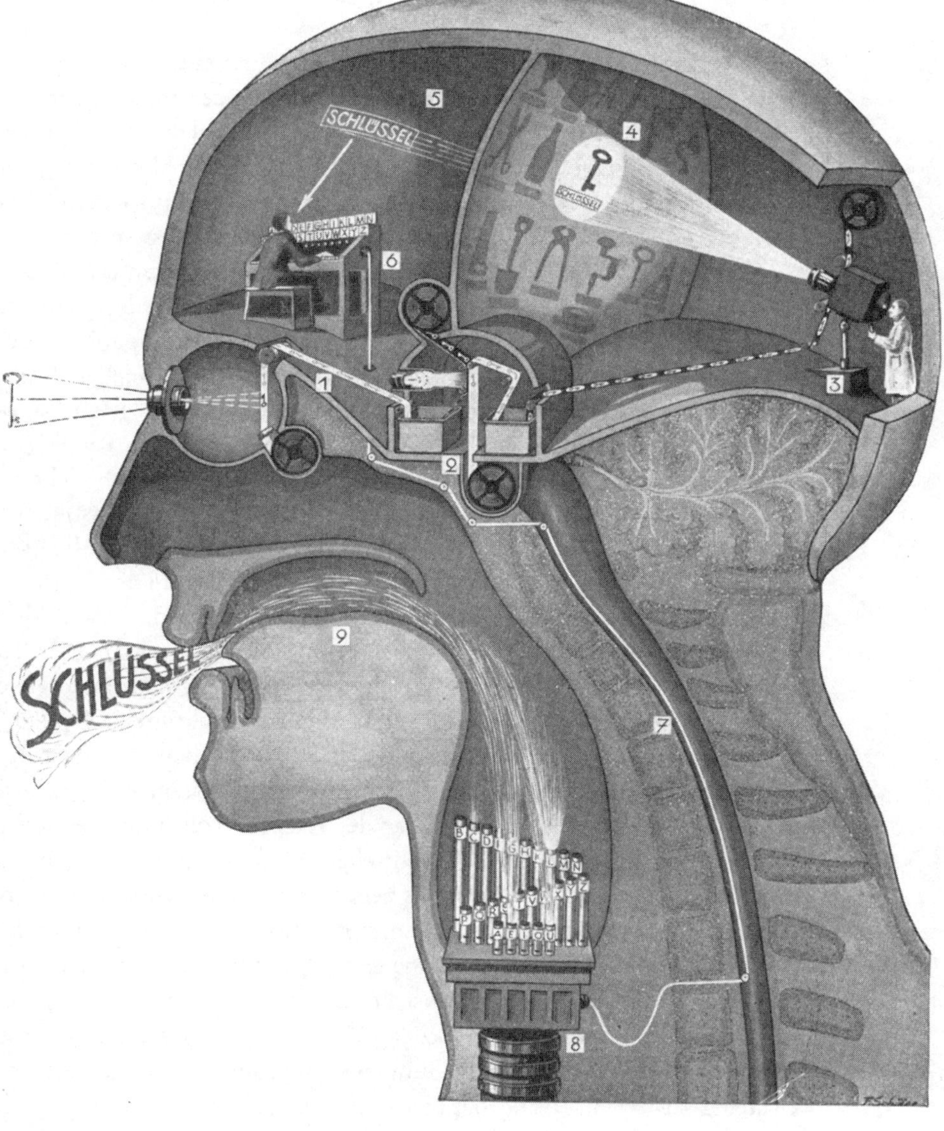

Abb. 66: Fritz Kahn, Vorgänge im Gehirn und in den sensomotorischen Organen bei optischer Darbietung eines Schlüssels

zeichnet.[7] Mit anderen Worten wird der übliche Weg der im Gehirn zirkulierenden Informationsflüsse gestört, und das kann genausogut in einer Rechenmaschine passieren.

Es wäre eine eigene Betrachtung wert, inwieweit Wieners Vorstellung von Überlastung und Verkehrskollaps in der cerebralen oder elektronischen Rechenmaschine eine verallgemeinernde Projektion seiner eigenen labilen Gesundheit darstellte, denn Wiener erlitt mehrfach psychische Zusammenbrüche, die ihn für einige Zeit arbeitsunfähig machten.[8] Festzuhalten bleibt, daß die Annäherung zwischen Nervensystem und Rechenmaschine von beiden Seiten aus erfolgte. Letztere konnten erkranken und zeigten laut Wiener sogar bedingte Reflexe. Gehirne wiederum verfügten über Eigenschaften, die sie mit Rechnern prinzipiell kompatibel machten. Die Nervenzellen oder Neuronen, die kleinsten funktionellen Einheiten des Gehirns, agierten wie ein Relais, indem ihre physiologische Wirkung auf zwei Zuständen basierte: dem Aktivierungs- oder dem Ruhezustand.[9] Bei der Idee des sogenannten On-off-Prinzips handelte es sich nicht um ein Geschenk der Automatentheorie an die Neurophysiologie, sondern um eine genuin physiologische Theorie, die von einem Alles-oder-Nichts-Prinzip der Nervenaktivierung ausging und bereits zu Beginn des Jahrhunderts von E. D. Adrian formuliert wurde. Diese Theorie wurde in dem Moment zu einem mathematischen und medientechnischen Ereignis, als Alan Turing 1937 die These aufstellte, daß Maschinen- und Geisteszustände gleichermaßen nach logischen Prinzipien verstanden werden können. Wenige Jahre später gingen Warren McCulloch und Walter Pitts noch einen Schritt weiter, indem sie versuchten, die Vorgänge im Nervensystem als logische Operationen zu kennzeichnen, bei denen der Aktivitätszustand eines einzelnen Neurons mit dem simpelsten psychischen Akt korrespondierte. Die Informationstheorie des Nervensystems befaßte sich mit kleinsten Einheiten, um den gemeinsamen Nenner intelligenter Operationen dingfest zu machen.[10]

Für Wiener, Turing und eine ganze Gruppe von Kybernetikern und späteren AI-Forschern war es ausgemacht, daß in einem Computer und in einem Gehirn morphologisch, chemisch und physikalisch nicht dieselben Vorgänge am Werk sein mußten, um von einer funktionellen Identität beider Systeme zu reden. Turing beispielsweise sah kein Problem darin, daß das Nervensystem keine Maschine mit diskreten Zuständen ist.[11] Die Identität wurde vielmehr durch Problemlösungsverhalten axiomatisch gesetzt. Die Entleerung des Gehirns von Symbolen und Werten, genauer: die Entzauberung der Hirnhygiene in der Katastrophe des Nationalsozialismus beschleunigte die Durchsetzung einer Sichtweise, in der Gefühle und Selbstbewußtsein, Kriminalität und Kreativität keine relevanten Größen mehr waren. Innerhalb dieser epistemischen Konfiguration wurde das Gehirn in einem wörtlichen Sinne entkörperlicht und isoliert. Entkörperlicht, weil die morphologische Struktur mit allen chemischen Stoffen und Prozessen hinter das digitale On-off-Prinzip zurücktrat, dem die Funktionsweise der Nervenzellen entsprach; isoliert, weil das übliche Milieu, in dem ein ganzes Gehirn funktioniert, nämlich der Körper, ausgeblendet wurde, sei es daß man ihn ignorierte, sei es, daß man das kontingente und störende Körpergeschehen gezielt ausschaltete. Eine ganze Generation von Hirnforschern, Neurologen und Kognitionswissenschaftlern untersuchte die Hardware des Gehirns elektrophysiologisch und schenkte der morphologischen Struktur nicht mehr die gleiche Aufmerksamkeit, die ihre Vorgänger in der ersten Hälfte des 20. Jahrhunderts noch aufgewendet hatten.

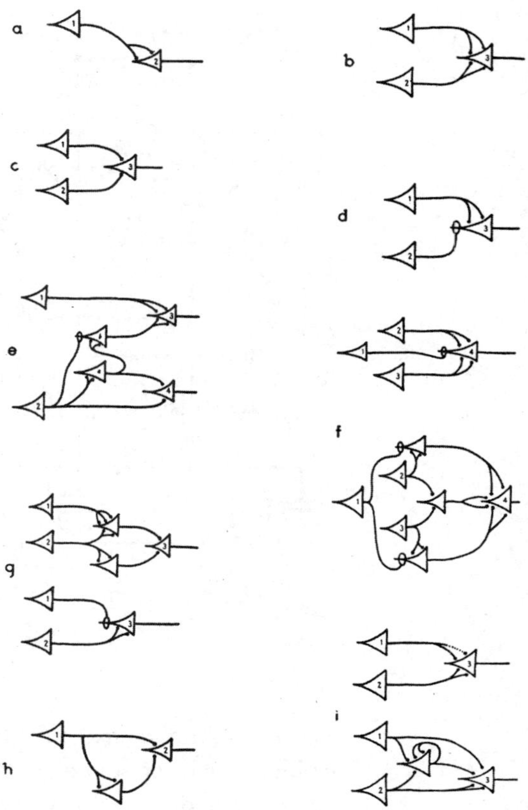

Abb. 67: W. McCulloch und W. Pitts, Darstellung der Neuronen als logische Schaltungen

Zwei Aspekte kamen dabei zusammen. Außer der Erfindung des kybernetischen Gehirns gelang es dank technologischer Innovationen auch, einzelne Neuronen im Gehirn mittels einer Elektrode abzuleiten. Optische, akustische oder andere Stimuli führten zu spezifischen Reaktionen von Neuronen, die auf diese Weise funktionell klassifiziert werden konnten. Nervenzellen bzw. deren Potentiale wurden in einem purifizierten Zustand abgeleitet. Natürlich kaprizierte sich keine Untersuchung auf das gesamte Gehirn, sondern auf spezifische Funktionsabläufe wie Farbensehen, Gestaltsehen, das Zusammenspiel von Augenbewegung und Gleichgewicht und zahlreiche andere Funktionen, die in sich komplex genug waren, um ein ganzes System zu bilden, das im besten Falle theoretisch modelliert wurde.

Diese knappe und reichlich simplifizierende Skizze einiger Haupttendenzen in den kybernetisch informierten Neurowissenschaften soll nur auf einen einzigen Punkt aufmerksam machen: mit der Computerisierung des Gehirns verbunden war die vorläufige Verabschiedung einer an der Physiognomik orientierten Visualisierung des Gehirns. Ich will nicht behaupten, daß man in den fünfziger und sechziger Jahren des 20. Jahrhunderts keine Abbildungen von Gehirnen gesehen hat, aber um mental relevante Prozesse zu repräsentieren, hat man sich ganz anderer Bilder bedient. Fast schon emblematischen Charakter hatte die schematische Abbildung einzelner Neuronen bei McCulloch und Pitts, wobei die Dreiecksform immerhin noch entfernt an die Form der Pyramidenzellen erinnert (Abb. 67).

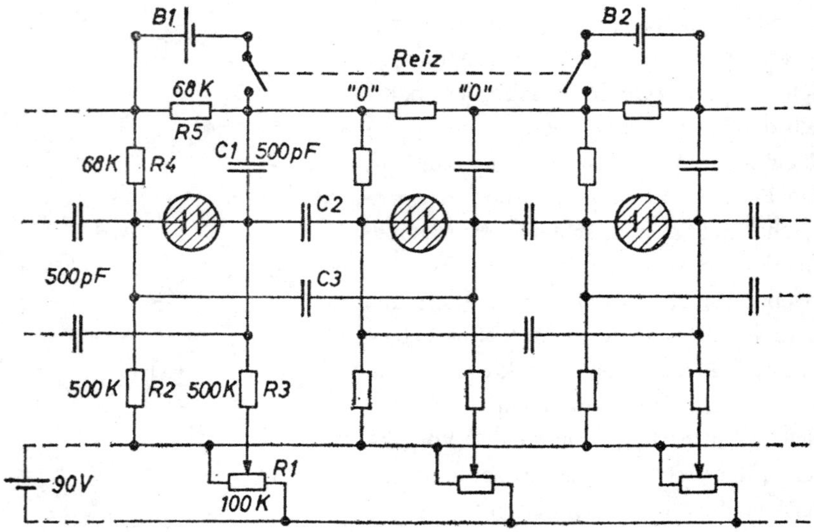

Abb. 68: William Grey Walter, Schaltplan eines Nervenmodells

Keinerlei Ähnlichkeit mit Nervensystemen haben die kybernetischen Abbildungen der fünfziger Jahre. Wie eine Bestätigung der Anmerkung Valérys, daß der Schaltplan eines Radios mehr über das Nervensystem sage als ein histologischer Schnitt, ist der Einblick in *Das lebende Gehirn*, den der britische Neurologe Grey Walter in einem weitverbreiteten Buch gewährt. Unter den 22 Abbildungen des Buches findet sich kein einziges Hirnbild, dafür einige Schaltpläne, etwa eines Nervenmodells, das sich von einer Maschine nicht unterscheidet und auch nicht unterscheiden soll (Abb. 68).

Noch weiter getrieben wird dieser Ikonoklasmus in den Büchern von John Eccles, von denen *Das Ich und sein Gehirn*, gemeinsam mit Karl Popper geschrieben, vielleicht einmal als der Schlußpunkt der Hirnforschung des 20. Jahrhunderts interpretiert werden wird. In diesem Buch findet sich keine einzige Fotografie.[12] Ich meine, daß es sich hierbei nicht bloß um Resultate des ästhetischen Geschmacks von Buchgestaltern handelt. Sie entsprechen vielmehr einer antiphysiognomischen Tendenz und gewollten Askese der Hirnforscher im Umgang mit realistisch wirkenden Bildern vom Gehirn. Das visuelle Design des Gehirns orientiert sich am Design symbolischer Operationen des Computers, nicht mehr an der sogenannten Wetware. Auch wenn Eccles bestimmt kein freiwilliger Bewohner der Turing-Galaxie war, so ist sein Blick auf das Gehirn abstrakt und funktionell. Für Eccles ist das Gehirn natürlich körperlich und gehört zur *Welt 1*,

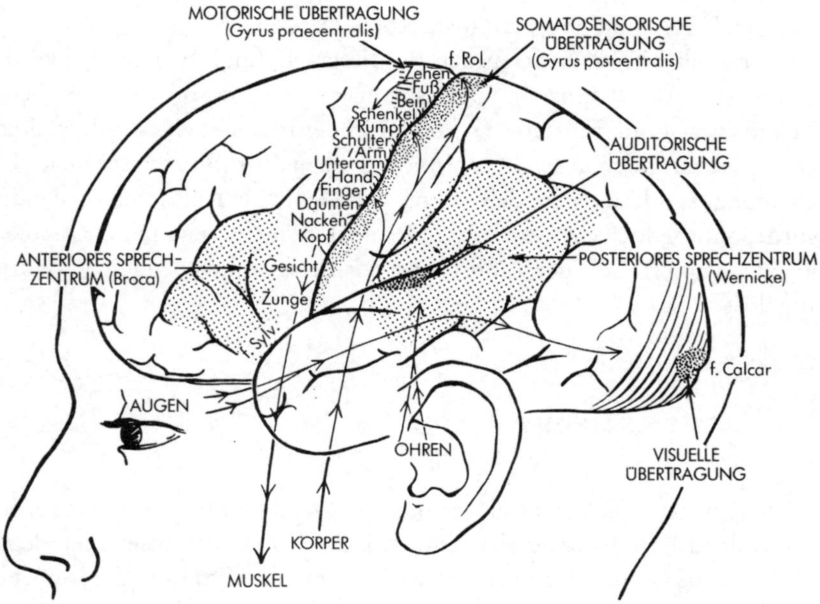

Abb. 69: John C. Eccles, Schematische Darstellung des Gehirns

ebenso wie alle anderen materiellen Substrate, seien sie organisch oder anorganisch. Aber das Gehirn ist isoliert und entkörperlicht in dem Sinne, daß es als Funktionsmaschine aufgefaßt wird, die mit anderen, ebenso abstrakten Körpersystemen in Verbindung steht. Keinesfalls aber verweisen diese Funktionen auf die Person, die diesen Körper trägt. In Eccles' metaphysischer Anschauung kann das auch gar nicht anders sein, weil die Annahme der Wechselbeziehungen zwischen den drei Welten nur sinnvoll ist, wenn jede ihre klar definierten, voneinander unterschiedenen Eigenschaften hat. Tauchen in den Büchern von Eccles und anderen Hirnforschern Graphiken von Gehirnen auf, dann in schematisierter Form (Abb. 69), die das Gehirn im Kopf nur andeutet. Doch geht es hier nicht um den Reichtum oder gar die Variabilität der Windungen und Furchen, sondern um gewisse Orientierungspunkte, an denen die verschiedenen Funktionen dann eingetragen werden. Diese Abbildung, in den achtziger Jahren des letzten Jahrhunderts noch gang und gäbe, ist von unserer heutigen bildlichen Vorstellung des Gehirns ziemlich weit entfernt. Dabei liegt gerade einmal die Dekade des Gehirns dazwischen, in der die Computerbilder die Öffentlichkeit geradezu überschwemmt haben. Die antiphysiognomische und entindividualisierte Hirnbetrachtung hat ungefähr 40 Jahre angedauert. In dieser Zeit hat es so gut wie keine Untersuchungen von Elitegehirnen gegeben, und wenn, dann spielten sie nur eine marginale Rolle.

Es scheint im Widerspruch zu diesem Befund zu stehen, daß das Gehirn von Albert Einstein sogar schon vor seinem Tod ein öffentliches Ereignis war. Nun, Einsteins Gehirn ist weder in seiner elektrophysiologischen Eigenart noch in seiner morphologischen Struktur eine singuläre Erscheinung, sondern darin, daß es von Anfang an als Kultobjekt gehandelt wurde, ohne jedoch ein Objekt der Hirnforschung zu sein. Diese Dissoziation hat sich erst seit der Einführung der neuen bildgebenden Verfahren aufgelöst.

Einsteins Gehirn

»Einsteins Gehirn ist ein mythisches Objekt.« Mit diesem Satz eröffnete Roland Barthes seinen berühmten Essay, in dem er auseinanderlegte, wie Einsteins Gehirn dazu benutzt wurde, um den Mythos von der unendlichen Macht des Menschen über die Natur wieder einmal neu zu erzählen. Barthes fährt fort: »Paradoxerweise liefert die größte Intelligenz das Bild der vollkommensten Mechanik. Der allzu kraftvolle Mann wird von der Psychologie losgelöst und in eine Welt der Roboter versetzt.«[13] Der Mythos von Einsteins Gehirn liegt also darin begründet, daß es keine Geheimnisse gibt. Einsteins Denken wird damit zu einer Art funktioneller Arbeit umgedeutet, die sich, so Barthes, nicht prinzipiell von der Herstellung von Würsten unterscheidet. Diese funktionalistische Interpretation paßt nahtlos in das Computer-Dispositiv der fünfziger Jahre. Die physiognomische Äquivalenz zwischen der Hirnstruktur und dem Träger des Gehirns ist irrelevant. Es zählt einzig die »kybernetische Komplexität« (»complication cybernetique«) dieses Organs. In der Verschaltung von Hirnfunktion und Mechanik, Computer und Kybernetik wird das Gehirn als Organ zum Verschwinden gebracht. Auch wenn Barthes die Instrumentalisierung im öffentlichen Gerede über Einsteins Gehirn kritisiert, bewegt er sich doch ganz im Denkraum eines entindividualisierten und entkörperlichten Verständnisses vom Gehirn.

Die Abwesenheit von Einsteins Gehirn ist noch in einem anderen Zusammenhang aufschlußreich. Barthes war vor allem an dem Umstand interessiert, daß der Rummel um Einstein Gehirn 1955 im wesentlichen ein Phänomen des öffentlichen Personenkults darstellte. Sicherlich war Einstein an diesem Geschehen nicht ganz unbeteiligt, denn einige Jahre vor seinem Tod hatte er sich in Princeton für eine EEG-Untersuchung zur Verfügung gestellt, die zwar keine genialen Hirnstromkurven, aber dafür eine berühmte Fotografie des an Elektroden angeschlossenen Einstein hervor-

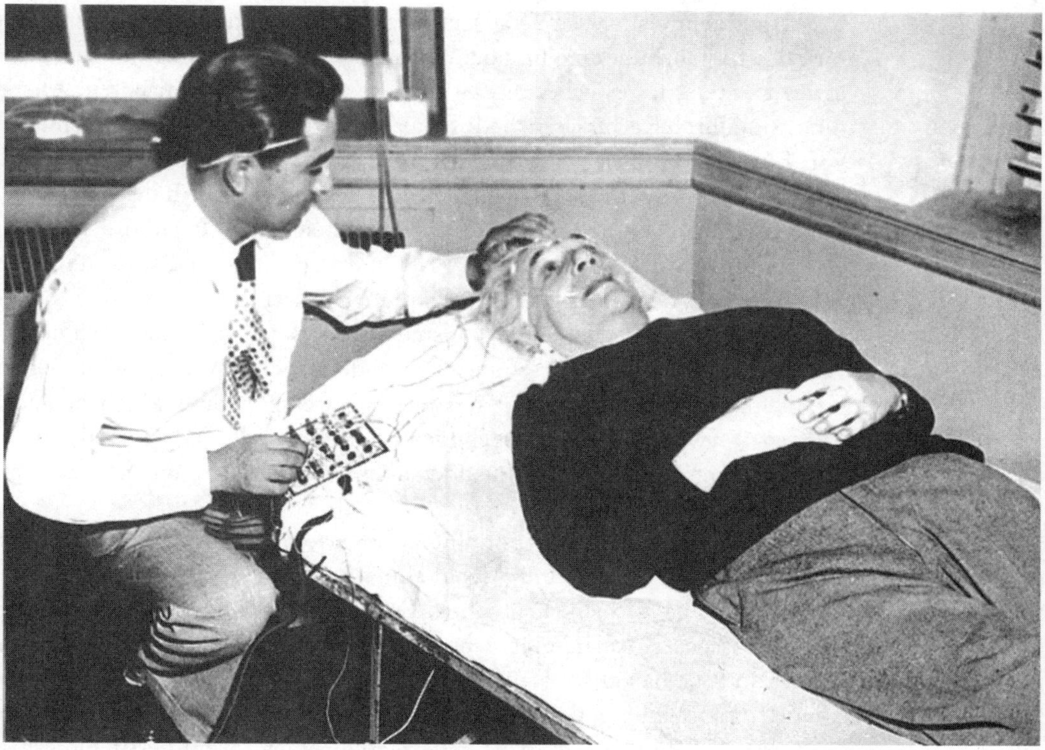

Abb. 70: Einstein bei der EEG-Ableitung

brachte, die sich in die Ikonographie einer mit den Konventionen des wissenschaftlichen Habitus brechenden Ausnahmeerscheinung problemlos einfügte (Abb. 70). Einsteins Gehirn wurde zum Kultobjekt, bevor sein Besitzer überhaupt gestorben war. Die anatomisch orientierte Elitegehirnforschung hatte sich verausgabt, und auch die hirnelektrische Decodierung der Genialität war trotz einiger Hoffnungen um 1950 kaum je ein bestechendes Forschungsziel. Dennoch waren die Erinnerungen an die Elitegehirnforschung der Vorkriegszeit im kollektiven Gedächtnis präsent genug, um die Faszination für die cerebrale Andersartigkeit des Jahrhundertgenies kurzfristig aufrechtzuerhalten. Ganz im Gegensatz zu den Hirnforschern selbst. Es ist zwar nur eine Spekulation, aber auch wenn einer der führenden Neuroanatomen seinerzeit Einsteins Gehirn zur Verfügung gehabt hätte, so wäre es kaum zu einer Wiederbelebung der Elitegehirnforschung gekommen. Als der greise Walther Riese 1966 eine Bilanz der Elitegehirnforschung zog und mit Bedauern feststellte, daß sich niemand mehr dafür interessiere, fand er Einsteins Gehirn nicht einmal der Erwähnung wert.[14]

Jahrzehntelang war es ausgesprochen still um das berühmteste Gehirn des 20. Jahrhunderts, und daran vermochten nicht einmal Journalisten etwas zu ändern, die sich von Zeit zu Zeit auf seine Spur machten. Allerdings sind ihren Recherchen die Informationen über die weitere Geschichte von Einsteins Gehirn zu entnehmen, die mindestens ebensosehr die Geschichte Thomas Harveys ist wie diejenige des Objekts, dem der Pathologe seine etwas anrüchige Berühmtheit zu verdanken hat.[15] Man könnte es auch so formulieren, daß ein unbedarfter Mann durch Zufall in den Besitz eines *Schatzes* gerät, der ihn in jeder Hinsicht überfordert. Das Princeton Hospital, wo Harvey arbeitete und Einstein starb, war trotz des berühmten Namens kein Ort der Forschung. Es handelte sich um ein gewöhnliches Krankenhaus, dessen Ärzte mit Wissenschaft wenig im Sinn hatten. So auch Harvey: Er war ein solide ausgebildeter Pathologe, der jedoch weder wissenschaftliche Ambitionen hegte noch über besondere Kompetenz auf dem Gebiet der Hirnanatomie verfügte.

Harvey nahm die Sektion in Gegenwart von Otto Nathan vor, Einsteins engem Vertrauten und alsbald allmächtigem Verwalter des Einsteinschen Erbes. Es ist nicht klar, ob es Einsteins Willen entsprach, daß sein Gehirn wissenschaftlich untersucht werde. Jedenfalls waren sein Sohn Hans Albert und Nathan einverstanden, daß Harvey das Organ vorerst behalten könne.[16] Es ist müßig, darüber zu spekulieren, warum Nathan, aus hagiographischen Gründen durchaus am Ergebnis einer Hirnuntersuchung interessiert, sich nicht darum bemühte, das Gehirn an einen renommierten Neuroanatomen weiterzugeben. Harvey seinerseits suchte den Kontakt zu einigen führenden Hirnanatomen, gab sich allerdings der Illusion hin, daß diese sich auf eine Zusammenarbeit einlassen würden, bei der er selbst die Fäden in der Hand behielt. Entsprechend frostig war ein Zusammentreffen in Philadelphia, bei dem unter anderem Webb Haymaker, der Mussolinis Gehirn untersucht hatte, und ausgerechnet Gerhardt von Bonin, einer der schärfsten Kritiker der Elitegehirnforschung Vogts, anwesend waren. Über dieses Treffen scheint es außer Harveys Erinnerungen keine weiteren Berichte zu geben. Jedenfalls reiste er unverrichteter Dinge wieder ab, und keiner der anwesenden Hirnanatomen hat in der Folgezeit Interesse an Einsteins Gehirn angemeldet; was auch völlig kongruent ist mit der allgemeinen Einschätzung der damaligen Hirnforschung, daß die Untersuchung von Elitegehirnen ein aussichtsloses Unterfangen darstelle.

Als ob die Ablehnung durch die Hirnautoritäten einen Freifahrtschein bedeutete, verfuhr Harvey mit dem Gehirn, wie er es für richtig hielt. Dabei orientierte er sich zwar an Baileys und Bonins Atlas, doch wird aus seiner Vorgehensweise ziemlich klar, daß er nicht die leiseste Vorstellung davon hatte, welcher Art von Untersuchung er das Gehirn unterziehen wollte. Zunächst ließ er es aus mehreren Perspektiven fotografieren, um es dann in 240 würfelförmige Blöcke zu zerschneiden, von denen er 2000 mikroskopische Schnitte anfertigen ließ. Es wäre irreführend, in diesem Procedere eine Anlehnung an Constantin von Economos Blöckchenmethode zu sehen, denn erstens hatte Economo eine ungleich komplexere und sorgfältigere Anleitung zur Bearbeitung und Konservierung von Elitegehirnen an die Hand gegeben, zu der selbstverständlich auch ein Wachsabguß der unversehrten Hirnhälften gehörte, und zweitens deutet nichts darauf hin, daß Harvey eine cytoarchitektonische Untersuchung im Sinn gehabt hätte.

Statt dessen begann Harvey damit, einzelne Hirnschnitte an Experten zur Untersuchung zu geben. Der bekannteste von ihnen war Percival Bailey, der sich höflich für das Geschenk bedankte und nichts mehr von sich hören ließ. Tatsächlich war H[illegible]ys Hoffnung, daß die mikroskopische Untersuchung von ein[illegible]nitten zu einem sinnvollen Ergebnis führen könnte, ei[illegible]rsiflage auf die früheren, ungleich aufwendiger[illegible]hungen, Elitegehirne zum Sprechen [illegible]chung nach den Standards der Anat[illegible]n Economos und Vogts war nach H[illegible]führbar.

I[illegible]uhig um Einsteins Gehirn. Als Harv[illegible]wurde, seine Tätigkeit im Princeton [illegible] Formalin aufbewahrten Hirnwürfel [illegible] niemand mehr für das Gehirn intere[illegible]s weiterer Lebensweg führte Schritt [illegible]bei Einsteins Gehirn sein treuester B[illegible]der Bildfläche verschwunden, und [illegible] Recherchen, ihn wieder ausfindig z[illegible]Harvey und Einsteins Gehirn hat ei[illegible]den: den Road Movie. Eine Journali[illegible]eise in das 1267-Seelen-Dorf Weston, w[illegible]in anderer Reporter verschwendet ein ganzes Bu[illegible]tofahrt des greisen Harvey quer durch die USA mit dem Ge[illegible]Gepäck zu Einsteins Enkelin zu erzählen. Man mag solche Geschichten als geschmacklose Produkte eines investigativen Journalismus ansehen. Die Frage: *Wo ist das Geniale an Einsteins Gehirn?* wurde ersetzt durch die banalere Frage: *Wo ist Einsteins Gehirn?* Der größere Teil bei Harvey im Regal, und der Rest an weitverstreuten Orten, müßte die Antwort lauten, denn im Lauf der Zeit hat Harvey auch Hirnstückchen an Liebhaber verschenkt, beispielsweise an einen japanischen Einstein-Verehrer von der Universität Kinki. Wenigstens ist es inzwischen weitgehend aufgeklärt, in welchen Laboratorien und Sammlungen sich Stückchen des Gehirns befinden. Vor einigen Jahren hat sich der greise Harvey davon überzeugen lassen, die bei ihm verbliebenen Stücke des Gehirns an das Princeton Medical Center zu übergeben, wo sie inzwischen aufbewahrt werden.[17]

Seit den achtziger Jahren führten die von Harvey weiterhin zur Verfügung gestellten Hirnschnitte zu einigen marginalen Publikationen. Eine Untersuchung behauptete, daß Einsteins Hirnrinde dünner war als diejenigen in einer kleinen Kontrollgruppe. Eine andere Studie fand heraus, daß bei ihm das Verhältnis zwischen Neuronen und Gliazellen wenigstens in einem Brodmann-Areal signifikant geringer war als in einer ebenfalls kleinen Kontrollgruppe. Nicht gerade vielversprechende Befunde, die dementsprechend innerhalb der Neurowissenschaften mit Schweigen bzw. mit harscher methodischer Kritik quittiert wurden.[18] Erst eine Publikation im Jahre 1999 rief ein großes Echo hervor, und das ist auch kein Wunder, denn zum Ende der häufig zitierten Dekade des Gehirns tat die kanadische Neurowissenschaftlerin Sandra Witelson so, als habe sie einen Durchbruch in der Erforschung von Einsteins Gehirn erzielt.

»Die Entwicklung der computergestützten Bildtechnologien hat es ermöglicht, mittels der Magnetresonanz-Tomographie quantitative Messungen der Hirnanatomie in vivo vorzunehmen, die erneut die Aufmerksamkeit auf das Verhältnis von Struktur und Funktion [...] gelenkt haben.«[19] Mit diesem Zitat implementiert Witelson ihre Untersuchung von Einsteins Gehirn in die aktuelle Hirnforschung der Jahrtausendwende. Zweifellos ist das Verhältnis von anatomischer Struktur und Funktion durch die Computerbilder auf ein neues Level gehoben worden, doch andererseits ist die Autorin gezwungen, den irreparabel fragmentierten Zustand von Einsteins Gehirn höflich zu verschweigen. Witelson hatte gar keine andere Wahl, als mit makroskopischen Messungen vorlieb zu nehmen und ihre Messungen vor allem an Fotografien vorzunehmen. Sie schreibt zwar, daß sie neben den Fotografien auch das Gehirn selbst vor sich gehabt habe, aber man fragt sich, was sie angesichts der 240 Würfel damit überhaupt anfangen konnte. Ihre eigentlichen Messungen der Größenverhältnisse der vier großen Hirnregionen führen unmittelbar ins 19. Jahrhundert zurück, auch wenn Witelson über viel Erfahrung in der Anatomie der Hirnwindungen verfügt.

Das als Sensationsfund verkaufte Resultat, nämlich daß die unteren Parietallappen, also die Region um das Ende der Sylvischen Furche herum, bei Einstein besonders entwickelt sind, paßt problemlos in die Vorstellungswelt eines Gustaf Retzius oder Paul Flechsig. Witelson beobachtet eine Verschmelzung der Sylvischen Furche mit dem Sulcus post-centralis, wodurch es zu einer signifikanten Verbreiterung des unteren Parietallappens kommt. Dabei handelt es sich wohl um eine anatomische Seltenheit, doch ob es sich hierbei um eine Einzigartigkeit des Einsteinschen Gehirns handelt, die einen Hinweis auf sein Genie gibt, darf getrost in Zweifel gezogen werden. Auch im späten 19. Jahrhundert stritt man sich über die Frage, ob eine noch so seltene Besonderheit im Hirnwindungsmuster eine Anomalie oder bloß Ausdruck einer großen Variationsbreite sei, ganz zu schweigen davon, welche funktionelle Bedeutung dem zugemessen wurde

Was Witelson als »einzigartige Morphologie in Einsteins Gehirn« bezeichnet, hat es, wie im Verlauf dieser Untersuchung klargeworden sein dürfte, fast an jedem untersuchten Gehirn gegeben. Der von Meynert untersuchte gebildete Ingenieur und Lombroso wiesen eine kapitale *Affenspalte* auf, der italienische Anatom Giacomini eine Verdopplung der Rolandoschen Furche. Bei dem Politiker Gambetta war die Spitze der dritten Frontalwindung links verdoppelt, bei dem Hirnforscher Constantin von Monakow war die gesamte zweite Frontalwindung links verdoppelt.[20] Bei Helmholtz war die parieto-temporale Übergangsregion ebenso reich entwickelt wie bei Bach. Bei Sonja Kovalevski und Hugo Gyldén fand Retzius eine verkürzte Sylvische Furche und einen verdickten *Gyrus supramarginalis*. Lenin verfügte über eine außerordentlich ausgeprägte III. Rindenschicht, Haeckel über eine ungewöhnliche II. Rindenschicht. Das von Witelson hervorgehobene Zusammenfließen zweier Furchen wurde im 19. Jahrhundert völlig anders gedeutet. Moritz Benedikt sah darin ein typisches Merkmal für ein Verbrechergehirn.

Sucht man schließlich in der Geschichte nach Gehirnen, die seinerzeit als außergewöhnlich beschrieben worden sind und ähnlich wie Einsteins Gehirn eine Verbreiterung des unteren Parietallappens aufweisen, so findet sich eine recht illustre Runde zusammen: der polnische Marschall Josef Piłsudski, dem besondere mathematische Fähigkeiten nicht nachgesagt worden sind; ein rechnerisches Wunderkind aus Budapest und schließlich ein mathematisch und musikalisch ganz unauffälliger höherer Ministerialbeamter, der neun Sprachen fließend beherrschte.[21] So einzigartig, wie Witelson es sich erhofft haben mag, ist Einsteins Gehirn nicht. Und selbst wenn es das wäre. Wie ein solcher Befund zu bewerten wäre, ist hochgradig umstritten. Was Witelson für die Spur zu Einsteins Genialität hält, deutet der französische Neuropathologe Olivier Robain als gravierende Mißbildung, die, wenn sie heute bei einem Fötus entdeckt werden würde, zumindest die Möglichkeit einer Abtreibung ins Spiel brächte.[22] Drastischer und klarer läßt sich kaum ausdrücken, daß das Verhältnis von Struktur und Funktion, von unmittelbarem Augenschein und Lebensgeschichte des Gehirns in bezug auf die höchsten intellektuellen Fähigkeiten auch heute noch ähnlich schwierig zu deuten ist wie vor 100 Jahren.

Man sieht, nicht nur in den Geisteswissenschaften, auch in der Hirnforschung gilt der Satz: Belesenheit schützt vor Neuentdeckung, und sie bewahrt insbesondere vor Fehlinterpretationen. So sehr es manche Geniesucher auch bedauern mögen: Es ist davon auszugehen, daß es keine allzu hoffnungsvolle Zukunft für Einsteins Gehirn und wahrscheinlich für kein einziges Gehirn im Glas geben wird, wenn es darum geht, die Ursache für eine besondere Begabung an einer umschriebenen Stelle im Gehirn zu suchen. Auch in Göttingen hat man diese Erfahrung gemacht. Nachdem das Gehirn von Gauß jahrzehntelang unbeachtet im Schrank eines Neuropathologen aufbewahrt wurde, kam man dort vor einigen Jahren auf die Idee, es mit einem Magnetresonanz-Tomographen zu untersuchen. Legitimiert wurde das Unternehmen mit dem erstaunlichen Argument der Datensicherung. Als wäre das in Formalin schwimmende Organ von Zerstörung bedroht, sollten prophylaktisch die im Tomographen erzeugten Bilddaten als digitales Zeugnis archiviert werden. Ob sich mit diesen Daten überhaupt etwas anfangen läßt, ist eine andere Frage, die aber wohl nicht zur Diskussion stand. In erster Linie scheint es darum gegangen zu sein, einen der »größten Schätze der Göttinger Universitätssammlungen« wieder ins Lokalbewußtsein zurückzuholen. Die Ehrfurcht vor dem Objekt manifestiert sich in der protokollarisch festgehaltenen Genauigkeit des Handlungsablaufs: am 25. November 1998 um 8:40 Uhr wird das Gehirn von einem Institut ins andere transportiert, wo es zunächst einmal gesäubert und umgebettet wird; um 13:15 Uhr wird es in den Tomographen geschoben; kurz nach 16:15 ist es im originalen Glasgefäß wieder an seinen angestammten Museumsplatz zurückgekehrt.[23]

Die Tomographie des Gauß-Gehirns ist eher ein spezifisches Ereignis der Göttinger Traditionspflege als eine ambitionierte neurowissenschaftliche Untersuchung. Dabei zeigt sich einmal mehr, wie das Gehirn und seine avancierte technologische Aufbereitung in die Hagiographie eingeschrieben werden. Daß die Gehirne von Einstein und Gauß wieder aus der Versenkung aufgetaucht sind, hat also mit den neuen Visualisierungstechniken zu tun, die das große Versprechen enthalten, geistige Zustände als Gehirnzustände zu definieren, obwohl im einen wie im anderen Fall die Parameter des 19. Jahrhunderts gültig geblieben sind. Daneben gibt es auch signifikante Unterschiede zwischen den beiden Gehirnen, die jedoch eher kulturelle als neuroanatomische Gründe haben. Gauß ist längst kein nationaler Heros mehr, mit dem sich weiträumige politische Interessen oder Geschäfte durchsetzen ließen. Gauß' Mathematik ist und bleibt global, doch sein Gehirn ist ein lokales Phänomen. Es ist gleichsam Ausdruck eines bestimmten akademischen Göttinger Selbstverständnisses, das sich historisch und vor allem historisch definiert. Einsteins Gehirn ist hingegen ein globales Phänomen, ganz seinem Status als Kultfigur des 20. Jahrhunderts entsprechend. Mit Einsteins Gehirn kann man nicht nur Ruhm erwerben und Geld verdienen. Sein Kultstatus bringt es zugleich in die Nähe der christlichen Reliquien, zumal Teile des Gehirns in aller Welt verstreut sind. Fingernägel, Haare und Knochen waren die eigentliche heilige Materie, die dem Altar seine numinose Legitimation verschaffte. Gewiß hat noch kein Hirnforschungsinstitut damit geworben, ein Stückchen Einstein zu besitzen, doch dürfte es nur eine Frage der Zeit sein, bis ein Hirnstückchen gleich einem Zauberwürfel in irgendeiner Ausstellung bestaunt werden kann.

Auf dem Weg zur Cyber-Phrenologie?

Ein Hirnbild im Zeitalter der computergesteuerten Bildgebung ist eigentlich kein Hirnbild.[24] Eine Positronen-Emissions-Tomographie (PET) in einer Hochglanzzeitschrift soll den Eindruck vermitteln, dem Gehirn wie durch ein geöffnetes Fenster beim Denken zuzusehen, womöglich noch aus der ersten Reihe. Die überbordende Dominanz des Visuellen hat zu einer Selbstverständlichkeit des Metapherngebrauchs geführt, wobei allzu leicht übersehen wird, daß es sich bei den farbig hervorgehobenen Hirnregionen um Anreicherungen mittels eines radioaktiven Tracers handelt, die man ebenso gut in einer Graphik darstellen könnte. Die Umwandlung in ein natürlich aussehendes Hirnbild wäre, zumindest ist das die Meinung nicht weniger Wissenschaftler, aus rein wissenschaftlichen Gründen gar nicht nötig. Sie könnten eine Graphik, auf der Kurven oder bestimmte Anreicherungen zu sehen sind, mindestens ebenso gut deuten wie ein computergeneriertes Bild, das ein Gehirn zeigen soll. Doch die Hirnforschung tendiert seit einigen Jahren wieder zur Ikonophilie und läßt sogar 75 Jahre alte Repräsentationstechniken wie die Elektroencephalographie (EEG) in neuem Licht erscheinen. Während die elektrischen Aktivierungen verschiedener Hirnareale jahrzehntelang durch Hirnstromkurven repräsentiert wurden, lassen sich die gewonnenen Daten heutzutage auf ein »realistisches Kopfmodell« applizieren, das die Aktivierungen in den entsprechenden Hirnregionen mit Farbtupfern eingrenzt.

Man stelle sich nur für einen Moment vor, es hätte diese neuen Hirnbilder nicht gegeben. Die jüngste Geschichte der visuellen Präsenz des Gehirns und die Diskussionen über die Evidenz der Repräsentation geistiger Prozesse im Gehirn wären anders verlaufen. Ist also die Situation, in der wir uns befinden, einzig und allein durch die Computerbilder induziert? Handelt es sich um den nachgeordneten Effekt eines technischen Mediums? Eine solche Antwort ist verführerisch und wird zweifellos von einigen Zeitgenossen vertreten. Dennoch werden in diesen neuen Bildern Werte, Symbole und Anschauungen transportiert, die weit hinter die Zeit ihrer technischen Herstellbarkeit zurückreichen. Die Farbmarkierungen im PET beispielsweise zeigen je nach benutztem Tracer Veränderungen der lokalen Durchblutung, des Zucker- oder des Sauerstoff-Stoffwechsels an. Doch in der Art und Weise, wie diese Befunde bisweilen gedeutet und wie diese Hirnbilder inszeniert werden, ist die Hirnforschung des 19. Jahrhunderts erstaunlich präsent. Die bildliche Autorität, die funktioneller Magnetresonanz-Tomographie (f-MRT), PET und anderen Visualisierungstechniken des Gehirns im öffentlichen Raum zugewiesen wird, legt es nahe, sich mit der Frage auseinanderzusetzen, in welchen historischen Zusammenhängen und in welchen Wissensräumen eine bestimmte visuelle Repräsentationsform dominant ist.

In den kognitiven Neurowissenschaften ist neuerdings viel von einem Paradigmenwechsel die Rede, bei dem es genau um die Scheidung der traditionellen Liaison von Gehirn und Computer geht. So heißt es in einer jüngeren Veröffentlichung programmatisch, »daß die Computermetapher weder eine gültige noch eine nützliche Heuristik darstellt, da Gehirne keine zentrale Recheneinheit aufweisen, keine ›Rechenregeln‹ oder Algorithmen verkörpern, und da – im Gegensatz zu Maschinen mit von-Neumann-Architektur – hier genau diejenigen Systemteile, die ›rechnen‹, auch das Substrat für Speicher- und Gedächtnisprozesse darstellen«.[25] Für das Verständnis des Gehirns hat das unmittelbare Konsequenzen. Lernprozesse, Selbstorganisation, Plastizität und die zeitliche Dynamik neuronaler Verarbeitung stehen im Vordergrund. Nervenzellen arbeiten nicht isoliert, sondern im Kontext einer gewissen Komplexität von Stimuli, einer dynamischen Einbindung der Zellen in Funktionsverbände und im Rahmen einer Verfaßtheit des gesamten Organismus. Diese Verflechtung hat zur Folge, daß man nicht bei einer bloßen Beschreibung der Gehirnvorgänge stehenbleiben kann, sondern diese Vorgänge zu personalen Prozessen in Beziehung setzen muß. Eine Neuro-Phänomenologie müßte dann darin bestehen, »daß hier die Leiblichkeit des kognitiven Subjekts stärkere Berücksichtigung finden muß, da kognitive Prozesse nur ›leiblich engagierten‹ Subjekten überhaupt zugeschrieben werden können. [...] Eine solche Theorie würde zudem die personale Ebene wieder in den Blick bringen, sie würde Sehen als Handlung einer Person thematisieren, und nicht als elektrisches Aktivitätsmuster in einem ihrer Organe.«[26]

Solche Überlegungen sind Zukunftsmusik, und ich halte es auch keineswegs für ausgemacht, daß die Liaison zwischen Gehirn und Computer beendet ist. Doch es ist wohl kein Zufall, daß die Rede von der Leiblichkeit, vom Subjekt und von der Person in den Kognitionswissenschaften genau in dem Moment aufkommt, da die neuen Brain-scans das Bild vom geistvollen Gehirn zu dominieren anfangen. Wie die Neuro-Phänomenologie und die Brave Neuro Worlds aussehen werden, ist noch ungewiß, doch sie tragen dazu bei, daß das Gehirn wieder in den Körper zurückgeholt wird. Die wichtigsten Momente dieser Verschiebung lassen sich schnell aufzählen. Der Fokus auf kognitive Leistungen ist einem integrativen Ansatz gewichen, bei dem die Emotionen eine zentrale Rolle spielen. Das simple Reiz-Reaktions-Muster ist zugunsten der Vorstellung einer hochkomplexen Interaktion aufgegeben worden, in dem sich das Gehirn mit dem Körper und der Umwelt befindet. Schließlich hat die Wiedereinführung des Zeitfaktors, der die embryonale und phylogenetische Reifung umfaßt, dazu geführt, daß das Gehirn nicht mehr mit Maschinen, sondern mit unseren nächsten (früheren und heutigen) Verwandten verglichen wird, etwa mit Neandertalern und Schimpansen.

Gründe für diese Perspektivenverschiebung liegen auf der Hand: die allgemeine Ablösung der Physik als Leitwissenschaft durch die Biologie, die nachhaltigen Frustrationen beim Bau von Denkmaschinen, und eben die neuen bildgebenden Verfahren, die zu neuen Einsichten in die Welt des Gehirns geführt haben. So paradox es klingen mag: mit Hilfe des Computers hat sich die technizistische Vorstellung vom Gehirn wieder in eine organizistische verwandelt. Entsprechend haben sich neue semantische Felder, Metaphern und Assoziationen gebildet, die zu einer Anthropomorphisierung des Gehirns geführt haben, die darin besteht, daß menschliche Attribute wie Fühlen, Einschätzen oder Entscheiden bedenkenlos auf das Gehirn selbst appliziert werden. Eine der Konsequenzen dieser Verschiebungen ist in der Formierung von sogenannten Bindestrich-Wissenschaften zu sehen, die neuerdings zu einer Art Goldgräberstimmung zu führen scheinen. Neuro-Pädagogik, Neuro-Ökonomie und Neuro-Theologie heißen die neuen Stichworte, unter denen sich eilfertig interdisziplinäre Forschungsgruppen zusammenschließen; Neuro-Kriminalistik und die Frage nach der Existenz des freien Willens geben den Stoff für Diskussionen ab, die nicht so neu sind, wie es manche Diskussionsteilnehmer behaupten.[27] Es verbreitet sich eine biopolitische Frühlingsstimmung, mit der die Neurowissenschaften einmal mehr ihre gesellschaftliche Relevanz herausstreichen wollen.

Das Gehirn bedingt den Drang zur Spiritualität, sagt der Neuroradiologe und Religionswissenschaftler Andrew Newberg und bezieht sich auf Forschungen, bei denen er Praktiker der tibetischen Meditation und einige Franziskanerinnen beim Gebet in einen Computertomographen (SPECT) geschoben und bei der Messung festgestellt hat, daß es bei allen zu einer Aktivierung in einem kleinen Abschnitt im oberen Scheitellappenteil der Hirnrinde kam. Zu den Risiken, die dem Teenager-Gehirn gefallen, gehört die Liebe, sagt die Journalistin Barbara Strauch und referiert Untersuchungen, bei denen verliebte Jugendliche in einen Magnetresonanz-Tomographen gesteckt werden, um ihnen Bilder ihrer Angebeteten zu zeigen und die Hirnaktivität zu messen. Solche Untersuchungen lassen sich endlos vermehren, die Frage ist nur, wie lange diese Art von Cyber-Phrenologie noch den Stoff bilden wird, mit dem sich die Faszinationsgeschichte des Gehirns weiterschreiben läßt. Für eine gewisse Zeit mag es unterhaltsam sein, unterschiedliche Farbmarkierungen im Hirnbild zu sehen, die einer höheren Aktivierung bestimmter Zonen beim Musikhören, Denken an Gott oder Betrachten eines Pornofilms entsprechen. Die Begeisterung könnte schnell nachlassen, wenn es nicht gelingt, diese Daten in eine neue Theorie der Hirnfunktion zu integrieren.[28]

Davon ist bislang, wie Wolf Singer mit gebotener Nüchternheit feststellt, noch wenig zu sehen. Man kennt weder die genaue Anordnung der Nervenzellverbindungen in der Großhirnrinde und schon gar nicht deren funktionelle Gewichtung. »Wir wissen noch nicht, wie das Gehirn die Inhalte repräsentiert, die es wahrnimmt und über die es spricht.«[29] Da hilft auch der Blick hinüber zur Molekularbiologie nicht weiter. Zwar kennt man den genetischen Code und hat das Genom entschlüsselt, doch wie die Gene zusammenwirken, daß beispielsweise ein Gehirn entsteht, das irgendwann »Mist« sagt, ist unbekannt. Statt dessen erleben manche Vorstellungen der klassischen Lokalisationstheorie des 19. Jahrhunderts ihre Wiederkehr. Die Lokalisation von Eigenschaften, Neigungen und Verhaltensweisen, die zunächst als soziale Phänomene definiert und dann ins Gehirn eingeschrieben wurden, gibt verständlicherweise zu Befürchtungen über einen neuen Determinismus Anlaß. Allerdings verträgt sich eine solche Festschreibung nicht mit dem immer wieder hervorgehobenen Umstand, daß das Gehirn über eine genetisch bedingte Grundverschaltung verfügt, die die Rahmenbedingungen festlegt, ansonsten jedoch durch Umwelteinflüsse formbar ist.

Damit scheint dem vor 30 Jahren mit Erbitterung geführten Streit über die Frage *Angeboren oder Milieu?* vorerst die Spitze gebrochen zu sein. Insofern schlägt doch wieder die Stunde der Erzieher, nur daß sie es nicht mehr mit einem Menschenkind zu tun haben, das der black box der Behavioristen gleicht und dem sich die absurdeste Ideologie einträufeln läßt. Vielmehr wird das Gehirn nun zu einem lernfähigen Organ stilisiert, das permanent auf der Suche nach günstigen Lösungen ist. Bei soviel Akkulturation des Gehirns wird man skeptisch. Sind chemische und elektrische Vorgänge dasselbe wie das knisternde Erleben des Verliebtseins, die religiöse Erfahrung oder eine noch so verquere politische Position? Gewiß gibt es keine Gedanken oder Gefühle ohne einen Hirnzustand, doch wie der Philosoph Lutz Wingert im Gespräch mit Wolf Singer zu Recht einwendet: ein Gedanke kann wahr oder falsch, richtig oder sinnlos sein. Hirnzustände können das nicht.[30] Auch ohne sich zu einem ontologischen Dualismus zu bekennen, läßt es sich leicht einsehen, daß hier ein Defizit bei der gegenseitigen Abbildbarkeit vorliegt. Besonders augenfällig wird die Dissoziation zwischen Hirnbefund und lebensweltlicher Verwicklung in einem Ereignis, das die deutsche Öffentlichkeit vor kurzem stark beschäftigt hat.

»Aus nervenärztlicher Sicht wären Hirnschäden des hier nachgewiesenen Ausmaßes und entsprechender Lokalisation unzweifelhaft Anlaß gewesen, im Gerichtsverfahren Fragen nach der Zurechnungsfähigkeit zu begründen.«[31] Diese trockene Gutachter-Prosa ist im November 2002 in der Öffentlichkeit immer wieder zitiert worden, denn es handelt sich um die Schlußfolgerung, die der Neuropathologe Jürgen Peiffer 1976 aus seiner Untersuchung des Gehirns von Ulrike Meinhof zog. Der Skandal, den das unerwartete Auftauchen von Meinhofs Gehirn entfacht hat, ist dem Aufeinandertreffen verschiedener Faktoren geschuldet, die von der neuen kulturellen Aufladung des Gehirns bis zu den heikelsten Momenten der bundesrepublikanischen Geschichte reicht. Und was bislang noch gar nicht thematisiert worden ist: nach 200 Jahren Erforschung hochbegabter und krimineller männlicher Gehirne wird nun zum ersten Mal in Deutschland öffentlich über das Gehirn einer Frau diskutiert, bei der zudem alle drei Faktoren der alten anthropologischen Farbpalette amalgamiert worden sind: Genie, Wahnsinn und Verbrechen. Auch wenn es seinerzeit plausible forensische Gründe gab, das Gehirn aufzubewahren, da der international erhobene Vorwurf des Mords an Ulrike Meinhof selbst Jahre nach den Ereignissen zumindest theoretisch eine Nachuntersuchung hätte erforderlich machen können; die Art und Weise, wie sich das wissenschaftliche und politische Interesse an diesem Gehirn damals und heute artikuliert hat, ist von der Geschichte des Umgangs mit Gehirnen, wie er in diesem Buch beschrieben worden ist, nicht zu trennen.

Die Geschichte in Kürze: Daß das Gehirn von Ulrike Meinhof nach einer neurochirurgischen Tumor-Operation im Jahre 1962 pathologisch verändert war und daß das Auswirkungen auf ihr leibliches und seelisches Befinden gehabt hat, ist kaum je in Zweifel gezogen worden. Aber die Möglichkeit, daß das *Gehirn* der Baader-Meinhof-Gruppe verrückt und sogar unzurechnungsfähig war, ist von Anfang an keiner wissenschaftlichen, sondern einer politischen Logik gefolgt. Auf der linken Seite diejenigen, die eine Pathologisierung Meinhofs als Desaster für die von ihr vertretenen politischen Ziele angesehen hätten, und zwar unabhängig davon, inwieweit sie den Terror rechtfertigten oder ablehnten; auf der anderen Seite diejenigen, denen ein solcher Zusammenhang nur allzu recht gewesen wäre. Der dem damaligen Oberstaatsanwalt der Bundesanwaltschaft zugeschriebene Satz, daß es »sehr peinlich« wäre, »wenn sich herausstellte, daß alle diese Leute einer Verrückten nachgelaufen sind«, schrieb sich bewußt oder unbewußt in die düstere Geschichte der psychopathologischen Stigmatisierung ein, mit der Abweichungen politischer oder ästhetischer Art überzogen worden sind. Diese Verwebung allein macht es auch heute noch nachvollziehbar, warum die inhaftierte Ulrike Meinhof es abgelehnt hat, sich einer psychiatrischen Untersuchung zu unterziehen.

Die fehlende forensische Untersuchung hat eine entscheidende juristische und wissenschaftliche Konsequenz: mit dem Tod von Meinhof ließ sich die Frage der Schuldfähigkeit nicht mehr beantworten. Schon Oskar Vogt hatte die Forderung erhoben, daß sich eine zuverlässige Aussage über das Verhältnis von Gehirn und Seelenleben nur durch die Kombination von ausgiebiger individualpsychologischer Untersuchung und Hirnbefund treffen ließ. Das war im Falle Meinhof jedoch nicht gegeben. Diesem Umstand hat auch Peiffer in seinem damaligen neuropathologischen Gutachten Rechnung getragen, indem er den Konjunktiv benutzte. Wenn die bei der Sektion gefundenen Schäden dem Gericht bekannt gewesen »wären«, hätte die Frage der Schuldfähigkeit aufgeworfen werden müssen. Das waren sie aber nicht, und nach den damaligen Möglichkeiten der visuellen Darstellung des Gehirns in vivo wären sie das selbst bei einer Kooperationsbereitschaft Ulrike Meinhofs auch nicht gewesen. Wie man es dreht und wendet: die Frage, ob schuldfähig oder nicht, war und ist ein fiktionales Gedankenspiel, das zu keinem Zeitpunkt zu einer tragfähigen Antwort geführt hat.

Mit Peiffers konjunktivischer Erwägung über die Frage der Schuldfähigkeit und der nicht auszuschließenden unabhängigen Nachuntersuchung war Ulrike Meinhofs Gehirn ein forensisches Objekt, solange es in der Tübinger Universität aufbewahrt wurde. Mitte der neunziger Jahre gab Peiffer das Gehirn an den Psychiater und Neuroanatomen Bernhard Bogerts weiter, der seit Jahren auf dem Gebiet der neuroanatomischen Grundlagen der Schizophrenie forscht.[32] Was für die beiden Wissenschaftler ein normaler Vorgang war, bedeutete gleichwohl eine entscheidende Verschiebung, denn damit wurde das Gehirn von einem forensischen zu einem wissenschaftlichen Objekt, das eine ganz andere Frage beantworten sollte, nämlich ob ein Vergleich mit anderen Gehirnen zu der Aussage berechtigt, daß die vorhandene Schädigung zu Verhaltensänderungen führte, die Meinhofs Abtauchen in den Terrorismus erklären. Die unmittelbare soziale und politische Überformung dieser Fragestellung ergab sich dadurch, daß Bogerts einem größeren Publikum durch die Untersuchung des Gehirns von Ernst Wagner, einem der berühmtesten und psychiatrisch am besten untersuchten Massenmörder des frühen 20. Jahrhunderts, bekannt geworden war.

An Wagners Gehirn hatte Bogerts eine lokal begrenzte Entwicklungsstörung im *Gyrus parahippocampalis*, einer zentralen Struktur des limbischen Systems, gefunden. Diese Struktur beherbergt »neuronale Substrate zur Reizausfilterung, zur emotionalen Bewertung des Wahrgenommenen und zur adäquaten Überführung von für das Individuum relevanten Informationen in kortikale Langzeitspeicher«. Bei Schädigungen kommt es zu einer »Dissoziation zwischen Kognition und Emotion, [...] psychotischen Symptomen, Halluzinationen, Wahn und affektiven Störungen«.[33] Bei Wagner waren solche Symptome immer wieder diagnostiziert worden, bei Meinhof aus den geschilderten Gründen jedoch nicht. Die aphoristischen Aussagen derjenigen Personen, die Meinhof damals gekannt haben und von Veränderungen nach der Operation berichten, lassen sich wohl kaum als Ersatz für eine fehlende psychiatrische Diagnostik heranziehen. Schon aus diesem Grund ist der Vergleich fragwürdig.

Wichtiger noch ist der Umstand, daß der Hirnvergleich automatisch eine Assoziation zwischen einem wahnsinnigen Massenmörder und dem gesellschaftlichen Phänomen des Terrorismus herstellt. Die Konsequenzen einer solchen Cerebralisierung für die politische Beurteilung dieses Phänomens ist eine Sache, die andere ist die, daß es zahllose bedeutende und weniger bedeutende Persönlichkeiten gegeben hat und gibt, die aus politischen, religiösen oder rassischen Gründen gemordet oder Morde in Auftrag gegeben haben. Sollen beispielsweise alle – potentiellen – islamistischen

Selbstmordattentäter auf die Intaktheit ihres *Gyrus parahippocampalis* hin untersucht werden? Bogerts' Ansinnen, das Gehirn von Ulrike Meinhof zu untersuchen, steht in der Tradition von Oskar Vogt, der sich 1946 um die Gehirne der Nazi-Verbrecher bemühte, weil er sie als Verbrechergehirne entlarven wollte.

Die neuerliche Beschäftigung mit den Gehirnen von Einstein, Gauß und Meinhof zählt nicht unbedingt zu den Erfolgsgeschichten der aktuellen Neurowissenschaften. Dennoch gehört keine prophetische Gabe dazu, um vorauszusagen, daß wir es auch in Zukunft mit Cyber-Phrenologie zu tun haben werden. Dabei werden sich die Grenzen zwischen Forschungsarbeit und populärer Repräsentation, zwischen wissenschaftlichen, künstlerischen, forensischen und politisch-kulturellen Aspekten bisweilen verwischen. »Verkörperung des Geistes« lautet das Schlagwort zum Aufbruch in den kognitiven Neurowissenschaften. Die Verkörperung des Gehirns in einem identifizierbaren Kopf bildet das visuelle Kernstück der neuen Phrenologie. Ob und wie beide ein Amalgam bilden werden, ist noch nicht bis in die Einzelheiten abzusehen. Es ist jedoch unübersehbar, daß die Hirnforschung am Beginn des 21. Jahrhunderts Instrumente in die Hand gespielt bekommen hat, mit denen der phrenologische Traum von einer Physiognomik des Geistes wieder neu geträumt werden kann.

Das Buch *Images of Mind* von Michael Posner und Marcus Raichle, zwei Pionieren des brain imaging, ist eines der ersten, die den medizinischen, epistemologischen und kulturellen Horizont der neuen Hirnbilder abgeschritten haben. In aller Unbescheidenheit stellen sie die Visualisierungstechniken mit der Bedeutung des Mikroskops und des Teleskops auf eine Stufe, womit die ganze Welterschließungsmetaphorik mobilisiert wird. Die beiden Autoren spekulieren über Muster von neuronalen Kolumnen, die so einzigartig sind wie ein Fingerabdruck. Konsequenterweise halten sie es für möglich, daß die Neurowissenschaften irgendwann schlummernde Talente in den verschiedenen Gehirnen aufspüren: »One could then design the kind of educational experience that would enable individuals to best develop those talents.«[34] Genau darum geht es in der Neuropädagogik, die gegenwärtig so kontrovers diskutiert wird. Vielleicht erweist sich ein solches Programm als naiv und undurchführbar. Es wäre nicht das erste Mal, denn die Wünsche, Hoffnungen und Deutungsmuster, die hier zum Ausdruck kommen, sind viel älter, als es den Protagonisten dieser Programme bewußt sein mag. Die Erforschung der *genialen Gehirne* war von Anfang an ein integraler Bestandteil dieses ehrgeizigen neurowissenschaftlichen Langzeitunternehmens. Besagte Wünsche, Hoffnungen und Deutungsmuster haben sich nirgendwo klarer herauskristallisiert als in der 200jährigen Geschichte des Umgangs mit außerordentlichen Gehirnen.

Die Geschichte hat aber auch gezeigt, daß *geniale Gehirne* immer dann Konjunktur hatten, wenn wissenschaftliche, politische und kulturelle

Ereignisse in unvorhersehbarer Weise zusammenkamen. Zum ersten Mal seit vielen Jahrzehnten ist der Elitebegriff in Deutschland kein Schimpfwort mehr, sondern geht rezeptfrei von Mund zu Mund. Das ist für sich genommen weder besonders schlimm noch besonders aufregend, doch dadurch könnte sich gerade jenes Kraftfeld verstärken, das eine neue Elitegehirnforschung initiiert. Und es gibt immer wieder genügend Zeitgenossen, die einen Kitzel im Nacken empfinden, wenn sie sich die Frage stellen, ob das Genie nicht vielleicht doch im Kopf haust.

Nachbemerkung

Im Herbst 1995 hielt ich einen kleinen Vortrag in Göttingen, wo das Gehirn des Mathematikers Carl Friedrich Gauß wiederaufgetaucht war, nachdem es jahrezehntelang im Büro eines emeritierten Pathologen gestanden hatte. Seitdem habe ich mit Unterbrechungen an diesem Buch gearbeitet, wobei ich meine Thesen in zahlreichen Vorträgen und einigen Aufsätzen, die in der Bibliographie aufgeführt sind, ausprobiert habe. Die eigentliche Niederschrift hat sich neben den üblichen Verpflichtungen durch eine geradezu schamlos anwachsende Stoffülle wieder und wieder hinausgezögert. Den größten Teil des Manuskripts habe ich zwischen Februar und Oktober 2003 im Max-Planck-Institut für Wissenschaftsgeschichte in Berlin geschrieben. Auch wenn ich dort inzwischen nicht mehr arbeite, ist es hoffentlich nicht das letzte Mal, daß ich meine Dankbarkeit für die einzigartigen Forschungsbedingungen dort zum Ausdruck bringen kann. Wo sonst kommt es noch vor, daß seltene und kostbare Quellen, die ich für meine Forschungen dringend benötigte, einfach angeschafft werden können? Auch unabhängig davon hat die Bibliothek mir so ziemlich jedes Buch und jeden Aufsatz besorgt. Wie abgelegen und schwer zu beschaffen manches davon war, habe ich wohl gar nicht immer mitbekommen. Bei der Bildredaktion haben mich Edith Hirte, Stefanie Klamm und Kerstin Weich mehr als unterstützt. Ohne sie sähe dieses Buch zweifellos anders aus.

Ich kann mich nicht mehr erinnern, von wie vielen Gesprächen und Diskussionen ich profitiert habe, und möchte schon jetzt alle um Nachsicht bitten, die ich hier namentlich nicht erwähne. Von großer Bedeutung für mich war die Zusammenarbeit mit Cornelius Borck zwischen 1998 und 2001; Brian Burrell verdanke ich wichtige Einsichten in die Elitegehirnforschung in den USA; Margarete Vöhringer, Annette Vogt und Jochen Richter konnte ich immer fragen, wenn es um die Moskauer Hirnforschung ging, nicht zuletzt, wenn meine Sprachinkompetenz mir unweigerlich meine Grenzen aufzeigte. Helmut Müller-Sievers und Mechthild Fend haben mir nicht nur damit, daß sie frühere Fassungen einzelner Kapitel gelesen und kritisch kommentiert haben, enorm geholfen. Ihre ständige Anwesenheit und Ansprechbarkeit hat mir in jeder Hinsicht gut getan. In Zürich haben mir Erich Hörl, Angela Matyssek und Marianne Sommer wichtige Hinweise gegeben.

Anke te Heesen hat jede Zeile dieses Buches gelesen, Vorschläge gemacht und Lösungen gefunden, von denen ich bis dahin nicht einmal geträumt hätte. Ich weiß einfach nicht, wie ich ihr meine Dankbarkeit dafür und für alles andere zum Ausdruck bringen soll.

Thedel v. Wallmoden hat auch, nachdem ich immer wieder vereinbarte Termine nicht eingehalten habe, eine Geduld mit mir bewiesen, die ich, fürchte ich, nicht aufgebracht hätte. Jede Verzögerung, die nicht immer nur banale Gründe hatte, hat er nicht nur akzeptiert, sondern mir sogar noch Mut zugesprochen. Das ist wohl mehr, als man billigerweise erwarten darf. Nachdem ich das Manuskript an meiner neuen Arbeitsstätte, der ETH Zürich, im Winter 2003 endlich beendet hatte, verlief die Zusammenarbeit mit ihm und Andrea Knigge in gewohnt vertrauensvoller und inspirierender Weise.

Zürich, im Juli 2004

Anmerkungen

Vom wohltemperierten Gehirn zur Anthropologie des Schädels

1 Lichtenberg 1973, S. 9. Für Lichtenberg war dieser Gedanke so kostbar, daß er ihn auch nach seiner Abwendung von der Physiognomik nicht aufgab. Gegen Ende seines Lebens, um 1795, kam er noch einmal auf die Geisteskranken zurück: »Aus der Narrheit der Menschen [in] Bedlam müßte sich mehr schließen lassen, was der Mensch ist, als man bisher gethan hat.« (Lichtenberg 1992b, S. 67).

2 Siehe dazu Stukenbrock 2001.

3 Bacon 2000, S. 148 f.; zur Bedeutung der Einzigartigkeit siehe Canguilhem 1979; Daston/Park 1998.

4 Zitiert nach Canguilhem 1979, S. 61.

5 Herder 1892, S. 182.

6 Siehe z.B. Moravia 1977; Obermeit 1980; Schings 1994; Fox/Porter/Wokler 1995; Kaufmann 1995, Strickland 1998, Hoffmann 2003.

7 Den Begriff entlehne ich Schneider 1996, S. 173.

8 Zur Geschichte des Rassenbegriffs und des Rassismus siehe aus jüngerer Zeit Hannaford 1996; Graves 2001; Geulen 2004.

9 Zum Seelenorgan siehe Hagner 1997, S. 25-61; zum Spiritus animalis siehe Solmsen 1961; zur Ventrikellehre siehe Bruyn 1982; Kutzer 1998, S. 133-145.

10 Tyson 1751, S. 54.

11 Willis 1681, S. 92.

12 Heurnius 1594, S. 100 f. Ich danke Michael Kutzer, der mir Heurnes Text zugänglich gemacht hat.

13 Siehe die Einleitung von Martin Franzbach zu dem Nachdruck von Huarte 1968; Schings 1977, S. 18-20.

14 Huarte 1968, S. 75-82. Die Kälte übrigens ist, in der schnörkellosen Prosa Lessings, »den Wirkungen der vernünftigen Seele ganz und gar ungeschickt« (ebd., S. 73).

15 Ebd., S. 32-37.

16 Zu Descartes und zur Theorie des Seelenorgans siehe Hagner 1997, S. 25-32.

17 Descartes 1984, S. 112.

18 Fontenelle 1728, S. 38.

19 Fontenelle 1989a, S. 285; 1989b, S. 263-272.

20 Du Bos 1770, S. 14-15. Zu du Bos und seiner Wirkung siehe Ortland 2001, 682 f., sowie (mit besonderer Berücksichtigung Lessings) Schmidt 1985, Bd. 1, S. 74-86.

21 Du Bos 1770, S. 17.

22 Dieckmann 1941, S. 161.

23 Descartes 1984, S. 60.

24 Aktuelle Beispiele, wenn auch mit unterschiedlichen Intentionen, sind Jauch 1998 und Smith 2002.

25 Schings 1977, S. 15.

26 La Mettrie 1990, S. 43, 135. Ganz richtig weist Jauch (1998, S. 424) darauf hin, daß für La Mettrie nicht die Maschine, sondern das Tier das Modell für den Menschen gewesen sei. Mit den plumpen Automaten Vaucansons hatte La Mettrie nichts zu tun.

27 La Mettrie 1796, S. 126-130.

28 La Mettrie 1990, S. 39, 45; Boerhaave 1727, S. 267.

29 Tissot 1768, S. 40, 55; Meckel 1766, S. 65-72. Vgl. dazu Kutzer 1998, S. 193-196.

30 Duff 1777, S. 142-147; Platner 1772, S. 285 f. Zum Verhältnis von Genie und Melancholie in der Aufklärung siehe Schings 1977; Schmidt 1985, S. 105-119.

31 Lessing in Huarte 1968, Vorrede, ohne Paginierung.

32 Flögel 1778, S. 31.

33 Ebd., S. 13-58; Sulzer 1771, S. 459; Abel 1995, S. 186; Meiners 1786, S. 100-106.

34 La Mettrie 1990, S. 133-135.

35 Siehe die Eloge auf Newton von Fontenelle 1729. Zum Naturwissenschaftler als Genie siehe Fabian 1967, zu Newton als Genie im 18. Jahrhundert siehe Fara 2002, Kap. 6.

36 Blumenberg 1981, S. 199.

37 Siehe Gray 1991, von dessen Überlegungen ich stark profitiert habe. Siehe auch Riha/Zelle 1991; Brittnacher 1995; Stadler 1996, sowie verschiedene Beiträge in Pestalozzi/Weigelt 1994. Überblicke zur Geschichte der Physiognomik geben Madlener 1988; Schmölders 1995; Campe/Schneider 1996; v. Arburg 1999.

38 Lavater 1775-1778, Bd. 2, S. 143.

39 Ebd., S. 149.

40 Ebd., Bd. 4, S. 219.

41 Siehe ebd., S. 237-246.

42 Ebd., S. 240.

43 Ebd., S. 281-283.

44 Zu Camper siehe Meijer 1989.

45 Lavater 1775-1778, Bd. 1, S. 46. Vgl. dazu Lavaters wenig zimperliche physiognomische Charakterisierung von La Mettrie: »Laßt uns da nicht lange weilen. Spottgeist, Witzmuthwill, crasse, triefende Sinnlichkeit möcht' ich sagen. Das Gesicht steht da, wie unter den – Kindern Gottes vor dem Herrn. Welche Viehheit – gefangen in den Stricken des Lügners und Mörders vom Anfang. Der untere Theil des Gesichtes hat den letzten Tropfen von Religionsgefühl für Wollust hingegeben.« (Ebd., Bd. 3, S. 279).

46 Dieses und die folgenden Zitate werden nicht eigens durch Fußnoten nachgewiesen, sondern durch Numerierung der *Sudelbücher* nach Promies. *Sudelbuch F* befindet sich in Lichtenberg 1973, S. 457-644.

47 Lichtenberg 1972, S. 272 f.

48 Ebd., S. 267 f.

49 Ich beziehe mich hier auf das Buch von Lélut (1846). Zum Kutschenunfall siehe S. 152 f., 264 f.; zu den halbseitigen Halluzinationen siehe S. 165 f., S. 319, wobei diese Geschichte wohl zuerst von Jean-Jacques Boileau (1737, S. 206 f.) berichtet worden ist. Der Sektionsbericht ist abgedruckt auf S. 186 f.

50 La Mettrie 1990, S. 80.

51 Mir geht es hier nicht um eine Geschichte der cerebralen Asymmetrie. Das habe ich für das frühe 19. Jahrhundert versucht in Hagner 2001a; zur 2. Hälfte des 19. Jahrhunderts siehe Harrington 1986.

52 Weikard 1775, S. 78 f.

53 Soemmerring 1784, S. 24. Zum Entstehungskontext dieser Schrift und ihrer Rezeption siehe Oehler-Klein 1998. Zu den Verbindungen zwischen Soemmerrings Anatomie und der Physiognomik siehe dies. 1990.

54 Soemmerring 1784, S. 4.

55 Siehe dazu Henschen 1966, S. 74-81.

56 Lavater 1775-1778, Bd. 4, S. 246.

57 Ebd., Bd. 2, S. 22 f.; Bd. 4, S. 463.

58 Zu Lavaters Sammlung siehe diverse Beiträge in Mraz/Schögl 1999.

59 Zur Tradition des memento mori siehe Frye 1979; zur barocken Anatomie siehe Hansen 1996.
60 Der Kupferstich zeigt noch viel mehr, wie Oehler-Klein (1998, S. 41-43) herausarbeitet. Jacobi, der mit Soemmerring befreundet war, hatte Lessings Bekenntnis zu Spinoza so interpretiert, daß er die Wahrheit zugunsten der vermeintlich guten Sache geopfert habe. Diesen Widerspruch sollte der Stich symbolisieren: Soemmerring vermißt unbeeindruckt und konzentriert den Schädel und stellt fest, daß Schwarze einen weniger entwickelten Schädel haben als Weiße, obwohl die medusenhäuptige »gute Sache« ihm zusetzt, festzustellen, daß der Afrikaner dem Europäer gleich ist.
61 Soemmerring 1785, S. 51; vgl. Jacobi 1786, S. 110-121.
62 Lavater 1775-1778, Bd. 4, S. 92.
63 Goethe an Blumenbach, 19. 11. 1793, in: Dougherty 1984, S. 94 f.
64 Winckelmann 1825, S. 34 f.; Lavater 1775-1778, Bd. 4, S. 172, 173.
65 Moritz 1792-1793, Bd. 1, S. 214. Goethe 1993a, S. 565.
66 Goethe 1993a, S. 590.
67 Tatsächlich stellte sich 1834 bei der Öffnung von Raffaels Grab heraus, daß der in der Akademie aufbewahrte Schädel nicht Raffael gehörte.
68 Blumenbach 1798, S. 2. Ein Verzeichnis der auch nach Blumenbachs Tod 1840 fortgeführten Sammlung findet sich bei Spengel 1880.
69 Blumenbach 1806, S. 66.
70 Siehe dazu Shapin 1994, vor allem Kap. 6.
71 Blumenbach 1790a, S. 27. Zu Blumenbachs Anthropologie siehe Dougherty 1990; Hannaford 1996, S. 203-213.
72 Blumenbach 1790b, S. 18.
73 Blumenbach 1798, S. 150.
74 Ebd., S. 144.
75 Blumenbach 1790b, S. 9; ders., 1798, S. 145-147.
76 Lavater 1771, S. 121.
77 Lichtenberg an Blumenbach, September 1793, in: Lichtenberg 1992a, S. 159. Blumenbach beschreibt den Schädel des Australiers in Blumenbach 1798, S. 153.

Schädelkunde oder: Die Erfindung der cerebralen Biographien

1 Walther 1802, S. 161; vgl. auch die Schilderung, die Gall selbst Jahre später von dem Ereignis gibt. Gall 1822-1825, Bd. 5, S. 177 f.
2 Mengs 1995, S. 219, 233.
3 Eine vorzügliche Einführung mit längeren Textauszügen bietet Lesky 1979. Die unüberschaubare Sekundärliteratur ist zusammengeführt in der Bibliographie von John van Wyhe, siehe http://pages.britishlibrary.net/phrenology/biblio.htm.
4 Siehe dazu Oehler-Klein 1990.
5 Lavater, 1775-1778, Bd. 2, S. 273-275.
6 Siehe auch Gall 1822-1825, Bd. 5, S. 148.
7 Gall/Spurzheim 1812, S. 20.
8 Gall 1822-1825, Bd. 1, S. 141.
9 Ebd., S. 143, 141.
10 Ich folge hier Ortland 2001, S. 689-692.
11 Gall 1822-1825, Bd. 1, S. 231. Vgl. dazu Schellings Polemik gegen die Psychologie der Seele, die das Genie zu einem pathologischen Phänomen stilisiere (Schelling 1974, S. 65 f.).

12 Gall 1979, S. 55.
13 Diese Formel entlehne ich Ortland 2001, S. 691.
14 Noch heute wird diese Sammlung im Rollettmuseum in Baden bei Wien ausgestellt. Zu ihrer Geschichte siehe Tausig 1920; Schulz 1973; Firla 1999.
15 Ackerknecht/Vallois 1956, S. 41. Siehe auch die Beschreibung der insgesamt 354 Objekte durch Royer (1830/1831), die mehr biographische Informationen zu den entsprechenden Personen enthält. Eine ausführliche zeitgenössische Beschreibung der Sammlung findet sich bei Esquiros/Weil 1850, S. 238-305.
16 Gerning 1802, S. 365.
17 Ich beziehe mich hier auf Wimmer 1991, S. 161-202, das Zitat Josephs II. findet sich auf S. 184. Vgl. auch Braunbehrens 1991, 436-448, der mit der Legende aufräumt, Mozart sei 1791 ein anonymes Armenbegräbnis zuteil geworden, und plausibel aufzeigt, daß diese Art von Begräbnis im damaligen Wien nichts Besonderes war.
18 Anonym 1798, S. 180, 344. Vgl. auch Oehler-Klein 1990, S. 41.
19 Zum Vorlesungsverbot siehe Lesky 1981. Zu Denis siehe Gugitz 1963, S. 77.
20 Siehe z. B. Jordanova 1989; Mann 1990; Hagner 1997, S. 185-193; Borgards 2004.
21 Heinse 1906. Zur Beziehung zwischen dem Anatomen und dem Dichter siehe auch Wenzel in Soemmerring 1999, S. 94-100.
22 Zit. n. Dick 1985, S. 227.
23 Siehe Walther 1802; Froriep 1801; Martens 1803.
24 Kelch 1804, S. 9.
25 Ebd., S. 11.
26 Kupffer/Bessel Hagen 1881, S. 369, 374.
27 Kelch 1804, S. 15.
28 Ebd., S. 56.
29 Groß 1912.
30 Wasianski in Groß 1912, S. 304.
31 Gall 1822-1825, Bd. 5, S. 210.
32 Mellin 1804, S. 207.
33 Soemmerring 1996, S. 564.
34 Voigt 1805, S. 320. Zu Galls Reise siehe Mann 1984; van Wyhe 2002.
35 Gall 1902, S. 2.
36 Ebd., S. 2 f.
37 Zit. n. Leitzmann 1938, S. 52.
38 Soemmerring 1999, S. 99.
39 Siehe Heinse 1906, S. 616.
40 Siehe z. B. die Dokumentationen bei Schwabe 1932 und die erheblich vollständigere bei Hecker 1935 sowie die Darstellung von Schöne 2002.
41 Welcker 1883, S. 16. Auf die Diskussion um die Echtheit des Schillerschen Schädels werde ich hier nicht weiter eingehen. Nach etlichen anatomischen Auseinandersetzungen präsentierte der Anatom August Froriep (ein Enkel von Ludwig Friedrich) einen neuen Schädel als den Schillerschen, was dann von allen anatomischen Autoritäten bestätigt wurde. Konsequenterweise liegen seit 1914 beide Schädel in der Familiengruft des Herzogs von Weimar. Allerdings besteht bis auf den heutigen Tag keine vollständige Sicherheit, ob einer der beiden Schädel Schiller gehörte – und das mag auch so bleiben. Vgl. Schöne 2002, S. 23-24. Zu Details der craniologischen Prüfungen 1826 siehe die Berichte von Schwabe, abgedruckt bei Hecker 1935, S. 117 f., 352 f.
42 Goethe an Sulpiz Boisserée, 10. November 1826, in Goethe 1993b, S. 429.
43 Hecker 1935, S. 149.
44 W. v. Humboldt an Caroline v. Humboldt, in Sydow 1916, S. 310.

45 So argumentiert Schöne 2002, S. 43 f.
46 Humboldt 1916-18, Bd. 2, S. 36-43, Zitat S. 36.
47 Ebd., Bd. 1, S. 157. Siehe dazu Brednow 1969. Zur Gegenüberstellung der unterschiedlichen Physiognomik-Konzeptionen bei den beiden Humboldt-Brüdern siehe Hagner 1996a, S. 437-440.
48 Humboldt 1916-18, Bd. 1, S. 45.
49 Goethe 1993a, S. 589; Gall 1822-1825, Bd. 5, S. 177.
50 Goethe 1994, S. 149 f.
51 Carus 1844b, S. 90. Zum Verweis auf Goethe siehe Carus 1844a, S. 12 f.
52 Eine solche Analyse habe ich bereits vorgenommen (Hagner 1997, S. 197-201, 214-220), weswegen sich ein paar Überschneidungen nicht ganz vermeiden lassen. Eine ausführliche Analyse der Cranioskopie findet sich bei Müller-Tamm (1995, S. 115-137), der meine Darstellung einiges verdankt, auch wenn mein Fokus – Schädel von Berühmtheiten und die Praktiken der Cranioskopie – ein anderer ist.
53 Carus 1814, S. 301.
54 Gall/Spurzheim 1809, S. 129. Allerdings hat Gall diese Ansicht bereits auf seiner Demonstrationsreise 1805-1806 vertreten, so daß die meisten deutschen Naturforscher bereits damit vertraut waren.
55 Carus 1814, S. 117-121, 266, 287.
56 Allerdings hat Carus nie bestritten, daß er Gall viel verdankte. Siehe z. B. Carus 1814, S. 120; Carus 1828, S. VIII; Carus 1844a, S. 33 f.
57 Oken 1807, S. 5 f.
58 Eine ausführliche Dokumentation des Plagiatsstreits bietet Bräuning-Oktavio 1959, eine einleuchtende Erklärung für Goethes Empörung liefert Müller-Sievers 1998.
59 Siehe den Brief von Goethe an Carus, 8. Juni 1828, in Grosche 2001, S. 53 f.
60 Carus 1828, S. 176 f.
61 Ebd., S. XIII.
62 Siehe Carus 1843, S. 168. Der Vollständigkeit halber sei angemerkt, daß ein Anhänger Galls der ersten Stunde, der Breslauer Arzt J. Wendt, bereits 1803 das Gehirn als Sitz des Denkens, des Wollens und der Gefühle bezeichnete, ohne jedoch eine präzisere Lokalisation vorzunehmen (Wendt 1803, S. 14 f.).
63 Huschke 1821, S. 23 f.
64 Carus 1931, S. 443-445.
65 Ebd., S. 446 f.
66 Ebd., S. 447.
67 Carus 1844a, S. 49.
68 Esquiros/Weil 1850, S. 241.
69 Siehe dazu das Verzeichnis der cranioskopischen Sammlung (Carus 1867).
70 Carus 1845, Bd. 1, S. 203.
71 Carus 1844b; ders. in Köpke 1855, S. 266.
72 Zu Carus' Umgang mit der Öffentlichkeit siehe Müller-Tamm 1995, S. 138-154.
73 Carus 1841, S. 7, 9. Siehe auch ders. 1840, S. 345 f.; ders. 1843-45, Bd. 1, Vorwort.
74 Valentin 1836. Siehe dazu Clarke/Jacyna 1987, S. 69-74.
75 Carus 1844a, S. 22. Zur ausführlichen Rezeption der Valentinschen Theorie siehe Carus 1840, S. 53-89, 340-343.
76 Ebd., S. 26.
77 Carus 1840, S. 342.
78 Ebd., S. 345.
79 Carus 1841, S. 71.
80 In seiner Autobiographie vermerkt Carus, daß er lange nach dem Schädel gestrebt habe und erst ein Besuch in Weimar dazu führte, daß man ihm einen Gipsabguß zu-

sandte – im Tausch gegen eine lebensgroße Kreidezeichnung seines Angesichts. Carus 1966, Bd. 1, S. 569.

81 Carus 1843-45, Bd. 1, Vorwort.

82 Carus 1851, S. 571, 572.

83 Camper 1792, S. 59; Schadow 1890, S. 65. Wenig Glück hatte Schadow mit seinem Ansinnen, auch Goethe mit dem Tasterzirkel zu traktieren. Dieser lehnte mit der Begründung ab, man könne daraus Deutungen im Sinne der Gallschen Lehre ableiten. Das war allerdings 1802, also drei Jahre bevor Goethe sich von der Organologie persönlich überzeugen ließ. Vgl. Schadow 1849, S. 67. Siehe auch Beyer 2002.

84 Uppenkamp 2002, S. 146.

85 Carus 1841, S. 83-87. Rietschel, Professor an der Dresdener Akademie der bildenden Künste und Erschaffer des Goethe-und-Schiller-Denkmals in Weimar, war Carus in mehrfacher Hinsicht verbunden: als Schwiegersohn und als Künstler, der mehrere Büsten und Zeichnungen vom Kopf seines Schwiegervaters anfertigte.

86 Carus 1843-45, Bd. 1, Kommentar zur Tafel I.

87 Carus 1844a, S. 43.

88 Carus 1938, S. 104. Ähnlich urteilt Carus über den Dichter Christoph August Tiedge (Carus 1843-45, Bd. 2, Kommentar zur Tafel III).

89 Carus 1841, S. 12. Besonders drastisch ist der Rassismus in der berüchtigten Denkschrift *Ueber ungleiche Befähigung der verschiedenen Menschheitsstämme für höhere geistige Entwicklung*, die ausgerechnet zum 100. Geburtstag Goethes erschien (Carus 1849).

90 Carus 1843-45, Bd. 1, Kommentar zur Tafel IX.

91 Ebd.

92 Carus 1925, S. 51. Siehe auch die Überlegungen zu Rasse, Hand und Gehirn in Carus 1927, S. 5 f.

93 Carus 1966, Bd. 1, S. 278 f.

94 Carus 1865, S. 11.

95 Carus an Goethe, 12.1.1824, in Grosche 2001, S. 41.

96 Siehe dazu Hagner 2001a.

97 Lucae 1844, S. 48-60.

98 Ebd., S. 28-30. Zum Zeichenapparat vgl. die aufschlußreichen Abbildungen bei Mann 1963. In einer bemerkenswerten Rezension hat der Physiologe Carl Ludwig die Lucae/Soemmerringschen Schädelzeichnungen geradezu hymnisch gefeiert: sie möchten »an Genauigkeit alles das übertreffen [...], was bis jetzt über diesen Gegenstand bekannt geworden ist«. Die Genauigkeit führt nach Ludwig zu einem Hyperrealismus, bei dem »die Zeichnung viele Verhältnisse weit deutlicher in die Augen springen [lässt], als es in der Natur der Fall ist« (Ludwig 1846, S. 354). Wenn man bedenkt, daß Ludwig genau zur gleichen Zeit seinen Kymographen entwickelt und damit die graphische Methode erfindet, ergeben sich höchst aufschlußreiche Querbeziehungen zwischen Bereichen, die ansonsten eher nicht in einem Zusammenhang vermutet werden. Durch eine aus der physiognomischen Tradition stammende Zeichenmethode des Schädels wird die Natur ebenso exakt und objektiv zur Sprache gebracht wie durch die graphische Aufzeichnung verschiedener Körperfunktionen. Es sei dahingestellt, inwieweit Ludwig seine Inspiration eben nicht nur aus der Physik, sondern auch aus der geometrisch exakten Physiognomik bezogen hat. Zur graphischen Methode siehe Chadarevian 1993; Brain 1996.

99 Lucae 1844, S. 31-34, 36-38.

100 Lucae 1854.

101 Carus 1852, S. 55 f. Zur Verzahnung von Wissenschaft und Politik bei Carus siehe ausführlich Müller-Tamm 1995, S. 204-211.

102 Siehe Cooter 1984. Zu Combes Bucherfolg siehe Secord 2000, S. 69-76.
103 Renneville 2000, S. 280.
104 Siehe neben den Untersuchungen von Renneville (1997, 2000) auch Williams 1994, S. 182-188.
105 Hirschfeld in Combe 1838, S. III. Vgl. auch Combe 1833. Die Abwesenheit der Phrenologie in Deutschland bis ca. 1842 ergibt sich auch aus der ausführlichen bibliographischen Übersicht zur »Literatur der Kranioskopie« in Choulant 1844, S. 58-81.
106 Zu Struve existiert keine neuere historische Darstellung, und auch der auf Archivstudien basierende Roman von Kunze (1990) bietet nur ungenügenden Ersatz. Die Dissertation von Kunz (1993) kann keinerlei wissenschaftlichen Ansprüchen genügen. Zur Revolution in Baden und Struves Wirken in der Nationalversammlung siehe den Überblick bei Siemann 1985, S. 71-75, 78-82.
107 Struve/Hirschfeld 1843, S. IV.
108 Struve 1842a & b; 1843 a & b (Zitat 1843 b, S. 9).
109 Spurzheim in Chenevix 1838, S. 53 f. Die englische Originalausgabe erschien 1830.
110 Anonym 1834, S. 660 f.
111 Combe 1836, Bd. 1, S. 114-116.
112 Ebd., S. 50.
113 Ich verzichte darauf, die Artikel in der *Zeitschrift für Phrenologie* einzeln aufzulisten. Der heftigste Kritiker von Carus war Noel (1842).
114 Struve 1845c, vor allem S. 75 f., 81. Siehe auch Hirschfeld 1844.
115 Klencke 1843, S. 13. Siehe auch Klencke 1844 und 1845. Vgl. weiterhin Huschke 1842 und Remak 1842, der allerdings der Cranioskopie kritischer gegenübersteht.
116 Poupin 1837. Einige Anekdoten zu Galls amourösen Neigungen bieten Esquiros/Weil, S. 233-235.
117 Castle 1843; 1844 a & b.
118 Gregory 1845, S. 148.
119 Hegel 1986, S. 74.
120 Struve 1845a, S. 222.
121 Struve 1845b, S. 1-6.
122 Ebd., S. 31.
123 Zilsel 1990, S. 51.
124 Gwinner 1862, S. 236.
125 Ebd., S. 238 f.
126 Scheve 1863, S. 281-296.
127 Schopenhauer 1911, Bd. 2, S. 293.
128 Ebd., S. 259.
129 Ebd., S. 296.
130 Ebd., S. 278.
131 Ebd., Bd. 1, S. 220.
132 Ebd., S. 218 f.
133 Ebd., S. 487; ebd., Bd. 2, S. 442. Zu Schopenhauers Geniekonzeption, auch zum Verhältnis von Genie und Wahnsinn siehe Schmidt 1985, Bd. 1, S. 467-476, vor allem S. 475.
134 Schopenhauer 1911, Bd. 2, S. 429.
135 Ebd., Bd. 2, S. 447 f.
136 Siehe dazu Safranski 2001, 488-494.
137 Schmidt 1985, Bd. 1, S. 474.

Das Hirngewicht und die Physiognomik der Windungen

1 Büchner 1992, S. 13.

2 Soemmerring verfügte über eine enorm große Sammlung von 244 menschlichen und tierischen Gehirnen und über 200 menschliche Schädel. Siehe Döllinger 1830, S. 15. Eine weitere ähnlich große Sammlung des frühen 19. Jahrhunderts habe ich bislang nicht nachweisen können. Galls Sammlung enthielt keine Gehirne im Glas, nur 31 Abgüsse. Zu anthropologischen Schädelsammlungen im 19. Jahrhundert siehe Dias 1998; zu Gehirnsammlungen siehe Gere 2003.

3 Siehe Minde-Pouet 1925, S. 47-50; Wittkop 1993, S. 328 f.

4 Rolletts Obduktionsprotokoll ist abgedruckt bei Fleischmann 1983, S. 124-127. Über die Umstände der Sektion und des nachfolgenden Skandals berichtet Rolletts Sohn Hermann (Rollett 1886). Übrigens gab die Schauspielerin Antonia Wagner als Erbin die Schädeldecke nicht zur Beerdigung frei, sondern behielt sie bei sich. Nach einer abenteuerlichen Odyssee wurde das Stück 1969 endlich beerdigt (vgl. Fleischmann 1983, S. 132 f.). Ich danke Herrn Dr. Rudolf Maurer, Direktor des Rollettmuseums in Baden, daß er mir Einblick in seine persönlichen Forschungsunterlagen gewährt hat.

5 M'Kibbin 1832, S. 200.

6 Gall/Spurzheim 1812, S. 254. Eine kurze, informative Übersicht zur Entwicklung der Nomenklatur der Hirnwindungen im 19. Jahrhundert bietet Schiller 1965.

7 Tiedemann 1827, S. 262.

8 Magendie 1816, S. 163.

9 Ecker 1869, S. 2.

10 Desmoulins/Magendie 1825, Bd. 2, S. 605, 606.

11 Ebd., S. 595 f.

12 Magendie 1828, S. 228.

13 Diese Anekdote findet sich bei Pearson (1927), der sie einem 1834 geschriebenen Brief von Joanna Baillie an Sophy Milligan entnimmt. Neben einer flüchtigen Erwähnung bei Rudolf Wagner (1860b, S. 24) ist dieser Brief die stärkste Evidenz dafür, daß es sich tatsächlich um das Gehirn von Laplace handelt. Über die näheren Umstände der Sektion, insbesondere die Frage, von wem Magendie die Erlaubnis erhielt, den Schädel zu öffnen und das Gehirn zu entnehmen, ist nichts weiter bekannt geworden. Gillispie (1997) nimmt in seiner Biographie keine Notiz von Pearsons Brieffund. Ich danke Jim Secord, der mich auf den Artikel von Pearson aufmerksam gemacht hat.

14 Leuret 1839, S. 451-453, Zitat S. 589.

15 Ebd., S. 546-586, vor allem S. 573; Foville 1844; vgl. auch Retzius 1848, vor allem S. 237 f.

16 Es ist eine der nicht gerade wenigen Ironien in der Geschichte der Organologie, daß Quetelet sich positiv auf Gall bezog, während diejenigen, die die Durchschnittswerte in die Hirnforschung einführten, es in Opposition zu Gall taten. Siehe Quetelet 1838.

17 Parchappe 1836, S. 9-11.

18 Die Nachrichten über Cromwells Hirngewicht lassen sich zurückverfolgen bis zu einem anonym gebliebenen Werk von 1702 (Anonym 1702, S. 12). Im Falle Lord Byrons zitierte Parchappe das *Phrenological Journal*, das allerdings nicht die ursprüngliche Quelle war. Zuerst wurden die Sektionsresultate mitgeteilt von Antoine Miquel in der *Gazette de Santé* vom 25. August 1824. Übernommen wurden sie in England von *The Medico-Chirurgical Review* (Anonym 1825). Dort wird der Satz »The cerebrum and cerebellum weighed six medical pounds!« zwar unkommentiert gelassen, aber kursiv hervorgehoben und mit Ausrufungszeichen versehen.

19 Die Angabe über Cuviers Hirngewicht findet sich bei Rousseau 1832, S. 166; die über Dupuytrens Hirngewicht in Dupuytren 1839, S. XXXIII. Zu Cuviers kritischer Haltung gegenüber Gall siehe Wegner 1990.
20 Parchappe 1836, S. 93.
21 Ebd., S. 96 f.
22 Lélut 1837a & b; Lélut 1843. Vgl. dazu Renneville 2000, S. 262 f.
23 Tiedemann 1837, S. 9. Dagegen siehe A. Combe 1843.
24 Walther 1841, S. 16. Diesen Hinweis verdanke ich Kai Torsten Kanz.
25 Bischoff 1880, S. 136.
26 Döllinger 1830.
27 Rousseau 1832, S. 166; Anonym 1839, S. XXVIII. Vgl. auch Hervé 1883.
28 Carus 1844b, S. 90, 93.
29 Combe 1850, S. 540-552. Zur Sektion von George Combes Gehirn siehe Kaufman 1995.
30 Vogt 1845, S. 206.
31 Zum Zusammenhang zwischen der 48er Revolutionszeit und der Populärwissenschaft sowie der Bedeutung von Humboldts *Kosmos* siehe Daum 1998a & b, S. 280-299.
32 Gratiolet 1854, S. 67.
33 Zu dieser Geschichte siehe ausführlich Badou 2000.
34 Gratiolet 1854, S. 64-69.
35 Siehe Gould 1988, S. 35-72
36 Gratiolet 1854, S. 89 f.
37 Huschke 1854, S. 164 f. Zu Huschkes Anthropologie der Geschlechter siehe Kutzer 1996.
38 Huschke 1854, S. V.
39 Ebd., S. 135.
40 Ebd., S. 137 f.
41 Ebd., S. 153 f.
42 Ebd., S. 155 f.
43 Ebd., S. 184, 185.
44 Ecker 1869, S. 1; Broca 1878, S. 211.
45 Wagner 1831, S. 181. Zum folgenden siehe auch Hagner 1999a, b; 2003a.
46 Wagner 1997, S. 61.
47 Ebd., S. 41. Zum Materialismusstreit siehe Degen 1954; Wittich 1971, S. XLIII-L; Wittkau-Horgby 1998, S. 96-105.
48 Wagner 1854, S. 46 f.
49 Wagner 1975, S. 163. Siehe auch Bühler 1987, S. 149, sowie Biermann 1990, S. 62 f., 202-219.
50 Wagner 1855, S. 375.
51 Siehe dazu die Einleitung von Rubner zu Wagner 1975, S. 150-152.
52 Wagner 1855, S. 375.
53 Siehe dazu die mitgeteilten Dokumente bei Hoffmann 1965, S. 31-51.
54 Vogt 1855, S. 4.
55 Wagner 1860a, S. 66.
56 Wagner 1860b, S. 4.
57 Siehe dazu Marino 1995, auch wenn er nur die Zeit bis 1820 behandelt. An der Göttinger Mentalität dürfte sich jedoch im weiteren Verlauf des 19. Jahrhunderts nicht viel geändert haben.
58 Wagner 1860b, S. 5.
59 Immerhin war Wagner ein Schüler Döllingers und auch als Biograph Soemmerrings hervorgetreten.

60 Wagner 1860c, S. 125-130. Das ungewöhnlich hohe Gewicht wurde in Paris damit erklärt, daß Cuvier in seiner Jugend einen leichten Wasserkopf gehabt habe und auch fast alle seine Kinder hydrocephalisch gestorben seien (siehe ebd., S. 128 f.).
61 Wagner 1860a, S. 70.
62 Wagner 1860b, S. 37.
63 Wagner 1860a, S. 74.
64 Ebd., S. 75 f.
65 Wagner 1975, S. 159 f.
66 Wagner 1860b, S. 24.
67 Ebd., S. 25 f.
68 Wagner 1861c, S. 174 f.
69 Wagner 1862, S. 19.
70 Ebd., S. 24.
71 H. Wagner 1864, S. 9.
72 Ebd., S. 26 f.
73 Wagner 1861b, S. 77; Wagner 1862, S. 19. Zur Empörung der Familie Hausmanns siehe Hasse 1902, S. 297.
74 Gratiolet 1861a, S. 70, 77; 1861c, S. 427.
75 Broca in Gratiolet 1861a, S. 77; Broca 1861a, S. 165 f. Der Streit zog sich über mehrere Sitzungen der Société hin. Siehe Broca 1861b; Gratiolet 1861b & c. Zu diesem Streit siehe Gould 1988, S. 96-101.
76 Wagner 1862, S. 100 f.
77 Bischoff 1861, S. 40; Wagner 1862, S. 93; Wagner 1861c, S. 178.
78 Baer/Wagner 1861, S. 32.
79 Siehe Wagner 1861a, b, c; Vogt 1863, S. 200-213. Der Streit zwischen Owen und Huxley wird ausführlich dargestellt bei Rupke 1994, S. 266-314.
80 Zur *Société d'Anthropologie* siehe z. B. Hammond 1980; Harvey 1983; Blanckaert 1989.
81 Siehe z. B. Harrington 1987, S. 40-61; Finger 1994, S. 377-384.
82 Gould 1988, S. 86.
83 Zu Broca siehe Gould 1988, S. 84-112; Schiller 1992. Zu Bischoff gibt es keine vergleichbaren Untersuchungen. Die Habilitationsschrift von Giese (1990) taugt nur für einen groben biographischen Überblick.
84 Welcker 1862.
85 Bischoff 1864, S. 33.
86 Ebd., S. 53.
87 Ebd., S. 39.
88 Bischoff 1874. Das handschriftliche Protokoll der Hirnsektion ist abgedruckt bei Kutzer/Heuser 1988, S. 338-341.
89 Siehe Bischoff 1872, S. 16-19.
90 Siehe dazu z. B. Fee 1979; Russett 1989, S. 22-39, vor allem aber Frevert 1986.
91 Bischoff 1880, S. 166, 140.
92 Meyer 1870, S. 164. Zu Meyers antimaterialistischem Kritizismus siehe Köhnke 1986, vor allem S. 157-163.
93 Bischoff 1868, S. 423; Bischoff 1880, S. 116.
94 Rüdinger 1882b, S. 135.
95 Ebd., S. 161 f.
96 Ebd., S. 171-173.
97 Siehe Harrington 1987, S. 35-69.
98 Rüdinger 1882a, S. 176 f.
99 Broca 1861d, S. 338; 1861c.

100 Benedikt 1883, Sp. 120. Zur kriminalwissenschaftlichen Bedeutung des Atavismus und der Bestie siehe die glänzende Analyse von Strasser 1984, S. 53-84.
101 Zusammenfassungen seiner Kriminalanthropologie finden sich vor allem in Benedikt 1876, 1879, 1883. Bischoff (1880, S. 130 f.) war eine der anatomischen Autoritäten, die Benedikts verbrechertypische Furchenkonfiguration ablehnten. Eine Übersicht der Kontroverse bietet Baer 1893, S. 135-142. Zum kriminalwissenschaftlichen Zusammenhang siehe die gründliche Untersuchung von Becker 2002 sowie Darmon 1989 und Gadebusch Bondio 1995. Zu Benedikt existiert keine befriedigende Untersuchung. Einen ersten Überblick gibt Pauser 1988.
102 Selbstverständlich gab es auch Anatomen, die der *Affenspalte* keinerlei Bedeutung beimaßen, wie etwa der mit Benedikt verfeindete Wiener Psychiater und Hirnanatom Theodor Meynert. Er fand bei einem »gebildeten Ingenieur« eine ausgeprägte Affenspalte, ohne irgendwelche Schlußfolgerungen daraus zu ziehen (Meynert 1877, S. 281).
103 Benedikt 1875, Sp. 903.
104 So die These von Hammond 1980, der ich weitgehend folge.
105 Siehe Much 1876. Die folgenden Ausführungen verdanken der Arbeit von Dias 1991 sehr viel, auch wenn ich mehrfach zu anderen Schlußfolgerungen gelange. Ich danke Nathan Schlanger, der mich auf diesen Artikel hingewiesen hat. Leider ist mir die im Sommer 2003 erschienene Studie zur *Société d'autopsie mutuelle* von Jennifer Michael Hecht zu spät in die Hände gefallen, um hier noch berücksichtigt zu werden.
106 Zur Geschichte des Intellektuellen nach 1860 siehe Charles 1997, hier vor allem S. 103-116.
107 Zum französischen Hygienediskurs siehe Sarasin 2001. Besonders deutlich wird der Zusammenhang zwischen Hirnforschung, Nervenhygiene und Eugenik in Forel 1914. Darin bekennt er sich ausdrücklich dazu, durch die Mneme-Theorie Richard Semons von der Vererbung erworbener Eigenschaften überzeugt worden zu sein (Forel 1914, S. 125-128). Zu Forels Anfängen und seiner Bedeutung für die Eugenik siehe Weindling 1989, S. 84 f. Allgemeiner zu Forel siehe Wettley 1953; Meier 1986; Wottreng 1999.
108 Thulié 1878, S. 164 f.
109 Benedikt selbst ließ sich in seiner Autobiographie ausführlich darüber aus, daß ihm in Paris ungleich mehr Wohlwollen entgegengebracht worden sei als in seiner Heimat. Siehe Benedikt 1906, S. 323-329.
110 Broca 1880, S. 236-240, Zitat S. 236.
111 Duval/Chudzinski/Hervé 1883a, S. 261.
112 Duval/Chudzinski/Hervé 1883b, c.
113 Schivelbusch 2001, S. 179.
114 Nordau 1881, S. 44, 57 f., 67.
115 Chudzinski/Duval 1886, S. 151. Rüdinger wiederum war über die Erwähnung seiner Arbeit in der *Société d'Anthropologie* so erfreut, daß er darüber einen kurzen Bericht in die *Sitzungsberichte der bayerischen Akademie der Wissenschaften* einrückte. Siehe Rüdinger 1888.
116 Siehe Harrington 1987, S. 63-69.
117 Chudzinski/Manouvrier 1887, S. 590 f.
118 Papillaut 1903, S. 433 f.
119 Siehe Dias 1991, S. 33 f.
120 Retzius 1898, S. 3; 1904, S. 89.
121 Weindling 1989, S. 143.
122 Féré 1883, S. 65.
123 Ich behaupte nicht, daß das typisch für die französische Wissenschaft(spolitik) war. Im Gegenteil: nach dem verlorenen Krieg orientierte man sich sehr bewußt am deutschen Erfolgsmodell. Siehe z. B. verschiedene Beiträge in Schubring 1990.

124 Zum Berliner Sprachstreit siehe Hagner 1997, S. 279-288. Zu Wernicke und zur Kritik an der Lokalisation der Sprache siehe Harrington 1987; Freuds antilokalisatorische Position wird deutlich in ders. 1992. Zu Pearson siehe Fee 1979, S. 429-432; Russett 1989; Porter 2004.

Gelehrten- und Künstlergehirne im Fin de siècle

1 Helmholtz 1896b, S. 184 f.; siehe auch ders. 1896a, S. 171-179.
2 Zola 1928, S. 10. Zolas Text hat bis heute andauernde Diskussionen über die wissenschaftliche Vorgehensweise des Romanciers ausgelöst. Siehe dazu den Anhang von Zola 1928, S. 331-354, sowie, mit weiterführender Literatur, Albers 2002. Bernards strikte Unterscheidung zwischen Kunst und Wissenschaft befindet sich in Bernard 1961, S. 284 f.
3 Bölsche 1976, S. 22, 55; Alberti 1973, S. 166. Siehe dazu Schmidt 1985, Bd. 2, S. 172-177.
4 Bölsche 1976, S. 65.
5 Gundlegend nach wie vor Canguilhem 1977.
6 Griesinger 1867, S. 142. Zur Neurasthenie siehe Radkau 1998; Gijswijt-Hofstra/Porter 2001. Zur psychopathologischen Kulturkritik siehe Roelcke 1999.
7 Moreau de Tours 1859, S. 120. Siehe dazu Link-Heer 1986, S. 56-59.
8 Morel 1857, S. 683. Zur Vielschichtigkeit der Degeneration siehe Nye 1984; Chamberlin/Gilman 1985; Pick 1989.
9 Veraguth 1904; Hoffmann 1904; Hellpach 1906; Buschan 1906.
10 Nordau 1896, Bd. 2, S. 557.
11 Zu Nordaus Entartung und seiner psychopathologischen Kulturkritik siehe Schulte 1997, vor allem S. 201-252.
12 Die Geschichte der Pathographie ist sowohl unter medizinhistorischen als auch unter literaturwissenschaftlichen Gesichtspunkten noch zu wenig erforscht. Zur Geschichte der Pathographie in Rußland siehe Sirotkina 2002.
13 Als erste Pathographie gilt gemeinhin François Léluts *Le démon de Socrate* von 1836. Bemerkenswerterweise gehen die zahlreichen Untersuchungen zu Lombrosos Kriminalanthropologie nur am Rande oder gar nicht auf seine Genie-Studien ein, obwohl beide unmittelbar miteinander zusammenhängen.
14 Lombroso 1887, S. 3.
15 Siehe Nordaus (1896, Bd. 1, S. 45 f.) Abgrenzung von Lombroso in diesem Punkt und seine scharfe Unterscheidung zwischen echten, gesunden Genies und scheinbaren, verderblichen Genies. Lombroso (1894a, S. 29 f.) distanziert sich wiederum vorsichtig von Nordaus extremen Positionen, versichert ihn aber gleichzeitig seiner ganzen Sympathie.
16 Lombroso 1887, S. 341 f.
17 Siehe hierzu Pick 1989, S. 111-122.
18 Lombroso 1887, S. 11-33, 74-76.
19 Ebd., S. 338-340; Lombroso 1894a.
20 Lombroso 1890, S. 411-419; Lombroso 1894a, S. 279-293.
21 Aus der umfangreichen Literatur zur Geschichte der Epilepsie ragt immer noch Temkin 1971 heraus. Zu Fritsch und Hitzig siehe Hagner 1993.
22 Lombroso 1890, S. 412.
23 Schlöss 1894, S. 320-337.
24 Über dieses Museum siehe Colombo 1975. Zur Bedeutung der wissenschaftlichen Sammlungen im 19. Jahrhundert siehe te Heesen/Spary 2001.

25 Schlöss 1890, S. 337; Lombroso 1887, S. 432-434; Lombroso 1890, S. 10-15; Lombroso 1894a, S. 91-95.

26 Meynert an Theodor Billroth, 15.4. und 15.5.1891, in Stockert-Meynert 1930, S. 279, 280. 1891 widmete der bereits schwerkranke Meynert seine letzte Arbeit einer Kritik Lombrosos. Siehe Meynert 1893.

27 Sogar Lombrosos erster Übersetzer war sich in der Nachbemerkung zu *Genie und Irrsinn* nicht zu schade, den Autor für seine Irrtümer und gedanklichen Inkohärenzen in Schutz zu nehmen, und zwar mit dem pikanten Hinweis, daß das Gesamtgebäude des »genialen Verfassers« dadurch nicht gefährdet sei (Lombroso 1887, S. 435). Damit wird Lombroso in seinem eigenen Buch als Degenerationsphänomen hingestellt.

28 Lombroso 1887, S. 3.

29 Diese Verklammerung von Fortschritt und Pathologie streicht Link-Heer (1986, vor allem S. 46, 59) mit Recht heraus. Allerdings würde ich schärfer akzentuieren, daß es innerhalb der Artikulation des Pathologischen eine zunehmend scharfe Trennung zwischen nützlicher und schädlicher Krankheit gab, für die paradigmatisch die Neuropathie und die Epilepsie stehen.

30 Siehe dazu Pogliano 2001.

31 Siehe ebd., S. 368; Baima Bollone 1992, S. 217-223.

32 Sperino 1900, S. 800.

33 Es mag den heutigen Besucher des Museo Lombroso in Turin makaber anmuten, daß Lombroso dort sogar dreimal anwesend ist: mit seinem Skelett, mit seinem Gehirn und mit seinem Kopf, der ebenso wie das Gehirn in Formalin schwimmt.

34 Foà 1909, S. 648. Es ist klar, daß dieser Befund bei Lombrosos deutschem Verehrer und Statthalter Hans Kurella in seiner Biographie (Kurella 1910) keinerlei Erwähnung fand.

35 Nordau 1896, Bd. 2, S. 444-453. Die französische Übersetzung von *Entartung* war 1894 erschienen.

36 Cabanès 1895; zur *Chronique médicale* siehe Guthmüller 2003a.

37 Lombroso 1894b, S. 430-437.

38 Diese These vertritt Link-Heer 1983.

39 Zola in Toulouse 1896, S. VI.

40 Albert 1885, S. 96 f. Vielleicht von dieser Vision inspiriert, erfindet Kurt Laßwitz (1928) in seiner Erzählung *Gehirnspiegel* ein Kontrastmittel, das die optischen Vorstellungen einer Person bei intensiver Durchleuchtung des Schädels unmittelbar auf einem Wandschirm sichtbar macht.

41 Albers 2002, S. 243.

42 Toulouse 1896, S. 7-18, 45-70. Durkheim 1973, S. 65 f. Die Untersuchung von Toulouse ist bislang kaum hinreichend gewürdigt worden. Siehe immerhin Pick 1989, S. 76-78 sowie Guthmüller 2003b, die allerdings den für meine Interpretation entscheidenden Aspekt, nämlich daß Zola zugleich Subjekt und Objekt ist, nicht in Betracht zieht.

43 Zola in Toulouse 1896, S. VII. Selbstverständlich hat Zola in den *Rougon-Macquart* auch Künstler als degeneriert dargestellt, doch das ist etwas anderes, als nach der Attacke von Nordau selbst als degenerierter Epileptiker dazustehen.

44 Toulouse 1896, S. IX, 47. 1903 äußert Leopold Loewenfeld (1903, S. 39) sein Bedauern darüber, daß sich außer Zola keine weiteren geistig hervorragenden Personen zu einer solchen Analyse bereit gefunden haben. In seinem allerletzten Buch zum Genie kommt auch Lombroso noch einmal auf Zola zurück und setzt sich ausgesprochen kritisch mit Toulouses Untersuchung auseinander, indem er – gar nicht abwegig – die Überbewertung psychophysischer Nebensächlichkeiten bemängelt, dann aber un-

belehrbar aus Zolas Werken auf seine Psychopathologie schließt. Seine vormalige Diagnose schwächt er jedoch dahingehend ab, »daß Zolas Neurose in der Hauptsache etwa als eine Art Hysterie oder Hysteroepilepsie aufgefaßt werden muß« (Lombroso 1910, S. 110-127, Zitat S. 127).

45 Auch im deutschen Kaiserreich spielte der Zusammenhang von Begabung und Neurasthenie eine wichtige Rolle. Siehe Radkau 1998, S. 263-271.

46 Toulouse 1896, S. 65-70.

47 Ebd., S. 128-130, 173.

48 Ebd., S. 279 f.

49 Siehe Guthmüller 2003a, S. 11 f.

50 Eine marginale, doch nicht zu unterschätzende Bestätigung für die These, daß Zola sich nicht bloß mit dem Inhalt des Buches von Toulouse identifizierte, sondern es auch als sein Buch ansah, ist diese: Das Antiquariat Geoffriault in Montpellier bot im Sommer 2003 ein Exemplar von Toulouses *Enquête médicale* an, das Zola mit einer eigenhändigen Widmung versehen hat.

51 Sperino 1900, S. 801.

52 Ausführlicher zu Meynert siehe Hagner 1997, S. 268-271; Hagner 1999c, S. 183-187.

53 Zit. n. Stockert-Meynert 1930, S. 38.

54 Leidesdorf 1865, S. 45-55, ausführlicher in Meynert 1867/68; Meynert 1872, S. 697-701; Meynert 1892a.

55 Meynert 1892b, S. 174.

56 Meynert 1892a, S. 36; Meynert 1892b, S. 171 f.

57 Meynert 1892c, S. 205 f.

58 Meynert 1892b, S. 178.

59 Meynert 1892c, S. 205.

60 Meynert 1893, S. 4 f.

61 Ebd., S. 5.

62 Meynert 1868, S. 591.

63 Meynert selbst (1893, S. 2) benutzt den Begriff des Netzwerks.

64 Meynert 1893, S. 9.

65 Stockert-Meynert 1930, S. 111 f. 1890 hat Meynert den Schädel Johann Nestroys untersucht, als dessen Überreste zwecks Umbettung in ein Ehrengrab exhumiert wurden. Die kurze Publikation zeigt Meynerts ganzes Desinteresse an dieser Art von Craniologie (Meynert/Weisbach 1890).

66 Siehe Exner 1894; Freud 1987.

67 Meynert 1872, S. 771 f. Flechsig 1876, 1894. Vgl. auch die retrospektive Darstellung in Flechsigs Autobiographie (1927, S. 8 f.).

68 Flechsig 1896a, S. 43 f.; Flechsig 1896c, S. 59-64; Flechsig 1897, S. 61-66; Flechsig 1905, S. 82-86. Siehe auch die zusammenfassende Darstellung bei Flechsigs Schüler Richard Arwed Pfeifer (1920, S. 42-48).

69 Im Grunde war dieser Punkt seit Carl Wernickes Entdeckung eines sensorischen Sprachzentrums im Jahre 1874 klar. Siehe dazu Hagner 1997, S. 279-288.

70 Zur Lokalisationstheorie im späten 19. Jahrhundert siehe Harrington 1987; Hagner 1996, S. 52-67.

71 Flechsig 1905, S. 74.

72 Flechsig 1896a, Vorrede, ohne Paginierung.

73 Flechsig 1896b, S. 87.

74 Ebd., S. 35.

75 Flechsig 1896c, S. 68.

76 Flechsig 1896a, S. 29-35. Zu Forels Verknüpfung von Hirnanatomie und Nervenhygiene siehe z. B. Forel 1894/95, 1907 und 1914.

77 Dazu paßt es, daß Flechsig sich in seiner Autobiographie (1927, S. 51) geradezu versöhnlich gegenüber Lombroso gibt und die Gemeinsamkeiten herausstellt.
78 Pfeifer 1930, S. 258. Siehe auch Schröder 1930.
79 Über eine historische Einordnung der Persönlichkeit und des Werks Flechsigs herrschen seit seinen Lebzeiten und bis auf den heutigen Tag erhebliche Meinungsverschiedenheiten, um es vorsichtig auszudrücken. Siehe z. B. Sachse 1955; Busse 1988; Stingelin 1989, 1990; Steinberg 2001, S. 29-68. Flechsigs Name ist vor allem deswegen ein Begriff geblieben, weil er eine Hauptrolle in der Autobiographie seines berühmtesten Patienten, des Senatspräsidenten Daniel Paul Schreber, spielt. Dieser Verbund von Hirntheorie und Wahn hat für die neuere Medientheorie nicht unerhebliche Konsequenzen gehabt. Siehe dazu Kittler 1984.
80 Flechsig 1897, S. 68.
81 Flechsig 1896a, S. 43.
82 Ebd., S. 47.
83 Gudden 1870, S. 372. Eine umfassende Kritik der physiologischen Schädellehre leistet Rieger 1882, S. 48-126. Selbstverständlich ist damit die Craniologie nicht erledigt, wie sich an der späteren Geschichte der physischen Anthropologie und vor allem der Rassenkunde zeigen sollte.
84 Darüber beschwert sich Welcker (1883, S. 122) und meint, daß die Wissenschaft ein Anrecht darauf habe, mit den sie interessierenden Objekten zu verfahren, wie es ihr beliebe.
85 Kupffer/Bessel Hagen 1881. Toldt scheint seine Untersuchungen nicht veröffentlicht zu haben.
86 His 1895, S. 392.
87 Ebd., S. 400 f.
88 Siehe dazu seine Zusammenfassung in Flechsig 1927, S. 95-103.
89 Damit keine Mißverständnisse entstehen: Nietzsche bezieht sich hier auf die Musik »unserer deutschen Meister« (Nietzsche 1980, S. 456); Helmholtz 1896a, S. 179.
90 Flechsig 1927, S. 116 f.
91 Siehe Königsberger 1903, S. 134 f.
92 Hirschberg 1894, S. 736; du Bois-Reymond 1912, S. 569.
93 Hansemann an L. Edinger, 29.9.1894. Neurologisches Institut (Ludwig Edinger-Institut) der Johann Wolfgang Goethe-Universität Frankfurt, H 0803a. Ich danke Jürgen Peiffer, der die Briefsammlung des Edinger-Instituts erschlossen hat, daß er mir Kopien der Briefe Hansemanns an Edinger sowie zwei in diesen Zusammenhang gehörende Briefe von Edinger an Gustaf Retzius überlassen hat.
94 Hansemann 1899, S. 3.
95 Flechsig 1898, S. 983.
96 Hansemann 1899, S. 6, 7.
97 Ebd., S. 5, 11; Edinger 1912, S. 188.
98 Hansemann 1899, S. 10 f.
99 Hansemann 1907, S. 2.
100 Ebd., S. 3 f., 10 f., 13 f.
101 Retzius 1898, S. 5 f., 22. Zu Retzius siehe Gustafsson 1994.
102 Edinger an Retzius, 24.1.1899. Neurologisches Institut (Ludwig Edinger-Institut) der Johann Wolfgang Goethe-Universität Frankfurt, H 0803a.
103 Möbius 1907, S. 205-222. Zu Möbius siehe Schiller 1982.
104 Retzius 1900, S. 16. Möbius mußte einige Volten vorführen, um seine schwachsinnige Theorie vom »physiologischen Schwachsinn des Weibes« angesichts der unbestreitbar großen Zahl von Mathematikerinnen zu behaupten. Im Fall Sonja Kovalevskis versuchte er es durch das besonders originelle Erklärungsmuster,

daß er ihr jegliche mathematische Originalität absprach und sie auch noch zu einer bejammernswerten degenerierten Psychopathin stempelte (Möbius 1907, S. 80-94).

105 Edinger 1908, S. 491. Auerbach 1906, 1908, 1911 und 1913. Vgl. auch Tandler 1909, der an Joseph Haydns Schädel ebenfalls eine Bestätigung für die Temporallappentheorie zu finden meint, sowie Klose 1920, der einen umfassenden Überblick über die Lokalisierung des musikalischen Talents bietet.

106 Siehe dazu die Zusammenfassung bei Monakow 1905, S. 936.

107 Retzius 1898, S. 2 f.

108 Retzius 1904, S. 89.

109 Edinger/Wallenberg 1903, S. 95 f.; Edinger/Wallenberg 1909, S. 149.

110 His 1901a, S. 79. Vgl. auch sein detailliertes Konzeptpapier (His 1901b).

111 Erst in jüngster Zeit ist ein solches Projekt wieder in Angriff genommen worden, wiederum als ein internationaler Verbund von Forschungsinstituten, nun aber, dank Computer, mit ganz anderen Speicherungs- und Darstellungsvermögen ausgestattet. Siehe dazu Abbott 2003.

112 Den Bericht über die Gründungsversammlung erstatteten Flechsig und His (1903). Einen kurzen Überblick zur Brain Commission gibt Richter 2000a, eine gründlichere Aufarbeitung steht jedoch noch aus.

113 Flechsig/His 1903, S. 158. Dieser publizierte Bericht basiert auf dem erwähnten Gutachten von Flechsig. Vgl. Paul Flechsig, *An die Specialcommission für Erforschung der Anatomie des Gehirns*. Archiv der Berlin-Brandenburgischen Akademie der Wissenschaften, Nr. II-VIa 17, 868/1.

114 Horsley 1909, S. 117. Auch Horsley gehörte zu den Gründungsmitgliedern der *Brain Commission*.

115 Anonym 1906.

116 Donaldson 1890/91.

117 Eine Geschichte der *Anthropometric Society* liegt nicht vor und dürfte angesichts mangelnder Archivalien auch kaum durchführbar sein. Bezogen habe ich meine Informationen vor allem aus der instruktiven Arbeit von Burrell 2003 sowie Feindel 1990 und Roberts 1996. Die einzige amerikanische Untersuchung zu Gelehrtengehirnen vor 1889, die ich gefunden habe, ist Dwight 1878.

118 Siehe Gardener 1893. Zu dieser Kontroverse vgl. Russett 1989, S. 35-39; Kern 1996, S. 104-112, deren Interpretationen ich hier weitgehend folge. Helen Gardener starb 1925 und vermachte ihr Gehirn der Sammlung der Cornell University. Bereits zwei Jahre später veröffentlichte James Papez seine Untersuchung, in der er mitteilen konnte, daß das Gehirn dieser außergewöhnlichen Frau denjenigen der außergewöhnlichen Männer in keiner Weise nachstehe (Papez 1927). Zwar erregte dieser Befund öffentliche Aufmerksamkeit, doch zu dem Zeitpunkt war die Welle der Gelehrtengehirnuntersuchungen in den USA bereits verebbt.

119 Gardener 1893, S. 100, 104, 122-124.

120 Zu Osler siehe Bliss 1999, zu Spitzka siehe Haines 1995, S. 240-248.

121 Siehe Roberts 1996, S. 336 f. Zu Spitzka siehe auch Haines 1995, S. 248-256; Burrell 2003, S. 107-112.

122 Spitzka 1905, S. 319, 322, 324, 327, 328.

123 Spitzka 1907, S. 212, 215.

124 Monakow 1905, S. 18.

125 Ebd., S. 942 f.; Waldschmidt 1887; Donaldson 1890/91.

126 Spitzka 1901, S. 942 f.

127 Spitzka 1907, S. 232-234, 230, 298 f.

128 Mall 1909, S. 32, 24. Ähnlich kritisch ist Poynter 1912, der ebenfalls bestreitet, daß es einen Beweis für den Zusammenhang von Hirnwindungsmuster und Funktion gibt.
129 Donaldson 1928. Zur Geschichte von Oslers Gehirn siehe Feindel 1990; Rodin und Key 1990; Bliss 1999, S. 502-504. Zur weiteren Geschichte der *Anthropometric Society* siehe Burrell 2003, S. 128 f.
130 Stieda 1908, S. 121-135. Vgl. auch Stieda 1906 und 1910.
131 Edinger/Wallenberg 1909, S. 148; Edinger/Wallenberg 1912, S. 155.
132 Bechterew/Weinberg 1909, S. 15, 21 f.
133 Jaspers 1920, S. 13.
134 Brahn 1902/1903, S. 8.
135 Ramón y Cajal 1906, S. 49.
136 Kraepelin 1886, S. 163; Kraepelin 1887, S. 9.
137 Zu diesen Zusammenhängen siehe Mayer 2002.
138 Diese neuen Arten von Verletzungen führten nicht zuletzt zu einem enormen Aufschwung der kognitiven Hirnforschung, aber das ist eine andere Geschichte. Siehe dazu Jacyna 2000; Hagner 2000.
139 Weinberg 1904/1905, S. 697. Siehe auch Matiegka 1904/1905; Buschan 1906; Woltmann 1906/1907; Dräseke 1906; Bayerthal 1911.

Aufstieg und Niedergang der Elitegehirnforschung

1 Vogt 1927.
2 Eine detaillierte Analyse von Vogts Beziehungen zu den Massenmedien gebe ich in Hagner 2002a.
3 Vogt 1912a, S. 309.
4 Vogt 1931, S. 309. Die Formel vom »Diktat von Versailles« findet sich in Vogt 1932, S. 407.
5 Zur Biographie von Oskar und Cécile Vogt siehe z.B. Kirsche 1986; Richter 1996; Satzinger 1998, S. 65-95, sowie den biographischen Roman *Lenins Hirn* von Tilman Spengler, der auf intensiven Archivstudien basiert, allerdings zwischen freier Erfindung und historischen Fakten changiert.
6 Vogt 1894/95, S. 295.
7 Vogt 1897, S. 357 f. Siehe auch Monakow 1900, S. 602. Zu psychischen Elementen und Komplexen siehe Mach 1919. Zu Vogts Hypnosetheorie siehe Gauld 1992, S. 537-543, wiewohl Gauld die psychologischen Aspekte der Theorie etwas unterschätzt; zu Vogts Hypnosetätigkeit siehe Mayer 2002, S. 205-221.
8 Hierzu und zum folgenden siehe Satzinger 1998, S. 44-48, 150-158.
9 Zu den programmatischen Entwürfen und Konsequenzen dieser neuen Hirnanatomie siehe Vogt 1900, 1902a & b.
10 Brodmann 1909, S. 9.
11 Ebd., S. 316.
12 Ebd., S. 301-303.
13 Für eine detaillierte Darstellung der Cytoarchitektonik siehe Hassler 1962; Satzinger 1998, S. 133-182. Die reizphysiologischen Untersuchungen sind zusammengefaßt in Vogt/Vogt 1907 und Vogt/Vogt 1926. Zu Details dieser Experimente siehe Hagner 1994, S. 140-144. Zur Bedeutung der Brodmann-Felder in den heutigen Neurowissenschaften siehe neben Hassler auch Jones 1987.
14 Vogt 1912b, S. 255.
15 Vogt 1912a, S. 309, 312.

16 Ebd., S. 309.
17 Ebd., S. 313.
18 Das streicht Schmuhl (2000a, S. 22-24) mit Recht heraus, aber daraus folgt nicht notwendigerweise, daß das eugenische Paradigma für die Vogts nur am Rande ihres Blickfelds lag.
19 Diese Forschungen sind zusammengefaßt in Vogt/Vogt 1919a.
20 Möbius 1900, S. 73.
21 Weininger 1906, S. 179.
22 Forel 1900, S. 169.
23 Kretschmer 1929, S. 21, 2 f. Vgl. auch Lange-Eichbaum 1928.
24 Vogt/Vogt 1919b, S. 246, 249 f.
25 Dach 1927, S. 768.
26 Zum Harnack-Prinzip siehe Vierhaus 1996.
27 Dach 1927, S. 770.
28 Cécile Vogt an Agnes Zahn-Harnack, 15.1.1927, in Cécile und Oskar Vogt-Archiv (COVA), Akte 91 (H). Zahn-Harnack bat dann darum, diesen Brief in ihr Buch *Die Frauenbewegung. Geschichte, Probleme, Ziele* (Zahn-Harnack 1928) aufnehmen zu dürfen, was auch geschah, obwohl Cécile Vogt etwas konsterniert gewesen zu sein scheint, daß Zahn-Harnack nicht von Anfang an mit offenen Karten gespielt hatte und erst um Publikationserlaubnis bat, nachdem sie Vogts Stellungnahme in Händen hielt.
29 Siehe dazu Satzinger 1996, vor allem S. 75 f., 79.
30 *Prawda* Nr. 261 vom 15. November 1927, S. 7. Zit. n. der deutschen Übersetzung in Richter 2000a, S. 187 f. Zur Einordnung des Lenin-Befundes in die politische Landschaft der späten zwanziger Jahre siehe auch Satzinger 1998, S. 270-273. Zum frühen Leninkult siehe Ennker 1997, der allerdings auf den Kult um Lenins Gehirn nicht eingeht.
31 Hi. 1926.
32 Semaschko 1927.
33 Oskar Vogt an August Forel, 17. Juni 1926, in COVA, Akte 276 (F).
34 Vogt 1926/1927, S. 461.
35 Wurm 1891.
36 Vogt 1927.
37 Oskar Vogt, undatiertes Manuskript über die Aufgaben des Moskauer Instituts, vermutlich aus der Zeit 1925/26, in COVA, Akte 276 (I, J).
38 Trotzki 1968, S. 215. Ein weiteres bedeutendes Beispiel für die Verbindung von Gesellschaftsutopie und Neurophysiologie ist Vsevolod Pudovkins wissenschaftlicher Dokumentarfilm über Ivan Pavlovs Reflexlehre von 1925/26. Siehe dazu Vöhringer/Hagner 2004.
39 Bulgakow 1968, S. 134-136, Zitat S. 135. Zur eugenisch orientierten Genieforschung in der jungen Sowjetunion siehe Sirotkina 2002, S. 145-180. Zur Endokrinologie siehe Stoff 2004, vor allem Kap. IV.
40 Vogt 1930a, S. 110 f.
41 Filimonoff 1931, S. 228.
42 Siehe Semon 1920, S. 146, der auch einen kurzen Überblick über die Funktion der Schichten gibt (S. 142-152).
43 Pfeifer 1920, S. 106; Economo 1927, S. 14 f. Economo differenziert allerdings insoweit, als der von ihm so genannte »frontale Bauytp« mehr große, wohlgeformte und wohlangeordnete Pyramidenzellen enthält als der »parietale Bautyp«.
44 Vogt 1930a, S. 110.
45 Ebd., S. 114.
46 WJ 1927, S. 7; Bechterev 1928, S. 5. Weitere Informationen entnehme ich dem unpu-

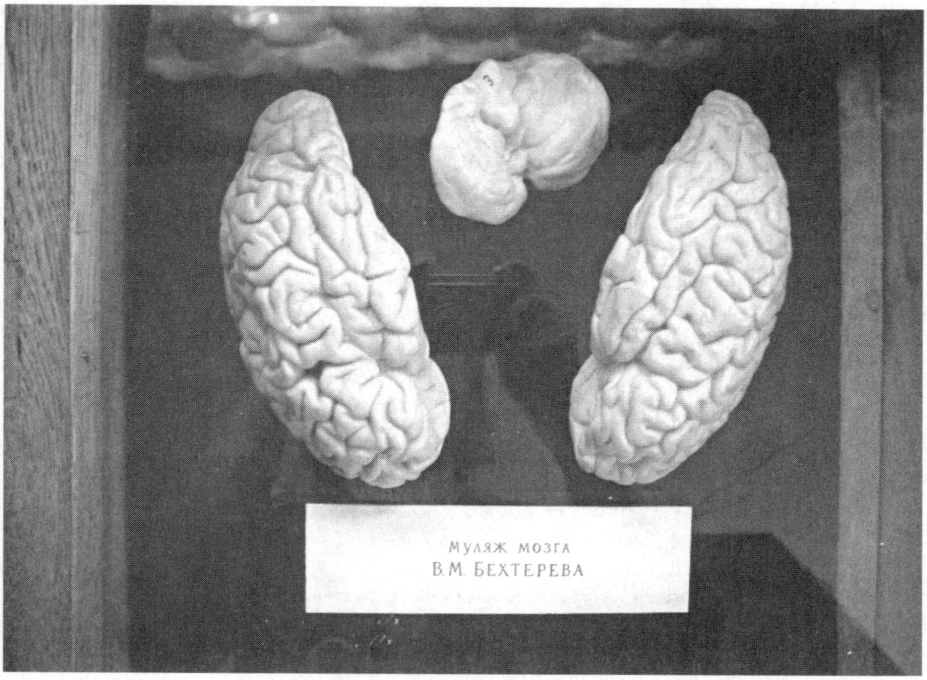

Abb. 71: Gipsabformung des Gehirns von Vladimir Bechterev

blizierten Manuskript von Richter (2003), das dieser mir dankenswerterweise zur Verfügung gestellt hat. Ausführlich dazu auch Spivak 2001, S. 33-45.

47 Bechterevs Gehirn fand seinen Platz im Moskauer Hirnforschungsinstitut. Besucht man heute das an Bechterev erinnernde Museum in der von ihm gegründeten psychoneurologischen Klinik in St. Petersburg, so findet man in einer Ecke, ganz am Ende des Ausstellungsrundgangs, eine mit einem Tuch verdeckte Vitrine, in der drei Objekte untergebracht sind: ein Lorbeerkranz, der Bechterev gehörte, seine Totenmaske und ein Gipsabdruck seines Gehirns. Präziser lassen sich das Symbolische, das Imaginäre und das Reale kaum nebeneinander postieren (siehe Abb. 71).

48 DN 1929.

49 Hierbei handelt es sich um nicht mehr als eine Vermutung, da die konkreten Hintergründe für die Schließung des Pantheons meines Wissens bislang nicht bekannt sind. In meiner Überlegung beziehe ich mich auf Schmuhl 2000b, S. 371 f., der das Ende der Eugenik in der Sowjetunion mit dem Antagonismus von Biologisierung und Sozialisierung plausibel erklärt.

50 Die für längere Zeit letzte Publikation in einer westlichen Sprache ist der Überblick von Blinkov/Poliakov 1938. Weitere Information geben Richter 2000a, S. 89-98 und Spivak 2001. Der geheime Bericht von Semjon Sarkissow über Lenins Gehirn von 1936 ist abgedruckt bei Richter 2000b, S. 302-307.

51 Anonym 1931. Siehe auch Hagner 2001b; 2002a.

52 Zum sowjetischen Engagement von Vogt siehe den aufschlußreichen Quellenteil in Richter 2000a, vor allem S. 153-267.

53 Vogt an Schmidt-Ott, 12.2.1930, in COVA, Akte 29 (M). Zu Rüdins und Fischers unheilvoller Rolle in der Rassenhygiene siehe verschiedene Beiträge in Schmuhl 2003 sowie die Standardwerke von Weingart, Kroll und Bayertz 1988, Weindling 1989 und Kühl 1997.

54 Spielmeyer 1928, S. 197.

55 Vogt an Spielmeyer, 16.1.1928, in COVA, Akte 94 (S).

56 Vogt an Spielmeyer, 4.4.1928, in COVA, Akte 94 (S).

57 Vogt an Alfons Maria Jakob, 4.4.1928, in COVA, Akte 93 (J).

58 Krause an Vogt, 30.5.1931 und 23.11.1931, in COVA, Akte 29 (K). Zum Fall Kürten siehe Lenk/Kaever 1997. Die Dokumentation endet mit der Hinrichtung Kürtens, von der Entnahme und Untersuchung des Gehirns ist nicht die Rede.

59 Spielmeyer 1930, S. 22-24, 34.

60 Befundkarte zu Peter Kürten, in Max-Planck-Institut für Psychiatrie, Historisches Archiv (MPIP-HA).

61 Macdonald Critchley an Vogt, 2.11.1934; und Vogt an Critchley am 5.11.1934, in COVA, Akte 105 (C).

62 Cécile und Oskar Vogt, *Zur hirnanatomischen Erfassung constitutioneller Verbrechertypen*, in COVA, Akte 522. Siehe auch Vogt 1930b, S. 128.

63 Oskar Vogt an Traugott Konstantin Oesterreich, 13.1.1927, in COVA, Akte 92 (O).

64 Leux 1931.

65 Vogt an Oscar Forel, 11.10.1932, in COVA, Akte 26 (F).

66 Oscar Forel an Vogt, 25.6.1934 und Vogt an Forel, 19.7.1934, in COVA, Akte 105 (F). Forel erwähnte in seiner Autobiographie, daß er sein Gehirn Vogt zur wissenschaftlichen Untersuchung vermacht habe. Siehe Forel 1935, S. 151.

67 So etwa bei Vogts ehemaligem Mitarbeiter Igor Klatzo. Siehe Kreutzberg/Klatzo/Kleihues 1992, S. 363. Kritiklos übernommen wird das von Bentivoglio 1998, S. 294. Völlig absurd ist Klatzos jüngste Behauptung, Vogt habe sich mit seiner Rede von Lenin als Assoziationsathleten einen Scherz erlaubt, um die Sowjetführer in Moskau hinters Licht zu führen. Vgl. Klatzo 2002, S. 114.

68 Siehe Economo/Koskinas 1925; Economo 1927; Economo/Horn 1930.

69 Maurer 1924, S. 52, 56.

70 Riese 1925, S. 258 f.; Kleist 1934, S. 804.

71 Economo 1929a, S. 52-57. Zur Kritik der Scheibenschnittmethode siehe Vogt 1930a, S. 109; Filimonoff 1931, S. 223-226.

72 Economo 1929a, S. 4.

73 M. v. Economo/Wagner-Jauregg 1934, S. 14-20. Siehe auch Bogaert/Théodoridès 1979, S. 65-67.

74 Economo 1931a, S. 602.

75 Ebd., S. 601 f.

76 Broca 1862; Buschan 1906; Retzius 1914.

77 Vogt 1930a, S. 110.

78 Economo 1929b, S. 124, 116.

79 Ebd., S. 126 f.

80 Economo 1931a, S. 600.

81 Economo 1929b, S. 127; Economo 1931b, S. 264; Economo 1934, S. 81 f. Der Neuroanatom Otto Marburg hebt in seinem Nachruf auf Economo die Verklammerung von Elitegehirnforschung und progressiver Cerebration besonders hervor (Marburg 1932, S. 227). Die Frage, ob das Gehirn auch in Zukunft noch weiter wächst, ist auch in der zweiten Hälfte des 20. Jahrhunderts immer wieder kontrovers diskutiert worden. Siehe z. B. Spatz 1961.

82 Benn 1930, S. 36-38, 46-48.

83 Benn 1932a, S. 9; Benn 1932b, S. 82.

84 Benn 1932c, S. 158, 162.
85 Benn 1934, S. 158.
86 Riese 1930, S. 171. Zu seinen allgemeineren sozialmedizinischen Vorstellungen siehe Riese 1927, Zitat S. 73.
87 Kahn 1929, S. 206-215. Zu Kahns populären Gehirndarstellungen siehe Borck 2002b.
88 Weygandt 1931, S. 266.
89 Bresler 1931, S. 268.
90 Bresler 1933, 1922; Weygandt 1934.
91 Siehe Richter 1996, S. 388-392; Bielka 1997, S. 31-33; Satzinger 1998, S. 93-95; Schmuhl 2000a, S. 8-12; Hagner 2003b, S. 125-131.
92 Ein Ministerialrat an Staatssekretär Pfundtner, 14.4.1934. Bundesarchiv, R 1501/126788, Reichsministerium des Innern: Abt. III, Bl. 172-183., Zitat Bl. 175.
93 Kasper, *Abschliessendes Votum in Sachen des Abteilungsvorstehers bei der Universität Berlin und Direktors des Kaiser-Wilhelm-Instituts für Hirnforschung in Berlin-Buch*, Prof. Dr. Oskar Vogt, 15.9.1934, in COVA, Akte 777 (Abschrift). Ein vollständiger Abdruck dieses Dokuments findet sich bei Schottländer 1988, S. 68 f.
94 Schottländer 1988, S. 69.
95 BA, R 21/11065a, Bl. 72.
96 Walter Kuerts an Gustav Krupp von Bohlen und Halbach, 6.9.1935, in COVA, Akte 777 (Abschrift).
97 Siehe dazu Roelcke 2000 und 2003; Weber 2000.
98 Eine Zusammenfassung dieser Forschungen gibt Juda 1934, 1953. Siehe dazu Weber/Burgmaier 1993.
99 Vogt 1936, S. 236.
100 Gesellschaftsvertrag zwischen Gustav Krupp von Bohlen und Halbach und Oskar Vogt, BA, Ministerium f. Wissenschaft, Kunst und Volksbildung, R 21/11065, Bl. 60.
101 Anonym 1937, S. 17.
102 Zu diesen Zusammenhängen siehe Peiffer 1997, S. 79-84.
103 Oskar Vogt, Bemerkungen zu dem Artikel im Schwarzen Korps: *Was hatte Lenin eigentlich im Kopfe?*, in COVA, Akte 242 (Sch).
104 Vogt an A. A. Mendes Correa, 18.7.1940, in COVA, Akte 102.
105 Vogt 1941, S. 3. An anderer Stelle habe ich gezeigt, daß die Rassengehirnforschung, also die systematische Untersuchung von Gehirnen verschiedener Rassen, für die Vogts nur eine untergeordnete Rolle gespielt hat (Hagner 2003b).
106 Vogt 1941, S. 3, 10. Siehe auch zwei Briefe Vogts an Krupp von Bohlen und Halbach aus dem Jahre 1941, in denen er sich durch Hormontherapien die »Verhütung von Erbkrankheiten« erhofft. Zit. n. Schmuhl 2000a, S. 23. Die Fragen, ob die Vogts von den Euthanasiemorden gewußt haben, an denen ihr ehemaliges Institut, insbesondere Vogts Nachfolger Hugo Spatz und sein Mitarbeiter Julius Hallervorden unmittelbar beteiligt waren, läßt sich nach derzeitigem Kenntnisstand nicht eindeutig beantworten. Sicher scheint hingegen, daß sie in ihrem Neustädter Institut von Gehirnen Ermordeter keinen wissenschaftlichen Gebrauch gemacht haben. Zu Details siehe Hagner 2003b, S. 133-134.
107 Bei letzteren handelt es sich um zwei namentlich genannte hingerichtete Mörder und um zwei Gehirne von anonym gebliebenen Personen, die 1943 in München hingerichtet worden waren. Wenn Lebensalter und Hinrichtungsdatum stimmen, kann es sich nicht um Mitglieder der Widerstandsgruppe »Weiße Rose« handeln. Siehe Eingangsbücher für die Gehirne, in COVA, Akte 754.
108 Vogt an Wolfgang Ostwald, 22.5.1940, in COVA, Akte 102.
109 Vogt 1941, S. 7.
110 Vogt 1943, S. 71.
111 Siehe die Untersuchungen von Peiffer 1997, 2000, sowie Schmuhl 2000a.

112 Das gilt für die Untersuchungen von James Papez in Cornell. Siehe Papez 1929, 1930; Rundles/Papez 1937; Papez/Bull/Stotler 1940.
113 Anthony 1935; Schaffer 1932.
114 Rose 1938. Rose konnte seine Untersuchung nicht beenden, da er selbst 1937 starb. Deswegen wurde das Werk ohne die eigentlich geplante cytoarchitektonische Analyse veröffentlicht.
115 Schaffer 1939, S. 351.
116 Minkowski 1939, S. 409.
117 Ich folge hier der plausiblen These von Aly (1997, S. 81), wonach die »Dynamik des nationalsozialistischen Staates [...] sich eben nicht aus der Agglomeration der Jasager, sondern aus der spannungsreichen Integration sehr unterschiedlicher Interessen, Temperamente und Zielsetzungen« erklärt.
118 Oskar Vogt an Paul Klingelhöfer, 14.4.1946; Paul Klingelhöfer an Robert Kempner, 23.4.1946; Vogt an Kempner, 25.4.1946. Das famose Wort »Deutschliches«, bei dem das »sch« mit Füller durchgestrichen, aber noch gut leserlich ist, findet sich in dem Brief von Klingelhöfer an Kempner. Alle Briefe in COVA, Akte 48 (K).
119 Vogt an das Militärtribunal in Nürnberg, 25.5.1946; Kempner an Vogt, 5, 6, 1946; beide Briefe in COVA, Akte 48 (K).
120 Oskar Vogt, *Der Nazismus vor dem Richterstuhl der Biologie*, in COVA, Akte 390. Im Nachlaß sind zwei Versionen vorhanden, die inhaltlich zum Teil erheblich voneinander abweichen. So verfügt nur der erste Entwurf über ein detailliertes Inhaltsverzeichnis und ein Vorwort. Allerdings entspricht die Kapiteleinteilung nicht dem Inhaltsverzeichnis. Beide Typoskripte machen keine in sich geschlossenen, zusammenhängenden Texte aus. Kapitel brechen unvermittelt ab oder werden durch Einschübe unterbrochen. Das erste Typoskript ist mit einem Stempel von Seite 001 bis 065, das zweite von Seite 092 bis 143 fortlaufend durchnumeriert. Danach werde ich im folgenden zitieren.
121 Vogt 1947.
122 *Der Nazismus*, in COVA, Akte 390, S. 008, 039-041.
123 Ebd., S. 037.
124 Ebd., S. 017-023.
125 Ebd., S. 062.
126 Ebd., S. 100.
127 Ebd., S. 102.
128 Ebd., S. 092.
129 Hinsichtlich des Umgangs der Wissenschaftler nach 1945 mit ihrer eigenen Vergangenheit besteht noch erheblicher Forschungsbedarf. Siehe dazu Weingart/Kroll/Bayertz 1988, S. 562-572; Massin 1999.
130 Aufschlußreich in diesem Zusammenhang ist auch der Bericht von Benno Reifenberg über ein Gespräch mit Vogt anläßlich der Nürnberger Ärzteprozesse. Auf die Frage Reifenbergs, ob es naturwissenschaftliche Kategorien gebe, die Menschenversuche in Konzentrationslagern verböten, habe Vogt geantwortet: »Was reden Sie da, das sind doch keine Ärzte, die das tun, das sind überhaupt keine Menschen.« (Reifenberg 1992, S. 323).
131 Oskar Vogt an Hubert J. Urban, 14.5.1946, in COVA, Akte 49 (U). Urban war Vorstand der neurologisch-psychiatrischen Universitätsklinik in Innsbruck, wo Keyserling am 26.4.1946 gestorben war. Zur weiteren Geschichte siehe Singer 1997, S. 17-27.
132 Vogt 1951, S. 120; Vogt/Vogt 1956, S. 426.
133 Siehe Vogts Briefwechsel mit diversen Ärzten und Juristen, in COVA, Akte 75 (B) und (H).

Nach der Elitegehirnforschung

1 Benn 1991b, S. 71.
2 Wieners *Cybernetics* erschien 1948, wurde allerdings erst 1963 ins Deutsche übersetzt. Siehe vor allem das Kapitel Rechenmaschinen und das Nervensystem (Wiener 1968, S. 147-166). Vermutlich hat Benn durch Max Bense von der Kybernetik erfahren.
3 Zu den behavioristischen Maschinentheorien des Verhaltens siehe Draaisma 1999, S. 142-145; zur medientechnischen Darstellung der Hirnfunktionen siehe Borck 2002a & b; 2005.
4 Valéry 1989, S. 136 f.
5 Donaldson 1928, S. 83.
6 Lorente de Nó 1938; Lashley/Clark 1946, S. 300. Bailey/Bonin 1951, S. 59. Zu den UNESCO-Erklärungen siehe Weingart/Kroll/Bayertz 1988, S. 602-622; Müller-Wille 2003.
7 Wiener 1968, S. 181 f.
8 Nach dem Abwurf der Atombomben auf Hiroshima und Nagasaki war Wiener für Wochen in einer schweren psychischen Krise und spielte sogar mit dem Gedanken, seine wissenschaftliche Arbeit aufzugeben. Siehe Galison 1997, S. 308 f.
9 Wiener 1968, S. 152, 164.
10 Siehe Turing 1937; McCulloch/Pitts 1943. Zu letzteren siehe Kay 2001 und vor allem Tara Abraham 2002; 2003.
11 Turing 1994, S. 65. Vgl. auch die kontroversen Debatten auf den Macy-Konferenzen zwischen 1949 und 1953, die das wichtigste Diskussionsforum in der Frühzeit der Kybernetik darstellten (Pias 2003).
12 Am klarsten entwickelt Eccles seinen Dualismus in Eccles 1975; Popper/Eccles 1982.
13 Barthes 1964, S. 24.
14 Riese 1966. Zum EEG des Genies siehe Borck 2005.
15 Siehe vor allem Levy 1978; Maranto 1985 und C. Abraham 2002. Die Biographen Einsteins haben sich für die Geschichte seines Gehirns kaum interessiert.
16 Ich beziehe mich hierbei und im Folgenden auf die gründliche, wenn auch in wissenschaftlichen Fragen nicht immer zuverlässige Recherche von C. Abraham 2002.
17 Ebd., S. 336-342; Paterniti 2000.
18 Diamond et al. 1985; Anderson/Harvey 1996; Hines 1998.
19 Witelson/Kigar/Harvey 1999, S. 2149. Siehe auch das Interview mit Witelson im *New Scientist* (Motluk 2000).
20 Anthony 1935, S. 11.
21 Schaffer 1932, S. 486 f.; ders. 1939, S. 350 f.; Rose 1938; Minkowski 1939, S. 408.
22 Robain 1999.
23 Wittmann/Woesthoff 1999, S. 12; Wittmann/Frahm/Hänicke 1999, S. 12-14.
24 Im Folgenden lehne ich mich an frühere Überlegungen an (Hagner 1996b, 2002b; Hagner/Borck 1999).
25 Engel/König 1998, S. 164.
26 Ebd., S. 191.
27 Siehe dazu Hagner 2004.
28 Newberg/D'Aquili/Rause 2003; Strauch 2003.
29 Singer 2003, S. 40.
30 Ebd., S. 15.
31 Ich werde im Folgenden darauf verzichten, jedes einzelne Zitat nachzuweisen. Ich beziehe mich auf folgende Zeitungs- bzw. Online-Artikel: Dahlkamp 2002 a & b; Röhl 2002.
32 Über die Frage, ob Peiffer legitimiert war, das Gehirn ohne Einverständniserklärung

der Angehörigen an einen Kollegen weiterzugeben, ist eine heftige Debatte ausgebrochen. Gegen geltendes Recht ist nicht verstoßen worden. Nun hat Peiffer argumentiert, daß er während seiner aktiven Zeit oftmals erlebt habe, daß Angehörige gar nicht genau wissen wollten, was mit der Leiche geschieht. Dieses Prinzip ist noch vor 20 Jahren in der Medizin als eine *Ethik des Nicht-Wissens* vertreten und auch an den Universitäten gelehrt worden. Seit den neunziger Jahren indes haben sich die Moralvorstellungen massiv verändert. Das Recht der Angehörigen, über das Schicksal der Leiche zu entscheiden, ist viel stärker in den Vordergrund gerückt. Was ethisch angemessenes Verhalten ist, wird nicht mehr allein von Medizinern definiert. Insofern hat Peiffer 1997, als er das Gehirn Meinhofs nach Magdeburg weitergab, nach einer überkommenen moralischen Ordnung gehandelt. Es bleibt zu hoffen, daß nach diesem Vorfall wenn nicht ein neues Gesetz, so doch eine neue Richtlinie zum wissenschaftlichen Umgang mit Leichen bzw. Leichenteilen erlassen wird.

33 Bogerts 1999, S. 90-92. Vgl. auch Bogerts 1997. Zur Geschichte Wagners siehe Neuzner/Brandstätter 1996; Foerster/Leonhardt/Buchkremer 1999.

34 Posner/Raichle 1994, S. 236.

Literaturverzeichnis

Abbott, Alison (2003): A new atlas of the brain. *Nature* 424, S. 249-250.

Abel, Jacob Friedrich (1995): Rede, über die Entstehung und die Kennzeichen grosser Geister [1776], in *Jacob Friedrich Abel. Eine Quellenedition zum Philosophieunterricht an der Stuttgarter Karlsschule (1773-1782)*. Mit Einleitung, Übersetzung, Kommentar und Bibliographie, hg. v. W. Riedel. Würzburg: Königshausen & Neumann, S. 181-218.

Abraham, Carolyn (2002): *Possessing Genius. The Bizarre Odyssey of Einstein's Brain*. New York: St. Martin's Press.

Abraham, Tara H. (2002): (Physio)logical curcuits: The intellectual origins of the McCulloch-Pitts neural networks. *Journal of the History of the Behavioral Sciences* 38, S. 3-25.

Abraham, Tara H. (2003): From theory to data: Representing neurons in the 1940s. *Biology and Philosophy* 18, S. 415-426.

Ackerknecht, Erwin H./Vallois, Henri (1956): *Franz Joseph Gall, inventor of phrenology and his collection*. Madison: University of Wisconsin Medical School.

Albers, Irene (2002): »Der Photograph der Erscheinungen«. Émile Zolas Experimentalroman, in *Ordnungen der Sichtbarkeit. Fotografie in Wissenschaft, Kunst und Technologie*, hg. v. Peter Geimer. Frankfurt a. M.: Suhrkamp, S. 211-251.

Albert, Eduard (1885): Gehirn und Seele. *Schriften des Vereins zur Verbreitung naturwissenschaftlicher Kenntnisse in Wien* 25, S. 53-98.

Alberti, Conrad (1973): Der moderne Realismus in der deutschen Literatur und die Grenzen seiner Berechtigung [1889], in *Theorie des Naturalismus*, hg. v. Theo Meyer. Stuttgart: Reclam, S. 166-168.

Aly, Götz (1997): *Macht – Geist – Wahn. Kontinuitäten deutschen Denkens*. Berlin: Argon.

Anderson, Britt/Harvey, Thomas (1996): Alterations in cortical thickness and neuronal density in the frontal cortex of Albert Einstein. *Neuroscience Letters* 210, S. 161-164.

Anonym (1702): *Anabaptisticum et Enthusiasticum Pantheon und Geistliches Ruest-Hauss wider die alten Quacker und neuen Frey-Geister, welche die Kirche Gottes zeithero verunruhget und bestuermet* ... ohne Ort.

Anonym (1798): Aus Wien. *Der Neue Teutsche Merkur* 1, S. 344-345; 2, S. 180-181.

Anonym (1825): Dissection of Lord Byron. *The Medico-Chirurgical Review* 2, S. 164-165.

Anonym (1834): Observations in the Skull of Robert Burns. *The Phrenological Journal* 8, S. 657-662.

Anonym (1839): Procés-verbal de l'ouverture du corps de Dupuytren, in Guillaume Dupuytren, *Leçons orales de clinique chirurgicale*. Bd. 1. Bruxelles: Société Encyclographique des Sciences Médicales, S. XXVIII-XXXIV.

Anonym (1906): Unraveling illustrious brains in aid of science. *North America*, 4. Juni 1906.

Anonym (1931): Der sezierte Verstand. *Kölnische Illustrierte Zeitung* 6, S. 1206-1207.

Anonym (1937): Was hatte Lenin eigentlich im Kopfe? *Das Schwarze Korps*, 19. August 1937, S. 17.

Anthony, R. (1935): Etude du cerveau d'un savant biologiste et médecin. *Schweizer Archiv für Neurologie und Psychiatrie* 36, S. 1-16.

Arburg, Hans-Georg v. (1999): Johann Caspar Lavaters Physiognomik, in *Das Kunstkabinett des Johann Caspar Lavater*, hg. v. Gerda Mraz und Uwe Schögl. Wien: Böhlau, S. 40-59.

Auerbach, Siegmund (1906): Beitrag zur Lokalisation des musikalischen Talentes im Gehirn und am Schädel. *Archiv für Anatomie und Physiologie, Anatomische Abteilung*, S. 197-230.

Auerbach, Siegmund (1908): Zur Lokalisation des musikalischen Talentes im Gehirn und am Schädel. Zweiter Beitrag: Das Gehirn Julius Stockhausens. *Archiv für Anatomie und Physiologie, Anatomische Abteilung*, S. 31-38.

Auerbach, Siegmund (1911): Zur Lokalisation des musikalischen Talentes im Gehirn und am Schädel. Dritter Beitrag: Das Gehirn Bernhard Cossmanns. *Archiv für Anatomie und Physiologie, Anatomische Abteilung*, S. 1-10.

Auerbach, Siegmund (1913): Zur Lokalisation des musikalischen Talentes im Gehirn und am Schädel. Vierter Beitrag: Das Gehirn Felix Mottls. *Archiv für Anatomie und Physiologie, Anatomische Abteilung*, Supplement, S. 89-96.

Bacon, Francis (2000): *The New Organon*. Hg. von Lisa Jardine und Michael Silverthorne Cambridge: Cambridge University Press.

Badou, Gérard (2000): *L'énigme de la Vénus hottentotte*. Paris: Jean-Claude Lattès.

Baer, Abraham (1893): *Der Verbrecher in anthropologischer Beziehung*. Leipzig: Thieme.

Baer, Karl Ernst von/Wagner, Rudolph (1861): *Bericht über die Zusammenkunft einiger Anthropologen im September 1861 in Göttingen zum Zwecke gemeinsamer Besprechungen*. Leipzig: Voss.

Bailey, Percival/Bonin, Gerhardt von (1951): *The Isocortex of Man*. Urbana: University of Illinois Press.

Baima Bollone, Pier Luigi (1992): *Cesare Lombroso ovvero il principio dell'irresponsibilità*. Torino: Società Editrice Internazionale.

Barthes, Roland (1964): *Mythen des Alltags*. Frankfurt a. M.: Suhrkamp.

Bayerthal, J. (1911): Über den gegenwärtigen Stand der Frage nach den Beziehungen zwischen Hirngröße und Intelligenz. *Archiv für Rassen- und Gesellschafts-Biologie* 8, S. 764-774.

Bechterew, Wladimir (1928): Über das Pantheon. *Wochenblatt der WOKS*, Nr. 2, S. 4-5.

Bechterew, Wladimir von/Weinberg, Richard (1909): *Das Gehirn des Chemikers D. J. Mendelejew*. (Anatomische und entwicklungsgeschichtliche Monographien, 1. Heft). Leipzig: Engelmann.

Becker, Peter (2002): *Verderbnis und Entartung. Eine Geschichte der Kriminologie des 19. Jahrhunderts als Diskurs und Praxis*. Göttingen: Vandenhoeck & Ruprecht.

Benedikt, Moritz (1875): Zur Anthropologie der Verbrechen. *Wiener medizinische Presse* 16, Sp. 897-904, 932-936.

Benedikt, Moritz (1876): Der Raubthiertypus am menschlichen Gehirne. *Centralblatt für die medicinischen Wissenschaften* 14, S. 930-932.

Benedikt, Moritz (1879): *Anatomische Studien an Verbrecher-Gehirnen. Für Anthropologen, Juristen und Psychologen bearbeitet*. Wien: Braumüller.

Benedikt, Moritz (1883): Zur Frage der Verbrecher-Gehirne. Offenes Schreiben an Herrn Prof. C. Giacomini in Turin. *Wiener medizinische Presse* 24, Sp. 119-121, 153-155, 183-184.

Benedikt, Moritz (1906): *Aus meinem Leben. Erinnerungen und Erörterungen*. Wien: Konegen.

Benn, Gottfried (1930): Der Aufbau der Persönlichkeit, in ders., *Fazit der Perspektiven*. Berlin: Kiepenheuer, S. 35-60.

Benn, Gottfried (1932a): Nach dem Nihilismus, in ders., *Nach dem Nihilismus*. Berlin: Kiepenheuer, S. 7-24.

Benn, Gottfried (1932b): Goethe und die Naturwissenschaften, in ders., *Nach dem Nihilismus*. Berlin: Kiepenheuer, S. 25-85.

Benn, Gottfried (1932c): Akademie-Rede, in ders., *Nach dem Nihilismus*. Berlin: Kiepenheuer, S. 150-163.

Benn, Gottfried (1934): Lebensweg eines Intellektualisten, in ders., *Kunst und Macht*. Stuttgart: Deutsche Verlags-Anstalt, S. 109-171.

Benn, Gottfried (1991a): Prosaische Fragmente 1946-1950, in ders., *Sämtliche Werke. Prosa 3*. Stuttgart: Klett-Cotta, S. 223-259.

Benn, Gottfried (1991b): Der Radardenker [1949], in ders., *Sämtliche Werke. Prosa 3*. Stuttgart: Klett-Cotta, S. 65-79.

Bentivoglio, Marina (1998): Cortical structure and mental skills: Oskar Vogt and the legacy of Lenin's brain. *Brain Research Bulletin* 47, S. 291-296.

Bernard, Claude (1961): *Einführung in das Studium der experimentellen Medizin (Paris 1965).* Leipzig: Barth.
Beyer, Andreas (2002): Prosa versus Poesie – Schadow und Goethe, in *Wechselwirkungen: Kunst und Wissenschaft in Berlin und Weimar im Zeichen Goethes*, hg. v. Ernst Osterkamp. Bern: Peter Lang, S. 267-296.
Bielka, Heinz (1997): *Die Medizinisch-Biologischen Institute Berlin-Buch. Beiträge zur Geschichte.* Berlin/Heidelberg: Springer.
Biermann, Kurt-R. (Hg.) (1990): *Carl Friedrich Gauß. Der »Fürst der Mathematiker« in Briefen und Gesprächen.* München: C. H. Beck.
Bischoff, Theodor Ludwig Wilhelm (1861): *Gedächtnißrede auf Friedrich Tiedemann. Vorgetragen in der öffentlichen Sitzung der k. Akademie der Wissenschaften am 28. November 1861, als am allerhöchsten Geburtstage Sr. Majestät des Königs Maximilian II. von Bayern.* München: Verlag der k. Akademie.
Bischoff, Theodor Ludwig Wilhelm (1864): Ueber das Verhältniss des Horizontal-Umfanges und des Innenraums des Schädels zum Gehirngewichte. *Sitzungsberichte der königlichen bayerischen Akademie der Wissenschaften*, Bd. 1, S. 13-53.
Bischoff, Theodor Ludwig Wilhelm (1868): Die Grosshirnwindungen des Menschen mit Berücksichtigung ihrer Enwicklung bei dem Fötus und ihrer Anordnung bei den Affen. *Abhandlungen der mathematisch-physikalischen Classe der königlich bayerischen Akademie der Wissenschaften*, Bd. 10, 2. Abt., S. 387-497.
Bischoff, Theodor Ludwig Wilhelm (1872): *Das Studium und die Ausübung der Medicin durch Frauen.* München: Literarisch-Artistische Anstalt.
Bischoff, Theodor Ludwig Wilhelm (1874): *Ueber den Einfluss des Freiherrn Justus von Liebig aud die Entwicklung der Physiologie. Eine Denkschrift.* München: Verlag der K. B. Akademie.
Bischoff, Theodor Ludwig Wilhelm (1880): *Das Hirngewicht des Menschen. Eine Studie.* Bonn: Neusser.
Blanckaert, Claude (1989): ›L'anthropologie personnifiée‹: Paul Broca et la biologie du genre humain, in *Paul Broca, Mémoires d'anthropologie*. Paris: Place, S. I-XIII.
Blinkov, S./Poliakov, G. (1938): The Activities of the Moscow Brain Institute. *Acta Medica URSS* 1, S. 674-679.
Bliss, Michael (1999): *William Osler. A Life in Medicine.* Oxford: Oxford University Press.
[Blumenbach, Johann Friedrich] (1790a): [Bericht über die Vorlage der ersten Decade seiner Sammlung von Schädeln verschiedener Völkerschaften vor der Versammlung der Königl. Societät der Wissenschaften]. *Göttingische Anzeigen von gelehrten Sachen* vom 4. Januar 1790, S. 25-29.
Blumenbach, Johann Friedrich (1790b): *Decas collectionis suae craniorum diversarum gentium.* Göttingen: Dieterich.
Blumenbach, Johann Friedrich (1798): *Über die natürlichen Verschiedenheiten im Menschengeschlechte.* Leipzig: Breitkopf & Härtel.
Blumenbach, Johann Friedrich (1806): Ueber anthropologische Sammlungen, in ders., *Beyträge zur Naturgeschichte. Erster Theil, zweyte Ausgabe.* Göttingen: Dieterich, S. 55-66.
Blumenberg, Hans (1981): *Die Lesbarkeit der Welt.* Frankfurt a. M.: Suhrkamp.
Bölsche, Wilhelm (1976): *Die naturwissenschaftlichen Grundlagen der Poesie. Prolegomena einer realistischen Ästhetik* [1887], hg. v. J. J. Braakenburg. Tübingen: Niemeyer.
Boerhaave, Hermann (1727): *Aphorismi de cognoscendis et curandis morbis in usum doctrinae domesticae digesti. Editio tertia auctior.* Leyden: van der Linden.
Bogaert, Ludo van/Théodoridès, Jean (1979): *Constantin von Economo. The Man and the Scientist.* Wien: Verlag der Österreichischen Akademie der Wissenschaften.
Bogerts, Bernhard (1997): Gibt es eine neuroanatomische Disposition zur Wahnentwicklung? Ein Nachtrag zum Fall Wagner, in *Mehrdimensionale Psychiatrie*, hg. v. Georg Wiedemann und Gerhard Buchkremer. Stuttgart: Gustav Fischer, S. 78-89.

Bogerts, Bernhard (1999): Wagners Gehirn, in *Wahn und Massenmord. Perspektiven und Dokumente zum Fall Wagner*, hg. v. Klaus Foerster, Martin Leonhardt und Gerhard Buchkremer. Nürtingen: Sindlinger-Burchartz, S. 85-95.

Boileau, Jean Jacques (1737): *Lettres de M. B. sur différents sujets de morale et de piété*. Paris: Osmont.

Borck, Cornelius (2002a): Urbane Gehirne. Zum Bildüberschuss medientechnischer Hirnwelten der 1920er Jahre. *Archiv für Mediengeschichte* 2, S. 261-271.

Borck, Cornelius (2002b): Das Gehirn im Zeitbild. Populäre Neurophysiologie in der Weimarer Republik, in *Ganz normale Bilder. Historische Beiträge zur visuellen Darstellung von Selbstverständlichkeit*, hg. v. David Gugerli und Barbara Orland. Zürich: Chronos, S. 195-225.

Borck, Cornelius (2005): *Hirnströme. Eine Kulturgeschichte der Elektroenzephalographie*. Göttingen: Wallstein.

Borgards, Roland (2004): »Kopf ab«. Die Zeichen und die Zeit des Schmerzes in einer medizinischen Debatte um 1800 und Brentanos Kasperl und Annerl, in *Romantische Wissenspoetik. Die Künste und die Wissenschaften um* 1800, hg. v. Gabriele Brandstetter und Gerhard Neumann. Würzburg: Königshausen & Neumann, S. 123-150.

Bräuning-Oktavio, Hermann (1959): *Oken und Goethe im Lichte neuer Quellen*. Weimar: Arion.

Brahn, Max (1902/1903): Gehirnforschung und Psychologie. *Politisch-anthropologische Revue* 1, S. 8-21.

Brain, Robert M. (1996): *The Graphic Method. Inscription, Visualization, and Measurement in Nineteenth-Century Science and Culture*. Ph.D. diss., University of California, Los Angeles.

Braunbehrens, Volkmar (1991): *Mozart in Wien*. 5. Aufl. München: Piper.

Brednow, Walter (1969). Wilhelm von Humboldt und die Physiognomik. *Clio Medica* 4, S. 33-42.

Bresler, Johannes (1922): *Jenseits von Klug und Blöde. 1. Bezugslehre (Relativitätstheorie)*. Halle/Saale: Marhold.

Bresler, Johannes (1931): Zur Geschichte des Kaiser-Wilhelm-Instituts für Hirnforschung. *Psychiatrisch-neurologische Wochenschrift* 33, S. 267-268.

Bresler, Johannes (1933): Die Wiedergeburt des deutschen Volkes und unsere Wochenschrift. *Psychiatrisch-neurologische Wochenschrift* 35, S. 371-372.

Brittnacher, Hans Richard (1995): Der böse Blick des Physiognomen. Lavaters Ästhetik der Deformation, in *Der falsche Körper. Beiträge zu einer Geschichte der Monstrositäten*, hg. v. Michael Hagner. Göttingen: Wallstein, S. 73-107.

Broca, Paul (1861a): Sur le volume et la forme du cerveau suivant les individus et suivant les races. *Bulletins de la Société d'Anthropologie* 2, S. 139-204.

Broca, Paul (1861b): Discussion sur le volume et la forme du cerveau. *Bulletins de la Société d'Anthropologie* 2, S. 301-321.

Broca, Paul (1861c): Perte de la parole, ramollissement chronique et destruction partielle du lobe antérieur gauche du cerveau. *Bulletins de la Société d'Anthropologie* 2, S. 235-238.

Broca, Paul (1861d): Remarques sur le siège de la faculté du langage articulé, suivies d'une observation d'aphémie (perte de la parole). *Bulletins de la Société Anatomique* 36, S. 330-357.

Broca, Paul (1862): Sur la capacité des crânes parisiens des diverses époques. *Bulletins de la Société d'Anthropologie* 3, S. 102-116.

Broca, Paul (1878): Nomenclature cérébrale: dénomination et subdivision des hémisphères et des anfractuosités de la surface. *Revue d'Anthropologie*, 3ème série, 1, S. 193-236.

Broca, Paul (1880): Le cerveau de l'assassin Prévost. *Bulletins de la Société d'Anthropologie*, 3ème série, 3, S. 233-243.

Brodmann, Korbinian (1909): *Vergleichende Lokalisationslehre der Großhirnrinde in ihren Prinzipien dargestellt auf Grund des Zellenbaues*. Leipzig: Barth.

Bruyn, G. W. (1982): The Seat of the Soul, in *Historical Aspects of the Neurosciences*, hg. v. F. C. Rose und William F. Bynum. New York: Raven Press, S. 55-81.

Büchner, Georg (1992): *Sämtliche Werke*. Hg. v. Henri Poschmann. Bd. 1: Dichtungen. Frankfurt a. M.: Deutscher Klassiker Verlag.

Bühler, Walter K. (1987): *Gauß. Eine biographische Studie*. Berlin/Heidelberg: Springer.

Bulgakow, Michail (1968): *Hundeherz*. Darmstadt: Luchterhand.

Burrell, Brian (2003): The Strange Fate of Whitman's Brain. *Walt Whitman Quarterly Review* 20, S. 107-133.

Buschan, Georg (1906): *Gehirn und Kultur*. (Grenzfragen des Nerven- und Seelenlebens, 44). Wiesbaden: Bergmann.

Busse, Gerd (1988): Schreber und Flechsig: der Hirnanatom als Psychiater. *Medizinhistorisches Journal* 23, S. 260-305.

Cabanès, Auguste (1895): Un chapitre de physiologie littéraire. – Le nez dans l'œuvre de Zola. *La Chronique médicale* 1, S. 680-684.

Campe, Rüdiger/Schneider, Manfred (Hrsg.) (1996): *Geschichten der Physiognomik. Text, Bild, Wissen*. Freiburg: Rombach.

Camper, Peter (1792): *Über den natürlichen Unterschied der Gesichtszüge in Menschen verschiedener Gegenden und verschiedenen Alters* ... Üb. v. S. Th. Soemmerring. Berlin: Vossische Buchhandlung.

Canguilhem, Georges (1977): *Das Normale und das Pathologische*. Berlin: Ullstein.

Canguilhem, Georges (1979): Die epistemologische Funktion des ›Einzigartigen‹ in der Wissenschaft vom Leben, in ders., *Wissenschaftsgeschichte und Epistemologie. Gesammelte Aufsätze*. Frankfurt a. M.: Suhrkamp, S. 59-74.

Carus, Carl Gustav (1814): *Versuch einer Darstellung des Nervensystems und insbesondere des Gehirns nach ihrer Bedeutung, Entwicklung und Vollendung im thierischen Organismus*. Leipzig: Breitkopf & Härtel.

Carus, Carl Gustav (1828): *Von den Ur-Theilen des Knochen- und Schalengerüstes*. Leipzig: Fleischer.

Carus, Carl Gustav (1840): *System der Physiologie*. Bd. 3. Dresden/Leipzig: Fleischer.

Carus, Carl Gustav (1841): *Grundzüge einer neuen und wissenschaftlich begründeten Cranioscopie (Schädellehre)*. Stuttgart: Balz'sche Buchhandlung.

Carus, Carl Gustav (1843): Ueber wissenschaftliche Cranioscopie. *Archiv für Anatomie, Physiologie und Wissenschaftliche Medicin*, S. 149-173.

Carus, Carl Gustav (1843-45): *Atlas der Cranioscopie oder Abbildungen der Schaedel- und Antlitzformen beruehmter oder sonst merkwürdiger Personen*. Heft 1-2. Leipzig: Weichardt.

Carus, Carl Gustav (1844a): *Vom gegenwärtigen Stande der wissenschaftlich begründeten Cranioscopie*. Nürnberg: Cramer.

Carus, Carl Gustav (1844b): Über die physische Constitution und Schädelbildung sowie über die letzte Krankheit Rumohr's, in Heinrich Wilhelm Schulz, *Karl Friedrich von Rumohr, sein Leben und seine Schriften*. Leipzig: Brockhaus, S. 87-94.

Carus, Carl Gustav (1845): *England und Schottland im Jahre* 1844. 2 Bde. Berlin: Duncker.

Carus, Carl Gustav (1849): *Denkschrift zum hundertjährigen Geburtsfeste Goethes. Ueber ungleiche Befähigung der verschiedenen Menschheitsstämme für höhere geistige Entwicklung*. Leipzig: Brockhaus.

Carus, Carl Gustav (1851): Ueber das Verhältnis von Porträt und Abformung des Kopfes. *Deutsches Museum* 1, S. 561-573.

Carus, Carl Gustav (1852): *Ueber Geistes-Epidemien der Menschheit*. Leipzig/Meissen: Goedsche.

Carus, Carl Gustav (1864): *Neuer Atlas der Cranioscopie enthaltend dreissig Tafeln Abbildungen merkwürdiger Todtenmasken und Schädel*. Leipzig: Brockhaus.

Carus, Carl Gustav (1865): Ueber den Schädelbau des Philosophen C. Christ. Fr. Krause. *Verhandlungen der Kaiserlichen Leopoldino-Carolinischen deutschen Akademie der Naturforscher* 32 (1), S. 3-11.
Carus, Carl Gustav (1867): *Verzeichniss der Cranioskopischen und Chirognomischen Sammlung des Geheimen Rath Dr. C. G. Carus*. 2. Aufl. Dresden: Blochmann.
Carus, Carl Gustav (1925): *Symbolik der menschlichen Gestalt. Ein Handbuch zur Menschenkenntnis. Neu bearbeitet und erweitert von Theodor Lessing*. Celle: Kampmann.
Carus, Carl Gustav (1927): *Über Grund und Bedeutung der verschiedenen Formen der Hand in verschiedenen Personen* [1846]. Hg. v. Julius Schuster. Berlin: Breslauer.
Carus, Carl Gustav (1931): *Vorlesungen über Psychologie gehalten im Winter 1829/30 zu Dresden* [1831]. Erlenbach-Zürich: Rotapfel.
Carus, Carl Gustav (1938): *Betrachtungen und Gedanken vor auserwählten Bildern der Dresdner Galerie* [1867]. Hg. v. Rudolf Zaunick. Berlin: Keiper.
Carus, Carl Gustav (1966): *Lebenserinnerungen und Denkwürdigkeiten*. 2 Bde. Weimar: Kiepenheuer.
Castle, Michael (1843): Cranioscopische Untersuchung der Gehirnorganisation des Hrn. F. W. Hackländer. *Zeitschrift für Phrenologie* 1, S. 405-429.
Castle, Michael (1844a): *Phrenologische Analyse des Charakters von Herrn Dr. Justinus Kerner*. Heidelberg: Groos.
Castle, Michael (1844b): *Phrenologische Untersuchung des Doktor David Friedrich Strauß, durch allgemeine und philosophische Anmerkungen erläutert*. Heilbronn: Drechsler'sche Buchhandlung.
Chadarevian, Soraya de (1993): Graphical Method and Discipline: Self-Recording Instruments in Nineteenth-Century Physiology. *Studies in the History and Philosophy of Science* 24, S. 267-291.
Chamberlin, J. Edward/Gilman, Sander L. (Hg.) (1985): *Degeneration. The Dark Side of Progress*. New York: Columbia University Press.
Charles, Christophe (1997): *Vordenker der Moderne. Die Intellektuellen im 19. Jahrhundert*. Frankfurt a. M.: Fischer.
Chenevix, Richard (1838): *Ueber Geschichte und Wesen der Phrenologie*. Dresden: Arnold.
Choulant, Ludwig (1844): *Vorlesung über die Kranioskopie vor einem Kreise gebildeter Nichtärzte*. Dresden: Arnold.
Chudzinski, Th./Duval, Mathias (1886): Description morphologique du cerveau de Gambetta. *Bulletins de la Société d'Anthropologie*, 3ème série, 9, S. 129-152.
Chudzinski, Th./Manouvrier, Léonce (1887): Etude sur le cerveau de Bertillon. *Bulletins de la Société d'Anthropologie*, 3ème série, 10, S. 558-591.
Clarke, Edwin/Jacyna, L. Stephen (1987): *Nineteenth century origins of neuroscientific concepts*. Berkeley: University of California Press.
Colombo, Giorgio (1975): *La scienza infelice. Il museo di antropologia criminale di Cesare Lombroso*. Torino: Boringhieri.
Combe, Andreas (1843): Bemerkungen über die Irrigkeit der von Prof. Tiedemann angestellten Vergleichung des Gehirns und der Intelligenz der Neger und der Europäer. *Zeitschrift für Phrenologie* 1, S. 159-174.
Combe, George (1833): *System der Phrenologie*. Braunschweig: Vieweg.
Combe, George (1836): *System of Phrenology*. 2 Bde. 4. Aufl. Edinburgh: Maclachlan & Stewart, and Anderson.
Combe, George (1838): *Das Wesen des Menschen und sein Verhältnis zu der Aussenwelt*. Bremen: Heyse.
Combe, George (1850): *The Life and Correspondence of Andrew Combe*. Edinburgh: MacLachlan & Stewart.
Cooter, Roger (1984): *The cultural meaning of popular science. Phrenology and the organisation of consent in nineteenth century Britain*. Cambridge: Cambridge University Press.

Dach, Erich F. (1927): Bibliothek der Gehirne. *Die Koralle* 2, Heft 11, S. 767-770.
Dahlkamp, Jürgen (2002a): Das Gehirn des Terrors. *Spiegel Online*, 8. 11. 2002.
Dahlkamp, Jürgen (2002b): Toter Winkel. *Der Spiegel* 47/2002, S. 70-72.
Darmon, Pierre (1989): *Médecins at assassins à la Belle Époque*. Paris: Seuil.
Daston, Lorraine/Park, Katharine (1998): *Wonders and the Order of Nature* 1150-1750. New York: Zone Books.
Daum, Andreas (1998a): Naturwissenschaften und Öffentlichkeit in der deutschen Gesellschaft: Zu den Anfängen einer Populärwissenschaft nach der Revolution von 1848. *Historische Zeitschrift* 267, S. 57-90.
Daum, Andreas (1998b): *Wissenschaftspopularisierung im 19. Jahrhundert. Bürgerliche Kultur, naturwissenschaftliche Bildung und die deutsche Öffentlichkeit 1848-1914*. München: Oldenbourg.
Degen, Heinz (1954): Vor hundert Jahren: Die Naturforscherversammlung in Göttingen und der Materialismusstreit. *Naturwissenschaftliche Rundschau* 7, S. 271-277.
Descartes, René (1984): *Die Leidenschaften der Seele*. Hg. und übs. v. Klaus Hammacher. Hamburg: Meiner.
Desmoulins, Louis Antoine/Magendie, François (1825): *Anatomie des systèmes nerveux des animaux vertèbres, appliquée a la physiologie et a la zoologie*. 2 Bde. Paris: Méquignon-Marvis.
Diamond, Marian C./Scheibel, Arnold B./Murphy, Greer M./Harvey, Thomas (1985): On the Brain of a Scientist: Albert Einstein. *Experimental Neurology* 88, S. 198-204.
Dias, Nélia (1991): La société d'autopsie mutuelle ou le dévouement absolu aux progrès de l'anthropologie. *Gradhiva* 10, S. 27-36.
Dias, Nélia (1998): The visibility of difference. Nineteenth-century French anthropological collections, in *The Politics of Display. Museums, science, culture*, hg. v. Sharon Macdonald. London/New York: Routledge, S. 36-52.
Dick, Manfred (1985): Der Literat und der Naturforscher. Wilhelm Heinse und Samuel Thomas Soemmerring, in *Samuel Thomas Soemmerring und die Gelehrten der Goethezeit*, hg. v. Gunter Mann und Franz Dumont. Stuttgart: Gustav Fischer, S. 203-228.
Dieckmann, Herbert (1941): Diderot's Conception of Genius. *Journal of the History of Ideas* 2, S. 151-182.
DN (1929): Im Pantheon der Gehirne. Ein Besuch im Moskauer Institut für Gehirnforschung – Lenins graue Substanz in 31 000 Teilchen zerschnitten. *Düsseldorfer Nachrichten*, 3. 12. 1929.
Döllinger, Ignaz (1830): *Gedächtnißrede auf Samuel Thomas von Soemmerring, gehalten in der öffentlichen Sitzung der königlichen Akademie der Wissenschaften am 25. August* 1830. München: Webersche Buchhandlung.
Donaldson, Henry H. (1890/91): Anatomical observations on the brain and several sense organs of the blind deaf-mute Laura Dewey Bridgman. *American Journal of Psychology* 3, S. 293-342; 4, S. 248-296.
Donaldson, Henry H. (1928): A study of the brains of three scholars. *The Journal of Comparative Neurology* 46, S. 1-95.
Dougherty, Frank W. P. (1984): *Commercium Epistolicum J. F. Blumenbachii. Aus einem Briefwechsel des klassischen Zeitalters der Naturgeschichte*. Göttingen: ohne Verlag.
Dougherty, Frank W. P. (1990): Christoph Meiners und Johann Friedrich Blumenbach im Streit um den Begriff der Menschenrasse, in *Die Natur des Menschen: Probleme der Physischen Anthropologie und Rassenkunde (1750-1850)*, hg. v. Gunter Mann und Franz Dumont. Stuttgart/New York: Gustav Fischer, S. 89-112.
Draaisma, Douwe (1999): *Die Metaphernmaschine. Eine Geschichte des Gedächtnisses*. Darmstadt: Primus.

Dräseke, Johannes (1906): Gehirngewicht und Intelligenz. *Archiv für Rassen- und Gesellschafts-Biologie* 3, S. 499-522.
Du Bois-Reymond, Emil (1912): Gedächtnisrede auf Hermann von Helmholtz [1895], in ders., *Reden*. Bd. 2. 2. Aufl. Leipzig: Veit, S. 516-570.
Du Bos, Jean Baptiste (1770): *Réflexions critiques sur la poesie et sur la peinture* [1719]. 7. Aufl., Bd. 2. Paris: Pissot.
Duff, William (1777): Ueber den Einfluß des Genies auf Temperament und Charakter; und über die Vortheile, welche mit dessen Besiz verbunden sind. *Brittisches Museum für die Deutschen* 1/1, S. 141-163.
Dupuytren, Guillaume (1839): Leçons orales de clinique chirurgicalle par Le Baron Dupuytren, recueillis et publiés par les Docteurs Boismont et Marx. Bd. 1. Bruxelles: Société Encyclopédique des Sciences Médicales.
Durkheim, Émile (1973): *Der Selbstmord*. Neuwied: Luchterhand.
Duval, Mathias/Chudzinski, Th./Hervé, Georges (1883a): Rapport sur le cerveau de Louis Asseline. *Bulletins de la Société d'Anthropologie,* 3ème série, 6, S. 260-274.
Duval, Mathias/Chudzinski, Th./Hervé, Georges (1883b): Déscription morphologique du cerveau d'Assézat. *Bulletins de la Société d'Anthropologie,* 3ème série, 6, S. 328-336.
Duval, Mathias/Chudzinski, Th./Hervé, Georges (1883c): Déscription morphologique du cerveau de Coudereau. *Bulletins de la Société d'Anthropologie,* 3ème série, 6, S. 377-389.
Dwight, Thomas (1878): Remarks on the Brain Illustrated by the Description of the Brain of a Distinguished Man. *Proceedings of the American Academy of Arts and Sciences* 13, S. 210-215.
Eccles, John C. (1975): *Das Gehirn des Menschen*. München: Piper.
Ecker, Alexander (1869): *Die Hirnwindungen des Menschen nach eigenen Untersuchungen*. Braunschweig: Vieweg.
Economo, Constantin von (1927): *Zellaufbau der Grosshirnrinde des Menschen. Zehn Vorlesungen*. Berlin: Springer.
Economo, Constantin von (1929a): *Wie sollen wir Elitegehirne verarbeiten*? Berlin: Springer.
Economo, Constantin von (1929b): Der Zellaufbau der Grosshirnrinde und die progressive Cerebration. *Ergebnisse der Physiologie* 29, S. 83-128.
Economo, Constantin von (1931a): Über progressive Cerebration und über die Erforschung der anatomischen Grundlagen der Begabungen. *Wiener klinische Wochenschrift* 44, S. 597-602.
Economo, Constantin von (1931b): Aufgaben der modernen Hirnforschung. *Psychiatrisch-neurologische Wochenschrift* 33, S. 263-265.
Economo, Constantin von (1934): Probleme der Hirnforschung, in *Constantin Freiherr von Economo. Sein Leben und Wirken erzählt von seiner Frau und von Prof. v. Wagner-Jauregg*. 2. Aufl. Wien: Mayer & Co., S. 73-85.
Economo, Constantin von/Horn, Ludwig (1930): Über Windungsrelief, Maße und Rindenarchitektonik der Supratemporalfläche, ihre individuellen und ihre Seitenunterschiede. *Zeitschrift für die gesamte Neurologie und Psychiatrie* 130, S. 678-757.
Economo, Constantin von/Koskinas, Georg (1925): *Die Cytoarchitektonik der Grosshirnrinde des erwachsenen Menschen*. Berlin: Springer.
Economo, M. von/Wagner-Jauregg, Julius v. (1934): *Constantin Freiherr von Economo. Sein Leben und Wirken erzählt von seiner Frau und von Prof. v. Wagner-Jauregg*. 2. Aufl. Wien: Mayer & Co.
Edinger, Ludwig (1908): Bericht über den Befund von Hans von Bülow's Gehirn, in Hans von Bülow, *Briefe und Schriften*. Bd. 8. Leipzig: Breitkopf und Härtel, S. 490-492.
Edinger, Ludwig (1912): *Einführung in die Lehre vom Bau und den Verrichtungen des Nervensystems*. 2. Aufl. Leipzig: Vogel.
Edinger, Ludwig/Wallenberg, Adolf (1903): *Bericht über die Leistungen auf dem Gebiete der Anatomie des Centralnervensystems in den Jahren* 1901 *und* 1902. Leipzig: Hirzel.

Edinger, Ludwig/Wallenberg, Adolf (1909): *Bericht über die Leistungen auf dem Gebiete der Anatomie des Centralnervensystems. Vierter Bericht (1907 und 1908)*. Leipzig: Hirzel.

Edinger, Ludwig/Wallenberg, Adolf (1912): *Bericht über die Leistungen auf dem Gebiete der Anatomie des Centralnervensystems. Fünfter Bericht (1909 und 1910)*. Bonn: Marcus und Weber.

Engel, Andreas K./König, Peter (1998): Das neurobiologische Wahrnehmungsparadigma. Eine kritische Bestandsaufnahme, in *Der Mensch in der Perspektive der Kognitionswissenschaften*, hg. v. Peter Gold und Andreas K. Engel. Frankfurt a. M.: Suhrkamp, S. 156-194.

Ennker, Benno (1997): *Die Anfänge des Leninkults in der Sowjetunion*. Köln: Böhlau.

Esquiros, Alphons/Weil, Ed. (1850): *Die öffentlichen und wissenschaftlichen Institute zu Paris auf ihrem Höhepunkte im neunzehnten Jahrhundert*. Neue Ausgabe, Bd. 1. Stuttgart: J. B. Müller's Verlagshandlung.

Exner, Sigmund (1894): *Entwurf zu einer physiologischen Erklärung der psychischen Erscheinungen*. Wien: Deuticke.

Fabian, Bernhard (1967): Der Naturwissenschaftler als Originalgenie, in *Europäische Aufklärung. Herbert Dieckmann zum 60. Geburtstag*, hg. v. Hugo Friedrich und Fritz Schalk. München: Fink, S. 47-68.

Fara, Patricia (2002): Newton: The Making of a Genius. London: Macmillan.

Fee, Elizabeth (1979): Nineteenth-Century Craniology: The Study of the Female Skull. *Bulletin of the History of Medicine* 53, S. 415-433.

Feindel, William (1990): Osler's brain again. *Osler Library Newsletter* 64, S. 1-3.

Féré, Charles (1883): Note sur un cas d'anomalie asymétrique du cerveau. *Archives de Neurologie* 5, S. 59-66.

Filimonoff, I. N. (1931): Über die Variabilität der Großhirnrindenstruktur. Mitteilung I. Allgemeine Betrachtungen. *Journal für Psychologie und Neurologie* 42, S. 210-230.

Finger, Stanley (1994): *Origins of Neuroscience. A History of Explorations into Brain Function*. Oxford: Oxford University Press.

Fioretos, Aris (2000): *Die Seelensucherin*. Köln: DuMont.

Firla, Monika (1999): Die Afrikaner-Büsten im Rollettmuseum Baden bei Wien. Eine österreichisch-baden-württembergische Sammlung. *Tribus* 48, S. 67-94.

Flechsig, Paul (1876): *Die Leitungsbahnen im Gehirn und Rückenmark des Menschen*. Leipzig: Engelmann.

Flechsig, Paul (1894): Zur Anatomie und Entwickelungsgeschichte der Leitungsbahnen im Grosshirn des Menschen. *Berichte über die Verhandlungen der Königlich Sächsischen Gesellschaft der Wissenschaften, Mathematisch-physikalische Klasse* 46, S. 164-167.

Flechsig, Paul (1896a): *Die Grenzen geistiger Gesundheit und Krankheit. Rede, gehalten zur Feier des Geburtstages Sr. Majestät des Königs Albert von Sachsen am 23. April 1896*. Leipzig: Veit & Co.

Flechsig, Paul (1896b): *Gehirn und Seele. Rede, gehalten am 31. October 1894 in der Universitätskirche zu Leipzig*. 2. Aufl. Leipzig: Veit & Co.

Flechsig, Paul (1896c): *Die Localisation der geistigen Vorgänge insbesondere der Sinnesempfindungen des Menschen*. Leipzig: Veit & Co.

Flechsig, Paul (1897): Über die Associationscentren des menschlichen Gehirns. *Dritter internationaler Congress für Psychologie in München vom 4. bis 7. August 1896*. München: Lehmann, S. 49-73.

Flechsig, Paul (1898): Neue Untersuchungen über die Markbildung in den menschlichen Grosshirnlappen. *Neurologisches Centralblatt* 17, S. 977-996.

Flechsig, Paul (1905): Hirnphysiologie und Willenstheorien. In *Atti del V Congresso Internazionale di Psicologia tenuto in Roma dal 26 al 30 Aprile 1905*. Roma, S. 72-89.

Flechsig, Paul (1927): *Meine myelogenetische Hirnlehre. Mit biographischer Einleitung*. Berlin: Springer.

Flechsig, Paul/His, Wilhelm (1903): Bericht an die K. S. Gesellschaft der Wissenschaften über die am 5. Juni 1903 in London abgehaltene Sitzung der von der internationalen Association der Akademien niedergesetzten Kommission zur Gehirnforschung. *Berichte über die Verhandlungen der Königlich Sächsischen Gesellschaft der Wissenschaften, Mathematisch-physikalische Klasse* 55, S. 156-163.

Fleischmann, Kornelius (1983): *Biedermeierliteratur in und um Baden und Bad Böslau*. Baden: Grasl.

Flögel, Carl Friedrich (1778): *Geschichte des menschlichen Verstandes*. 3. Aufl. Frankfurt/ Leipzig: Neue Buchhandlung.

Foà, P. (1909): Cesare Lombroso. *Pathologica* 1, S. 648.

Foerster, Klaus/Leonhardt, Martin/Buchkremer, Gerhard (Hg.) (1999): *Wahn und Massenmord. Perspektiven und Dokumente zum Fall Wagner*. Nürtingen: Sindlinger-Burchartz.

Fontenelle, Bernard Le Bovier de (1728): Dialogues des Morts, in *Œuvres diverses*. Nouvelle ed., tome 1. La Haye: Gosse & Neaulme, S. 1-101.

Fontenelle, Bernard Le Bovier de (1729): Eloge de Monsieur Newton, in *Œuvres diverses*. Nouvelle ed., tome 3. La Haye: Gosse & Neaulme, S. 398-415.

Fontenelle, Bernard Le Bovier de (1989a): Vorrede über den Nutzen der Mathematik und der Naturwissenschaften [1699], in ders., *Philosophische Neuigkeiten für Leute von Welt und für Gelehrte. Ausgewählte Schriften*. Leipzig: Reclam, S. 277-288.

Fontenelle, Bernard Le Bovier de (1989b): Abhandlung über die Freiheit [1743], in ders., *Philosophische Neuigkeiten für Leute von Welt und für Gelehrte. Ausgewählte Schriften*. Leipzig: Reclam, S. 260-276.

Forel, August (1894/95) Gehirn und Seele. Vortrag, gehalten in der II. allgemeinen Sitzung auf der 66. Versammlung deutscher Naturforscher und Ärzte in Wien 1894. *Zeitschrift für Hypnotismus* 3, S. 1-19.

Forel, August (1900): Über Talent und Genie. *Zeitschrift für Hypnotismus* 10, S. 159-169.

Forel, August (1907): Die Aufgaben der Neurobiologie, in ders., *Gesammelte hirnanatomische Abhandlungen*. München: Reinhardt, S. 3-14.

Forel, August (1914): *Hygiene der Nerven und des Geistes im gesunden und kranken Zustande*. 4. Aufl. Stuttgart: Moritz.

Forel, August (1935): *Rückblick auf mein Leben*. Zürich: Büchergilde Gutenberg.

Forel, August (1968): *Briefe – Correspondance 1864-1927*, hg. v. H. H. Walser. Bern: Huber.

Foville, Achille Louis (1844): *Traité complet de l'anatomie, de la physiologie et de la pathologie du système nerveux*. Bd. 1. Paris: Fortin.

Fox, Christopher/Porter, Roy/Wokler, Robert (Hg.) (1995): *Inventing Human Science. Eighteenth-Century Domains*. Berkeley: University of California Press.

Freud, Sigmund (1987): Entwurf einer Psychologie [1895], in *Gesammelte Werke. Nachtragsband. Texte aus den Jahren 1885-1938*. Frankfurt a. M.: Fischer, S. 387-477.

Freud, Sigmund (1992): *Zur Auffassung der Aphasien. Eine kritische Studie* [1891]. Frankfurt a. M.: Fischer.

Frevert, Ute (1986): *Frauen-Geschichte. Zwischen bürgerlicher Verbesserung und Neuer Weiblichkeit*. Frankfurt a. M.: Suhrkamp.

Froriep, Ludwig Friedrich (1801): *Darstellung der neuen, auf Untersuchungen der Verrichtungen des Gehirns gegründeten Theorie der Physiognomik des Hrn. Dr. Gall in Wien. Zweyte sehr vermehrte Auflage*. Weimar: Verlag des Industrie-Comptoirs.

Frye, Roland Mushat (1979). Ladies, Gentlemen, and Skulls: Hamlet and the Iconographic Traditions. *Shakespeare Quarterly* 30, S. 15-28.

Gadebusch Bondio, Mariacarla (1995): *Die Rezeption der kriminalanthropologischen Theorien von Cesare Lombroso in Deutschland von 1880 bis 1914*. Husum: Matthiesen.

Galison, Peter (1997): Die Ontologie des Feindes, in *Räume des Wissens. Repräsentation, Codierung, Spur*, hg. v. Hans-Jörg Rheinberger, Michael Hagner und Bettina Wahrig-Schmidt. Berlin: Akademie Verlag, S. 281-324.

Gall, Franz Joseph (1979): Des Herrn Dr. F. J. Gall Schreiben über seinen geendigten Prodromus über die Verrichtungen des Gehirns der Menschen und der Thiere, an Herrn Jos. Fr. von Retzer [1798], in *Franz Joseph Gall. Naturforscher und Anthropologe*, hg. v. Erna Lesky. Bern: Huber, S. 47-59.

Gall, Franz Joseph (1822-1825): *Sur les fonctions du cerveau et sur celles de chacune de ses parties*. 6 vols. Paris: Boucher.

Gall, Franz Joseph (1902): F. J. Gall über Goethe's Kopf [1827]. *Frankfurter Zeitung*, Nr. 170, S. 2-3.

Gall, Franz Joseph/Spurzheim, Johann Caspar (1809): *Recherche sur le système nerveux en général et sur celui du cerveau en particulier*. Paris: Schoell & Nicolle.

Gall, Franz Joseph/Spurzheim, Johann Caspar (1812): *Anatomie et physiologie du système nerveux en général, avec des observations sur la possibilité de reconnaître plusieurs dispositions intellectuelles et morales de l'homme et des animaux, par la configuration de leurs têtes*. Vol. 2. Paris: Schoell & Nicolle.

Gardener, Helen Hamilton (1893): Sex in Brain [1887], in dies., *Facts and Fictions of Life*. Chicago: Kerr, S. 97-125.

Gauld, Alan (1992): *A history of hypnotism*. Cambridge: Cambridge University Press.

Gere, Cathy (2003): A Brief History of Brain Archiving. *Journal of the History of the Neurosciences* 12, S. 396-410.

Gerning, Johann Isaak (1802): *Reise durch Oesterreich und Italien*. Bd. 3. Frankfurt a. M.: Wilmans.

Geulen, Christian (2004): *Wahlverwandte. Rassendiskurs und Nationalismus im späten 19. Jahrhundert*. Hamburg: Hamburger Edition.

Giese, Christian (1990): *Theodor Ludwig Wilhelm von Bischoff (*1807-1882*). Anatom und Physiologe*. Med. Habilitationsschrift, Universität Gießen.

Gijswijt-Hofstra, Marijke/Porter, Roy (Hg.) (2001): *Cultures of Neurasthenia from Beard to the First World War*. Amsterdam/New York: Rodopi.

Gillispie, Charles Coulston (1997): *Pierre-Simon Laplace, 1749-1827. A Life in Exact Science*. Princeton: Princeton University Press.

Goethe, Johann Wolfgang (1993a): Italienische Reise. Teil 1, in ders., *Sämtliche Werke, Briefe, Tagebücher und Gespräche*, Bd. 15/1. Frankfurt a. M.: Deutscher Klassiker Verlag.

Goethe, Johann Wolfgang (1993b): Die letzten Jahre. Briefe, Tagebücher und Gespräche von 1823 bis zu Goethes Tod. Teil 1: 1823-1828, in ders., *Sämtliche Werke, Briefe, Tagebücher und Gespräche*, Bd. 37. Frankfurt a. M.: Deutscher Klassiker Verlag.

Goethe, Johann Wolfgang (1994): Tag- und Jahreshefte, in ders., *Sämtliche Werke, Briefe, Tagebücher und Gespräche*, Bd. 17. Frankfurt a. M.: Deutscher Klassiker Verlag.

Gould, Stephen Jay (1988): *Der falsch vermessene Mensch*. Frankfurt a. M.: Suhrkamp.

Gratiolet, Pierre (1854): *Mémoire sur les plis cérébraux de l'homme et des primatès*. Paris: Bertrand.

Gratiolet, Pierre (1861a): Sur la forme et la cavité crânienne d'un Totonaque, avec réflexions sur la signification du volume de l'encéphale. *Bulletins de la Société d'Anthropologie* 2, S. 66-81.

Gratiolet, Pierre (1861b): Sur le poids et la forme du cerveau. *Bulletins de la Société d'Anthropologie* 2, S. 238-275.

Gratiolet, Pierre (1861c): Sur le volume et la forme du cerveau. *Bulletins de la Société d'Anthropologie* 2, S. 421-441.

Graves, Joseph L. (2001): *The Emperors's New Clothes. Biological Theories of Race at the Millennium*. New Brunswick: Rutgers University Press.

Gray, Richard (1991): Die Geburt des Genies aus dem Geiste der Aufklärung. Semiotik und Aufklärungsideologie in der Physiognomik Johann Kaspar Lavaters. *Poetica* 23, S. 95-138.

Gregory, William (1845): Die Gehirnentwicklung von Dr. Justus Liebig. *Zeitschrift für Phrenologie* 3, S. 145-154.
Griesinger, Wilhelm (1867): *Die Pathologie und Therapie der psychischen Krankheiten für Aerzte und Studirende*. 3. Aufl. Stuttgart: Krabbe.
Grosche, Stefan (2001): *»Zarten Seelen ist gar viel gegönnt«. Naturwissenschaft und Kunst im Briefwechsel zwischen C. G. Carus und Goethe*. Göttingen: Wallstein.
Groß, Felix (Hg.) (1912): *Immanuel Kant. Sein Leben in Darstellungen von Zeitgenossen. Die Biographien von L. E. Borowski, R. B. Jachmann und A. Ch. Wasianski*. Berlin: Deutsche Bibliothek.
Gudden, Bernhard von (1870): Anomalieen des menschlichen Schädels. *Archiv für Psychiatrie* 2, S. 367-373.
Gugitz, Gustav (1963): Die Frage um Mozarts Schädel und Dr. Gall, in ders., *Mozartiana. Gesammelte Aufsätze*. Wien: Wiener Bibliophile Gesellschaft, S. 74-84.
Gustafsson, Torbjörn (1994): Gustaf Retzius and the Cells of Thought. *Uppsala Newsletter History of Science* 20, S. 5-7.
Guthmüller, Marie (2003a): Vergessene Pathographien – Die Zeitschrift La chronique médicale. *Trajekte* 3, Nr. 6, S. 8-13.
Guthmüller, Marie (2003b): L'hôte bienvenu. Autoren im Labor und Symptome am Text: Experimentelle Psychologie und psychiatrische Medizin analysieren das Phänomen des Literarischen, in *Parasiten und Sirenen. Zwei Zwischenräume*, hg. v. Bernhard Dotzler, Henning Schmidgen und Cornelia Weber. Berlin: Max-Planck-Institut für Wissenschaftsgeschichte (Preprint 253), S. 9-28.
Gwinner, Wilhelm (1862): *Arthur Schopenhauer aus persönlichem Umgange dargestellt. Ein Blick auf sein Leben, seinen Charakter und seine Lehre*. Leipzig: Brockhaus.
Hagner, Michael (1993): Die elektrische Erregbarkeit des Gehirns. Zur Konjunktur eines Experiments, in *Die Experimentalisierung des Lebens. Experimentalsysteme in den biologischen Wissenschaften 1850/1950*, hg. v. Hans-Jörg Rheinberger und Michael Hagner. Berlin: Akademie, S. 97-115.
Hagner, Michael (1994): Lokalisation, Funktion, Cytoarchitektonik: Wege zur Modellierung des Gehirns, in *Objekte, Differenzen, Konjunkturen. Experimentalsysteme im historischen Kontext*, hg. v. Michael Hagner, Hans-Jörg Rheinberger und Bettina Wahrig-Schmidt. Berlin: Akademie, S. 121-150.
Hagner, Michael (1996a): Zur Physiognomik bei Alexander von Humboldt, in *Geschichten der Physiognomik. Text, Bild, Wissen*, hg. v. Rüdiger Campe und Manfred Schneider. Freiburg: Rombach, S. 431-452.
Hagner, Michael (1996b): Der Geist bei der Arbeit. Überlegungen zur Visualisierung cerebraler Prozesse, in *Anatomien medizinischen Wissens*, hg. v. Cornelius Borck. Frankfurt a. M.: S. Fischer, S. 259-286.
Hagner, Michael (1997): *Homo cerebralis. Der Wandel vom Seelenorgan zum Gehirn*. Berlin: Berlin Verlag.
Hagner, Michael (1999a): Kluge Köpfe und geniale Gehirne. Zur Anthropologie des Wissenschaftlers im 19. Jahrhundert, in *Wissenschaft als kulturelle Praxis*, 1750-1900, hg. v. Jürgen Schlumbohm, Hans Erich Bödeker und Peter Reill. Göttingen: Vandenhoeck & Ruprecht, S. 299-333.
Hagner, Michael (1999b): Prolegomena to a history of radical brains in the nineteenth century: physiognomics, phrenology, brain anatomy. *Physis* 36, S. 321-338.
Hagner, Michael (1999c): Gehirnführung. Zur Anatomie der geistigen Funktionen, 1870-1930, in *Ecce cortex. Beiträge zur Geschichte des modernen Gehirns*, hg. v. Michael Hagner. Göttingen: Wallstein, S. 177-205.
Hagner, Michael (2000): Verwundete Gesichter, verletzte Gehirne. Zur Deformation des Kopfes im Ersten Weltkrieg, in *Gesichter der Weimarer Republik*, hg. v. Claudia Schmölders und Sander Gilman. Köln: DuMont, S. 78-95.

Hagner, Michael (2001a): Cerebrale Asymmetrie, Monstrositäten und Hegel. Zu den Wissenschaften vom Leben um 1800, in *Hegel und die Lebenswissenschaften*, hg. v. Olaf Breidbach und Dietrich v. Engelhardt. Berlin: Verlag für Wissenschaft und Bildung, S. 95-106.

Hagner, Michael (2001b): Das Genie und sein Gehirn. *Jahrbuch des Collegium Helveticum der ETH Zürich*. Zürich: VDF Hochschulverlag, S. 187-211.

Hagner, Michael (2002a): »Sich mit der Tagespresse zu befassen, ist nicht jedermanns Geschmack«. Oskar Vogt und die Öffentlichkeit des Gehirns, in *cut and paste um 1900. Der Zeitungsausschnitt in den Wissenschaften*, hg. v. Anke te Heesen. Kaleidoskopien, Heft 4, S. 116-129.

Hagner, Michael (2002b): Cyber-Phrenologie. Die neue Physiognomik des Geistes und ihre Ursprünge, in *Die Politik der Maschine*, hg. v. Klaus Peter Dencker, (= Interface 5). Hamburg, Verlag Hans-Brednow-Institut, S. 182-197.

Hagner, Michael (2003a): Skulls, Brains, and Memorial Culture: On Cerebral Biographies of Scientists in the Nineteenth Century. *Science in Context* 16, S. 195-218.

Hagner, Michael (2003b): Im Pantheon der Gehirne. Die Elitegehirnforschung von Oskar und Cécile Vogt, in *Rassenforschung an Kaiser-Wilhelm-Instituten vor und nach 1933*, hg. v. Hans-Walter Schmuhl. Göttingen: Wallstein, S. 99-145.

Hagner, Michael (2004): Homo cerebralis? Der Mensch als Sklave seines Gehirns. *Frankfurter Allgemeine Zeitung* v. 22. März 2004, S. 31.

Hagner, Michael/Borck, Cornelius (1999): Brave Neuro-Worlds. *Neue Rundschau* 110, Heft 3, S. 70-86.

Haines, Duane E. (1995): Spitzka and Spitzka on the Brains of the Assassins of Presidents. *Journal of the History of the Neurosciences* 4, S. 236-266.

Hammond, Michael (1980): Anthropology as a Weapon of Social Combat in Late-Nineteenth-Century France. *Journal of the History of the Behavioral Sciences* 16, S. 118-132.

Hannaford, Ivan (1996): *Race. The History of an Idea in the West*. Baltimore: The Johns Hopkins University Press.

Hansemann, David (1899): Ueber das Gehirn von Hermann von Helmholtz. *Zeitschrift für Psychologie und Physiologie der Sinnesorgane* 20, S. 1-12.

Hansemann, David (1907): *Über die Gehirne von Th. Mommsen, Historiker, R. W. Bunsen, Chemiker und Ad. v. Menzel, Maler*. (Bibliotheca Medica, Abt. A. Anatomie. Heft 5). Stuttgart: Schweizerbart'sche Verlagsbuchhandlung.

Hansen, Julie V. (1996): Resurrecting Death: Anatomical Art in the Cabinet of Dr. Frederic Ruysch. *Art Bulletin* 78, S. 663-679.

Harrington, Anne (1987): *Medicine, Mind and the Double Brain. A Study in Nineteenth-Century Thought*. Princeton: Princeton University Press.

Harvey, Joy (1983): *Races Specified, Evolution Transformed: The Social Context of Scientific Debates Originating in the Société d'Anthropologie de Paris* (1859-1902). Ph.D. diss. Harvard University.

Hasse, K. E. (1902): *Erinnerungen aus meinem Leben*. 2. Aufl. Leipzig: Engelmann.

Hassler, Rolf (1962): Die Entwicklung der Architektonik seit Brodmann und ihre Bedeutung für die moderne Gehirnforschung. *Deutsche medizinische Wochenschrift* 87, 1180-1185.

Hecht, Jennifer Michael (2003): *The End of the Soul. Scientific Modernity, Atheism, and Anthropology in France*. New York: Columbia University Press.

Hecker, Max (1935) *Schillers Tod und Bestattung*. Leipzig: Insel.

Heesen, Anke te/Spary, E. M. (Hg.) (2001): *Sammeln als Wissen. Das Sammeln und seine wissenschaftsgeschichtliche Bedeutung*. Göttingen: Wallstein.

Hegel, Georg Wilhelm Friedrich (1986): Vorlesungen über die Geschichte der Philosophie III, in: ders., *Werke*, Bd. 20. Frankfurt a. M.: Suhrkamp.

Heinse, Wilhelm (1906): Wilhelm Heinse an Samuel Thomas Sömmerring über den Hauptsatz in dessen Schrift zur Tabula baseos encephali [1799], in ders., *Sämmtliche Werke*, Bd. 3/II. Kleine Schriften II. Leipzig: Insel, S. 613-622.

Hellpach, Willy (1906): *Nervenleben und Weltanschauung*. Wiesbaden: Bergmann.

Helmholtz, Hermann von (1896a): Ueber das Verhältniss der Naturwissenschaft zur Gesammtheit der Wissenschaft [1862], in ders., *Vorträge und Reden*, Bd. 1. 4. Aufl. Braunschweig: Vieweg, S. 159-185.

Helmholtz, Hermann von (1896b): Das Denken in der Medicin [1877], in ders., *Vorträge und Reden*, Bd. 2. 4. Aufl. Braunschweig: Vieweg, S. 165-190

Henschen, Folke (1966): *Der menschliche Schädel in der Kulturgeschichte*. Berlin: Springer.

Herder, Johann Gottfried (1892): Vom Erkennen und Empfinden der menschlichen Seele. Bemerkungen und Träume [1778], in ders., *Sämmtliche Werke*, hg. v. Berhard Suphan. Bd. 8. Berlin: Weidmannsche Buchhandlung, S. 165-235.

Hervé, Georges (1883): Le cerveau de Cuvier. *Bulletins de la Société d'Anthropologie de Paris,* 3ème série, 6, S. 738-748.

Heurnius, I. (1594): *De morbis qui in singulis partibus humani capitis insidere consueverunt*. Leiden: Franciscus Raphelengius.

Hi., F. (1926): Die Geheimnisse des menschlichen Hirns. Ihr Entdecker: Prof. Dr. Vogt, der Erforscher des uns noch fremden Körperteils. *National-Zeitung* Nr. 57, 3. 11. 1926, Beiblatt.

Hines, Terence (1998): Further on Einstein's Brain. *Experimental Neurology* 150, S. 343-344.

Hirschberg, Julius (1894): Hermann v. Helmholtz. *Deutsche medicinische Wochenschrift* 20, S. 733-736.

Hirschfeld, Eduard (1844): *Umrisse der Phrenologie. Zur Förderung des Ausbaues einer naturgemäßen Geisteskunde den Teilnehmern an der zwei und zwanzigsten Versammlung der Naturforscher zu Bremen gastlich dargeboten*. Bremen: Heyse.

His, Wilhelm (1895): Anatomische Forschungen über Johann Sebastian Bach's Gebeine und Antlitz nebst Bemerkungen über dessen Bilder. *Abhandlungen der mathematisch-physischen Classe der Königl. Sächsischen Gesellschaft der Wissenschaften* 22, S. 381-420.

His, Wilhelm (1901a): Antrag der Königlich Sächsischen Gesellschaft der Wissenschaften auf Bestellung einer Fachcommission für menschliche und thierische Entwickelungsgeschichte und für Anatomie des Gehirnes vorgelegt der Generalsversammlung der internationalen Association der Akademien am 16. April 1901 zu Paris. *Berichte der mathematisch-physischen Classe der Königl. Sächsischen Gesellschaft der Wissenschaften* 53, S. 77-82.

His, Wilhelm (1901b): Ueber wissenschaftliche Centralanstalten und speciell über Centralanstalten zur Förderung der Gehirnkenntniss. *Berichte der mathematisch-physischen Classe der Königl. Sächsischen Gesellschaft der Wissenschaften* 53, S. 413-436.

Hoffmann, August (1904): *Berufswahl und Nervenleben*. (Grenzfragen des Nerven- und Seelenlebens, 26). Wiesbaden, Bergmann.

Hoffmann, Christoph (2003): *Unter Beobachtung. Sinne und Sinnesapparate in der Praxis der Naturforschung, 1750-1830*. Habilitationsschrift, Europa-Universität Viadrina, Frankfurt/Oder.

Hoffmann, Dieter (1965): *Die Persönlichkeit des Göttinger Physiologen Rudolph Wagner im Spiegel bisher unveröffentlichter Dokumente aus seinem Nachlaß*. Med. Diss., Göttingen: Georg August-Universität.

Horsley, Victor (1909): Description of the Brain of Mr. Charles Babbage, F. R. S. *Philosophical Transactions of the Royal Society of London*. Series 3, vol. 200, S. 117-131.

Huarte, Juan (1968): *Prüfung der Köpfe zu den Wissenschaften. Übersetzt von G. E. Lessing*. Nachdruck der Ausgabe Zerbst 1752 mit einer kritischen Einleitung und Bibliographie von Martin Franzbach. München: Fink.

Humboldt, Wilhelm von (1916-1918): Tagebücher, in ders., *Gesammelte Schriften*. Bd. 14/15. Hg. v. Albert Leitzmann. Berlin: Behr's Verlag.

Huschke, Emil (1821): *Mimices et physiognomices fragmentum physiologicum*. Jena: Schreiber.

Huschke, Emil (1854): *Schaedel, Hirn und Seele des Menschen und der Thiere nach Alter, Geschlecht und Rasse. Dargestellt nach neuen Methoden und Untersuchungen*. Jena: Mauke.

Jacobi, Friedrich Heinrich (1786): *Wider Mendelssohns Beschuldigung betreffend die Briefe über die Lehre des Spinoza*. Leipzig: Goeschen.

Jacyna, L. Stephen (2000): *Lost Words. Narratives of Language and the Brain*. Princeton: Princeton University Press.

Jaspers, Karl (1920): *Allgemeine Psychopathologie*. 2. Aufl. Berlin: Springer.

Jauch, Ursula Pia (1998): *Jenseits der Maschine. Philosophie, Ironie und Ästhetik bei Julien Offray de La Mettrie (1709-1751)*. München: Hanser.

Jones, E. G. (1987): Articles ›Brodmann's Areas‹ and ›Cerebral Cortex‹, in *Encyclopedia of Neuroscience*, hg. v. George Adelman, Bd. 1, Basel/Boston: Birkhäuser, S. 180-181, 209-211.

Jordanova, Ludmilla (1989): Medical Mediations. Mind, Body and the Guillotine. *History Workshop Journal* 28, S. 39-52.

Juda, Adele (1934): Neuere Untersuchungen über Belastung und Nachkommenschaft von Schwachsinnigen. *Psychiatrisch-neurologische Wochenschrift* 36, S. 565-570.

Juda, Adele (1953): *Höchstbegabung. Ihre Erbverhältnisse sowie ihre Beziehungen zu psychischen Anomalien*. München: Urban & Schwarzenberg.

Kahn, Fritz (1929): *Das Leben des Menschen. Eine volkstümliche Anatomie, Biologie, Physiologie und Entwicklungsgeschichte des Menschen*. Bd. 4. Stuttgart: Franckh'sche Verlagshandlung.

Kaufman, M. H. (1995): Circumstances Surrounding the Examination of the Skull and Brain of George Combe (1788-1858) Advocate of Phrenology. *Proceedings of the Royal College of Physicians Edinburgh* 25, S. 663-674.

Kaufmann, Doris (1995): *Aufklärung, bürgerliche Selbsterfahrung und die »Erfindung« der Psychiatrie in Deutschland*, 1770-1850. Göttingen: Vandenhoeck & Ruprecht.

Kay, Lily E. (2001): From logical neurons to poetic embodiments of mind: Warren S. McCulloch's project in neuroscience. *Science in Context* 14, S. 591-614.

Kelch, Wilhelm Gottlieb (1804): *Ueber den Schädel Kants. Ein Beytrag zu Galls Hirn- und Schädellehre*. Königsberg: Nicolovius.

Kern, Kathi L. (1996): Gray Matters: Brains, Identities, and Natural Rights, in *The Social and Political Body*, hg. v. Theodore R. Schatzki und Wolfgang Natter. New York: Guilford Press, S. 103-121.

Kirsche, Walter (1986): Oskar Vogt 1870-1959. Leben und Werk und dessen Beziehung zur Hirnforschung der Gegenwart. Ein Beitrag zur 25. Wiederkehr seines Todestages. *Sitzungsberichte der Akademie der Wissenschaften der DDR. Mathematik – Naturwissenschaften – Technik*, Jg. 1985, Nr. 13, S. 3-51.

Kittler, Friedrich (1984): Flechsig/Schreber/Freud. Ein Nachrichtennetzwerk der Jahrhundertwende. *Der Wunderblock. Zeitschrift für Psychoanalyse* 11/12, S. 56-68.

Klatzo, Igor (2002): *Cécile and Oskar Vogt: The Visionaries of Modern Neuroscience*. Wien/New York: Springer.

Kleist, Karl (1934): Kriegsverletzungen des Gehirns in ihrer Bedeutung für die Hirnlokalisation und Hirnpathologie, in *Handbuch der ärztlichen Erfahrungen im Weltkriege* 1914-1918, hg. v. O. v. Schjerning. Bd. 4/2. Leipzig: Barth, S. 343-1416.

Klencke, H. (1843): Bericht über die in der Literatur des Jahres 1842 bekannt gewordenen Leistungen im Gebiete der Anthropologie und Phrenologie. *Cannstatts Jahresbericht über die Fortschritte der gesammten Medicin in allen Ländern*, Bd. 2. Erlangen: Enke, S. 1-26.

Klencke, H. (1844): Bericht über die Leistungen der Phrenologie, Psychologie und Anthropologie im Jahre 1843. *Cannstatts Jahresbericht über die Fortschritte der gesammten Medicin in allen Ländern*, Bd. 3. Erlangen: Enke, S. 238-248.

Klencke, H. (1845): Bericht über die Leistungen in der Anthropologie, Psychologie und Phrenologie. *Cannstatts Jahresbericht über die Fortschritte der gesammten Medicin in allen Ländern*, Bd. 4. Erlangen: Enke, S. 242-253.

Klose, Rudolf (1920): Das Gehirn eines Wunderkindes (des Pianisten Goswin Sökeland). Ein Beitrag zur Lokalisation des musikalischen Talentes im Gehirn. *Monatsschrift für Psychiatrie und Neurologie* 48, S. 63-102.

Köhnke, Klaus Christian (1986): *Entstehung und Aufstieg des Neukantianismus. Die deutsche Universitätsphilosophie zwischen Idealismus und Positivismus*. Frankfurt a. M.: Suhrkamp.

Koenigsberger, Leo (1903): *Hermann von Helmholtz*. Bd. 3. Braunschweig: Vieweg.

Koepke, Rudolf (1855): *Ludwig Tieck. Erinnerungen aus dem Leben des Dichters nach dessen mündlichen und schriftlichen Mittheilungen*. Bd. 2. Leipzig: Brockhaus.

Kraepelin, Emil (1886): Psychiatrie. Klinik der Erkrankungen des Vorderhirns, begründet auf dessen Bau, Leistungen und Ernährung. Von Dr. Theodor Meynert. [Rezension]. *Allgemeine Zeitschrift für Psychiatrie und psychiatrisch-gerichtliche Medicin* 42, S. 162-168.

Kraepelin, Emil (1887): *Die Richtungen der psychiatrischen Forschung. Vortrag, gehalten bei der Übernahme des Lehramtes an der Kaiserlichen Universität Dorpat*. Leipzig: Vogel.

Kretschmer, Ernst (1929): *Geniale Menschen*. Berlin: Springer.

Kreutzberg, Georg W./Klatzo, Igor/Kleihues, Paul (1992): Oskar and Cécile Vogt, Lenin's Brain and the Bumble-Bees of the Black Forest. *Brain Pathology* 2, S. 363-371.

Kühl, Stefan (1997): *Die Internationale der Rassisten. Aufstieg und Niedergang der internationalen Bewegung für Eugenik und Rassenhygiene im 20. Jahrhundert*. Frankfurt a. M.: Campus.

Kunz, Gerfried (1994): *Gustav von Struve und die Phrenologie in Deutschland*. Med. Diss., Mainz: Johannes Gutenberg-Universität.

Kunze, Michael (1990): *Der Freiheit eine Gasse. Traum und Leben eines deutschen Revolutionärs*. München: Kindler.

Kupffer, Carl/Bessel Hagen, Fritz (1881): Der Schädel Immanuel Kant's. *Archiv für Anthropologie* 13, S. 359-410.

Kurella, Hans (1910): *Cesare Lombroso als Mensch und Forscher*. Wiesbaden: Bergmann.

Kutzer, Michael (1996): Gehirnanatomie und »ein Ausflug in das geistige Land«: Anthropologie der Geschlechter im Werk Emil Huschkes, in *Geschlechterverhältnisse in Medizin, Naturwissenschaft und Technik*, hg. v. Christoph Meinel und Monika Renneberg. Bassum: GNT, S. 133-141.

Kutzer, Michael (1998): *Anatomie des Wahnsinns. Geisteskrankheit im medizinischen Denken der frühen Neuzeit und die Anfänge der pathologischen Anatomie*. Hürtgenwald: Pressler.

Kutzer, Michael/Heuser, Emil (1988): Gehirn und Wissenschaft: Theodor Ludwig Wilhelm von Bischoffs Sektionsbefund am Gehirn von Justus von Liebig. *Medizinhistorisches Journal* 23, S. 325-341.

La Mettrie, Julien Offray de (1796): Traité de L'Ame [1750], in ders., *Œuvres philosophiques*. Nouvelle Édition, tom. 1. Berlin: o. V., S. 65-228.

La Mettrie, Julien Offray de (1990): *L'Homme Machine/Die Maschine Mensch* [1748]. Hamburg: Meiner.

Lange-Eichbaum, Wilhelm (1928): *Genie – Irrsinn und Ruhm*. München: Reinhardt.

Lashley, Karl S./Clark, George (1946): The Cytoarchitecture of the Cerebral Cortex of Ateles: A Critical Examination of Architectonic Studies. *The Journal of Comparative Neurology* 85, S. 223-305.

Laßwitz, Kurt (1928): Der Gehirnspiegel, in ders., *Traumkristalle. Neue Märchen*. 9.-10. Tausend. Berlin: Felber, S. 97-108.
Lavater, Johann Caspar (1771): *Geheimes Tagebuch*. Leipzig: Weidmann.
Lavater, Johann Caspar (1775-1778): *Physiognomische Fragmente, zur Beförderung der Menschenkenntniß und Menschenliebe*. 4 Bde. Leipzig: Weidmann.
Leidesdorf, Max (1865): *Lehrbuch der psychischen Krankheiten*. 2. Aufl. Erlangen: Enke.
Leitzmann, Albert (1938): *Wilhelm Heinse in Zeugnissen seiner Zeitgenossen*. Jena: Frommannsche Buchhandlung.
Lélut, Louis-Francisque (1837a): Du poids du cerveau dans ses rapports avec le développement de l'intelligence. *Gazette Médicale de Paris* 5, S. 146-149.
Lélut, Louis-Francisque (1837b): Du développement du crane considéré avec celui de l'intelligence. *Gazette Médicale de Paris* 5, S. 463-476.
Lélut, Louis-Francisque (1843): *Rejet de l'organologie phrénologique de Gall et de ses successeurs*. Paris: Baillière.
Lélut, Louis-Francisque (1846): *L'amulette de Pascal, pour servir a l'histoire des hallucinations*. Paris: Baillière.
Lenk, Elisabeth/Kaever, Katharina (Hg.) (1997): *Peter Kürten, genannt der Vampir von Düsseldorf*. Frankfurt a. M.: Eichborn.
Lesky, Erna (Hrsg.) (1979): *Franz Joseph Gall. Naturforscher und Anthropologe*. Bern: Huber.
Lesky, Erna (1981): Der angeklagte Gall. *Gesnerus* 38, S. 301-311.
Leuret, François (1839): *Anatomie comparée du système nerveux considéré dans les rapports avec intelligence*. Bd. 1. Paris: Baillière.
Leux, Irmgard (1931): Hermann Sudermann (1857-1928). Eine individualanalytische und schaffenspsychologische Studie. *Zeitschrift für Neurologie und Psychiatrie* 42, S. 231-413.
Levy, Steven (1978): My Search for Einstein's Brain. *The New Jersey Monthly*, August 1978, S. 43-45.
Lichtenberg, Georg Christoph (1972): Über Physiognomik [1778], in *Schriften und Briefe*, hg. v. Wolfgang Promies. Bd. 3. München: Hanser, S. 256-295.
Lichtenberg, Georg Christoph (1973): Sudelbücher, in *Schriften und Briefe*, hg. v. Wolfgang Promies. Bd. 1, 2. Aufl. München: Hanser.
Lichtenberg, Georg Christoph (1992a): *Briefwechsel*, hg. v. Ulrich Joost und Albrecht Schöne. Bd. 4. München: Beck.
Lichtenberg, Georg Christoph (1992b): *Noctes. Ein Notizbuch*. Hrsg. v. Ulrich Joost. Göttingen: Wallstein.
Link-Heer, Ursula (1983): Über den Anteil der Fiktionalität an der Psychopathologie des 19. Jahrhunderts. *Zeitschrift für Literaturwissenschaft* 13, S. 280-301.
Link-Heer, Ursula (1986): »Le mal a marché trop vite.« Fortschritts- und Dekadenzbewußtsein im Spiegel des Nervositäts-Syndroms, in *Fortschrittsglaube und Dekadenzbewußtsein im Europa des 19. Jahrhunderts. Literatur – Kunst – Kulturgeschichte*, hg. v. W. Drost. Heidelberg: Winter, S. 45-67.
Loewenfeld, Leopold (1903): *Ueber die geniale Geistesthätigkeit mit besonderer Berücksichtigung des Genies für bildende Kunst*. (Grenzfragen des Nerven- und Seelenlebens, 21). Wiesbaden: Bergmann.
Lombroso, Cesare (1887): *Genie und Irrsinn in ihren Beziehungen zum Gesetz, zur Kritik und zur Geschichte*. Leipzig: Reclam.
Lombroso, Cesare (1890): *Der geniale Mensch*. Hamburg: Actien-Gesellschaft.
Lombroso, Cesare (1894a): *Entartung und Genie. Neue Studien*, Leipzig: Wiegand.
Lombroso, Cesare (1894b): *Neue Fortschritte in den Verbrecherstudien*. Leipzig: Friedrich.
Lombroso, Cesare (1896): *L'homme de génie*. 2. Aufl. Paris: George Carré.
Lombroso, Cesare (1910): *Studien über Genie und Entartung*. Leipzig: Reclam.
Lorente de Nó, Raffael (1938): Architectonics and the structure of the cerebral cortex, in

John F. Fulton, *Physiology of the Nervous System*. Oxford: Oxford University Press, S. 291-330.

Lucae, Johann Christian Gustav (1844): *Zur organischen Formenlehre*. Frankfurt a. M.: Varrentrapp.

Lucae, Johann Christian Gustav (1854): *Zehn Schädel bekannter Personen in geometrischen Abbildungen dem Herrn Dr. Friedrich Tiedemann zum fünfzigjährigen Doctor-Jubiläum*. Frankfurt a. M.: o. V.

Ludwig, Carl (1846): Rezension von Dr. J. Ch. Gustav Lucae, Zur organischen Formenlehre. *Schmidt's Jahrbücher der in- und ausländischen gesammten Medicin* 50, S. 353-355.

Mach, Ernst (1919): *Die Analyse der Empfindungen*. 8. Aufl. Jena: Fischer.

Madlener, Elisabeth (1988): Ein kabbalistischer Schauplatz. Die physiognomische Seelenerkundung, in *Wunderblock. Eine Geschichte der modernen Seele*, hg. v. Jean Clair, Cathrin Pichler und Wolfgang Pircher. Wien: Löcker, S. 159-179.

Magendie, François (1816): *Précis élémentaire de physiologie*. Bd. 1. Paris: Méquignon-Marvis.

Magendie, François (1828): Mémoire physiologique sur le cerveau. *Journal de physiologie expérimentale et pathologique* 8, S. 211-229.

Mall, Franklin P. (1909): On several anatomical characters of the human brain, said to vary according to race and sex, with especial reference to the weight of the frontal lobe. *The American Journal of Anatomy* 9, S. 1-32.

Mann, Gunter (1963): *J. Ch. G. Lucae und die Senckenbergische Anatomie. Eine Ikonographie*. Frankfurt a. M.: Dr. Senckenbergische Stiftung.

Mann, Gunter (1984): Franz Joseph Galls kranioskopische Reise durch Europa (1805-1807). Fundierung und Rechtfertigung neuer Wissenschaft. *Nachrichtenblatt der deutschen Gesellschaft für Geschichte der Medizin, Naturwissenschaft und Technik* 34, S. 86-114.

Mann, Gunter (1990): Soemmerring, Lichtenberg und die Ärzte im Streit um die Guillotine. *Lichtenberg-Jahrbuch*, S. 7-29.

Maranto, Gina (1985): Einstein's brain. *Discover*, May 1985, S. 28-34.

Marburg, Otto (1932): Konstantin Economo Freiherr von San Serf. Gedenkrede anläßlich der Trauersitzung des Vereins für Psychiatrie und Neurologie in Wien am 10. November. *Deutsche Zeitschrift für Nervenheilkunde* 123, S. 219-229.

Marino, Luigi (1995): *Praeceptores Germaniae. Göttingen 1770-1820*. Göttingen: Vandenhoeck & Ruprecht.

Martens, Franz Heinrich (1803): *Leichtfassliche Darstellung der Theorie des Gehirn- und Schädelbaues und der daraus entspringenden physiognomischen und psychologischen Folgerungen des Herrn Dr. Gall in Wien*. Leipzig: Leo.

Massin, Benoít (1999): Anthropologie und Humangenetik im Nationalsozialismus oder: Wie schreiben deutsche Wissenschaftler ihre eigene Wissenschaftsgeschichte? in *Wissenschaftlicher Rassismus: Analysen einer Kontinuität in den Human- und Naturwissenschaften*, hg. v. Heidrun Kaupen-Haas und Christian Saller. Frankfurt a. M.: Campus, S. 12-64.

Matiegka, Heinrich (1904/1905): Ueber die Beziehungen des Hirngewichts zum Berufe. *Politisch-anthropologische Revue* 3, S. 7-22.

Maurer, Friedrich (1924): *Das Gehirn Ernst Haeckels*. Jena: Fischer.

Mayer, Andreas (2002): *Mikroskopie der Psyche. Die Anfänge der Psychoanalyse im Hypnose-Labor*. Göttingen: Wallstein.

McCulloch, Warren S./Pitts, Walter (1943): A logical calculus of the ideas immanent in nervous activity. *Bulletin of Mathematical Biophysics* 5, S. 115-133.

Meckel, Johann Friedrich (1766): Recherches anatomico-physiologiques sur les causes de la folie qui viennent du vice des parties internes du corps humain. *Mémoire de l'Académie des Sciences et Belles-Lettres à Berlin*. Tom. XX, Année 1764, S. 65-88.

Meier, Rolf (1986) *August Forel 1848-1931. Arzt, Naturforscher, Sozialreformer.* Universität Zürich.
Meijer, Miriam Claude (1999): *Race and Aesthetics in the Anthropology of Petrus Camper [1722-1789].* Amsterdam: Rodopi.
Meiners, Christoph (1786): *Grundriß der Seelen-Lehre.* Lemgo: Meyersche Buchhandlung.
[Mellin, G. S. A.] (1804): *Immanuel Kant's Biographie.* Band 1. Leipzig: Weigel.
Mengs, Anton Raphael (1995): Gedanken über die Schönheit und den Geschmack in der Malerei [1762], in *Frühklassizismus. Position und Opposition: Winckelmann, Mengs, Heinse*, hg. v. Helmut Pfotenhauer u. a. (= Bibliothek der Kunstliteratur 2). Frankfurt a. M.: Deutscher Klassiker Verlag, S. 195-249.
Meyer, Jürgen Bona (1870): *Philosophische Zeitfragen. Populäre Aufsätze.* Bonn: Marcus.
Meynert, Theodor (1867/68): Der Bau der Gross-Hirnrinde und seine örtlichen Verschiedenheiten, nebst einem pathologisch-anatomischen Corollarium. *Vierteljahrsschrift für Psychiatrie* 1, S. 77-93, 198-217; 2, S. 88-113.
Meynert, Theodor (1868): Ueber die Nothwendigkeit und Tragweite einer anatomischen Richtung in der Psychiatrie. *Wiener medizinische Wochenschrift* 18, S. 573-576, 589-591.
Meynert, Theodor (1872): Vom Gehirn der Säugethiere, in *Handbuch der Lehre von den Geweben des Menschen und der Thiere*, hg. v. Salomon Stricker. Bd. 2. Leipzig: Engelmann, S. 694-808.
Meynert, Theodor (1877): Die Windungen der convexen Oberfläche des Vorder-Hirnes bei Menschen, Affen und Raubthieren. *Archiv für Psychiatrie und Nervenkrankheiten* 7, S. 257-286.
Meynert, Theodor (1892a): Zur Mechanik des Gehirnbaues [1872], in ders., *Sammlung von populärwissenschaftlichen Vorträgen über den Bau und die Leistungen des Gehirns.* Wien/Leipzig: Braumüller, S. 17-40.
Meynert, Theodor (1892b): Gehirn und Gesittung [1888], in ders., *Sammlung von populärwissenschaftlichen Vorträgen über den Bau und die Leistungen des Gehirns.* Wien/Leipzig: Braumüller, S. 139-179.
Meynert, Theodor (1892c): Über das Zusammenwirken der Gehirntheile [1890], in ders., *Sammlung von populärwissenschaftlichen Vorträgen über den Bau und die Leistungen des Gehirns.* Wien/Leipzig: Braumüller, S. 201-231.
Meynert, Theodor (1893): »Genie und Verbrecher« von Lombroso. *Mittheilungen der Anthropologischen Gesellschaft in Wien* 23, S. 1-9.
Meynert, Theodor/Weisbach, Augustin (1890): Bericht über die Exhumirung von Nestroy und Gluck. *Mittheilungen der Anthropologischen Gesellschaft in Wien* 20, S. 81-83.
Minde-Pouet, Georg (1925): *Kleists letzte Stunden.* Berlin: Weidmann.
Minkowski, Mieczyslaw (1939): Maksymilian Rose: Le cerveau de Joseph Pilsudski. Première Partie. *Schweizer Archiv für Neurologie und Psychiatrie* 44, S. 406-409.
M'Kibbin, Robert (1833): Notes of Post-mortem Examination of Dr. Spurzheim. *The Phrenological Journal* 8, S. 199-201.
Möbius, Paul Julius (1900): Über das Studium der Talente. *Zeitschrift für Hypnotismus* 10, S. 65-74.
Möbius, Paul Julius (1907): Ueber die Anlage zur Mathematik, in ders., *Ausgewählte Werke.* Bd. 7, 2. Aufl. Leipzig: Barth.
Monakow, Constantin von (1900): Ueber die Projections- und Associationsfasern. *Wiener medizinische Blätter* 22, S. 601-602.
Monakow, Constantin von (1905): *Gehirnpathologie.* 2. Aufl. Wien: Hölder.
Moravia, Sergio (1977): *Beobachtende Vernunft. Philosophie und Anthropologie in der Aufklärung.* Frankfurt a. M. usw.: Ullstein.
Moreau de Tours, Joseph (1859): *La psychologie morbide.* Paris: Masson.

Morel, Bénédict Augustin (1857): *Traité des dégénérescences physiques, intellectuelles et morales de l'espèce humaine*. Paris: Baillière.
Moritz, Karl Philipp (1792-1793): *Reisen eines Deutschen in Italien in den Jahren 1786 bis 1788. In Briefen*. 3 Bde. Berlin: Maurer.
Motluk, Alison (2000): Dicing with Albert. *New Scientist*, 18. März 2000, S. 43-45.
Mraz, Gerda/Schögl, Uwe (Hg.) (1999): *Das Kunstkabinett des Johann Caspar Lavater*. Wien: Böhlau.
Much, M. (1876): »Société d'autopsie mutuelle« in Paris. *Mittheilungen der Anthropologischen Gesellschaft in Wien* 6, S. 277-278.
Müller-Sievers, Helmut (1998): Skullduggery: Goethe and Oken, Natural Philosophy and Freedom of the Press. *Modern Language Quarterly* 59, S. 231-259.
Müller-Tamm, Jutta (1995): *Kunst als Gipfel der Wissenschaft. Ästhetische und wissenschaftliche Weltaneignung bei Carl Gustav Carus*. Berlin/New York: de Gruyter.
Müller-Wille, Staffan (2003): Was ist Rasse? Die UNESCO-Erklärungen von 1950 und 1951, in *Der [im-]perfekte Mensch. Metamorphosen von Individualität und Abweichung*, hg. v. Petra Lutz u. a. Köln/Wien: Böhlau, S. 79-93.
Neuzner, Bernd/Brandstätter, Horst (Hg.) (1996): *Wagner. Lehrer, Dichter, Massenmörder*. Frankfurt a. M.: Eichborn.
Newberg, Andrew/D'Aquili, Eugene/Rause, Vince (2003): *Der gedachte Gott. Wie Glaube im Gehirn entsteht*. Piper: München.
Nietzsche, Friedrich (1980): Unzeitgemäße Betrachtungen IV: Richard Wagner in Bayreuth [1876], in ders., *Sämtliche Werke. Kritische Studienausgabe*, hg. v. Giorgio Colli und Mazzino Montinari. München: Deutscher Taschenbuch Verlag, S. 429-510.
Noel, Richard R. (1842): *Grundzüge der Phrenologie oder Anleitung zum Studium dieser Wissenschaft, dargestellt in fünf Vorlesungen*. Dresden/Leipzig: Arnold.
Noel, Richard R. (1843): Traugott Julius Schönberg, ein junges musikalisches Genie. *Zeitschrift für Phrenologie* 1, S. 257-272.
Nordau, Max (1881): *Paris unter der dritten Republik. Neue Bilder aus dem wahren Milliardenlande*. Leipzig: Elischer.
Nordau, Max (1896): *Entartung*. 2 Bde. 3. Aufl. Berlin: Duncker.
Nye, Robert A. (1984): *Crime, Madness, and Politics in Modern France: The Medical Concept of National Decline*. Princeton: Princeton University Press.
Obermeit, Werner (1980): *›Das unsichtbare Ding, das Seele heißt‹. Die Entdeckung der Psyche im bürgerlichen Zeitalter*. Frankfurt a. M.: Syndikat.
Oehler-Klein, Sigrid (1990): Samuel Thomas Soemmerrings Neuroanatomie als Bindeglied zwischen Physiognomik und Anthropologie, in *Die Natur des Menschen: Probleme der Physischen Anthropologie und Rassenkunde (1750-1850)*, hg. v. Gunter Mann und Franz Dumont. Stuttgart: Fischer, S. 57-87.
Oehler-Klein, Sigrid (1998): Einleitung, in Samuel Thomas Soemmerring, *Werke*. Bd. 15. Anthropologie. Stuttgart: Fischer, S. 11-142.
Oken, Lorenz (1807): *Über die Bedeutung der Schädelknochen*. Jena: Göpferdt.
Ortland, Eberhard (2001): Art. Genie. In: *Ästhetische Grundbegriffe*, hg. v. Karlheinz Barck u. a., Bd. 2. Stuttgart: Metzler, S. 661-709.
Papez, James W. (1927): The brain of Helen Gardener (Alice Chenoweth Day). *American Journal of Physical Anthropology* 11, S. 29-88.
Papez, James W. (1929): The brain of Burt Green Wilder. *Journal of Comparative Neurology* 47, S. 285-341.
Papez, James W. (1930): The brain of Sutherland Simpson, 1863-1927. *Journal of Comparative Neurology* 51, S. 165-196.
Papez, James W./Bull, Harry G./Stotler, William A. (1940): Cortical Softening with Atrophy of Internal Capsule and Dorsal Thalamus. *Archives of Neurology and Psychiatry* 44, S. 977-989.

Papillaut, Georges (1903): Cerveau de M. Laborde. *Bulletins et Mémoires de la Société d'Anthropologie,* 5ème série, 4, S. 422-426.
Parchappe, Jean-Baptiste Maximien (1836): *Recherches sur l'encéphale, sa structure, ses fonctions et ses maladies*, vol. 1. Paris: Just Rouvier et E. Le Bouvier.
Paterniti, Michael (2000): *Driving Mr. Albert. A Trip Across America with Einstein's Brain.* New York: The Dial Press.
Pauser, Wolfgang (1988): Der Wiener Nervenarzt Moriz Benedikt. »Psychophysik« zwischen Gall und Freud, in *Wunderblock. Eine Geschichte der modernen Seele*, hg. v. Jean Clair, Cathrin Pichler und Wolfgang Pircher. Wien: Löcker, S. 601-609.
Pearson, Karl (1927): The Brain of Laplace. *Nature* 119, S. 560.
Peiffer, Jürgen (1997): *Hirnforschung im Zwielicht. Beispiele verführbarer Wissenschaft aus der Zeit des Nationalsozialismus.* Husum: Matthiesen.
Peiffer, Jürgen (2000): Neuropathologische Forschung an »Euthanasie«-Opfern in zwei Kaiser-Wilhelm-Instituten. In *Geschichte der Kaiser-Wilhelm-Gesellschaft im Nationalsozialismus. Bestandsaufnahme und Perspektiven der Forschung*, hg. v. Doris Kaufmann, Bd. 1. Göttingen: Wallstein, S. 151-173.
Pestalozzi, Karl/Weigelt, Horst (Hg.) (1994): *Das Antlitz Gottes im Antlitz des Menschen.* Göttingen: Vandenhoeck & Ruprecht.
Pfeifer, Richard Arwed (1920): *Das menschliche Gehirn nach seinem Aufbau und seine wesentlichen Leistungen gemeinverständlich dargestellt.* 3. Aufl. Leipzig: Engelmann.
Pfeifer, Richard Arwed (1930): Paul Flechsig gestorben. *Schweizer Archiv für Neurologie und Psychiatrie* 26, S. 258-264.
Pias, Claus (Hrsg.) (2003): *Cybernetics/Kybernetik. Die Macy-Konferenzen 1946-1953. Band 1: Protokolle.* Zürich: Diaphanes.
Pick, Daniel (1989): *Faces of Degeneration. A European Disorder, c. 1848 – c. 1918.* Cambridge: Cambridge University Press.
Platner, Ernst (1772): *Anthropologie für Ärzte und Weltweise. Erster Theil.* Leipzig: Dyckische Buchhandlung.
Pogliano, Claudio (2001): Il cervello degli italiani, in *Giovanni Canestrini: Zoologist and Darwinist*, hg. v. Alessandro Minelli und Sandra Casellato. Venezia, Istituto veneto di scienze, lettere ed arti, 2001, S. 351-377.
Popper, Karl R./Eccles, John C. (1982): *Das Ich und sein Gehirn.* München: Piper.
Porter, Theodore M. (2004): *Karl Pearson. The Scientific Life in a Statistical Age.* Princeton: Princeton University Press.
Posner, Michael I./ Raichle, Marcus E. (1994): *Images of Mind.* New York: Scientific American Library.
Poupin, Théodore (1837): *Caractères phrénologiques et physiognomoniques des contemporains les plus célèbres, selon les systèmes de Gall, Spurzheim, Lavater, etc.* Paris: Baillière.
Poynter, C. W. M. (1912): A Study of cerebral anthropology, with a description of two brains of criminals. *University Studies* 12, S. 345-439.
Quetelet, Adolphe (1838): *Ueber den Menschen und die Entwicklung seiner Fähigkeiten.* Stuttgart: Schweizerbart.
Radkau, Joachim (1998): *Das Zeitalter der Nervosität. Deutschland zwischen Bismarck und Hitler.* München: Hanser.
Ramón y Cajal, Santiago (1906): *Studien über die Hirnrinde des Menschen.* Heft 5: Anatomisch-physiologische Betrachtungen über das Gehirn. Leipzig: Barth.
Reifenberg, Benno (1992): Oskar Vogt – Meine Konfrontation mit der Naturwissenschaft, in ders., *Offenbares Geheimnis. Ausgewählte Schriften*, Frankfurt a. M.: Fischer, S. 309-327.
Remak, Robert (1842): Bericht über die Leistungen der Physiologie im Jahre 1841. *Canstatts Jahresbericht über die Fortschritte der gesammten Medicin in allen Ländern*, Bd. 3. Erlangen: Enke.

Renneville, Marc (1997): De la régénération à la dégénérescence: la science de l'homme face à 1848. *Revue d'histoire du XIXe siècle* 15, S. 7-19.
Renneville, Marc (2000): *Le langage des crânes. Une histoire de la phrénologie*. Paris: Institut d'Edition Sanofi-Synthélabo.
Retzius, Andreas (1848): Beurtheilung der Phrenologie vom Standpuncte der Anatomie aus. *Archiv für Anatomie, Physiologie und Wissenschaftliche Medicin*, S. 233-262.
Retzius, Gustaf (1898): *Das Gehirn des Astronomen Hugo Gyldén*. Biologische Untersuchungen, Neue Folge, Bd. 8. Stockholm/Jena: Aftonbladet/Fischer.
Retzius, Gustaf (1900): *Das Gehirn des Mathematikers Sonja Kovalevski*. Biologische Untersuchungen, Neue Folge, Bd. 9. Stockholm/Jena: Aftonbladet/Fischer.
Retzius, Gustaf (1904): Das Gehirn eines Staatsmannes, in ders., *Biologische Untersuchungen*, Neue Folge, Bd. 11. Stockholm/Jena: Aftonbladet/Fischer, S. 89-102.
Retzius, Gustaf (1914): Wächst noch die Größe des menschlichen Gehirns infolge der Einwirkung der »Kultur«? *Zeitschrift für Morphologie und Anthropologie* 18, S. 49-64.
Richter, Jochen (1996): Das Kaiser-Wilhelm-Institut für Hirnforschung und die Topographie der Großhirnhemisphären. Ein Beitrag zur Institutsgeschichte der Kaiser-Wilhelm-Gesellschaft und zur Geschichte der architektonischen Hirnforschung, in *Die Kaiser-Wilhelm-/Max-Planck-Gesellschaft und ihre Institute. Studien zu ihrer Geschichte: Das Harnack-Prinzip*, hg. v. Berhard v. Brocke und Hubert Laitko. Berlin/New York: de Gruyter, S. 349-408.
Richter, Jochen (2000a): The Brain Commission of the International Association of Academies: The first international society of neurosciences. *Brain Research Bulletin* 52, S. 445-457.
Richter, Jochen (2000b): *Rasse – Elite – Pathos. Eine Chronik zur medizinischen Biographie Lenins und zur Geschichte der Elitegehirnforschung in Dokumenten*. Herbolzheim: Centaurus.
Richter, Jochen (2003): *Zur Vorgeschichte und weiteren Entwicklung des »Pantheons der Gehirne« im Moskauer Hirnforschungsinstitut*. Unpubl. Mss.
Rieger, Conrad (1882): *Über die Beziehungen der Schädellehre zur Physiologie, Psychiatrie und Ethnologie*. Würzburg: Stahel'sche Buch- und Kunsthandlung.
Riese, Walther (1925): Das Problem der Hirnfurchung. *Zentralblatt für die gesamte Neurologie und Psychiatrie* 40, S. 257-265.
Riese, Walther (1927): *Seele und Schicksal*. Leipzig: Hesse & Becker.
Riese, Walther (1930): Das Nervensystem, in *Der Mensch. Vom Werden, Wesen und Wirken des menschlichen Organismus*, hg. v. Deutschen Hygiene Museum. Leipzig: Barth, S. 148-174.
Riese, Walther (1966): Brains of Prominent People: History, Facts and Significance. *MCV Quarterly* 2, S. 106-110.
Riha, Karl/Zelle, Carsten (1991): Nachwort, in *Johann C. Lavater, Von der Physiognomik*. Frankfurt a. M.: Insel, S. 111-140.
Robain, Olivier (1999): Une inquiétante malformation. *La Recherche* 326, S. 39-41.
Roberts, Colin M. (1996): Edward A. Spitzka: The Anthropometric Society and the Struggle to Map Great Brains, in *Jefferson Medical College: Legend and Lore*, hg. v. F. B. Wagner und J. W. Savacool. Philadelphia: Cook, S. 334-340.
Rodin, Alvin E./Key, Jack D. (1990): Osler's Brain and Related Mental Matters. *Southern Medical Journal* 83, S. 207-212.
Röhl, Bettina (2002): Das Gehirn der Ulrike Meinhof. *Magdeburger Volksstimme*, 8.11.2002.
Roelcke, Volker (1999): *Krankheit und Kulturkritik: psychiatrische Gesellschaftsdeutungen im bürgerlichen Zeitalter (1790-1914)*. Frankfurt a. M.: Campus.
Roelcke, Volker (2000): Psychiatrische Wissenschaft im Kontext nationalsozialistischer Politik und »Euthanasie«. Zur Rolle von Ernst Rüdin und der Deutschen Forschungsanstalt für Psychiatrie/Kaiser-Wilhelm-Institut, in *Die Kaiser-Wilhelm-Gesellschaft im*

Nationalsozialismus. Bestandsaufnahme und Perspektiven der Forschung, hg. v. Doris Kaufmann. Bd. 1. Göttingen: Wallstein, S. 112-150.

Roelcke, Volker (2003): Programm und Praxis der psychiatrischen Genetik an der Deutschen Forschungsanstalt für Psychiatrie unter Ernst Rüdin. Zum Verhältnis von Wissenschaft, Politik und Rasse-Begriff vor und nach 1933, in *Rassenforschung an Kaiser-Wilhelm-Instituten vor und nach 1933*, hg. v. Hans-Walter Schmuhl. Göttingen: Wallstein, S. 38-67.

Rollett, Hermann (1886): Ferdinand Raimund's Schädel. *Badener Bote* 19, Nr. 36, 5. September 1886, S. 1-4.

Rose, Maksymilian (1938): *Le cerveau de Joseph Piłsudski. Première partie*. Wilna: Zawadski.

Rousseau, Emm. (1832): Maladie et autopsie de M. G. Cuvier. *Supplement de la Lancette française*, 26 mai 1832, S. 165-166.

Royer, M. (1830/1831): Catalogue, numerical and descriptive, of heads of men and animals, which composed the collection made by the late Dr Gall. *The Phrenological Journal* 6, S. 480-499, 583-603; 7, S. 27-36, 183-185, 251-253.

Rüdinger, Nikolaus (1882a): Beitrag zur Anatomie der Affenspalte und der Interparietalfurche beim Menschen nach Race, Geschlecht und Individualität, in *Beiträge zur Anatomie und Embryologie. Als Festgabe Jacob Henle zum 4. April 1882 dargebracht von seinen Schülern*. Bonn: Cohen & Sohn, S. 186-198.

Rüdinger, Nikolaus (1882b): Beitrag zur Anatomie des Sprachcentrums, in *Beiträge zur Biologie. Als Festgabe dem Anatomen und Physiologen Th. L. W. von Bischoff zum fünfzigjährigen medicinischen Doktorjubiläum gewidmet von seinen Schülern*. Stuttgart: Cotta, S. 135-191.

Rüdinger, Nikolaus, (1888): Das Hirn Gambetta's. *Sitzungsberichte der mathematisch-physikalischen Classe der k. b. Akademie der Wissenschaften zu München* 17, Jg. 1887, S. 69-71.

Rundles, R. Waynew/Papez, James W. (1937): Connections Between the Striatum and the Substantia Nigra in a Human Brain. *Archives of Neurology and Psychiatry* 38, S. 550-563.

Rupke, Nicolaas (1994): *Richard Owen. Victorian Naturalist*. New Haven: Yale University Press.

Russett, Cynthia Eagle (1989): *Sexual Science. The Victorian Construction of Womanhood*. Cambridge/MA: Harvard University Press.

Sachse, Gerda (1955): *Paul Flechsig (1847-1929)*. Med. Diss., Universität Leipzig.

Safranski, Rüdiger (2001): *Schopenhauer und Die wilden Jahre der Philosophie*. Frankfurt a. M.: Fischer.

Sarasin, Philipp (2001): *Reizbare Maschinen. Eine Geschichte des Körpers 1765-1914*. Frankfurt a. M.: Suhrkamp.

Satzinger, Helga (1996): Das Gehirn, die Frau und ein Unterschied in den Neurowissenschaften des 20. Jahrhunderts: Cécile Vogt (1875-1962), in *Geschlechterverhältnisse in Medizin, Naturwissenschaft und Technik*, hg. v. Christoph Meinel und Monika Renneberg. Bassum: GNT, S. 75-82.

Satzinger, Helga (1998): *Die Geschichte der genetisch orientierten Hirnforschung von Cécile und Oskar Vogt in der Zeit von 1895 bis ca.* 1927. Stuttgart: Deutscher Apotheker Verlag.

Schadow, Johann Gottfried (1849): *Kunst-Werke und Kunst-Ansichten*. Berlin: Decker.

Schadow, Johann Gottfried (1890): Die Werkstätte des Bildhauers [1802], in ders., *Aufsätze und Briefe nebst einem Verzeichnis seiner Werke*. Stuttgart: Ebner & Seubert, S. 56-65.

Schaffer, Karl (1932): Begabung und Gehirn. *Psychiatrisch-neurologische Wochenschrift* 34, S. 485-488.

Schaffer, Karl (1939): Einiges über das Gehirn der Hochtalente. *Schweizer Archiv für Neurologie und Psychiatrie* 44, S. 347-352.

Schelling, Friedrich Wilhelm Joseph (1974): *Vorlesungen über die Methode des akademischen Studiums* [1803]. Hamburg: Meiner.

Scheve, Gustav (1863): *Phrenologische Reisebilder*. Cöthen: Schettler.

Schiller, Francis (1965): The Rise of the »Enteroid Processes« in the 19th Century: Some Landmarks in Cerebral Nomenclature. *Bulletin of the History of Medicine* 39, S. 326-338.

Schiller, Francis (1982): *A Möbius Strip. Fin-de-siècle neuropsychiatry and Paul Möbius*. Berkeley: University of California Press.

Schiller, Francis (1992): *Paul Broca. Founder of French Anthropology, Explorer of the Brain*. Oxford: Oxford University Press.

Schings, Hans-Jürgen (1977): *Melancholie und Aufklärung. Melancholiker und ihre Kritiker in Erfahrungsseelenkunde und Literatur des 18. Jahrhunderts*. Stuttgart: Metzler.

Schings, Hans-Jürgen (Hg.) (1994): *Der ganze Mensch. Anthropologie und Literatur im 18. Jahrhundert*. Stuttgart: Metzler.

Schivelbusch, Wolfgang (2001): *Die Kultur der Niederlage*. Berlin: Fest.

Schlöss, Heinrich (1894): Anatomische Studien an Gehirnen Geisteskranker. *Jahrbücher für Psychiatrie* 12, S. 157-337.

Schmidt, Jochen (1985): *Die Geschichte des Genie-Gedankens in der deutschen Literatur, Philosophie und Politik 1750-1945*. 2 Bde. Darmstadt: Wissenschaftliche Buchgesellschaft.

Schmölders, Claudia (1995): *Das Vorurteil im Leibe. Eine Einführung in die Physiognomik*. Berlin: Akademie.

Schmuhl, Hans-Walther (2000a): *Hirnforschung und Krankenmord. Das Kaiser-Wilhelm-Institut für Hirnforschung 1937-1945*. Berlin: Forschungsprogramm »Geschichte der Kaiser-Wilhelm-Gesellschaft im Nationalsozialismus«.

Schmuhl, Hans-Walter (2000b): Rassenhygiene in Deutschland – Eugenik in der Sowjetunion: Ein Vergleich, in *Im Dschungel der Macht. Intellektuelle Professionen unter Stalin und Hitler*, hg. v. Dietrich Beyrau. Göttingen: Vandenhoeck & Ruprecht, S. 360-377.

Schmuhl, Hans-Walter (Hg.) (2003): *Rassenforschung an Kaiser-Wilhelm-Instituten vor und nach 1933*. Göttingen: Wallstein.

Schneider, Manfred (1996): Die Beobachtung des Zeugen nach Artikel 71 der ›Carolina‹: Der Aufbau eines Codes der Glaubwürdigkeit 1532-1850, in *Geschichten der Physiognomik*, hg. v. Rüdiger Campe und Manfred Schneider. Freiburg: Rombach, S. 153-182.

Schöne, Albrecht (2002): *Schillers Schädel*. München: C.H. Beck.

Schopenhauer, Arthur (1911): Die Welt als Wille und Vorstellung. 2 Bde, in ders., *Sämtliche Werke*. Bd. 1-2. Hg. v. Paul Deussen. München: Piper.

Schottländer, Rudolf (1988): *Verfolgte Berliner Wissenschaft*. Berlin: Edition Hentrich.

Schröder, Paul (1930): Paul Flechsig. *Archiv für Psychiatrie und Nervenkrankheiten* 91, S. 1-8.

Schubring, Gerd (Hg.) (1991): *›Einsamkeit und Freiheit‹ neu besichtigt. Universitätsreformen und Disziplinenbildung in Preußen als Modell für Wissenschaftspolitik im Europa des 19. Jahrhunderts*. Stuttgart: Steiner.

Schulte, Christoph (1997): *Psychopathologie des Fin de siècle. Der Kulturkritiker, Arzt und Zionist Max Nordau*. Frankfurt a. M.: Fischer.

Schulz, F. (1973): *Die Schädellehre Dr. Gall's und seine Restschädelsammlung im Städtischen Rollett Museum zu Baden bei Wien*. Wien: Eigenverlag.

Schwabe, Julius (1932): *Schiller's Beerdigung und die Aufsuchung und Beisetzung seiner Gebeine. Nach Actenstücken und authentischen Mittheilungen aus dem Nachlasse des Hofraths und ehemaligen Bürgermeisters von Weimar Carl Leberecht Schwabe* [1852]. Leipzig: Georg Kummer.

Secord, James A. (2000): *Victorian Sensation. The Extraordinary Publication, Reception, and Secret Authorship of Vestiges of the Natural History of Creation*. Chicago: University of Chicago Press.

Semaschko, Nikolai (1927): Die Erforschung von Lenins Gehirn. *Die Rote Fahne* Nr. 279, 27. 11. 1927, 1. Beilage.

Semon, Richard (1920): *Bewusstseinsvorgang und Gehirnprozess. Eine Studie über die energetischen Korrelate der Eigenschaften der Empfindungen.* Wiesbaden: Bergmann.

Shapin, Steven (1994): *A Social History of Truth. Civility and Science in Seventeenth-Century England.* Chicago: University of Chicago Press.

Siemann, Wolfram (1985): *Die deutsche Revolution von 1848/49.* Frankfurt a. M.: Suhrkamp.

Singer, Werner (1997): *Psychopolis. Zürcher Innenweltgeschichten.* Zürich: innaron Verlag.

Singer, Wolf (2003): *Ein neues Menschenbild? Gespräche über Hirnforschung.* Frankfurt a. M.: Suhrkamp.

Siodmak, Curt (1984): *Donovans Gehirn* [1942]. München: Heyne.

Sirotkina, Irina (2002): *Diagnosing Literary Genius. A Cultural History of Psychiatry in Russia, 1880-1930.* Baltimore: Johns Hopkins University Press.

Smith, C. U. M. (2002): Julien Offray de la Mettrie (1709-1751). *Journal of the History of the Neurosciences* 11, S. 110-124.

Soemmerring, Samuel Thomas (1784): *Über die körperliche Verschiedenheit des Mohren vom Europäer.* Mainz: Privatdruck.

Soemmerring, Samuel Thomas (1785): *Über die körperliche Verschiedenheit des Negers vom Europäer.* Frankfurt a. M./Mainz: Varrentrapp Sohn und Wenner.

Soemmerring, Samuel Thomas (1996): Rezension von W. G. Kelch: Über den Schädel Kant's [...] [1804], in ders., *Werke*, Bd. 17: Rezensionen II, hg. v. U. Enke. Stuttgart: Gustav Fischer, S. 563-564.

Soemmerring, Samuel Thomas (1999): Über das Organ der Seele [1796], in ders., *Werke*, Bd. 9, hg. v. M. Wenzel und S. Oehler-Klein. Basel: Schwabe.

Solmsen, Friedrich (1961): Greek philosophy and the discovery of the nerves. *Museum Helveticum* 18, S. 150-167, 169-197.

Spatz, Hugo (1961): Gedanken über die Zukunft des Menschenhirns und die Idee vom Übermenschen, in *Der Übermensch*, hg. v. Ernst Benz. Zürich: Rhein-Verlag, S. 317-383.

Spengel, Johann Wilhelm (1880): Die von Blumenbach gegründete Anthropologische Sammlung der Universität Göttingen. Braunschweig: Vieweg.

Spengler, Tilman (1991): *Lenins Hirn.* Reinbek: Rowohlt.

Sperino, Giuseppe (1900): Descrizione morfologica dell'encefalo del Professore Carlo Giacomini. *Giornale della Accademia Medicina di Torino* 63, S. 737-805.

Spielmeyer, Walter (1928): Ansprache bei Verleihung der goldenen Kraepelin-Medaille an Professor Oscar Vogt. *Zeitschrift für die gesamte Neurologie und Psychiatrie* 117, S. 197-198.

Spielmeyer, Walter (1930): Zur Einführung. Die anatomische Krankheitsforschung in der Psychiatrie, in *Handbuch der Geisteskrankheiten*, hg. v. Oswald Bumke. 11. Bd. (= Spezieller Teil VII): Die Anatomie der Psychosen. Berlin: Springer, S. 1-41.

Spitzka, Edward Anthony (1901): The Redundancy of the Preinsula in the Brains of Distinguished Educated Men. *Medical Record* 59, S. 940-943.

Spitzka, Edward Anthony (1905): The development of man's great brain. *The Connecticut Magazine* 9, S. 319-329.

Spitzka, Edward Anthony (1907): A Study of the Brains of Six Eminent Scientists and Scholars Belonging to the American Anthropometric Society, Together With a Description of the Skull of Professor E. D. Cope. *Transactions of the American Philosophical Society* 21, S. 175-308.

Spivak, Monika (2001): *Posmertnaja giagnostika genial'nosti: Eduard Bagrickij, Andrej Belyi, Vladimir Majakovskij v kollekcii Instituta mozga (materialy iz archiva G. I. Poljakova).* Moskva: Agraf.

Stadler, Ulrich (1996): Der gedoppelte Blick und die Ambivalenz des Bildes in Lavaters *Physiognomischen Fragmenten zur Beförderung der Menschenkenntniß und Menschenliebe*, in *Der exzentrische Blick. Gespräch über Physiognomik*, hg. v. Claudia Schmölders. Berlin: Akademie, S. 77-92.

Steinberg, Holger (2001): *Kraepelin in Leipzig. Eine Begegnung von Psychiatrie und Psychologie*. Bonn: Edition Das Narrenschiff.
Stieda, Ludwig (1906): Über die Bedeutung der Hirnwindungen. *Korrespondenz-Blatt der Deutschen Gesellschaft für Anthropologie, Ethnologie und Urgeschichte* 37, S. 137-138.
Stieda, Ludwig (1908): Das Gehirn eines Sprachkundigen. *Zeitschrift für Morphologie und Anthropologie* 11, S. 83-138.
Stieda, Ludwig (1910): Über Hirnfurchen und Hirnwindungen. *Biologisches Centralblatt* 30, S. 580-618.
Stingelin, Martin (1989): Paul Emil Flechsig. Die Berechnung der menschlichen Seele, in *Wunderblock. Eine Geschichte der modernen Seele*, hg. v. Jean Clair, Cathrin Pichler und Wolfgang Pircher. Wien: Löcker, S. 297-308.
Stingelin, Martin (1990): Die Seele als Funktion des Körpers. Zur Seelenpolitik der Leipziger Universitätspsychiatrie unter Paul Emil Flechsig, in *Diskursanalysen* 2, hg. v. Friedrich A. Kittler, Manfred Schneider und Samuel Weber. Opladen: Westdeutscher Verlag, S. 101-115.
Stockert-Meynert, Dora (1930): *Theodor Meynert und seine Zeit. Zur Geistesgeschichte Österreichs in der 2. Hälfte des 19. Jahrhunderts*. Wien/Leipzig: Österreichischer Bundesverlag.
Stoff, Heiko (2004): *Ewige Jugend. Konzepte der Verjüngung vom späten 19. Jahrhundert bis ins Dritte Reich*. Köln/Wien: Böhlau.
Strasser, Peter (1984): *Verbrechermenschen. Zur kriminalwissenschaftlichen Erzeugung des Bösen*. Frankfurt a. M.: Campus.
Strauch, Barbara (2003): *Warum sie so seltsam sind. Gehirnentwicklung bei Teenagern*. Berlin: Berlin Verlag.
Strickland, Stuart (1998): The Ideology of Self-Knowledge and the practice of Self-Experimentation. *Eighteenth-Century Studies* 31, S. 453-471.
Struve, Gustav von (1842a): Die Erziehung nach phrenologischen Grundsätzen. *Revue der Pädagogik* 3, S. 345-360.
Struve, Gustav von (1842b): Ueber das Verhältniß der Phrenologie zum Strafrecht. *Zeitschrift für deutsche Strafverfahren* 3, S. 161-184.
Struve, Gustav von (1843a): Die Phrenologie in ihrem Einflusse auf das Recht. *Zeitschrift für deutsches Recht und deutsche Rechtswissenschaft* 8, S. 179-199.
Struve, Gustav von (1843b): *Ueber Todesstrafen, Behandlung der Strafgefangenen und Zurechnungsfähigkeit mit besonderer Rücksicht auf den Entwurf eines Strafgesetzbuchs für das Grossherzogthum Baden*. Heidelberg: Groos.
Struve, Gustav von (1845a): *Handbuch der Phrenologie*. Leipzig: Brockhaus.
Struve, Gustav von (1845b): *Gallerie berühmter Männer des neunzehnten Jahrhunderts. Erstes Heft*. Heidelberg: Groos.
Struve, Gustav von (1845c): Ueber den Einfluss der Phrenologie auf die Wissenschaft überhaupt und die Naturwissenschaft insbesondere. *Amtlicher Bericht über die zweiundzwanzigste Versammlung deutscher Naturforscher und Aerzte in Bremen im September* 1844. 1. Abt. Bremen: Schünemann, S. 75-92.
Struve, Gustav von/Hirschfeld, Eduard (1843): Vorwort der Herausgeber. *Zeitschrift für Phrenologie* 1, S. III-VIII.
Stukenbrock, Karin (2001): *›Der zerstückelte Cörper‹. Zur Sozialgeschichte der anatomischen Sektionen in der frühen Neuzeit (1650-1800)*. Wiesbaden: Steiner.
Sulzer, Johann Georg (1771): Art. Genie, in ders., *Allgemeine Theorie der Schönen Künste. Erster Theil, von A bis J*. Leipzig: Weidmanns Erben und Reich, S. 457-459.
Sydow, Anna von (Hg.) (1916): *Wilhelm und Caroline von Humboldt in ihren Briefen*. Bd. 7: Reife Seelen. Briefe von 1820-1835. Berlin: Mittler & Sohn.
Tandler, Julius (1909): Über den Schädel Haydns. *Mitteilungen der Anthropologischen Gesellschaft in Wien* 39, S. 260-279.

Tausig, Paul (1920): Briefe von Andreas und Nanette Streicher an Anton Franz Rollett über die Gallsche Schädelsammlung. *Sudhoff Archiv* 12, S. 50-58.
Temkin, Owsei (1971): *The Falling Sickness*. Baltimore: Johns Hopkins University Press.
Thulié, M. (1878): Sur l'autopsie de Louis Asseline, membre de la Société d'anthropologie et de la Société d'autopsie mutuelle. *Bulletins de la Société d'Anthropologie*, 3ème série, 1, S. 161-167.
Tiedemann, Friedrich (1827): Hirn des Delphins mit dem des Menschen verglichen. *Zeitschrift für Physiologie* 2, S. 251-263.
Tiedemann, Friedrich (1837): *Das Hirn des Negers mit dem des Europäers und Orang-Outangs verglichen*. Heidelberg: Winter.
Tissot, S. A. D. (1768): *Von der Gesundheit der Gelehrten*. Zürich: Füeßlin und Compagnie.
Toulouse, Édouard (1896): *Émile Zola. Enquête médico-psychologique sur la supériorité intellectuelle*. Paris: Société d'Éditions Scientifiques.
Trotzki, Leo (1968): *Literatur und Revolution* [1924]. Berlin: Gerhardt.
Turing, Alan (1937): On computable numbers, with an application to the Entscheidungsproblem. *Proceedings of the London Mathematical Society*, Series 2, 42, S. 230-265.
Turing, Alan (1994): Kann eine Maschine denken? [1949], in *Künstliche Intelligenz. Philosophische Probleme*, hg. v. Walther Ch. Zimmerli und Stefan Wolf. Stuttgart: Reclam, S. 39-78.
Tyson, Edward (1751): *The Anatomy of a Pygmy. Compared with that of a Monkey, an Ape, and a Man*. 2. Aufl. London: Osborne.
Uppenkamp, Bettina (2002): Potentiale der Bescheidenheit. Über kunstvolle und kunstlose Möglichkeiten in Gips, in *Material in Kunst und Alltag*, hg. v. Monika Wagner und Dietmar Rübel. Berlin: Akademie Verlag, S. 137-162.
Valentin, Gustav Gabriel (1836): Über den Verlauf und die letzten Enden der Nerven. *Nova Acta Physico-medica Academiae Caesareae Leopoldino-Carolinae Naturae Curiosorum* 18, Teil 1, S. 51-240.
Valéry, Paul (1989): *Cahiers/Hefte* 3. Frankfurt a. M.: Fischer.
Veraguth, Otto (1904): *Kultur und Nervensystem*. Zürich: Schulthess & Co.
Vierhaus, Rudolf (1996): Bemerkungen zum sogenannten Harnack-Prinzip. Mythos und Realität, in *Die Kaiser-Wilhelm/Max-Planck-Gesellschaft und ihre Institute. Studien zu ihrer Geschichte. Das Harnack-Prinzip*, hg. v. Bernhard vom Brocke und Hubert Laitko. Berlin: de Gruyter, S. 129-138.
Vöhringer, Margarete/Hagner, Michael (2004): Vsevolod Pudovkins »Mechanik des Gehirns« – Film als psychophysiologisches Experiment. *Bildwelten des Wissens. Kunsthistorisches Jahrbuch für Bildkritik*. Bd. 2,1. Berlin: Akademie Verlag, S. 82-92.
Vogt, Carl (1845): *Physiologische Briefe für Gebildete aller Stände*. Stuttgart: Cotta.
Vogt, Carl (1855): *Köhlerglaube und Wissenschaft. Eine Streitschrift gegen Hofrat Rudolph Wagner in Göttingen*. Gießen: Ricker.
Vogt, Carl (1863): *Vorlesungen über den Menschen, seine Stellung in der Schöpfung und in der Geschichte der Erde*. Bd. 1. Gießen: Ricker.
Vogt, Cécile/Vogt, Oskar (1907): Zur Kenntnis der elektrisch erregbaren Hirnrindengebiete bei den Säugetieren. *Journal für Psychologie und Neurologie* 8, S. 280-450.
Vogt, Cécile/Vogt, Oskar (1919a): Ergebnisse unserer Hirnforschung. *Journal für Psychologie und Neurologie* 25, S. 277-462.
Vogt, Cécile/Vogt, Oskar (1919b): Wissenschaftliche Forderungen an den modernen Staat. *Nord und Süd* 43, S. 245-250.
Vogt, Cécile/Vogt, Oskar (1926): Die vergleichend-architektonische und die vergleichend-reizphysiologische Felderung der Grosshirnrinde unter besonderer Berücksichtigung der menschlichen. *Die Naturwissenschaften* 14, S. 1190-1194.
Vogt, Cécile/Vogt, Oskar (1956): Weitere Ausführungen zum Arbeitsprogramm des Hirnforschungsinstitutes in Neustadt/Schwarzwald. *Journal für Hirnforschung* 2, S. 403-427.

Vogt, Oskar (1894/95): Zur Kenntniss des Wesens und der psychologischen Bedeutung des Hypnotismus. Teil 1. *Zeitschrift für Hypnotismus* 3, S. 277-340.
Vogt, Oskar (1897): Flechsig's Associationscentrenlehre, ihre Anhänger und Gegner. *Zeitschrift für Hypnotismus* 5, S. 347-361.
Vogt, Oskar (1900): Ueber die Errichtung neurologischer Centralstationen. *Zeitschrift für Hypnotismus (Journal für Psychologie und Neurologie)* 10, Heft 3, S. 170-177.
Vogt, Oskar (1902a): Zur Erweiterung unserer Zeitschrift. *Zeitschrift für Hypnotismus (Journal für Psychologie und Neurologie)* 10, Heft 6, S. 376-380.
Vogt, Oskar (1902b): Psychologie, Neurophysiologie und Neuroanatomie. *Journal für Psychologie und Neurologie* 1, S. 1-3.
Vogt, Oskar (1912a): Bedeutung, Ziele und Wege der Hirnforschung. *Nord und Süd* 36, S. 309-314.
Vogt, Oskar (1912b): Die neuen allgemeinen Feststellungen der Rindenarchitektonik und ihre physiologische Bedeutung. *Bericht über den V. Kongreß für experimentelle Psychologie in Berlin* 1912. Leipzig, S. 247-256.
Vogt, Oskar (1926/1927): Die Russische Forscherwoche in Berlin. *Osteuropa* 2, S. 459-461.
Vogt, Oskar (1927): Vom ›Schaltwerk der Gedanken‹. *Berliner Tageblatt* Nr. 591, 15. 12. 1927, 1. Beiblatt.
Vogt, Oskar (1930a): 1. Bericht über die Arbeiten des Moskauer Staatsinstituts für Hirnforschung. *Journal für Psychologie und Neurologie* 40, S. 108-118.
Vogt, Oskar (1930b): Cytoarchitektonik und Hirnlokalisation. *Psychiatrisch-Neurologische Wochenschrift* 32, S. 127-128.
Vogt, Oskar (1931): Warum treiben wir Hirnforschung? *Forschungen und Fortschritte* 7, S. 309.
Vogt, Oskar (1932): Rede bei der feierlichen Einweihung des Kaiser-Wilhelm-Instituts für Hirnforschung in Berlin-Buch. *Psychiatrisch-neurologische Wochenschrift* 34, S. 407-408.
[Vogt, Oskar] (1936): Das Institut der Deutschen Hirnforschungs-Gesellschaft m. b. H. in Neustadt/Schwarzwald. *Journal für Psychologie und Neurologie* 47, S. 235-236.
Vogt, Oskar (1941): Über nationale Hirnforschungsinstitute. *Journal für Psychologie und Neurologie* 50, S. 1-10.
Vogt, Oskar (1943): Der heutige Stand der cerebralen Organologie und die zukünftige Hirnforschung. Eine Huldigung für Theodor Meynert anläßlich der 50. Wiederkehr seines Todestages. *Anatomischer Anzeiger* 94, S. 49-73.
Vogt, Oskar (1947): Der Nazismus vor dem Richterstuhl der Biologie. *DU. Schweizerische Monatsschrift* 7, Nr. 11, S. 74-79.
Vogt, Oskar (1951): Die anatomische Vertiefung der menschlichen Hirnlokalisation. *Klinische Wochenschrift* 29, S. 111-125.
Voigt, Johann Heinrich (1805): Dr. Gall's Gehirn- und Schädellehre. *Magazin für den neuesten Zustand der Naturkunde* 10, S. 289-326.
Wagner, Hermann (1864): *Maassbestimmungen der Oberfläche des grossen Gehirns.* Phil. Diss., Universität Göttingen. Cassel: Trömner & Dietrich.
Wagner, Rudolph (1831): *Naturgeschichte des Menschen. Handbuch der populären Anthropologie für Vorlesungen und zum Selbstunterricht.* Bd 1. Kempten: Dannheimer.
Wagner, Rudolph (1854): *Menschenschöpfung und Seelensubstanz. Ein anthropologischer Vortrag, gehalten in der ersten öffentlichen Sitzung der 31. Versammlung deutscher Naturforscher und Aerzte zu Göttingen am 18. September 1854.* Göttingen: Wigand.
Wagner, Rudolph (1855): Zur Erinnerung an Karl Friedrich Gauß. *Hannoversche Zeitung*, 13. März 1855, S. 374-375.
Wagner, Rudolph (1860a): Kritische und experimentelle Untersuchungen über die Functionen des Gehirns. Siebente Reihe. Ueber die angeblichen Verhältnisse des Gewichts und des Windungsreichthums des menschlichen Gehirns zur Intelligenz. *Nachrichten von der G. A. Universität und der Königlichen Gesellschaft der Wissenschaften zu Göttingen*, Nr. 7, 29. Februar 1860, S. 65-80.

Wagner, Rudolph (1860b): *Vorstudien zu einer wissenschaftlichen Morphologie und Physiologie des menschlichen Gehirns als Seelenorgan. Erste Abhandlung: Über die typischen Verschiedenheiten der Windungen der Hemisphären und über die Lehre vom Hirngewicht, mit besondrer Rücksicht auf die Hirnbildung intelligenter Männer*. Göttingen: Dieterich.

Wagner, Rudolph (1860c): Notiz über das Hirngewicht von Lord Byron mit einigen Berichtigungen und Bemerkungen über das Gehirn Cromwell's, Cuvier's und Dupuytrens, als Nachtrag zur siebenten Reihe der kritischen und experimentellen Untersuchungen über die Funktionen des Gehirns. *Nachrichten von der G. A. Universität und der Königlichen Gesellschaft der Wissenschaften zu Göttingen*, Nr. 12, 16. April 1860, S. 125-130.

Wagner, Rudolph (1861a): *Zoologisch-anthropologische Untersuchungen. I. Die Forschung über Hirn- und Schädelbildung des Menschen in ihrer Anwendung auf einige Probleme der allgemeinen Natur- und Geisteswissenschaft*. Göttingen: Dieterich.

Wagner, Rudolph (1861b): Ueber die Hirnbildung des Menschen und der Quadrumenen und deren Verhältniss zur zoologischen Systematik, mit besonderer Rücksicht auf die Ansichten von Owen, Huxley und Gratiolet. *Archiv für Naturgeschichte* 27, S. 63-80.

Wagner, Rudolph (1861c): Ueber die Hirnfunctionen mit besonderer Beziehung zur allgemeinen Zoologie. *Archiv für Naturgeschichte* 27, S. 171-180.

Wagner, Rudolph (1862): *Vorstudien zu einer wissenschaftlichen Morphologie und Physiologie des menschlichen Gehirns als Seelenorgan. Zweite Abhandlung: Über den Hirnbau der Mikrocephalen mit vergleichender Rücksicht auf den Bau des Gehirns der normalen Menschen und der Quadrumanen*. Göttingen: Dieterich.

Wagner, Rudolph (1975): Gespräche mit Carl Friedrich Gauß in den letzten Monaten seines Lebens. Hrsg. v. H. Rubner. *Nachrichten der Akademie der Wissenschaften in Göttingen*. Philologisch-historische Klasse 6, S. 145-171.

Wagner, Rudolph (1997): *Physiologische Briefe [1851-1852]*. Göttingen: Klatt.

Waldschmidt, Julius (1887): Beiträge zur Anatomie des Taubstummengehirns. *Allgemeine Zeitschrift für Psychiatrie* 43, S. 371-379.

[Walther, Philipp Franz von] (1802): *Critische Darstellung der Gallschen anatomisch-physiologischen Untersuchungen des Gehirn- und Schädelbaues*. Zürich: Ziegler.

Walther, Philipp Franz von (1841): *Rede zum Andenken an Ignaz Döllinger Dr. in der zur Feier des Allerhöchsten Namens- und Geburtstages Sr. Majestät des Königs am 25. August 1841 gehaltenen öffentlichen Sitzung der Königl. Bayerischen Akademie der Wissenschaften vorgetragen*. München: Wolf.

Weber, Matthias M. (2000): Rassenhygienische und genetische Forschungen an der Deutschen Forschungsanstalt/Kaiser-Wilhelm-Institut in München vor und nach 1933, in *Die Kaiser-Wilhelm-Gesellschaft im Nationalsozialismus. Bestandsaufnahme und Perspektiven der Forschung*, hg. v. Doris Kaufmann. Bd. 1. Göttingen: Wallstein, S. 95-111.

Weber, Matthias M./Burgmaier, Wolfgang (1993): Die »Höchstbegabtensammlung Adele Juda« als medizinhistorische und geistesgeschichtliche Quelle. *Der Archivar* 46, S. 361-364.

Wegner, Peter-Christian (1990): Das Ringen um Anerkennung: Drei Briefe Galls an Cuvier. *Medizinhistorisches Journal* 25, S. 40-89

[Weikard, Melchior Adam] (1775): *Der philosophische Arzt. Erstes Stück*. Frankfurt u. a.: o. V.

Weinberg, Richard (1904/1905): Gehirnform und Geistesentwicklung. *Politisch-anthropologische Revue* 3, S. 686-698.

Weindling, Paul (1989): *Health, Race and German Politics Between National Unification and Nazism 1870-1945*. Cambridge: Cambridge University Press.

Weingart, Peter/Kroll, Jürgen/Bayertz, Kurt (1988): *Geschichte der Eugenik und Rassenhygiene in Deutschland*. Frankfurt a. M.: Suhrkamp.

Weininger, Otto (1906): *Geschlecht und Charakter. Eine prinzipielle Untersuchung*. 8. Aufl. Wien/Leipzig: Braumüller.

Welcker, Hermann (1862): *Ueber Wachsthum und Bau des menschlichen Schädels*. Leipzig: Engelmann.
Welcker, Hermann (1883): *Schiller's Schädel und Todtenmaske, nebst Mittheilungen über Schädel und Todtenmaske Kant's*. Braunschweig: Vieweg.
Wendt, J. (1803): *Ueber Enthauptung im Allgemeinen und über die Hinrichtung Troer's insbesondere. Ein Beytrag zur Physiologie und Psychologie*. Breslau: o. V.
Wettley, Annemarie (1953): *August Forel. Ein Arztleben im Zwiespalt seiner Zeit.* Salzburg: Müller.
Weygandt, Wilhelm (1931): Zur Einweihung des Instituts für Hirnforschung Berlin-Buch. *Psychiatrisch-Neurologische Wochenschrift* 33, S. 265-267.
Weygandt, Wilhelm (1934): Sterilisierung wegen angeborenen Schwachsinns. *Die medizinische Welt* 8, S. 168-170.
Wiener, Norbert (1968): *Kybernetik. Regelung und Nachrichtenübertragung in Lebewesen und Maschine*. Reinbek: Rowohlt.
Williams, Elizabeth A. (1994): *The Physical and the Moral. Anthropology, Physiology, and Philosophical Medicine in France,* 1750-1850. Cambridge: Cambridge University Press.
Willis, Thomas (1681): The Anatomy of the Brain, in *The Remaining Medical Works of that Famous and Renowned Physician Dr. Thomas Willis*. London: Clavell, S. 51-136.
Wimmer, Johannes (1991): *Gesundheit, Krankheit und Tod im Zeitalter der Aufklärung. Fallstudien aus den habsburgischen Erbländern*. Köln/Wien: Böhlau.
Winckelmann, Johann (1825): Gedanken über die Nachahmung der griechischen Werke in der Malerei und Bildhauerkunst [1755]. In: ders., *Sämtliche Werke*. Erster Band. Donaueschingen: Verlag deutscher Classiker, S. 3-58.
Witelson, Sandra F./Kigar, Debra L./Harvey, Thomas (1999): The exceptional brain of Albert Einstein. *Lancet* 353, S. 2149-2153
Wittich, Dieter (1971): Einleitung, in *Vogt, Moleschott, Büchner. Schriften zum kleinbürgerlichen Materialismus in Deutschland*, hg. v. D. Wittich. Bd. 1. Berlin: Akademie, S. V-LXXXI.
Wittkau-Horgby, Annette (1998): *Materialismus. Entstehung und Wirkung in den Wissenschaften des 19. Jahrhunderts*. Göttingen: Vandenhoeck & Ruprecht.
Wittkopp, Gregor (Hg.) (1993): *Hölderlin der Pflegesohn. Texte und Dokumente 1806-1843 mit den neu entdeckten Nürtinger Pflegschaftsakten*. Stuttgart: Metzler.
Wittmann, Axel/Frahm, Jens/Hänicke, Wolfgang (1999): Magnetresonanz-Tomographie des Gehirns von Carl Friedrich Gauß. *Mitteilungen der Gauß-Gesellschaft* 36, S. 9-19.
Wittmann, Axel/Woesthoff, Frank (1999): Das Gehirn des Genies in der Resonanz von 20 Kilo-Gauss. *Spektrum* 4/1999, S. 12-14.
WJ (1927): Ein Pantheon der Gehirne in Moskau. *Neue Zürcher Zeitung*, 24. 7. 1927, S. 7.
Woltmann, Ludwig (1906/1907): Ueber die Beziehungen von Gehirn und Kultur. *Politisch-anthropologische Revue* 5, S. 401-411.
Wottreng, Willi (1999): *Hirnriss. Wie die Irrenärzte August Forel und Eugen Bleuler das Menschengeschlecht retten wollten*. Zürich: Weltwoche.
Wurm, Emanuel (1891): *Die Naturerkenntnis im Lichte des Darwinismus. Vier Vorträge in gemeinverständlicher Darstellung*. 3. Aufl. Hannover: Selbstverlag.
Wyhe, John van (2002): The authority of human nature: the Schädellehre of Franz Joseph Gall. *British Journal for the History of Science* 35, S. 17-42.
Zahn-Harnack, Agnes (1928): *Die Frauenbewegung. Geschichte, Probleme, Ziele*. Berlin: Deutsche Buch-Gemeinschaft.
Zilsel, Edgar (1990): *Die Geniereligion. Ein kritischer Versuch über das moderne Persönlichkeitsideal, mit einer historischen Begründung* [1918]. Frankfurt a. M.: Suhrkamp.
Zola, Émile (1928): *Le roman expérimental* [1880]. Paris: Bernouard.

Abbildungsnachweise

Abb. 1: Edwin Clarke/Kenneth Dewhurst, *An illustrated history of brain function.* San Franscisco: Norman 1996, Abb. 36.

Abb. 2 & 3: Johann Caspar Lavater, *Physiognomische Fragmente, zur Beförderung der Menschenkenntniß und Menschenliebe.* Bd. 4. Leipzig/Winterthur: Weidmann 1778 (Reprint: Leipzig 1968), Tafel II vor S. 237 und S. 242

Abb. 4: Franz Dumont (Hg.), *Samuel Thomas Soemmerring: Briefwechsel 1784-1792. Teil I November 1784 – Dezember 1786.* Stuttgart u. a.: Gustav Fischer Verlag 1997, S. 360.

Abb. 5 & 6: Johann Caspar Lavater, *Physiognomische Fragmente, zur Beförderung der Menschenkenntniß und Menschenliebe.* Bd. 3. Leipzig/Winterthur: Weidmann 1777 (Reprint: Leipzig 1968), vor S. 181 und S. 61.

Abb. 7: Johann Friedrich Blumenbach, *Decas collectionis sua craniorum diversarum gentium illustrata.* Göttingen: Dieterich 1790, Tafel IV.

Abb. 8: Johann Caspar Lavater, *Physiognomische Fragmente, zur Beförderung der Menschenkenntniß und Menschenliebe.* Bd. 2. Leipzig/Winterthur: Weidmann 1777 (Reprint: Leipzig 1968), Tafel VIII.

Abb. 9 & 10: Franz Joseph Gall/Johann Caspar Spurzheim, *Anatomie et physiologie du système nerveux en général, et du cerveau en particulier: avec des observations sur la possibilité de reconnaitre plusieurs dispositions intellectuelles et morales de l'homme et des animaux, par la configuration de leurs têtes.* Vol. 1. Paris: Schoell 1810.

Abb. 11: Franz Heinrich Martens, *Leichtfassliche Darstellung der Theorie des Gehirn- und Schädelbaus und der daraus entspringenden physiognomischen und psychologischen Folgerungen des Herrn Dr. Gall in Wien.* Leipzig: Leo 1803, Tafel 4.

Abb. 12: Carl Gustav Carus, *Neuer Atlas der Cranioskopie enthaltend dreissig Tafeln Abbildungen merkwürdiger Todtenmasken und Schädel. Zweite vermehrte und verbesserte Auflage des Atlas der Cranioskopie.* Leipzig: F. A. Brockhaus 1864, Tafel VII.

Abb. 13 & 14: Carl Gustav Carus, *Von den Urtheilen des Knochen- und Schalengerüstes.* Leipzig: Fleischer 1828, Tafeln VII & V.

Abb. 15: Carus, Carl Gustav, *Gründzüge der Cranioscopie.* Stuttgart: Balzersche Buchhandlung 1841, Tafel I, Ausschnitt.

Abb. 16: Carl Gustav Carus, *System der Physiologie. Dritter und letzter Theil.* Dresden/Leipzig: Fleischer 1840, S. 345.

Abb. 17 & Farbtafel II: Carl Gustav Carus, *Atlas der Cranioscopie oder Abbildungen der Schaedel- und Antlitzformen beruehmter oder sonst merkwuerdiger Personen (Schaedellehre)* Heft I. Leipzig: August Weichardt, 1843, Tafeln I & IX.

Abb. 18-20: Johann Christian Gustav Lucae, *Zur organischen Formenlehre.* Frankfurt/Main: Varrentrapp 1845, S. 30, Tafeln 1 & 12.

Abb. 21: Johann Christian Gustav Lucae, *Zehn Schädel bekannter Personen in geometrischen Abbildungen dem Herrn Dr. Friedrich Tiedemann zum fünfzigjährigen Doktorjubiläum am 10. März 1854.* Frankfurt/Main: Naumann's Druckerei 1854.

Abb. 22 & Farbtafel III: Gunter Mann, *J. Ch. G. Lucae und die Senckenbergische Anatomie. Eine Ikonographie.* Frankfurt/M.: Dr. Senckenbergische Stiftung 1963, Abb. 3 & 4 (Herkunft: Historisches Museum Frankfurt/M.).

Abb. 23 & 27: Gustav von Struve, *Handbuch der Phrenologie.* Leipzig: Brockhaus 1845, S. 55 & 222.

Abb. 24 & 25: George Combe, *A sytem of phrenology. Fourth edition, vol. 1.* Edinburgh: Maclachlan & Stewart and Anderson 1836, Ss. 113 & 50.

Abb. 26: Théodore Poupin, *Caractères phrénologiques et physiognomiques des contemporains les plus célèbres.* Paris: Baillière 1837, S. 100.

Abb. 28 & Farbtafel IV: Wilhelm Gwinner, *Arthur Schopenhauer. Ein Blick auf sein Leben, seinen Charakter und seine Lehre*. Leipzig: Brockhaus 1862,Tafeln 1 & 2.
Abb. 29 & 30: Gustav Scheve, *Phrenologische Reisebilder*. Cöthen: Schettler 1863.
Abb. 31: Friedrich Tiedemann, *Icones Cerebri Simiarum et Quorundam Mammalium Rariorum*. Heidelberg: Mohr et Winter 1821, Tafel 4.
Abb. 32 & 33: Emil Huschke, *Schaedel, Hirn und Seele des Menschen und der Thiere nach Alter, Geschlecht und Raçe*. Jena: 1854, Tafel 4, Fig. 2 & Tafel 5.
Abb. 34: Rudolph Wagner, Kritische und experimentelle Untersuchungen über die Functionen des Gehirns. Siebente Reihe. Ueber die angeblichen Verhältnisse des Gewichts und des Windungsreichthums des menschlichen Gehirns zur Intelligenz. *Nachrichten von der G. A. Universität und der Königl. Gesellschaft der Wissenschaften zu Göttingen*, No 7, 29. Februar 1860, S. 68.
Abb. 35 & 36: Rudolph Wagner, *Vorstudien zu einer künftigen wissenschaftlichen Morphologie und Physiologie des menschlichen Gehirns, als Seelenorgan, mit besonderer Rücksicht auf die Hirnbildung intelligenter Männer*. Göttingen: Dieterich 1861, Tafel 2, Fig. 1+2 & Tafel 4.
Abb. 37: Rudolph Wagner, Ueber die Hirnfunctionen mit besonderer Beziehung zur allgemeinen Zoologie. *Archiv für Naturgeschichte* 27, 1861, S. 174.
Abb. 38: Hermann Wagner, *Maassbestimmungen der Oberfläche des grossen Gehirns*. Cassel: Trömner & Dietrich 1864, S. 43.
Abb. 39: Theodor Ludwig Wilhelm Bischoff, Ueber das Verhältniss des Horizontal-Umfanges und des Innenraums des Schädels zum Gehirngewichte. *Sitzungsberichte der königlichen bayerischen Akademie der Wissenschaften*, München 1864, S. 47.
Abb. 40: Nikolaus Rüdinger, Beitrag zur Anatomie des Sprachcentrums, in: *Beiträge zur Biologie als Festgabe dem Anatomen und Physiologen Th. L. W. von Bischoff zum fünfzigjährigen medicinischen Doktorjubiläum gewidmet von seinen Schülern*. Stuttgart: Cotta 1882, Tafel 5.
Abb. 41: *Revue Scientifique*, Nr. 11, 25. November 1876, S. 527.
Abb. 42: *Revue Scientifique*, Nr. 18, 6. Mai 1905, S. 573.
Abb. 43: Giuseppe Sperino, Descrizione morfologica dell'encefalo del Proffessore Carlo Giacomini. *Giornale della R. Accademia di Medicina di Torino pubblicato per la Cura Dell'Ufficio die Presidenza*, Luglio 1900, Tafel I.
Abb. 44: Édouard Toulouse, *Enquête Médico-Psychologique sur les Rapports de la Supériorité Intellectuelle avec la Névropathie. Introduction Générale. Émile Zola*. Paris: Société d'Éditions Scientifiques 1896, S. 132.
Abb. 45: Paul Flechsig, *Die Localisation der geistigen Vorgänge insbesondere der Sinnesempfindungen des Menschen*. Leipzig: Veit & Co. 1896.
Abb. 46: Jean Clair/Cathrin Pichler/Wolfgang Pircher (Hg.), *Wunderblock. Eine Geschichte der modernen Seele*, Wien: Löcker 1989, S. 218.
Abb. 47 & 48: Wilhelm His, Anatomische Forschungen über Johann Sebastian Bach's Gebeine und Antlitz nebst Bemerkungen über dessen Bilder. *Abhandlungen der mathematisch-physikalischen Classe der Königl. Sächsischen Gesellschaft der Wissenschaften* 22, 1895, S. 389 & 400.
Abb. 49: Richard Arwed Pfeifer, *Das menschliche Gehirn*. 3. Aufl. Leipzig: Engelmann 1920, S. 7 & 8.
Abb. 50: David Hansemann, Ueber das Gehirn von Hermann v. Helmholtz. *Zeitschrift für Psychologie und Physiologie der Sinnesorgane* 20, 1899, Tafel 1.
Abb. 51 & 52: David von Hansemann, *Über die Gehirne von Th. Mommsen, Historiker, R.W. Bunsen, Chemiker und Ad. v. Menzel, Maler*. Bibliotheca Medica, Abteilung A., Heft 5, Anatomie. Stuttgart: Schweizerbart 1907, Tafeln I & V.
Abb. 53: Nicola Lepp/Martin Roth/Klaus Vogel (Hg.), *Der Neue Mensch. Obsessionen des 20. Jahrhunderts*. Ostfildern-Ruit: Cantz 1999, S. 218.

Abb. 54-56: Edward Anthony Spitzka, A study of the brains of six eminent scientists and scholars belonging to the American Anthropometric Society, together with a description of the skull of Professor E. D. Cope. *Transactions of the American Philosophical Society* 21, 1908, Abb. 10, 15 & 76.

Abb. 57: Korbinian Brodmann, *Vergleichende Lokalisation der Großhirnrinde in ihren Prinzipien dargestellt auf Grund des Zellenbaues*. Leipzig: Barth, 1909, S. 131.

Abb. 58: Cécile und Oskar Vogt, Die vergleichend-architektonische und die vergleichend-reizphysiologische Felderung der Großhirnrinde unter besonderer Berücksichtigung der menschlichen. *Die Naturwissenschaften* 14, 1926, S. 1193.

Abb. 59: *Die Woche*, Jg. 34, Heft 7, 13. Feb. 1932, S. 201.

Abb. 60: *Kölnische Illustrierte Zeitung*, Jg. 6, 1931, S. 1207.

Abb. 61: Constantin v. Economo, *Wie sollen wir Elitegehirne verarbeiten?* Berlin: Springer 1929, Abb. 17 & 18.

Abb. 62: Ludo van Bogaert/Jean Théodoridès, *Constantin von Economo (1876-1931). The Man and the Scientist*. Wien: Verlag der Österreichischen Akademie der Wissenschaften 1979, Abb. 15.

Abb. 63, 64, 66 & Farbtafel VIII: Fritz Kahn, *Das Leben des Menschen. Eine volkstümliche Anatomie, Biologie, Physiologie und Entwicklungsgeschichte des Menschen*. Band IV. Stuttgart: Kosmos, Gesellschaft der Naturfreunde 1929, S. 211 Abb. 148, 150, Tafeln VII & VIII.

Abb. 65: Oskar Vogt, Die anatomische Vertiefung der menschlichen Hirnlokalisation. *Klinische Wochenschrift* 29, 1951, Abb. 19 a-c.

Abb. 67: Warren S. McCulloch/Walter Pitts, A logical calculus of the ideas immanent in nervous activity. *Bulletin of Mathematical Biophysics* 5, 1943, Figure 1.

Abb. 68: William Grey Walter, *Das lebende Gehirn, Entwicklung und Funktion*. München/ Zürich: Knaur 1963, S. 223.

Abb. 69: John C. Eccles, *Das Gehirn des Menschen*. München: Piper 1975, S. 137.

Abb. 70: *New York Times*, 24.02.1951, S. 9. Copyright: Associated Press, New York.

Abb. 71: Bechterev-Museum, St. Petersburg (Fotografie: M. Vöhringer).

Farbtafel I: Maria Luisa Caturla, *Francisco de Zurbarán*. Paris: Wildenstein Institute 1994, S. 67 (Herkunft: Dresden, Staatliche Kunstsammlungen Dresden, Gemäldegalerie Alte Meister).

Farbtafeln V-VII: Nikolaus Rüdinger, Ein Beitrag zur Anatomie der Affenspalte und der internen Interparietalfurche beim Menschen nach Race, Geschlecht und Individualität, in: *Beiträge zur Anatomie und Embryologie als Festgabe Jacob Henle zum 4. April 1882 dargebracht von seinen Schülern*. Bonn: Cohen 1882, Tafeln XXII-XXIV.

Personenregister